上教心理学教材系列

Psychometrics

心理测量学

童辉杰 编著

上海教育出版社
SHANGHAI EDUCATIONAL
PUBLISHING HOUSE

序　言

心理测量是一个极其迷人的领域。当我们仰望星空之时，必定会因为宇宙之辽阔无垠而感到震撼和惊奇，同时不免敬畏无比，此时，我们可能会迫不及待地架起望远镜，像伽利略那样开始探索之旅。同样，当我们洞察人类内心这另外一片星空之时，我们在震撼和惊奇之余，也往往不禁开始了各种各样的探索之旅。我们可能会对那些著名的心理测验产生兴趣，也可能对那些神奇的算法产生好奇，或者干脆自己开始了幼稚的编写问卷的尝试……虽然在这个领域似乎并没有发生像伽利略那样惊心动魄的故事，也没有出现过像伽利略那样的英雄人物，一切都似乎是和平时代的平凡生活，但是，对我们这些目睹了近半个世纪学术变迁的人来说，仍然难免会有一种沧桑的感觉。

在我步入心理学领域之初，最令我心醉神迷的就是心理测量。记得在中学时代，我曾经迷恋各种各样的数学、物理学兴趣题，以及智力兴趣题；我与好友杨和寿先生经常在一起解答这些兴趣题。我们曾经搜集大量这样的兴趣题。大学时代，我读到林传鼎教授关于清代名医从笔迹预测病故的近似神话般的传奇，对如何通过笔迹探索人类心灵产生了强烈兴趣。此后，与同时代人一样，我经历了20世纪80年代中国最热烈的心理测验热潮。在长期的社会心理服务（如为各类学校新生做入学心理测验，帮助政府机关、企业选聘人员，等等）中，我认识到中国人与西方人对心理测验完全不同的需求，发现中国人更不喜欢问卷测验，却特别喜欢投射测验。我们还将罗夏墨迹测验编制成软件，这让我们在做分析时更加便利。在几个方面的探索中，我们觉得还是很有价值与意义的。例如，当我们发现使用问卷测验几乎无法测量中国老百姓的家庭婚姻心理时（因为中国普通老百姓不习惯面对陌生人直接回答个人家庭婚姻方面的隐私问题），我们开始了运用投射技术的原理探索家庭婚姻心理的尝试，并在十多年的实践中获得了些微成绩。当西方人也没有对心理健康给出明确的定义时，我们根据中国人的文化经验，发展了心理健康是一种生命的风格的理论假说，并编制了相应的问卷。我们发现，根据中国传统文化建构的心理健康风格假说与西方积极心理学有着很不相同的内涵。我们还持续几十年进行着有关人类心理障碍（包括自杀风险和暴力风险）方面的测量研究。光阴荏苒，日月如梭，如庄子所言，恍惚如白驹过隙，近半个世纪就要过去了，这样的回顾使我们体会到，在心理学领域，特别是在心理测量领域，任由自由的心灵在心理的平原驰骋是非常重要的。在这个领域，特别需要百家争鸣，百家齐放，任何垄断与控制资源的行为都是不对的，都是对历史的不负责任。

在今天，出现了一些很不好的现象。例如，由于心理咨询师培训的乱象，导致另一种乱象。修订的《精神卫生法》规定，心理咨询师不得进行心理治疗和诊断，这是完全错误的。在美国 20 世纪 50 年代,也曾发生过同样的争论,以罗杰斯为代表的心理学家与精神病学家展开了罗杰斯在自传中说的有生以来最残酷的战斗,最后的结论是心理学家完全应当从事心理治疗。且问:心理咨询如果不做心理治疗,还能做什么?陪聊?再问:学心理学的不能做心理治疗,那谁还能做心理治疗?又如,心理学界的刊物本来就很少,却对心理测验类的论文作了不公平的限定(例如要求鉴定)。这些做法有可能限制心理学这些领域的自由探索,并可能进而再次导致未来心理学的全面萎缩,就像苏联 20 世纪 30 年代的批判与限制一样。事实上,发表学术研究成果与利用心理测验量表进行有偿社会服务是两种不同性质的活动。

本来中国心理学的发展就厄运连连。无论是与国内的其他学科如文学、史学、哲学、数学、化学、物理学相比,还是与国外的心理学学科相比,恐怕都很少见到这样的学科现象:中国心理学尚未出现大师,更没有学派,甚至没有原创理论。我们根据经典的心理学史的记载与评述,从出现的大师数量、学派数量、理论数量和影响力四个维度对中国、美国、德国、英国、苏联、日本六个国家的心理学学科发展水平进行评估。影响力系数用如下公式计算:影响力=[大师+(学派×理论)]/100。文献统计结果见表 1。

表 1　六个国家心理学学科发展水平评估[①]

	中国	美国	德国	英国	苏联	日本
大师数量	0	26	12	4	5	0
学派数量	0	9	5	2	4	0
理论数量	0	64	20	8	19	2
影响力	0	6.02	1.12	0.2	0.81	0

在这六个国家中,中国心理学是最落后、最令人担忧的。日本虽然也没有大师,没有学派,但是至少还有一些理论。

罗曼·罗兰曾经有一句名言:"打开窗户吧,让我们呼吸一点英雄的气息!"这句话似乎特别适用于中国心理学界。我们应当打开窗户,鼓励更多的自由探索,而不是关门闭户,作茧自缚。中国心理学界需要伽利略式的人物,需要英雄,需要大师。我们已经被平庸和沉闷折腾够了。

童辉杰

于苏州静一斋

2019 年 12 月 25 日

[①]　本表根据如下文献整理而成:波林,E. G. 实验心理学史. 高觉敷,译. 北京:商务印书馆,1981. 舒尔茨,D. 现代心理学史. 杨立能,等,译. 北京:人民教育出版社,1981. 查普林,J. P.,克拉威克,T. S. 心理学的历史与体系. 林方,译. 北京:商务印书馆,1983. 赫根汉,B. R. 心理学史导论. 郭本禹,等,译. 上海:华东师范大学出版社,2004. 瓦伊尼,W.,金,B. 心理学史. 北京:世界图书出版公司,2009. 高觉敷. 西方近代心理学史. 北京:人民教育出版社,1982. 杨鑫辉. 心理学通史. 济南:山东教育出版社,2000.

目　录

第一部分

3 /第一章　心理测量的概念与理论假设

第二部分

103/第四章　测验的信度

138/第五章　测验的效度

165/第六章 常模参照测验与领域参照测验

第三部分

220/第九章　能力测验

267/第十章　情绪智力测验

276/第十一章　人格测验

302/第十二章　临床心理测验

432/第十四章　职业心理测验

第一部分

　　我们即将开始一段极有意义的探索和讨论……

　　在这一部分，我们要了解心理测量的基本概念与原理。什么是心理测量？什么是心理测量的基本假设？我们能相信心理测量学家关于"凡存在的，必可测量"的论断吗？

　　关于心理测量，曾经有过那么多的争议，我们如何面对？

　　心理测量迄今已经走过一百多年的路程，它的过去与现在究竟是怎样的？

　　……

第一章

心理测量的概念与理论假设

本章要点

什么是心理测量？心理测量与物理测量有什么不同？

人类为什么需要心理测量？

心理测量有些什么理论假设？

关键术语

心理测量；行为样本；标准化；客观；

称名变量；等级变量；等距变量；比率变量；

测量误差；随机误差；系统误差；

真分数；真分数数学模型；经典测量理论；

现代测量理论；概化理论；项目反应理论；结构方程模型；多层线性模型

没有一种数量是不能测量质的,也没有一种质是不能测量的。

——麦柯尔(William Anderson McCall)

刚刚接触心理测量的人,首先会觉得心理测量非常神秘。你可能会想到,人的心理那么复杂,如何能够洞悉细微? 那么不可思议的智力、难以捉摸的性格、形形色色的能力、奇形怪状的障碍……如何能够通过心理测量精确、客观地知晓? 连那位将罗夏墨迹测验发展到新的综合系统的心理学家埃克斯纳(John E. Exner, 1928—2006)在刚学习罗夏墨迹测验时,也曾惊奇地感叹罗夏墨迹测验就像"一种心理的 X 光"(an X-ray of the mind)!

然后会觉得学习心理测量非常难。心理测量像物理测量、生理测量等一样,需要通过大量复杂的数学计算来获得结果,需要掌握大量的数学公式、数学模型。而且,心理测量又与物理测量、生理测量等不一样,难以直接观测,而更多地采用间接测量的方法,这就意味着心理测量比物理测量、生理测量更加复杂,更加富有挑战性。

最后会觉得非常困惑。心理测量创造过掀起全球运动的奇迹,例如,智力测验运动曾经波及全球,触及全世界各种民族、各个阶层人士的灵魂;此后的心理测量运动更是涉及人类生活的各个领域,从学习、工作到生活……使我们在生活中简直无法"回避"心理测量;在今天,心理测量与认知心理学紧密结合,又推动了认知心理学前沿领域的新进展。但是,心理测量同样也招致种种质疑和批评:为什么以前"智商"(IQ)这个概念形成那么大的影响,却又招来那么多的质疑和批评? 我们在人事应聘中总要遇上心理测验,却又有人对它提出种种批评?

所有这些情绪的波动,都会随着你对心理测量的学习而出现。但是,当你真正领略了心理测量的精髓后,你就会进入另一重境界,那就是雾开云散、豁然开朗的境界……

一、心理测量的重要性与必要性

人类社会怎么会出现心理测量这种东西? 人类为什么需要它? 其中有什么奥妙吗?

心理测量其实与中国人最"有缘",因为人类最早的心理测量出现在中国。国外的心理学家公认,中国最早出现心理测验(DoBois, 1970)。不过,今天我们见到的大多数心理测验却是从国外引进、"移植"进来的"舶来品"。下面,我们要给大家讲一些经典的故事,这些故事可以帮助我们阐释和理解心理测量的出现以及人类需要它的奥妙。

1. 心理测量是基于人类内在的认知需要

当我们行进在路上时,突然发现前面有一条水沟,挡住了前方的道路,这时,我们是不是需要度量、权衡、评估一下：水沟有多宽？我们自己跳远能力如何？我们是否可以跳过去？

　　这就是说，人类在面临不确定的情境和事物时，往往迫切需要度量、权衡、评估这种情境和事物（见图1-1）。而人类的心理可能是最难确定和把握的，所以人类对自身心理的度量、权衡、评估的需要甚至渴望，往往也是最迫切的。

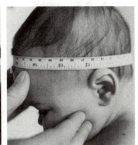

图1-1　生活中到处能看到的测量

　　通俗地说，测量就是度量、权衡、评估。测量大致有三种不同水平：前科学的测量、准科学的测量和科学的测量。以前面提到的水沟为例，如果仅凭经验判断自己是否可以跳过去，这就是一种前科学的测量；如果用一只木棍比试一下，再在岸上试验一下，看看自己能否跳过去，这就像是准科学的测量；如果使用精密仪器，精确测量了水沟的宽度，并计算出自己历来跳远的平均长度，建立一种数学模型，准确地度量评估自己能否跳过去，这就是科学的测量。前科学的测量和准科学的测量，在古人和常人那里都会经常看到。例如，即使是"人心叵测"的心理测量，在一些研究人的作家那里也能看到：作家契诃夫和屠格涅夫就能度量并预测一个人的未来（见资料链接1-1）。但是，科学的测量只有经过专业训练的专家才能做到。

资料链接 1-1　常人心理学

　　常人心理学指并不是专家的普通人也有自己的心理学知识和朴素理论假说。例如，并不是心理学家的作家对人的心理的分析和洞察有时令人惊叹。下面两个故事，值得心理学家反思。

　　19世纪俄国著名作家契诃夫（Антон Павлович Чехов，1860—1904）有一次去拜访朋友斯坦尼斯拉夫斯基，见到斯坦尼斯拉夫斯基正与另一人交谈，契诃夫静静地观察着那人的言谈举止。等那人走后，他对斯坦尼斯拉夫斯基说道："听我说，这人一定会自杀！"十年后，此人果然自杀。契诃夫通过仔

图1-2　契诃夫

图 1-3 屠格涅夫

细的观察,对斯坦尼斯拉夫斯基的客人作出如此准确的评价和预测,是令人吃惊的。显然,他是根据自己多年作为医生的临床经验以及作为作家对人类行为的洞察,根据自己的经验标准对那位客人作出评价、推论和预测的。

据说,19 世纪俄国另一位著名作家屠格涅夫(Иван Сергеевич Тургенев,1818—1883)也曾对诗人莱蒙托夫作过同样的评价和预测。屠格涅夫曾对朋友说莱蒙托夫眉宇间有一种悲剧的气氛,那是不祥的征兆。这预言了此后莱蒙托夫与人格斗身亡的悲剧。屠格涅夫的评估和推论也是根据他自己的人生经验标准作出的。

我们再来看看中国古代的一个故事,这个故事告诉我们:人对自我的认识是最难确定的一件事。于是,人们对自我的度量和评估往往也是最强烈的。

《战国策》中有一个著名的故事就是《邹忌讽齐王纳谏》(详见资料链接 1-2),说的是一个叫邹忌的人,身高八尺有余,容貌俊美,风度潇洒,然而他不能确定自己究竟有多么俊美和潇洒,于是迫切地需要度量自己究竟有多"美"。

资料链接 1-2　邹忌讽齐王纳谏

邹忌修八尺有余,而形貌昳丽。朝服衣冠,窥镜,谓其妻曰:"我孰与城北徐公美?"其妻曰:"君美甚,徐公何能及君也。"

城北徐公,齐国之美丽者也。忌不自信,而复问其妾曰:"吾孰与徐公美?"妾曰:"徐公何能及君也。"

旦日,客从外来,与坐谈。问之曰:"吾与徐公孰美?"客曰:"徐公不若君之美也。"

明日,徐公来,熟视之,自以为不如。窥镜而自视,又弗如远甚。暮寝而思之曰:"吾妻之美我者,私我也。妾之美我者,畏我也。客之美我者,欲有求于我也。"

于是入朝见威王曰:"臣诚知不如徐公美。臣之妻私臣;臣之妾畏臣;臣之客欲有求于臣,皆以美于徐公。今齐,地方千里,百二十城。宫妇左右,莫不私王;朝廷之臣,莫不畏王;四境之内,莫不有求于王。由此观之,王之蔽甚矣。"王曰:"善。"乃下令:"群臣吏民,能面刺寡人之过者,受上赏。上书谏寡人者,受中赏。能谤议于市朝,闻寡人之耳者,受下赏。"

令初下,群臣进谏,门庭若市。数月之后,时时而间进。期年之后,虽欲言,无可进者。燕赵韩魏闻之,皆朝于齐,此所谓战胜于朝廷。

摘自:战国策·邹忌讽齐王纳谏.

我们来看看他是怎样度量的。他先问他的妻子:"我与城北的徐公相比谁更美?"然而他的妻子并没有认真对他作出客观的度量,只是随口说道:"您太美了,徐公怎么能比得上您呢?"由于他知道徐公是齐国有名的美男子,所以他不能完全相信妻子的"度量"和"评估",他接着又问小妾,小妾说:"徐公怎么能比得上您呢?"

第二天,有客人来,邹忌又问客人同样的问题,客人仍然没有认真对他作出"度量":"徐公不如您美啊。"又过了一天,徐公来访,邹忌得以亲自度量自己与徐公,结果发现自己远远不如徐公,于是晚上他辗转床上,不能入寐,深刻反省:妻子偏爱我,所以赞美我,不能给我客观的度量和评估;小妾怕我,所以赞美我,也不能给出客观的度量和评估;客人有求于我,所以也不能给我客观的度量和评估。可见,求得客观、精确的度量和评估是多么不容易的一件事。所以,在今天,寻求这种服务是要付费的。

在这个故事中,有两点值得我们思考。

第一点是邹忌想通过他人来度量、权衡和评估自己的自我形象的那种迫切性。一个人是很难清晰地了解自己的自我形象的,因为我们的眼睛看不到自己长得怎么样。特别在古代,没有数码相机,甚至没有镜子,最多也只有铜镜,从铜镜中看到的自己是非常模糊的,所以邹忌只有通过妻子、小妾和客人来了解自己。从心理学的意义上来说,邹忌由于不能确定自己的自我形象,所以迫切地需要妻子、小妾、客人的度量和评估。

第二点是邹忌意识到度量和评估的结果存在主观与客观的区别。后来他反省到客观、准确的度量和评估是很不容易得到的,他的妻子、小妾因对他怀有特殊的情感,而客人由于对他有所求,所以都未能作出客观准确的度量和评估。

再来说说曹操的故事。

曹操在还是一个普通的大臣时,由于不能确定自己是一个怎样的人,以及究竟以后能有多大作为,因而寻求当时的"心理咨询"服务。当时有一个很有名气的"心理咨询师"叫许劭,在京城里,许多达官名人都要请他对自己的性格、能力、人品作出评估。他的评估据说很准确,而且他作出的

图1-4　曹操画像

评估可以成为以后升官晋爵很重要的"推荐信"。由于许劭确实做的就是"咨询"工作,同时他咨询的内容也完全是关于性格、才能、人品、禀性之类的心理的内容,所以,我们说他是最早的"心理咨询师"似乎也不为过(见资料链接1-3)。

资料链接1-3　许劭其人
....

许劭(150—195),字子将,汝南平舆(今属河南)人。东汉末年著名的人物评论家,也可以说是当时的人格评估专家、心理咨询师。

图1-5　许劭画像

《后汉书·许劭传》记载了许劭的生平事迹,以下是原文:

许劭字子将,汝南平舆人也。少峻名节,好人伦,多所赏识。初为郡功曹,太守徐璆甚敬之。府中闻子将为吏,莫不改操饰行。同郡袁绍,公族豪侠,去濮阳令归,车徒甚盛,将入郡界,乃谢遣宾客,曰:"吾舆服岂可使许子将见。"遂以单车归家。

劭尝到颍川,多长者之游,唯不候陈寔。又陈蕃丧妻还葬,乡人毕至,而劭独不往。或问其故,劭曰:"太丘道广,广则难周;仲举性峻,峻则少通。故不造也。"其多所裁量若此。

曹操微时,常卑辞厚礼,求为己目。劭鄙其人而不肯对,操乃伺隙胁劭,劭不得已,曰:"君清平之奸贼,乱世之英雄。"操大悦而去。

劭从祖敬,敬子训,训子相,并为三公,相以能谄事宦官,故自致台司封侯,数遣请劭。劭恶其薄行,终不候之。

劭邑人李逵,壮直有高气,劭初善之,而后为隙,又与从兄靖不睦,时议以此少之。初,劭与靖俱有高名,好共核论乡党人物,每月辄更其品题,故汝南俗有"月旦评"焉。

司空杨彪辟,举方正、敦朴,征,皆不就。或劝劭仕,对曰:"方今小人道长,王室将乱,吾欲避地淮海,以全老幼。"乃南到广陵。徐州刺史陶谦礼之甚厚。劭不自安,告其徒曰:"陶恭祖外慕声名,内非真正。待吾虽厚,其势必薄。不如去之。"遂复投扬州刺史刘繇于曲阿。其后陶谦果捕诸寓士。乃孙策平吴,劭与繇南奔豫章而卒。时年四十六。兄虔亦知名,汝南人称平舆渊有二龙焉。

将以上古文翻译如下:

许劭字子将,汝南平舆(今属河南)人。年轻时严守名誉节操,喜好研究传统礼教伦理,对当时的人物多有赞赏的评定。

担任汝南郡的功曹时,太守徐璆很敬重他。府中官员听到许子将做了官史,没有人不改进自己的操行。同郡的袁绍,从濮阳令卸任回家,车队随从众多,将入汝南郡时,居然辞谢宾客,遣散随从,说:"我这样的车队和服饰怎么能让许子将见到?"于是轻车简从地回到家乡。

许劭常去颍川(今河南省中南部),与有德行的人结交,唯独不去造访陈寔。另外陈蕃丧妻后回乡归葬故里,乡人全去吊丧,唯独许劭不去。有人问缘故,许劭说:"陈太丘交游太广,难以周全;陈仲举生性太严厉,少有通融。所以我不去拜访他们。"许劭对时人所作的判断衡量多是如此。

曹操尚未出名的时候,常常言辞谦恭,带着丰厚礼物见许劭,求许劭为自己作出品评。许劭鄙视其为人奸诈,不肯发话,曹操就找到可乘之机,胁迫许劭。许劭无可奈何,只得说:"你是太平之世的奸贼,动乱之世的英雄。"曹操听后非常高兴地走了。

许劭父亲的伯父是许敬,许敬的儿子是许训,许训的儿子是许相,这三个人都做了朝廷的三公(太尉、司徒、司空)。许相靠着善于诋毁媚侍奉宦官,所以自己得到了朝廷的封侯,他数次派人请许劭。许劭憎恶他品行不端,始终没有去看他。

许劭的邑人李逵,豪迈刚直气节高尚,许劭开始对他亲善,但后来与他结怨,加上他与堂兄许靖不和睦,当时的议论因为这两件事件有些看不起他。当初,许劭与许靖都有很高的名望,喜好共同审核评论乡里的人物(地方士人),每个月总是更换品评(的对象和话题),所以汝南地区民间有"月旦评"的说法。

司空杨彪征召他为官,地方按照方正、敦朴的科目荐举他,朝廷直接征召他,许劭都不就任。有人劝说许劭做官,许劭回答说:"现今小人道路深长,朝廷将要动乱,我打算到淮海去躲避,保全我的一家老幼。"于是南行至广陵(今江苏安徽交界处)。徐州刺史陶谦对他以礼相待,待遇优厚。许劭感到不安全,告诉门徒说:"陶恭祖外在表现是仰慕有名声的人,但他并不是真正的正人君子。他招待我虽然优厚,将来势必会变得虚假刻薄。我不如离开他。"于是去曲阿县(今江苏丹阳县)投奔扬州刺史刘繇。此后陶谦果然把众位寄居在徐州的士大夫抓了起来。到了孙策平定东吴的时候,许劭与刘繇向南跑到豫章(今江西南昌一带),死在那里。时年 46 岁。

许劭的哥许虔也很出名,汝南人称深潭里出了两条龙。

许劭生平中有两件事在历史上留下了印迹。

第一件事就是他与他的堂兄许靖每月初一都要对当时人物进行一次品评,发布评估报告。当时人们称为"月旦评"。据说,这个"新闻发布会"影响力很大,到了只要有人被他们评论过就会成名的地步。东汉末年流行品评人物的风气,一个人要出人头地,进入上流社会,必须有著名的人物评论家给他做一个鉴定,这样才能得到社会的承认。许劭就是当时有名的人物评论家。

也因此,有了第二件事。当时有个叫桥玄的人很赏识曹操,介绍他去拜见许劭。桥玄对曹操说,你要出人头地,一定要得到许劭的评语。这样才有了曹操求取许劭评估的典故。

据说,当曹操找到许劭咨询的时候,许劭看了看他,便闭目塞听,半天不说一句话。曹操着急了,也很生气,于是拔出宝剑威胁许劭,要他说话。这样,许劭才说出对曹操的评价,这也成为千古流传的名言:"治世能臣,乱世奸雄。"[①](在太平时,您是能臣;在乱世,您是英雄。)得到这样的度量和评价,曹操于是大喜而归。

这个故事同样告诉我们两点。

其一,曹操为什么那么急于得到许劭的评价?一方面曹操迫切希望了解自己,另一方

---

① 见《后汉书·许劭传》及《三国演义》。

面得到许劭的评价有利于他获得重要的晋升推荐书。

其二,许劭对曹操的评估在以后的历史中得到了验证。也就是说,许劭对曹操的"人格测量和评估"具有很高的"实证效度"。从史料上来看,许劭对人格的"测量"和"评估"具有很高的"预测效度"。例如,他逃难到徐州时,徐州太守陶谦对他非常客气,但是他度量和评估了陶谦的人格特征以后,对自己的学生说:"陶恭祖外在表现是仰慕有名声的人,但他并不是真正的正人君子。他招待我虽然优厚,将来势必会变得虚假刻薄。我不如离开他。"于是果断离开徐州。没多久,这个陶谦果然翻脸大肆搜捕逃亡人士,许劭由此躲过一劫。

从心理学的角度来诠释邹忌和曹操这两个著名的历史故事,是很有意思的。这两人在不能确定自己是一个怎样的人这种不确定情境中,都迫切地需要获得别人对自己的度量、权衡和评估。虽然这种度量、权衡和评估还很原始,不够专业和科学,但是仍然能够表明,测量尤其是心理测量是基于人类一种基本的认知需要。人类需要测量,特别是在难以确定的情境中更需要测量。由于人类的心理有太多不确定的情境,所以人类更需要心理测量。

2. 心理测量是人类重要决策必需的手段

在进行重要决策时,人类需要更可靠有效的度量、权衡和评估,因为只有这样才能作出正确的决策,所以测量(包括心理测量)成为人类重要决策必需的手段。下面几个故事能够说明这点。这几个故事同时发生在春秋战国时期,彼此关联,耐人寻味。尤其是学心理学的人,要深刻反思一下其中的道理。

公元前403年,当时晋国的大权被几大家族分割。其中一个家族即赵姓家族,面临政权更替的考验。因为族长赵鞅(简子)年事已高,需要考虑接班的继承人。赵鞅有两个儿子,一个是长子,另一个是小妾生的即庶出的小儿子。赵鞅一直拿不定主意,不知选哪个儿子当继承人为好。这可谓最重要的决策,未来的族长选得好,就能带领家族走向兴旺;选得不好,就可能给家族带来灭顶之灾。

赵鞅使用了以下方法来决定谁当族长。他将一些非常普通的训诫刻在竹简上,将两个儿子叫来,给每人发了同样的竹简,要求他们认真诵读,好好保藏。过了好长一段时间,他再将两个儿子叫来,询问竹简的事。当他要大儿子交上竹简时,大儿子早已不知将之丢到哪儿去了,对于竹简上的训诫,也早已忘得一干二净。然而,当他问到小儿子时,小儿子立刻从长袖中拿出竹简,而且将竹简上的训诫熟记在心;当问起竹简上的内容时,小儿子对答如流。

讲到这里,我们不妨打住,试问:如果换成我们,应该选择哪个儿子做继承人呢?

有的人可能认为老大憨厚老实些,而小儿子显得太有心机,所以会考虑选择老大。也有的人可能认为老大懒散愚笨些,没有小儿子认真负责,会考虑选择小儿子。究竟选择谁做继承人才是对的呢？其实历史已经给了我们的答案。

赵鞅选了小儿子做继承人。这个小儿子叫赵无恤。

与此同时，晋国的另一个大家族智姓家族也面临同样的考验。族长智申也已经老了，需要考虑选择继承人。不过他不像赵鞅那样慎重，他根据自己个人的喜好，决定让他的儿子智瑶接班。但是，这个决定遭到族人智果的反对。智果对智申说："智瑶有五个优点，一个缺点。五个优点是：一表人才，精于骑射，通晓各种技能，文章流利，坚决果断。一个缺点是：心胸狭窄，刻薄寡恩。五个优点加上没有容人之量这样的缺点，谁能与他和平相处？如果让他当了族长，智姓家族一定灭亡。"

但是族长智申并没有听取智果的劝告，坚持选了智瑶当继承人。于是，智瑶就这样走上了历史舞台。

这时，在南方，在吴国，吴王阖闾和孙武站在山上，远眺北方。他们谈到了智瑶当上族长后的智姓家族。

吴王问道："晋国的大权掌握在范氏、中行氏、智氏和韩、魏、赵六家世卿手中……六卿之中，谁先灭亡，哪个家族能够强大起来？"

孙武思考了一会儿，说道："依臣浅见，六卿之中，范氏、中行氏两家最先败亡。"

吴王又问："将军根据什么作出这样的判断？"

孙武说："臣下是根据他们亩制的大小、收取租赋的多少以及士卒的众寡、官吏的贪廉作出判断的。以范氏、中行氏来说，他们以一百六十平方步为一亩。六卿之中，这两家的田制最小，收取的租税最重，高达五分抽一。公家赋敛无度，人民转死沟壑；官吏众多而又骄奢，军队庞大而又屡屡兴兵。长此下去，必然众叛亲离，土崩瓦解！"

吴王又问："范氏、中行氏败亡之后，又该轮到哪家呢？"

孙武回答说："根据同样的道理推论，范氏、中行氏灭亡之后，就要轮到智氏了。智氏家族的亩制只比范氏、中行氏稍大一点，以一百八十平方步为一亩，租税却同样苛重，也是五分抽一。智氏与范氏、中行氏的病根几乎完全一样：亩小、税重，公家富有，人民贫困，吏重兵多、主骄臣奢，又好大喜功，结果只能是重蹈范氏、中行氏的覆辙。"（详见资料链接 1-4）

资料链接 1-4 孙武吴王阖闾问

早在春秋战国时代的孙武，就认为战争胜利的决定因素是顺从民心，并有天时、地利，这样才能无往而不胜。我们来看看他是怎样预测晋国的内战结局的。

有一天，吴王同孙武议论晋国的政事，吴王问道："晋国的大权掌握在范氏、中行氏、智氏和韩、魏、赵六家世卿手中，他们各自掌管晋国的一块地方，相互争权夺利。依将军看来，长此下去，六卿之中，谁先灭亡，哪个家族能够强大起来？"

孙武思考了一会，说道："依臣浅见，六卿之中，范氏、中行氏两家最先败亡。"

图1-6 孙武画像
（明万历《三才图绘》刻本）

吴王又问:"将军根据什么作出这样的判断?"

孙武说:"臣下是根据他们亩制的大小、收取租赋的多少以及士卒的众寡、官吏的贪廉作出判断的。以范氏、中行氏来说,他们以一百六十平方步为一亩。六卿之中,这两家的田制最小,收取的租税最重,高达五分抽一。公家赋敛无度,人民转死沟壑;官吏众多而又骄奢,军队庞大而又屡屡兴兵。长此下去,必然众叛亲离,土崩瓦解!"

吴王见孙武的分析切中两家的要害,很有道理,就接着问道:"范氏、中行氏败亡之后,又该轮到哪家呢?"

孙武回答说:"根据同样的道理推论,范氏、中行氏灭亡之后,就要轮到智氏了。智氏家族的亩制只比范氏、中行氏稍大一点,以一百八十平方步为一亩,租税却同样苛重,也是五分抽一。智氏与范氏、中行氏的病根几乎完全一样:亩小、税重,公家富有,人民贫困,吏重兵多、主骄臣奢,又好大喜功,结果只能是重蹈范氏、中行氏的覆辙。"

吴王继续追问:"智氏家族灭亡之后,又该轮到谁了呢?"

孙武说:"那就该轮到韩、魏两家了。韩、魏两家二百平方步为一亩,税率还是五分抽一。他们两家仍是亩小、税重,公家聚敛,人民贫苦,官兵众多,急功数战。只是因为亩制稍大人民负担相对较轻,所以能多残喘几天,亡在三家之后。"

孙武接着说:"至于赵氏家族的情况,和上述五家不太一样,六卿之中,赵氏的亩制最大,二百四十平方步为一亩。不仅如此,赵氏收取的租赋历来不重。亩大、税轻,公家取民有度,官兵寡少,在上者不至过分骄奢,在下者尚可温饱。苛政丧民,宽政得人,赵氏必然兴旺发达,晋国的政权最终要落到赵氏的手中。"

晋国的内部兼并战争中的结局果然如孙武所料。孙武很精辟地从亩制的大小、收取租赋的多少以及士卒的众寡、官吏的贪廉这些政治经济因素对社会心理亦即人心的影响,来作出正确的分析。

引自:古代名将传编委会.古代名将传.北京:中华书局,1983.

后来的历史告诉我们以下结果:以族长智申个人喜好决定上任的智瑶,果然如智果所料,对人民横征暴敛,对外不断发动战争,民心背离。被族长赵鞅用"测验"的方法选上的赵无恤,治理有方,势力日增,最后他联合其他几个家族,战胜了智瑶。战争中,智姓家族惨遭屠杀,全族灭口。只有那位高人智果,早已预见这种结局,改姓为辅,逃亡他乡,得以幸免这场劫难。

这段彼此关联的历史故事非常有意思,能够给我们什么启示吗?反思一下,应该有以下三点值得我们去思考。

其一,赵鞅可能是最早通过心理选拔进行人事决策的一个人。距今2 000多年,在心理测量史上,他可能是用心理选拔的手段进行人事决策的第一人。他所做的心理选拔就是对两个儿子做了一项心理测量,虽然他实施的心理测量还很原始,是前科学的和准科学水平的。那么,他让两个儿子收藏和诵读竹简训诫这种测量,想测量的是什么? 无疑,他想测量的是他们未来承担家族命运和发展大任的心理品质。大儿子的懒散与小儿子的认真,大儿子的轻率与小儿子的谨慎,大儿子的无心与小儿子的有心,诸多心理品质的比较,无疑小儿子占了上风。这样,他选择了小儿子赵无恤。历史事实为赵鞅的心理测量提供了"实证效度":他选对了,赵无恤的确堪当此任。

其二,赵鞅使用心理测量的方法对未来的族长人选进行了心理选拔,而智申完全凭借个人偏爱选择了未来的族长。这两种选拔方式就像实验组与对照组的比较一样,很能说明问题。历史事实告诉我们,使用心理测量这种心理选拔方式的决策,明显优于仅仅凭借个人偏好的决策。历史告诉我们,通过心理选拔选择的赵无恤能够胜任他的"工作岗位",仅凭个人印象提拔上来的智瑶则带来了全族屠灭的恶果。今天的研究也证明,在人事选拔中,哪怕用再简单的心理测验,也要比仅凭喜好和主观判断有效、公平和客观。而且,如心理测量学家安娜斯塔西所说,在一项人事选拔中,多次使用心理测验和多用几个测验(即所谓序列的、多重的测验决策)效果更好(安娜斯塔西,等,2001,pp.198-201)。

其三,还有两个人预言了智瑶的失败,这就是智果和孙武。智果从领袖人物的人格特质角度进行分析,认为智瑶的人格特质不适合当领袖人物,尽管他有多项超人的优点,但是有致命的弱点,即不能容人,心胸狭窄,所以智果认为用智瑶则必败。孙武从亩制的大小、收取租赋的多少以及士卒的众寡、官吏的贪廉这些政治经济因素对社会心理的影响,即从社会心理角度进行分析,也得出智姓家族必然败亡的结论。两人殊途同归,奇妙地预言了智瑶的失败。

久远的历史事实都告诉我们,在进行重要决策时,运用客观的、有效的度量、权衡和评估非常必要。

我们再来看看国外的经典案例。在第一次世界大战时,美军就使用了心理测验来筛选新兵。美军使用的测量工具就是美军陆军甲乙种测验。到了第二次世界大战时,美军动员了3万名心理学家在军中服务,同样使用陆军甲乙种测验来选拔新兵。使用心理测验来筛选新兵,意味着除了体检以外,还要进行"心检"。当时,其他国家对新兵只是进行体检,不会进行"心检"。只有对飞行员才会进行"心检"。那么,美军使用这样的心理测量有什么好处呢? 据称,在第二次世界大战时,美军要不断补充兵员到欧洲战场,但是,人们发现了一个奇迹:这就是美军新兵的训练期非常短,但是新兵一到战场,战斗力就十分强。这就是说新兵的素质很高。究其原因,与美军实行心理测验筛选新兵有关。

首先,通过心理测验将一些心理素质不高(例如,智力有缺陷的,有心理障碍的,等等)的人筛选出去。这一点很重要。我们知道,在第一次世界大战时,因为心理问题失去作

图 1-7　电视剧《兄弟连》剧照,该剧描述了美军第二次世界大战诺曼底登陆战役

战能力的士兵占 10%,到了第二次世界大战时,因为心理问题失去作战能力的士兵就高达 30%,这个比例是很惊人的。到今天的局部战争时,例如美军经历的海湾战争和伊拉克战争,这 10 年中,士兵自杀的人数居然已超过战斗死亡人数。2012 年,美军打破有史以来最高的自杀人数记录,陆军共有 183 名现役士兵自杀,比 2011 年增长了 16 例。这说明,士兵的心理素质在现代战争中愈来愈重要。而选拔新兵时借助心理测验能筛选出心理素质高的士兵。

其次,美军通过心理测验,将不同心理能力的兵员分配到更适合他们的兵种、战斗岗位,这样一来,就实现了兵力资源的优化、合理配置。这是提高战斗力至关重要的举措。如表 1-1 中所示,美军陆军甲乙种测验发展了各种不同兵种的常模,可以根据这种常模分配兵员到与他们的心理能力匹配和适应的兵种与战斗岗位。

表 1-1　各种兵种的智力常模

种类	平均分*	种类	平均分*
工程	162*	步兵	140
卫生	151	炮兵	150
通讯	149	军需	134
机枪	141		

*　平均分为测验原始分数的平均数,不是智商。
资料来源:王书林.(1935).*心理与教育测量*.北京:商务印书馆,pp.886-887.引用时有改编.

我国军队近几年才开始对新兵进行心理筛选。在以前,新兵入伍只作身体检查。

第二次世界大战后,这种使用心理测验进行人员选拔的成功做法被普遍复制和运用,各大企业公司相继使用心理测验来选拔自己的员工,如今已经成为十分普遍而流行的人员选拔基本程序。所以,人类在作重要决策时,可以将心理测量作为一种必要的技术、方法、手段和策略。

3. 科学心理学不可能没有心理测量

对科学心理学来说,更是不可能没有心理测量。心理测量在心理学中的地位至关重要。我们很难设想,心理学如果没有了心理测量会怎样。就像一个人的大脑,如果失去了左脑半球,将会怎样? 心理学话语体系中的主要内容一直以来主要是由实验和测量建构的。我们下面列举三种观点供大家思考,这些观点表达了心理测量对心理学具有的重要意义。

其一,心理测量是使心理学研究成为可能的一种"桥梁"。这是美国心理学家安德森(Anderson,2001)的观点,他认为心理测量沟通了外在事物与内在心理之间的联系,使心理研究成为可能。心理测量起了"桥梁"的作用。心理测量通过赋值,将外在事物和内在心理转换为一种符号系统,成为科学语言,架起了心理学研究的"桥梁"。如果没有这种赋值,没有这种符号系统,没有这种科学语言,便无从着手研究"看不见,摸不着"的心理与行为。

其二,心理测量是心理的尺度、标准、量具和单位。就像测量人的身高一样,必须使用米尺来测量才精确;米尺上的厘米、毫米这些单位就是保证其精确性的量度。测量人的体温,必须使用体温计,用摄氏度这种量度来衡量才精确。测量血压也一样,必须使用血压计,用水银汞柱这种量度来衡量。所以,对心理的东西,也必须找到一种可以用来进行衡

图 1-8 主试与被试正在做心理测验
心理测验对主试的要求很高,图中主试同时要用秒表计时,还要记录被试的反应。

量的量度单位。例如,智商就是一种可以用来衡量一个人的智力水平的量度单位,人格特质的 T 分数也是一种可以用来衡量人格特质高低的量度单位。当我们找到了可以用来衡量一种事物的量度单位后,就意味着我们发明了一种量具。秤、米尺、体温计、血压计、智力测验、人格测验等,都是人类伟大的发明。更重要的是,当发明了量具后,就意味着发明了一种"标准"。有了这种"标准",人们就可以根据它进行衡量、判断、比较,得出有效、客观、可靠的结论。当人们质疑智力测验等心理测验时,为什么不质疑米尺呢? 因为米尺的测量没有什么误差。

其三,心理测量是科学心理学的"基石"。为什么说心理测量是科学心理学的"基石"? 我们要从两个方面来阐述。首先,如金布尔(Kimbel, 1987)所说,有两种科学的心理学,一是传统的实验心理学,二是心理测量学(psychometric psychology)。心理测量与实验成为科学心理学的两大基石。在心理学的发展历史中,心理测量与实验作出了重要贡献。在我们查阅心理学的历史文献时,或者在我们历数心理学历史中具有重要影响的研究时,每每涉及心理测量。其次,心理测量对心理学的贡献常常用各种运动的形式呈现,也就是说,心理测量常常在社会上掀起普遍的思潮。例如,最早由比奈等人掀起的智力测验运动、以明尼苏达多相人格调查表为代表的人格测验热潮、心理选拔运动、此后的情商思潮……大都涉及全球,影响深远,对普及和发展科学心理学发挥了重要作用。还有一点值得强调,甚至在心理学的实验中,很多情境中都离不开心理测量。这就是说,心理测量可能还是实验的基础。在心理学的实验中,往往要进行前测与后测,这就是心理测量。波林(1981, p.333)这样讨论道:"没有费希纳或类似费希纳的人物,仍可以有实验心理学,仍可以有冯特和赫尔姆霍茨。但是实验里头,可决没有科学的气息,因为一个学科,若没有把测量视为其工具之一,则必不能成为科学的。费希纳因为他的研究及其为此研究付出的时间,使他建立了数量化的实验心理学。"

4. 心理测量对其他学科的贡献与占据的地位

心理测量对其他学科的影响也是深远的。英国心理学家斯皮尔曼在研究智力的结构时,推进了因素分析算法,从而推进了多元统计学的发展。智力测验运动对教育学、管理学、社会学等学科的影响也是巨大的。更耐人寻味的是,心理测量发展出来的概念和理论,例如信度、效度等,更是深刻地影响了科学研究,尤其是人文科学领域的研究。后现代主义者挑战客观、真理、科学,甚至认为心理测量占据了"统治地位",意欲颠覆而后快。但是,他们面对效度等理论和概念,却十分头痛。他们不得不承认效度是一个令人头疼的建构,既不能被轻易地忽视,也不可被轻易定型。因为它提出了一个必须回答的问题:研究是否足够真实或可信? 什么才是严谨的研究? 也就是说,后现代主义者可以推翻和颠覆科学、真理,却不能撼动心理测量学中的"效度"。

于是,后现代主义者不得不接受效度的概念,但是他们对效度概念予以改造,认为效

图 1-9　学生正在做心理测验

度存在以下四层含义。

其一，作为公正性的效度。后现代主义者同意有一种检验一项研究是否可信、严谨或有效的标准，这表现在研究中所有利益相关者的观点、视角、主张、关注和声音都应该在文章中得到彰显的公正性上，或者由研究参与者及其接触过的人制定的真实可信的标准，以及这项研究推动研究参与者行动和参与道德批判的能力。

其二，作为标准的效度。后现代主义者如施瓦特（Thomas A.Schwandt）提出要与标准学告别，即与那些"决疑解惑、判断真伪对错的规则性规范"说再见，但是他们并不能真正告别标准，相反提出了另外一些标准。例如，他们认为在比较和认定某一研究比另一研究更好时，要求社群的赞同和某种形式的严谨，这就是一种标准。

其三，作为与伦理联系的效度。后现代主义者将效度与伦理结合起来，以此来判断一项研究的"道德轨迹"。例如，社群是如何评定质量的；研究是否反映了"多重声音"而不只是研究者一人的声音；研究者是否有深刻的自我反思；研究中的关系在多大程度上是互惠的而不是等级森严的。

其四，抵抗常规的、解构的效度。有后现代主义者提出所谓的"三角剖分"效度，认为研究要从多角度来寻找"证据链"，例如，要从研究者、被研究者、资料等方面同时寻找证据。理查森（Brian Richardson）则进一步提出"晶体化"（transgression）效度，认为效度不应是三角的，这是死板的、固定的二维对象，而应该是晶体状的，将对称性、实质性与几乎有无穷种类的形状结合起来。晶体会不断成长、变化，但不是无定形的。晶体是多棱镜，它反射出各种外在性而且在它们之间产生折射，创造出多样的色彩、模式和排列。可见，后现代主义者将"效度"概念发挥得与原来的完全不一样了（邓津，林肯，2007，pp.193-194）。

可见，心理测量对其他学科的影响是很大的。总而言之，在人类的生产和生活中，测量无所不在，测量出现在人类生活中的每一个角落。人类离不开测量，也离不开心理测量。

图 1-10　面试

我们一生中,不知要经历多少形形色色的心理测量:从幼儿园、小学、中学到大学……无数次的考试测验,就是对我们的学习水平、能力的评价;此外,教师每个学期对我们的鉴定,不仅包括学习方面,而且包括人格等方面素质的评价。选择职业时的面试、笔试、心理测试等,更是试图对我们各方面的心理素质作出评价;工作单位里的种种考核,无穷无尽;评估的方式方法,更是层出不穷。

人类离不开心理测量,因此不可能取消心理测量。我们只有一条路,这就是:努力发展心理测量,不断提高心理测量的效用。

二、心理测量的概念与理论体系

什么是心理测量? 心理测量与其他测量有何不同? 心理学家是如何定义心理测量的?

1. 物理测量与心理测量

(1) 测量的概念和要素

测量(measurement)是依据一定法则用数字确定事物的特征与性质。具体地说,测量就是对可直接观察或不可直接观察的对象,使用特定的方法、技术与工具,采用一定的尺度进行度量,将量化的结果与参照系比较,从而作出评价的过程。换句话说,测量是对可直接观察或不可直接观察的对象,采用一定的尺度进行度量,将量化的结果与参照系比较,从而作出评价。

在测量的概念中,有对象、方法、尺度、度量、参照系和评价六个要素。

其一,测量首先要有对象。测量的对象包括可以直接观测的对象,如身体的高矮、物体的远近、道路的宽窄等,也包括不可直接观测而只能间接测量的对象,如体温、血压、智力、自我等。

其二,测量还要使用一定的方法。例如,测量身高要用米尺,测量体温要用体温计,测量血压要用血压表,测量智力要用智力测验量表。

其三,测量要使用相应的尺度。测量身高要用厘米计算,测量体温要用摄氏温标,测量血压要用水银汞柱,测量智力要用智力商数(IQ)。

其四,测量要进行具体的规范的度量操作。测量距离要用测距仪器进行规定的操作;测量血压要注意姿势、情绪,规范使用血压计;测量智力要注意控制好测验情境、被试的身体和心理状态,熟练操作智力测验。

其五,测量要有一定的参照系。测量获得的数量化数据必须与一定的参照系进行比较才能下结论,仅仅有原始数据没有任何意义。例如,测得一个男人的身高是 170 厘米,如果不知道全国男人的平均身高,不与平均身高这个参照系去比较,就没有意义。比较后得知这是属于平均身高,这种结论才有意义。测得一个人的体温是 37 摄氏度,如果不与正常人的平均体温这个参照系去比较,也没有任何意义。只有与正常人的平均体温去比较,才能得知 37 摄氏度是正常的体温。

其六,测量的目的是评价。测量是要作出评价的。《辞海》认为,评价"泛指衡量人物或事物的价值"。《英汉大辞典》认为,评价(evaluate)是"一种检验过程,以确定某个硬件或软件产品是否能够实现一个特定要求的功能,或是为了确定两个以上产品中哪一个最好"。"estimate"指"根据个人的知识、经验或认识而形成看法或判断,并强调其估计的结果可能是错的","appraise"指"根据内行的意见,作出正确无疑的估计","evaluate"指强调"评定某人(物)的价值"。我们要了解两个要点:一是测量通过量化作出评价,是为了更加精确、客观;二是测量作出的评价是通过与参照系比较得到的相应结果。

(2) 物理测量与心理测量的比较

测量高度、重量、速度与测量智力、人格、创造性有什么相同之处和不同之处? 也就是说,物理测量与心理测量有什么不同吗?

请大家注意看表 1-2,表中比较了几种不同的测量,我们来看看它们有什么不同,然后从中归纳出一些特点。

表 1-2 物理测量与心理测量的比较

对 象	方法技术工具	尺 度	度 量	参照系	评 价
身高(可直接观察)	米 尺	厘米制	160(物理)	全国平均身高(170)	矮 小
反应时(可直接观察)	计时器	分秒	50(物理)	实验组平均数(30)	反应慢
血压(不可直接观察)	血压计	水银汞柱	160/128(物理)	全国平均(140/90)	高血压
智力(不可直接观察)	智力测验	T 分数	130(心理)	全国平均智商(100)	超 常

从表 1-2 可以看到,各种测量之间其实有很多的相同之处。例如,都有测量的对象,都使用了一定的方法,都采用一定的尺度进行度量,并与特定的参照系比较,从而作出评价。

但是,也有两个值得注意的不同之处。第一,测量对象有可直接观察与不可直接观察之分。如果是可直接观察的对象,就可以直接测量,测量的误差很小甚至没有。如果是不可直接观察的对象,只能间接测量,心理测量主要是一种间接测量。间接测量需要建构概念,然后再度量概念,所以存在复杂的测量误差。第二,在不可直接观察的间接测量中,还有物理测量与心理测量的不同。这种不同主要在于心理测量比物理测量更复杂,它不仅要建构概念,而且要对概念再建构行为样本。

(3) 如何建构概念和行为样本

心理测量是一种间接测量,而且这种间接测量要通过建构概念,继而建构行为样本,这样才能测量复杂的人类心理。那么,怎样建构概念和行为样本呢?

其一,建构概念。在心理测量中,首先要对观察到的一系列行为进行概括,通过科学抽象建构相应概念。例如,我们要测量人类智力,但是智力是什么呢? 它似乎看不见,也摸不着。但是,我们确信智力是存在的,因为这是人们在学习、生活、工作中表现出来的导致优胜劣败的能力。我们必须首先确定它,给它一个可操作的定义。这就是建构概念。对智力测验的创始人比奈来说,智力是一种判断的能力、创造的能力、适应环境的能力。善于判断,善于理解,善于推理——这是智力的三种要素。然而,对美国心理学家韦克斯勒来说,智力是一个人有目的地行动,合理地思维和有效地处理周围环境汇合的或整体的能力。两位著名的智力测验的编制者关于智力的操作性定义不尽相同。又如人格的测量,对于"什么是人格"必须有一个操作性的定义。我们知道,人格是人们在生活、学习、工作中表现出的稳定的重复的差异,但是知道这点还不够,还必须给出操作性定义。心理学家卡特尔是这样给出人格的操作性定义的:人格即特质,人们在不同时间和情境都保持的行为形式与一致性。这种特质就是人格的基本单位。另一位心理学家高夫(Harrison Gough)认为,可以用人际意义评价和描述来确定的个人在特定情境的、可以预测的行为。

其二,建构行为样本。给出操作性概念以后,还必须进一步去建构行为样本。建构行为样本就是选取和建构有代表性的行为样本,以表征和测量所建构的概念。这一点对初学者来说比较难以理解。我们举例说明。假设我们建构了智力的操作性概念后,怎么去测量智力呢? 比奈将智力定义为一种判断的能力、创造的能力、适应环境的能力,并认为判断、理解、推理是智力的三要素。那么,怎样去测量判断、理解、推理能力呢? 人们在学习、工作、生活中,甚至在吃饭、上厕所、休闲……任何场合都有判断、理解、推理。我们能够编制一个包括人类生活所有场合和情境中的判断、理解、推理的测验吗? 不可能,也没有必要。为此,我们就要对所有场合和情境中的判断、理解、推理进行取样,选取更有代表性的行为样本,进而经济、高效地测量到全面的判断、理解、推理能力。例如,在斯坦福-比奈智力量表第三版中,就选取了比圆形、说出物名、辨别图形、迷津、找寻失物、心算、推断结果、指出缺点、描画图样、数学巧术、方形分析、盒子计算、说出共同点、语句重组、说反义词等51项智力行为样本。韦克斯勒智力测验(如韦克斯勒儿童智力量表)中,则选取了常识、类同、算术、词汇、理解、填图、排列、积木、拼图、迷津这样一些行为样本。人格测量也一样,在卡特尔16种人格因素问卷中,选取了16种行为样本(即根源人格特质):乐群性、聪慧性、稳定性、恃强性、兴奋性、有恒性、敢为性、敏感性、怀疑性、幻想性、世故性、忧虑性、实验性、独立性、自律性、紧张性。高夫在加利福尼亚心理调查表中,则选取了适意感(Wb)、好印象(Gi)、宽容性(To)、自我控制(Sc)、顺从成就(Ac)、独立成就(Ai)、智力效率(Ie)、心理感受性(Py)、责任心(Re)、社会化(So)、同众性(Cm)、社交能力(Sy)、社交风度(Sp)、自我接受(Sa)、支配性(Do)、通情(Em)、独立性(In)、进取性(Cs)、女性化/男性化(F/M)、灵活性(Fx)这样一些行为样本。

表 1-3　心理测量中的建构

举例	行为观察	概念建构	行为样本建构
智力	人们在学习成绩、工作效率等方面表现出的优劣成败的差异	比奈:智力是一种判断的能力、创造的能力、适应环境的能力。善于判断,善于理解,善于推理,这是智力的三种要素。	比圆形、说出物名、辨别图形、迷津、找寻失物、心算、推断结果、指出缺点、描画图样、数学巧术、方形分析、盒子计算、说出共同点、语句重组、说反义词等51项(斯坦福-比奈智力量表第三版)
		韦克斯勒:智力是一个人有目的地行动,合理地思维和有效地处理周围环境汇合的或整体的能力	常识、类同、算术、词汇、理解、填图、排列、积木、拼图、迷津(韦克斯勒儿童智力量表)
人格	人们在生活、学习、工作中表现出的稳定的重复的差异	卡特尔:人们在不同时间和情境都保持的行为形式与一致性,即特质。这是人格的基本单位	16种根源人格特质:乐群性、聪慧性、稳定性、恃强性、兴奋性、有恒性、敢为性、敏感性、怀疑性、幻想性、世故性、忧虑性、实验性、独立性、自律性、紧张性(卡特尔16种人格因素问卷)
		高夫:可以用人际意义评价和描述来确定的个人在特定情境的、可以预测的行为	适意感(Wb)、好印象(Gi)、宽容性(To)、自我控制(Sc)、顺从成就(Ac)、独立成就(Ai)、智力效率(Ie)、心理感受性(Py)、责任心(Re)、社会化(So)、同众性(Cm)、社交能力(Sy)、社交风度(Sp)、自我接受(Sa)、支配性(Do)、通情(Em)、独立性(In)、进取性(Cs)、女性化/男性化(F/M)、灵活性(Fx)(加利福尼亚心理调查表)

由此可见,心理测量这种间接测量比测量体温、血压这类间接测量等更复杂。如果说测量体温、血压也受很多因素的影响,存在很多测量误差,那么心理测量实际上比测量体温、血压更加困难,存在更加复杂的测量误差。

2. 什么是心理测量

关于心理测量这一概念,有很多不同的表达。例如,心理测验(psychological test; psychological testing)、心理测量(psychological measurement)、心理测量学(psychometrics)。"psychological test"偏重指称那些物化的心理测验工具、量表等。"psychological testing"则偏重指称正在进行的心理测量过程。"psychological measurement"则可以概括地指称"psychological test""psychological testing"。"psychometrics"则是对这门学科的总称。我们从psychological measurement(心理测量)的意义上来讨论这个定义。那么,什么是心理测量呢?

(1) 心理测量的定义和特征

关于心理测量,不少心理学家给出了各自的定义。美国心理测量学家克龙巴赫(Lee

图1-11 克龙巴赫

Joseph Cronbach,1916—2001)认为,测验是借助数量等级或固定类别来观察和描述行为的一个系统化程序。史蒂文斯(Stanley Smith Stevens,1906—1973)则认为,"广义地说,测量就是根据法则而分派数字于物体或事件之上"(Stevens,1951)。

克龙巴赫和史蒂文斯两人的定义中都表达了测量的两个重要特征,这就是数量化和进行数量化的程序与法则。克龙巴赫所说的"借助数量等级或固定类别来观察和描述行为"和史蒂文斯所说的"分派数字于物体或事件之上"都是指数量化、赋值。然后,两人都同时强调了这是一个"系统化程序"或"法则"。虽然他们的定义中抓住了心理测量的两个重要特征,但是在今天看来,这些早期的定义似乎并没有十分贴切地定义心理测量。

美国心理学会前主席、心理测量学家安娜斯塔西(Anne Anastasi,1908—2001)给出的定义就贴切多了。她认为,"心理测验本质上是对行为样本的客观和标准化的测量"(安娜斯塔西,等,2001)。在她的定义中,她抓住了心理测量的几个重要特征,即心理测量关键在于要抽取**行为样本**,还要进行**标准化**的工作,最后才能作出**客观**的判断。但是,安娜斯塔西的定义有一个逻辑错误,即循环定义:心理测验……是……测量。

我们综合概括前人的观点,试图给出一个更有概括力的定义:心理测量是通过对行为样本的标准化的度量,从而对人的心理作出客观科学的评估的方法、技术或工具。

在心理测量的定义中,下面五点值得我们关注。

图1-12 安娜斯塔西

其一,度量、数量化或赋值。测量是一定要进行度量的,这个度量过程就是数量化或赋值的过程。这应该是测量的最重要特征,所以克龙巴赫和史蒂文斯都强调这一点。那么,安娜斯塔西是否忽略了这一点呢? 没有。她将心理测量的度量、数量化或赋值过程说得更详细:心理测量的度量、数量化就是通过对行为样本进行标准化来实现的。所以,行为样本与标准化这两点非常重要。

其二,行为样本。前面我们已经讨论过行为样本。行为样本是对特定的行为的取样,如韦克斯勒智力测验的常识、积木、拼图;加利福尼亚心理调查表中的通情、独立成就等。由于心理测量不可能测量人类全部的行为,所以只能选取具有代表性的行为样本来测量。我们通常说的心理测量中的测验项目,就是不同的行为样本。选取不同的测量项目对心理测量来说非常重要。

其三,标准化。安娜斯塔西强调标准化很有道理,因为心理测量从根本上来说就是制定一种标准。标准化有两层意义:一是指测验实施和评分程序中的一致性。如果一个测验为全世界的心理学家所使用,那么全世界的心理学家都必须保证测验实施和评分是一致的。也就是说,要做到规范化、标准化施测和评分。二是指建立测量的常模。如果一个测验检验了信度、效度,并建立了常模,那么这个测验就成了标准化的测验。换句话说,这个测验是有标准的。心理测验只有保证实行这两个标准化,才能获得可靠、有意义的结果。

其四,客观。如果一个测验通过对行为样本实行了标准化的度量,就能够得出客观的判断和结论。这是科学心理学追求的目的。例如,一位大学生觉得自己脑子不好用,怀疑自己的智力有问题;但是,他做过一项标准化的智力测验以后,发现他的智力没有问题,而且智商115,属于中上水平。他不相信这个结果。且问:是这位学生自己的感觉客观,还是智力测验的结论客观? 显然,这位学生对自己的看法是主观的,而智力测验的结论是客观的。为什么呢? 因为智力测验的结论是将他的得分与全中国同年龄组的平均智力水平比较后得出的结果。与全中国同年龄组的平均智力水平比较后得出的结论当然更加客观、可靠。

其五,方法、技术或工具。心理测量是什么? 前面已经讨论过,心理测量包括两方面的内容:一是进行测量的方法和技术,即"psychological testing";二是用以测量的工具,即"psychological test"(包括心理测验的器材、量表等)。

(2) 怎样做心理测量示例

我们来看看心理测量是怎样做的。美国人格心理学家普汶(Lawrence A. Pervin)曾报道了一位名叫贺杰姆的大学生所做的心理测量资料(Pervin,1986,pp.564-581):

贺杰姆罗夏墨迹测验的结论:

他对性角色感到冲突,他既渴望从一个母性的女人那儿得到抚慰和接触,同时又对这种强烈的渴求有罪恶感,并对女人有很强的敌意。他表面上相当被动、顺从,而在这样圆滑的前后隐藏着愤怒、悲伤和野心。

贺杰姆卡特尔 16 种人格因素问卷的结论：

测验显示，贺杰姆是个十分聪明外向的年轻人，虽然他没有安全感，容易沮丧，依赖。贺杰姆较他最初给人的印象还不够果决、正直、冒险，对他自己是谁、他将何去何从感到困惑和冲突，偏向自省，焦虑高。剖面图显示，他可能有周期性的情绪波动，也可能有过心身症的病历。

图 1-13　罗夏墨迹测验中，心理学家与被试的坐位、给被试呈现图片的方式等都有严格的安排
资料来源：Irwin G. Sarason & Barbara R. Sarason(1996). *Abnormal Psychology*. Prentice-Hall, p.116.

贺杰姆明尼苏达多相人格调查表的结论：

贺杰姆似乎按照真实情况回答问题。看不出有否认或夸张的现象，但显示他答题时有自暴自弃的态度。这表示当时他正对自己的问题不知如何应付，而偏向注意失败的一面。他的分数中最显著的特色是抑郁。从抑郁这一项分数和剖面图上的其他分数，看出有精神官能困扰的可能。贺杰姆常有不适的感觉，有性冲突，觉得受抑制。他报告他的性生活不满足，说他对性的事情忧虑，觉得几乎随时都在担心什么事情。显示他有慢性的焦虑、疲劳和紧张。很可能在他的抑郁下，伴随有自杀的念头。贺杰姆有许多不成熟的特性，倾向于愤恨不满，不易应付挫折。他在社交情况下觉得不安，对小小的病痛也会大加埋怨。他一方面想接近他人，另一方面又逃避亲密的人际结合。他很理想主义，对他人的反应敏感，对工作和人际关系谨慎。然而基本上他还是一个敏感、保守、缺乏安全感的人，踌躇不愿与人建立深切而有意义的社会关系。他在不明确的新情境下，特别易于固执僵化，缺乏安全感。

由于人的心理往往是"看不见、摸不着"的，所以对人的心理的测量评价必须通过严格控制的心理测验，根据相应的合适的常模进行推论。其中一整套的操作程序必须规范而严谨,对主持测验的主试也有相应的严格要求。因为只有这样,才能保证测量的结论客观、准确。

3. 测量的量化水平

测量有不同的量化水平。所谓量化水平(scale,亦称"测度",也有翻译成"量表"),是指使用的变量属于什么类型。有的变量量化水平较低,如**称名变量**(nominal variable,分类变量或命名变量),因为这种变量只能用来对观测对象进行标识和分类,不可以加减乘除。如性别、学号、班级、民族等。有的变量量化水平较高,如**顺序变量**(ordinal variable),它可以对观测对象进行分类并按照顺序排列,可以比较高低大小,但是难以加减乘除。文化程度、排行榜、价值排列等都属于顺序变量。**等距变量**(interval variable)的量化水平又要比顺序变量的高些,它对观测对象按顺序排列并有相等的距离,可以加减,但是它没有绝对的 0 点,因此难以进行乘除的运算。像温度、智商等就是等距变量。量化水平最高的是**比率变量**(ratio variable),比率变量对观测对象按照顺序排列,有相等的距离,而且有绝对的 0 点,所以可以进行加减乘除的各种运算。年龄、身高、体重、反应时、速度等就是比率变量(见表 1-4)。

表 1-4 测量的量化水平

变 量	量化水平	解 释	举 例
称名变量	低(不可加减乘除)	对观测对象进行标识和分类	如性别:男女(1、0);车牌号
顺序变量	较高(可比较高低大小,但难加减乘除)	对观测对象进行分类并按顺序排列	如文化程度:小学、初中、高中、大学;排行榜;价值排列
等距变量	高(可加减,无绝对 0 点,故难乘除)	按顺序排列且彼此有相等的距离	如温度、智商
比率变量	最高(有绝对 0 点,可加减乘除)	按顺序排列且彼此有相等的距离,并有绝对 0 点	如年龄、身高、体重、反应时、速度

4. 测量误差与来源

凡是测量皆有误差。间接测量比直接测量误差大,心理测量比物理测量误差大。可以这样说,心理测量所作的很多努力都是在了解测量误差,分析测量误差,控制测量误差。

(1)测量误差的含义和种类

什么是测量误差?**测量误差**(measurement error)是指在测量过程中由那些与测量目的无关的因素导致的不准确、不一致的测量效应。例如,我们要测量的是认知能力,但是,由于被试在测验过程中情绪状态不佳,测验发挥很不理想,这样一来,被试在认知能力上的低分可能是由于情绪导致的,情绪不佳导致的测量误差干扰了认知能力的测量。又如,由于测验题目编制得不好,有不少题目更多地与知识水平有关,这样测量到的认知能力中还有知识水平的效应,不是单纯的认知能力。知识水平造成的效应就是测量误差。

测量误差有随机误差和系统误差两种。

随机误差(random error)是与测量目的无关的偶然因素引起的误差。它使多次测量产生不一致的结果,而且它的大小、方向都是随机的。例如,在做一项速度测验时被试因为身体不舒服(发烧)导致发挥不佳;或者在做测验时受到突然出现的外人的干扰,导致测验没做好。身体不适、出现的干扰,这些因素是偶然出现的,它们对测验的影响是随机的,我们不能预测它们影响测验的方向以及大小程度。

系统误差(systematic error)则是与测量目的无关的因素引起的一种有规律、稳定的误差。它稳定地存在于多次测量中。与随机出现的误差不一样,系统误差是有规律并稳定出现的误差。如果一项测验要测量的是成就动机,但是其中某些测题没有编制好,它们真正测量的却是自尊,那么这些测题导致的测量误差将稳定地、有规律地始终出现在这个测验中,这就是系统误差。还有一种情况,假设一项测验有几个分量表,但测验编制者在计算这些分量表的总分时将第一个分量表的题目错误地加到第三个分量表中,那么这种计分的误差也将有规律、稳定地出现在整个测验中,因计分导致的误差也将是一种系统误差。

这两种测量误差还有一些不同的特点。系统误差只影响测量的准确性(效度);随机误差则既影响测量的稳定性(信度),又影响其准确性(效度)。

(2) 测量误差的来源

这些测量误差是怎样出现的呢? 一般来说,测量误差主要来源于测验本身、施测过程和测验对象三个方面。

其一,测量误差来自测验本身。测验本身可能导致误差。例如,测验题目的编制可能不达意,导致被试难以理解,或者造成歧义,被试的回答可能出现偏差。又如,题目量太小,以至于不能完全测量到要测量的内容,这样也会导致误差。还有,测验的评分标准如果不客观,也会导致评分者之间出现不一致,形成误差。

其二,测量误差来自施测过程。心理测验的实施需要有一个规范的测验情境。规范的测验情境包括三要素(即"三合"):一个合格的主试、一群合作的被试和一个合适的测验情境。现在心理测验被滥用的情况非常严重,不少人使用心理测验都缺乏"三合"。例如,有的人将测验问卷托人分发给被试做,没有主试主持测验,这样肯定是不合规范的,会导致严重的测量误差。也有的人不管被试是否愿意合作,强行将测验发给被试做,这样也会导致严重的测量误差。此外,还有人根本不考虑控制测验情境,例如随意放在大街上做心理测验,这样都会导致测量误差,甚至可能使测验得出令人啼笑皆非的结果。

可见,有大量的测量误差来自测验实施过程,其中比较多见于以下四种情况。

1) 主试效应导致的误差。主持测验的主试必须是受过训练的、合格的专业人士,否则会使测验得不到应该正确可靠的结果。合格的主试懂得怎样标准化地使用指导语,不能标准化地使用指导语会带来严重的测量误差。有不少研究表明,不能规范地使用指导语,会造成很大的测量误差。例如,对智力测验来说,可能会造成平均智商相差 10 多分这么大的误差。此外,合格的主试更懂得取得被试的合作是非常重要和必要的任务,他们会熟练地、恰当地唤醒被试的兴趣,获取被试的合作。

2)测验情境控制不力导致的误差。测验的情境很有讲究,光线必须充足,室内必须安静,除主试与被试之外不得有第三者在场,否则会造成测量误差。

3)测验时间导致的误差。测验实施的时间也有讲究,不能在被试疲倦、情绪波动的时候进行测验。如果在上午最后一节课时进行测验,那么学生因为疲倦或饥饿,可能不会或不愿认真做测验。在员工快要下班时做测验同样是不明智的,因为员工一是疲倦,二是赶着回家,不一定会很好地合作。

4)测验安排不当导致的误差。怎样安排测验也很有讲究。例如,问卷与答卷是否要分开来施测,对低年级的学生如小学三年级以下的学生,研究表明是不好分开的,分开施测会导致测量误差。题目类型也要注意编排,如果安排不当,被试可能会糊涂,因此可能不懂得怎样回答甚至放弃回答。

其三,测量误差来自测验对象。还有一些测量误差与被试有关。以下一些常见的被试反应会导致测量误差。

1)测验动机。被试缺乏测验动机或测验动机太强都会导致测量误差。被试缺乏测验动机,不愿意做测验而勉强回答,其结果不可靠和不可信。同样,被试测验动机太强,力图获得他想获得的满意结果,就像在应聘时做心理测验那样,由于他竭力想表现得更好,必然会导致测量误差,这就是装好效应或者社会赞许效应。

2)测验焦虑。几乎所有的被试面临各种测验时,都会不同程度地存在测验焦虑。所以,合格的有经验的主试知道如何去减轻被试这种普遍出现的测验焦虑,从而控制测量误差。特别是面对一些对自己具有特殊的、重大意义的测验时,测验焦虑更大。而且,面对某些特殊的测验,如智力测验或其他能力测验时,测验焦虑也会很大。

3)练习效应。被试做过某种测验后,再次来做同样的测验时,就会出现练习效应。练习效应会导致测量误差。特别是对一些能力测验(如智力测验)来说,练习效应是普遍存在的。两位智商本来完全相同的人,假设其中一人对某个测验已经做过多次,而另一人从来没有做过,他们一道完成这项测验后,其结果会是怎样? 可想而知,练习过的人智商肯定比没有做过的人要高。这就是测量误差。

4)反应倾向。被试在做心理测验时会有很多反应倾向,这些反应倾向会带来测量误差。例如,被试的"中庸心向"会使他们倾向于对问题作出折中的、不偏不倚的回答,甚至在等距量表上会不断选择中间的那个选项。"装坏心向"会使被试倾向于选择负面的回答,夸大自己的症状。这在精神病院的住院患者身上比较多见,因为他们有意夸大病情,从而获得医护人员的同情和关心,或者尽量拖延时间不回到自己那个充满矛盾的家和自己可能难以适应的社会去。在心理咨询室也会有这种情况，来访者为了获得咨询师的同情和支持，可能也会有这种"装坏心向"。

5. 真分数数学模型

经典测量理论基于真分数数学模型。

什么叫真分数呢？真分数(true score)就是一项测验真正测量到它要测量的对象的程度。例如，一项智力测验多大程度上真正测到它要测量的智力。但是，一项测验多大程度上真正测到它要测量的对象，是很难知道的。因此，真分数是一个假设的分数，我们只能通过估计测量误差大概知道它是怎样的。

真分数数学模型认为，观测分数(X)等于真分数(T)与测量误差(E)之和：

$$X = T + E$$

这个数学模型可以引申出三个定理：

（1）反复多次的平行测验，可以使观测分数的平均数接近真分数，误差接近0，即：

$$\sum(X) = T \qquad \sum(E) = 0$$

（2）真分数与误差的相关为0：

$$\rho(T, E) = 0$$

（3）各平行测验的误差之间的相关为0：

$$\rho(E, E) = 0$$

测量的信度、效度理论都是根据这个真分数数学模型推导出来的。在后面讨论信度和效度时，我们还会再引用这个真分数数学模型。

德国哲学家康德(Immanuel Kant，1724—1804)认为，这个世界上存在一种"物自体"。

图 1-14　康德

这个"物自体"不依赖于人类而存在。假设人类不存在时，这个地球和宇宙存在的事物就是这个"物自体"。人类对"物自体"的认识永无穷尽，人类的认识永远只是在逼近"物自体"。真分数与"物自体"相似，在心理测量中，我们所作的努力是在逼近真分数，我们几乎永不可能完全测到真分数，使误差完全等于0。

"物自体"还应当有另一层含义。不仅人类对"物自体"的认识永无穷尽，永远只是在逼近"物自体"，而且不同的人从不同的角度认识"物自体"，可以获得不同的真理。在心理测量中，对同一种研究对象，不同的研究者从不同的角度可以获得不同的真分数,这样更给心理测量带来了复杂性。

康德一生没有离开过他的故乡小镇方圆 40 公里的范围,但他勤于思考,以至于"秀才不出门,能知天下事"。后来,全世界的学者都涌向他的故乡小镇,就像朝圣一样。康德的不可知论似乎充满了对未知世界的无限敬畏,然而他并没有放弃求知的探索。有意思的是,康德说过心理学不能用数学的方法达到目的。与康德正好相反,赫尔巴特却认为,心理学只有应用数学,才能成为一门科学。或许康德已经看到心理学量化分析的局限,赫尔巴特却看到心理学量化分析的优点?

6. 心理测量的理论体系

心理测量学的理论体系主要包括两大结构,一是经典测量理论(或称古典测量理论),二是现代测量理论。

经典测量理论基于真分数数学模型,主要包括信度理论、效度理论和常模理论。

现代测量理论是在经典测量理论的基础上发展而来,拓展了经典测量理论的研究,并在某些方面修正了经典测量理论的"漏洞"。例如,概化理论是对信度理论的进一步发展,经典测量理论中对信度的计算存在许多缺陷和"漏洞",概化理论修正并解决了这些缺陷和"漏洞"。项目反应理论则是经典测量理论中项目分析的发展,它不仅能够更好地进行项目分析,更使由电脑实行的自动化测验(即自适应测验)成为可能。结构方程建模更是取得令人瞩目的进展,它使理论、统计、实验完美地整合在一起,而且可以在电脑上自由实施。多层线性模型使从多方面考察多变量的关系成为可能,当我们通过多种变量预测另一些变量时,我们能够考察还有一些什么变量在影响我们的预测。

三、心理测量的理论假设

1. 凡是存在的,都是可以测量的

美国心理学家桑代克(Edward Lee Thorndike, 1874—1949)1918 年提出一个著名的命题:"凡存在的东西,都有其数量"(Whatever exists at all, exists in some amount)。的确,人有智愚之分,物有轻重长短之别,这"智愚之分"和"轻重长短之别"就是量的概念。一方面,这些数量是人与事物自身具有的特征、属性;另一方面,人们还可以对事物赋值。例如,我们用"1"标识男性,用"0"标识女性。

美国心理学家麦柯尔(William Anderson McCall, 1891—1982)1939 年提出另一个著名的命题:"凡有数量的东西,都可以被测量"(Anything that in amount can be measured)。既然什么事物都有数量,测量的过程实际上也就是对事物赋予数量的过程,那么世界上就没有什么事物是不可以测量的了。

将桑代克和麦柯尔提出的命题放在一起,就有了这样一个新命题:"凡是存在的,都是可以测量的。"

这个命题很有气魄,体现了心理测量学家十足的自信和勇气。这个命题对心理学来说更重要。有些人认为,人类的心理"看不见,摸不着",非常玄乎,高深莫测,很大程度上是主观的东西。甚至有人坚信中国的那句俗语——"人心叵测",认为人的心理是不可能测量到的。有些人甚至可能会举出这样的例子来:爱情能测量吗?每个人的爱情各不相同,而且爱情是那么主观的东西,这有可能测量吗?心理测量学家的回答是:"凡是存在的,都是可以测量的,爱情只要存在就完全可以测量。"事实上,心理学家已经发展出各种各样的爱情量表,用来测量在一般人看来是完全不可能测量的爱情。这就是心理测量学家的高明之处。当我们学完这门课程以后,掌握了心理测量的理论与方法,我们就可以理解为什么类似爱情这么复杂的东西都是可以测量的,而且懂得怎样去测量。

今天的心理测量实际上已经渗透到心理学的一切领域,如临床心理学、人格心理学、社会心理学、管理心理学、发展心理学……在心理学的所有领域,都离不开心理测量。今天的心理测量实际上也已经渗透到人类生活的一切领域,只要有人存在的地方和领域,都有心理测量:人格、态度、兴趣、动机、智力、情绪、心理弹性、乐观、心理障碍与症状……所以说,怀疑心理测量能否测量人类心理的某些方面和领域是没有必要的。

同样,贬低心理测量的作用与意义也是偏颇的。有的人认为,既然心理测量与物理测量相比,心理测量的误差要大很多,那么心理测量至少在今天看来还是原始的、粗糙的。我们不能同意这种看法,因为,其一,不能将心理测量与物理测量相比,虽然都是测量,但是测量的对象不同,测量的方法技术也就有很大的不同。物理现象比较容易观测,像身高、体重这样的现象其属性特征相对比较简单、单一、稳定,很容易测量,心理现象却远非如此,更加复杂,不容易观测,例如人的性格、爱情、心理障碍等,所以两者不可同日而语。其二,不能只考虑测量的精度。对身高的测量精度肯定比对性格的测量精度高很多,两者的测量难度却极不相同,身高只是一种属性,性格却有 N 种属性;身高很容易观测,性格却很难观测。所以,不可以如此简单轻率地比较两者,然后得出心理测量更加粗糙的结论。

然而,一切事物都是可以测量的假设,似与量子力学中的"测不准"原理相矛盾。量子力学发现,在微观世界中,粒子的运动并无规律可循,它们可以因观察者的角度不同而不同,所以说,粒子的运动是难以测量的。我们如何看待这一矛盾呢?

首先,物理世界中粒子的运动与心理世界中各种心理活动不是可以简单直接比较的两个对象或领域。粒子的"测不准"原理不一定适合心理世界。粒子运动的特点与人类心理活动的特点不是一样的。因此,测量粒子的方法和技术与测量心理的方法和技术也是完全不一样的。其次,心理测量的历史与经验也已经告诉我们,心理学家对人类心理的测量已经创造卓越的成果,从智力、人格、动机、兴趣、态度、特殊能力,到自我、认知风格、心理障碍、效能……

2. 可重复性与普遍性的推论

心理测量的结论被认为是客观的、科学的,那么心理测量的结论如何才能达到客观性呢?

心理测量的结论是一种可重复的、具有普遍性的推论。心理测量是一种共则研究,即关于普遍性的研究,与殊则研究(关注特殊性的研究)不同。

德国哲学家赖欣巴哈(Hans Reichenbach,1891—1953)曾提出三个理论:其一,概率的意义理论,认为人类的知识有已证实的和尚未证实的两种形态,前者可以确定其值,而后者只是一种概率,故只有两种意义理论存在,即真值意义理论和概率意义理论。其二,概率的归纳理论,也就是过去出现的次数愈多,今后出现的可能性愈大。其三,一切科学理论都是假说,都是一种概率知识。

人类的生活事件往往是随机的、模糊的、灰色的。也就是说,人类的生活事件大多是尚未证实的、不确定的。在过去没有天气预报的时代,我们不能预知明天是不是会下雨;在大学生每天都要去的大学食堂里,谁也难以判断什么时候买饭的人最少;我们在觉得有些头痛、不舒服时,不能确定自己是不是已经感冒,是不是体温很高;同样,中老年人在感到自己有些发晕时,并不能确定自己是不是血压升高了。邹忌不能确定自己有多美,即使在妻子、小妾乃至客人那儿也不能得到证实;曹操不能确定自己究竟是一个怎样的人,有多大的前途。我们更难确定自己有多聪明,自己的个性在哪些方面有多好,在哪些方面有多差。

上述问题,我们常常能够得到解决。怎么解决? 一般有两种解决方法。

其一,可重复性的经验推论。根据赖欣巴哈的概率的归纳理论进行推论:"过去出现的次数愈多,今后出现的可能性愈大。"这是一种可重复性经验推论的逻辑证实。如果看到天上有"馒头云",根据以往天上出现"馒头云"常常几天都会天晴的可重复性经验,便可推断明天可能不会下雨;根据每天的观察,早餐在快到 8 时整的 10 分钟内就餐人数最少,可以推论在快到 8 时整的 10 分钟内是最好的就餐时间。但是,并不是所有问题都能如此解决。例如,尽管你经常感冒,但是你仍然很难判断自己是不是发烧,体温究竟有多高。或者说,刘劭必须调查了曹操过去的历史,抑或必须等到看到曹操当过多少次"奸雄"或"能臣"后,方能作出结论。也就是说,还有另外一条路可走,这条路就是通过普遍性的推论,达到可重复性的推论。

其二,普遍性推论。一个特定的人群中,大多数人都会出现的行为,是具有普遍性的行为,这种具有普遍性的行为,同时也可能是可重复的行为。如果一万个正常体温的人用仪器测量的结果都是不超过 37.5 摄氏度,那么就可以说你无论多少次测量,如果你的体温超过 37.5 摄氏度,都可以说你发烧了。如果很多具有某些心理特质的人都可能要么是能臣,要么是奸雄,而曹操具有这些特质,据此就可断定曹操要么是能臣,要么是奸雄。这种普遍性假设是心理测量的一个最重要的理论假设。心理测量中常常要依赖样本,就是这个道理。通过由有代表性的许多人组成的样本去作出普遍性的推论,这就是测量;这种普遍性推论的结论,就是心理评价或心理评估。

以上假设和推论可以在"数学家之王"高斯(见资料链接 1-5)发明的高斯曲线中实现。高斯曲线即正态分布(见图 1-15)。研究表明,人类社会中许多现象(如出生率、犯罪率、自杀率、身高、体重、学习成绩、智力等)都呈现这种奇妙的钟形数据分布。心理测量以及所有心理学实证研究的推论和运算都是在这一正态分布中进行的。这个钟形曲线,如我国心理学老前辈、斯皮尔曼的学生、百岁老人陈立先生所说,成为心理学的"一大法宝"。

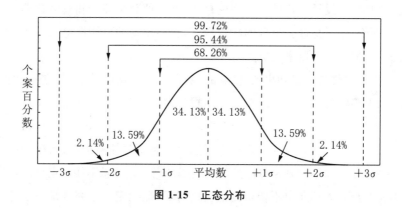

图 1-15   正态分布

可以这样说,在后面的学习历程中,我们所有的心理测量的结论和决策都将从这个正态分布中作出;我们所有的心理测量的结论和决策都将具有可重复性和普遍性的特征。

资料链接 1-5   "数学家之王"高斯

高斯 (Johann Carl Friedrich Gauss,1777—1855),德国数学家、物理学家、天文学家、大地测量学家。高斯被称为"数学家之王",人类有史以来"最伟大的四位数学家之一"(四

位数学家为阿基米德、牛顿、高斯、欧拉)。正态分布只是高斯众多发明中的一项,此外高斯还开辟了许多新的数学领域,如数论、代数学、非欧几何、复变函数、微分几何等,他将数学应用于天文学、大地测量学和磁学的研究,发明了最小二乘法原理。高斯一生共发表 155 篇论文,其著作有《地磁概念》和《论与距离平方成反比的引力和斥力的普遍定律》等。

我们对高斯感兴趣不仅是因为他带给我们一个法宝"正态分布",而且因为他是一个神童、天才,一生创造力不衰,多产。

关于这个神童流传不少广为流传的故事。例如,他 3 岁时

图 1-16   高斯

居然能够纠正父亲计算账务的错误,从而引起父亲和众人的注意。9 岁读小学时,他独创了一种计算方法,用很短的时间计算出小学老师布置的任务:从 1 到 100 的求和。他的计算方法是:对 50 对构成和为 101 的数列求和(即 1+100,2+99,3+98……),得到结果 5 050。15 岁时读大学,他独立发现了二项式定理的一般形式、数论上的"二次互反律"、质数分布定理及算术几何平均。19 岁时他获得另一个数学史上非常重要的发现,即"正十七边形尺规作图之理论与方法"。

大家可能很难想象,这样一位难得的天才,出身其实非常平凡。他的父亲做过园丁、工头、小保险公司的评估师,母亲是贫穷石匠的女儿,虽然聪明,但没有接受过教育,原来是当女佣的。这位天才的成长,据传记记载,有这样几位"重要他人":

第一位是他的母亲。他的母亲虽然没有接受过教育,几近文盲,但是她非常聪明,非常关心儿子的成长。

第二位就是他的舅舅。他的舅舅也是一个非常聪明的人,在纺织贸易上很有成就。他很喜欢高斯的聪明伶俐,曾经花了不少精力来开发高斯的智力。后来,高斯回忆起舅舅时,也深感舅舅对他的影响,正是他舅舅经常劝高斯的父亲让高斯向学者方面发展,才使得高斯没有成为园丁或者泥瓦匠。

第三位则是布伦兹维克公爵。布伦兹维克公爵从高斯 14 岁时开始,一直资助他接受高等教育,以及从事科学研究。没有布伦兹维克公爵的资助,家境贫寒的高斯可能无法接受高等教育,并最终成为一代天才。

高斯终生不停地探索,他的创造力永不消退。值得一提的是,他 60 岁时还开始学习俄语。

1855 年 2 月 23 日清晨,这位天才在睡梦中安静地离开了人世。

复习与思考

1. 什么是测量?物理测量与心理测量有何不同?
2. 人类为什么要心理测量?
3. 什么是行为样本?
4. 心理测量中的标准化是什么意思?
5. 心理测量中最多见的是什么量化水平?
6. 你怎样理解心理测量中的测量误差?
7. 心理测量的理论假设有哪些?

推荐阅读

DoBois，P. H. *A History of Psychological Testing*. Boston：Allyn and Bacon，1970.

Stevens，S. Mathematics，measurement and psychophysics. In S. Stevens（Ed.），*Handbook of Experimental Psychology*. New York：Wiley，1951.

安娜斯塔西,等.*心理测验*.杭州:浙江教育出版社,2001.

查尔斯·杰克逊.*了解心理测验过程*.姚萍,译.北京:北京大学出版社,2000.

桑代克,哈根.*心理与教育的测量与评价*.叶佩华,等,译.北京:人民教育出版社,1985.

王书林.*心理与教育测量*.北京:商务印书馆,1935.

郑日昌.*心理测量*.长沙:湖南教育出版社,1987.

第二章

心理测量的相关争议

本章要点

为什么心理学,特别是心理测量似乎比其他学科有更多争议?

心理测量的相关争议主要有哪些?

关键术语

范式;客观性;康斯坦斯湖现象;特波茨泰兰争论;

标定效应;巴纳姆效应;文化公平性;

智力测验;智商;情商;投射测验;问卷测验;心理学大批判运动

> 认识自己的心灵是那样费力的事。
>
> （Tantae molis erat，se ipsam cognescere mentem.）
>
> ——黑格尔（1978，p.373）

　　心理测量就像心理学中其他领域如实验心理学、社会心理学、文化心理学等分支一样，遭遇过各种各样的批评，引起过形形色色的争议。这些批评和争议可能对初学者造成一定程度的冲击，乃至影响学术兴趣的发展。所以，我们有必要用一种不回避问题的态度，来正视这些批评和争议。

　　我们要看到，心理测量引起的批评和争议，是心理学这门学科中各个分支普遍出现的现象。心理学其他分支引起的批评和争议，一点也不亚于心理测量。例如，实验心理学引起的批评和争议同样很尖锐，很激烈。有人批评实验心理学的外部效度存在严重问题，甚至有人认为美国的实验心理学充其量不过是"白鼠心理学"，或者是"白人心理学"，甚至是美国白人中上层的白人心理学，抑或是美国白人中上层的白人大学生的心理学。因为其实验的样本主要就是白鼠、中上层美国白人甚或白人大学生。根据这些样本作出的推论肯定是有局限的。即使是对心理学的主流——认知心理学，批评之声同样不绝于耳。例如，情商运动（参见资料链接 2-1）中，高曼（Daniel Goleman）就尖锐地批判认知心理学研究的人是像《星球大战》中的机器人那样没有情感的人，认为这样的研究范式是存在问题的。高曼（丹尼尔·高曼，1996，p.56）这样写道："随着 60 年代末期认知革命的来到，心理学的重心转移到心灵如何记录和储存信息，以及智力的本质，但情绪仍然不受重视。认知心理学家一贯认为智力涉及的是冷酷而无情感的事实处理，这种超理性的最佳典范是星球大战中的史波克（Spock）——一个完全不受情感干扰的信息处理器……"

资料链接 2-1　情商运动

　　自从比奈 1905 年发表世界上第一个智力测验以后，世界各国纷纷对此加以修订，由此掀开智力测验运动的序幕。推孟在修订比奈智力测验时又提出"比率智商"的概念，更是"火上浇油"，全世界的智力测验运动或智商运动于是成为前所未有的、家喻户晓的文化运动。

　　虽然在 20 世纪 50 年代左右，有人开始对智力测验和智商发出各种质疑和批判的声音，但是都没有形成一种思潮或运动。到了 20 世纪 90 年代，一种批判和反抗智商运动的运动终于出现。这就是情商运动。从 1925 年桑代克（Edward Lee Thondike）提出社会智力（social intelligence），到 1940 年韦克斯勒（David Wechsler）提出非智力因素，直至 1983 年加德纳（Howard Gardner）提出多元智力理论（theory of multiple intelligence），智力的概念一直在不断拓展，但是都远没有产生高曼（Daniel Goleman）提出情商时那种涉及全球的影响。实际上，在高曼之前，就有人提出过情商的概念。如 1987 年比思利发表了一篇文章，最早提到"情商"（emotional quotient，EQ）。1988 年，巴昂（Reuven Bar-On）正式使用

"EQ"术语,并编制了世界上第一个标准化的情绪智力量表。然而只有到了1995年,高曼博士出版《EQ：划时代的心智革命》一书后,并旋即登上世界各国畅销书的排行榜,至此在全世界掀起了EQ热潮,EQ才与IQ一样,家喻户晓;并开展了各种各样的情商教育和训练运动。所以,将这样一种波及全球的社会现象称为情商运动,是一点也不为过的。

图 2-1　高曼

　　情商或情绪智力(emotional intelligence)是对智商的批判,也是对智商的一种拓展。高曼从批判智商开始,提出情商的概念和理论。高曼的口号是："一个人的成功20％归因于智商,而80％归因于情商。"这在20世纪90年代是非常引人注目的。智商的概念已经深入人心,对智力的重视和对智力的训练当时都是非常流行的。居然又发现了另一个更重要的东西,而且比智商的影响还要大得多,这在当时不能不令人震撼。

　　在高曼看来,情商是比智商更重要的东西。他认为,情商包含以下五个主要方面。

　　1.了解自己的情绪。监控自己的情绪不仅是调控自己情绪的前提,而且是了解自己内心体验的重要内容,所以这是情商的核心内容。

　　2.管理自己的情绪。管理自己的情绪包括在适当的场合、适当的时间适度地表现或控制自己的情绪。

　　3.自我激励。这更是情商中的重要内容。尤其在困境中,一个人能否走出来,就要看他的自我激励水平的高低。

　　4.识别他人的情绪。要与他人正常交往,首先就要能够正确识别他人的情绪。这是与他人交往的重要基础。

　　5.调适人际关系。不误读他人的情绪,能够调控好自己的情绪,运用调控自己和他人的情绪反应的技巧,这些都是调适人际关系的润滑剂。

　　在今天,遍及全球的情商热已经过去。我们再来冷静地反省一下。不难明白,智商与情商不可偏废,两者都是一个人很重要的心理因素。高曼在当时应用了"不破不立"的规则,成功地掀起了情商运动的高潮。他破的就是智商,立的是情商。但是,他过度强调情商的作用,例如他认为情商对一个人成功的影响有80％,这是没有足够证据的。况且,情商的定义也比较模糊,简直等同于非智力因素。而将之等同于非智力因素肯定是不对的。

　　特别值得一提的是,由于情商的定义模糊,对情商的测量就成了问题。至今还没有一个情商的量表能够与智商的量表并驾齐驱。智商量表举世公认,而情商量表几乎无人知晓。

　　高曼,哈佛大学心理学博士,美国时代杂志(*Time*)的专栏作家,美国科学促进协会(American Association for the Advancement of Science, AAAS)研究员,任职《纽约时报》12年,负责大脑与行为科学方面的报道。曾四度荣获美国心理学会(American Psychological Association, APA)最高荣誉奖项,20世纪80年代就曾获心理学终身成就奖,两次获普利策奖提名。他可能是心理学界最具影响的畅销书作家。《EQ:划时代的心智革命》一书，使他成为全球性的畅销书作家。

丹尼尔·高曼.EQ:划时代的心智革命.张美惠,译.台北:时报文化出版企业股份有限公司,1996.

那么,是什么原因使心理学与其他学科如物理学、化学、医学等不一样,导致更多的批评和争议呢?

其一,这是由心理学的学科特点导致的。心理学研究的对象是人类心理现象,人类心理现象包括内在的心理活动与外显的行为,其中内在的心理活动是不可直接观测的,只能通过间接观测的方法和途径来研究。然而,物理现象、化学现象、生理现象却不至于如此复杂和困难,可以直接观测和研究。这样一来,心理学就必然遭遇比物理学、化学和医学更多的质疑和争议。这是由心理学研究更困难这一特点导致的。在心理学发展史上,也曾经有不少心理学家为此困惑和挣扎,例如行为主义代表人物华生,他甚至为此主张废弃对人类内在心理活动的研究,而只研究可以直接观测的外在行为(参见资料链接 2-2)。但是在今天,他的这些主张被公认为偏激。由此可见,我们应该坦然接受心理学面临更大挑战的事实,去正视并接受更多的检验和考验,而不能因噎废食,放弃对更困难的人类内在心理活动的研究。

资料链接 2-2　行为主义代表人物华生

华生(John B. Watson, 1878—1958),美国心理学家,行为主义心理学创始人。华生追求心理学研究的客观性,反对内省法,甚至主张放弃研究任何有关心理内部活动等主观

图 2-2　华生

的内容,即主张只通过给予刺激,观察如何得出反应的"S-R"研究模式。华生曾于 1915 年当选为美国心理学会主席。后来,华生离开了心理学界,曾任职于一家广告公司,从此便没有了任何有关他的消息。

据说他年轻时遭受过一次严重的精神崩溃,当时他曾接受精神分析,然而他认为对他并没有多少帮助,所以认为精神分析是伪科学,只有行为主义才能解释精神疾病。

华生曾夸下海口说,只要给他一打儿童,他就可以将他们培养成任何想要培养的人。但是,不幸的是,华生与雷娜结婚生下两个孩子,孩子还没有长大,雷娜便意外死亡,两个孩子只有进入寄宿制学校。他们带着心理创伤长大,虽然后来成为专业人士,但被严重的抑郁症折磨。其中一个后来成为精神病学家,但是自杀了。另一个叫詹姆斯,长期接受精神分析。

其二,可能也正因为心理学面临更多挑战这一现状,心理学也比其他学科更富有自我反省和自我批判的精神。几乎没有一种心理学的理论假设、理论观点、研究方法或技术没有接受过各种质疑和批判,特别是学科内部的专业人士的质疑和批判。从弗洛伊德的潜意识理论到关于自我的各种假说,从行为主义的强化理论到认知心理学的尖端技术,如正电子发射计算机体层扫描术(Positron Emission Tomography,PET)和大脑局部血流技术(Cerebral Blood Flow,CBF)等,都经受过来自学科内部的各种质疑和批判。心理学就是在自我反省和自我批判中不断成长、前进的。

下面,我们从四个不同方面来了解一下关于心理测量的批评和争议。

一、心理测量范式方面的争议

关于心理测量范式方面的争议主要集中在客观性这一议题上。心理测量要达到的目标之一就是客观地测量人类的心理现象。甚至可以提出这样一个命题:由于客观,所以科学。心理测量的科学性就在于它可以客观地测量心理现象。心理测量学与实验心理学都有一个共同的目标,即追求客观。这也是实证主义的目标。所以说,心理测量学与实验心理学是科学心理学的两大基石。

但是,来自不同于实证主义范式的心理学家并不同意这种观点,由此引发了心理学内部的争议。例如,现象学、诠释学、存在主义背景的心理学家不同意甚至反对心理学的量化研究,他们不感兴趣甚至反对使用心理测验。因此,即使是在心理学内部,我们都会经常听到反对使用或不使用心理测验的声音。其实,这些都是心理学界的"正常现象"。

1. 康斯坦斯湖现象

德国心理学家考夫卡(Kurt Koffka,1886—1941)讲过这样一个故事。德国有一个著名的湖,叫康斯坦斯湖,就像我国的鄱阳湖和太湖一样,几乎没有人不知道。在一个下雪的冬天的傍晚,一位骑士骑马飞驰,来到一家旅店门前。骑士问站在门前的老板:"请问,我刚刚骑马跃过的这片平原,是什么地方?"老板一听,惊讶万分:"天哪!你骑马跨过的是'康斯坦斯湖'!"骑士立即倒下马来。

考夫卡讲这个故事,想说明什么呢?

他想说明的是,人类心理现象是非常主观的东西。比如说,同样是一个"康斯坦斯湖",在骑士与老板眼里,却是不同的东西。在骑士眼里,它是"一望无际的平原",所以他敢跃马横跨;在老板眼里,它还是波涛汹涌的"康斯坦斯湖",飞马横渡几乎是不可能的。然而在下雪的冬天,可能湖水结冰,居然让这位骑士得以驰马横渡。

考夫卡是现象学派的心理学家,他强调心理现象的主观性特点。在这些派别的心理学家眼里,由于心理现象都是主观的,要达到客观是很不容易的,但也不是不可能的。现象学创始人胡塞尔(Edmund Husserl, 1859—1938)认为,每个人作为主体,同时也可能将自己当作客体,每个主体之间达成的共识就是客观的,这就是主体间性(inter-subjectivity),所以客观是一种"互为客观"的共识。现象学派的心理学家并不同意客观一定要通过数量化、精确化才有可能实现。他们相信自己通过主观直觉就能达到客观,因此会怀疑心理测量,轻视心理测量,而相信他们自己的直觉。

2. 概率事件与一次性决定

心理测量建立在概率统计的基础上。心理测量的所有判断、结论和决策,都是根据概率统计的理论假设作出的。心理测量通过抽取有代表性的样本,进行普遍性的推论,可以达到客观的目标。普遍存在的东西,就是客观真实的东西。与心理测量学殊途同归,实验心理学通过可重复性达到客观的目标。重复出现的东西,就是客观真实的东西。这是实证主义者信奉的基本定律。

其他范式的心理学家却有不同看法。例如,现象学的心理学家认为,有的情况下,一次性出现的就能证明一个理论,有的千百万次出现都不能证明一个理论,其概率有时甚至近乎零。他们认为有的时候根本不需要概率论和统计学,这就是所谓的"决定性实验"[①],只要一次就可以作出决定(即一次性决定)。例如,初恋只有一次,不适合概率论和统计学。

3. 特波茨泰兰争论

那么,要不要客观?究竟怎样才能达到客观?关于这些问题,曾经爆发过激烈的争论。其中有一场争论,史称"特波茨泰兰争论"。这是人类学界发生的一场非常有名的争论。

特波茨泰兰(Tepoztlan)是墨西哥南部的一个村庄。1920年,美国芝加哥大学的人类学家雷德菲尔德(Robert Redfield, 1897—1958)曾在这个村庄做过人类学研究,后来他根据研究的结果写了一本名著《特波茨泰兰:一个墨西哥村落》。有意思的是,在17年后,美国伊利诺伊大学的人类学家利维斯(Oscar Lewis, 1914—1970)也来到这个村庄进行研究,回去后也写了一本书,即《一个墨西哥村落的生活:特波茨泰兰的再研究》。两位教授研究同一个原始部落,但令人不解的是,两人在书中的描写却差异极大:在雷德菲尔德的笔下,特波茨泰兰是一个与世隔绝、非常淳朴、宁静和平的村落社会,村民们乐观、合作,没有猜忌、竞争,与世无争。在利维斯的笔下,特波茨泰兰则是一个与雷德菲尔德描写的完全相反的社会,这里充满了紧张、惊恐、嫉妒和怀疑。

争论的焦点在于人类学家研究方法的主观性。对同一个研究对象,不同的研究者得

---

① 美国心理学史专家波林在他的名著《实验心理学史》中详细讨论论过"决定性实验"(crucial experiment)。

出的研究结论居然有如此大的分歧,是科学研究最难容忍的(杨国枢,等,1994,p.146)。在心理学界同样如此。

4. 妥协与折中的趋势

不过,当前出现不同范式、不同门派、不同理论取向的心理学家相互妥协和折中的趋势。一方面,实证主义取向的心理学家采取宽容、容忍的态度,不再对现象学、诠释学甚至后来的后现代主义心理学家进行攻击;另一方面,现象学、诠释学、存在主义乃至后现代主义心理学家也开始接受实证主义心理学的方法与技术。一个特别明显的例子就是,在心理咨询与治疗中,精神分析学、存在主义、人本主义的心理学家已经更多地采用心理测验进行诊断,评估疗效。现象学派的心理学家罗杰斯甚至发明 Q 分类技术,这种数量化技术使单样本的个案也可以实现量化分析。

二、心理测量基本理论方面的争议

涉及心理测量基本理论的争议,影响最大的是标定效应,其次是文化公平性。这两方面的争议,不仅发生在心理学界内部,而且在整个人类社会文化层面产生了极大影响,这些影响甚至波及全球。

1. 标定效应

标定效应(labeling effect),又称"标签效应",是指心理测量的结论可能像贴标签一样,给被试一个标定,由此可能使被试或与被试相关的人产生相应的后继行为,这些后继行为就是标定效应。后继行为有可能是正面的、积极的、对被试有益的,也有可能是负面的、消极的、对被试有害的。

(1) 临床心理学中的标定效应

有意思的是,标定效应最早并不是在心理测量领域发现的,而是在临床心理学领域发现的。一些临床心理学家发现,精神病患者住院后出现一些奇怪的行为表现。例如,梅钦鲍姆(Donald Meichenbaum)发现,住进精神病院的精神病患者比没有住进精神病院的精神病患者更不容易康复。原因就在于,这些住进精神病院的精神病患者被入院诊断标定为"精神病患者""疯子",这些被标定的住院精神病患者更害怕出院,更夸大病情,因此更难恢复(罗伯特·G.迈耶,等,1988,p.256)。

斯坦福大学心理学系教授罗森汉(David L. Rosenhan, 1929—2012)博士于 1972 年进行了罗森汉实验(Rosenhan experiment,后来也被称为"假病人实验")。罗森汉博士招募了 8 个人(3 女 5 男)扮演假病人,他们分别是一位二十多岁的研究生,三位心理学家,一位儿科医生,一位精神病学家,一位画家,一位家庭主妇。所有的假病人都告诉精神病医院的医生,他们幻听严重。除了这个症状外,他们所有的言行完全正常,而且给问诊者的信息都是真实的(除了自己的姓名和职业外)。结果,他们8人中有7人被诊断为狂躁抑郁症。被关入精神病医院后,这8个假病人的所有行为都表现正常,不再幻听,也没有任何其他精神病理学上的症状,但是没有一个假病人被任何一个医护人员识破。当假病人要求出院时,由于他们已经被贴上"精神病"的标签,医护人员都认为这些病人"妄想症"加剧。精神病院的医务人员甚至发明了一些精神病学上的新术语来描述这些假病人的严重"病情"。例如,假病人与人聊天被视为"交谈行为",他们甚至认为假病人做笔记都是一种精神病病情的新发展,以至于"做笔记"被护士当作病人的病状以"书写行为"记录在他们的病历中(Rosenhan,1973,pp.250-258)。

罗森汉的研究揭示了标定效应。值得注意的是,标定效应同时发生在医护人员和患者身上。当医护人员诊断某一个人患有精神分裂症,就会把他的一切行为和举止视为反常。在罗森汉的研究中,精神病院的医务人员甚至发明了一些新术语来描述这些假病人的严重"病情";只有真正的精神病患者才发现这些假病人是"假的"。这真是不可思议的、十分荒唐的事情。同时,被诊断为"精神病"的患者也会发现相应的行为,即符合"精神病"这个角色的相应行为。也就是说,当人们被贴上标签以后,就会按照人们从小学会的一种心理倾向,即必须按照给定的角色行事,否则会受到种种相应的惩罚,于是将会愈来愈符合这个角色,最后真正成为(实现)这个角色。那些被诊断为"精神病"的人,就会出现符合这个角色的相应行为。因此,在"假病人实验"中,就有"假病人"在后来的住院过程中经受不住压力,中途退出实验。

标定效应发生在人类生活的各种场合。例如,在学校,当一个学生被贴上"坏孩子""差生""笨蛋"等标签后,那么他的生活从此以后将会改变。教师、同学、家长甚至学生本人都会"一起努力"来达成这个"坏孩子""差生""笨蛋"的期望角色。这显得十分可怕。一个本来就不好的差生将会愈来愈差,而且一个本来不怎么差的学生也会真的变差。

(2) 心理测量中的标定效应

对心理测量最尖锐的批判应该就是标定效应,而且这一批判源自智力测验运动。智力测验在全球掀起一场心理启蒙运动、文化潮流、训练热潮。当智力测验运动到达顶峰状态后,按照"物极必反"的规律,批评的、否定的声音就出现了。其中最尖锐的批评就是,认为智力测验造成的标定效应不可容忍。在20世纪的早期与中期,使用智力测验来区分不同水平的学生,并将智商不同的学生分到不同的班级去这种做法非常流行。人们发现,这种做法的标定效应对那些智力水平不够的学生造成了伤害。因为一旦被标识为低智商的学生,并被分进"慢班"去,从此以后这些学生可能再也抬不起头来,标定效应就会产生严重的负面影响,差的学生将更差,不太差的学生也将变差。

心理测量的另一个应用领域——心理咨询与治疗也发生了激烈的争议。有人批评,在心理咨询与治疗中,对来访者的诊断,以及使用临床心理测验特别是症状测验作出的结论,可能使来访者产生另一种标定效应,这就是污名效应。当给来访者冠上"人格变态""抑郁障碍""焦虑障碍""躁狂障碍""精神病性障碍"等称呼后,"污名"的标定效应就可能产生了。与那些被标识为低智商的人一样,被"污名"为"有心理障碍"的人也有可能产生相应的朝向被标识的角色的行为。

（3）巴纳姆效应

巴纳姆效应与标定效应一道发挥协同作用,从而可能加强标定效应。美国心理学家米尔(Paul Everett Meehl,1920—2003)1956 年提出这种效应。巴纳姆是美国的一个电视台的主持人,以"每分钟都要诞生一个傻瓜","在大多数时候大多的人被愚弄"这些名言出名。由于心理测验报告以一种标准化的、概括的、权威的方式呈现,这往往会使被试盲目相信测验的结论。尤其当心理测验的报告由电脑给出时,就更加容易让被试信服。米尔认为,这种情况简直就如巴纳姆所说的"每分钟都要诞生一个傻瓜","在大多数时候大多数的人被愚弄",所以被称为**巴纳姆效应**(Barnum effect)。有实验发现,当被试做完一项人格测验后,主试故意将测验的结果改成与真实的结果不一样的情况,呈现给被试,结果还是发现被试认为测验的结果"符合"他们的实际情况。这就是说,在心理测验过程中,被试有一种盲目信赖测验结果的倾向。这种盲目信赖测验结果的倾向无疑会促进标定效应的产生。所谓的巴纳姆效应有点夸大其词,例如将所有被试污称为傻瓜,主试被污称为"愚弄"人,但是它揭示的那种盲目相信测验结果的倾向还是值得注意的。

（4）期望效应

期望效应也参与了标定效应。当被试从一开始就有盲目相信测验结果的倾向(巴纳姆效应)时,主试开始实施心理测验;当测验结束后,主试给被试一个测验结论,被试及与被试相关的人(教师、同学、亲人、朋友等)接受了这一结论,并朝着这一结论的方向与角色行事,产生预期,最终预期将实现(期望效应)。我们不妨将这些情形称为"连锁效应"。

（5）**积极的标定效应**

在讨论负面的标定效应时,我们千万不能忽略另一种积极的标定效应,否则我们有可能从一个极端走向另一个极端。标定效应有可能伤人,也有可能助人。所以,我们不能以心理测验会产生标定效应来全盘否定心理测验,或者建议取消心理测验。比如说,就在人们声讨智力测验对智力低下人群造成消极的标定效应,让这些智力低下人群抬不起头,从而陷入更加不利于发展的境地时,别忘了智力测验同时对高智商人群又造成了积极的标定效应,鼓舞了这些人的信心,激励了他们的动机,拓展了他们的发展空间。还有一种情况下,标定也有积极作用。我们接受过这样一位大学生的咨询。他在家中是老大,有一个弟弟。由于父母偏爱弟弟,总是批评他、指责他,说他什么都不如弟弟。他也总是觉得自己比弟弟笨,怀疑自己智力有问题。带着这样的怀疑,他来寻求咨询服务。我们给他做过智力测验后,发现他智力正常,韦克斯勒智力测验(IQ)108 分。从此以后,他不再认定自己笨,不再认为自己智力有问题了,因而学习更有信心,进步明显,而且同学关系也得到很大改善。这就是标定的积极作用。特别是在临床心理学中,有些类型的障碍患者由于缺乏自知力,反而不利于他们的病情发展。例如,对躁狂障碍患者来说,他们根本缺乏自知力,不仅不认为自己有什么问题,而且觉得自己精力充沛、情绪高昂、兴趣盎然。如果他们觉察不到自己是个病人,放任自己的病情发展,激情喷发,将会给自己的学习、生活、工作、人际关系等带来更大的危害。因此,对待这样的患者,一定要明确告知他患有障碍,必须坚持治疗。这样,标定就显得十分必要了。

所以说,关于标定效应的争议是需要慎重对待的。

2. 文化公平性问题

当智力测验运动走向巅峰状态时,除了关于标定效应的争议外,还有关于智力测验的文化公平性的争议,并扩大到所有其他心理测验的文化公平性的讨论,进而引发各国心理学的本地化运动。心理学本地化运动就是考虑到不同文化背景下的心理与行为具有很大的差异,所以,不同民族与文化中的心理学家应当从研究本地人的心理与行为出发,发展真正适合自己文化的心理学概念与理论,照搬和移植外国的心理学概念与理论是不能贴切解释本地人的心理与行为的。

(1) 智力测验的偏差和文化不公平

有关文化公平性的争议最早发生在智力测验领域。在美国,白人智力测验的平均智商常常高于黑人等少数族裔,有人认为这样的情况很有可能是智力测验本身的原因导致的,美国黑人不一定就比美国白人笨。一方面,智力测验是由美国白人心理学家编制的,他们编选的测验题目来源于白人文化,是白人熟悉的,这样就明显有利于白人,而不利于黑人;另一方面,美国黑人擅长的能力因素可能并没有在白人编制的智力测验中表现出来,所以只能处于劣势。

后来的证据表明,智力测验实际上并不存在偏差和文化不公平。今天,有关智力测验的研究形成了这样一些定论:一是,智力测验的测量偏差很少,因此并没有对不同群体使用了不同测量。二是,智力测验也不存在预测偏差。20 世纪 60—70 年代,心理学家普遍认为低估了少数族裔的成绩,但是今天的心理学家不再同意这一观点。三是,智力测验中也有一些文化公平测验,例如瑞文测验。瑞文测验的结果表明,白人的平均智商高于黑人等少数族裔。白人的平均智商高于黑人等少数族裔这一结论是可靠的,而并不是因为智力测验本身的原因导致的(Kevin R. Murphy & Charles O. Davidshofer, 2006, pp.288-301)。

不过,在这场有关文化公平性的争论中,人们开始注意到心理测验的文化背景。由于心理测验选用的概念、变量、题目,建构的理论假设和框架,乃至编制者本人,都与文化背景有关,所以,从智力测验开始,人们开始审视所有心理测验的文化背景问题。这是这场争论的积极结果。

(2) 对移植国外量表的反省和批评

对心理测验的文化背景的关注,引发了各国对移植国外测验量表是否适合本国文化的反思和争议。在中国大陆、香港和台湾,主要的心理测验量表几乎都是从西方引进、修订的。这种情形在中国大陆尤甚。我们的人格评定、智力测验、心理卫生评估等方面的量表全是从国外修订过来的。"量表热"从 20 世纪 80 年代直到今日,并未"冷却"多少。尤其在 20 世纪 80 年代末期 90 年代初期,研究者修订国外量表的热情格外高涨,国外量表培训班曾经遍及全国。清一色使用和认可的经典权威的量表全是国外量表,倘若国内有人自己编制,也都是不入主流、少人认可的。大量引进和修订国外量表,过分依赖国外量表的现象,在中国特别在港台地区已经引起反省和批评。这些反省和批评可以概括为以下三点。

其一,认为西方心理测验的文化背景难以完全适合中国人。移植到中国来的那些西方心理测验量表,是西方的编制者对西方人的心理研究的结果。也就是说,当西方人编制心理测验量表时,对变量的选择、解释,完全基于西方人的文化特点。而中国人与西方人的文化有着很大的不同,这就决定了中国人与西方人在人格、自我、动机、情绪等心理特质上也会有很大不同,所以西方的心理测验很难完全适合中国人。譬如人格测验,如果完全是基于对中国人的研究,可以断定,选择的人格变量肯定不会是卡特尔的 16 种人格因素(卡特尔 16 种人格因素问卷中的变量),也不会是高夫的 23 种因素(加利福尼亚心理调查表中的变量)。又如自我测量,肯定不会是个人主义的自我,而是集体主义的自我,甚或是一种"无我"境界(童辉杰,2000,2002)。

其二,认为中国人不适合做西方人编制的心理测验。台湾大学的杨国枢先生提出,由于中西方文化的不同,中国人在做心理测验时,有着不可忽视的与西方人不同的反应心向或方式(response set or style)。例如,社会赞许心向:被试不是按照自己的真实情况,而是按照社会的期望作答。默认心向:被试不是按照自己的真实情况作答,答"是"或"赞成"的倾向比答"否"或"不赞成"的倾向要强。中庸心向:中国人受"中庸之道"的影响,往往倾向于选择折中的、中间的答案。避免反应:能不回答则尽量不回答。因此,西方的心理测验量表用于中国人时,存在不少问题(杨国枢,1982)。杨中芳也认为,中国被试在做测验时,面临的是一种矛盾困境(杨中芳,1996)。此外,中国人习惯于向亲朋好友倾诉衷肠,不习惯于对陌生人、外界、公众披露和评价自己,而且不真实回答的倾向较大。中国人有较强的社会取向,从众性很强,在问卷作答中倾向于选择多数人可能回答的答案而不是真正自己的答案。所有这些,无疑会严重影响到测验结果,难以真正解释中国人的心理与行为。

其三,中国被试接受外国量表的测验时会出现种种"谜象"。中国被试做外国量表往往出现难以解释的"谜象"。之所以难以解释和不可思议,原因就在于这些量表并不适合中国人或中国文化情境。

例如，一个奇怪的"谜象"是测谎的结果并没测到"谎"。心理测验特别是问卷测验为了防止被试不认真回答问题，往往要设置一些测谎的分量表。如果测谎指数过高，则要考虑废卷，但是西方人编制的测谎量表有些不适合中国人。首先，中国人在这些测谎题上的得分特别高，有时比西方人样本高一倍之多。明尼苏达多相人格调查表和艾森克人格问卷这两大人格测验用于中国人样本，都出现了这种奇怪结果。中国台湾学者使用明尼苏达多相人格调查表测量台湾样本，发现中国人的测谎分比西方人高很多。MMPI 全国协作组(1982)在大陆的测验结果也出现相同现象。艾森克和陈永昌(Eysenck & Chan，1982)使用艾森克人格问卷测验香港成人样本，发现测谎分数很高。龚耀先(1984)在全国取样的结果也出现同样情况。或许中国人社会赞许倾向高，是为获得社会赞许而说谎。后来的研究发现，很可能对中国人来说测谎题并不能测到真正的说谎程度，还会测到另外一些人格的或临床的指标。有意思的是，中国台湾的研究在对小学生进行测验时，竟然发现测谎题得分愈高者，自我概念愈好，焦虑程度愈低，老师的评价愈高。这种结果在西方被试那里是不曾出现的。因此，我们不得不反思这些西方量表究竟是否适合中国人。

还有一个奇怪的"谜象"是，在对自我概念的跨文化研究中也出现了同样的现象。应用西方人编制的自我量表测量中国人，会出现中国人自我概念特别糟糕的情况。例如，香港大学的"中国通"英国人邦德(Bond，1983)的研究发现，中国人的自我概念得分总是比西方人要低。怀特和陈(White & Chan，1983)也发现，中国人的自我概念总分低于美国人，即使在中国人文化价值上较受重视的一些特点上，仍然还是没有西方人高。问题在于，几乎所有同类研究都发现中国人的自我概念得分比西方人低。这就不得不让人怀疑：究竟是量表有测量偏差，存在问题呢，还是全体中国人的自我真的低鄙、拙劣？实际上，中国人的自我概念与西方人就有极大的差异。西方人强调个人独立、自由，所以西方人的自我是独立的、个人主义的自我；中国人却强调依存，个人对家族、家庭的依存，对集体和国家的依存，所以中国人的自我往往是一个"大我"。同时，中国文化追求天人合一的无我境界，中国人的自我可能与这种文化有关，所以与西方人相比，貌似低劣、卑下，实则可能超脱、高远。于是，应用西方人编制的自我量表，就绝对难以测出真正的中国人的自我，因为中国人的自我本身就与西方人不同。

（3）本土化潮流

对文化公平性的反思，导致一场呼吁和推进心理学研究本土化的思潮。台湾、香港的心理学家发起了这场心理学领域的"改良"运动。大陆的心理学家也有响应，提出类似的口号：要求建设"具有中国特色"的心理学。这股思潮直到今天仍在继续，在历史上的影响将是深远的。在台湾和香港，以杨国枢教授为首的一批心理学家，反思了几十年来成为西方心理学"永恒的学生"的境遇，体会到只是一味用中国人的样本去不断检验西方特别是美国人的理论与假说是没有出息、没有出路的，只有脚踏实地研究中国人自己的心理与行为，然后发展本土的概念与理论，才是正确的道路。因为"只有民族的，才是世界的"。杨国枢教授谈到在他参与的一次国际学术会议上，当他提出要研究中国人自己的心理与行为时，在场的一位美国心理学家似乎并不赞同，美国心理学家认为他们的心理学就是世界心理学，因为他们是世界的中心与主导。那位心理学家曾经这样委婉地请教杨国枢教授："您说要研究中国人自己的心理与行为，这很好。但是，请您试想一下，将所有西方的心理学概念与术语全部都拿掉，中国心理学还能剩下什么？"当时，杨国枢教授无以应答。

其实，这正说明中国心理学的发展存在严重危机。再这样照搬西方心理学的概念与理论，中国心理学还能有真正的发展吗？美国心理学不过也是研究美国人自己的心理与行为的结果，美国心理学实际上也就是美国本土的心理学。

中西方文化的不同造成了中国人与西方人的极大差异，这是众所周知的。例如，李约瑟认为，中西方人的思维方式就明显不同：中国人的思维以直觉思维见长，而西方人的思维以逻辑思维见长。大量研究一致认为，中国人（包括东方人）的自我是集体主义的，而西方人的自我是个人主义的。

我们来听一个有趣的故事。据称，有一个美国人去做了一个心理测验。这个测验是罗夏墨迹测验。心理学家告诉他，测验的结果表明他的性驱力比较高，等等。此后，他连续去做过多次这项测验，结果似乎都差不多。于是，这位被试对心理学家说，你还不如直接问我好了。听了这个故事后，美国心理学家凯利（George Kelly）说过一句名言："你想知道一个人的心理吗？那么你可以直接去问他。"这句名言是基于西方理性主义的文化背景提出的。在凯利看来，每个人都有科学家一样的理性，所以他认为"人人都是科学家"。既然每个人都有像科学家一样的理性，人人都是科学家，我们直接去询问被试就可以获得具有理性的、客观的、可靠的、可信的回答。因此，在美国等西方国家，直接询问被试的问卷测验十分流行，因为这些西方国家的心理学家坚信被试的回答像科学家一样可靠、可信。

在中国的情形则恰恰相反，原因有二：一是，中国经历过几千年的封建社会，历史上有过"文字狱"，这使中国人特别恐惧"言多必失"引起甚至是"株连九族"的"杀身之祸"，于是谨记"祸从口出"的教诫便成为一种生存哲学。中国人不敢对外人随便发言，这几乎成为一种文化基因。二是，中国几千年来固守本土、自我封闭的文化，养成了中国人只会向亲友倾诉衷肠，不敢也不会对外人敞开心扉的习惯。中国人对外人是提防的、警惕的，不是完全相信和放心的。由于这些文化传统，问卷测验在中国遭遇困境，问卷测验对中国人来说，表面效度非常低。中国人认为问卷测验"没有什么用"，认为"通过问几个问题，怎么可能了解一个人的真实心理"？中国人不仅不喜欢、不相信、不接受问卷测验，而且在做问卷测验时还会出现各种各样的防卫心理，诸如有意无意掩饰自己真实心理的"装好心向""社会赞许心向"，只想回答中间选项的"中庸心向"，以及倾向于回答"是"的"肯定心向"，等等。

凯利的名言到了中国文化情境，应当反过来："你想知道一个人的心理吗？那么你不能直接去问他。"凯利所听说的那个心理测验故事到了中国则要完全改版。中国的普通老百姓不相信、不接受甚至否定问卷测验,却特别相信、接受、肯定像罗夏墨迹测验那样的投射测验。中国人不喜欢、讨厌、反感别人直接去问他,反而喜欢别人去猜测他、揣摩他。这就是中国文化的特点。

三、心理测验方面的争议

关于一些具体的心理测验,如智力测验、投射测验、问卷测验等,也曾发生过争议。

1. 关于智力测验的争议

智力测验的发明掀起了全世界的心理测验运动。从 20 世纪初以来,智力测验运动经历了从狂热、批判再到审慎使用的历程。智力测验对心理测量乃至整个心理学学科的发展都作出了伟大贡献,智力测验的历史功绩是不可否认的。当然,关于智力测验的争议和批评也是最多的。我们将有关智力测验的争议总结为以下四点。

(1) 智力测验有用吗?

今天,主流的趋势是倡导审慎使用智力测验,但是并没有完全否定和取消智力测验。然而,普通民众却似乎已经完全失去对智力测验的兴趣和耐心。这可能是对过去处在狂热时期的滥用智力测验这一做法的反弹。智力测验还有用吗?回答是肯定的。按照美国心理测量学家安娜斯塔西的说法,由于过去滥用智力测验,智商这个概念已经没有多好的声誉了,不如将智商的概念换个叫法,例如认知能力。这就是说,智力测验仍然是有用的,只是以前的做法有点过火,让大众有些误解,为了避免这些误解,不如换个叫法。

在智力测验经历了近一百年的风风雨雨后,美国心理学会曾经组织了一个特别工作组,对智力测验进行了总结和概括,提出一些可以作为定论的观点(Kevin R. Murphy & Charles O. Davidshofer,2006,pp.50-51)。

其一,智力测验的分数相对稳定,而且与重要标准(例如学校职业上的成功)存在相关。虽然这些测验上的分数在几十年中稳定增长,但是源自智力的几种成绩的增长并不明显,这就完全肯定了智力测验的信度和效度。特别是认为智力测验与重要标准(也就是效标)存在相关,即肯定了智力测验的效标效度。大量相关研究表明,智力测验与学校学习、职业上的成功的相关大约为 0.2—0.6,平均约为 0.4。在预测若干情境(如学校、工作)中的成功上,认知能力是一个重要因素,但是这些情境中成功的很大一部分变量是无法根据认知能力解释的(意思是不能仅仅依靠认知能力进行预测,因为还有其他变量也会作出贡献)。

其二,像许多人格特质一样,智力有基因因素(承认智力是有遗传因素的)。今天的研究表明,遗传对智力的贡献最高可达 50%—70%。甚至某国工程学的发现认为,智力的遗传主要通过母亲的基因实现。一些历史人物的资料似乎可以印证这些发现,例如,孔子、孟子、鲁迅、胡适、茅盾等人的母亲都是非常聪明的。孔子父亲早逝,他是靠母亲养大的;孟子更是如此,历史上"孟母三迁"的故事众所周知。有意思的是,孔子、孟子、鲁迅、胡适、茅盾等人的父亲都是早逝的,他们的母亲全是非常聪明出色的。智力测验一般可以测量到 A、B、C 三种智力因素,A 因素是遗传得来的智力,B 因素是后天习得的,C 因素则是测验中临场发挥的智力。

其三,像大多数人格特质一样,文化对智力的影响很大。群体在智力测验上存在非常大的差异,智力测验可能反映出文化、经济、行为和基因的巨大差异。早期对智力测验的批判曾经聚焦于文化不公平上,认为美国白人与美国黑人的智力差异是文化不公平造成的,但后来认为这种不同群体的差异是存在的,并不是测验的文化不公平造成的。

其四,提高儿童的智力是可能的,但需要投入大量的时间和资源。这又肯定了随着智力测验兴起的另一股热潮,即智力训练运动。20 世纪 40 年代一直到 90 年代,从美国、英国再到全世界,都掀起了智力训练的热潮。从美国最早的"芝麻街计划",到美国后来的"布朗元认知训练",再到苏联的"鲁宾斯坦思维训练",特别是到英国的"柯尔特学思维教程",乃至以色列的"弗尔斯坦工具强化系列"课程,全世界投入了一场通过训练提高智商的全民运动。委内瑞拉甚至全国都投入到这场智力训练的运动中。

因此,今天比较公正客观的观点应该是,智力测验不仅在心理学的发展史上曾经创造过奇迹,发挥过极其重要的作用,而且直到今日,它仍然是信度和效度颇佳、有用的心理测量工具。如果不像过去那样狂热地使用它单一地进行入学、就业等决策,它仍然是有用的;在评估学生学习困难、学习障碍或者学生用于学习的心理资源时,智力测验仍然是一项重要的测量工具;在评估脑损伤等神经心理学领域,智力测验仍然是一项重要的测量工具;在就业、人事选拔等不同的工作情境中,真正可以跨工作情境,去评估各种不同工作情境都必须具备的能力要素时,智力测验仍然是一项重要的测量工具。又比如说,最早的智力测验"斯坦福-比奈智力量表"在今天已经修订到第五版,美国还在修订并继续使用;最早的团体智力测验"美军陆军甲乙种测验",我国还在修订并继续使用。智力测验在今天好像已经"脱胎换骨",但今天的所谓"认知能力测验"其实就是以前的智力测验。

(2) 智商重要还是情商重要?

20 世纪后期出现的情商热,是将智商彻底打入"冷宫"的"第三者"。当智力测验在全世界"走红",成为历史上少见的、居然能够普及全世界每个角落的文化运动之后,利用智商来分快慢班这样滥用智力测验的做法也随即引起公众的注意。接着,关于智力测验是否有引以为耻、不公平性的争议也开始出现。最后,关于智力重要还是创造力重要的争论也随之出现了。这场争论有点类似后来的智商与情商的争论。

有人认为智力比创造力更重要,他们认为智力中实际上包含创造力。也有人认为创造力比智力更重要,因为他们认为智力与创造力实际上是两个不同的东西,智力高了,不一定创造力高,创造力高了,不一定智力就高。两派似乎各有各的道理,当时也是争论得不可开交。现在看来,比较一致的观点是认为智力与创造力两个概念有着一些重叠交叉的地方。例如,智力与创造力都是导向更高效率完成活动任务的心理因素。这样看来,认为智力包含创造力的观点就是有一定道理的。但是,两者又是有着较大不同的概念。例如,创造力导向高效率完成活动任务可能更不同于常规、规范、规则,更富有独特性、新颖性,等等;智力导向高效率完成活动任务可能更符合常规、规范、规则。这样看来,认为智力与创造力不同的观点,也是有道理的。

那么,究竟智力重要还是创造力重要呢? 今天较为一致的看法是,创造力与智力是密切相关的。当智力达到一定水平时,例如,达到中高水平以上,才有可能出现高创造力。很差的智力水平是很难出现高创造力的。因此,很难说两者谁更重要。实际上,两者都很重要。

情商与智商的争论有点类似于智力与创造力的争论,但是情商热导致对智商的否定和冷落。以高曼为代表的情商鼓吹者认为情商比智商重要得多,这使得一些公众作出要情商,不要智商的简单选择。在情商热过去这么多年后的今天,我们再来反思情商重要还是智商重要的问题,仍然是很有意思的。这里特别指出,有以下两点值得关注。

其一,情商的定义是模糊的,一直没有一个清楚的、完整的、逻辑学上周延的定义。从一开始,高曼就曾使用情绪智力这个概念,这个概念就极其模糊。在普通心理学中,情绪与智力是完全不相同的两个概念。高曼硬要将两者连在一起,至少说明他本人还没有能力驾驭"情商"。在后来的实际使用中,又将情商几乎等同于除了智力以外的非智力因素。例如,情商运动的一个响亮口号就是,"智力对人的成功的影响只有20%,但是情商对人的成功的影响占80%"。这种说法肯定是偏颇的。按照这种说法,除了智力之外,不就只有情商了吗? 情商的概念肯定没有非智力因素大,情商不能取代非智力因素。情商充其量不过是非智力因素中的一小部分,所以,说情商对一个人成功的影响占80%是一种偷换概念的说法。

其二,由于情商连比较清晰的概念都没有,情商的测量也一直缺乏公认的可靠的工具,情商热只持续了几年就过去了,远不如智商热那么影响持久而且深远。智力的概念虽然没有完全统一,但是每个智力测量学的操作性定义都是非常清晰完整的。对智力的测量更是开心理测量之先河的、最经典、最成熟、相对较完善的测量。

智商重要还是情商重要? 回答这个问题几乎与回答智力重要还是创造力重要一样难。情商的追捧者当然认为情商比智商更重要。甚至国内有些追捧情商的人声称:"如果我是一个企业老总,我是用高智商的人呢,还是高情商的人? 我可以肯定地告诉大家,我要用高情商的人。"今天看来,这种说法有失偏颇,其原因有三。

其一,智商、情商、创造力都是很重要的心理变量,它们都是可以帮助我们高效率、妥善完成活动和任务的心理因素。虽然在具体的活动和任务中它们的作用可能各有偏重，但是总的来说三者不可偏废，过分强调哪一个可能都会导致片面的结果。

其二，智商与情商也密切相关。智商必须达到中等以上，才可能有高情商。如果一个人智商太低，是不可能出现高情商的。例如，一个智商低于 60 分的弱智个体，不太可能出现高情商。也就是说，情商实际上是要有智商的基础的。同样，一个情商特别低的人，不太可能出现高智商，至少他的智商也应该是中等以上。

其三，究竟要使用高智商的人还是高情商的人，也要看具体情境。例如，岳飞是一个高智商的人，善于用兵作战，运筹帷幄，但他却是一个情商不太高的人，因为他不善于处理与皇帝的关系。相反，秦桧却是一个高情商的人，因为他极其善于体察皇帝的情绪变化，迎合皇帝的各种愿望。请问：我们究竟是要使用岳飞这样的高智商的人，还是使用秦桧这样的高情商的人？这个例子有点极端，但是至少可以说明智商与情商都很重要，不能片面地只要这一个，不要另一个。

（3）智力发展高峰的拐点在哪？

关于智力发展的高峰也是存在争议的。不同的研究有不同的说法。例如，韦克斯勒的研究认为，在 25 岁左右智力发展达到高峰，60 岁左右开始衰退。但是，其他的研究又有不同的结果。以前像韦克斯勒这样的研究都是横向研究，即在同一时间对不同的人群取样。横向研究反映的是不同年代、不同年龄层的差异，不是个体随时间推移出现的下降。因此，只有纵向研究才能真正反映智力的发展。纵向研究是在不同时间对同一人群取样。不过，这样的纵向研究非常不容易实施。今天，已经有人做过这样的纵向研究，而且有人将横向研究与纵向研究的结果进行了很有意义的比较（见图 2-3）。今天的我们，应该能够更清楚地了解智力的发展（Kevin R. Murphy & Charles O.Davidshofer，2006，pp.310-311）。

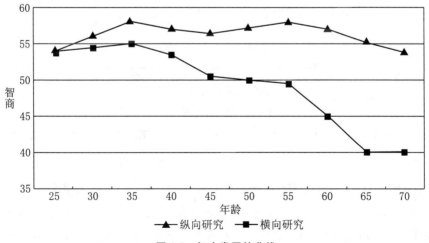

图 2-3　智力发展的曲线

资料来源：Kevin R. Murphy & Charles O.Davidshofer(2006). 心理测验：原理与应用（第 6 版）.张娜，等，译.上海：上海社会科学院出版社，p.311.

从图 2-3 可知,纵向研究的结果与横向研究有明显的不同。纵向研究的结果告诉我们,智力的发展高峰在 30 多岁,在 50 多年岁时仍然有发展并出现一个峰点,在 50 多岁时开始缓慢的衰退。而在横向研究中,智力的衰退是明显的、急剧的。

(4) 什么是对智力更客观更科学的测量?

比奈对智力测量的探索奠定了现代智力测量的基础。比奈认为,在智力测量中,"最直接的测量才是最好的测量",也就是说,对被试的智力活动进行测量,是最好的智力测量。今天的智力测量基本上都是通过解决一些动脑筋的智力问题来实现的。

后来,有些心理学家不满传统的智力测量,希望寻找到一些新途径。曾经有人发现,可以通过测量脑电的平均诱发电位直接测量智力。平均诱发电位(average evoked potential,AEP)是指重复呈现一个简单刺激(例如光、声音等)时,大脑对刺激的平均反应。如果平均诱发电位可以测量智力,就意味着一场革命,因为可以更客观地通过生理指标测量智力,这比繁琐的传统智力测量好多了。因此,H.J.艾森克(Hans Jurgen Eysenck)说:"毫无疑问,我们现在能够从生物学上精确地测量智力,这比现有的最好的智力测验还要精确。在心理能力研究上,我们似乎已经站在革命的门槛上。"亨德里克森等人(Hendrickson & Hendrickson,1980)首先发现智商与语音的平均诱发电位有显著相关,高智商者更多波峰和波谷,低智商者则明显不同,更少波峰和波谷(见图 2-4)。后续研究发现,平均诱发电位的各种计算与智商的相关从 0.75 到 0.83。H.J.艾森克等人甚至报道,平均诱发电位与韦氏智力测验相关高达 0.93(M.艾森克,2001,p.660)。

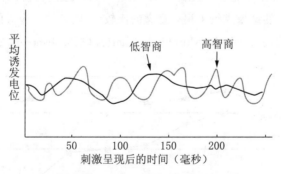

图 2-4　平均诱发电位与智力

资料来源:M.艾森克.(2001).心理学——一条整合的途径.阎巩固,译.上海:华东师范大学出版社,p.660.

但是事实证明,智力的测量不可能那么容易、简单,因为智力本身就非常复杂。后来的研究证明,当初的那些发现是不可靠的、经不住检验的。例如,麦金托什(MacKintosh,1986)使用与亨德里克森等人相同的程序,发现平均诱发电位与瑞文高级推理测验之间的相关是负相关(-0.33)。巴雷特和 H.J.艾森克(Barrett & Eysenck,1992)也发现同样的相关为-0.44(M.艾森克,2001,pp.659-661)。也就是说,平均诱发电位与智力并不存在真正的相关,希望通过一些更容易测量的、更客观的生理指标来测量智力,目前来说仍然只是梦想。

2. 关于投射测验的争议

关于投射测验的争议,其激烈程度一点也不亚于智力测验。不过,关于投射测验的争议主要集中在投射测验的信度和效度问题上。

按照埃克斯纳和龚耀先等人的观点,应该将投射测验划分为两个类型或两个阶段。早期的、传统的投射测验,即以罗夏为代表的强调通过直觉和经验进行解释的投射测验。后来的、被改良过的投射测验,已经与早期的、传统的投射测验大相径庭。埃克斯纳 20 世纪 80 年代的改良,使传统的投射测验完全走向客观测验。因为这时的投射测验基本上完全抛弃了过去只靠直觉经验进行解释的做法,代之以常模参照的解释方式,而且对信度和效度进行了检验,所以后来的客观化的投射测验与传统的投射测验已经很不相同。埃克斯纳甚至认为,后来的投射测验遵循刺激—反应模式(例如墨迹测验,提供墨迹图就是提供一种刺激,被试根据这种刺激作出反应),几乎可以不将它当作投射测验。

这样一来,关于投射测验的争议主要集中在早期的、传统的投射测验上,而且主要集中在早期投射测验的信度和效度问题上。由于早期的投射测验主要依靠主试的直觉和经验,所以其信度和效度一直遭人质疑。不少人认为,传统的投射测验不仅缺乏信度,其效度也令人怀疑。特别是对那些极端的客观主义者来说,这些早期的传统的投射测验几乎应该全盘否定,予以取消。

但是,也有支持投射测验的研究。例如,帕克、汉森和亨斯莱(Parker,Hanson,& Hunsley,1988)用元分析技术研究了明尼苏达多相人格调查表、罗夏墨迹测验和韦克斯勒成人智力量表,总结了从 1970 年至 1981 年在两种重要杂志上出现的 411 个研究,发现三个测验都是可靠的、与效标相关的。三者有着可比的信度,而且效度不相上下,与平时认为的韦克斯勒成人智力量表更加不同(Kevin R. Murphy & Charles O. Davidshofer,2006,pp.379-380)。请注意,这是主要对早期的传统的墨迹测验的研究,因为收集的研究是从 1970 年至 1981 年的 411 个研究。埃克斯纳改良后的客观测验化的墨迹测验正是 20 世纪 80 年代推出的。

后来在认知心理学领域出现的内隐测量,又提供了支持投射测验的一些证据。内隐测量研究发现,内隐动机与外显动机可能是不同的两种东西。内隐动机指在内隐测量中测到的动机;外显动机指通过问卷测验等方式测到的动机。这两种动机是不相关的,因此有理由认为它们是两种不同的动机。以前批评投射测验如主题统觉测验测到的动机与使用问卷测到的动机不相关,是主题统觉测验效度不高的罪证。今天看来,这是冤案。因为通过内隐测量测到的内隐动机与通过投射测验测到的无意识动机都与通过问卷测验测到的外显动机不相关,说明内隐动机与无意识动机一样,都是与外显动机不一样的一种存在。因此,以前用问卷测验等作为投射测验的效标,进而认定两者之间的不相关表明投射测验不可靠,这样的做法是不妥的。投射测验测到的心理内容,可能与内隐测量测到的心理内容一样,是与问卷测验等测到的心理内容不同的东西。

3. 关于问卷测验的争议

关于问卷测验的争议也很尖锐。虽然问卷测验在美国非常流行,甚至创造了客观测验最大的奇迹。例如,明尼苏达多相人格调查表被作为客观测验的代表长期占据心理测验使用的排行榜首席,而且被全世界各个国家使用,可以说是应用最广的心理测验之一,但是问卷测验仍然饱受质疑。

例如,施韦德和德安德雷德(Shweder & D'Andrade, 1979)认为,问卷测验特别是人格问卷是一种对人格的"系统歪曲",因为在问卷测验中,被试回答问题都是靠记忆的,而靠记忆作出的回答与实际行为本身往往并不一致。这样,问卷测验测到的并不是行为本身,而且通过回忆进行的加工。他们将这种情况称为系统歪曲假设(systematic distortion hypothesis),而且通过实验检验了这一假设,认为实验的结果证实了这一假设。因此,问卷测验并不是万能的,它必然也有它的局限。前面我们也已经讨论过,问卷测验在中国文化情境中更是尴尬。大多数中国人(例如工人阶层、农民阶层)认为问卷测验没有什么作用,不相信它能够测出多少心理真相,所以问卷测验在中国人眼中的表面效度非常低。问卷测验在中国的处境与它在美国的处境形成极大的反差。问卷测验在美国是非常流行的科学工具,但是在中国老百姓很难相信它是一个科学工具。

四、怀疑乃至否定心理测量的思潮与运动

令人觉得奇怪的是,测量体温和血压同样存在很复杂的测量误差,好像没有人觉得应该否定和取消这些测量,但是测量心理存在一些复杂的测量误差,就有人要否定和取消这些测量。在历史上,曾经出现过多次否定和取消心理测量的思潮与运动。反思这些思潮与运动,对我们不无启发。

1. 苏联 20 世纪 30 年代的心理学大批判运动

苏联心理学曾经出了像维果茨基、鲁利亚等世界级的心理学家,但是苏联 20 世纪 30 年代发起的心理学大批判运动,使苏联心理学元气大伤,此后苏俄心理学一蹶不振。这种惨痛的历史教训不应该忘记。

这场大批判运动与当时的政治运动密切相关。斯大林在 1930 年 12 月 9 日同苏联哲学与自然科学红色教授学院党支部进行过一次谈话,这场谈话在 1931 年 1 月 25 日由联

共(布)中央以决议形式发表,号召开展反对唯心论和机械论的斗争。在 1931 年上半年,由莫斯科心理学研究所联共(布)党支部倡议,掀起了反对反射学、反应学、文化历史论,反对西方的心理学流派(弗洛伊德主义、行为主义、格式塔学派等),反对儿童学、心理测验和心理技术学的运动。这场运动在 1936 年 7 月 4 日被联共(布)中央充分肯定,并发布《关于批判教育人民委员会系统中儿童学的谬论》决议,此后兴起了更大的波澜,波及心理学、教育学等学科,使心理学、教育学的这些领域从此成为无人敢去问津的禁区。

这场大批判运动中的一个焦点就是心理测验。当时批判的矛头指向儿童学、心理技术学和心理测验。其实,儿童学和心理技术学中也有心理测验,所以心理测验就成为一个重叠的焦点,由此心理测验也就成了重灾区。

当时对西方流行的儿童学的批判主要集中在两点上:一是对儿童发展的动力的解释,认为西方的观点将遗传与环境的作用当作儿童发展的动力,是唯心主义与机械主义的观点;二是使用心理测验来评价儿童,认为西方的心理测验是一种伪科学。

对心理技术学的批判也包含对心理测验的批判。心理技术学由苏联心理学家维果茨基提出来,但是仅仅因为德国心理学家闵斯特伯格以前也提出过这一设想,就被扣上"拜倒在外国资产阶级学者膝下"的罪名加以批判。显然,这是一种极左思潮。

对心理测验的批判更是集中了全部火力,认为:心理测验是西方资产阶级心理学的产物,是资产阶级心理学家热衷的东西;心理测验只知道从量的方面去考虑问题,忽视了质的分析;信度和效度是短视的观点,因为并没有考虑到发展的可能性;没有考察被试的社会环境、教育的影响,等等(杨鑫辉,2000,pp.454-459)。在今天看来,这些批判显然非常荒谬,是极左的观点。

在这场大批判运动中,将学术问题与政治问题纠缠在一起是一个根本的错误;盲目、极端地排斥西方心理学,也是一个根本的错误;使心理测验这样一个领域成为无人问津的禁区,更是一个根本的错误。苏联的这种错误使苏联心理学失去了它原来已经形成的潜力。直到 20 世纪 60 年代,苏联心理学界才幡然醒悟,开始进行"马克思主义心理测验"的研究,70 年代才出现心理诊断学。但是,20 世纪 30 年代苏联心理学大师辈出的局面不复出现。直到今天,俄罗斯心理学在统计测量等相关领域,再也没有多大的竞争力,而且整个俄罗斯的心理学也风光不再。

2."文化大革命"期间心理学被取缔

中国在"文化大革命"中,不仅心理测量而且整个心理学被完全否定,甚至被取缔,达十年之久。我们应该反思:为什么会出现这样的"取缔"? 长达十年的"取缔"产生了什么样的后果? 我们不能将如此沉痛的历史教训当作"饭后茶余"的"闲谈",或者像说书先生那样轻松地当作"史话",应该痛定思痛,要思考和评估这场浩劫究竟带来了什么后果,我们应该汲取怎样的历史教训。

　　1956 年,康生跑到北京师范大学煽动学生批判心理学。1965 年 10 月,姚文元(化名葛铭人)发表了一篇文章,将心理学正式定性为唯心主义的"伪科学"。以这两个事件(特别是后者)为标志,全国开始了彻底否定和取缔心理学的大批判运动。接着,所有从事心理学工作的人员全部被"解雇",有的改行当起语文老师、英语老师,有的下放到农村劳动改造。其中那些有名望的教授则接受更加严厉的惩罚,集中在一些农场劳动改造,即所谓"关牛棚"。不像苏联,仅仅是心理学的某些领域如心理测验、外国心理学流派的研究成为禁区,在中国则是全部心理学都成为禁区。大学、研究单位再也没有心理学的研究人员;图书馆再也不能外借心理学的图书,所有藏书一律封存(有的地方甚至销毁);在所有的报刊等文献中再也找不到心理学的术语,心理学在这十年的历史中成为空白。后来的做法甚至更荒唐,干脆连大学、研究单位也都取消了!

　　中国整整十年没有了心理学,而西方心理学在这十年正处在鼎盛的发展时期,仅仅在美国就发生许多历史事件。例如:在 20 世纪 50 年代,心理咨询走向了职业化道路;罗杰斯等心理学家在与精神病学家争夺心理治疗权的战斗中大举获胜;投射测验到了她最辉煌的鼎盛时期,罗夏墨迹测验几乎成为临床心理学的代名词;"T 小组"运动风靡全美;智力测验运动方兴未艾,智力训练更是如火如荼,相应的争议之声也同时出现;认知心理学也拉开了序幕,粉墨登场;人本主义心理学作为第三种势力开始登台……但是,整整十年,中国没有了心理学的一点痕迹!

　　在这样的年代,有一位刚毕业后被分配到湖南医学院任教的年轻人,他对心理测验抱有兴趣,但是当时严禁这方面的研究,于是他只有偷偷地捉摸和揣测。等到"文化大革命"结束后,心理学得以恢复,他组织修订韦克斯勒智力测验等,在中国的心理测量领域成为领头人之一。他就是龚耀先教授。

　　有这样一个人物,他留学美国,主攻心理测量与计算机编程,立志回国在这个领域有一番作为。可是,当他回到祖国不久后,却再也不能从事心理测量的工作。于是,他只有改行,从事中国古典文学的研究。直到去世,他再也回不到他原来的专业。他就是河北大学中文系的詹瑛教授(参见资料链接 2-3,詹瑛教授的学生对他的回忆)。

资料链接 2-3　过聊城忆詹瑛先生

....

　　今年初夏,有机会转了一圈山东半岛,归来途中在聊城小住。这是座历史名城,是明清两代有名的东昌府所在地。……在旧城东街,是北大代校长、著名中古史大家、教授、大名鼎鼎的傅斯年的故居,路北还设有纪念馆。

　　同道参观的诗人尧山壁,忽然对年轻的讲解员说:"你们聊城及附近一带,文人荟萃,历史上的不必去说,只在当代学术界、文化界就出了许多大师级人物,譬如,季羡林、李苦禅、顾随、臧克家等,他们的成就更不必说了。但我可特别给你们提个醒,在你们聊城同乡中,还有一个不应忽视的人物,名气虽然不如傅斯年那样大,可他在古典文学研究的成就上,也是当今国内的大家。"讲解员问:"那他是谁?"山壁管道:"河北大学的老教授詹瑛先生。"年轻的讲解员没有任何表示。也许是如今教授太多,在这个文化古城里已算不得什么,她依然不停地继续讲解。这种怠慢态度使我难以接受,我于是插言:"那位詹先生,可不是当今的那种唾手可得的教授。他的著述如果陈列出来,这个展览馆也未必能盛得下。他是全国古籍整理小组的成员,古书版本图书鉴定最具权威的国内少有的几位专家之一,《文心雕龙》研究专家,唐诗专家,八十年代初河北省内最早的古代文学博士生导师。"听后,讲解员才停了下来,然后告诉我们,聊城东街上确有姓詹的,但他的本家是谁,一时也说不上来,说等查对后才会明白。她的答复,虽然进了一步,但也不能令人满意。

詹瑛先生,是我在河北大学读书时的老师。他在教我们之前,曾在这所学校教育系教心理学。大家也知道他的一些情况,尽管是一点儿可怜的传闻。譬如说,他是留美博士,在美国三十几岁就当了一所著名大学的教授。又如,他是在1949年后才回国。那时,他在美国已混得相当不错,但他还是选择了回国这条路。据说,是偶然的一个机会,他在看一部中国电影时,见到毛主席站在天安门城楼宣布中华人民共和国成立的感人镜头后,才当机立断返回祖国。当然也遇到不少阻力和麻烦。他还是回来了。不久,他就到了天津师范学院、天津师范大学教育系(即后来的河北大学)担任教授。满腔热情投身教育,准备以自己的专长服务社会,报效祖国。最初几年,他不只翻译苏联巴甫洛夫心理学著作(此时西方心理学的著作还在禁锢当中),自己又发表许多心理学方面的论文,还在天津第一中心医院设立了心理实验中心,决心在事业上大干一场。很快,他就成为国内心理学方面的知名教授。然而,就在1958年"教育革命"的风暴来了,康生亲自出马,在全国要拿心理学祭刀,矛头自然指向詹瑛先生,于是他就成为全国重点批判对象。从那以后,心理学成为禁区,詹瑛先生也就销声匿迹。直到1961年,在唐诗研究界忽然冒出一个名家来,此人乃詹瑛也。当时他已近不惑之年。我读大三时,詹先生已出现在中文系的讲台上。他个头不高,是一个非常斯文的中年教师。我不知他的籍贯,所以也感到他的普通话并不纯正,他给我们上唐诗课。这之前,他的《李白诗论丛》《李白诗文系年》两本专著已经在人民文学出版社出版,当时我们虽知其事,未能认真拜读,但先生在课堂上从未提到过。先生讲课有个特点,从不依旁别人的说法,人云亦云;或者重复他人已有的结论,说成自己的看法。当然他也不以洋博士自居,随便指责别人如何,他常常采取中国传统的学统,以大量无可替代的例证,作出实事求是的归纳和判断,他甚至也不强迫别人去认同自己的观点。听他的讲课,像是在公园里闲游,他只是一个向导,使你能得到曲径通幽的愉快。他研究李白,解读李白,给我们留下很深的印象。讲李白,自然要追溯到庄子,追溯到屈原,因为那是李白诗歌创作的源头,作为伟大的浪漫主义诗人,他才是这一传统的最合格、最有创造性的继承人和捍卫者;但同时,李白又是一位来自民间的诗人,他和民间诗歌保持着一种天然的张力,他既拓宽了诗经、汉乐府以来的创作道路,又给它以全新的形式和包装。他的诗歌精神是与现实生活血肉相连。然而他又是一个形式主义大师,他不只变骚体,还创新体,极尽创新之才力,把唐诗艺术推向顶峰和极致。所以,李白的诗歌永远是我们民族文化的瑰宝。詹先生站在这样的高度,以多元的视角看待李白,讲述李白。他不赞成把李白的诗艺说成某一种风格的代表,他认为,无论把李白说成浪漫主义的代表,或说成先是浪漫主义后是现实主义,也都不能全面准确地反映李白的实际。因为从李白的创作经历看,他还是一个布衣诗人。诗仙李白终究不是"仙人",他也是人间的泛众,是民间苦难过滤了的普通之人。詹先生讲这些时,我们只是 20 多岁的浮躁青年,涉世不深,哪里能理解这些呢? 当然,詹先生在讲课时,还是照顾到年轻人的特点,有选择地讲了一些他的浪漫之作,使我们对李白诗歌的这一特点,加深了印象。但在同时,詹先生对李白诗歌中的现实主义代表作,也没有放过,尤其对李白的晚年之作更看重,比如,李白在夜郎流放时期的作品,特别留心和用力进行了宣讲。现在想来,先生确实是李白的"知音",可谓"知人论世"。詹先生那么看中李白的晚年之作,一方面是李诗的自然,从另一个侧面看,也与詹先生当时的处境有些关系。他刚刚经历过了那场批判运动,他对人生的感慨不免也带进他的讲授之中,也是很自然的事了。悲剧命运的李白很自然就成为他的释放情感的中介。平生有着伟大抱负的李白,横溢的才华没得到施展,还屡遭挫折,岂能够甘心? 所以,他对那个时代毫不妥协地进行反抗。他用诗呼唤,以诗宣泄,直接面对。晚年的李白,再也不是狂放不羁、笑傲群山的"楚狂人",变成一个愁云惨淡泪流肚中的流民,一个忧愤怨怼、满腹牢骚的有家归不得的江湖遗老。"何日王道平,开颜睹天光","张良未随赤松去,桥边黄石知我心","中夜四五叹,常为大国忧"。这些抒发不也是先生的某些心声吗? 联想到他回国前后的这些经历,不也是同样的"历史叠合"吗? 真是感慨万千,无可诉说。平心而论,我倒觉得詹先生已在李白诗中找到了自己,使主体与客体融汇在一起。所以,詹先生的解读李白,也是解读自己,解读心路历程。这样的讲课最能打动人心了。难怪多少年过去,一个苦难李白的身影,一直在我的眼前挥之不去。原因正在此吧。主体进入客体之中,这样的讲课,现在似乎再也听不到了,只能留下美好的回忆。听詹先生讲《文心雕龙》,虽然不再有唐诗课那样的感同身受的体验,但是他给予我们的却是另一种学术境界。我记得詹先生说过,刘勰的出身是个问题,这对研究刘勰十分重要。他说,刘勰并不是出身于世族,顶多是个破落子弟,这就决定了他的不幸命运。这是个顶顶重要的发现。因为,在当时,"上品无寒门,下品无世族",九品中正制度执行非常严格。刘勰从居寺、出仕到出家,几十年的经历,混得相当凄苦,命运相当坎坷。这是很自然的。既是在他人生最得意的时刻,为肖统太子作编纂的那段时光,也不过才是一个资深的编辑,并没有受到更大的重用。因此,他在最后的人生,不得已而出家,当了和尚。这都与他的出身低下,不无关系。詹先生的这些观点,已为后来的研究者所取法。另外,詹先生认为《文心雕龙》一书思想体系属于儒家,他把文艺看作经世致用的载道工具,这一点不容动摇和怀疑,但他又特别重视刘勰关于创作主体性的论述,他特别尊重作家个性与风格,这也是非常关键的发现。总体地说,刘勰基本是代表了儒家的人文观点,是对中国现实主义文艺理论的整合与汇总。刘勰主张"穷则独善以垂文,达则奉时以聘绩",以文达政,正是孟子的"穷则独善其身,达则兼济天下"的赓续。他的写作正是在儒家思想指导下,为完成这一目标而作的努力。所以,在这部伟大的理论著作中,并没有像一些人所说的那样,充满了佛学与玄学,而是从儒家的立场出发创作出来的一部现实主义的文学理论著作,对创作规律进行了全面总结。在我们读大学时,詹先生对《文心雕龙》的研究,在国内就已很有影响。当时,他已写作了不少东西。在讲课的基础上,他先后出版的《文心雕龙风格学》(人民文学出版社)、《刘勰和〈文心雕龙〉》(上海古籍出版社)这些著作在日本、美国等汉学界引起很大反响,译成多种文字,在海内外广为流传。在他的晚年,集多年研究之功,锲而未舍,终于出版了百余万字的《文心雕龙义证》,这部书稿是继范文澜《文心雕龙校注》之后,国内最权威的、全方位研究《文心雕龙》历史的一部资料汇编。同时,他还主编了卷帙浩繁的《李白全集校释》,把李白研究推向一个新的高度。

　　1991年夏天,我出差到天津,专门去看望了詹先生。当时,先生住在马场道河北大学留守处的一座楼房里。过去,这里是学校行政办公的处室,现在改作居室和办公室,显然也不适用。房间虽然宽畅,但光线并不好。白天也要点灯照明。他住在楼的东头,需穿过深深的长廊才能走到。冷清而破旧,使人有一种被遗弃的感觉。先生的书房在向阳的一面,背阴的那面是他与老伴的居室。楼道里还有他做饭的炉火。正值酷暑,一进楼道就热汗淋漓,何况又有煤火炉子的蒸烤。那天,与我同去拜访先生的,是我大学同班同学王炳奎,他在新华业大教书。因天气炎热,先生手拿一把芭蕉扇不住地摇着。在我的印象里,先生一向穿着讲究,但此时也似乎顾不得这些了。他只穿一件圆领汗衫和短裤,连连说着天真热,天真热。看着这间不大的办公室。想到那么多的博士生都是在这里带出来的,也真够凄然的。当我问起《文论报》发表的那个专访,那是写先生的,他淡然一笑,然后说,文章写得太草率,有的地方也有误笔。比如,八十年代先生去美国讲学走了不少地方,但主要还是在威斯康星大学给东亚学生讲课。当然也在哈佛大学、哥伦比亚大学、耶鲁大学、圣地亚哥大学、加州大学等几所大学讲过课,但那只是做个学术报告什么的,算不上什么,多半是到这里的图书馆查阅资料,他那文章不该那么夸大。由此,可知先生的人格精神与学术风范的严谨不苟,让人敬重。已不记得当时先生都说了些什么,他一直在夸奖我的这位同学,甚至还有些感激,先生说,多亏这位小老乡,在生活上给了许多帮助,一些难事,需要跑腿的事,都烦劳他了。看到先生近于凄凉的晚境,在我脑海里忽然有个问题:如果先生一直生活在国外,或没有遇到这里的一场场运动,那又会如何呢?我不敢细想。但人生的选择和历史一样,它是没有"如果"的。不过,我从先生脸上那寂静的表情中可以看出,他是那样安详自适,没有半点幽怨。同时他的眼神告诉我,这是一位经历了人世沧桑的老人才有的练达之光。他是一个性格内向的人,他那复杂的内心世界,也是我们这些晚辈弟子难以察觉到的。事后,我曾问起过王炳奎,他告诉我,先生所说的这都是真的。王炳奎说,詹先生在学术上是个大家,他把自己的一生都献给了他钟爱的学术事业,但是他家中的一些俗事琐事,免不了常拖累先生。比如他有个孩子的工作没有安置好,先生不愿乞求领导,所以一直拖了好久,没办法先生向他开口说了。我的这位同学虽然没有多少权力,但也教过一些学生,让他们出面帮忙,最后总算解决了。因为他来先生这儿比较多,先生也不把他当外人,生活上的琐事自然就交他来办。他说:"谁让咱是他的学生又是老乡呢。"炳奎说的也是实话,我信。

詹瑛先生几年前已经在天津作古,他领导的唐诗与《文心雕龙》研究,后继有人,这已不必去说,但在他的家乡,年轻人还不知道他的名字,大约与傅斯年几年前的情景相差无几。我想,少年时代的詹瑛,如果没有受到过傅斯年在乡里的影响,他恐也不会走到今天?我们从傅斯年的身上,特别是他对安阳殷墟的发掘和发现,以及他对中国古代史的一整套研究方法看,再对照一下詹瑛,特别是詹先生的唐诗研究和《文心雕龙》研究,他坚持"不征不信"研究方法,以及他建立在"词章之学"基础上的"考据之学"的治学之道,不也同样看出这两位同乡在此的一致性吗?说穿了,他们都是在家乡传统的国学教育中长大的。相传二三十年代,聊城的国学教育十分发达。正因如此,无论傅斯年,还是詹瑛,当他们在有了中国传统文化基础之后,而后走向西方,学习并取借西方文化,使中西文化融合,进而成为一代学术大师的。他们的成功之路,几近相似。我们在聊城见到的,也得其验证了。

2002 年 10 月于石家庄陋室,刊载于《当代人》2003 年第 2 期。

资料来源:杨振喜的博客.http://blog.sina.com.cn/s/blog_67bc30850100isvs.html。

一个学科的发展,需要人才、原创理论、学科文化和学科传承,而且需要相应的时间来"酝酿和发酵"。

首先,必须有一批志同道合的同道,彼此能够相聚、切磋。例如,弗洛伊德当初就聚集了一批能够经常相聚、坐下来开沙龙的同道,这批人当中不乏"患过一两种神经症的"神经科医生或病人。[①]弗洛伊德带领他们每周三下午开沙龙聚会,久而久之,同道形成团队,再发展下去团队便又形成了学派。精神分析学派就是这样形成的,其他学派同样也是这样形成的。从同道到团队,再到学派,其中的相聚和切磋非常重要。任何学科的发展都离不开这样一个人才汇集的"酝酿和发酵"的过程。中国心理学一直以来只有同道,最多也只是团队,就是形成不了学派,原因可能是多方面的。

人才彼此之间的学习、探索和研究的经验需要充分交流,原生概念和原创理论需要充分讨论、公开、质疑、修改、接受、认可和积累。我们一再责备中国心理学几乎没有原生概念和原创理论,其实,这么多中国心理学的研究者,他们的头脑一定像美国人、英国人一样复杂而丰富,所以他们的头脑里一定存在大量的原生概念和原创理论,只是我们缺乏一个

---

① 弗洛伊德带领的维也纳学派成员曾经以他们中的人患过神经症为傲,认为他们在这一点上比荣格带领的日内瓦学派强,就好像他们更具有实战经验似的。

平台,能使他们头脑中的大量原生概念和原创理论得以充分讨论、公开、质疑、修改。从精神分析学到认知心理学,哪个学派不是通过沙龙、学术会议、杂志、著作的充分讨论、公开、质疑、修改、接受、认可,进而积累了原生概念和原创理论? 但是,我们的原生概念和原创理论少有充分讨论和公开的机会,更别谈认可和积累了。

所谓文化,是指由人才以及人才形成的原生概念和理论,在同道、团队及学派内或社会上构成一种文化和风气。精神分析学派是有他们的文化和风气的,甚至其中的维也纳学派、日内瓦学派和阿德勒学派都自有各自略有不同的文化和风气。行为主义、人本主义、认知主义学派都各自拥有鲜明特色的文化和风气。

至于传承,更是不可或缺。大师与粉丝、前辈与后生的传承,使学科具有良性循环、生生不息的生态。例如,布伦塔诺之于胡塞尔、弗洛伊德,弗洛伊德之于荣格、阿德勒,屈尔佩之于韦特海默(Max Wertheimer,1880—1943),斯顿夫之于苛勒(Wolfgang Kohler,1887—1967)和考夫卡(Kurt Koffka,1886—1941)。

中国的心理学由于整整十年没有了人才、原创理论、文化与传承的"酝酿和发酵",因此就破坏了中国心理学的生态。直到今天,中国的心理学还是没有大师,没有学派,没有原生概念,没有原创理论,没有文化和风气。加之过度引进外国心理学的理论与技术,中国心理学的生态存在问题。

3.《南方周末》对心理测量的批判

2002 年,广州的报纸《南方周末》发起了一场对心理测量的批判。该报纸用了整整 4 个版面的篇幅,发表了几组批判文章。其中第一篇文章是批判北京师范大学一位进修的教师编制的一个问卷,认为那种问卷根本没有什么用处。还有一篇文章是批判深圳一家医院用明尼苏达多相人格调查表为患者做婚姻预测。这些批评似乎并非没有一定道理,但是后面的其他文章对整个心理测量的批评则显得有些夸大。有些心理测验的应用可能存在不妥之处,但是不至于因噎废食,将所有的心理测验一棍子打死。资料链接 2-4 中对心理测验的嘲讽就显得很可笑。文中将心理测验比喻为照妖镜,并用《红楼梦》中贾母的话来"告诫"大家:"小孩不能多照镜子,不然容易走魂。"这种对心理测量的嘲讽,要么表明作者还处在蒙昧无知的状态,要么表明作者曾经因为自己的能力或素质而在心理测验中饱受挫折,从此怨恨不已。

资料链接 2-4 《南方周末》对心理测验的嘲讽

照谁的镜子

童 月

第一次做人格倾向心理分析之类的测试题,是在高中时代。从 ADCD 的迷宫中走出，死活不肯相信自己抵达的答案：它说我是一个很务实的人。十几岁的年纪，正是把"浪漫""幻想"之类的词当金子一样往脸上贴的时候，尽管贴上去像嵌在牙缝里的菜叶而非闪闪发光的金牙。就像在梦中照镜，总是照见一些鬼怪精灵的形象。曾看到自己的下巴错开一个角度，卡通人物一般线条凌厉；看到一大束玫瑰花，唯一的一只干花苞，我的脸孔，就用铅笔画在上面；看到一张淡金的脸孔，梳简·爱式的人字头，梦中居然就认定了那是自己的镜像，而不是一幅画。没有《大话西游》中的至尊宝，照见一张猴脸后，那种被命运攥住的错愕绝望。我只是恐慌：这个样子，明天怎么见人？

不知道梦中的镜子，属于《白雪公主》里的妖后，还是哈利·波特。妖后的那面告诉你真相：在这里你最美，但是翻越 7 座山，穿过 7 片森林，在 7 个小矮人那里的白雪公主，要比你美上千万倍。哈利·波特的那面表达你潜意识中的愿望：让你看到亲爱的父母，或未来成功的幻影。

一度相信那些测试题是妖后的镜子。因为做题之后的日子，我不断发现自己身上的"务实"倾向：我心怀巨测地接近一个性情古怪的女生，因为她的后邻是心仪的男生；我向老师问一些钻牛角尖的问题，目的不过是引起注意。到现在，我已成为彻头彻尾的务实者，表现之一是离开巨大的张扬的北京，为了两房一厅来到熙熙攘攘的低调的广州。我们无法看清自身，而隐藏在纷杂的 ABCD 后面，一整套心理学的研究和发现是照妖镜。

也许未来的日子人们将无限依赖这些镜子：高考前做智商及思维模式测试，决定所报专业；求职时必须完成能力倾向测定书，被裁决为"不适合"的职业将一律对你关上大门；为降低离婚率，结婚前做婚姻指数套题，分值为 60 以下的将被劝告放弃；离婚前，还是做题吧，看看是否已到"分手的时刻……"

难免有些疑惑：物理学上有个"测不准原则：用精密仪器观测微观世界的运动时，因为仪器的介入，自在的运动会被扰乱。毕竟人的情感、心理都是太微妙的东西，谁知道那些题目有没有对被测者形成心理暗示？或许他被题目牵引，最终表达的只是想象的自我，或许，更糟糕的，表达的是自己最讨厌、最惧怕的东西？哈利·波特的镜子照不出你的脸。

记得《红楼梦》里，宝玉房中的镜子，到晚上总要放下帘子，用扣子扣好。一日忘了罩上，宝玉便梦见另一个宝玉，另一重生命。贾母说了，小孩不能多照镜子，不然容易走魂。老人家的话，一般来说还是有道理的。

引自：南方周末，2002 年 9 月 30 日。

不久以后，《南方周末》再次以美国布什政府削减对基础心理学的投资为由，痛斥心理学为"伪科学"。美国布什政府消减对基础心理学的投资是事实，但是抓住鸡毛当令箭，或者以一叶障目，却是一件令人遗憾的事。因为，布什政府并没有消减对应用心理学的投资。也就是说，美国政府实际上并没有停止对心理学的投资，只是认为应该更重视应用心理学的研究。何以据此引申出美国人都将心理学当作"伪科学"的结论？显然这是一种混淆视听的做法。作为一份销量尚可,对公众具有一定影响力的报纸,在今天这样一个开放的、信息化的时代,怎么会作出这种糊涂的、荒唐的、落后的甚至反动的事情来?真是令人诧异。

这么多年过去了,《南方周末》这两次批判除了在心理学界传为笑谈外,并没有产生任何明显的社会影响,这本身就说明在今天要否定心理测量、否定心理学几乎是不可能的事。但是,是否在公众内心产生潜在的负面影响则无人评估。这意思是说,也有可能媒体让公众对心理测量、心理学产生了更多的怀疑。比较一下美国公众与中国公众对待心理测量和心理学的态度,可以肯定,美国公众是欣然接受,中国公众则是狐疑满腹。美国人将心理学当作他们引以为自豪的"国学""国粹""显学",认为世界心理学的中心是在美国;中国人则将心理学当作"舶来品""玄学"。其实,中国人不知什么原因犯迷糊了,因为中国才是世界心理学最早的故乡(DoBois,1970)。

4. 心理学界或相关学界的"内讧"与否定

对待心理测量的态度,即使心理学界内部和相关学界如精神病学界等也常起"内讧"。我们可以将这些"内讧"归结为以下三种观点。

(1)"粗糙"说

在国内心理咨询师的培训教材上,编写者们(有的编写者是精神科的医生)写道:"心理测量还很粗糙,存在很大误差。"可以这样说,将心理测量说成很粗糙是一种很不负责任的观点,原因有三。其一,由于心理现象的复杂,对心理的测量存在复杂的测量误差,但是存在误差并不等于粗糙,相反,心理测量发展了更多复杂的数学计算,比物理测量、生理测量更精细。例如,关于信度和效度的计算发展了各种计算方式;在今天,更多现代测量的数学模型不断涌现,从概化理论到结构方程模型,从项目反应理论到多层线性模型,等等。其二,对体温、血压等的测量同样存在复杂的测量误差,但是为什么不说体温、血压的测量"粗糙"?心理的测量与体温、血压的测量原理是一样的,而且心理的测量技术、计算方法更复杂、精细。因此,没有理由说心理测量"粗糙",最多也只能说心理测量"复杂"。其三,有些人总是抱有"物化"崇拜观念,总是认为"物化"的、仪器化的东西就是更科学的东西。当初 H.J.艾森克曾经以为通过脑电的平均诱发电位可以更客观、准确地测量智力,甚至以为自己"站到了革命的门槛",结果还是发现,对复杂的智力测量来说,不存在这样一条捷径。

(2)"慎重"说

还有人老成持重、煞费苦心地教诫众人对待心理测量,一定要"慎重"。将心理测量当作神话中"魔瓶中的妖怪"一样,好像一不小心就要放出伤害人的妖怪一样,所以一定要好好拧紧瓶盖,千万不能放出妖怪来。其实,这样未免有点危言耸听。心理测验工具与任何技术工具一样,例如,与体温表、血压计一样,没有什么特别之处。为什么我们使用体温表和血压计不需要特别提醒注意呢？况且,心理测量有史以来并没有发生过什么医疗事故嘛。因此,这些过虑之说,有些扰民。

(3)"鉴定"说

在心理测量中,应当区分问卷与量表、测量与测量工具这两对概念。在心理学的研究中,离不开使用一些问卷去测量一些心理现象,但是问卷不等于量表。例如,在一些小范围的研究中,我们可以运用心理测量学的技术与原则编制一些问卷,在通过信度和效度的检验后,就可以使用这些问卷去进行一些分析。但是,这不等于就是量表。所谓量表,是指建立全国常模后,可以作为一种定型的测量工具进行推广的技术产品和进行买卖的商品。这种量表是应当通过专业人士鉴定后,才能进行推广和销售的。如果将一切测量问卷都当成测量量表,而且都要进行"鉴定",有可能会导致心理测量研究的严重萎缩。因为,对那些年轻的本科生、研究生来说,如果他们想通过编制一些问卷来研究一些新奇的、有意义的心理现象,便会变成一件不可能的事情。因为所有自编的问卷必须经过省级以上的专家的鉴定。这将要花费多少经费和时间？何况他们的目的并不是要编制一种准备推广到全国去使用和销售的技术产品与商品。遗憾的是,我国几大主要的心理学刊物居然在近几年都出现了这种要求。例如,《心理学报》投稿指南中明确申明:"不接受单纯的量表编制报告"。《心理科学》也有《关于"量表类稿件"的处理原则》:"关于'量表类稿件',我们对它们的审稿和处理原则是:除经中国心理学会、省市心理学会和中国心理学会测量与统计分会组织专家鉴定通过的量表外,此类稿件一律不予录用。……我们的基本考虑是:因为若发表某量表,等于我们刊物越俎代庖为它作了鉴定,而这一责任是我们小小刊物难以承担的。对此,请各位作者今后在投稿时予以注意。"

两大主要刊物的这一决定是非常令人遗憾的。首先,这一决定造成了投稿的不公平,也就是说,其他领域的研究均不要求获得省级乃至国家级的鉴定,唯独心理测量类的论文必须有鉴定。至少心理测量类的作者门槛比其他人要高很多。其次,其后果不啻再次扼杀了中国大陆的心理测量学研究。因为,就像不能在中国市场上自由买卖中国人自己生产的产品,而国外产品却可以自由买卖一样,中国人自己编制的心理测验不能顺利发表,门槛更高,而应用国外的心理测验却大开绿灯。长此既往,中国的心理测量专业还能存在吗？

近些年来,国内的确出现编制测量问卷的研究高潮,特别是一些研究生,他们的毕业论文中大量出现编制和使用测量问卷的热潮。必须看到,这是一种好现象,而不一定是"混乱现象"。因为这并不是编制测量量表去销售,而是进行心理研究之必需。这种研究热潮不会对中国心理学造成恶果,反而会促进中国心理学的发展,但是心理学的主要刊物采取这种完全抵制和禁止发表的做法,可能会导致心理测量领域的研究衰退。因为年轻的学生们可能因此放弃心理测量学的研究。同时,对整个心理学的发展也可能造成影响,例如,心理学的实验离不开使用一些测量问卷。难道实验中使用一些小型测量问卷也要鉴定吗？还有，好像使用国外的测量问卷是这些刊物可以接受的，那么，大量翻译和移植国外的问卷而不考虑本国文化特点的"忘本"的研究倾向又将出现。因此，我们必须呼吁，心理学界一定要自己分清什么是测量问卷，什么是测量量表，不能将问卷当作量表，从而犯下泼洗脚水时，将盆中的婴儿也泼出去的错误。

5. 有关心理测量争议的结论

讲到这里，我们发现关于心理测量竟然有这么多的纠结。但是不管怎样，没有心理测量，心理学就难以健康前进。

我们引用两位心理测量学家的话来对上面关于心理测量的争议作出结论。

克龙巴赫（Cronbach，1975）认为："合理的策略不是赞成测验或反对测验，重要的是如何使用测验。"（查尔斯·杰克逊，2000，p.1）

安娜斯塔西："心理测验是工具。为了获得测验能够提供的益处，我们必须记住这个重要事实：任何工具都是有益也可能是有害的，这取决于怎样使用这种工具。""即使测验被取消，但个体或组织决策的需要仍然存在。决策将不得不依靠我们熟知已久的期货替代方法如推荐信、面试和成绩平均数。"（安娜斯塔西，等，2001，p.3，p.726）

复习与思考

1. 你认为心理测量客观吗？心理测量是怎样达到客观的？
2. 你怎样看待标定效应？
3. 心理测量中存在文化不公平性吗？
4. 智力测验有用吗？
5. 你怎样看待智商和情商？
6. 你怎样看待投射测验？

推荐阅读

Bond，M. H. How language variation affects inter-cultural differentiation of values by Hong Kong bilinguals. *Journal of Language and Social Psychology*，1983，2，57-66.

Kevin R. Murphy & Charles O. Davidshofer. *心理测验：原理与应用（第 6 版）*.张娜，等，译.上海：上海社会科学院出版社，2006.

Rosenhan，D.L. On being sane in insane places. *Science*，1973，179，250-258.

M.艾森克.*心理学——一条整合的途径*.阎巩固,译.上海:华东师范大学出版社,2001.

丹尼尔·高曼.*EQ:划时代的心智革命*.张美惠,译.台北:时报文化出版企业股份有限公司,1996.

罗伯特·G.迈耶,等.*变态心理学*.丁煌,等,译.沈阳:辽宁人民出版社,1988.

童辉杰.中国传统文化中的自我意识.*心理科学*,2000,23(4),502-503.

童辉杰.追求与变迁:天人合一境界与中国人的国民性格.*本土心理学研究*,2002,17(6).

杨国枢,等.*社会及行为科学研究法*.台北:东华书局,1994.

杨国枢.心理学研究的中国化:层次与方向.见:杨国枢,文崇一.*社会及行为科学研究的中国化*.台北:"中央研究院"民族学研究所,1982.

杨鑫辉,*心理学通史*.济南:山东教育出版社,2000.

杨中芳.*如何研究中国人*.台北:桂冠图书公司,1996.

第三章

心理测量的发展历程与应用领域

本章要点

心理测量是怎样出现和发展的?

对心理测量发展作出重要贡献的人有哪些?

心理测量有什么作用?

心理测量的主要应用领域在哪里?

关键术语

科举考试;"八观""五视";知人之道;九连环;七巧板;

比奈-西蒙智力量表;智力年龄;斯坦福-比奈智力量表;

比率智商;美军陆军甲种测验;美军陆军乙种测验;罗夏墨迹测验;

明尼苏达多相人格调查表;评价中心;人员选拔;心理诊断;教育评估

> 人心是最难捉摸的东西。
>
> ——荣格(1987，p.101)

一、心理测量的发展历程

　　心理测验是怎样出现的？它有多少年的历史了？它经历了怎样的历史过程？心理测验的历史会给我们怎样的启迪？

　　一个真正对心理测量感觉兴趣的同学，一定会发出上面这一连串的询问。作为一门科学的心理测量已经走过一百多年的历史，但是实际上它在几千年前就已经出现。关于心理测量的历史有不少有趣的故事，而且能够给我们很多有益的启示。

1. 心理测量的发展阶段

　　心理测量经历了从萌芽、发端、高速发展到平缓发展这样几个发展阶段。

　　（1）心理测量的萌芽时期

　　从公元前 2200 年到 1905 年，是心理测量的萌芽时期。据国外心理学家权威的说法，公元前 2200 年，大禹对官员每三年一次进行能力测验，作为晋升或罢免的依据。这可以说是人类最早出现的心理测验。而且有史料可循的是，中国汉朝出现的文官选拔考试，这也被公认为人类最早的心理测验

图 3-1　浙江绍兴禹陵

（DoBois，1970）。汉武帝（前 156—前 87）时，兴办太学，开创考试取士，及至隋唐成为开科取士制度。而在欧洲，大学里出现正式考试是 1219 年的事，文官考试则更要到 1833 年后。我们今天所说的科举考试，渊源于汉代，始创于隋朝。科举考试，设有明经科、明法科、明算科等。明经科主要试帖经，即择所习之经掩其两端，中间仅露一行，用纸贴遮掩其中部分字句，以测试应考者记诵经书的能力。主要试记诵。隋朝的进士科仅试策，唐太宗时曾加试经、史，唐高宗末又加试贴经、杂文。明法科试律令，明算科试《九章》《夏侯阳》《周髀》等数学著作，明书科试《说文》

图 3-2　汉武帝刘彻像

《字林》等字书,这三科昰选择专门人才,录取后只在与专业有关的机构任职。可见,科举考试是一种最早的评估多方面知识与能力水平的测验。科举考试在开始的时候对国家和社会的发展具有积极而重要的意义,虽然后来到晚清变成腐败的"八股"制度。就像美军使用心理测验筛选士兵,从而使得美军战斗力大增一样,作为一种更加公平客观的选拔测验,科举考试能够为国家选拔到合适的人才,从而可以使国力大增。汉武帝时,中国的国力空前强大,成为中国历史上有名的盛世,这与汉武帝开科取士、不拘一格使用人才分不开。

图 3-3　明万历四年(1576 年)应天府乡试试卷

中国古代有关心理测验的思想非常丰富,虽然那时的心理测验可能还只是前科学的心理测验。前面我们已经讨论过,晋国赵姓家族族长赵鞅(简子)使用一种心理测验从两个儿子中成功地挑选了合适的继承人。赵鞅使用的心理测验方法,表面上好像是测记忆力或理解力,属于能力测验,但实际上并不如此,它想了解的是人格特质,诸如忠诚可靠、认真用心等。通过"被试"收藏研读书简的行为,推论判断其相关人格特质。

三国时刘劭的《人物志》是最早研究人格与能力的著作,此书在 1937 年被美国学者施赖奥克(John Knight Shryock,1890——　?)翻译成英文,以书名《人类能力的研究》(The Study of Human Ability)在美国出版。刘劭提出评估人的人格与能力的系统方法,即"八观""五视":"一曰观其夺救,以明间杂;二曰观其感变,以审常度;三曰纳其志质,以知其名;四曰观其所由,以辨依从;五曰观其所爱,以知通塞;六曰观其情机,以辨恕惑;七曰观其所短,以知所长;八曰观其聪明,以知所达。""居,视其所安;达,视其所举;富,视其所与;穷,视其所为;贫,视其所取。"(刘劭《人物志·八观》)刘劭的评估方法是今天颇受重视的行为观察与情境测验的萌芽。

诸葛亮也曾提出知人的七种方法:"知人之道有七焉:一曰,问之以是非而观其志;二曰,穷之以辞辩而观其变;三曰,咨之以计谋而观其识;四曰,告之以祸难而观其勇;五曰,醉之以酒而观其性;六曰,临之以利而观其廉;七曰,期之以事而观其信。"(诸葛亮《诸葛亮文集·卷四·知人性》)这些方法在今天被称为面试和情境模拟测验。

中国自古以来有"字如其人"之说,于是以字观人便成了一种知人的方法。清《名人笔记》:明朝末年,山西阳曲有个叫傅山(字青主)的名医,"精岐黄,博学强识,复善书法。其公子亦善书法,所书与之逼肖,外人无法辨者。一日,其长公子以所书置于案头,欲察其父之辨否。青主见而熟视之,以为已所书也,则叹曰:'中气已绝,吾其不久于人世矣!'太息不已。其长公子私嗤之。后月余,其长公子果以疾卒。"以笔迹而知中气绝,可谓神矣。可见,对笔迹与中气的关系的了解,是一种炉火纯青的投射理论;而能准确从笔迹推论出中气已绝的征兆,更是一种炉火纯青的投射技术。

现代书法家陈康写道:"中国过去一般老年的人,对子第学书很注意,常常批评他们的书,或很薄或很厚。于女儿出嫁,替她们选丈夫,而择婿的条件,是首先看他们书法是不是有福泽或薄命的人。""清代朝考,大卷必选字体端凝园劲,丰茂清秀,而后点为翰林;若有败笔、破体、别字、脱漏者,一概不取。这是因为翰林人才,将以备国家栋梁之任,一定要端凝,才算得正人;园劲,才算得俊士;丰茂才可为重器;清秀,才算是高才。没有败笔脱漏,而后见其精神之贯注;必无破体别字,而后见其功夫之纯密。如果散而不结,漫而无纪,枯而不润,浮而不实,浊而不秀,肥而无骨,则其人大半不出庸人俗子,佻达顽夫;不足以登大雅之堂,更难为寄民社之重。"(陈康,1946,pp.19-22)

清代出现的九连环和七巧板也被认为是最早的创造力测验与非文字智力测验。

在这个萌芽期,与中国相差两三千年之后欧洲才出现大学考试和文官选拔考试。但是在近代,中国却被西方远远地抛到后面。英国的高尔顿(Francis Galton,1822—1911)以他杰出的天才和浓厚的好奇心,开始了他对人类心理测量的探索。美国的卡特尔(James McKeen Cattell,1860—1944)注意到心理测验是一个崭新的领域,并发表了关于美国儿童的拼写能力的研究结果。尤其是英国的斯皮尔曼(Charles Edward Spearman,1863—1945)提出心理能力的二因素论。这些为即将来到的心理测验运动作好了相应的理论准备。

(2) 心理测量的发端期

1905年至1920年左右,是心理测验的发端期。孕育了几千年的心理测量的思想,终于在1905年产生了结晶。受法国教育部的委托,对心理学一直以来有深入研究的比奈(Alfred Binet,1857—1911)携同西蒙(Théodore Simon,1872—1961)医生要发明一套用来筛选智力低下儿童的技术,以便及早发现智力低下儿童,及早予以特殊教育,这样有助于这些智力低下儿童的康复,并可以帮助国家减轻一定的经济负担。比奈经过非常艰难的探索,终于在1905年编制出世界上第一个儿童智力量表。因此,1905年比奈-西蒙智力量表的第一个版本出版发行,标志着标准化的心理测验的发端。

比奈-西蒙智力量表的诞生,在三层意义上标志着科学的、标准化的心理测验的发端。

第一层意义就是提出智力测量的一个原理和一种技术路线,这个原理和技术路线从此被遵循一百多年。比奈在探索智力测量的过程中,走过不少弯路,尝试过各种技术与方法,例如,曾经尝试过当时欧洲流行的颅骨测量方法,也尝试过墨迹图的测量方法等,后来他意识到,对智力直接的测量是最好的测量。所谓对智力的直接测量就是我们今天熟知的通过动脑筋的题目来测试智力水平。比奈当时编制了 30 道这样的测题。从比奈以后,智力测量基本上都是遵循这一模式。

第二层意义是比奈提出智力年龄的算法和理论,智力年龄的算法和理论对后世的影响极大。智力年龄是后来影响全世界的"智商"(IQ)的雏形,更重要的是,智力年龄是最早提出的一种常模(norm)。常模可以说是心理测量的灵魂。

第三层意义是它掀起全世界的心理测验运动热潮。从比奈-西蒙智力量表一问世,在此后的年代里,世界各国相继兴起了智力测验的热潮。比奈-西蒙智力量表在各国都被修订。最有名的修订版本是 1916 年美国斯坦福大学的推孟(Lewis Madison Terman,1877—1956)修订的斯坦福-比奈智力量表。接着,奥提斯在斯坦福-比奈智力量表修订版的基础上编制了第一个团体智力测验。1917 年,用来甄选新兵的团体智力测验美军陆军甲种测验和陆军乙种测验出版。一直到 20 世纪 20 年代左右,在其他的测验如人格测验、投射测验尚未出现之前,这个时期主要是以智力测验热为主要特征。

(3)心理测量的高速发展期

20 世纪 20 年代左右到 20 世纪 90 年代,是心理测验的高速发展阶段。在智力测验热潮势头未减的同时,其他各种类型的心理测验相继出现,掀起了空前的心理测验运动。在这个时期,出现了三个心理测验的高潮。

第一个高潮是以罗夏墨迹测验为代表的投射测验的高潮。在 20 世纪 40—60 年代,投射测验的发展在美国等国达到了巅峰状态。当时,罗夏墨迹测验几乎成为临床心理学和精神病学的代名词。如果谁不懂罗夏墨迹测验,就要靠边站;如果谁懂罗夏墨迹测验,就是有水平的专家。当时心理测验使用的排行榜上,罗夏墨迹测验的使用率也是高居榜首。此后,行为主义的兴起和临床上对诊断的重视程度下降,导致投射测验的衰退。

第二个高潮是以明尼苏达多相人格调查表为代表的人格测验的风起云涌。1918 年,伍德沃斯(Robert Sessions Woodworth,1869—1962)最早编制了 116 题的人格问卷,此后各种人格测验相继出现,从卡特尔 16 种人格因素问卷到艾森克人格问卷,从明尼苏达多相人格调查表到加利福尼亚心理调查表,直到大五人格量表。其中,明尼苏达多相人格调查表在全世界范围内发生了最深远的影响。明尼苏达多相人格调查表在全世界使用的频率是最高的,相关研究文献至今也最多,被认为可以有效提高临床诊断的正确率,从中发展出来的各种量表也 800 多种。

第三个高潮是心理测验在人员选拔领域广泛使用。第二次世界大战后,受到战时军队中使用心理技术获得益处的宝贵经验的启示,各大公司企业相继使用心理测验来选拔员工,乃至蔚然成风。心理选拔于是成为一项新兴产业。几乎没有一家知名企业和公司不懂得使用心理测验选拔员工带来的好处,也没有一家知名企业和公司不使用心理测验来选拔员工。其间,心理测验在人员选拔中遇上了这样两种困境:一是跨工作情境的困境。有人质疑一项心理测验有无可能适合各种不同的工作情境,也就是对心理测验在人员选拔中的效度提出了要求。关于这一点,心理学家展开了热烈的讨论。二是法律的困境。正是由于心理测验的广泛应用,有人对心理测验如果不能适合相应的工作情境,从而导致对应聘者的不公平对待提出了法律诉求。此期也出现了整合的趋势,即评价中心这种技术的出现和流行。评价中心就是多个评价人员使用多种心理测验来进行人员选拔与培训工作。显然,评价中心就是一种将多种心理测验技术整合在一起的做法。那些知名企业和公司相继使用评价中心这种技术,并取得了显著的效果。

这三大高潮对人类社会的影响是深远的,同时也显示了心理测验在此期如何高速发展。

(4) 心理测量的平缓发展期

20世纪90年代左右到今天,是心理测量的平缓发展阶段。为什么说是平缓发展的呢?主要是因为经历了上一个阶段的高速发展之后,必然有一个冷静、修整、调理的阶段。最主要的还是,在上一个阶段,智力测验运动在全世界形成的影响太大,后来又遭遇了激烈的批判,导致心理学界对心理测验的反省。

在这个阶段,智力测验陷入低潮,但并没有消亡。相反,它改头换面,以认知能力被人们接受。这主要是因为智力测验的智商(IQ)被滥用了,但是智力本身并没有因为人们的滥用而消失。实际上,智力仍然是一项非常重要的心理能力。其他领域(例如人格、临床心理等)的心理测验仍然继续平静地发展着。

在这个时期,出现了两个值得注意的发展趋势。一个趋势是心理测量与认知心理学的结合。人们发现,在今天,认知心理学的发展很快,如果心理测量与认知心理学结合可能是一条很有前途的道路。实际上,心理测量与认知心理学的结合已经产生了很多重要的成果。另一个趋势是心理测验的计算机化。根据项目反应理论编制的计算机自适合测验已经出现。由于计算机和网络的普及,计算机化的心理测验甚至网络化的心理测验也开始普及。这些普及的应用同时也带来了许多新的问题与挑战。

资料链接 3-1　心理和教育测验史大事记

公元前 2200 年　中国建立文官考试制度。

1219 年　欧洲的大学里出现正式考试。

1540 年　大学里出现书面考试。

1599 年　杰休茨出版发行了书面考试的规则。

1833 年　在英国出现竞争性文官考试制度。

1845 年　在贺拉斯·曼的指导下波士顿学校董事会最先采纳了印刷的笔试考试。

1864 年 乔治·弗舍，一位英国校长，设计了一套包括例题和相应答案的量表，作为评估学生论文的标准。

1866 年 O.E.赛格温出版了第一本论述智力障碍者的评估与治疗的学术专著。

1869 年 高尔顿按照天赋对人进行分类，开创了对个体差异进行科学研究的先河。

1870 年 竞争性文官考试被引入美国。

1884 年 高尔顿在伦敦的国际健康博览会设立了人体测量实验室。

1888 年 J.M.卡特尔发表了关于美国儿童的拼写能力的研究结果。

1893 年 约瑟夫·贾斯特罗在芝加哥的哥伦比亚博览会上展示了自己的感觉运动测验。

1897 年 J.M.赖斯发表了关于美国儿童拼写能力的研究发现。

1904 年 斯皮尔曼提出了心理能力的二因素论。

1905 年 比奈-西蒙智力量表的第一个版本出版发行。

1908 年 比奈-西蒙智力量表的修订版本出版发行，J.C斯通和S.A.考特斯的客观性计算测验问世。

1908—1914 年 桑代克编制了一套计算、字迹、语言和拼写的标准化测验。

1915 年 编制出首个多项选择测验，茨萨斯阅读测验开始应用，斯坦奎斯特机械能力测验出版发行。

1916 年 推孟出版了斯坦福-比奈智力量表。奥提斯在斯坦福-比奈智力量表修订版的基础上编制了第一个团体智力测验。

1917 年 最早的团体智力测验：陆军甲种测验和陆军乙种测验被编制出版，用来甄选新兵。

1919 年 西肖尔的音乐能力倾向测验出版发行。

1923 年 斯坦福成就测验第一版出版发行。

1924 年 衣阿华学能测验出版发行。

1926 年 学业评价测验(SAT)首次被使用。

1927 年 格塞尔发展量表出版发行。

1932 年 梅特波利帝安成就测验出版发行。

1937 年 斯坦福-比奈智力量表修订版出版发行。

1938 年 O.K.伯罗斯出版了第一期心理测量年鉴，基本心理能力测验、瑞文推理测验、本德视觉运动格式塔测验出版发行。

1939 年 韦-拜智力量表发表。

1941 年 空军学员分类成套测验被编制，并用在陆军航空兵飞行学员身上。

1947 年 能力倾向区分性测验出版。

1949 年 韦氏儿童智力量表出版发行。

1968 年　韦氏学前儿童智力量表出版发行。

1970 年至今　计算机在测验的编制、施测、计分,分析和解释方面发挥越来越重要的作用。

1971 年　(美国)联邦法院要求用于人事选拔的测验必须与工作有关(Griggsv,Duke Power)。

1974 年　韦氏儿童智力量表修订版和霍尔斯泰德—里顿神经心理成套测验出版发行。

1980 年至今　研究者提出项目反应理论。

1983 年　考夫曼儿童成套评价测验(K-ABC)出版发行。

1985 年　教育和心理测验标准出版发行。

1986 年　斯坦福-比奈智力量表第四版出版发行。

1995 年　心理测量年鉴第十二期出版。

1997 年　韦氏成人智力量表第三版出版发行。

L.R. Aiken. 心理测验与考试. 张厚粲,译. 北京:中国轻工业出版社,2002,pp.5-6.引用时有改动.

2. 心理测量史上的重要人物

当我们大致了解心理测量的发展脉络及历史阶段之后,只是获得了一些关于心理测量发展的抽象知识。我们还有必要再来认识心理测量史上的几位重要人物,通过这些重要人物,我们可以对心理测验史获得更生动的印象。

(1) 高尔顿

我们首先要认识的一个先驱是高尔顿(Francis Galton,1822—1911)。美国心理学家舒尔茨(1983,p.132)引用费罗格尔等人的话对高尔顿作了这样的评论:"在科学史上……我们永不会再遇到这样辉煌、这样多才多艺、这样具有广泛的兴趣和能力、这样不为偏见或成见所束缚的研究者。跟他相比较,其他一切人(可能 W.詹姆斯是一个例外)似乎都显得有点儿拙笨和迂腐,他们的眼光显得有点狭窄。"高尔顿是达尔文的表弟,他是像达尔文一样的天才。

高尔顿很小的时候就是一个神童。修订比奈-西蒙智力量表最成功,并将这一量表发展成至今不衰的斯坦福-比奈智力量表的美国心理学家推孟(Lewis Madison Terman,1877—1956),他同时也是研究超常儿童最有名的专家,对高尔顿等历史名人进行过智力研究。推孟 1917 年通过传记资料对高尔顿等著名历史人物的智商作过评估,推孟发现,

图 3-4　高尔顿

高尔顿在 2 岁半就可以阅读一本叫《蜘蛛捕苍蝇》(*Cobwebs to Catch Files*)的小人书。4 岁时能够给姐姐写信。还有其他让推孟印象特别深的例子,例如,高尔顿在 4 岁时就能区分时间,知道便士换算和乘法运算表,而一般孩子需要到 8 岁才能了解这些东西。按照一系列的传记资料,可以给高尔顿作出恰当的智力评估。例如,一般儿童只有到 8 岁才能写作,但是实足年龄只有 4 岁的高尔顿,智力年龄实际上已经达到 8 岁。按照比率智商的算法:

$$比率智商 = \frac{智力年龄}{实足年龄} \times 100 = \frac{8}{4} \times 100 = 200$$

4 岁的高尔顿实际上已经达到 8 岁儿童的智力,高尔顿的能力差不多是同龄孩子的 2 倍,比率智商达到 200。这可是极高的智商!

　　有意思的是,高尔顿如此聪明,虽然他在许多学科领域都有建树。例如,他设计了测定气候资料的仪器,发明了电报机和合成摄像法,研究过指印、风尚、美女的分布、人种的未来、祈祷的效率等,对统计学、医学、遗传学和优生学,以及对心理学有很大的贡献,但是终生没有获得一个"专家"的称号,与我们今天那些名片上可以打出一打"专家"名号的"砖家"相比,真有天壤之别。他是"绅士式的科学爱好者",地道的"业余爱好者"。

　　高尔顿是心理测量当之无愧的先驱。他发明了相关分析的统计方法(后由其学生 K. 皮尔逊进一步发展)。在 1884 年的国际博览会上,他设立了人体测量实验室,只要参观者付 3 个便士,就能测量视觉听觉的敏锐度、肌肉的力量、反应时等,连续 6 年,积累了个体差异的第一批规模的资料。他最早尝试使用感觉辨别测验测量智力,最早应用等级评定量表、问卷、自由联想技术。他是应用问卷的第一人,第一份问卷是关于智力的环境因素的调查。又如对自由联想的研究,曾试用 75 词,在一周后联想,发现 40％可追溯到早年、青少年时代。弗洛伊德和荣格后来大加使用的自由联想技术也认为可通过自由联想追溯早年生活的情结。只要将他发明的一些测量仪器列出来,就不难令今天的我们仍然感到吃惊:确定听觉最高音频的高尔顿笛;视觉范围估计仪;用于视觉长度辨别的高尔顿棒;反应时仪;光度仪;臂击速率仪;色辨仪;视敏度测量卡片;颜色识别测量球;色盲仪;听觉测量器;触觉空间测量器;测量动觉辨别的刻度砝码。

　　可能正是因为高尔顿是这样一位天才,他的兴趣和才能如此广泛,以致他只能是一个业余爱好者而不能成为一个专家,因为一个或一些狭窄的领域禁锢不了他的出奇兴趣和伟大才能。

资料链接 3-2　高尔顿关于心理表象的测量问卷

心理表象清晰度及相关能力问题

这些问题旨在测查不同个体具有的心理表象的清晰度以及对过去感觉的恢复能力。在过去所做的调查中发现,人们在这些能力方面似乎存在质量和强度的差异。对此进行进一步的统计调查很可能会不止一种心理问题。

在读背面的问题之前,先回想一个具体的事物,注意在你面前出现的图像。

1. 显明性:这种图像是暗淡还是显明,它与真实物体一样显明吗?

2. 轮廓清晰性:所有物体同时都很清晰还是某一时刻那个地方非常清晰且比真实情景更紧凑?

3. 颜色:有瓷器、烤面包片、面包皮、芥末、肉、欧芹或餐桌上其他东西的颜色吗? 这些颜色清晰逼真吗?

4. 视野广度:回忆一个全景心理表象(如你房间的墙壁),你能在心理表象中看到比实际去看一眼而产生的范围更大的心象吗? 你能在心象中看到骰子的三个面以上或者在一个时刻看到一个球状物的一半以上吗?

5. 心理表象的距离:你的心象出现在什么位置? 在头脑中、眼球内部、在眼前还是在真实物体所在同一位置? 你能在纸上画出图像吗?

6. 对心理表象的操纵:你能使心象稳定地保持在眼前吗? 它是变得更暗淡还是更显明? 这样做时你感到累吗? 感到头或眼球的哪一部分疲劳?

7. 人物心理表象:你能想起所有与你关系密切的以及许多其他人的清晰特征吗? 你能随意想起他们中任何一个或多数人的坐、站、慢慢弯腰的形象吗? 你能随意使心象中的非常熟悉的人坐在椅子上并能从容地把它们勾画出来(假定你会画画)吗?

8. 风景:你能保持你看到的风景的细节并能想象自己住在其中的快乐吗? 你能根据小说或其他旅游书中常见的对风景的描写而在头脑中非常容易地产生风景表象吗?

9. 与现实的对照:你感到在黑暗中回想的生动的心理表象与真实场景有什么不同? 你在健康清醒状态是否曾将心理表象与现实混淆过?

10. 数量和日期:手写或印刷数字、图表、颜色总是与某种奇怪的心理表象相联系吗? 如果是,请作详细解释,看你能否对它们的联系作出说明?

11. 特质:如果你恰好有机械学、数学(三维几何或纯分析数学)、心算、下盲棋方面的特殊才能,请详细说明你在多大程度上凭借栩栩如生的心象,在多大程度上不依靠心象?

12. 回想下面6段文字A—F中描写的事物,细想一下你对它们的心理表象总的说来是属哪种情况(很模糊、模糊、一般、较好、非常生动),可与真实感觉相比?

A. 光与颜色视觉:天阴得很沉(省略所有风景),开始亮起来,接着又转暗。一团浓雾,开始变白,接着依次变成蓝色、黄色、绿色、红色。

B. 听觉:雨点击打窗户玻璃的声音,甩鞭的噼啪声,教堂的钟声,蜜蜂的嗡鸣声,铁道上的鸣笛声,汤勺碰击盘子的声音。

C. 嗅觉:焦油,玫瑰,油灯被吹灭,干草,紫罗兰,皮毛外衣,汽油,烟草。

D. 味觉:盐,糖,柠檬汁,葡萄干,巧克力,葡萄果冻。

E. 触觉:天鹅绒,丝绸,肥皂,泡泡糖,沙子,生面团,易碎的枯树叶,针尖。

F. 其他感觉:热,饿,冷,渴,疲劳,发烧,睡意,重感冒。

13. 音乐:你有在头脑中回想或想象音乐的能力倾向吗?

14. 不同年龄阶段:你经常回忆你在孩提时代自己的心理表象能力吗? 在你的记忆中,你的表象能力有大的改变吗?

资料来源:Lewis R.Aiken(2002).*心理问卷与调查*.北京:中国轻工业出版社,pp.6-7.

---

(2) J. M.卡特尔

心理测量史上另一个先驱是 J.M.卡特尔(James McKeen Cattell, 1860—1944)。

J.M.卡特尔是冯特的学生,也是高尔顿的朋友。作为冯特的学生,他有两件轶事。一件轶事是,他从美国跑到德国,用典型的美国人的风格对冯特说:"教授先生,你需要一名助手。我将做你的助手。"他就这样成了冯特的学生。另一件轶事是,他送了冯特一部打字机,结果,使冯特的写作多出 2 倍的成果,从而成了一名地地道道的多产作家。据人计算,冯特的著作近 500 种,共计 53 735 页。这样算来,冯特从 20 岁到逝世的 68 年中,每天平均写作修改 2.2 页。而读者要读完他的著作,要以每天 60 页的速度,这样还得用上 2 年的时间。所以,J.M.卡特尔做了一件好事。

图 3-5　J. M.卡特尔

J.M.卡特尔作为先驱的贡献是,1890 年他最早在论文《心理测验与测量》(*Mental Test and Measurements*)中使用"心理测验"术语,并通过肌肉力量、运动速度、疼痛感受性、视听敏感性、重量辨别、反应时、记忆力的测量来确定大学生的智力。他研究了联想、顺序评定法等,是心理测验最早的有贡献的人之一。

图 3-6　R.B.卡特尔

同学们可能很容易将 J.M.卡特尔与另一个卡特尔混淆。另一个卡特尔在心理测量上也有很大贡献,这就是编制了卡特尔 16 种人格因素问卷的卡特尔。这个卡特尔叫 R.B.卡特尔(Raymond Bernard Cattell, 1905—1998)。两人的区别在于,J.M.卡特尔在美国出生,而 R.B.卡特尔在英国出生。J.M.卡特尔大 R.B.卡特尔 45 岁。

R.B.卡特尔生于英国得文郡。1924 年获得伦敦大学的化学学士学位,后转攻心理学,1929 年获博士学位。1937 年到美国,先后在哥伦比亚大学、哈佛大学、克拉克大学、杜克大学任教,在伊利诺伊大学任教约 20 年,著有 200 余篇论文和 10 余本书。他的贡献在于对人格特质的测量。他从种种渠道收集有关人格特质的词汇,然后应用因素分析法,抽出了 16 种人格特质,并据此编制了种 16 人格因素问卷。

（3）比奈

图 3-7 比奈

比奈（Alfred Binet，1857—1911）不仅是心理测量史上的先驱，甚至有人称他为"心理测验之父"，因为世界上第一个标准化的心理测验是他发明的。

比奈生于法国尼斯市，父亲是有名的医生，母亲则是一位艺术家。比奈本来是学医的，但是他对心理学更有兴趣，他的绝大多数著述都是关于心理学的。1884 年他获博士学位。曾出版著作《推理的心理》（1886）、《人格之变迁》（1892）和《论微生物之心理生活》（1894）等。1889 年，他在法国沙邦建立了一个心理实验室，并担任这个实验室的主任直至逝世。1895 年，他创办了《心理学年报》杂志，他的大部分论文都发表在这一杂志。比奈也是一个著述甚丰的学者。他和同事一直以来就在探索对智力的测量。据说，他们尝试了大量方法，包括对头盖骨、脸型、笔迹、墨迹等的测量。在他1904 年发表的一篇论文中，他尝试使用书法来推断人的性别、年龄与智力，研究的结果是书法可对智力作粗略估计。1904 年，法国公共教育部成立了一个专门研究智力落后儿童的委员会，比奈成为委员之一。在这个委员会中，比奈的不少见解遭到其他委员的反对，但是比奈并没有失望和气馁，仍然坚持自己的主张，终至成功。他与西蒙合作，编制了世界上第一个智力测验，即比奈-西蒙智力量表。

1905 年发表的比奈-西蒙智力量表由 30 个题目组成，由易到难排列。比奈对 50 名正常儿童及智力落后儿童进行过实测，由此确定了该测验的难度水平。此后，1908 年的版本增加了题目，更重要的是，根据 300 名儿童的成绩按年龄水平分组。从 3 岁到 13 岁，按该年龄组 60%—90% 儿童的通过率划界，确定了智力年龄，这是世界上最早的一种常模。具有常模的标准化的心理测验从此正式问世。

（4）推孟

另一个人物实际上也值得提一下，这就是在全世界修订比奈-西蒙智力量表的浪潮中，成绩最佳的美国心理学家推孟（Lewis Madison Terman，1877—1956）。今天人们仍然还在使用推孟修订的斯坦福-比奈智力量表。这一测验今天已经修订到第五版，而且第五版采用了项目反应理论，实行了计算机化的自适应测验。比奈-西蒙智力量表历经百年仍能焕发生机，不能说不是推孟的功劳。

推孟是霍尔（Granville Stanley Hall，1844—1924）的学生，今天可能很多人都不知道霍尔，当时霍尔可是了不得的大人物、"大腕"，一位发展与教育心理学家。历史上不少人在世时

图 3-8 推孟

名满天下,风光无限,百年之后却如同烟消云散;另一些人在世时屡遇坎坷,默默无闻,百年之后却能名垂青史。推孟在后世的影响远远超过他的老师。

推孟有三项重大贡献。第一大贡献是修订了比奈-西蒙智力量表,推出了斯坦福-比奈智力量表,使斯坦福-比奈智力量表至今还在使用。

推孟的第二大贡献是首次提出了智商的概念。1916 年,推孟发表修订的比奈-西蒙智力量表,称为斯坦福-比奈智力量表,并首次采用智力商数(intelligence quotient, IQ,中文简称"智商"),提出了智商的计算方法,即比率智商的算法:

$$IQ = \frac{智力年龄}{实足年龄} \times 100$$

这个算法产生了"划时代"的重大影响。今天地球上的人几乎没有人不知道智商。这个算法创造了一种人类文化,更创造了心理学的历史,开辟了心理学的一个话语体系。

推孟第三个贡献是对天才儿童的大样本、大规模、深入的追踪研究。例如,他对 1 300个天才儿童进行了长期的追踪研究,获得了丰硕的研究成果。

(5)罗夏

在心理测量史上,有一个人是不能不提到的,这就是罗夏(Herman Rorschach,1884—1922)。这位只活了 38 岁的天才,就像夏夜天空飞快掠过的一颗灿烂的流星,将它耀眼的光彩留下后,转瞬即逝。

罗夏的贡献在于他开创了一种崭新的心理测量的技术,这就是投射测验。

图3-9　罗夏

罗夏 1884 年 9 月 8 日生于瑞士苏黎世。他是个中学美术教师的孩子。父亲的美术素养,从小就感染了他。在儿童时代,他对欧洲民间非常流行的泼墨游戏很感兴趣,这种兴趣为他日后对投射技术的巨大贡献埋下了"伏笔"。在这种游戏中,要将墨汁泼在纸上,对折一下,形成一种任意的墨迹图,然后让人看着这张墨迹图讲故事。这种游戏通常考验一个人的想象力等心理素质。虽然罗夏的父亲自小给他以艺术的熏陶,但罗夏在决定自己的志向时却选择了医学,后来他先后在纽恩伯格、苏黎世、波恩和柏林学习。1910 年大学毕业后,罗夏当上一名助理医生,在精神病院工作。

罗夏在做博士论文时开始研究墨迹。他发现,精神分裂症患者在泼墨游戏上的表现与其他患者有所不同。这是一个非常重要的发现。在 1911 年的一次学术会议上,罗夏报告了他的发现,但是当时并没有引起人们的注意。罗夏的一位同学也发表了一篇关于墨迹图研究的论文,研究中使用了 8 张图,被试有 1 000 名儿童,100 位门诊患者,100 位精神分裂症患者。结果认为,对墨迹图回答的内容有助于诊断。于是,罗夏决定对墨迹图进行系统研究。他尝试过上千张墨迹图,筛选出 40 张,其中 15 张为常用的。罗夏发现,精神分裂症患者的回答的确有别于一般人。他进一步发展了墨迹图的评分方法。至此,最早的投射测验就算诞生了。但遗憾的是,1922 年 4 月 2 日,在因腹膜炎并发阑尾炎恶化后的不几天,年轻的罗夏不幸逝世。

摩根塔勒(Walter Morgenthaler)写道:"只有了解罗夏多方面才能的人,才会知道他的逝世对于瑞士精神病学过去意味着什么,现在依然意味着什么。他不仅是一位善解人意的合作者、一个非凡的同事和同志、一个善良的人,他还拥有作为一名开业精神病学家和作为一名研究科学家的杰出品质。""在罗夏身上,灵活的性格、迅速的适应、精细敏锐的实践感,同反省与综合的才能结合在一起。正是这个结合才造就了他的杰出。除了这个罕见的、把个人的情绪体验同实践知识融合在一起的品性之外,他还拥有一个精神病学家最可贵的健全的性格特质。其中最重要的是一种探求真理的执着、严格批判的精神——他毫不犹豫地施加于己,以及温和与善良。……布吕勒(Paul Eugen Bleuler,1857—1939)恰如其分地表达了这一点,他说:'罗夏是整整一代瑞士精神病学的希望'。"(罗夏,1997,pp.1-2)

(6) 埃克斯纳

埃克斯纳(John E.Exner,1928—2006)则是"给罗夏墨迹测验带来新生命"的人(Megargee & Spielberge,1992)。他应用心理测量学的方法,发展了罗夏墨迹测验综合评分系统。这个综合评分系统使罗夏墨迹测验从主要依靠直觉和经验进行诊断的技术变成主要依靠常模进行诊断的客观测验。

图 3-10　爱克斯纳

在长达 30 年研究罗夏墨迹测验的经历中,埃克斯纳经历了从敬畏到失望、从失望再到坚信、再从坚信到困惑、从困惑又到充满希望的心理历程,同时这也是罗夏墨迹测验发展历史的真实缩影。埃克斯纳是一个真正经历了罗夏墨迹测验"大起大落"的人。

埃克斯纳刚刚接触罗夏墨迹测验时,正值其巅峰时期。也就是罗夏墨迹测验"大起"之时。当时"评价,心理诊断,是临床家的专长",而使用罗夏墨迹测验,更是他们引以为自豪的事情。心理测验使用的排行榜上,罗夏墨迹测验是第一名。当时不懂罗夏墨迹测验的人全要"靠边站",只有懂罗夏墨迹测验的人才是专家。当时的罗夏墨迹测验盖过了所有其他的测验。埃克斯纳就是在这个时候开始接触罗夏墨迹测验的。他学会了"父亲卡""母亲卡""兄弟姐妹卡"……接触到了两位重要人物贝克(Samuel Jacob Beck)和克洛普弗(Bruno Klopfer),他"更坚信这 10 张墨迹图掌握了人们心理世界的金钥匙",确信"它是一种心理的 X 光"(an X-ray of the mind)。

但随后而来的是罗夏墨迹测验的萧条期。埃克斯纳于是又经历了罗夏墨迹测验的"大落"时期。在这个时期,埃克斯纳并没有"跟风",没有随波逐流,他冷静地思考了罗夏墨迹测验的本质,并开始综合各家所长,发展罗夏墨迹测验的综合评分系统。他的不懈努力最终给罗夏墨迹测验带来了新的生命。他发展出来的罗夏墨迹测验综合评分系统一改过去只靠主试的直觉经验来做诊断(而这也正是罗夏墨迹测验饱受批评和争议的原因),按照心理测量学的原理检验了测验的信度和效度,并制订了常模,这样就使得罗夏墨迹测验实际上变成客观测验。因此,有人提出异议,认为埃克斯纳发展的罗夏墨迹测验综合评分系统究竟还算不算投射测验。

埃克斯纳在最困惑的时期,曾再三思考罗夏墨迹测验究竟是什么东西。他曾感到,创始人罗夏本人是最懂得这一测验的人。罗夏将欧洲流行的泼墨游戏创造性地变革成影响全世界的投射测验的典范,其人自有其不凡之处。就像心理学界另一位杰出人物维果茨基一样,他们以其短暂的三十多年生命,却给世人留下丰富的思想遗产。

(7)韦克斯勒

心理测量史上还有一个重要人物就是韦克斯勒(David Wechsler, 1896—1981)。韦克斯勒是一位犹太人,据说,以色列国曾经邀请他回国担任总统,居然被他婉言谢绝了。这是一位总统也不愿意当的地地道道的学者。他的贡献主要是他编制了在全世界影响深远的一整套智力测验量表,即韦克斯勒智力量表(从婴幼儿到成人)。

韦克斯勒生于罗马尼亚,5岁随父举家迁到美国纽约。毕业于纽约大学,获文学学士和文学硕士学位,后师从伍德沃斯(Robert Sessions Woodworth, 1869—1962),接受心理学的全面训练,获哲学博士学位。在第一次世界大战期间,韦克斯勒在军中从事选拔新兵的工作,积累了使用智力测验的丰富实践经验。此外,他在军中得以与当时的名家接触,也使他获益匪浅。1919年他到了英国伦敦大学,受到斯皮尔曼的影响,当时斯皮尔曼正在做G因素理论的研究。1920—1922年,韦克斯勒在法国巴黎大学又接触到比奈和西蒙。后回到纽约,在儿童指导局工作,并私人开业从事临床心理学工作。1932年开始在纽约精神

图 3-11 韦克斯勒

病院从事临床心理学工作,并兼职于纽约大学医学院,真到退休。由于感到斯坦福-比奈智力量表不适合成年人,1934年开始编制新的智力测验量表,1939年编成了韦克斯勒-贝勒维智力量表,1955年将其修订为韦克斯勒成人智力量表,后相继发展出韦克斯勒儿童智力量表和韦克斯勒幼儿智力量表。

对韦克斯勒来说,有以下三点值得称道。

其一,韦克斯勒智力量表是迄今为止最好的一套智力量表之一,它拓展和深化了智力

理论的探索,促进了关于智力的研究,大大丰富了从智力测验开始的心理测验运动的内容。

其二,韦克斯勒提出了关于智商的新算法,即离差智商。这个创举弥补了推孟发明的比率智商的局限。

其三,韦克斯勒智力测验在全世界范围得到广泛应用。这种全球影响和效应是韦克斯勒载入心理测量史的重要缘由。

二、心理测量的应用领域

心理测量的应用领域无限广阔,可以渗透到人类生活的一切领域。最早在公元前2200年前,中国人就开始"测量"官员的能力,春秋战国时期,晋国的赵鞅成功"测评"了两个儿子的心理品质,选上了一个较为称职的继承人。虽然那个时代的"心理测量"并不是今天这样的标准化的心理测量,但是,那时前科学的、萌芽状态的心理测量,对今天的我们来说仍然富有启示。从比奈开始全世界掀起了心理测量的热潮,到第二次世界大战后心理测量从军队迅速推广到各行各业,及至今日,心理测量的应用遍及社会生活的各个领域。

那么,心理测量究竟有什么功能呢? 初学心理学的同学经常会为这一问题困扰,而且大家可能还会被亲友问到同样的问题。概括起来说,心理测量主要有以下三大功能:鉴别与判断;诊断与循证;预测与决策。

鉴别与判断是任何一种测量的基本功能。当我们需要对不同对象作出鉴别与判断时,运用测量工具进行测量,可以获得更精确的数据,作出更可靠的鉴别与判断。例如,当我们要比较张三和李四两位同学的体重时,更可靠、更精确的方法就是运用体重测量仪器测量体重。否则,当两人体重相差并不大时,我们还真的无法对两人的体重作出判断。人类心理就更需要测量了。因为没有心理测量量表,我们根本无法比较谁更聪明、更自私、更乐观、情绪更糟糕、人格更内向、心理更健康······所以说,心理测量一个最基本、最广泛、最重要的功能就是对人类各种各样的心理现象进行鉴别与判断。如果没有这种最基本的鉴别与判断,就别谈进行什么心理学研究了。

心理测量的另一个功能就是对一些重要的心理现象如心理障碍、人格特质、智力水平等作出明确的客观的必要的诊断。在临床心理学和学校心理辅导中,我们需要对来访者的情况作出全面的诊断,这时就需要运用心理测量中的心理测验。例如,我们通常使用明尼苏达多相人格调查表对来访者进行诊断,当我们看到测量的结果显示来访者抑郁得分很高,T分数80,并出现1/3编码的模式,我们就可以诊断这位来访者有抑郁障碍。或者,当发现来访者的偏执、精神分裂得分都很高,均达70分以上,出现8/6编码模式,且其他临床量表的得分都高，我们就可以诊断这位来访者可能患有精神分裂障碍。此外，在心理咨询与治疗的过程中，究竟有多大的疗效，也是一个极难判断的难题。咨询师不能仅仅凭借自己的主观印象，认为来访者症状减轻了，症状就真的减轻了。按理说，来访者自己感觉到症状减轻才是可信的。但是，来访者也有可能为了迎合咨询师而说假话。这就是说，来访者本人的话也可能是主观的、不可靠的。这样就必须有一种客观可靠的测量，才是唯一可信的证据。因此，在心理咨询与治疗中，心理测量就成为一种不仅用来诊断，还可以用来提供疗效证据的重要工具。

心理测量还有一个功能，就是用来进行预测并辅助决策。当我们使用心理测量中的心理测验为一家企业选拔一批销售人员时，目的非常明显，那就是选拔上来的销售人员必须真正能干，将来能够有更好的销售业绩。这就是说，这个心理测验能够有效预测这些销售人员未来的销售业绩。不然，要用这个心理测验干什么？当我们使用心理测验选拔企业高级管理人员时，目的也是帮助雇主选拔到他们需要的人才，心理测量的数据可以帮助他们作出明智的、正确的决策。一个择偶心理测验，必须能够预测男女两人未来的婚姻，否则，它还有什么应用价值？只有当择偶心理测验能够预测男女两人未来的婚姻适应，这个测验才能够帮助被试作出正确的择偶决策。一个职业能力测验，也必须能够预测被试未来的职业适应，就像一般能力倾向成套测验那样，可以预测被试在各种职业群中的能力适应水平，从而可以帮助被试作出更合适的职业选择，并有助于社会人力资源的合理配置。

这三大功能形成金字塔式的结构，显示心理测量的应用价值（见图 3-12）。最底层的鉴别与判断，是通常可见的、最广泛的、最基本的功能，这种功能常常用于对人类心理作出某些权衡。难度和技术水平再高一些的是中层的诊断与循证，要求对人类心理作出更全面的总体评估。最高层次的是预测与决策，其难度和技术水平也最高。能够进行预测的心理测量，当然是名副其实的科学工具。

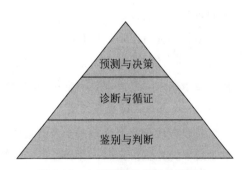

图 3-12　心理测量的应用价值结构

心理测量有三个传统的应用领域，这就是人员选拔、心理诊断和教育评估。

1. 人员选拔

如何选到合适的人才，并合理使用人才，在古代就引起高度注意。前面我们提到大禹用能力测验来考核官员，春秋战国时代赵鞅用心理测验来选拔继承人，以及汉武帝开创考试取士，通过考试选拔国家人才，这些都是人类历史上最早出现的心理测验。而且，这些人类历史上最早出现的心理测验都是用于人员选拔（personnel selection）的。

在今天,人们已经认识到,社会上各行各业的竞争,乃至国家与国家之间的竞争,最后都归结为人才的竞争。为了在竞争中制胜,选拔合适的人才和合理使用人才,便成为至关重要的问题。据研究,企业如果能够选拔到合适的人员,可以给企业带来可观的经济效益,这种效益相当于现有生产水平的 6%—20%。

世界各国的情况表明,未经心理选拔的飞行员的淘汰率为 2/3—4/5,而经过心理选拔的飞行员,淘汰率在美国由 65% 降到 36%,在法国由 61% 降到 36%。飞行员心理选拔可以减少经费上的浪费,并可以提高安全飞行水准,其效用不小。世界各国汽车交通事故的情况,也说明驾驶员心理选拔的重要。例如,日本很重视驾驶员的心理选拔,所以其事故死亡率降低,以 1980 年为例,日本的交通事故死亡系数[死亡系数＝死亡人数/SQRT(车辆数量×人口数)×10EXP(4)]为 1.28,而在我国则为 5.16。

库珀等人曾举一例,加拿大玩具公司 Greatlay 在英国开设一家新厂,需要招聘新员工。他们明智地运用了心理测验。首先,他们通过工作分析,确定了选拔方案。然后,他们设计了一个与工作有关的自传问卷,以此进行初检,淘汰了一些应聘者,再让余下的 50 名应聘者完成一项人格问卷及文件处理测验,以此又淘汰了 30 人。接着是由 5 名面试官组成的一系列面试,面试评分者信度 0.88。最后 25 名应聘者被录取。一年后的追踪研究证实了选拔的效度:这家新公司的产量比原加拿大的公司高 25%,而且工人更有积极性,满意度更高。5 年后的追踪研究资料显示,这家新公司的产量每年增长 15%,市场份额每年增长 3%(多米尼克·库珀,伊凡·罗伯逊,2002,pp.48-49)。使用心理测验选拔员工带来的效益十分明显。

亨特等人(Hunter & Hunter, 1984)计算,与随机录用相比,美国运用高效度的选拔(如认知能力测验)每年可以节省 156 亿美元。运用一个低效度的测验,也可以节约 116 亿美元。在人事选拔中美国全年的收益可达每年 800 亿美元。

(1) 人员选拔的发展历史

我国古代有着丰富的关于人员选拔的思想和极富创造性的实践。大禹、赵鞅、汉武帝都是最早的先驱。又如,三国时,曹操的智囊荀彧、郭嘉,曾对如何选拔政治领袖作了相当深入的研究,提出了完整的评估体系,认为有十项标准:领导作风;顺应和掌握社会舆论;管理的能力与水平;用人;谋略和决断力;见识品德;远见抱负;智力;运用惩罚的情况;军事才干。这些丰富的心理学思想,直到今日亦不无借鉴意义。

在西方,最早进行这方面研究的是闵斯特伯格(Hugo Münsterberg, 1863—1916),1910 年左右他在许多工厂作了试验,写成《心理学与工业效率》一书。书中讨论了如何运用心理学的理论和技术来选拔工人。他开先河的研究促进了西方应用心理学的发展。

第一次世界大战期间,美军在陆军中设立了心理部门。几百名心理学家在这一部门提供服务。为了有效分派大量的应征人员,心理学家使用了测评技术进行心理选拔。开始时他们使用斯坦福-比奈智力量表,测量新兵的一般智力,以作为体格检查的补充。后来，编制了美军陆军甲种测验(U.S. Army Alpha Test)和美军陆军乙种测验(Army Beta Test)(合称"美军陆军甲乙种测验")，用来对新兵进行选拔、分类、安置，将那些不合格的应征者筛选出局，使不同能力水平的新兵找到相应的合适的工作岗位，优化了兵力资源的合理配置，提高了军队的战斗力。该测验发挥了令人瞩目的效用。

　　第一次世界大战结束后，心理学家将战时积累的经验应用于工业、教育等领域，取得了丰硕的成果。工业界大量使用了性向测验、智力测验、人格测验等，并开始建立不同职业群体的常模，用来进行人员选拔和职业辅导。同时，在军队中，心理测验更受重视。例如在德国，开始建立挑选军官的多项评价程序。这些心理学家研究了军事组织社会心理学、特殊能力测验、性格学、道德和训练、风纪、宣传、战斗心理学、战争行为等。他们认为，一个好的军事领导者的特征包括：明确的目的，习惯于主动响应上级领导的指令；信心，为实现一个目标而创造各种条件，并真正实现这个目标；有效的想法，计划并实施预先设想的行动；精神上的适应性，为实现目标而适应任何环境的能力；数学头脑；性格，诚实、忘我、理想主义(鲁龚，等，1991，p.7)。

　　第二次世界大战期间，因战时对人力资源的迫切需要，应用研究得到了更大发展。美军动员了三万名心理学家在军中服务。仅在空军就设有五个研究单位。战争期间，曾对100多万飞行员作了心理测评，从而使飞行员的淘汰率明显降低。在陆军中，更是通过心理测验来剔除智能、情绪、道德上不合格的人员，然后再进行分类。1940年，美军研制出陆军普通分类测验(Army General Classification Test，AGCT)，测量士兵的能力、性向的差异，作为训练和指派职务的依据。有一千万左右的士兵接受了这一测验。其间，美国的一些研究机构也开展了这方面的应用研究，如卡内基技术学院聚集了一批心理学家专门研制适用于人员选拔、培训、职业辅导的测评技术。斯特朗(Edward Kellog Strong, Jr., 1884—1963)也正在研制他用于人员选拔、职业辅导的职业兴趣调查表。美中央战略情报局挑选情报、破坏人员，宣传专家、秘书、办公室人员，采取了这样一些测评步骤：分析将要评价的工作；列举成功与失败的人格决定因素，选择这样一些变量，如从事该工作的动机、精力、首创精神、实际智力、情绪稳定性、社会关系、领导才能、安全感、体能、观察和汇报、宣传技巧等；变量打分的定义；评价员与候选人社会矩阵的变量；系统阐述的人格系统；撰写人格概况，非技术性语言的预测性描述；评价员会议讨论修改概况；经验模型的建立。该测评方案具有的效度见表3-1(陈龙，王登，1991，pp.10-15)。

　　在英国，第二次世界大战期间曾成立陆军部评选委员会，使用面谈、测验、情境模拟等技术作心理选拔。战争结束时，有140 000多人接受了测评，其中60 000人入选参加训练。1945年成立的英国文职人员评选委员会对文职人员的选拔要经过多阶段的测评：撰写论文，客观测验，面谈；在一个居民区进行2—3天的评选；最高评选小组的面谈。使用了8种技术：语言和非语言测验、投射测验、背景信息、各渠道的反映、面谈、资格考试成绩、个人和小组情境模拟练习。

表 3-1 中央战略情报局评价变量与方法的效度系数

评价方法	精力	实际智力	情绪稳定性	社会关系	领导才能	安全感	宣传
面　　谈	0.78	0.80	0.90	0.69	0.79	0.62	0.70
小溪练习	0.67	0.39	0.44	0.50	0.68		
建筑练习	0.56			0.39	0.54		
指定的领导问题	0.77	0.48		0.56	0.68		
障碍练习	0.41						
讨　　论	0.55	0.67		0.52	0.64		0.69
辩　　论	0.54	0.73		0.56	0.66		0.63
词汇测验		0.63					
紧张面谈			0.46			0.44	
职位压力测验			0.36			0.48	
非语言测验			0.53				
智力快速评分测验			0.61				
Manchuria 测验(宣传材料)							0.83

资料来源:陈龙,王登,编译.(1991).*经济管理心理学*.北京:团结出版社,pp.10-15.

第二次世界大战结束后,人员心理测评有了新的发展。不少心理学家投身于这项工作,大量用于心理选拔的测评工具被研制出来。一般能力倾向成套测验就是美国劳工部就业保险局耗时 50 年、耗资数亿美元研制出来的。该测验测量智力(G)、言语(V)、数理(N)、空间判断(S)、形状知觉(P)、书写知觉(Q)、运动协调(K)、手指灵巧度(F)、手腕灵巧度(M)这几种能力,并建立了几十种不同职业群的常模,用于不同职业群的人员选拔。区别能力倾向测验也是很有名的。此外,受雇者能力测验测量语言理解能力、数字能力、视觉追踪、视觉速度与准确度、空间想象力、计算推理、语言推理、词汇运用熟练程度、操作速度与准确度、符号推理,建有 52 种之多的职业常模,为 30 多种职业的检验提供了有效的数据,被认为是一个对选拔工商业方面的管理人员十分有用的一种成套测验。到后来,评价中心技术又出现了,评价中心技术被认为是人员选拔效度较高的综合性技术。

(2) 人员选拔的复杂性

人员选拔就是运用心理学的方法与技术(如问卷测验、操作测验、面谈技术、评价中心技术等)对各类人员必备的、关键的、重要的心理素质进行测量评估,从而作出公平客观的选拔,以合理配置人力资源。

但是,各行各业对人才的心理素质的要求不尽相同。例如,在表 3-2 中,一般能力倾向成套测验制订了不同职业的不同能力水平的常模。对农林渔业中从事动物饲养、水产及园艺的人员来说,一般智力达到 89 分,言语能力达到 74 分就可以胜任工作。对搬运、加工装配业中的机械操作工人来说,动作协调能力必须达到 74 分以上,手指灵巧度达到 74 分以上,手腕灵巧度达到 74 分以上才能胜任工作。对加工装配工人来说,要求形状知觉达到 89 分以上,动作协调能力必须达到 74 分以上,手工灵巧度达到 74 分以上。

表 3-2　一般能力倾向成套测验中不同职业的不同能力水平

职业群	职 业	智力	言语	数理	书写知觉	空间判断	形状知觉	运动协调	手指灵巧度	手腕灵巧度
农林渔业	1. 动物饲养、水产及园艺	89	74							
搬运、加工装配等	2. 机械操作							74	74	74
简单技能工作	3. 加工装配						89	74		74
组装、造型等熟练	4. 建筑、设备工程					74	74			74
技能工作	5. 切削、加工、造型					89	89			74
	6. 手工技能					89	89		89	
	7. 制图			89		89	89			
设备保养管理	8. 机械设备的运转监视	89			89					74
	9. 电气机械的保养管理	89			89					89
驾驶、操作	10. 安装机械、建筑机械操纵					74	74			74
	11. 车辆驾驶	74		74						74
	12. 飞机船舶驾驶	109	109	99						
工程技术	13. 测定、分析			89		89	89			
	14. 工程技术开发应用	109	109	99						

资料来源:一般能力倾向成套测验手册(删节)。

又比如,美国航空心理学家经过大量研究认为,飞行员必备的心理素质包括:与驾驶、领航和轰炸训练有关的经验背景、社会和家庭状况;对于飞机、飞行技术、汽车驾驶、机械学、体育运动的兴趣和知识;空间定向能力;观察辨认的速度;选择反应时间;旋转追踪的注意分配;手指动作的灵巧性;舵的控制;复合协调活动;双手追踪;瞄准器操纵;解决实际问题的能力;迅速读出雷达显示器上目标的距离和方向的能力;阅读理解力;阅读仪表及复杂表格的速度与准确度;机械原理的常识和经验;关于机器的构造、工作的修理的知识;根据飞机仪表来确定飞机的方位的能力;简单运算的速度与准确性;判断实际情况的能力。可见,这些必备的心理素质包括经验、知识、能力、技能诸多方面。相应地,心理学家设计了 20 项测验来测评这些素质(方俐洛,凌文辁,1988,pp.191-194)。

再来看看对管理人员的研究。在托诺恩和平托的研究中,通过因素分析得出经理的素质包括以下方面:产品、营销和财务战略计划;对其他组织和个人进行协调;公司内部控制,即考察管理人力等资源,监督产品和服务的质量和成本;公共关系和顾客关系;行动自主权;高级磋商,即对特殊事物采取专门的技术;批准财务往来;事务性工作;监督,即规划、组织、管理别人的工作;复杂性和压力,即在时间和危险的压力下工作;高级财务职责,即保护财产,作出投资决策;广泛的人事责任(鲁龚,等,1991,p.81)。

值得注意的是,对管理人员来说,不同的行业、不同的级别,对管理人员的素质要求也不相同。海菲尔的研究表明,不同的管理层,在关键性工作行为中的素质要求也不同(见表 3-3)。

表 3-3 十种工作要素所占的比例

要　素	管　理　层		
	高级管理层	中级管理层	初级管理层
事务性工作	0.46	0.54	0.90
监督工作	0.21	0.54	0.62
经营控制	0.71	0.60	0.62
技术产品和市场	0.29	0.54	0.71
人事	0.55	0.41	0.19
计划	0.63	0.47	0.43
广泛的权力	0.55	0.35	0.14
商业信誉	0.46	0.39	0.52
个人要求	0.46	0.23	0.19
保护财产	0.42	0.31	0.19

资料来源:鲁龚,等,编译.(1991).*评价中心——人才测评的组织与方法*.上海:百家出版社,p.85.

无论对一个企业还是对一个国家来说,"用人唯亲"的做法最终都会导致严重的后果。所以,在今天,人才战略是最重要的战略。实施人才战略的最重要部分,就是如何发现和选拔人才,以及如何培养和配置人才。心理测量在这个最重要的环节,可以发挥关键的作用。从最早汉武帝"考试取士",实施他的人才战略,从而使汉朝国力得以开发,国家得以强盛;到美军最早对新兵实施"心理选拔",从而使美军的素质与战斗力得到大幅度提升,历史的事实证明考试如何公平、客观地选拔人才,是决定胜负的秘籍和法宝。心理测量能够帮助人们更公平客观地选拔人才,因此心理测量在这个领域可以发挥其重要作用。

无论在古代还是在今天,如果在人才选拔中摒弃心理测量,那就意味着以下四种情况。第一,"昏君"现象。这样的领导者根本不懂得使用人才。因此,他们不去考虑如何发现、选拔、使用人才。这是一种典型的"昏君"现象。对一个国家来说,遇上这样的昏君,必然要灭亡。对一个企业来说,遇上这样的老板,迟早也是要破产的。第二,"小家子气"现象。这样的领导者很"小家子气",他们只想起用自己认为可信可靠的人。他们是自私的、狭隘的、不开明的、鼠目寸光的。他们不敢用人,不放心用人。他们要用的只是自己觉得可靠的人。这样的领导者当然不会考虑使用心理测量去公平客观地选拔人才。第三,"乱点鸳鸯谱"现象。这样的领导者不懂得怎样去选拔到真正的人才,他们大都凭借主观印象来决定谁能应聘。他们往往靠自己的"法眼"来看看谁更"顺眼",或者靠自己相信的人推荐。事实上,他们个人的主观印象常常靠不住,常常"看走眼",所以他们常常在选人和用人的问题上犯错误。这样的选人用人的做法的确是"乱点鸳鸯谱"。第四,"时间老人"现象。还有一种领导者也是不懂得可以运用心理测量去帮助自己更高效地选拔人才,他们坚信"路遥知马力,日久见人心",所以他们选人和用人比较重视通过时间来检验。这样的做法不能说不对,但是效率太低了,因为等到我们通过时间去全面地了解和判断一个人后,恐怕我们已经老了。不妨将这样的现象称为"时间老人"现象。

相反,心理测量可以提供更可靠、客观、科学的手段,帮助我们在实施人才战略时出奇制胜。在今天,人员选拔这一应用领域和市场在国内外日见扩大。我国在这方面还有很多事情要做。所以说,人员选拔有着很广阔的应用前景。

(3) 人员选拔中的心理测量技术

要对一个人作出全面的判断与评价,必须收集这个人尽可能详尽的心理资料。我们仅仅凭借观察和面谈,很难获取真实的客观的心理资料,因为一方面我们会犯下主观臆测的错误,另一方面对方也可能提供了不真实的个人信息。然而,心理测量却可以帮助我们收集对方更全面、准确、客观的心理资料,从而有助于我们对这个人作出正确的评价。按照卡特尔(Raymond Bernard Cattell)的说法,一个人的心理资料主要包括三个方面:生活记录资料(life record data),如申请表、信件、日记、传记以及他人的评定等;问卷资料(questionnaire data),即通过问卷测验获取的资料;客观测验资料(objective test data),即通过一些操作性的客观测验获得的资料。下面我们来讨论获取心理资料并对据此对人作出全面判断与评价的技术和方法,如传记与履历表分析、面谈、心理测验量表、笔迹分析、评价中心。

传记与履历表分析是一种在欧洲比较流行的方法与技术。传记与履历表一般是指设计好的用以收集个人信息的表格,根据这一表格可以了解个人的简历、教育程度、兴趣爱好、特长、个性特点,等等。这种技术简单实用。

传记与履历表分析有较好的预测效度,很有发展前途。例如,洛夫米勒等人 1973 年研究表明,根据开业医生的履历材料,对其事业成就作出预测,效度可达 0.40 左右。麦克拉斯(McGrath, 1960)对购买新车的人的履历材料和购买合同进行抽样研究,发现有 24 个项目可以区分完全付清车款的人和未能按期付清车款的人。此外,有人据此预测非技术工人、办事员、管理人员的业绩。美国电报电话公司(AT&T)在一项长达 20 年的追踪研究中发现,大学经历的一些特征与管理潜能有一定的关系,大学中所学的专业、课外活动的类型、毕业后进一步的培训是关键性的变量。雷利和赵(Reilly & Chao, 1982)研究表明,对不同效标的预测效度是 0.35,对特殊管理工作的效度是 0.38;亨特等人(Hunter & Hunter, 1984)对不同效标的预测效度是 0.26—0.37;施米特等人(Schmitt, Gooding, Noe, & Kirsch, 1984)对不同效标的预测效度是 0.24,而对工资的预测效度是 0.53;哈夫

(Hough，1984)对效标的预测效度是 0.25。这样看来，这种技术值得关注。它的最大优点在于很容易获得传记与履历表，因为一般应聘者都会被要求提供这些表格。另外，它不会引起应聘者的防卫与警戒心理，但如何对传记和履历表进行编码分析却需要相当的经验与水平。

要使传记与履历表分析有较高效度，如何设计好履历表至关重要。其技术难点是，如何使表中每一项目都能反映一些实质的问题，并使这些项目与那些标准的行为有较大关联。

面谈在人员选拔中是一种常用的技术。通过面谈，我们可以了解一个人的大量信息，诸如情绪稳定性、个性、兴趣、价值观、态度等。面谈有较大灵活性，而且能够保持一种双向沟通，使双方能作双向选择。不过，面谈有赖于主持者的经验、技巧和水平，以及洞察力；需要耗费比较多的时间；主观性也较大。

作为心理测评技术的面谈与非心理学专业人士实施的面谈是有区别的。这一区别就在于，作为心理测评技术的面谈更严格，要求检验信度和效度，在确保信度和效度可以接受的前提下实施面谈，并得出更客观、科学的结论。我们经常见到一些企业主随便找几个管理人员，没有经过任何培训，也没有考虑信度和效度，随意问一些问题后，根据各自的印象就轻率地作出结论。他们并没有意识到这样做等同于"草菅人命"，因为在这些面试考官评分信度很低的情况下，作出的结论是不可靠的。作出不可靠的结论可能会误伤了真正的人才，并可能让并非真正的"人才"应聘。

面谈一般分为非结构化面谈和结构化面谈两种类型。

非结构化面谈事先没有设计好的话题和程序，是开放式的，一般也不会进行量化分析。它的特点是灵活性强，可以收集各种信息，信息量也很大。它的局限是难以归纳，量化，容易发生主观臆测的错误。

结构化面谈是有结构的，这个结构就是面谈中问题的设计，提问的程序，以及设计好的对回答的评分标准（见资料链接 3-3）。这种技术的特点在于使用量化程序，可以获得更精确、更客观的结论。同时它对面谈者要求很高，面谈者要经过训练，能够系统掌握一整套问题的提问技巧和评分标准，而且各个面谈者评分的误差要减少到最低程度。这也就是说，参加面试的人员对应聘者的评分必须具有信度，只有这样，才能保证最后形成的结论是有效的。

研究表明，结构化面谈由于采用与工作有关的问题而更具有操作性，比非结构化面谈更有效。相关研究认为非结构化面试的平均效度为 0.2，结构化面试的平均效度则达到 0.44。对采用结构化面试录用的 149 名员工追踪研究发现，这些员工每人每年的收益达 10 万美元（多米尼克·库珀，伊凡·罗伯逊，2002，p.97）。

资料链接 3-3　面谈指南

R.L.桑代克介绍了美国一个人事心理学家小组用来训练面谈者的指南,对我们应该有一定的参考价值。

谈话指南

听	说	问
接受与反应	进行交谈	探索:什么? 怎么
	使问题始终保持开放性	样? 为什么?

介绍

范围:		寻求
问好		外貌
谈家常		态度
第一个问题		自我表现
主要问题		敏感性

工作经历

范围:	问:	寻求:
最初的职业	做得最好的工作是什么?	关于工作的情况
部分时间的	做得最差的工作是什么?	工作效率
临时性的	最喜欢的工作是什么?	技能和能力
服役情况	最不喜欢的工作是什么?	适应能力
全日性的工作职务	主要成就是什么? 怎样达到?	工作效率
	遇到的最困难的问题	动机
	是什么? 如何克服?	与人关系
	与人相处的最有效的方法	领导能力
	是什么? 最无效的方法	成长与发育
	是什么?	
	收入水平?	
	变换工作的原因是什么?	
	从工作经验中学到了什么?	
	从工作中寻求什么?	
	在事业中寻求什么?	

教育

范围:	问:	寻求:
小学	学得好的学科是什么?	接受教育的情况

中学	最差的学科是什么?	教育是否充分?
大学	最喜欢哪一科? 最不喜欢	智力才能的多面性
专业训练	哪一科?	知识的深度与广度
最近主修的课程	对教师的反应如何?	学业水平
	成绩水平如何? 需要作出	动机、兴趣
	什么努力?	对上级的反应
	选择学校的原因何在? 主修	领导能力
	什么内容?	配合能力
	有无特殊成就? 最棘手的	
	问题是什么?	
	在课外活动中起着什么	
	作用?	
	如何筹措教育费用?	
	教育与事业的关系如何?	
	是否考虑进一步求学?	

早年

范围:	问:	寻求:
	父亲如何维持生活?	社会经济地位
家庭和住处	描述父母的兴趣,他们的个性	父母的榜样
引导和管教	如何?	对成就、工作
个人和小组活动	兄弟姐妹的个性如何?	和对人的态度
邻居和社团	与自己有何差别?	感情适应和社会
	父母对你的期望如何?	适应
	对你的要求严格吗?	基本价值和目标
	时间如何度过? 游戏? 家务?	自我意象
	工作如何安排?	
	如何描述邻居? 社团?	
	早期的影响是什么?	

现在的活动和兴趣

范围:	问:	寻求:
特殊兴趣和癖好	空闲时喜欢做什么?	活力
公务和社团事务	有什么社会活动?	时间、精力、钱财
生活的安排	参加多少社团工作?	的安排
婚姻和家庭	描述家庭和住处	成熟程度和判断力
经济状况	积聚财产的机会如何?	智力的发展
健康和活力	健康状况如何?	文化广度

地理的爱好	对搬迁和反应如何？	兴趣的多样性
		社交兴趣
		社交技能
		领导能力
		基本价值和目标
		情境因素

总结

范围：	问：	寻求：
长处	是否适合工作？评价如何？	才能、技能
弱点	最大的才能是什么？	知识
	自己和他人如何评价自己的品质？	精力
	什么可使你对雇主有利？	动机
	缺点是什么？	兴趣
	什么地方需要改进？	个人素质
	希望进一步发展的素质是什么？	社交能力
	其他人给予什么建设性的批评？	性格
	你对雇主可能有的危险是什么？	情境因素
	你可能需要哪些进一步的训练和提高？	

结束语

范围：

对谈话和求职者的评论

安排进一步的接触

定出行动的步骤

热情的告别

桑代克,哈根.(1985).*心理与教育的测量和评价*.叶佩华,等,译.北京:人民教育出版社,pp.114-117.

　　标准化的**心理测验量表**更是在人员选拔中被广泛采用的技术。心理测验量表的信度和效度都有保障,当然是值得信赖的科学工具。由于具体的工作情境非常复杂,心理测验量表可能难以保证适合所有不同的工作情境,这一点就曾经引起过争议。例如,仅仅拿人格测量来说,英国心理学家有这样的观点——"许多心理学家争论说几乎很少有证据支持人格测量对于预测将来工作成绩的效度"(查尔斯·杰克逊,2000. p.51);英国心理学会的元分析研究甚至认为,人格问卷测验的平均效度只有 0.05。但又有研究表明,与工作情境有关的人格测验是具有效度的。例如,提特等人(Tett & Palmer, 1997)事先通过工作分析确定了人格特征,再使用大五人格量表的框架,结果发现效度可达 0.22(多米尼克·库珀,伊凡·罗伯逊,2002,p.136)。

强调心理测验量表与具体的工作情境相关是非常必要的,但也不是说不存在很多工作情境都需要的、可以跨越具体工作情境的心理素质。20 世纪 70 年代至 80 年代,美国的研究者施密特和亨特(Schmidt & Hunter, 1998)改变了人们的看法,证实像认知能力的测验可以跨越多种工作情境,因为这种能力是所有的工作情境都需要的。

人格测验在人员选拔中还有一个局限是"装好",这是由于人格测验是问卷测验造成的。问卷测验虽然有不少优点,但是被试在回答问卷的时候,有可能尽量表现得更好,即所谓"装好"效应,进而影响测验的真实性。在人员选拔的情境,被试往往更容易"装好"。

标准化的心理测验量表除了人格测验,还有很多其他类型,例如一般认知能力测验、职业兴趣测验、职业能力测验、职业效能测验、职业锚测验,等等。由于本书主要讨论标准化的心理测验,所以在此不作详述。

笔迹分析(handwriting analysis)在欧洲使用很广。德、法、意、以色列等国家 50%—80% 的公司企业采用笔迹分析进行人员选拔;而美、英两国只有 0.5%—3% 的公司企业采用笔迹分析进行人员选拔。罗伯特逊和马金(Robertson & Makin, 1986)对英国 108 个组织选拔人员的方法的调查中发现,近年来增长的趋势是评价中心、自传分析的应用,笔迹分析的应用在这 108 个组织中占 7.8% 的比例。第二次世界大战时,德军在选拔军官时就曾使用笔迹分析。但有一点必须明白,心理学家采用笔迹进行心理分析与所谓的笔迹学家的笔迹分析是大不相同的。笔迹作为人类活动的产品,被心理学家用来进行研究也很正常。心理学家能够恪守心理测量学的基本原则方法,保证分析结果的信度和效度,这一点笔迹学家没有办法保证。

尤其在人员选拔中,获取应聘者的笔迹样本非常方便,而且笔迹分析也更加隐蔽,应聘者无从知晓,也就无法采用相应的应试对策,这样分析的结果有望更加客观真实。尼沃(Nevo, 1988, pp.92-94)就认为,笔迹心理分析是一个预测职业成功的有效工具。有不少研究也表明笔迹分析是有效的。例如,萨托和雷克托(Satow & Rector, 1995, pp.263-270)试图证实能否用笔迹区分成功的企业家。他们获取了 40 对笔迹样本,这些样本来自成功的首席执行长官(CEO)及控制组(随机选取的个体),3 个分析者区分哪些是企业家的。结果表明,3 个分析者能区分成功的企业家。弗勒(Fowler, 1991)总结了有关研究,指出笔迹分析的预测效度有比较复杂的表现。例如,乔瑞(Amos Drory)比较一家公司 60 名雇员的笔迹分析结果与管理人员的评定,最低在"主动"上相关为 0.13,到"责任"上相关 0.55,中值 0.39。索勒曼和科曼(Sonneman & Kernan)比较 37 名管理者的笔迹分析结果与其高层主管的评定,相关从 0.54 到 0.85。但有研究又出现相反的报道。这说明笔迹分析由于分析者的不同,分析采用的分析指标不同,以及被试的笔迹样本的复杂性等原因,呈现相当复杂的情况(参见资料链接 3-4)。

资料链接 3-4　　关于笔迹的研究

　　不少著名心理学家曾经研究过笔迹。我们可以罗列出长长的一连串名字,例如高尔顿、比奈、弗洛伊德、荣格、阿德勒、奥尔波特、桑代克、H.J.艾森克……中国也有著名心理学家对笔迹感兴趣或研究过笔迹,例如林传鼎、杨国枢,等等。

　　这种现象本身就能够说明一些问题。笔迹作为人类心智活动的产品,肯定与其他人类活动产品一样,能够反映人类重要的心理活动。关键在于,如何去研究它,如何才能获得真正科学的结果。

　　心理学界对笔迹现象的研究,一直以来呈现颇多争议的局面。大抵有三种观点:其一,主张发展对笔迹的心理研究,认为笔迹作为人的活动产品,作为人的视觉动作协调、情绪、注意、思维乃至个性和能力等生理心理活动的投射,肯定是心理学研究的一个重要领域,必须予以足够重视。其二,持怀疑的观点,认为在有的研究里,笔迹分析的信度、效度令人怀疑,所以它至少是现在尚未成熟。其三,持否定的观点,认为对笔迹的研究等同于占星术等伪科学,以及民间笔相学家的江湖技艺,或者认为笔迹研究的效度很成问题,不足可取。

　　从总的发展趋势看来,主张发展对笔迹的心理研究这种观点是占主流的。例如,美国国会图书馆以前将笔迹学分类为"神秘的"(occult),现在改为"行为科学"(behavioral sciences)。这是一个重要标志。此外,根据对美国心理学会的心理学文献数据库 Psyc INFO、心理测验年鉴(Mental Measurement Yearbook)1880 年以来一百多年的文献资料分析,心理学专业文献中对笔迹的研究呈上升趋势,在 20 世纪 30 年代有一个高峰,然后在先 80、90 年代再次出现高峰,即 1880—1899 年度 0 项研究,1900—1919 年度 33 项研究,1920—1929 年度 68 项研究,1930—1939 年度 426 项研究,1940—1949 年度 176 项研究,1950—1959 年度 171 项研究,1960—1969 年度 158 项研究,1970—1979 年度 276 项研究,1980—1989 年度 486 项研究,1990—1999 年度 478 项研究,共 2 272 项研究。如果将美国联机医学文献分析和检索系统 MEDLINE(R) Advanced,以及美国科教资源信息中心 ERIC Database 中有关笔迹研究的文献包括进来,共 5 226 项研究。

童辉杰.(2003).投射技术.哈尔滨:黑龙江人民出版社.

　　评价中心(assessment center)这种技术起源于两次大战期间。当时德、英、美先后采用了模拟情境测验等多种技术来选拔军事人员和特工人员。第二次世界大战后,各大企

业公司相继仿效,致使这种技术成为人员选拔的主流。1956 年,美国长途电话电报公司首次应用模拟情境测验等多种技术大规模进行管理发展和职业培训方面的工作,其公司有 100 000 多人接受这种评价。随后,这种术得到推广。美国已有大量的企业组织使用这种技术,像著名的通用电器公司、西尔斯公司、国际商用机器公司、福特公司、柯达公司等,都先后应用了这一技术。如今各国更是广泛应用。

评价中心是一种多个评价者采用多种评价技术选拔人才、培训人员的过程。它的目的与作用在于选拔和培训。研究表明,评价中心的效度在未经修正时为 0.29,在修正后为 0.37(多米尼克·库珀,伊凡·罗伯逊,2002,p.122)。

在人员选拔领域,一个重要的发展趋势就是,向着综合的、整合的方向发展。量化与质化必须很好地结合起来,多种测评技术也必须很好地结合起来。评价中心这种技术的发展就表明这样一个趋势。

2. 心理诊断

在心理咨询与治疗中,心理测验更是扮演了重要角色。心理学家也发展了大量临床心理测验。这些临床心理测验得到广泛应用。如明尼苏达多相人格调查表、抑郁测验、焦虑测验、强迫测验以及各种神经心理测验。

（1）心理测量作为各个咨询治疗派别的基本手段

在今天,我们可以看到一个趋势,这就是即使不主张采用量化手段来研究人的心理的现象学背景的精神分析学、存在主义心理学等都趋向于接受这样一个事实:在心理咨询与治疗中必须使用心理测验。例如,现象学取向的人本主义心理学家罗杰斯甚至发展了 Q 分类技术,这种测量技术使对个体心理变化的定量评估成为可能。后来的精神分析取向的心理学家更是发展了不少心理测验量表,如自由联想测验、自恋人格测验、依恋问卷等。

所以,在心理咨询与治疗中使用心理测量已经成为所有学派的共识,再也不像以前那样,有些学派会出现反对和抵制的声音。

（2）评估的重要性与必要性

在心理咨询与治疗中必须清楚地评估和判断来访者的问题,了解他们的问题是什么问题,其问题的轻重缓急程度,然后才可能有针对性地制定解决他们问题的策略。我们不可能指望在不清楚来访者是什么问题的情况下就有万全之策,以不变应万变。但是,事实上很难评估和判断来访者的问题。有研究表明,仅仅依靠临床会谈来对来访者作出诊断,其效度是很低的。这也就是精神科经常出现对精神障碍患者诊断错误的一大原因。由于来访者的情况非常复杂,很难依靠效度并不高的临床会谈,在短短的临床会谈时间内对其作出诊断,所以使用心理测量便成了一个明智的选择。研究表明,临床上使用明尼苏达多相人格调查表,可以使临床判断的准确率提高 19%—38%(Marks, Seeman, & Haller, 1974)。这就是心理测验在临床上得到广泛应用的原因。

（3）疗效评估

临床心理测验之所以流行，还有一个重要原因，这就是心理治疗的疗效往往难以确定。内心与行为的变化除了一些比较明显的可以观测到的以外，大部分的变化是不容易直接观测到的。如果一个心理治疗师拍着他的胸脯说他治好了一位抑郁障碍患者，你能完全相信他吗？显然，仅听他一面之辞是不够的。因为他这种做法可能是一种"自我实现的预期效应"，治疗师会有意无意地相信自己付出那么多的行为应当获得相应的效果。那么，一位患者说治疗师治好了他的焦虑障碍，你又能完全相信他吗？也不能。因为患者可能只是帮助治疗师说好话，治疗师为他付出了劳动，他过意不去。那么，就没有一种办法可以评估疗效了吗？

心理治疗的效果最可靠的肯定是第三方的评估。而心理测验就类似于第三方的评估。使用心理测验来评估心理治疗的效果在今天已经成为不二选择。因此，大多数临床心理学家都非常重视采用心理测验来评估疗效。

3. 教育评估

心理测验还有一个传统的应用领域，这就是教育领域。

教育界使用最多、最令人司空见惯的测验，就是学习测验。学习测验是一种广义的心理测验，因为它评估的也是学生的知识水平、能力水平和努力程度，而这些当然都是属于心理的范畴。学习测验大多是依据领域参照标准编制的，注重的是内容效度，一般不进行标准化。

不过，有一些学习测验也进行标准化。在美国有一些标准化的学业测验，用了心理测量的技术，检验了信度和效度，并制定了常模。如衣阿华基本技能测验、斯坦福成就测验等。还有一些大学入学考试，如美国大学入学考试委员会的学业评价测验（SAT）、美国大学测验（ACT），以及研究生考试托福（TOEFL）、美国研究生入学考试（GRE），都检验了信度与效度，并制订了常模。

图 3-13　SAT 测验的辅导书

表 3-4　你适合念美国什么大学

类　型	TOEFL	SAT	GPA	教育特点	费　用
前 30 名大学	100	I＋II	＞3.7	教育质量好，学习环境好，就业前景澄明	＞40 000
公立大学	＞80	I	＞3.0	性价比高	＞20 000—25 000
双录取大学	不需要	不需要	＞2.5	快捷录取，学习环境好	30 000—40 000
社区学院 2＋2 课程	不需要	不需要	＞2.0	轻松录取，经济实惠，可转学分到名牌大学	15 000—20 000

注：美国大学需要的 TOEFL、SAT、GRE 成绩，都是广义的心理测验成绩。GPA，即平均学分绩点。

教育界使用心理测验的第三种情况就是，将那些标准化的心理测验用来评估学生的情绪、人格、智力、道德等方面的心理发展水平，诊断学习障碍或其他心理障碍，了解学生的学习潜能、创造力、心理健康水平。特别是心理学家、学校心理咨询师会大量使用这些心理测验为学校提供各种服务，如帮助筛选学生，为教师因材施教，进行个别化教学，提供必要的手段，辅导学习困难的学生或问题学生，等等。

图 3-14   在中国的 GRE 巡讲会，空前盛况

复习与思考

1. 心理测量的发展历史给你什么启示？
2. 如何理解比奈-西蒙智力量表的历史意义？
3. 你如何评价心理测量史上作出重要贡献的人物？
4. 你如何理解心理测量在人员选拔领域的作用？
5. 心理测量在临床心理学中的作用是怎样的？
6. 教育评估能够离开心理测量吗？

推荐阅读

DoBois，P. H. *A History of Psychological Testing*. Boston：Allyn and Bacon，1970.

Megargee，E. I. & Spielberger，C. D. *Personality Assessment in America*. New Jersey：Lawrence Erlbaum，1992.

安娜斯塔西,等.*心理测验*.缪小春,等,译.杭州:浙江教育出版社,2001.

陈康.*书法概论*.上海:上海书店,1946.

陈龙,王登,编译.*经济管理心理学*.北京:团结出版社,1991.

方俐洛,凌文辁.*劳动心理学*.北京:团结出版社,1988.

刘劭.*人物志·八观*.

鲁龚,等,编译.*评价中心——人才测评的组织与方法*.上海:百家出版社,1991.

罗夏.*心理诊断法*.袁军,译.杭州:浙江教育出版社,1997.

舒尔茨.*现代心理学史*.杨立能,等,译.上海:人民教育出版社,1983.

王书林.*心理与教育测量*.上海:商务印书馆,1935.

诸葛亮.*诸葛亮文集·卷四·知人性*.

第二部分

我们已经对心理测量有一个初步的印象。且问:你的初步印象是怎样的呢?

在这一部分,我们要探索心理测量中的核心内容。这一部分的核心内容,主要就是指经典测量理论(或古典测量理论),包括信度、效度、常模这几个最重要的内容。如果说信度和效度是心理测量的"左右脚",那么常模就是心理测量的"心脏"。

学习过这些内容后,我们就要考虑如何去编制和使用心理测验。

第四章

测验的信度

本章要点

什么是测验的信度？

有哪几种信度？如何计算？

信度如何用来估计测量误差和进行区间估计？

关键术语

信度；重测信度；复本信度；分半信度；内部一致性信度；评分者信度；

克龙巴赫 α 系数；概化系数

　　信度这一概念是计算各个分数的测量误差的基础,据此我们能够预测各个分数受到无关因素或未知的偶然因素的影响而可能发生的范围。

——安娜斯塔西(安娜斯塔西,等,2001,p.85)

一、信度的原理

1. 信度的概念与定义

　　心理学系高年级的同学有时会开这样的玩笑:例如,说某个同学"信度不够",意思是这位同学行为不一致,给人不可靠的感觉。在这种场合,信度被诠释为可靠性和稳定性。将信度理解为一种可靠性和稳定性肯定是对的,但是信度还有一种重要的含义。

　　假设有人前几天给你量过身高,你的身高是 175 厘米。今天再次给你量了身高,你的身高是 165 厘米。你作何感想?

　　你是相信自己突然"缩水"而变矮了,或者突然变老了(就像在童话中一样,被魔咒缠身),还是认为测量身高的工具(例如皮尺)或者测量过程存在测量误差而导致前后不一的荒唐的测量结果?

　　你肯定认为测量身高的工具或测量有问题。这样,你可能就明白信度除了表明稳定性和可靠性之外,还有另一种含义,就是表明存在多少测量误差。信度就是通过对可靠性和稳定性的测量,来估计测量误差是多少。

　　信度(reliability)是指测验结果的一致性、稳定性和可靠性程度。这种一致性、稳定性和可靠性程度反映被试实际水平的稳定程度,表明测量不受测量误差影响的程度,因此可以通过这种一致性、稳定性和可靠性来估计测量的误差是多少。

　　用数学模型的语义来说,信度是真分数的变异在观测分数总变异中所占的比率。信度是以测验分数的变异理论为理论基础。测验分数的变异有系统的变异与非系统的变异两种,信度常指后者。学习或成长,使智力测验分数增加,这是系统的变异;情绪的影响和注意力分散的干扰使智力测验成绩降低,则是非系统的变异。

2. 信度的检验

　　信度的检验一般有两种方法:从被试间的变异进行分析,常用相关系数表示信度的高低;从被试内在的变异进行分析,用测量的标准误表明信度的高低。

　　方法一:根据测量的数学模型,观测分数(X)等于真分数(T)与测量误差(E)之和:

$$X = T + E$$

观测分数与真分数的差就是测量误差:

$$E = X - T$$

三者之间变异数的关系为：

$$S_x^2 = S_t^2 + S_e^2$$

上式可以转化为：

$$(S_t^2/S_x^2) + (S_e^2/S_t^2) = 1$$

真分数与测量误差的变异在观测分数总变异中所占的比率之和为1。

信度又可看作是真分数的变异在观测分数总变异中所占的比率：

$$r_{xx} = S_t^2/S_x^2$$

信度还可看作观测分数总变异中不是由测量误差引起的变异所占的比率：

$$r_{xx} = (S_x^2 - S_e^2)/S_x^2 = 1 - (S_e^2/S_x^2)$$

在表 4-1 中，可见信度与真分数变异的关系。由于真分数是不可能直接求得的，所以表中的真分数是虚拟的。信度是真分数的变异在观测分数总变异中所占的比率。

表 4-1 信度与真分数的变异的关系

测验	信度(S_t^2/S_x^2)	观测分数(S_x^2)	真分数(S_t^2)
1	0.50	40	20
2	0.45	22	10
3	0.85	66	56
4	0.74	89	66
5	0.89	88	78

方法二：观测分数与真分数的相关即信度指数，等于真分数的标准差与观测分数的标准差之比：

$$r_{xt} = SD_t/SD_x$$

其平方就是信度系数：

$$r_{xt}^2 = SD_t^2/SD_x^2 = r_{xx}$$

信度指数是信度系数的平方根，信度就是真分数与观测分数之间的决定系数（coefficient of determination）。

表 4-2 是一个假设的例子。其观测分数的变异是 119.411；真分数的变异是 108.554；两者之比 108.544/119.411，即信度系数，为 0.9。观测分数与真分数的相关有一个估计值，这就是信度系数的平方根，即 0.9 的平方根，也就是 0.953 4。

表 4-2　信度系数的含义

被试	观测分数	真分数	误差
1	6	10	−4
2	21	19	2
3	22	26	−4
4	28	28	0
5	45	45	0
6	20	16	4
7	29	25	4
8	26	28	−2
Sum	197	197	0
M	24.625 0	24.625 0	0
S	119.411	108.554	10.286
SD	10.927 5	10.418 9	3.207 1

信度系数＝108.554/119.411＝0.9

信度指数＝$\sqrt{0.9}$＝0.953 4

在经典测量理论中，心理测量学家从五个不同的侧面估计信度。这五个不同侧面就是重测信度、复本信度、分半信度、内部一致性信度和评分者信度。表 4-3 简要解析了这五种信度的含义。在后面，我们将继续学习这五种信度的算法。另外，我们还必须清楚，现代测量理论发展了信度的算法。例如，概化理论就是一种更新的信度估计算法。

表 4-3　各种信度的含义

信 度	要说明的问题	取 样	特 点
重测信度	第一次测验与第二次测验是否一致？	在不同时间取样	稳定性系数
复本信度	不同的复本在同时或不同时测验时是否一致？	对内容与时间取样	等值性及稳定性系数
分半信度	测验分为两半时是否一致？	对内容取样	同质性系数
内部一致性信度	测验的内部各个项目之间是否一致？	对内容取样	同质性系数
评分者信度	不同的评分者之间的评分一致性如何吗？	对评分者取样	评分者一致性系数

3. 信度估计的意义

请大家来讨论这样一个问题：

5 个面试官采用结构化面试的形式对一位副总经理应聘者进行评价，5 人的评分分别是 90、20、70、10、30，请问：这次面试的结论能够相信吗？

面试官的评分从 10 分到 90 分，彼此相差太大，评分者信度是很低的。在这样的情况下，能够对应聘者作出可靠的结论吗？

评分者信度低，说明面试官或者对评分标准有不同的理解，或者有些面试官对应聘者存有偏见。也就是说,5 位面试官对应聘者的评价存在很大的误差,这样是不能够对应聘者作出客观可靠的结论的,否则就是草菅人命。

同样的道理,回到前面我们举过的例子:

假设有人前几天给你量过身高,你的身高是 175 厘米。今天再次给你量了身高,你的身高是 165 厘米。你作何感想?

根据这样的测量,请问:你究竟是多高? 你能够下结论吗? 显然,测量误差很大的测量结果,是不能够给出结论的。

所以,对心理测量来说,信度是一个非常重要的指标和参数。如果一项心理测量信度不高,测量误差太大,那么其测量结果是不可靠的,是不能够形成结论的。

二、信度的计算

前面我们提到有两种检验信度的方法:从被试间的变异进行分析,用相关系数表示信度的高低;从被试内在的变异进行分析,用测量的标准误表明信度的高低。下面我们主要讨论的是第一种检验方法。这种信度常以相关系数表示:

$$r = \frac{\sum xy}{NSD_x SD_y}$$

例如,50 个被试第一次测验与相隔一周后第二次同样的测验,两次测验成绩的相关系数 r 为 0.85。这个相关系数表示的是重测信度。

下面我们要讨论重测信度、复本信度、分半信度、内部一致性信度和评分者信度这五种信度的计算。

1. 重测信度

对同一群被试,实施同一测验,前后两次,计算两次的相关系数,由此即得到**重测信度**(test-retest reliability)。重测信度反映两次测验有无变异,可衡量测验的稳定程度,故又被称为**稳定性系数**(coefficient of stability)。这种信度可以分析测验结果是否随着时间的变化而有变异,但这种变异又可能由于练习、记忆等影响导致。时间间隔在重测信度中便成为一个重要的变量。时间间隔过短,由于受到练习、记忆等的影响,有可能会出现假的高相关;时间间隔太长,由于成熟、经验的积累等因素的影响,又有可能造成低相关。最适宜的时间间隔,往往视不同的测验而定,从几星期到几个月,一般不应超过 6 个月。

例 4-1:15 个被试相隔一个星期前后两次做了贝克抑郁量表,其结果见表 4-4。问:贝克抑郁量表的重测信度是多少? 这一信度意味着什么?

表 4-4　贝克抑郁量表的两次测验结果

被试	第一次测验	第二次测验	被试	第一次测验	第二次测验
1	9	11	9	4	6
2	13	12	10	6	6
3	3	5	11	8	7
4	2	3	12	8	7
5	11	10	13	4	5
6	4	5	14	5	3
7	5	6	15	3	4
8	7	5			

解：

$$r = \frac{\sum xy}{NSD_x SD_y} = 0.893$$

$$p < 0.01$$

重测信度为 0.893，是比较高的重测信度。这说明重复测量的误差是 10.7%。

现在请大家来分析一下一些测验手册中报道的信度指数。大家要考虑：报道的信度是否能够接受？为什么能够接受或不能接受。在考虑是否能够接受的同时，必须同时考虑这样几个因素：间隔时间是否合适；样本量大小的影响；测验类型的影响。

龚耀先(1982，p.14)报道了修订韦氏成人智力量表的重测信度，211 名被试相隔 1—5 周的相关：言语为 0.82；操作为 0.83；全量表为 0.89。报道的信度相当高，但是智力测验的间隔时间应当在 3 个月左右后在可以有效避免练习效应。因此，有理由怀疑这么高的信度与练习效应有关。同样，李丹等人(1989，p.10)报道修订瑞文联合型智力测验，相隔 10 天左右，7 岁、11 岁、15 岁三个年龄组重测相关为 0.95。此处也有时间间隔过短的问题。

再来看看人格测验的信度。卡特尔 16 种人格因素问卷中国修订版的测验手册中报道：82 名被试间隔 2 周的重测信度见表 4-5。请问：你怎样看待表中报道的重测信度？你认为重测信度可以接受吗？

表 4-5　卡特尔 16 种人格因素问卷重测信度

因素	相关系数	因素	相关系数	因素	相关系数	因素	相关系数
A	0.72	F	0.82	L	0.35	Q1	0.37
B	0.37	G	0.67	M	0.56	Q2	0.71
C	0.68	H	0.78	N	0.58	Q3	0.46
E	0.73	I	0.73	O	0.58	Q4	0.45

资料来源：卡特尔 16 种人格因素问卷(16PF)手册(内部资料)，p.2.

其中，分量表 L 才 0.35，Q1 才 0.37。是不是很低，不能接受呢？如果考虑到样本量

82 人,就应该明白,在这样人的样本量时,相关系数达到 0.35,不算低了。也就是说,这样的相关系数是足够显著的。再考虑到这是人格测验,人格测验比较复杂,信度一般也不会太高,不如智力测验等那样高。因此,这样的信度是可以接受的。还有一点,人格测验不容易受时间间隔的影响,相隔 2 周没有问题。如果智力测验相隔 2 周就有问题。

再看中国修订的艾森克人格问卷(EPQ)手册中报道的重测信度(见表 4-6)。

表 4-6 艾森克人格问卷的重测信度

	小学生			中学生		
	人数	r	p	人数	r	p
P	87	0.597 2	<0.01	49	0.645 3	<0.01
E	87	0.581 9	<0.01	49	0.862 8	<0.01
N	87	0.639 3	<0.01	49	0.729 0	<0.01
L	87	0.669 4	<0.01	49	0.616 8	<0.01

资料来源:*修订艾森克个性问卷手册(内部资料)*.长沙:湖南医学院,1983,p.13.

杨坚和龚耀先修订的加利福尼亚心理调查表(CPI)手册中也报道了重测信度,见表 4-7。

表 4-7 间隔 1 年的加利福尼亚心理调查表重测信度

量 表	全国常模 α 系数		中学生 重测相关	
	男 ($N=1\,220$)	女 ($N=1\,000$)	男 ($N=98$)	女 ($N=62$)
支配性(Do)	0.77	0.73	0.68	0.65
进取能力(Cs)	0.51	0.57	0.66	0.64
社交性(Sy)	0.69	0.69	0.72	0.68
社交风度(Sp)	0.66	0.68	0.68	0.67
自我接受(Sa)	0.53	0.52	0.69	0.72
独立性(In)	0.64	0.67	0.60	0.60
通 情(Em)	0.50	0.57	0.58	0.57
责任心(Re)	0.65	0.61	0.68	0.72
社会化(So)	0.76	0.73	0.70	0.74
自我控制(Sc)	0.84	0.84	0.74	0.70
好印象(Gi)	0.80	0.81	0.75	0.77
同众性(Cm)	0.66	0.60	0.54	0.54
适意感(Wb)	0.79	0.75	0.64	0.68
宽容性(To)	0.67	0.65	0.60	0.63
顺从成就(Ac)	0.67	0.64	0.71	0.66
独立成就(Ai)	0.62	0.60	0.67	0.60

（续表）

量　　表	全国常模 α 系数		中学生 重测相关	
	男 （N=1 220）	女 （N=1 000）	男 （N=98）	女 （N=62）
智力效率(Ie)	0.58	0.59	0.64	0.62
心理感受性(Py)	0.51	0.52	0.54	0.52
灵活性(Fx)	0.64	0.66	0.64	0.52
女/男性化(F/M)	0.46	0.44	0.50	0.51
V.1	0.79	0.78	0.70	0.76
V.2	0.79	0.83	0.60	0.68
V.3	0.80	0.80	0.76	0.72

资料来源：杨坚,龚耀先.(1993). *中国修订加利福尼亚心理调查表(CPI-RC)手册*.长沙:湖南医科大学,p.12.

表 4-8 中,第三组成人(100 人相隔 36—39 月)罗夏墨迹测验的重测信度是挺高的,从最低 0.31 到最高 0.90。前两组儿童(6 岁和 9 岁)的重测信度有的偏低,其重测时间相隔 2 年以上,可能与儿童的成长变化有关。

表 4-8　三组被试在不同时间间隔的罗夏墨迹测验重测信度

变　　量		30 个 6 岁儿童 相隔 24 月	25 个 9 岁儿童 相隔 30 个月	100 个成人 相隔 36—39 月
		r	r	r
R	反应	0.67	0.61	0.79
P	常见反应	0.77	0.74	0.73
Zf	Z 比率	0.55	0.68	0.83
F	纯形式	0.51	0.69	0.70
M	人类运动	0.48	0.62	0.87
FM	动物运动	0.49	0.60	0.72
M	非生命运动	0.13	0.09	0.31
A	主动运动	0.86	0.81	0.86
P	被动运动	0.42	0.29	0.75
FC	形式色彩回答	0.38	0.34	0.86
CF+C+Cn	色彩决定回答	0.27	0.35	0.79
Sum C	加权色彩回答总和	0.41	0.58	0.86
Sum SH	全部灰色—黑色和阴影回答总和	0.08	0.29	0.66
L	L 值	0.18	0.39	0.82
X+%	扩展的好形式	0.84	0.86	0.81
Afr	情感比率	0.51	0.79	0.90
3r+(2)/R	自我中心指数	0.78	0.74	0.87
EA	真实经验	0.19	0.45	0.85
Ep	潜在经验	0.20	0.57	0.72

资料来源：Exner, J.E.(1980). But it's only an inkblot. *Journal of Personality Assessment*, 44, 563-576.

龚耀先(1991)随机选取了 32 个被试,相隔 1—20 个月作了两次测验,并选取罗夏墨迹测验中的 35 项变量计算重测相关系数,最低 0.07,最高 0.85,平均 0.4731。

再来看看绘人测验的重测信度(见表 4-9),也是挺高的。

表 4-9　绘人测验的重测信度

评分系统	研究者	样本量	重测间隔时间	稳定系数
古德伊纳夫(Goodenough)	古德伊纳夫(Goodenough,1926)	194	1 天	0.94
古德伊纳夫	布里尔(Brill,1935)	73	1 个多星期	0.77
古德伊纳夫	史密斯(Smith,1937)	100	不确定	0.91
古德伊纳夫	麦卡锡(McCarthy,1944)	386	1 星期	0.68
古德伊纳夫	麦卡锡(McCarthy,1947)	56	3 月	0.69
哈里斯	哈里斯(Harris,1963)	104	1 星期	NS
哈里斯	布朗(Brown,1977)	386	2 星期	0.96
哈里斯	丹森和梅(Denson & May,1978)	21	2 星期	0.80
哈里斯	丹森和梅(Denson & May,1978)	21	2 星期	0.77

资料来源:Howard M. Knoff (1986). *The Assessment of Child and Adolescent Personality*. New York:The Guilford Press, p.214.

2. 复本信度

复本指的是一个测验同时有一个在题目内容、数量、形式、难度、区分度等方面均能与之一致的副本。同一群被试接受这样两个复本测验,计算它们的相关系数,就是**复本信度**(alternate-form reliability)。复本信度不受时间的限制,可以同时施测,也可以相隔一段时间施测。同时施测获得的复本信度称**等值系数**,间隔时间获得的复本信度又称**稳定与等值系数**,两者可以检验由于内容和时间变异造成的误差。从理论上说,复本信度是最好的一种信度,在实际测验活动中,很多测验如智力测验、人格测验等难以编制复本,但在学业测验、成就测验中可以较好地应用复本测验。

卡特尔 16 种人格因素问卷(16PF)的美国版本是有 A、B 复本的,但是中国修订版本却没有复本。

美军陆军甲种、乙种智力测验则不是复本测验,因为甲种测验是言语测验,乙种测验是非言语测验。

今天使用项目反应理论编制的测验,一般有一个庞大的题库,从这个题库中可以随机生成 N 个测验。但是,这 N 个测验由于难度不是同样的,不是“同行”的,所以严格地说都不能算是复本测验。

3. 分半信度

由于编制两份题目内容、数量、形式、难度、区分度等方面都相同的复本测验(A、

B卷）非常困难，聪明的心理学家于是又想出一个"权宜之计"：在没有复本的情况下，我们可以将测验分成两半，估计测验的信度。这就好像是"半个复本测验"。按题目的奇、偶数将一个测验分成两半，计算这两半的相关系数，此相关系数便是**分半信度**（split-half reliability）。

在这里，最关键的是如何分半。分半的原则是如何将一个测验的两半分成更加公平、合理、均等的两部分。常常有以下四种方法：按难度分，将总分按难度排队后再按奇偶分成两半；随机将题目分成两半；匹配成两半；仅仅按奇偶分成两半，这种分法有时会出现不均等的情况，而当两半出现不均等的情况时，往往会使信度出现较大误差，分半信度或偏高或偏低。

由于这是半个测验的信度，所以还必须加以校正，使之成为可以衡量一个完整的测验信度。一般使用斯皮尔曼-布朗（Spearman-Browm）公式加以校正，这样来估计整个测验的信度：

$$r_{xx} = 2r_{hh}/(1 + r_{hh})$$

式中，r_{hh} 为两半个测验求得的相关系数；r_{xx} 为估计的信度系数。图 4-1 按照这一公式将与 r_{hh} 对应的校正后的信度 r_{xx} 用图表的形式展示出来，使我们可以不用计算，直接查图即可得出校正后的信度。

值得注意的是，上述公式的前提是两半测验分数的变异数相等，但实际情况中常常难以达到这种要求，所以往往要通过后面两个公式（弗氏公式、卢氏公式）之一直接求得信度。

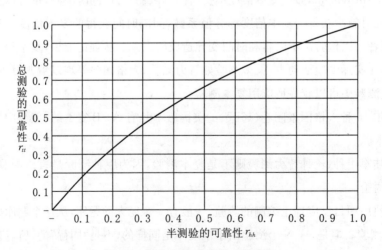

图 4-1　斯皮尔曼-布朗公式的图解

当已知半测验的信度时，从图中可直接查出总测验的信度。

资料来源：赫德元.(1982).*教育与心理统计*.北京：教育科学出版社,p.472.

例 4-2：8 个被试 6 道题的原始分数见表 4-10。求其分半信度，并校正这一分半信度。

表 4-10 8 个被试的测验成绩

被试	I1	I2	I3	I4	I5	I6	测验 A	测验 B	总分
1	1	0	0	1	0	0	1	1	2
2	1	0	1	1	1	1	3	2	5
3	0	1	1	1	1	1	2	3	5
4	1	0	0	0	0	1	1	1	2
5	0	0	1	0	0	1	1	1	2
6	1	1	1	0	1	1	3	2	5
7	1	1	1	1	1	1	3	3	6
8	1	1	1	0	1	1	3	2	5
平均数							2.125	1.875	4.00
标准差							0.982 1	0.696 4	2.857
r_{hh}							=	0.713	
r_{xx}							=	0.832 5	

解：求得两个半测验的信度为 0.713，代入用斯皮尔曼-布朗公式加以校正：

$$r_{xx} = 2r_{hh}/(1 + r_{hh}) = 2 \times 0.713/(1 + 0.713) = 0.832\ 5$$

答：两个半测验的分半信度为 0.713，校正后分半信度为 0.832 5。

当两半测验的分数变异数不相等时，必须用以下公式计算分半信度。

其一为弗氏公式（Flannagan formula）：

$$r_{xx} = 2[1 - (S_a^2 + S_b^2)/S^2]$$

S_a^2 和 S_b^2 分别表示两半个测验分数的变异量，S^2 表示整个测验总分的变异量。

其二为卢氏公式（Rulon formula）：

$$r_{xx} = 1 - (S_d^2/S^2)$$

式中 S_d^2 表示两半个测验原始分数之差的变异量，S^2 表示整个测验总分的变异量。

在 SPSS 统计软件中经常会报告盖特曼分半（Guttman split-half）信度系数。请注意：盖特曼分半信度系数与卢伦（Rulon）系数是等价的。

必须强调，分半信度不适合速度测验，因为速度测验很难分成均等的两半。

例 4-3：23 个被试在 SCL-90 抑郁分量表上的原始分数见表 4-11，求其分半信度。

表 4-11 23 个被试 SCL-90 抑郁分量表的成绩

姓名	SCL5	SCL14	SCL15	SCL20	SCL22	SCL26	SCL29	SCL30	SCL31	SCL32	SCL54	SCL71	SCL79
1	1.00	3.00	1.00	2.00	1.00	2.00	3.00	3.00	3.00	1.00	1.00	2.00	1.00
2	2.00	2.00	1.00	2.00	1.00	1.00	2.00	1.00	2.00	2.00	2.00	2.00	1.00
3	1.00	2.00	1.00	1.00	1.00	4.00	3.00	3.00	2.00	2.00	3.00	1.00	1.00

(续表)

姓名	SCL5	SCL14	SCL15	SCL20	SCL22	SCL26	SCL29	SCL30	SCL31	SCL32	SCL54	SCL71	SCL79
4	1.00	2.00	1.00	1.00	2.00	2.00	1.00	1.00	1.00	1.00	1.00	1.00	1.00
5	2.00	2.00	1.00	2.00	2.00	2.00	4.00	4.00	2.00	2.00	1.00	2.00	2.00
6	1.00	2.00	1.00	3.00	1.00	2.00	3.00	3.00	4.00	2.00	1.00	2.00	1.00
7	1.00	2.00	1.00	2.00	1.00	2.00	1.00	1.00	1.00	2.00	2.00	2.00	2.00
8	1.00	1.00	1.00	2.00	1.00	1.00	2.00	1.00	2.00	1.00	1.00	1.00	1.00
9	3.00	3.00	1.00	3.00	1.00	1.00	2.00	3.00	3.00	2.00	3.00	2.00	2.00
10	1.00	3.00	1.00	1.00	1.00	2.00	2.00	2.00	1.00	2.00	1.00	2.00	1.00
11	1.00	3.00	1.00	2.00	2.00	3.00	2.00	3.00	4.00	3.00	4.00	4.00	4.00
12	1.00	1.00	1.00	2.00	1.00	2.00	1.00	1.00	2.00	1.00	1.00	1.00	1.00
13	1.00	1.00	1.00	2.00	1.00	2.00	1.00	2.00	1.00	1.00	1.00	1.00	1.00
14	1.00	1.00	1.00	1.00	1.00	2.00	2.00	2.00	2.00	2.00	2.00	2.00	2.00
15	1.00	2.00	1.00	1.00	1.00	2.00	1.00	2.00	2.00	1.00	1.00	2.00	1.00
16	3.00	4.00	1.00	2.00	1.00	1.00	3.00	2.00	1.00	1.00	3.00	1.00	3.00
17	1.00	1.00	1.00	2.00	1.00	2.00	3.00	3.00	2.00	2.00	3.00	2.00	2.00
18	1.00	3.00	1.00	2.00	3.00	2.00	2.00	2.00	3.00	2.00	2.00	2.00	2.00
19	1.00	2.00	1.00	1.00	1.00	3.00	2.00	2.00	1.00	1.00	2.00	1.00	2.00
20	1.00	2.00	1.00	2.00	1.00	1.00	1.00	2.00	1.00	1.00	2.00	2.00	1.00
21	3.00	3.00	1.00	1.00	1.00	2.00	4.00	3.00	2.00	2.00	4.00	2.00	3.00
22	2.00	1.00	1.00	1.00	1.00	1.00	1.00	1.00	2.00	1.00	1.00	2.00	1.00
23	3.00	3.00	1.00	1.00	2.00	2.00	2.00	3.00	4.00	3.00	1.00	1.00	1.00

解1：使用SPSS程序进行统计，编写句法是最好的办法。我们编写以下句法来计算分半信度：

```
RELIABILITY
    /VARIABLES = scl5 scl14 scl15 scl20 scl22 scl26 scl29 scl30 scl31 scl32 scl54 scl71 scl79
    /FORMAT = NOLABELS
    /SCALE(SPLIT) = ALL/MODEL = SPLIT
    /STATISTICS = DESCRIPTIVE SCALE HOTELLING CORR
    /SUMMARY = TOTAL MEANS VARIANCE.
```

SPSS软件运行后，报告结果见表4-12。

表4-12中，报告了四个信度系数。第一个是两个半个测验的相关系数0.692，第二个是斯皮尔曼-布朗校正后的项目长度相等时的系数0.818，第三个是斯皮尔曼-布朗校正后的项目长度不相等时的系数0.819，最后一个是盖特曼分半信度系数0.783。斯皮尔曼-布朗校正系数是假定两半测验的方差是相等的情况下用的；而盖特曼分半信度则并不要求两半测验的方差相等。

表 4-12 信度统计量

克龙巴赫 α 系数	部分 1	值	0.461
(Cronbach's Alpha)		项数	7[a]
	部分 2	值	0.799
		项数	6[b]
	总项数		13
相关系数			0.692
斯皮尔曼-布朗系数	等长		0.818
	不等长		0.819
盖特曼分半信度系数			0.783

a. 这些项为：scl5，scl14，scl15，scl20，scl22，scl26，scl29。
b. 这些项为：scl30，scl31，scl32，scl54，scl71，scl79。

我们应该注意的是，SPSS 程序会自动将项目变量前后分成两半。

解 2：我们再尝试将项目按齐、偶排列，即将偶数的项目放在 VARIABLES 的后面，用加粗斜字体标明：

RELIABILITY
/VARIABLES＝scl5 scl15 scl22 scl29 scl31 scl54 scl79 *scl14 scl20 scl26 scl30 scl32 scl71*
/FORMAT＝NOLABELS
/SCALE(SPLIT)＝ALL/MODEL＝SPLIT
/STATISTICS＝DESCRIPTIVE SCALE HOTELLING CORR
/SUMMARY＝TOTAL MEANS VARIANCE.

表 4-13 信度统计量

克龙巴赫 α 系数	部分 1	值	0.648
		项数	7[a]
	部分 2	值	0.627
		项数	6[b]
	总项数		13
相关系数			0.804
斯皮尔曼-布朗系数	等长		0.892
	不等长		0.892
盖特曼分半信度系数			0.885

a. 这些项为：scl5，scl15，scl22，scl29，scl31，scl54，scl79。
b. 这些项为：scl14，scl20，scl26，scl30，scl32，scl71。

表 4-13 中，同样报告了四个信度系数。第一个是两个半个测验的相关系数 0.804，第二个是斯皮尔曼-布朗校正后的项目长度相等时的系数 0.892，第三个是斯皮尔曼-布朗校正后的项目长度不相等时的系数 0.892，最后一个是盖特曼分半信度系数 0.885。

以上分析可见,怎样将测验项目分成两半,关系甚大。此例中,SCL-90测验即使不是难度测验,如何分成两半都有不同的结果,如果是难度测验就更要当心了。

又如,中国修订韦氏成人智力量表的分半信度报告:将城乡三个年龄组被试,按其各分测验的项目按奇偶顺序分为两组,计算出相关系数(见表4-8)。

表4-14 韦氏成人智力量表的分半信度

地区	年龄	人数	知识	领悟	算数	相似	数字广度	填图	木块	词汇	图片排列	图形拼凑
城市	18~19	150	0.740 4	0.559 1	0.554 6	0.412 6	0.448 7	0.507 9	0.595 7	0.519 9	0.378 5	0.347 2
	25~34	150	0.673 9	0.441 9	0.395 8	0.517 0	0.303 0	0.553 4	0.527 4	0.787 6	0.366 4	0.477 4
	45~54	150	0.777 6	0.523 0	0.665 8	0.701 8	0.531 9	0.592 6	0.599 6	0.852 9	0.431 1	0.528 4
农村	18~19	85	0.748 7	0.570 2	0.514 2	0.726 0	0.408 1	0.723 3	0.631 5	0.735 5	0.491 9	0.410 5
	25~34	255	0.759 5	0.486 7	0.691 1	0.690 2	0.445 7	0.674 3	0.567 9	0.854 6	0.623 9	0.421 6
	45~54	130	0.809 9	0.617 1	0.650 0	0.757 1	0.343 1	0.563 7	0.661 6	0.842 8	0.607 6	0.362 5

资料来源:龚耀先.(1982).*修订韦氏成人智力量表手册(内部资料)*.长沙:湖南医学院,1982,p.19.

韦氏儿童智力量表(WISC-CRS)10项分测验的分半信度见表4-9。

表4-15 韦氏儿童智力量表(WISC-CRS)的分半信度

测验项目	分半相关	斯皮尔曼-布朗校正
常识	0.79	0.89
类同	0.68	0.81
算术	0.70	0.82
词汇	0.83	0.90
理解	0.70	0.82
填图	0.69	0.82
排列	0.52	0.68
积木	0.69	0.81
拼图	0.53	0.69
迷津	0.54	0.70
言语分测验	0.98	0.96
操作分测验	0.90	0.81
全量表	0.95	0.91

资料来源:李丹,等.(1986).*韦氏儿童智力量表中国修订版使用指导书(内部资料)*.华东师范大学教育科学学院,p.10.

4. 内部一致性信度

内部一致性信度(homogeneity reliability),又称同质性信度,是指测验内部所有项目间的一致性程度。一个测验必须首先保证其内部项目高度一致,所以内部一致性信度应该比其他稳定性系数和等值性系数要高,它成为这两种信度的理论下限,即如果内部一致性信度低,则其他信度会更低。

尤其如克龙巴赫 α 系数,它是指所有项目能用一些潜在因素来解释的方差比例,并不是指在多大程度上能测同一种心理特质或因素,所以它不是一种稳定性程度与等值水平。

计算内部一致性信度的公式有以下四种。

公式一:KR20。 库德和理查德逊(G.F.Kuder & M.W.Richardson,1937)提出 KR20 号公式:

$$r_{kr20} = [k/(k-1)][1-(\sum pq/S^2)]$$

式中,k 表示整个测验的题数,$\sum pq$ 表示整个测验中每题答对答错的比率,S^2 为测验总分的变异数。

公式二:KR21。 它适用于各测题难度相近的情况,计算简便,但有低估的倾向:

$$r_{kr21} = [k/(k-1)][1-(\sum pq/S^2)] = [kS^2 - M(k-M)]/[(k-1)S^2]$$

式中,M 为测验总分的平均数。

例 4-4: 8 道题的测验数据如表 4-16 所示,求内部一致性系数。

表 4-16 求内部一致性系数的测验数据

题目	P	Q	PQ
1	0.40	0.60	0.24
2	0.60	0.40	0.24
3	0.50	0.50	0.25
4	0.60	0.40	0.24
5	0.30	0.70	0.21
6	0.50	0.50	0.25
7	0.40	0.60	0.24
8	0.60	0.40	0.24
	$\sum pq =$		1.91
	$S^2 =$		4.56
	$r_{kr20} = [k/(k-1)][1-(\sum pq/S^2)] = 0.66$		

解:

$$r_{kr20} = [k/(k-1)][1-(\sum pq/S^2)] = [8/(8-1)][1-(1.91/4.56)] = 0.66$$

答:8 道题测验的内部一致性系数(r_{kr20})为 0.66。

以上公式仅适用于 0、1 记分的测验,不适用于多重记分的测验。克龙巴赫为此提出一个通用的计算公式。在今天,报告信度时一般都会报告克龙巴赫 α 系数。SPSS 软件中,计算信度时也会同时计算克龙巴赫 α 系数、盖特曼分半信度系数以及斯皮尔曼-布朗校正后的信度系数。

公式三：克龙巴赫 α 系数。 它的计算公式为：

$$\alpha = \frac{K}{K-1}\left[1 - \frac{\sum S_i^2}{S^2}\right]$$

式中，k 为测验项目数，S_i^2 为每一项目分数的变异数，S^2 为测验总分的变异数。

公式四：霍依特系数。 霍依特（C.Hoyt，1941）提出一种用方差计算内部一致性信度的方法：

$$r_h = 1 - (MS_{errors}/MS_{individuals}) = 1 - (MS_{人与题}/MS_{人})$$

霍依特认为，测验分数的总变异可以分解为被试间变异 $SS_{人}$，项目间变异 $SS_{题}$，人与测题交互作用 $SS_{人与题}$ 三部分，可用被试间变异 $SS_{人}$ 作为被试方差估计值，用人与测题交互作用的 $MS_{人与题}$ 作为误差方差估计值。

例 4-5： 如前面例 4-3，表 4-11 中的数据，求克龙巴赫 α 系数。

解： 运用 SPSS19.0 软件，通过编写以下句法来计算：

RELIABILITY

/VARIABLES＝scl5 scl14 scl15 scl20 scl22 scl26 scl29 scl30 scl31 scl32 scl54 scl71 scl79

/FORMAT＝NOLABELS

/SCALE(ALPHA)＝ALL/MODEL＝ALPHA

/STATISTICS＝DESCRIPTIVE SCALE HOTELLING

/SUMMARY＝TOTAL MEANS VARIANCE.

SPSS 运行后，报告结果见表 4-17。

表 4-17　克龙巴赫 α 系数

克龙巴赫 α 系数	基于标准化项的克龙巴赫 α 系数	项数
0.806	0.796	13

表 4-7 中在报告重测信度时，也报告了加利福尼亚心理调查表各分量表的克龙巴赫 α 系数。男性样本 1 220 人的克龙巴赫 α 系数从最低 0.46 到最高 0.84，女性 1 000 人从最低的 0.44 到最高的 0.84。男女克龙巴赫 α 系数最低的分量表都是男（女）性化分量表。考虑到这一分量表比较复杂的特殊情况，加上一千多人的大样本，这样的系数仍然是可以接受的。又如，罗森伯格（Morris Rosenberg）的自尊量表，道伯森等人（Dobson et al.，1979）报道克龙巴赫 α 系数为 0.77；弗莱明（Fleming，1984）报道克龙巴赫 α 系数为 0.88（汪向东，1993，p.251）。有人报道 IPC 心理控制源量表的库德-理查德逊信度为：I 分量表 0.64；P 分量表 0.77；C 分量表 0.78（汪向东，1993，p.269）。

5. 评分者信度

心理测验中,常常需要评分者对被试的反应进行评分,所以评分者之间的误差也是一个不可忽视的变量。例如,在韦氏智力测验中,分测验领悟、相似性和词汇的评分中,不同的评分者之间就会有误差。在投射测验中,**评分者信度**(scorer reliability)更是一个值得关注的内容。因为投射测验中,大多需要评分者对被试的反应进行编码处理,编码处理的误差就不能不检验了。如果评分者之间的误差太大,就说明不同评分者对该测验的理解存在分歧,或者该测验的评分标准存在很大问题,容易导致歧义,在这样的情况下,所有评分者对被试作出的综合评估是不可信的,因此不能接受这样的评分者给出的结论。

表 4-18 中例举了绘人测验的评分者信度。

表 4-18　绘人测验的评分者信度

评分系统	研究者	样本量	信度
哈里斯(Harris)	布朗(Brown, 1977)	386	0.88
哈里斯	埃文斯,等(Evans et al., 1975)	90	0.93
哈里斯	皮尔,等(Pihl & Nimrod, 1976)	44	0.77
科皮茨(Koppitz)	伊诺,等(Eno et al., 1981)	316	0.75
科皮茨	盖顿,等(Gayton et al., 1974)	50	0.97
哈里斯	盖顿,等(Gayton et al., 1974)	50	0.96
麦卡锡(McCarthy)	雷诺兹(Reynolds, 1978)	322	0.76
科皮茨	斯图尔纳,等(Sturner et al., 1980)	68	0.81
哈里斯	斯图尔纳,等(Sturner et al., 1980)	68	0.86
约翰逊和格林伯格(Johnson & Greeenburg)	约翰逊和格林伯格(1978)	64	0.87
科皮茨	科皮茨(1968)	25	0.95
麦克拉克伦和黑德(McLachlan & Head)	麦克拉克伦和黑德(1974)	84	0.92

资料来源:Howard M.Knoff (1986). *The Assessment of Child and Adolescent Persorality*. New York: The Guilford Press, p.213.

评分者信度有以下四种计算方法。

方法一:相关系数。当只有两个评分者进行评分时,评分者信度的计算可以用相关系数的算法。但是,两个以上评分者评价多个项目的数据,相关分析就不适用了。

方法二:肯德尔和谐系数。当有两个以上评分者评价多个项目时,常用肯德尔和谐系数估计。

$$W = \frac{S}{\frac{1}{12}k^2(N^3-N)}$$

其中,$S = \sum\left[R_i - \frac{\sum R_i}{N}\right]^2 = \sum R_i^2 - \frac{(\sum R_i)^2}{N}$

式中，R_i 是被评项目等级之和，k 是评分者人数或评分依据的标准数，N 是被评的对象或项目数。

例 4-6：5 个临床心理学家评定一个来访者的 4 项心理特质（见表 4-19），求评分者信度。

表 4-19　5 个临床心理学家的评定

评分者	抑郁情绪	自责	兴趣缺失	自杀动机
1	1	4	3	2
2	2	3	4	1
3	1	3	4	2
4	3	2	4	1
5	1	3	4	2
R_i	8	15	19	8
R_i^2	64	225	361	64
$\sum R_i$	50			
$\sum R_i^2$	714			

解：

$$S = \sum R_i^2 - \frac{\left(\sum R_i\right)^2}{N} = 714 - \frac{50^2}{4} = 89$$

$$W = \frac{S}{\frac{1}{12}k^2(N^3 - N)} = \frac{89}{\frac{1}{12}5^2(4^3 - 4)} = 0.712$$

答：5 个临床心理学家评定的信度为 0.712，表明这一信度较低，不能接受。

例 4-7：10 个评定者评定一个经理候选人的 8 项心理特质（见表 4-20），求评分者信度。

表 4-20　10 个评定者的评定

评分者	组织能力	团队协作	认知能力	情绪调节	心理健康	沟通能力	社交取向	成就动机
1	8.00	9.00	6.00	5.00	6.00	7.00	8.00	8.00
2	6.00	8.00	5.00	4.00	7.00	7.00	7.00	8.00
3	7.00	8.00	6.00	5.00	6.00	7.00	7.00	7.00
4	5.00	7.00	5.00	5.00	5.00	6.00	8.00	7.00
5	8.00	9.00	5.00	5.00	6.00	7.00	7.00	8.00
6	6.00	8.00	5.00	5.00	6.00	7.00	8.00	8.00
7	6.00	9.00	5.00	5.00	7.00	8.00	7.00	8.00
8	7.00	8.00	5.00	5.00	6.00	8.00	8.00	8.00
9	6.00	8.00	5.00	5.00	7.00	8.00	7.00	7.00
10	6.00	8.00	6.00	5.00	6.00	8.00	7.00	8.00

解·按照肯德尔和谐系数的公式,求得:

$$W = 0.826 \quad P < 0.000\ 1$$

答:10 个评分者的信度为 0.826,显著性水平为 0.000 1,表明 10 个评分者之间的一致性程度高,信度可以接受。

肯德尔和谐系数不是很理想的信度的算法。首先,它比较粗糙。例如,它要将等距变量换算为等级变量,这样会丢失一些信息。其次,在计算肯德尔和谐系数时还要特别当心,不要将评价者与项目的位置放错了,因为变换位置后结果大不一样。

方法三:一致性系数。还有一些计算一致性的算法也可以用来计算信度,如一致性系数、同意度、Kappa 系数。

A. 一致性系数。最简单的一致性系数为:

一致性系数 = 意见一致的总次数 / 观察总次数 * 100

B. 同意度。同意度 r 为:

$$r = \frac{NX}{1 + [(N-1)X]}$$

其中,$X = \dfrac{2M}{n_1 + n_2}$

式中,r 为信度,N 是分析人员人数,X 表示相互同意度,M 是完全同意数目,n_1 与 n_2:第一个与第二个评分员应有的同意数目。

例 4-8:2 个评分员对《人民日报》《解放日报》《文汇报》三家报纸 8 个主题的评分如表 4-21。

表 4-21 对三种报纸的内容分析

主 题	第一评分员			第二评分员		
	《人民日报》	《解放日报》	《文汇报》	《人民日报》	《解放日报》	《文汇报》
1	X+	X−	Y−	X+	X+	Y−
2	Y−	Y−	X+	Y+	Y+	X+
3	X+	Y+	X+	X+	Y−	X+
4	X+	Y−	X−	X+	Y−	X−
5	X+	X+	X+	Y−	X+	X+
6	Y+	X+	X−	X+	X+	X−
7	X+	X+	X+	X+	X+	X+
8	X+	X+	Y−	X+	X+	Y−
总计						
X+	6	4	4	6	4	4
X−	0	1	2	0	1	2
Y+	1	1	0	1	1	0
Y−	1	2	2	1	2	2

根据表 4-20：

$$X = 2M/(N_1 + N_2) = 2*16/(24+24) = 32/48 = 0.66$$

代入公式：

$$r_{tt} = n*X/1 + [(n-1)*X] = 2*0.66/1 + [1*0.66] = 0.795\ 2$$

一般情况下，信度在 0.8 以上就算高了。

C. Kappa 系数。Kappa 系数的计算公式为：

$$k = \frac{p - p_c}{1 - p_c}$$

观察一致率 $(P) = (a+d)/n$

机遇一致率 $(P_c) = [[(a+b)(a+c)]/n + [(c+d)(b+d)]/n]/n$

实际一致率 $= P - P_c$

非机遇一致率 $= 1 - P_c$

$K = $ 实际一致率 / 非机遇一致率

例 4-9：2 位心理学教授评定 100 名心理障碍患者，结果见表 4-22。

表 4-22　2 位心理学教授评定 100 名心理障碍患者

评定者 B	评定者 A		合　计
	阴性	阳性	
阴性	74(a)	2(c)	76(a+c)
阳性	4(b)	20(d)	24(b+d)
合计	78(a+b)	22(c+d)	100(n)

解：

$$k = \frac{p - p_c}{1 - p_c}$$

观察一致率 $(P) = (a+d)/n = 74+20/100 = 0.94$

机遇一致率 $(P_c) = [[(a+b)(a+c)]/n + [(c+d)(b+d)]/n]/n = [78\times76/100 + 22\times24/100]/100 = 0.65$

实际一致率 $= P - P_c = 0.94 - 0.65 = 0.29$

非机遇一致率 $= 1 - P_c = 1 - 0.65 = 0.35$

$K = $ 实际一致率 / 非机遇一致率 $= 0.29/0.35 = 0.83$

答：2 位心理学教授评定 100 名心理障碍患者的一致性程度为 0.83。

例 4-10：2 位心理学教授评定一患者的 20 项抑郁症状，见表 4-23。

表 4-23 2位心理学教授评定 20 项抑郁症状

症 状	评分者 A		评分者 B	
	阳性	阴性	阳性	阴性
1	/		/	
2	/		/	
3	/		/	
4	/		/	
5	/			/
6		/		/
7		/		/
8		/		/
9	/		/	
10	/		/	
11	/		/	
12	/		/	
13	/		/	
14	/		/	
15	/		/	
16	/		/	
17	/		/	
18	/		/	
19	/		/	
20	/		/	
	17	3	16	4

解:根据表 4-23 将数据整理为表 4-24。

表 4-24 Kappa 系数的计算

评分者 A	评分者 B		合 计
	阳性	阴性	
阳性	16(a)	1(c)	17($a+c$)
阴性	0(b)	3(d)	3($b+d$)
合计	16($a+b$)	4($c+d$)	20(n)

观察一致率(P) $= (a+d)/n = 16+3/20 = 0.95$

机遇一致率(P_c) $= [[(a+b)(a+c)]/n + [(c+d)(b+d)]/n]/n = [16 \times 17/20 + 4 \times 3/20]/20 = (13.6+0.6)/20 = 0.71$

实际一致率 $= P - P_c = 0.95 - 0.71 = 0.24$

非机遇一致率 $= 1 - P_c = 1 - 0.71 = 0.29$

$K =$ 实际一致率 / 非机遇一致率 $= 0.24/0.29 = 0.827\ 6$

答:2 位心理学家评定一患者的 20 项症状的一致性程度为 0.827 6。这是一个可以接受的一致性程度。

方法四:概化系数。概化理论可以说是目前最好的信度的算法,只是它的计算过程相当复杂。前面介绍的基于经典测量理论的信度的算法难以解决的问题,概化理论都能解决。它可以计算 N 个评分者在 H 个阶段评价 J 个测验项目的信度,能够更加全面地评价信度,并能够进行各种推论,有利于作出修改测验的正确决策。

概化理论分为两部分,首先进行概化研究(generalizability study, G 研究),然后再进行决策研究(decision study, D 研究)。G 研究通过方差分析,将测量目标、测量的各个侧面(facet)的变异及其交互效应全部估计出来。D 研究根据 G 研究估计在所有测量条件下进行测量的总体,即测量的概化全域(universe of generalization),计算出概化系数以及各种可能情况下的概化系数。

例 4-11:我们使用一个小样本来计算人格测验——艾森克人格问卷的测量信度。根据 83 个大学生被试的测验结果,进行 G 研究和 D 研究,结果是 4 个分量表的全域总分的概化系数是 0.480 25,可靠性系数是 0.422 54。总的信度较低。可能是因为分量表 P 和 L 信度较低。这两个分量表的概化系数只有 0.4—0.5 左右,而 N、E 分量表则有 0.8 多。这四个分量表的概化系数见表 4-25。

表 4-25　艾森克人格问卷的概化指数

	P 分量表	E 分量表	N 分量表	L 分量表
全域分数方差	0.003 96	0.045 54	0.031 91	0.009 44
相对误差方差	0.005 54	0.008 63	0.007 66	0.008 26
绝对误差方差	0.007 33	0.009 81	0.009 14	0.011 96
均值误差方差	0.001 91	0.001 83	0.001 95	0.003 91
全域分数标准误	0.062 90	0.213 40	0.178 64	0.097 14
相对误差标准误	0.074 43	0.092 91	0.087 54	0.090 89
相对误差标准误	0.085 64	0.099 05	0.095 60	0.109 37
均值误差标准误	0.043 68	0.042 79	0.044 19	0.062 56
概化系数	0.416 63	0.840 65	0.806 37	0.533 20
可靠性系数	0.350 44	0.822 75	0.777 37	0.440 98
相对信噪比	0.714 17	5.275 53	4.164 54	1.142 23
相对信噪比	0.539 52	4.641 85	3.491 81	0.788 85
(w-weights)	0.261 36	0.238 64	0.272 73	0.227 27
全域总分方差分量	0.001 72			
全域总分相对误差分量	0.001 87			
全域总分绝对误差分量	0.002 36			
全域总分误差均值分量	0.000 53			
全域总分的标准差	0.041 53			
全域总分相对误差的标准差	0.043 21			

（续表）

	P 分量表	E 分量表	N 分量表	L 分量表
全域总分绝对误差的标准差	0.048 55			
全域总分误差均值的标准差	0.023 11			
全域总分的概化系数	0.480 25			
全域总分的可靠性系数	0.422 54			
全域总分的相对信噪比	0.924 02			
全域总分的相对信噪比	0.731 71			
方差贡献率	P 分量表	E 分量表	N 分量表	L 分量表
全域分数	16.76%	58.03%	68.28%	−43.07%
相对误差	20.27%	26.33%	30.53%	22.86%
绝对误差	21.25%	23.70%	28.84%	26.21%

接着预测当各个分量表在增加 5 题、再加 5 题、再加 10 题的情况下概化系数和可靠性系数的变化。可见 P 量表和 L 量表要增加 10 题以上的题量才有可能改善测量信度（见表 4-26）。

表 4-26　艾森克人格问卷的 D 研究（不同题目量的测量信度估计）

	P 分量表	E 分量表	N 分量表	L 分量表
题目量	28	26	29	25
概化系数	0.465 08	0.867 23	0.834 22	0.588 10
可靠性系数	0.396 43	0.851 79	0.808 40	0.496 49
题目量	33	31	34	30
概化系数	0.506 10	0.886 20	0.855 07	0.631 45
可靠性系数	0.436 33	0.872 65	0.831 84	0.541 97
题目量	43	41	44	40
概化系数	0.571 77	0.911 50	0.884 19	0.695 54
可靠性系数	0.502 16	0.900 62	0.864 89	0.612 06

6. 速度测验的信度

速度测验考查规定的时间内完成的项目有多少。例如，在一般能力倾向成套测验（GATB）的第一题中，要求在规定的时间内完成在圆圈内打点的任务，你在规定的时间内打了 20 个点，那就得 20 分。这与你在另一项临床测验中考虑自己有没有某项心理症状，以及有多严重，在 4 项选择（"没有"1 分，"偶尔有"2 分，"中度"3 分，"严重"4 分）中选择"中度"（4 分）的情形有点不一样。所以，这样的速度测验的成绩，计算内部一致性系数和分半信度时要特别小心。

当内部一致性系数和分半信度的计算中将项目按奇偶分开,并按被试的通过率来计算时,是不适合速度测验的。速度测验考虑的是完成的项目有多少,不考虑错误数与通过率。如果对速度测验计算分半信度,按项目奇偶分半计算就有可能造成假性高相关。例如,一个被试(甲)在速度测验中得到 40 分与另一被试(乙)得到 24 分同样都可以形成等于 1 的高相关;前者(甲)奇偶项目各完成 20 个,后者(乙)奇偶项目各完成 12 个,相关同样都等于 1。按照这样的逻辑,计算分半信度就会很荒谬。

但是,速度测验的信度计算可以有另外一些方法。例如:重测信度,即可以计算两次速度测验的相关,即重测信度;复本信度,即两个速度测验的复本也可以计算相关;按时间分半,即把一个测验分为两半,在不同时间实测,然后计算不同时间的相关,将总时间分为四个等分,由 1、4 等分与 2、3 等分形成两半,计算其相关。

7. 差异分数的信度

在有的情况下,检验两次测验的差异是有必要的。例如,我们在实验中常常要做前测与后测,那么我们是否要考虑前测与后测的差异的信度呢? 如果前测与后测的信度低,说明前测与后测的比较是不可靠的,因为这样的信度没有反映出真分数的不稳定,反映的是测量的不可靠。因此,计算差异分数的信度也非常重要。

下面是计算差异分数信度的公式:

$$r_{DD} = \frac{\dfrac{r_{xx} + r_{yy}}{2} - r_{xy}}{1 - r_{xy}}$$

式中,$r_{DD} = X$ 的 Y 分数之间差异的信度,$r_{xx} = X$ 的信度,$r_{yy} = Y$ 的信度,$r_{xy} = X$ 与 Y 的相关。

但是这一公式的计算结果并不理想。表 4-27 虚拟的数据表明,当使用的两次测验的信度都是 0.6 时,两次测验互相的相关(r_{xy})分别是 0.5 和 0.2 时,信度出现相反的结果,r_{xy} 是 0.5 时,信度是 0.2,而 r_{xy} 是 0.2 时,信度却有 0.5。

表 4-27   差异分数信度的计算举例

r_{xx}	r_{yy}	r_{xy}	r_{dd}
0.8	0.78	0.8	−0.05
0.8	0.8	0.7	0.33
0.6	0.6	0.8	−1
0.5	0.5	0.6	−0.25
0.7	0.8	0.6	0.38
0.6	0.6	0.5	0.2
0.6	0.6	0.2	0.5

8. 合成分数的信度

有时候需要将几个分测验的信度合成为一个总的信度,这就是合成分数的信度。合成分数由几个不同的分测验分数加起来,单个测验之间相关越高,合成分数信度则越高。

以下是合成分数的信度的公式:

$$r_{ss} = 1 - \frac{k - (k\bar{r}_{ii})}{k + (k^2 - k)\bar{r}_{ij}}$$

式中,$r_{ss} = $ 合成信度,$K = $ 测验数量,$\bar{r}_{ii} = $ 平均测验信度;$\bar{r}_{ij} = $ 测验之间的平均相关。

例 4-12:心理健康风格问卷有 7 个分测验,其信度如表 4-28。合成信度是多少?

表 4-28　合成信度的计算

	克龙巴赫 α 系数		克龙巴赫 α 系数
达观分测验	0.913	习性分测验	0.858
智慧分测验	0.877	融洽分测验	0.917
坚韧分测验	0.933	$\bar{r}_{ii}$	0.902 4
勤勉分测验	0.916	$\bar{r}_{ij}$	0.662 5
快活分测验	0.903		

解:

$$r_{ss} = 1 - \frac{k - (k\bar{r}_{ii})}{k + (k^2 - k)\bar{r}_{ij}} = 1 - \frac{7 - (7 \times 0.902\,4)}{7 + (7^2 - 7)0.662\,5} = 0.980\,4$$

答:7 个分测验的合成信度为 0.980 4。

9. 内部一致性信度与内容效度

内部一致性信度与内容效度这两个概念常常让初学者糊涂,因为在一些测验的编制报告中,经常出现运用内部一致性的算法来评估内容效度的做法(所谓同质性检验)。但是问题在于,明明一个是信度,一个是效度,两者怎么可以这样混淆呢?所以,我们在这里有必要加以讨论。

首先,我们要看到两者是有共同点的。内部一致性信度与内容效度都是讨论在一个领域抽取项目的问题,但是两者的侧重面又不同,信度强调项目样本如何对同一个领域进行可靠测量,内容效度则描述希望测量的领域。因此,为一领域提供了可靠的测量(信度),不一定就测量到某一领域(内容效度)。

当我们要考查对某一领域的测量是否可靠时,检验可靠的一个前提就是,所有项目必须是同质的。如果存在某些项目测量的不是这一领域,那么还谈得上所有这些项目都是可靠的吗?例如,我们编制了一项测量抑郁的测验,总共有 60 道题,这 60 道题必须都是能够测量抑郁的,否则谈何可靠性? 如果其中有些题目测量的不是抑郁,而是与抑郁无关的东西,那么还能说这 60 道题是对抑郁的可靠测量吗? 这就是通过同质性检验信度的思路。

当我们要考查是否测量到某一领域时,也可以运用同质性的方法。例如,我们编制的 60 题的抑郁测验,是否都能测量抑郁? 60 题必须是同质的,都能测量抑郁这一领域的。如果存在某些题目测量的不是抑郁,那么能够测量到抑郁这一领域的内容效度就要打折扣。所以,这时也可能检验同质性。

内部一致性信度与内容效度是通过同质性检验的方法来计算不同的指标。

三、影响信度的因素

有哪些因素会导致测量误差,从而影响信度呢? 雷曼(Howard Burbeck Lyman)认为,有被试、主试、测验内容、测验情境以及测验时间安排这五个层面的误差来源(Lyman,1971,pp.27-31)。实际上,除了这五个层面的因素外,还有一些因素例如取样也会影响信度。我们下面将讨论这些影响信度的测量误差的来源。

1. 被试

测验的对象就是被试,来自被试方面的测量误差是影响信度的重要来源。被试的身心健康状态、动机的强弱、注意集中与分心、测验心向等都会导致测量误差。例如,在被试发高烧的时候让他做智力测验,与他身体正常的时候相比肯定出现更大的测量误差。一个被试愿意积极参与测验,另一个被试却很不情愿参与测验,后者将产生更大的测量误差。特别是被试在心理测验中出现的各种测验心向,如果主试控制不好,会产生很大的测量误差,从而导致信度的降低。被试的测验心向如装好倾向,在一些诸如人事选聘之类的情境中,被试可能会尽力在测验中让自己表现得更好些,从而导致不按照自己真实的情况回答问题的倾向。相反,在一些寻求帮助的心理障碍患者那里,例如住院的心理障碍患者,以及去心理咨询机构进行咨询和治疗的来访者,他们又有可能为了得到心理咨询师的同情和帮助,有意无意地夸大自己的问题,即出现所谓的"装坏倾向"。类似这样的测验心向还有很多,这些都是导致测验误差的因素,使用心理测验时不可不察。

2. 主试

由于主试资格不够,主持测验不当,也有可能导致种种测量误差,所以来自主试本身的因素也是值得注意的。例如,主试主持某项测验的训练不够,不能标准化地施测,出现在施测时不按照指导语指导测验的情况。研究表明,主试不按指导语指导测验有可能产生较大的测量误差。假设一个主试主持一项智力测验,在 A 班对被试的指导语是这样的:"今天请同学们来做一次心理测验! 这次心理测验将影响你们终身,因为这项心理测验能够预测你们以后无论从事何种工作都必须具备的基本能力,所以请大家一定要慎重对待,认真完成。"但是,这位主试在 B 班却又随意变更了另一套指导语:"同学们,今天我们来玩一套游戏吧! 这游戏就是来做一些动脑筋的活动。大家随便做,不用担心结果如何!"试想:这位主试在这两个班上如此主持智力测验,将会出现怎样的结果? 毫无疑问,A 班的被试将出现极大的测验焦虑,不少被试由于这种测验焦虑将不能正常发挥自己的智力;而在 B 班,被试不仅没有太大的测验焦虑,甚至有可能因为误解了测验的真正目的,将这次测验真的当作一场游戏来玩,并不认真去完成。于是,这位愚蠢的主试根据自己的心情随意变更测验指导语的做法,将导致很大的测量误差。特别是这位主试主持测验的方式不能与所有其他的同样主持这项测验的主试保持一致性,使测验的标准化施测成为空话,必然导致更大的测量误差。类似这样的情况还有很多,例如:主试有意无意地给被试以特别的协助、暗示;在测验过程中主试表现出不耐烦、急躁、不高兴的情绪;在一些需要主试评分的测验中,评分不一致等。

3. 测验内容

测验内容出现问题也可能造成测量误差。首先,测验题目编制不当,就有可能造成测量误差。如果目的是测量能力的题目,实际上却测量了知识水平;目的是测量人格的题目,实际上却测量了学习态度,类似这样的测验题目,显然会导致测量误差。此外,甚至测题的长度、难度、内部一致性等,都有可能造成测量误差。我们来看看测题的长度如何影响信度。测题的长度与信度的关系表现在以下公式中:

$$K = [r_{kk}(1-r_{xx})]/[r_{xx}(1-r_{kk})]$$

式中,K 为测题长度,r_{kk} 为新的预期信度,r_{xx} 为原测验信度。

例 4-13:一个 10 道题的测验,信度为 0.5,如果期望信度能够提高到 0.6、0.7、0.8、0.9 时,根据以上公式,求出相应的题目的长度(见表 4-29)。

表 4-29 提高信度需要增加的题目长度

原来题数	原来信度	期望信度	增加倍数	增加后的题数
10.00	0.50	0.60	1.50	15.00
10.00	0.50	0.70	2.33	23.33
10.00	0.50	0.80	4.00	40.00
10.00	0.50	0.90	9.00	90.00

表 4-29 中可见,原来只有 10 道题时,信度为 0.5,如果将题目增加到 15 题时,信度可望增加到 0.6,题目增加到 40 题时,信度可望增加到 0.8。题目增加到 90 题时,信度可望

增加到 0.9。但是,题目的长度并不是可以无限制地随意增加的,因为有两个因素会制约题目的长度:一是测验的时间不能太长,被试难以承受过长的测验;二是测验编制者往往很难编制出更多的测验题目。

测验题目的难度也会影响信度。太难和太易都可能导致测量误差,所以选择合适的难度是很重要的。美国测量学家洛德(Frederic M.Lord,1912—2000)提出学业测验各类选择题的理想的平均难度:是非题为 0.85;三选题为 0.77;四选题为 0.74;五选题为 0.70。这值得我们参考。

测验题目的内部一致性更是重要。如果测题缺乏内部一致性,那一定是严重的问题。不仅带来严重的测量误差,影响信度,更会影响效度。试想一下:假如一个测量智力的测验,其中不少题目是测量体力、人格、学习态度、情绪的……这样的"智力测验"还能有多高的信度与效度?

4. 测验情境

测验的情境也是影响信度的重要因素。如果主试对测验情境控制不当,有可能会产生各种测量误差,从而使测验的信度降低。我们将心理测验对测验情境的要求分为如下三种。

(1) 最基本的要求

完成一项心理测验必须具备的环境条件,就是最基本的要求。例如,合适的光照,没有噪声的安静房间,有被试能够舒服地坐下来的桌椅。不能达到这种最基本要求的情况经常出现,这就是有人在大街上摆摊做所谓的"心理测验"。在大街上,众目睽睽之下,熙熙攘攘之中,满耳嘈杂之声,如何能够完成心理测验? 可见,如此这般之人,必定不是合格的主试,多为冒牌或不入流之辈。

(2) 标准化的要求

完成一项心理测验必须具备的环境条件,还不能仅仅达到最基本的要求,还必须达到标准化的要求。所谓标准化的要求,就是必须做到使用该项测验的测验情境在全世界都保持一致。例如,一般能力倾向成套测验(GATB)要求被试不能超过 38 人,而且需要配备 2 个测验助手。如果主试不能在这种标准化的情境中进行测验,势必造成难以控制被试的尴尬局面,例如在主试喊"停止"时,被试仍然继续在卷面上作答。又如,韦克斯勒智力测验要求一个主试测一个被试,如果主试不能遵守这一标准化的要求,允许第三个人(如被试的母亲、教师等)坐在旁边,同样会造成测量误差。

(3) 挑战性的要求

在今天,由于计算机化的心理测验以及网络心理测验的出现,给传统的心理测验带来了新的挑战。传统的心理测验要求每一项心理测验都必须保证心理测验的三个要件的完整,即必须有主试在场,必须有合适的符合要求的测验情境,必须有愿意合作的被试。但是,今天的计算机化的心理测验将主试的角色推向了后台。电脑通过多媒体的方式将主试的指导语清晰地呈现给被试,省略了主试集中朗读式的指导。从这个意义上来说,计算机化的心理测验只是减轻了主试的劳动,并没有完全取代或取消主试的角色与作用。主试还在现场控制整个测验情境。然而网络化的心理测验似乎取代或取消了主试的存在,甚至测验情境也"形同虚设",似乎只有被试存在。这无疑是一大挑战。如果测验的目的是指导被试的自我发展而做的自我评估,可以放宽要求,在网络上允许被试直接完成测验。如果测验的目的是选拔和甄别人才,诊断症状与障碍,则必须有主试在现场,将网络心理测验变成一项利用网络的局域网心理测验。否则,被试是否作弊,被试是否存在一些身心健康问题,测验情境是否存在影响测验结果的因素,等等,就无从知晓。

如今,一些研究生为了完成毕业论文,他们发放一些问卷的做法是非常不负责任的。我们经常在我们的本科生班上看到这样一些场面:课间休息时,一位同学拿着一叠问卷,大声说道:"这里有一些问卷,大家帮忙填写一下吧!"接着,大多数同学接过问卷,埋头苦干,匆匆完成任务。我们要问:主试到哪里去了? 被试明确了测验目的是什么没有? 在没有主试且不知测验目的的情况下,被试有可能认真完成测验吗? 总之,这样的问卷测验的结果是完全缺乏信度和效度的。

5. 测验时间安排

两次测验间隔时间的长短也是影响信度的重要因素。特别是对重测信度而言,怎样选取间隔时间是非常有讲究的。如果间隔时间太短,可能会造成假性的高相关;间隔时间太长,又有可能造成假性的低相关。同时,不同类型的测验,其间隔时间也有不同要求。对智力测验而言,间隔时间起码要 3 个月以上的时间。这是因为智力测验有练习效应,如果一个被试在做完一项智力测验后的第二天继续做这项智力测验,由于昨天已经做过,所以会出现练习效应,其第二次的测验成绩必定会有明显的提高。练习效应大约要在 3 个月后才会消退,所以要求间隔时间 3 个月以上。对人格测验而言,间隔时间则没有明确要求,因为人格测验不存在练习效应。但是,人格测验不要间隔时间太长,例如一年甚至几年,因为时隔一年几年,被试可能会有随着年龄增长而出现成熟、成长的情况,其人格也有可能发生变化。

6. 取样

取样对信度的影响也很大。样本必须具有异质性,即有从差到好、从落后到优秀的分布。否则,高度同质(没有好坏、优劣的区分)的样本可能使相关等于 0。从图 4-2 可以清晰地看到这一点。

因此,用来检验信度的样本必须考虑样本是否具有异质性,不能使用高度同质的样本来检验信度,否则计算出来的信度就会偏低。

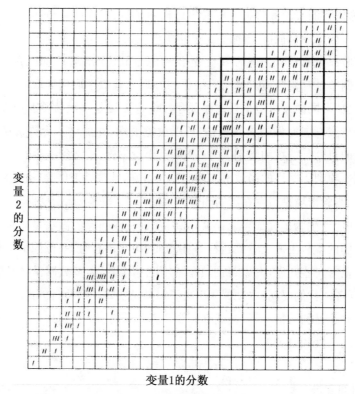

图 4-2   样本的异质与同质

资料来源:安娜斯塔西,等.(2001).*心理测验*.缪小春,等,译.杭州:浙江教育出版社,p.138.

四、信度的应用

信度是一种理论,它解决了怎样计算和检验一项测验的可靠性程度的问题,并成为经典测量理论的重要组成部分。

信度还有以下一些具体用法,即用来解释测量误差,比较测验分数的差异,特别是用来进行区间估计,并通过区间估计更贴切地解释测验的结果。

1. 解释测量误差

从理论上说,信度是测验分数总变异减去测量误差变异的变异。

根据因素分析的原理,一项测验的总变异 S^2 是由共同变异 S_{co}^2、特殊变异 S_{sp}^2 和误差变异 S_e^2 构成的,公式如下:

$$S^2 = S_{co}^2 + S_{sp}^2 + S_e^2$$

两端除以 S^2，

$$\frac{S^2}{S^2} = \frac{S_{co}^2}{S^2} + \frac{S_{sp}^2}{S^2} + \frac{S_e^2}{S^2}$$

右边第一项就是效度，即共同变异在总变异中所占的比率，第一项与第二项之和为信度，即共同变异与特殊变异之和在总变异中所占的比率。于是，可以写成：

$$\frac{S^2}{S^2} = r_{xy} + \frac{S_{sp}^2}{S^2} + \frac{S_e^2}{S^2}$$

$$\frac{S^2}{S^2} - \frac{S_e^2}{S^2} = r_{xy} + \frac{S_{sp}^2}{S^2}$$

$$r_{xx} = r_{xy} + \frac{S_{sp}^2}{S^2}$$

所以，信度可以用来估计测量误差。

各种信度是对不同的时间内容等取样计算出来的系数。如，对时间取样的信度有再测信度，对内容取样的有复本信度（同时的）、分半信度、内部一致性系数，对时间与内容都取样的有复本信度（不同时的），对不同评分者取样的有评分者信度。

例 4-14：假设一项测验的信度为 0.8，请问：这项测验的测量误差是多少？

解：这项测验的信度为 0.8，其测量误差为 0.2（见图 4-3）。

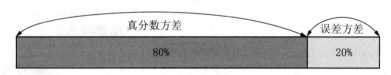

真分数方差	误差方差
80%	20%

图 4-3 信度的解释

答：这项测验的测量误差为 0.2（20%）。

对一项测验往往需要综合考察各种信度，这样来检验信度可以更全面地估计出这项测验的测量误差。

例 4-15：一个测验的再测信度是 0.80，分半信度是 0.86，同质性信度是 0.98，请估计这项测验的测量误差的方差和真分数的方差。

解：总的测量误差 $= (1-0.80) + (1-0.86) + (1-0.98) = 0.36$

真分数方差 $= 1-0.36 = 0.64$

答：这项测验的总的测量误差为 0.36，真分数的方差为 0.64。

2. 运用区间估计解释测验分数

我们每天都会关心天气预报吧？天气预报是怎样报告的？一般都是这样报告的："明

天大雨,气温 18 ℃—28 ℃,阵风 3—4 级。"结果到了第二天,我们带着雨伞和雨衣出门,结果却根本没有下雨! 于是我们就要责怪气象台的人是"吃干饭的""没有用的家伙"!

其实,气象台的人是非常委屈的。他们只是预报的格式错了,他们将概率预测的数值当作绝对的数值报告了。他们报告的"明天下雨"是一种概率预测值——"明天有 60％的可能下大雨",但是他们说成是"明天有雨",人们理解为明天 100％有雨。这种概率预测值与我们在市场买商品的费用数值是不同的,你买了 25 元钱的东西,就必须付 25 元。这个 25 是绝对的数值。

任何心理测验的分数都是一种概率预测值。你智力测验的结果是 IQ(智商)等于 101 分,这个 101 分与你心跳 101 次是两种不同的分值。因为心跳次数不是一种概率预测值。你的智商 101 分是指你 95％或 99％的可能性最低是多少和最高是多少,101 只是居于中间的分值。

测验结果只是一种可能性的预报。因此,现在提倡将心理测验的结果用概率预测的格式报告,这样可以避免像天气预报那样遭人误解。如果我们的天气预报也像在国外那样用概率的格式预报,老百姓也就较少会责怪天气预报不准确了。

应用测量标准误计算测验分数带,是现在流行的做法(见图 4-4)。

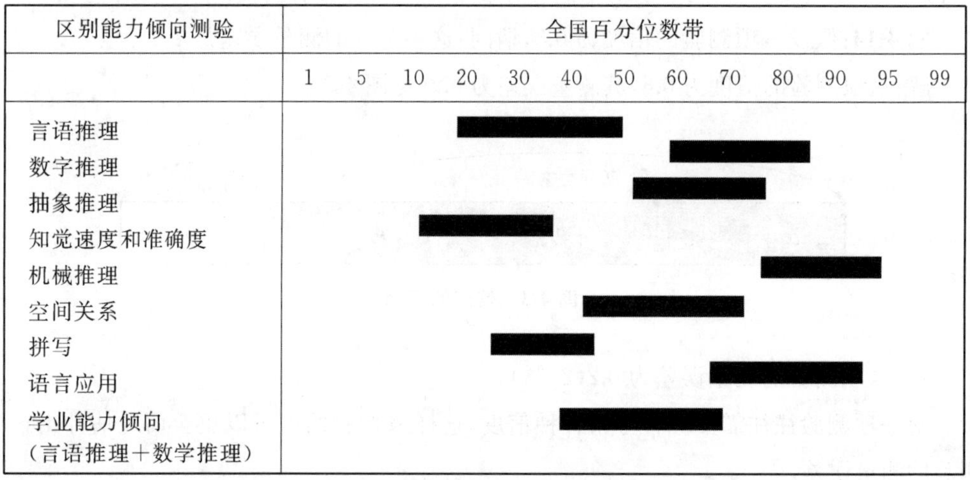

区别能力倾向测验	全国百分位数带
	1　5　10　20　30　40　50　60　70　80　90　95　99
言语推理	
数字推理	
抽象推理	
知觉速度和准确度	
机械推理	
空间关系	
拼写	
语言应用	
学业能力倾向 (言语推理＋数学推理)	

图 4-4　区别能力倾向测验的剖面图
资料来源:安娜斯塔西,等.(2001).*心理测验*.缪小春,等,译.杭州:浙江教育出版社,p.143.

那么,怎样采用概率预测的格式报告心理测验的结果呢? 这里就要用上信度了。

首先要利用信度来计算测量的标准误,公式如下:

$$SE = SD\sqrt{1-r_{xx}}$$

式中,*SE* 为测量标准误,*SD* 为测验分数的标准差,r_{xx} 为测验的信度。

然后进行区间估计:

$$X \pm SE * Z$$

式中，X 为测验分数，SE 为测量标准误，Z 为某个显著水平的标准分数（一般采用 95％或 99％的显著水平的标准分数）。

例 4-16：设一项能力测验的信度为.89，标准差为 9，某被试该测验的得分为 50，试问如何用区间估计的格式报告测验结果？

解：首先计算测量标准误：

$$SE = SD\sqrt{1 - r_{xx}} = 9\sqrt{1 - 0.89} = 2.99$$

然后计算区间：

$$X \pm SE * Z = 50 \pm 2.99 * 1.96$$

该被试的真正分数 95％的可能性落在最低 44.14 和最高 55.86 的区间内（如图 4-5 所示）。

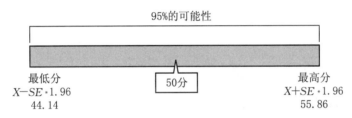

图 4-5　测验分数的区间估计

答：被试测验分数为 50 分，95％的可能性测验分数最低在 44.14 和最高在 55.86 分之间。

3. 比较两项测验分数的差异

有时候我们需要比较两个测验的分数差异，要搞清楚差异究竟多少才有意义。例如，研究表明，韦克斯勒成人智力测验中，如果操作智商分量表高于言语智商分量表，则表明可能存在脑损伤、冲动控制等社会适应方面的问题，这样的情况多发生在学业成绩落后、酗酒、吸毒等人群；同样，如果言语智商高于操作智商，则可能多见于学业成绩优异、适应良好的人群。如此看来，比较两个测验分数的差异就显得非常重要。那么，怎样比较两个测验分数的差异呢？也就是说，两个测验的分数究竟相差多少才显著，才有意义呢？

在这里，通过信度可以方便地计算测验差异的标准误，进而计算出两个测验差异具有显著水平的临界值。

首先计算两个测验差异的标准误。公式如下：

$$SE_d = S\sqrt{2 - r_{xx} - r_{yy}}$$

式中,SE_d 为差异的标准误,S 为相同尺度的标准分数的标准差,r_{xx} 为第一测验的信度,r_{yy} 为第二测验的信度。

然后计算临界值。临界值就是测量差异的标准误乘以相应的显著水平的标准分数。

例 4-17:韦克斯勒成人智力测验中,操作智商如果高于言语智商,表示有种种适应的问题。但是两者相差多少分才可以说是"高于"呢?在中国修订版中,言语智商的重测信度为0.82,操作智商的重测信度为 0.84;平均数为 100,标准差为 15。两个测验分数的差异计算如下:

首先计算测量差异的标准误:

$$SE_d = S\sqrt{2 - r_{xx} - r_{yy}} = 15\sqrt{2 - 0.82 - 0.84} = 8.746\ 4$$

然后计算临界值:8.746 4 乘以 1.96 等于 17.14。

答:操作智商与言语智商之差要大于 17.14 才达到 0.05 的显著水平。也就是说,一个人的操作智商与言语智商之差要大于 17.14,才有意义。

复习与思考

1. 为什么要检验测验的信度?
2. 试比较五种信度的不同意义?
3. 概化理论在哪些方面超越了经典测验理论的信度理论?
4. 为什么要用信度来进行区间估计?
5. 在所有影响信度的因素中,你认为哪种因素是最重要的?

推荐阅读

Kevin R. Murphy & Charles O. Davidshofer. *心理测验:原理与应用(第 6 版)*. 张娜,等,译. 上海:上海社会科学院出版社,2006.

Robert M. Kaplan & Dennis P. Saccuzzo. *心理测验(第 5 版)*. 赵国祥,等,译. 西安:陕西师范大学出版社,2005.

安娜斯塔西,等. *心理测验*. 缪小春,等,译. 杭州:浙江教育出版社,2001.

查尔斯·杰克逊. *了解心理测验过程*. 姚萍,译. 北京:北京大学出版社,2000.

龚耀先. *修订韦氏成人智力量表手册(内部资料)*. 长沙:湖南医学院,1982.

克罗克,L.,阿尔吉纳,J. *经典和现代测验理论导论*. 金瑜,等,译. 上海:华东师范大学出版社,2004.

李丹,等.*瑞文联合型(CRT)中国修订版手册*.华东师范大学心理系,1989.

凌文铨,方俐洛.*心理与行为测量*.北京:机械工业出版社,2004.

邱晧政,林碧芳.*结构方程的原理与应用*.北京:中国轻工业出版社,2009.

桑代克,哈根.*心理与教育的测量与评价*.叶佩华,等,译.北京:人民教育出版社,1985.

吴明隆.*结构方程模式.-AMOS的操作与应用*.台北:五南图书出版公司,2008.

杨国枢,等.*社会及行为科学研究法*.台北:东华书局,1994.

杨志明,张雷.*测评的概化理论及其应用*.北京:教育科学出版社,2003.

郑日昌.*心理测量*.长沙:湖南教育出版社,1987.

郑日昌,董奇.*心理测量*.北京:人民教育出版社,2000.

第五章

测验的效度

本章要点

什么是测验的效度?

三种效度的不同意义表现在哪些方面?

什么是表面效度?

什么是效度的情境性与概化?

信度与效度的关系是怎样的?

关键术语

效度;内容效度;建构效度;效标效度;

聚合效度;区分效度;因素效度;

交叉效度

西方的测验很可能是从中国学来的。

——卡普兰和萨库佐(Rorbert M.Kaplan & Dennis P.Saccuzzo，2005，p.9)

一、效度的原理

1. 效度的概念

所谓效度，顾名思义就是"有效的程度"。在心理测量学中，**效度**(validity)是衡量一个测验有效程度的指标，是指一个测验在多大程度上能够测量到它想测量的内容的指标。

例如，一位心理学家决定要编制一种新的智力测验，对传统的智力测验进行改革。他编制了 60 道题的智力测验，觉得非常成功。其中，有一部分题目完全与以往的测验不同，例如，测量被试跳高的高度，以及跳远的长度，等等。

请问：这位心理学家的改革成功吗？

显然是不成功的，因为测验题目中测量跳高的高度和跳远的长度与智力几乎无关系。也就是说，这些测验题目几乎没有测量到原本想测量的智力，实际测量到的只是体力，因此效度很低。

如果说信度反映的是随机误差，那么效度则是随机误差和系统误差的综合反映。被试在一个测验上得分的总变异 S_x^2 包括三部分：被试与测验目标有关的变异 S_{co}^2，与测验目标无关的变异 S_{sp}^2，以及误差变异 S_e^2。用公式表示如下：

$$S_x^2 = S_{co}^2 + S_{sp}^2 + S_e^2$$

因此，效度即测验分数总变异中由测验想测量的内容造成的变异所占的比率：

$$效度 = S_{co}^2 / S_x^2$$

2. 效度的意义

前面我们讨论了信度的意义。我们已经懂得，对心理测量来说，信度是非常重要的一个原理、一个指标、一个参数。其实，信度与效度是一对孪生兄弟，讨论信度当然离不开讨论效度。然而，探讨效度究竟有什么意义？

对一项心理测验来说，效度是这项测验必须达到的核心目标。一项心理测验必须测量到它要测量的东西，否则它就没有存在的意义了。我们编制一项智力测验，当然要能够真正测量到智力；编制人格测验，当然要能够真正测量到人格。如果不能测量到我们要测量的东西，岂不无效且无聊？然而，心理的内容与其他科学研究的对象很不一样，它们往往是不可直接观测的。例如，自我效能，你能直接观测到你最亲密的亲人面对各种不同情境的自我效能吗？恐怕是很难的。只有你那位亲人自己有所知觉，但可能还是不能确切地了解自己的具体情况。同样，你往往也很难判断你朋友的一些心理症状究竟怎样，他到底有还是没有这些症状？如果有，多严重？这些恐怕很难确切观测到，甚至他本人也只能隐约感到某种程度上的痛苦。伽利略从比萨斜塔上扔下两个球，在场的人倒是都能亲眼看到。化学实验中，那些试纸发生的颜色变化，我们也是可以看到的。这些物理的、化学的现象是可以直接观测到的，不存在究竟"在多大程度上直接观测到"的概念和问题。但是，心理的现象不能直接观测，所以我们还必须多费功夫，通过间接的方式去判断和估计我们"在多大程度上真正测量到了我们要测量的东西"。也就是说，我们还得判断我们的测量"在多大程度上是有效的"。

有信度不一定有效度。我们仅仅检验信度还远远不够。信度不等于效度，有信度不等于就有效度。在很多场合，一项测验信度很高，但是它的效度可能不高，所以除了检验信度外，我们还必须检验效度。

效度理论不仅是心理测量学的重要原理，事实上还为检验人类科学研究的严谨性作出了伟大贡献。心理学家提出的效度，其意义还在于实际上提出了检验和估计一项研究的有效性的思路与途径。一项研究的有效性和严谨性究竟怎样，人们发现可以通过一些渠道与途径进行检验。于是，效度的概念不仅在心理测量中是必需的，对任何一项研究来说也应该是必需的。任何一项研究都存在是否有效的问题，也就是效度问题。所以，效度是心理学家对人类知识传统的又一重要贡献。

3. 效度的情境性与概化

一项职业心理测验能够在不同的工作情境中使用吗？打字员、驾驶员、农民工、经理能用同一种测验甄别吗？

当心理测验风靡一时，广泛应用到社会上各行各业中后，有人提出上述这样的疑问。人们发现，心理测验的效度是具有情境性的。也就是说，心理测验是否可以跨工作情境使用，是令人怀疑的。

心理学家承认，心理测验具有情境性。实际上，针对不同的工作情境，心理学家开发出不少合适的测验。一些职业能力测验如一般倾向能力成套测验（GATB），人格测验如加利福尼亚心理调查表（CPI），都开发了相应的职业常模。

但是，必须提出这样的一个问题：心理测验的效度有没有具有跨情境的概化的可能？施米特等人（Schmit et al.，1976）从各行各业抽取的大样本研究发现，言语、数字和推理能力这些认知技能的效度能够概化到不同行业中去。他们的研究证明，心理测验的效度具有概化的能力。

在今天，情境性与概化相结合的策略被认为是合理的。所谓情境性与概化相结合的策略意味着既采用具有概化力的一般能力等方面的测验，同时再还会考虑特定情境所需的技能与能力,从而保证作出更合适、更正确的测验决策。

二、效度的检验

评估有效性要从多方面去考虑,要从多方面去搜集证据,因此效度是一个多侧面的概念。在心理测量学中,一般都是按照美国心理学会(American Psychological Association, APA)1974 年发行的《教育与心理测验的标准》,将效度分为内容效度、建构效度和效标效度。这意味着我们要从三个侧面去收集效度的证据。在下面的讨论中,会更详细讲解这三大效度。表 5-1 解释了各种效度的含义。

表 5-1　效度的含义

效度的类别	子类别	要说明的问题
内容效度		被试过去学得怎么样和做得怎么样?
建构效度	聚合效度	被试的贝克抑郁量表抑郁得分与其他抑郁测验(SDS)有关系吗?
	区分效度	被试的贝克抑郁量表抑郁得分与自尊测验(SES)有关系吗?
	因素效度	被试的抑郁真正由哪些因素构成?
效标效度	同时效度	被试的抑郁得分与临床抑郁评定有关系吗?
	预测效度	被试的抑郁得分会影响将来的学习成绩吗?

1. 内容效度

通俗地说,或者从字词的意义上说,**内容效度**(content validity)就是从测验的内容方面去检验测验的效度。更严谨地给内容效度下一个定义,则可以这样表述:内容效度是一个测验实际测到的内容或行为范围与要测量的内容或行为范围的适当程度的指标。内容效度主要去考察被试过去学得怎么样和做得怎么样,多用于学业测验和成就测验。请注意,内容效度对初学者来说是比较费解的。

内容效度检验一个测验是否包括足够的行为样本而且有适当的比例分配。要注意这里有两层意思:一是要有足够的覆盖面;二是分配的比例必须适当。例如,一位高一数学老师编写了期末考试试卷,但是同教研组的老师说他的试卷编得很不好。他不服气,怎么办?只有找特级教师评理。那么,特级教师怎么处理这个纠纷呢?特级教师要做的就是检验试卷的内容效度。他将从两个方面进行评估:其一,看看试卷是否有足够的覆盖面?假如高一这学期数学学过代数、几何、函数、集合。这位数学老师的试卷中有没有都包括这些方面的内容呢?如果遗漏了其中一个或几个方面,那么就不可能全面评估学生过去学得怎么样。其二,还要考察这些方面分配的分数权重比例是否适当。假设集合并不是最重要的内容,却分配了更大的分数比例,重要的代数分配的比例却很小,那也不能全面评估学生学得怎么样。这是对过去学得怎么样的检验,同样,评估过去做得怎么样也是一样的道理。例如,绩效考核就是如此。首先,对某个工作岗位的工作行为的评估必须有足够的覆盖面,不能漏掉了重要的工作行为;其次,对所有工作行为的考核分数的比例也必须分配适当,不能给重要的工作行为以小比例的分数,而给不太重要的工作行为过高的分数比例。

另一个往往让容易混淆的概念是表面效度。**表面效度**(face validity)是指一个测验让使用者或被试主观上感到有效的程度,并不表示真正的效度。表面效度虽然本身不是效度,但是它可以影响效度。试想,一个被试如果认为某项测验没有什么用,那么这位被试还会认真去回答测验的问题吗?显然不会。特别值得注意的是,中国人似乎普遍认为问卷测验难以测量人们的心理,也就是说,对中国人来说,问卷测验的表面效度是不高的。

内容效度需要由专家来判断,而表面效度则是被试或测验的使用者的判断。前者是效度,后者本身不是效度,但是会影响效度。

检验内容效度的方法有以下四种。

(1) 专家评判法与经验法

专家对专业领域非常熟悉,所以能够准确判断测验的项目是否有足够的代表性,是否有较高的覆盖面,以及在这些覆盖面中是否有适当的比例。同样,对某领域有经验的人凭借经验也能够判断测验的项目是否具有代表性,覆盖面是否足够,以及不同维度上分配的分数比例是否恰当。例如,一个研究抑郁的专家,当然很容易判断你编制的抑郁问卷的项目是否测量了抑郁的重要症状,也容易判断你对这些不同症状的评分比例是否合适。对有经验的主管、人力资源管理人员来说,凭借其经验也能准确判断某种工作岗位的绩效评估项目是否有足够的代表性,是否有足够的覆盖面,以及在这些覆盖面中分数比例的分配是否适当。所以,内容效度的检验可以组织相关专家与有经验的人士进行评估。

(2) 同质性检验

一个测验的内容效度应当建立在这样一个基础上:最起码测验的所有项目都是同质的。如果有些项目测量的是另外一些内容,这个测验的内容效度还能高吗?显然是不可能的。因此,通过求每题与总分的相关,分测验与总测验的相关,α系数等来分析内容效度,也是一种方法。如果测验的同质性低,则内容效度不可能高。例如,中国修订卡特尔16种人格因素问卷时,修订者曾抽取 96 份大学生的答卷进行了同质性检验。表 5-2 中,8个测题(因素 A 的 51、151 题;因素 C 的 4、30 题;因素 F 的 58、108 题;因素 Q_3 的 73、98题)与所属分量表和其他分量表的相关表明,这些测题都与所属分量表高相关,但是与其他分量表则不相关或低相关。结果表明,测量 A 因素测量到的是 A 因素,而不是其他因素。测量 C、F、Q_3 的测量亦然。

表 5-2　卡特尔 16 种人格因素问卷测题的同质性检验

测　题	因　素			
	A	B	F	Q₃
A ⟨ 51	0.39	0.10	0.02	0.04
151	0.49	0.06	0.03	0.04
C ⟨ 4	0.04	0.48	0.11	0.03
30	0.05	0.27	−0.03	0.16
F ⟨ 58	0.18	0.04	0.38	−0.10
108	0.21	0.12	0.50	0.05
Q₃ ⟨ 73	−0.23	0.18	0.01	0.46
98	−0.01	0.20	−0.05	0.51

资料来源:卡特尔 16 种人格因素问卷测验手册(内部资料),p.3.

（3）复本相关法

还有一种方法可以检验内容效度,这就是编制复本测验。对两个平行测验求相关,如果两个测验相关低,表明两个测验不等值,缺乏内容效度;两个测验相关高,则表明两个测验内容等值,有较高的内容效度。

（4）前测后测法

最后一种方法是通过前后两次测验来检验内容效度。例如,在学习某种知识之前做一次测验,学完后再做一次测验,比较两次测验的结果。如果后测成绩明显优于前测成绩,则表明有较高的内容效度。如果后测成绩与前测成绩没有显著差异,则有可能该测验的内容效度不高,还有一种可能就是学习没有效果。

2. 建构效度

建构效度(construct-related validity),又称结构效度或构念效度,指一个测验能够测量建构的概念与理论的程度。由于人类心理不同于物理现象、化学现象等,往往是看不见、摸不着,难以直接观测的,所以只能通过间接测量才能判断。这样一来,就需要建构相应的概念与理论,然后才能付诸测量。测量身高,就不必这样麻烦,直接用米尺一量即可。测量智力、人格等人类心理,恐怕就不可能直接一量即知了。人类的智力非常复杂,智力活动出现在人类的一切活动中。于是,首先就必须通过深入的研究,然后定义智力,建构理论,接着才有可能编制智力测验的题目。于是,不同的心理学家对智力的定义不同,理论假设不同,也就会有不同的智力测验。比奈对智力的定义可能更多偏向于学习能力,所以比奈儿童智力测验的题目有很多涉及计算、言语、推理等方面的内容。韦克斯勒对智力的定义更多倾向于适应环境的能力,于是韦克斯勒智力测验的内容可能更加广泛,有十多个分量表。人格测验同样如此,我们看到有这么多种不同的人格测验就不必觉得奇怪了。

不同的人格心理学家通过研究,可能会有不同的关于人格的定义与理论假设,然后他们根据自己的定义与理论编制的人格测验也就各有千秋了。

问题在于:你编制的测验,在多大程度上能够测量你要测量的概念与理论呢?这是建构效度要关注的问题。

建构效度有三种检验的算法,或者说建构效度包括三个方面的含义(见表 5-3),也可以说建构效度有三个子类别,这就是聚合效度、区分效度和因素效度。

表 5-3　建构效度的含义

含　义　的　陈　述	效　　度
这一建构与其他相同的建构是否相关?	聚合效度
这一建构与其他不同的建构是否不同?	区分效度
这一建构的结构是怎样的?	因素效度

（1）聚合效度

聚合效度(convergent validity),又称相容效度。将某一测验与同类测验进行比较,如果与同类测验显著相关,即能够聚合、相容,就可以说该测验与同类测验一样有效(前提是拿来比较的测验必须有效)。这种效度就是聚合效度。例如,UCLA 孤独测验(UCLA Loneliness Scale)与抑郁测验相关为 0.50(汪向东,1993,p.228),孤独与抑郁是相容的、一致的,两者相关较高是合理的。又如自尊量表,洛尔等人(Lorr et al.,1986)报道自尊与信心测验的相关是 0.65(汪向东,1993,p.251),这也表明两者有合理的相关,从而证明测验具有聚合效度。

（2）区分效度

区分效度(divergent validity),将某一测验与其他不同测验进行比较,如果不相关,则表明该测验与其他不同类测验真的是不同的,两者可以区分开来。这就是区分效度。例如,贝克抑郁量表与社会期望相关为 -0.80,这表明希望表现得更符合社会公认的标准的人,往往抑郁更低;或者表明抑郁高的人,往往并不在乎表现得更符合社会公认的标准。而这是合乎情理的。因此,这种高相关证实了贝克抑郁量表与社会期望是不同的,或者说贝克抑郁量表可以区分不同的社会期望水平,也就是具有较高的区分效度。又如,拉塞尔(Daniel Russell)等人的研究发现,UCLA 孤独测验与社会支持无关(汪向东,1993,p.228)。显然,孤独更缺乏社会支持。弗莱明等人(Fleming et al.,1984)报道自尊测验(SES)与几个自我评价概念呈负相关,与焦虑相关为 -0.64;与抑郁相关为 -0.54(汪向东,1993,p.251)。这些都表明测验具有区分效度。

表 5-4 是加利福尼亚心理调查表与艾森克人格问卷的相关分析,从中可见加利福尼亚心理调查表的聚合效度和区分效度。例如,支配性(Do)、进取性(Cs)等与艾森克人格问卷中的 E 分呈现显著正相关,这是聚合效度的证据。支配性强、进取性高的人一般都是外向的。与 N 分则呈现显著负相关或低相关,这是区分效度的证据。显然,支配性强,有领

导力,进取性高的人,情绪更稳定,消极情绪也会更少些。

表 5-4　加利福尼亚心理调查表与艾森克人格问卷的相关(男 132 人;女 107 人)

	外向性(E)			情绪性(N)			精神病质(P)			掩饰(L)		
	男	女	合	男	女	合	男	女	合	男	女	合
Do	0.40**	0.38**	0.41**	−0.26**	−0.25**	−0.28**	−0.03	−0.01	0.02	−0.06	0.06	−0.07
Cs	0.24**	0.07	0.18*	−0.21*	−0.28**	−0.26**	0.14	0.04	0.12	−0.08	0.05	−0.07
Sy	0.54**	0.43**	0.50**	−0.15*	−0.15*	−0.18*	0.06	0.10	0.12	−0.23**	−0.10	−0.22**
Sp	0.54**	0.43**	0.50**	−0.13	0.02	−0.08	0.14	0.20*	0.19*	−0.26**	−0.21*	−0.26**
Sa	0.42**	0.32**	0.39**	−0.19*	−0.22**	−0.22**	0.00	0.17	0.11	−0.19*	−0.10	−0.19*
In	0.21**	0.27**	0.26**	−0.24**	−0.43**	−0.36**	0.05	0.07	0.10	−0.07	−0.02	−0.11
Em	0.42**	0.38**	0.42**	−0.11	0.00	−0.08	0.18*	0.20**	0.22**	−0.37**	−0.23**	−0.34**
Re	−0.11	−0.29*	−0.19*	−0.25**	−0.38**	−0.31**	−0.33**	−0.41**	−0.36**	0.34**	0.39**	0.35**
So	−0.03	−0.21*	−0.11	−0.35**	−0.40**	−0.37**	−0.32**	−0.47**	−0.39**	0.30**	0.43**	0.35**
Sc	−0.41**	−0.39**	−0.41**	−0.30**	−0.29**	−0.30**	−0.36**	−0.35**	−0.35**	0.44**	0.48**	0.47**
Gi	−0.09	−0.18	−0.13	−0.34**	−0.53**	−0.42**	−0.28**	−0.25**	−0.27**	0.48**	0.48**	0.48**
Cm	0.11	−0.24**	−0.03	−0.12	−0.20*	−0.17*	−0.25**	−0.32**	−0.26**	0.08	0.34**	0.16*
Wb	−0.01	−0.25**	−0.11	−0.36**	−0.53**	−0.46**	−0.17	−0.32**	−0.21*	0.24	0.35**	0.24**
To	−0.10	−0.23**	−0.16*	−0.22**	−0.46**	−0.34**	−0.14	−0.26**	−0.20*	0.15	0.29**	0.19*
Ac	−0.14	−0.23**	−0.17*	−0.27**	−0.49**	−0.38**	−0.40**	−0.49**	−0.43**	0.26**	0.63**	0.41**
Ai	0.10	−0.12	0.02	−0.22**	−0.37**	−0.31**	−0.03	−0.16	−0.09	0.01	0.20*	0.05
Ie	0.10	−0.00	0.06	−0.24**	−0.44**	−0.36**	−0.13	−0.09	−0.09	0.12	0.22**	0.12
Py	0.11	0.00	0.09	−0.22**	−0.40**	−0.32**	−0.04	−0.16	−0.05	0.05	0.21*	0.05
Fx	0.04	0.09	0.07	0.12	−0.04	0.03	0.41**	0.28**	0.35**	−0.41**	−0.38**	−0.40**
F/M	−0.25**	−0.14	−0.23*	0.23**	0.19*	0.25**	−0.01	−0.23*	−0.21*	0.10	0.22*	0.26**
V.1	−0.60**	−0.57**	−0.59**	0.16*	−0.06	0.09	−0.04	−0.22*	−0.16*	0.23*	0.24*	0.27**
V.2	0.06	−0.05	0.01	−0.20*	−0.22*	−0.20*	0.39**	−0.25**	−0.32**	0.45**	0.32**	0.38**
V.3	−0.01	−0.23**	−0.10	−0.34**	−0.55**	−0.45**	−0.08	−0.21*	−0.13	0.11	0.33**	0.18*

资料来源:杨坚,龚耀先.(1993).*中国修订加利福尼亚心理调查表手册*.长沙:湖南医科大学,p.14.

　　人格障碍量表与明尼苏达多相人格调查表和加利福尼亚心理调查表的不同分量表的相关表明,与明尼苏达多相人格调查表相关量表呈现较高正相关,这是聚合效度的证据;与加利福尼亚心理调查表相关分量表则呈现负相关,这是区分效度的证据(见表 5-5)。

表 5-5　人格障碍量表的聚合效度和区分效度(N=131)

分量表	明尼苏达多相人格调查表	加利福尼亚心理调查表
人格障碍	0.34F;0.5Pd;0.58Pt;0.56Sc;0.42Si	−0.38Cs;−0.44In;−0.41Re;−0.37So;−0.45Sc;−0.47Gi;−0.59Wb;−0.52To1;−0.42Ai;−0.53Ie;−0.44Py;−0.51V3
偏执型	0.27Hs;0.77Pd;0.32Pt;0.29Sc;0.29Si	−0.34Cs;−0.34In;−0.33Re;−0.43Sc;−0.44Gi;−0.46Wb;−0.47To1;−0.37Ai;−0.48Ie;−0.41Py;−0.49V3

（续表）

分量表	明尼苏达多相人格调查表	加利福尼亚心理调查表
分裂样	0.25D；0.72Pd；0.53Pt；0.56Sc；0.48Si	−0.42Do；−0.45Cs；−0.59Sy；−0.47Sp；−0.31Sa1；−0.38In；−0.50Em；−0.36Re；−0.33So；−0.49Wb；−0.43Ai；−0.35Ie；−0.37Py；−0.32Fx；0.34Fm；0.34V1；−0.34V3
反社会	0.70Pd；0.32Pt；0.39Sc；0.35Ma	−0.36Re；−0.40So；−0.43；−0.33Gi；−0.35Fm
边缘型	0.29F；0.81Pd；0.48Pt；0.53Sc；0.36Ma；0.35Si	−0.31In；−0.33Re；−0.50So；−0.52Sc；−0.51Gi；−0.53Wb；−0.32Ac；−0.40Ie；−0.36Py；−0.44V3
表演型	0.70Pd；0.40Pt；0.38Sc；	−0.36In；−0.50Sc；−0.44Gi；−0.46Wb；−0.47To1；−0.36Ai；−0.41Ie；−0.39Py；−0.50V3
自恋型	0.71Pd；0.28Sc；0.29Ma	−0.29Gi；−0.32To1；−0.33Ie；
回避型	0.75Pd；0.53Pt；0.46Sc；0.57Si	−0.40Do；−0.56Cs；−0.63Sy；−0.56Sp；−0.38Sa1；−0.51In；−0.47Em；−0.34Re；−0.48Wb；−0.32Tol；−0.45Ai；−0.53Ie；−0.42Py；−0.31Fm；0.38V1；−0.39V3
依赖型	0.59Pd；0.40Pt；0.31Sc；	−0.39In；−0.33Tol；−0.37Ai；−0.34Ie
强迫型	0.61Pd；0.28Pa；0.28Sc；	−0.36Wb；−0.38Tol；−0.32Ie；−0.35Fx；−0.37V3

（3）因素效度

因素分析是一种分析测验建构的很好的方法。因素分析在多大程度上能够抽出因素，以及抽出的因素是否与测验的建构或假设一致，可以很好地证明该测验的建构效度。一般要作两种因素分析，即探索性因素分析和验证性因素分析。探索性因素分析应用多元统计中的因素分析方法，验证性因素分析应用结构方程建模的方法。两种不同的因素分析要求使用不同的样本，如此可以进行交叉效度的检验。

例如，加利福尼亚心理调查表使用手册（中国修订版）中报道对 20 个分量表作因素分析抽出三个因素，解释变异的 68.4%。第一个因素与个人内在品质有关，第二因素与社会交往有关，第三个因素为灵活性。有人对贝克抑郁量表的因素分析也曾抽出三个因素：消极态度或自杀；躯体症状；操作困难。

例 5-1： 我们使用 1 890 人的样本对 90 项症状清单（SCL-90）作了因素分析，应用主成分分析和正交旋转抽取 18 个因子，解释总变异的 53.62%。根据碎石图分析，在第三个因子处出现拐点，前三个因子可解释总变异的 17.86%。这三个因子是低效能（8.50%）、躯体反应（5.94%）、人际问题（3.43%）。这三个因子可能是中国人特有的反应模式。

低效能因子表现了难以应对应激情境时个体内部的失能、混乱、低效能的心理水平以及缺乏必要的社会支持的生态学状态。这似乎为班杜拉的自我效能理论提供了又一临床心理学的证据，也为应对效能假说（童辉杰，2005）提供了佐证。对低效能因子 20 题进行因素分析,抽出 2 个因子,解释变异的 46.14%。这两个因子可命名为心理失能与无支持。看来,中国被试感受到的心理问题首先就是一种预期的、深入到生命历程的、生态学的低效能状态。

躯体反应因子表现了中国被试另一特有的心理障碍的表达方式。已有研究表明,中国被试的抑郁主诉多为躯体反应,不同于美国被试多见情绪反应。原因可能在于:其一,中国被试羞于坦率表达自己的心理感受,而觉得表达躯体反应比较自然;其二,中国被试缺乏心理学知识的普及教育,大多数民众对心理感受的觉察水平较低,因而容易觉察躯体问题,不易觉察心理问题。

人际问题因子更与中国文化有关。跨文化心理学的大量研究发现,中国人与西方人不同,中国人是集体主义的,西方人则是个人主义的。中国人更重人情、面子、关系。因此,中国被试对心理障碍的感受与人际关系紧密相联就不难理解。心理障碍的一个重要的中国文化意义就在于人际问题的出现和人际关系的破坏。

例 5-2:验证性因素分析在探索性因素分析的基础上,使用不同样本作进一步的验证。例如,我们编制的应对效能量表,使用 700 人的样本进行探索性因素分析,使用主成分分析进行方差极大旋转,抽出 3 个因素,解释总变异的 52.86%。在探索性因素分析的基础上,再使用正式取样获得的 1 100 多人的样本,作验证性因素分析,模型 χ^2 为 0.536,df 为 2,p 值 0.765;χ^2/df 为 0.268,规范拟合指数 NFI 为 1,RFI 为 1,IFI 为 1,比较拟合指数 CFI 为 1,近似误差的均方根 $RMSEA$ 为 0.000。模型拟合较好。从图 5-1 可见,自信程度的负荷最高,系数为 0.98,其决定系数为 0.97;这说明在应对效能的结构中,最重要的因素是自信程度。自信程度可以理解为人们在面临应激情境时,基于已往的经验以及自己的人格特质,对自身的状况、情境的特点、可资利用的各种资源的评估和期待。这与班杜拉的理论假设是一致的。认知水平的负荷为 0.46,决定系数为 0.22;认知水平可以理解为人们理智地解决问题的努力以及采用积极的策略的可能性有多大。胜任力的知觉负荷为 0.42;决定系数为 0.18。胜任力的知觉可以理解为对是否能应对应激情境的能力的知觉(童辉杰,2005)。

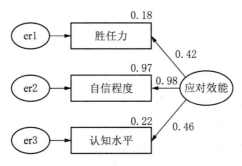

图 5-1 应对效能的验证性因素分析

例 5-3：试对 121 人的明尼苏达多相人格调查表测验结果进行因素分析,使用主成分分析,方差极大化正交旋转,抽出 4 个因素,解释总变异的 77.58%(见表 5-6)。

表 5-6　明尼苏达多相人格调查表的因素分析

	因子			
	精神病性	神经症	躁狂	性别认同
7-Pt:精神衰弱	0.860			
8-Sc:精神分裂	0.846			
0-Si:内外向	0.735			
6-Pa:偏执	0.711			
3-Hy:癔症		0.876		
1-Hs:疑病		0.719		
2-D:抑郁		0.612		
4-Pd:心理变态		0.586		
9-Ma:轻躁狂			0.888	
5-mf:男/女性化				0.883

（4）多特质多方法矩阵

多特质多方法矩阵(multitrait-multimethod matrix),是坎贝尔(Donald Thomas Campbell)和费斯克(Donald W.Fiske)1959 年提出的一种全面分析建构效度的好方法。此法可以同时检验聚合效度和区分效度,只是工作量极大,因为测量多种特质不难,但是要同时用多种方法测量很难。

从理论上来看,以相同的方法测量相同的特质应该有最大的相关(信度),以不同的方法测量相同的特质应该有较大的相关(聚合效度),以相同的方法测量不同的特质应该有较低的相关(区分效度),以不同的方法测量不同的特质应该相关最低或无意义。如果符合以上假设,表明该测验同时具有聚合效度和区分效度。将多特质与多方法列成一个矩阵,可以很清晰地进行分析。如表 5-7 所示,在对角线上,是用同样的方法测量同样的特质的相关系数,揭示了信度;实线三角形内的相关系数,是用同样的方法测量不同的特质的相关(区分效度);虚线三角形内的相关系数,是用不同方法测量不同特质的相关,通常应该低;虚线三角形之间的对角线上的相关系数,是用不同方法测量相同特质的相关(聚合效度)。

3. 效标效度

（1）效标效度的定义

效标效度(criterion validity)又称实证效度,是指寻找一个测验以外的行为指标来进行效度检验。这个测验以外的行为指标就简称为"效标",意思是可以用来检验效度的外在行为标准。

表 5-7　多特质多方法矩阵

	特质	方法1			方法2			方法3			方法4		
		A_1	B_1	C_1	A_2	B_2	C_2	A_3	B_3	C_3	A_4	B_4	C_4
方法1	A_1	0.90											
	B_1	0.50	0.89										
	C_1	0.35	0.41	0.81									
方法2	A_2	0.58	0.25	0.10	0.95								
	B_2	0.21	0.59	0.09	0.63	0.91							
	C_2	0.14	0.13	0.50	0.57	0.53	0.85						
方法3	A_3	0.55	0.20	0.13	0.69	0.32	0.30	0.93					
	B_3	0.11	0.60	0.19	0.20	0.68	0.29	0.50	0.96				
	C_3	0.15	0.20	0.70	0.21	0.19	0.67	0.53	0.51	0.92			
方法4	A_4	0.58	0.21	0.11	0.66	0.11	0.19	0.70	0.13	0.14	0.89		
	B_4	0.18	0.61	0.09	0.30	0.68	0.18	0.22	0.68	0.20	0.51	0.90	
	C_4	0.20	0.15	0.71	0.22	0.18	0.70	0.23	0.19	0.71	0.52	0.50	0.91

可以说,内容效度是在测验内容内部想办法检验有效性,建构效度主要在测验之间或测验内部想办法检验效度;而效标效度则在测验以外想办法检验效度。所以,寻找到好的效标就显得非常重要。例如,我们编制了一个销售人员的选拔测验,但是这个测验效度如何? 由于没有同类测验可以用来比较,我们难以检验这个测验的聚合效度和区分效度。这样一来,寻找一个效标来作效标效度检验就显得很必要了。试想一下:我们能够寻找到一个怎样的效标呢? 销售额是不是一个合适的效标呢?

顾名思义,效标就是检验效度的标准。这是广义的定义。如果采用广义的定义,则一切用来检验效度的标准都可以当作效标。这样的话,聚合效度和区分效度检验中用来比较的同类测验和不同测验,均可当作效标。但是,我们这里的效标是狭义上定义的效标,意指测验以外的行为指标。这个"测验以外的行为指标",首先是实际的行为表现、行为观察的记录、行为评价,是更客观的指标,其次它常常有这样几种类型,例如学业成就(智力测验常用)、训练成绩(能力测验常用)、实际工作表现(最好的效标)、行为观察与评定,以及临床诊断。

寻找和分析效标效度的过程就是一种做实证研究的过程,所以又叫作实证效度。

施密特和亨特(Schmidt & Hunter, 1998)用元分析总结了85年来关于人员选拔的效标效度(见表5-8)。这些效标主要是工作绩效和培训绩效。

(2)效标效度的种类

效标可以与测验同时收集,也可以在将来收集。根据效标收集的时间,将效标效度分为同时效度和预测效度。

表 5-8　19 种选拔的效度

	工作绩效	培训绩效
普通心智能力测验	0.51	0.56
工作样本	0.54	
诚实测验	0.41	0.38
责任心测验	0.31	0.30
结构化访谈	0.51	0.35（两种访谈）
非结构化访谈	0.38	
评价中心	0.37	
笔迹学	0.02	

资料来源：Kevin R.Murphy & Charles O.Davidshofer(2006). *心理测验：原理与应用(第 6 版)*.张娜，等，译.上海：上海社会科学院出版社，p.415.

　　在实施测验的同时收集效标资料，然后将测验与当前已有的效标资料求相关，这样得到的相关系数就是**同时效度**(concurrent validity)。例如，贝克抑郁量表与临床抑郁评定有显著相关，为 0.60；与其他一些临床指标如电生理检查、睡眠障碍等均有相关，可见其同时效度较好。又如李丹等人修订的瑞文联合型测验(CRT)在检验其效标效度时与韦氏儿童智力测验(WISC-RC)和学习成绩作相关分析，38 个某校一、二年级学生在做完 CRT 后的三个月做 WISC-RC，两者相关为 0.56；与数学成绩的相关为 0.57；与语文成绩的相关为 0.55。在这里，与学习成绩的相关就是效标效度，而与韦氏儿童智力测验(WISC-RC)的相关应该是聚合效度。又如韦氏成人智力量表的效度检验比较了两组中学生，一组为优秀学生(29 人；IQ 平均 112.76，标准差 7.39)；另一组为一般学生(136 人，IQ 平均为 100.32，标准差 10.93)，发现前者智商明显高于后者，差异显著。$t = 7.819；P < 0.01$。这里是将不同的人群作为效标。又如加利福尼亚心理调查表的中国修订中，修订者检验了加利福尼亚心理调查表各分量表在不同人群中的情况(见表 5-9)，不同人群就是一种效标。测验能够区分不同人群，表明其效标效度是高的。

表 5-9　不同人群加利福尼亚心理调查表各量表分数与常模的比较（协方差分析）

量　表	企业领导 N=144			犯罪青少年 N=95			精神分裂症患者 N=87		
	M	SD	P 值	M	SD	P 值	M	SD	P 值
支配性(Do)	24.2[a]	4.3	<0.001	14.5[b]	3.9	<0.001	17.9[b]	5.1	<0.001
进取能力(Cs)	11.2[a]	3.7	<0.01	8.6[b]	3.2	<0.001	10.9	3.2	>0.05
社交性(Sy)	18.6[a]	5.0	<0.001	14.7[b]	3.8	<0.001	15.7[b]	4.1	<0.01
社交风度(Sp)	18.9[a]	4.7	<0.001	16.0[b]	3.8	<0.001	17.7[b]	4.0	<0.01
自我接受(Sa)	14.4[a]	3.5	<0.001	11.2[b]	3.0	<0.001	11.7[b]	3.0	<0.001

（续表）

量　表	企业领导			犯罪青少年			精神分裂症患者		
	N=144			N=95			N=87		
	M	SD	P 值	M	SD	P 值	M	SD	P 值
独立性(In)	15.3ᵃ	3.3	<0.001	10.6ᵇ	3.9	<0.001	12.0ᵇ	3.9	<0.001
通　情(Em)	13.8ᵃ	3.6	<0.001	11.5ᵇ	2.7	<0.001	12.6ᵇ	3.0	<0.05
责任心(Re)	22.8ᵃ	2.8	<0.001	14.3ᵇ	4.4	<0.001	18.9	3.9	>0.05
社会化(So)	30.1ᵃ	4.5	<0.001	19.1ᵇ	5.1	<0.001	23.5ᵇ	4.9	<0.001
自我控制(Sc)	22.5	5.7	>0.05	15.1ᵇ	6.8	<0.01	17.8	5.7	>0.05
好印象(Gi)	22.4ᵃ	5.1	<0.01	15.3	6.6	>0.05	17.5	5.9	>0.05
同众性(Cm)	26.1	3.3	>0.05	21.8ᵇ	3.8	<0.001	23.7ᵇ	4.4	<0.01
适意感(Wb)	25.0ᵃ	4.9	<0.001	17.1ᵇ	5.6	<0.001	21.4ᵇ	5.8	<0.01
宽容性(To)	15.8ᵃ	3.7	<0.05	10.6ᵇ	4.2	<0.001	13.8	4.3	>0.05
顺从成就(Ac)	26.2ᵃ	3.6	<0.001	16.4ᵇ	4.6	<0.001	21.2	4.1	>0.05
独立成就(Ai)	18.6ᵃ	4.1	<0.001	13.1ᵇ	4.1	<0.001	15.2ᵇ	4.2	<0.05
智力效率(Ie)	23.9ᵃ	4.0	<0.001	17.7ᵇ	4.6	<0.001	19.1ᵇ	4.6	<0.001
心理感受性(Py)	13.2	2.5	>0.05	9.7ᵇ	3.5	<0.001	11.1ᵇ	3.4	<0.05
灵活性(Fx)	6.3	2.8	>0.05	8.8ᵇ	3.2	<0.05	7.9	4.2	>0.05
女/男性化(F/M)	14.2	3.3	>0.05	13.1	2.9	>0.05	15.9ᵇ	3.4	<0.05
V.1	13.8ᵇ	5.4	<0.001	17.6ᵃ	4.6	<0.001	18.7ᵃ	5.3	<0.01
V.2	25.7ᵃ	3.4	<0.001	18.1ᵃ	3.8	<0.001	21.2ᵇ	3.6	<0.05
V.3	30.2ᵃ	5.6	<0.001	19.4ᵇ	7.3	<0.001	24.4ᵇ	6.9	<0.01

a 表示数值大于常模均值，b 表示数值小于常模均值。
资料来源：杨坚，龚耀先.(1993).*中国修订加利福尼亚心理调查表手册*.长沙：湖南医科大学，p.15.

预测效度（predictive validity）则是将测验与后来收集的效标资料进行相关分析。后来收集的效标资料包括实际工作业绩、达到的某种行为标准、某些行为表现等，这些效标资料往往是通过追踪研究获得的。如前面的例子，我们用销售人员选拔测验选拔了 80 名销售人员，在一年后再追踪他们的销售额，将测验分数与他们的销售额求相关，得到的便是预测效度。

在实际应用中，研究者又提出另外两种效标效度，即合成效度和区分效度。**合成效度**（synthetic validity）是这样一种算法，即分别求出测验分数与各效标项目之间的相关系数，再按重要性将这些效标项目分配不同权重，这样计算出合成效度。**区分效度**（differential validity）是指以两种性质不同的职业作为效标，分别求出它与测验分数的相关系数，再以两者之差作为区分效度。

（3）**效标效度的求法**

怎样计算效标效度呢？效标效度的求法有相关法、区分法、命中率和合成法四种。

最多见的是相关分析的算法(即相关法),一般是求取测验分数与效标的相关系数。

区分法,即根据效标测量将被试分为不同的组别,如根据工作成绩将被试分为优秀组与落后组,然后比较两组的差异,看能否以测验成绩将两组区分开来。

在用测验作选拔决策时,可用正命中率与总命中率作效度指标。正命中率主要关心被选者中合格的有多少,不关心被淘汰的有多少,其计算公式为:P_{cp} = 合格人数/选择人数。总命中率则考虑合格人数(命中人数)与总人数之比。其计算公式为:P_{cp} = 命中人数 /(命中人数＋失误人数)。

合成法,即分别求出测验分数与各效标项目之间的相关系数,再按权重计算,得出合成效度。

4. 效度的新框架

麦斯克(Messick,1989,1995)和卡尼(Kane,1992,2001)等人认为,内容效度、建构效度和效标效度这三种效度实际上是一个概念,即验证测验的有效性。在麦斯克看来,效度应该是以建构效度为核心,内容效度和效标效度为支撑的结构。卡尼(Kane,2001)认为,建构效度是效度的总体(the whole of validity),所以不妨将这三种效度归结为一种效度,即结构效度。这一新的"结构效度"概念包括内容、实质、结构、概化、外化、推论六种成分。

结构效度当然有其内容(content)。内容包括:项目是否恰当地代表了这个范畴,是否很好地测量评估了这个范畴;总的看来,测验在多大程度上评估了特定的范畴;范畴在多大程度是有代表性、有意义的。

结构效度的实质(substantive)指从不同方面获得测验项目是否切题的信息。通过被试答题过程的观察分析以及项目分析等方法获得实证证据。

结构效度的结构(structural)包括被试的任务、范畴以及评分标准之间的逻辑关联。

概化(generalizability),即测验解释能够推广到什么范围与程度,因为测验解释不可能适用于所有团体、情境与任务。

一个测验与外在资料的关系的证据,即外化(external)。如与其他相同或不同的测验,与外在的效标的关系。

测验分数所作的推论(consequential),涉及公平、文化背景、社会意义等。

不过,这一新的效度框架只是试图概括原来的几种效度的概念,在算法等方面并没有什么突破和创新。

5. 交叉效度

交叉效度是一个相当重要的概念。交叉效度(cross-validity)是指通过不同的样本来交叉论证的效度。取样研究可能存在以下两种情况。

（1）自说自话的嫌疑

当我们抽取了一个样本做研究时，用这样的研究得出的结论，可能只适合这个样本，不能推论到其他样本中去。中国人俗话说："关起门来看老婆，愈看愈漂亮。"不与外面的女人比较，当然会觉得自己的老婆最漂亮了。取样研究似乎也是一样，需要通过不同的样本来比较，从而证实该测验可以通过不同的样本来揭示真正的效度。

（2）循环论证的可能性

如果使用同一个样本来发现高低效标组的一些特征，然后再根据这些特征来区分被试，这样出现的显著差异很可能是一种循环论证。例如，在一个100人的样本中，按效标分为高低两组，再从中找出两组不同的特征项目，然后再用这些特征去区分被试，即使被试能够正确区分为不同的组，但是可能一些毫无意义的项目如穿某种颜色的衣服、是不是长胡子等特征也参与其中，造成假性的正确判断。如果求相关的话，则会造成测验分数与效标的假性高相关。所以，计算测验效度依据的样本，应当不同于选择特征依据的样本，因为选择项特征和计算效度用的是同一个样本，就会出现一种假性的高相关。这是一种所谓的循环论证。

换句话说，在研究样本中得到的较高的效度，有可能在另一个样本中却很低。因此，提倡使用不同的样本来交叉检验效度。通过交叉样本检验的效度，才有可能是真正没有被随机因素"污染"的效度。使用新样本再度证明或反驳原来样本分析得出的结果，虽然增加了工作量，但是同时也增加了说服力。例如，现在提倡在使用一个样本作了探索性因素分析以后，还要再用另外一个不同的样本作验证性因素分析，如果两种因素分析都能得到相同的因素结构，则证明该测验确实存在这样一种因素结构。

6. 效度的校正

有一种算法可以用来校正效度。这种算法估计在理想的情况下，即测验分数与效标分数都没有测量误差的情况下，效度应该是怎样的，这样我们就可以知道，我们的效度有可能达到多少，这种估计对改进测验当然非常有帮助。

假设效标没有误差，则如下式：

$$r' = \frac{效度系数}{\sqrt{效标信度}}$$

例5-4：假设一焦虑测验的效度系数是0.6，其效标的信度是0.9，则无偏估计的效度应该是：

$$r' = \frac{0.6}{\sqrt{0.9}} = 0.63$$

如果同时校正测验与效标，则如下式。其中排除了两者的测量误差，是最理想的效标效度：

$$r' = \frac{效度系数}{\sqrt{测验信度 \times 效标信度}}$$

例 5-5：假设一焦虑测验的效度系数是 0.6，效标的信度是 0.9，测验信度为 0.8，则无偏估计的效度应该是：

$$r' = \frac{0.6}{\sqrt{0.9 \times 0.8}} = 0.71$$

如果校正后的效度有明显的提高，则改善测验与效标的信度是值得考虑的措施；校正后增益不大，如上述例子，则只好重新编制测验，使之与效标要求的特质或能力更适合。

三、影响效度的因素

效度受什么因素影响？为了提高效度，我们应该注意控制哪些方面的因素？一般来说，影响效度的因素包括四个方面：测验本身的因素，测验实施过程出现的情况，效标，以及效度研究使用的被试样本。

1. 测验

测验本身的诸多因素会影响效度。例如，以下这些因素就会影响效度。

其一，测验的设计有缺陷，则效度必然不高。如果测验是测量抑郁的，但是编制的测验中并没有将抑郁的核心症状列入，可想而知，这项测验的效度肯定不会高。

其二，测验的题目编制质量不高，测验的效度必然不高。如果测验的题目晦涩难懂，或语病百出，或有歧义，则被试难以正确作答，必须导致效度低下。

其三，测验题目的长度如前所述会影响测验的信度，通过影响信度，再影响效度。测验的长度与效度的关系表现为：

$$N = [1 - r_{xx}] / [(r_{xy}^2 / r_{(nx)y}) - r_{xx}]$$

式中，N 为测验的长度，r_{xx} 为原测验的信度，r_{xy} 为原测验的效度，$r_{(nx)y}$ 为新测验的效度。增加测验题目，会增加测验的信度，从而也增加测验的效度。因此，测验的题目不能太少，如果因为测验题目太少而导致测验的信度与效度很低，应该是一个很低级的错误。但是，如果盲目增加测验的题目，也会导致效度的降低。为什么？因为过多的测验题目会导致被试的测验疲劳、厌倦等情绪，从而影响认真作答。所以，我们要学会利用这一公式，去决定我们的测验究竟采用多少题的测验为佳。

其四，测验题目的难度和区分度也会影响效度。测验题目太难和太易都会使效度降低。测验的题目如果缺乏区分度,那更是一个严重的问题,直接导致效度低下。

2. 测验实施过程

测验过程中有更多的因素会影响效度,我们将这些测验过程中的因素大致分为主试和被试两个方面。

其一,主试必须具有主持心理测验的合法资格。具有相应资格的主试由于经过系统训练,懂得怎样主持测验过程,应对测验中出现的各种情况。具体来说,一个合格的主试懂得规范操作一项测验,从而控制影响效度的因素。

A. 主试能否熟练操作一项测验? 主试是否熟悉这项测验,是否在测验前温习测验手册? 如果不能熟练操作,会导致被试的怀疑、不信任等情绪,或者直接误导被试错误作答,从而有可能影响效度。

B. 主试能否正确地使用指导语? 作为主试,最起码要懂得怎样正确使用指导语。指导语不能随意变更,否则不仅影响效度,更有可能使测验作废。例如,有这样一位研究生,她在主持一般能力倾向成套测验(GATB)时,将其中一些分测验的指导语搞错了,从而使全部测验作废。

C. 主试能否很好控制测验情境? 测验环境是否符合要求? 光线是否影响被试作答? 有无噪声干扰? 不相干的人是否影响被试作答? 测验的时间控制是否恰当? 这些情况都可能影响效度。

D. 主试对被试在测验过程中出现的不当情绪、动机、心理取向控制是否合适? 被试在测验过程中出现的这些不当情况,如果控制不当,则会影响测验的效度。

总而言之,主试只有经过系统训练,是一个合格的主试,才有可能熟练地控制上述情况,从而保证测验的效度不受影响。

其二,被试方面也有不少因素会影响效度。

A. 被试在测验过程中会出现各种与测验有关的测验心向。例如,测验焦虑、掩饰倾向、装好倾向、装坏倾向、随机作答,都会影响测验的结果,影响测验的效度。这些测验心向需要一个合格的主试来控制。合格的主试懂得如何不让这些因素出现,或者如何消除这些因素的影响。

B. 除此之外,被试自身的身心健康状态等,也会影响效度。这种类型的因素是主试没有办法不让其出现的,但是主试懂得如何记录和抵消这些因素的影响。

3. 效标

选取效标也是很重要的,如果效标选取不当,计算测验分数与这种不恰当的效标的相关,可想而知会是什么结果。所谓不恰当的效标,通常有如下两种情况。

其一,错误的效标。选取的效标是错误的。例如,测验是测量抑郁的,选取的效标却是精神病患者的行为表现;测验是测量智力的,却选取被试的体力作为效标。

其二,被"污染"的效标。选取的效标被其他因素"污染"。前面我们曾经提到,我们编制的销售人员选拔测验需要寻找一个效标,于是我们选择了销售额作为效标。乍看起来,销售额是一个很客观、很精确的效标。但是,实际上这个效标会被一些因素"污染"。假设我们销售的是化妆品,化妆品的销售额可能并不能完全反映销售人员的努力程度、能力与业绩。为什么这样说呢?因为不同地区的市场可能会"污染"了销售额。在长江三角洲的市场销售化妆品肯定比在西藏地区的市场销售化妆品容易得多。也就是说,在长江三角洲的销售人员不用付出多大努力就轻轻松松获得很大的销售额,然而在西藏地区的销售人员付出再大的努力也很难提高销售额。因此,貌似客观精确的销售额是一种被"污染"了的效标。作这样的效标怎么可能检验测验的效度? 又如,测量文科大学生的心理健康,用文科大学生的学业成绩作效标,发现效度很低。殊不知文科大学生的学业成绩可能被大学里面根本缺乏"淘汰制"的习气,以及大学教师普遍做好人、不得罪学生的不负责任的态度"污染"。所以,用这样被污染的效标来求取效标效度,其结果必然是很低的。

4. 样本
检验效度选取的样本也应当合适,否则会导致效度偏低。

其一,应当考虑选取的样本应当能够代表要测量的对象的全体。如果研究的是成人的心理健康,效度研究的样本就应当是成人的,而不能是大学生的。

其二,样本应当不同质。不同质的样本其分数的全距愈大,效度就愈高。

四、效度的应用

前面我们讨论了效度的理论和原理。下面我们来看看:效度可以用来做些什么?

1. 估计测量误差
效度和信度一样可以估计测验的测量误差,但是,要有效度首先必须有信度,信度是效度的前提。这样一来,用效度来估计测量误差就与信度不一样了,要受到信度的影响。前面讲到用信度来估计测量误差,如果信度为0.8,则测量误差就等于0.2。用效度来估计测量误差,则要用到决定系数的概念(参见资料链接5-1),也就是说,效度系数的平方才是合适的解释。如果效度系数为0.8,则这一效度系数能够解释的真分数的方差为$(0.8)^2$,即0.64,而测量误差则为0.36(见图5-2)。

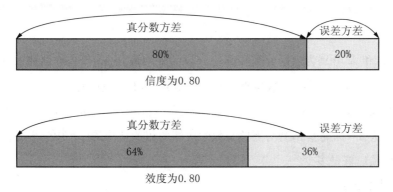

图 5-2 信度和效度解释真分数和测量误差

资料链接 5-1 关于决定系数

决定系数(coefficient of determination)。决定系数是相关系数的平方。表示两个相关变量共同具有的因素的估计百分比。

r 测量两个变量的相关,在预测或估计数值时应以均数为标准。如果不知道 X 值,预测 Y 值时的误差是 $Y-\overline{Y}$。为避免正负值相互抵消,要将每个误差值变成平方值,即:

$$\sum (Y-\overline{Y})^2$$

现在知道 X 值,并利用直线回归方程来预测 Y 值,预测的误差是 $Y-Y'$,则所能减少的误差是 $(Y-\overline{Y})-(Y-Y')=Y'-\overline{Y}$。以 X 预测 Y 所能减少的误差是 $\sum (Y'-\overline{Y})^2$。

$$\frac{\text{减少的误差}}{\text{全部误差}}=\frac{\sum (Y'-\overline{Y})^2}{\sum (Y-\overline{Y})^2}=\left[\frac{\sum (X-\overline{X})(Y-\overline{Y})}{\sqrt{(X-\overline{X})^2}\sqrt{(Y-\overline{Y})^2}}\right]^2=r^2$$

---

2. 预测效标分数

通过回归方程,可以通过效度来预测效标的分数。这种算法,在有的情况下非常实用。例如,某项智力测验是用数学成绩来作效标的,于是我们就可以通过这一效标效度来预测学生的数学成绩。如果某个新生入学,在知道了他的智力测验成绩后,我们就可以预测他的数学成绩是多少。这对全面了解这位新生是有意义的。

预测效标分数的公式如下:

$$\hat{Y}=a+b_{yx}X$$

式中,$\hat{Y}$ 为预测的效标分数,a 为截距,b_{yx} 为斜率,X 为测验分数。

$$a=\overline{Y}-b_{yx}\overline{X}$$

$$b_{yx} = r_{xy}S_y/S_x$$

式中，$\overline{Y}$ 和 $\overline{X}$ 分别为效标分数和测验分数的平均数，S_y 和 S_x 分别为效标分数和测验分数的标准差，r_{xy} 为效标分数与测验分数的相关（即效标效度）。

例 5-6：假设某智力测验在中学生年龄组的平均数是 100，标准差是 10；中学生组的数学平均成绩为 85，标准差 8；智力测验与数学成绩的相关是 0.60。一中学生智商为 120，估计其数学成绩应该是多少？

解：根据公式：

$$\hat{Y} = a + b_{yx}X$$

其中

$$b_{yx} = r_{xy}S_y/S_x = 0.60 * 8/10 = 0.48$$

$$a = \overline{Y} - b_{yx}\overline{X} = 85 - 0.48 * 100 = 37$$

$$\hat{Y} = a + b_{yx}X = 37 + 0.48 * 120 = 94.6$$

答：这位中学生的数学成绩估计为 94.6。

3. 确定临界分数

在人员选拔、临床诊断中常常要确定临界分数，以便于作出决策和诊断。一般能力倾向成套测验（GATB）中就确定了不同职业能力胜任的临界分数。例如，机械操作类职业所需能力的临界分数为运动协调（74）、手指灵巧（74）、手腕灵巧（74）；车辆驾驶所需能力的临界分数为智力（74）、书写（74）、手腕灵巧（74）；从事自然科学研究所需能力的临界分数为智力（124）、数理（124）、空间（99）。又例如，明尼苏达多相人格调查表各项分量表是否具有临床意义，在美国确定的临界分数是 T 分数超过 70 分，在中国确定的临界分数是 T 分数超过 60 分。

确定临界分数要慎重，以下两点要特别注意。

其一，要结合统计决策和经验资料来设定临界分数。一方面依靠统计推论的研究，例如，根据正态分布的要求决定临界值，同时再结合实际的经验的或实证的资料来验证和检验，以确保不会导致错判。

其二，临界分数最好不要仅仅根据单一的测验分数作出，要使用多重指标作出决策。例如，在明尼苏达多相人格调查表中就要求根据几种分量表的得分的编码来进行诊断。对精神分裂症的诊断根据 68/86（第 6、8 个分量表得分最高）编码以及其他多项分量表的模式。一般能力倾向成套测验中也是根据多种能力形成多重判断。

4. 制定预测表

效度可以用来制定一种预测表，在人员选拔等工作中非常实用。

例如，有研究者劳希(C.H.Lawshe)等人根据效度与效标的关系制定了这样一种预测表，供人员选拔时使用。他们设计的预测表共有 5 张，分别适合录取的合格率为 30％、40％、50％、60％、70％的情况。假设某工厂选拔技术工人的合格率为 50％，选拔使用的测验效度为 0.80，已知某工人在测验上的得分等级为中上，则可估计其胜任工作的可能性为 75％（杨国枢，等，1994，pp.350-351）（见表 5-10）。

表 5-10　合格率 50％的预测表

测验效度 r	测验分数之等级				
	最优	中上	中等	中下	最劣
0.15	58	54	50	46	42
0.20	61	55	50	45	39
0.25	64	56	50	44	36
0.30	67	57	50	43	33
0.35	70	58	50	42	30
0.40	73	59	50	41	28
0.45	75	60	50	40	25
0.50	78	62	50	38	22
0.55	81	64	50	36	19
0.60	84	65	50	35	16
0.65	87	67	50	33	13
0.70	90	70	50	30	10
0.75	92	72	50	28	08
0.80	95	75	50	25	05
0.85	97	80	50	20	09
0.90	99	85	50	15	01
0.95	100	93	50	08	00

资料来源：杨国枢，等.(1994).社会及行为科学研究法.台北：东华书局，p.351.

5. 计算测验效用

一项测验究竟有多大效用？这与一项测验的效度有多大是同样的意思。一些研究者从实际应用出发，提出一些测验效用的算法。

（1）选拔成功率

通过计算选拔的成功率来确定效用。例如，100 个应聘者做了能力倾向测验，追踪研究发现，45 个测验临界分以上的人中，38 人工作成功，7 人工作失败；55 人在测验临界分以下，其中 22 人工作成功，33 人工作失败。如果 100 人全部录取，60％人工作成功。而通过测验选拔上来的 45 人中，38 人工作成功，成功率为 84％（38/45＝0.84）。这表明测验的效用比随机录取的高。

图 5-3 列出一种决策效用的算法。其中效用估计可以由各种方法估计。设计测验费用为此 0.1。

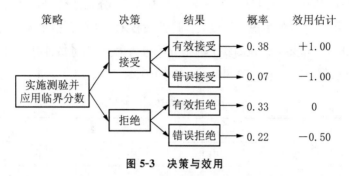

策略　　决策　　结果　　概率　　效用估计

实施测验并应用临界分数

接受 → 有效接受 → 0.38　+1.00
接受 → 错误接受 → 0.07　−1.00
拒绝 → 有效拒绝 → 0.33　　0
拒绝 → 错误拒绝 → 0.22　−0.50

图 5-3　决策与效用

当已知半测验的信度时,从相关图表中可直接查出总测验的信度。
资料来源:安娜斯塔西,等.(2001).心理测验.缪小春,等,译.杭州:浙江教育出版社,p.199.

对图 5-3 中的数值进行计算,可以得出一个总的效用值,即 EU 效用值:

$$EU \text{ 效用} = \sum (\text{概率} * \text{效用估计}) - \text{测验费用}$$
$$= 0.38 * 1 + 0.07 * (-1) + 0.33 * 0 + 0.22 * (-0.5) - 0.10$$
$$= 0.10$$

EU 效用值可以用来对不同的测验、不同的决策进行比较,以确定效用最高者。

研究认为,采用序列决策可以提高测验的效用(见图 5-4)。在第一阶段使用测验 A,拒绝了一批应聘者,再在第二阶段使用测验 B,接受一批应聘者,同时再拒绝一批应聘者。这样的效用会比较高。这是我们以后从事测验应用工作时应当考虑的。

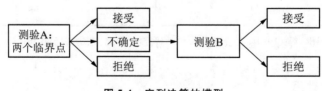

测验A:两个临界点 → 接受 / 不确定 / 拒绝 → 测验B → 接受 / 拒绝

图 5-4　序列决策的模型

资料来源:安娜斯塔西,等.(2001).心理测验.缪小春,等,译.杭州:浙江教育出版社,p.201.

(2) 效度与生产率

还有研究者设计了一种计算效度与生产率的关系的表格。表中列举了效度系数、录取率以及平均数为 0、标准差为 1 的标准分数的效标分数。例如,使用一个效度为 0.7 的测验,录取率为 0.2,可以看到平均效标成绩要高于没有经过测验的人的 0.98 个标准差单位(见表 5-11)。

表 5-11　效度与生产率的关系

录取率	效度系数																				
	0.00	0.05	0.10	0.15	0.20	0.25	0.30	0.35	0.40	0.45	0.50	0.55	0.60	0.65	0.70	0.75	0.80	0.85	0.90	0.95	1.00
0.05	0.00	0.10	0.21	0.31	0.42	0.52	0.62	0.73	0.83	0.94	1.04	1.14	1.25	1.35	1.46	1.56	1.66	1.77	1.87	1.98	2.08
0.10	0.00	0.09	0.18	0.26	0.35	0.44	0.53	0.62	0.70	0.79	0.88	0.97	1.05	1.14	1.23	1.32	1.41	1.49	1.58	1.67	1.76
0.15	0.00	0.08	0.15	0.23	0.31	0.39	0.46	0.54	0.62	0.70	0.77	0.85	0.93	1.01	1.08	1.16	1.24	1.32	1.39	1.47	1.55
0.20	0.00	0.07	0.14	0.21	0.28	0.35	0.42	0.49	0.56	0.63	0.70	0.77	0.84	0.91	0.98	1.05	1.12	1.19	1.26	1.33	1.40
0.25	0.00	0.06	0.13	0.19	0.25	0.32	0.38	0.44	0.51	0.57	0.63	0.70	0.76	0.82	0.89	0.95	1.01	1.08	1.14	1.20	1.27
0.30	0.00	0.06	0.12	0.17	0.23	0.29	0.35	0.40	0.46	0.52	0.58	0.64	0.69	0.75	0.81	0.87	0..92	0.98	1.04	1.10	1.16
0.35	0.00	0.05	0.11	0.16	0.21	0.26	0.32	0.37	0.42	0.48	0.53	0.58	0.63	0.69	0.74	0.79	0.84	0.90	0.95	1.00	1.06
0.40	0.00	0.05	0.10	0.15	0.19	0.24	0.29	0.34	0.39	0.44	0.48	0.53	0.58	0.63	0.68	0.73	0.77	0.82	0.87	0.92	0.97
0.45	0.00	0.04	0.09	0.13	0.17	0.22	0.26	0.31	0.35	0.40	0.44	0.48	0.53	0.57	0.62	0.66	0.70	0.75	0.79	0.84	0.88
0.50	0.00	0.04	0.08	0.12	0.16	0.20	0.24	0.28	0.32	0.36	0.40	0.44	0.48	0.52	0.56	0.60	0.64	0.68	0.72	0.76	0.80
0.55	0.00	0.04	0.07	0.11	0.14	0.18	0.22	0.25	0.29	0.32	0.36	0.40	0.43	0.47	0.50	0.54	0.58	0.61	0.65	0.68	0.72
0.60	0.00	0.03	0.06	0.10	0.13	0.16	0.19	0.23	0.26	0.29	0.32	0.35	0.39	0.42	0.45	0.48	0.52	0.55	0.58	0.61	0.64
0.65	0.00	0.03	0.06	0.09	0.11	0.14	0.17	0.20	0.23	0.26	0.28	0.31	0.34	0.37	0.40	0.43	0.46	0.48	0.51	0.54	0.57
0.70	0.00	0.02	0.05	0.07	0.10	0.12	0.15	0.17	0.20	0.22	0.25	0.27	0.30	0.32	0.35	0.37	0.40	0.42	0.45	0.47	0.50
0.75	0.00	0.02	0.04	0.06	0.08	0.11	0.13	0.15	0.17	0.19	0.21	0.23	0.25	0.27	0.30	0.32	0.33	0.36	0.38	0.40	0.42
0.80	0.00	0.02	0.04	0.05	0.07	0.09	0.11	0.12	0.14	0.16	0.18	0.19	0.21	0.22	0.25	0.26	0.28	0.30	0.32	0.33	0.35
0.85	0.00	0.01	0.03	0.04	0.05	0.07	0.08	0.10	0.11	0.12	0.14	0.15	0.16	0.18	0.19	0.20	0.22	0.23	0.25	0.26	0.27
0.90	0.00	0.01	0.02	0.03	0.04	0.05	0.06	0.07	0.08	0.09	0.10	0.11	0.12	0.13	0.14	0.15	0.16	0.17	0.18	0.19	0.20
0.95	0.00	0.01	0.01	0.02	0.02	0.03	0.03	0.04	0.04	0.05	0.05	0.06	0.07	0.07	0.08	0.08	0.09	0.09	0.10	0.10	0.11

资料来源：安娜斯塔西，等.(2001).*心理测验*.缪小春，等，译.杭州：浙江教育出版社，p.196.

（3）人员选拔的效用公式

特别有价值的是，有人发明了一种计算人员选拔效用的公式（多米尼克·库珀，伊凡·罗伯逊，2002，pp.218-220）。这一公式可以精确地计算出一项测验的投入多少，产生的效益是多少。在这以前，使用心理测验究竟能为客户带来多少价值，只是一种大概的估计。然而在今天，使用这项发明，可以精确估计心理测验为客户带来的效益，从而有可能使心理测验由一种"软科学"变成一种自然科学。

效用 U 的计算公式为：

$$U = (SD_y)(Z_x)(r) - C$$

式中，SD_y 为绩效中一个标准差的货币价值，按照亨特和施米特（1982）的研究，根据平均工资与平均产出之间的经验关系，提出一个经验公式：工作绩效中的一个标准差代表的现金价值，相当于空缺工作职务工资的 40%—70%。保守估计为 40%。假设这一工作的年工资为 40 000 元，则 40 000 * 0.4＝6 000 元。

Z_x 为选拔对象的平均绩效水平，可以通过录用率来估计。假设录用率为 25%，查正态分布表可以看到前 25％的面积位于高于平均数的 0.67 的 Z 分处,纵坐标是 0.319。纵坐标除以录用率,就是对平均绩效的估计。0.319/0.25＝1.28。平均绩效就在超过平均数 1.28 标准差处(见图 5-5)。

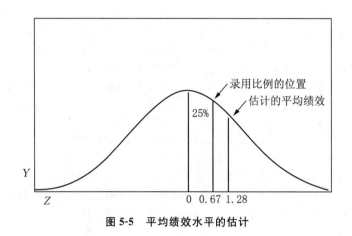

图 5-5　平均绩效水平的估计

r 为进行评价的工具手段的效度系数,假设为 0.80;C 为投入选拔过程的成本,假设每人为 500 元。聘用一个人员一年中的收益为:

$$U = (SD_y)(Z_x)(r) - C$$
$$= 16\,000 * 1.28 * 0.80 - 500$$
$$= 15\,884(元)$$

如果要招聘 10 人,聘用 5 年,则总收益 ROI 为:

$$ROI = 15\,884 * 10 * 5 = 794\,200\,(元)$$

可见,投入心理测验选拔的成本 2 500 元,可以带来 794 200 元的巨大增益。

五、信度与效度的关系

信度与效度是一对非常有意思的概念,它们就像一对兄弟一样互相依靠、彼此不可或缺。我们在前面还提到,后现代主义者挑战和否定现代主义的一切,他们否定了科学,否定了真理,但奇怪的是,他们怎么也否定不了信度和效度理论。可见,不仅对心理测量来说,需要保证信度和效度,实际上后现代主义者发现,对任何一种研究来说,其实都离不开信度和效度。任何一种研究都必须是可靠的,而且是有效、有用的。下面我们来论证信度与效度的关系。

1. 信度是效度的必要条件

信度是效度的必要条件而不是充分条件。一项测验信度不高,其效度肯定不高;而一项测验信度高,却不一定效度高。然而效度高,则信度必高,效度低,则信度也必低。用打靶图可以非常形象地解释了信度与效度的这种关系。

在图 5-6 中,A 图是信度不高的例子。打靶每次都不稳定,就好像缺乏信度一样。这样肯定打不准靶心了。而打准靶心,就是有效,就是效度。所以说,信度不高,效度一定不高。信度是效度的必要条件。在 B 图,打靶很稳定,但是没打着靶心。所以,信度高不一定效度高。这就是说,信度虽然是效度的必要条件,却不是充分条件。只有信度高时,效度才能高。图 C 说明了这一点。

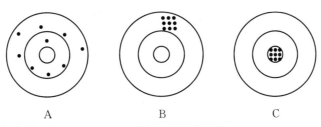

A　　　　　　　　B　　　　　　　　C

图 5-6　信度与效度的关系

2. 效度受信度的制约

测验效标效度的高低,与测验及其效标的信度有关。如果测验与效标的信度都低,则会低估了真正的效度,使效度系数偏低,所以要用以下公式校正:

$$r_c = \frac{r_{xy}}{\sqrt{r_{xx}r_{yy}}}$$

式中,r_c 为校正的效度系数,r_{xy} 为测验的效度系数,r_{xx} 为测验的信度,r_{yy} 为效标的信度。r_c 的最大值为 1,上式可以化为:

$$r_{xy} = \sqrt{r_{xx}r_{yy}}$$

又由于效标的信度未知,其最大值为 1,则:

$$r_{xy} \leqslant \sqrt{r_{xx}}$$

也就是说,效度受信度的制约,如果一个测验的信度是 0.7,则其效度不可能超过 0.7 开平方根,即不可能超过 0.837。

复习与思考

1. 心理测验为什么要报告效度?

2. 内容效度与表面效度有什么不同?

3. 试比较建构效度与效标效度。

4. 为什么说交叉效度很重要?

5. 效度估计测量误差与信度有什么不同?

6. 校正效度有什么意义?

推荐阅读

Kevin R.Murphy & Charles O.Davidshofer. *心理测验:原理与应用(第 6 版)*.张娜,等,译.上海:上海社会科学院出版社,2006.

Robert M.Kaplan & Dennis P.Saccuzzo.*心理测验(第 5 版)*.赵国祥,等,译.西安:陕西师范大学出版社,2005.

安娜斯塔西,等. *心理测验*.缪小春,等,译.杭州:浙江教育出版社,2001.

查尔斯·杰克逊. *了解心理测验过程*.姚萍,译.北京:北京大学出版社,2000.

龚耀先. *修订韦氏成人智力量表手册(内部资料)*.长沙:湖南医学院,1982.

多米尼克·库珀(Dominic Cooper),伊凡·罗伯逊(Ivan T.Roberson). *组织人员选聘心理*.蓝天星翻译公司,译.北京:清华大学出版社,2002.

罗伯特·G.迈耶,等. *变态心理学*.丁煌,等,译.沈阳:辽宁人民出版社,1988.

桑代克,哈根. *心理与教育的测量与评价*.叶佩华,等,译.北京:人民教育出版社,1985.

第六章

常模参照测验与领域参照测验

本章要点

什么是常模?

常模具有怎样的意义?

发展性常模与团体性常模有什么区别?

团体性常模的百分位与标准分数有什么不同的优点?

常模参照与领域参照究竟有何不同?

关键术语

常模;常模样本;

发展性常模;智力年龄;年级当量;顺序量表;

团体性常模;百分位;标准分数;常模转换分数;

T分数;离差智商;标准九;标准十;标准二十;领域参照测验

> 当一个人的测验分数通过与其他人进行比较而得到解释的时候,这个比较被称为基于常模的解释(norm-based interpretation)。比较每个个体所用的分数被称为常模(norm),它为解释测验分数提供了标准。
>
> ——墨菲,K. R. & 大卫夏弗,Z.O.(2006,p.89.)

一项心理测验有了信度和效度就够吗?还不够。有信度表明这项测验的测量是稳定、可靠的,有效度表明这项测验可以有效地测量它要测量的东西。就像我们测量身高一样,我们用的工具是米尺,这尺每次测量的结果都是一样的,说明稳定、可靠,可以相信它;它能够准确、有效地测量到身体的高度。但是,只知道张三身高为175厘米是没有意义的,因为我们仅仅根据这一结果不能判断张三究竟是高还是矮。我们只有将这一结果去与某个参照标准(例如全国的平均身高)相比,才能作出有意义的判断。心理测验的参照标准就是常模。

一项心理测验仅仅有信度和效度,还谈不上是标准化的心理测验。例如,有人编制了一项调查心理问题的问卷,发现信度和效度很不错,但是仅仅这样还不能成为标准化的心理测验,还只是一般的问卷而已。只有建立了常模,才算是标准化的心理测验。在这个意义上,我们可以说常模是标准化心理测验的"灵魂"。

一、常模的概念与意义

常模是心理学家的又一项伟大发明。如前面所讨论的,人类心理大多难以直接观测,只能进行间接观测量。但是,间接测量又如何能够确定它的意义呢?例如,我们怎样才能确定我们的智力究竟是高还是低呢?我们怎样才能确定我们的兴趣、动机究竟是高还是低?此外,还有我们的情绪、人格、心理症状……我们必须找到一个参照标准,这个参照标准就是常模。

1. 常模的概念
首先,我们必须清楚,在任何情况下,仅仅得到原始分数是没有意义的。这个原始分数必须与某些标准作比较,才能获得其真正的测量意义。

请大家思考这样一种现象,我们权且称之为"小学生的毅力测试":

一个小学生放学回家,告诉妈妈:"我今天做了毅力测试,得了88分!"

假设你是这孩子的家长会怎样呢?是高兴还是不高兴?

肯定两者都不是,因为你不能确定孩子这88分究竟是高分还是低分。

作为孩子的家长,往往要进一步获得与同班同学比较的信息,才能判断孩子成绩的高低,所以往往会问:"全班得88分及以上的人有多少啊?"如果全班几十个同学只有这孩子一个88分,是最高分,那么你肯定会很高兴;如果班上同学60%的人都是88分以上,你就没有什么可高兴的了;如果95%的同学都在88分以上,你就要不高兴了。

与全班平均水平去比较,可以确定这个孩子的分数在全班中的水平与意义,那么可以称全班平均水平为班级常模。如果再去与全校同一年级的平均水平比较,则可以确定在年级中的水平,那么年级的平均水平就是年级常模。与全市或地区的平均水平比较,可以确定在全市或地区中的水平,全市或地区的平均水平就成了全市或地区常模。当然,最有说服力的是与全国同一年龄或年级的平均水平这一全国常模比较,可以确定在全国同一年龄与年级中的水平,这一结论是最标准的、客观的结论。

(1)常模的概念

常模(norm)即"常态模型",是指用来确定原始分数意义的,能够反映总体一般、常态、正常水平的参照标准。所以,常模就是一种参照系,通常使用平均数与标准差的概念。前面我们提到身高的测量,判断身高的常模就是全国的平均身高。例如,男性全国身高为170厘米,高于170厘米一个标准差便为高,低于170厘米一个标准差便为矮。测量血压、体温,实际上也使用了全国调查取样的全国人口的平均血压与标准差,平均体温与标准差。测量智力,就要将某个被试的分数与全国同一性别、年龄的平均数和标准差进行比较。测量人格、动机、兴趣、情绪、心理健康、归因、自尊、社会支持等,全部都与全国取样的具有代表性的常模样本的平均数和标准差去比较,从而确定原始分数的水平与意义。没有常模,所有的心理测量的结果都没有判断与诊断的意义。

(2)领域的概念

与常模对应的同样重要的概念是领域(domain)或内容(content)。如果前面的小学生不是做了毅力测试,而是做了数学考试,情况就不一样了。

数学教师是根据某一明确界定的内容范围编制了测验,而且学生在测验上所得的结果,也是根据某一明确界定的行为标准直接进行解释。教师想到的是,此次测验的内容涵盖了已经学过的全部内容,在测验中明确规定了学生的掌握水平100分为优秀,60分以下不通过。

但是,对很多复杂的人类心理现象来说,例如智力、人格、心理弹性等,我们很难确定它们的领域、内容范围。毅力究竟涉及哪些内容? 人格的外延究竟有多大? 心理弹性究竟是一些什么样的东西? 我们都不完全清楚。不像学过哪些内容,做过哪些事,是能够确定领域与内容的。既然难以界定范围,那么也就很难明确规定一个行为标准来确定掌握水平,所以大部分心理测验都需要建立常模而不能进行领域参照。

2. 常模的代表性与时限

心理测验的结论是根据常模作出的,常模是一个非常重要的东西,但常模又不是万能的。常模有品质好坏之分,更有推论意义不同之别。实际上,常模是一个极其复杂的概念。

(1) 一般性常模与特殊性常模

常模因常模样本的代表性而有一般性常模与特殊性常模之分。全国取样的常模样本代表性最高,所以称作一般性常模。地区或小范围取样的样本有时也是必要的,所以也可以作为常模,称作特殊性常模。两者有以下两点不同(见表 6-1)。

其一,普遍性意义。两种常模的普遍性意义不同。一般性常模用的是全国样本,概括性更强,更具有普遍性的意义,其推论更广泛、更客观。特殊性样本的普遍性意义是受限制的,仅仅限于地区的、局部的范围,其推论有限,可能会狭隘、片面。不过,特殊性常模也是必要的,可以作为一般性常模的必要补充。

我们来举例说明。对一些重点大学的新生来说,可能会经历一个"从英雄到群众"的过程。这恰恰就是一个使用地区常模和全国常模的有趣例子。这些大学新生在中学时,一般都是优秀的学生,是所谓"尖子"。他们的学业成绩优秀,是与当地中学的平均水平比较的结果,也就是说,使用的是地区常模。但是,到了大学以后,他们往往变成与其他同学相关无几的"群众"。因为同班同学来自全国各地,都曾经是当地中学的优秀学生、尖子生。既然大家都一样,于是大家都变成"群众"。这是使用全国常模的结果。这种"从英雄到群众"的经历常常使大学新生面对很大的适应问题。

又比如说,一项人格测验有全国常模。但是,我们还要继续为这项人格测验再发展职业常模。有全国常模就可以对被试作出标准化的评价了,为什么还要再发展职业常模呢?职业常模就是特殊性常模。要这样的特殊性常模有助于我们进一步预测被试可能更适合什么职业。卡特尔16种人格因素问卷、加利福尼亚心理调查表就发展了职业常模。这些特殊性常模很好地补充了这些人格测验,丰富了测验的应用性。

其二,标准化意义。只有一般性常模才达到完全的标准化。完全意义上的标准化测验应当采用全国常模。特殊性常模是一种补充,只有局部的有限的标准化意义。例如,张三一直认为自己是一个智力超常的人,因为他与自己身边的人(亲戚、朋友、同班同学)比较,都显得无比聪明。但是,他参加过一次心理学家主持的智力测验,心理学家判断他的智力只是中下水平,于是他极其不服气。怎么解释这种现象?显然,张三觉得自己无比聪明是与地区常模比较的结果,他周围的人确实都远没有他聪明。但是,当他与全国同他年龄一样大的人比较时,他只是中下水平。智力测验的结果应该是更正确、客观的判断。这就是标准化的意义所在。

表 6-1　一般性(全国)常模与特殊性(地区)常模

一般性(全国)常模	特殊性(地区)常模
普遍性意义;推论更广泛,客观 完全的标准化	特殊性意义;推论有限,可能狭隘、片面 有限的局部的标准化,必要的补充

总结一下,全国常模当然是最好的常模,但是还要认识到,特殊性常模有这样两点意义。

其一,特殊性常模有时是必需的。当还没有全国常模的时候,特殊的、地区的小常模往往是必需的。例如,我们前面讲到的"小学生毅力测试",为了了解孩子毅力测试的88分的意义,与班上同学的常态水平进行比较,通过这个小常模的参照肯定是必需的。在这个意义上,不管你愿意还是不愿意,小型的、特殊的常模是普遍存在的。

其二,特殊有时是必要的。当已经有了全国常模时,有时发展特殊性常模是必要的。例如,我们的智力测验已经建立全国常模。但是考虑到小数民族地区的人群与汉族人群的很多文化差异,再发展少数民族的特殊性常模是值得推荐的。汉族人口的比例也比少数民族大,如果少数民族的被试与全国常模比较,可能会淹没在全国常模,测验的结果可能会偏低。如果还有少数民族的特殊性常模,测验结果的解释可能更加具体、充实、贴切。

（2）常模的时限

如上所述,常模不仅受常模样本代表性的影响,还要受时间的限制。常模有时效性。例如,人类的智力会随着时代的变化而增长,一般10年就要增长10分左右。如果继续沿用前10年、前20年的常模,势必导致错误的结论。人类的心理症状同样也在不断变化,20年前与20年后会有极大的不同。所以,如果拿今天的人去与20年前的人比较,结果肯定是不合理的。全国关于大学生的心理症状的调查研究,曾经有一个非常普遍的荒唐结论,这就是认为今天的大学生心理症状比成人更严重,心理更不健康。我们将有关研究整理为表6-2,其实,这种结论是拿今天的大学生与20多年前的常模比较得出的结果。这只能说与20多年前的成人相比,今天的大学生心理症状更多,而不能下结论:今天的大学生心理症状更严重。

表6-2 国内关于大学生心理健康调查研究的资料统计

结 论	研究者	样本量	时间	量表	常模	资料来源
大学生＞全国常模	凌苏心,等	930	2000	SCL-90	1986	心理科学,2000,23:5
大学生＞全国常模	殷炳江,等	1 159	1994	SCL-90	1986	中国心理卫生,1996,增刊
大学生＞全国常模	黄丽珊,等	1 532	1994	SCL-90	1986	中国心理卫生,1996,增刊
大学生＞全国常模	张迪然,等	1 509	94-95	SCL-90	1986	中华精神科杂志,1997,30:2
大学生＞全国常模	张河川,等	4 309	1993	SCL-90	1986	中国学校卫生,1999,20:3
大学生＞全国常模	马惠霞,等	12 357	1993	SCL-90	1986	健康心理学,1999,7:2
大学生＞全国常模	张金响,等	584	1998	SCL-90	1986	健康心理学,1999,7:2
大学生＞全国常模	陈文莉	721	1999	SCL-90	1986	健康心理学,1999,7:2
大学生＜全国常模	李振国,等	457	2000	SCL-90	1986	中国临床心理学,2001,9:2
女大学生＞全国常模	史小力,等	693	1997	SCL-90	1986	中国校医,2002,16:1
大学生＞全国常模	周小林,等	2 177	1998	SCL-90	1986	四川精神卫生,2000,13:2

资料链接 6-1　SCL-90 四个研究数据的比较

　　我们来比较一下,使用同样的临床测验 SCL-90,不同年代的比较会有多大的不同。将我们 2006 年 1 890 人的 SCL-90 数据、唐秋萍等人 47 354 人的合并常模资料、陈树林等人杭州 2 808 人的数据资料与 1986 年的 1 388 人常模进行比较,发现一些值得思考的现象。2006 年的样本与 1986 年的常模比较的结果是,20 年后,躯体化、强迫、恐怖、精神病性的分数及总分显著增高,抑郁、敌意、偏执没有显著差异,人际敏感、焦虑显著降低(见表 6-3)。

表 6-3　2006 年样本与 1986 年常模的比较

分量表	1986 年(1 388 人)		2006 年(1 890 人)		Z 值
	M	SD	M	SD	
躯体化	1.37	0.48	1.419 4	0.442 9	−3.007 6**
强迫	1.62	0.58	1.658 6	0.516 5	−1.971 0**
人际敏感	1.65	0.51	1.511	0.493 8	7.786 2**
抑郁	1.5	0.59	1.498 0	0.470 7	0.104 3**
焦虑	1.39	0.43	1.343 7	0.388 6	3.171 6**
敌意	1.48	0.56	1.494 8	0.509 5	−0.776 5
恐怖	1.23	0.41	1.265 6	0.393 8	−2.497 6*
偏执	1.43	0.57	1.436 1	0.469 5	−0.325 7
精神病性	1.29	0.42	1.326 2	0.376	−2.516 8*
总分	129.96	38.76	130.021	33.626 0	−4.705 4**

注:* 表示 $P<0.05$;** 表示 $P<0.01$。下表均同。

　　再将唐秋萍等人合并常模资料、陈树林等人的样本与 1986 年常模比较,则发现唐秋萍等人合并常模所有分量表均比 1986 年常模非常明显地高($P<0.01$);而陈树林等人的样本除躯体化外,其他 8 项分量表则非常明显地低($P<0.01$)(见表 6-4)。两者同是 1999

表 6-4　唐秋萍等人合并常模资料、陈树林等人样本与 1986 年常模的比较

分量表	陈(1999:2 808 人)		唐(1999:47 354 人)		Z 值	
	M	SD	M	SD	86-陈	86-唐
躯体化	1.36	0.39	1.8	0.54	0.67	−8.38**
强迫	1.47	0.45	1.83	0.64	8.45**	−13.25**
人际敏感	1.44	0.45	1.79	0.65	13.04**	−9.99**
抑郁	1.33	0.39	1.70	0.65	9.74**	−12.41**
焦虑	1.30	0.37	1.55	0.55	6.67**	−13.54**
敌意	1.36	0.41	0.64	0.63	7.10**	−10.45**
恐怖	1.17	0.0	1.40	0.50	4.85**	−15.12**
偏执	1.32	0.42	1.69	0.62	6.38**	−16.71**
精神病性	1.25	0.34	1.53	0.56	3.08**	−20.76**

年报告的数据,却有如此显著的差异,可能原因在于样本构成,而不是时代文化变迁。唐秋萍等人合并常模中包括中学生以及其他特殊群体的样本,而唐秋萍等人、陈树林等人的研究中都报告了中学生样本比其他正常人群的均数明显高,所以合并常模的偏高现象是否与此有关?

陈树林等人的样本则是正常成人的样本,而且是杭州市的地区样本,其偏低现象的出现也是完全可能的。

将四个研究的数据列成图 6-1,从中可以看到:(1)2006 年样本与 1986 年常模相比似乎比较贴近,但是统计检验表明诸多分量表有非常显著的差异;(2)唐秋萍等人合并常模各项分量表则显得极其明显偏高;(3)陈树林等人样本则极其明显偏低。

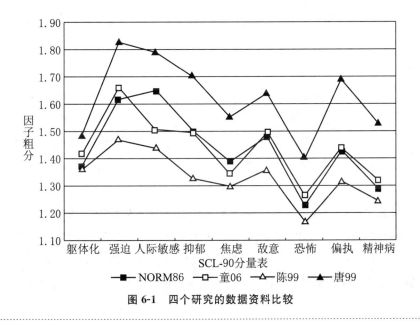

图 6-1　四个研究的数据资料比较

资料来源:童辉杰.(2010).SCL-90 量表及其常模 20 年变迁之研究.心理科学,33(4),928-930,921.

墨菲等人(Kevin R. Murphy & Charles O. Davidshofer)用美国小说作家基勒(Garrison Keillor)小说《沃伯根湖》中的故事命名了时效现象,即沃伯根湖现象。这位作家虚构了一个神奇的小镇——沃伯根湖(Lake Wobegon),其间所有的孩子都比平常人聪明。显然,这种现象绝对不是真实的。但是,智力测验中如果使用常模的时效不当,就有可能出现这种虚假的现象。西弗吉尼亚州的医生坎内尔(John Cannell)发现,不仅西弗吉尼亚州,而且美国 50 个州都报告本州儿童在标准化成套测验上的成就分数高于全国平均分。于是,美国教育部特地进行了调查,结果证实了这一现象。这是什么原因呢?原来是由于使用的常模有问题。那个常模是 5 年以上的(Kevin R. Murphy & Charles O. Davidshofer,2006,p.389)。

（3）常模的意义

现在我们来整理一下思路，思考一下：常模具有什么意义？

其一，常模使貌似不可能的研究成为可能。中国有句俗语"人心叵测"，意思是人的心理是难以揣测的。同样还有这样一些俗语，如"人心隔肚皮"，"知人知面不知心"，等等，说的都是一个意思，就是人类的心理往往看不见，摸不着，不可直接观测。曾经有一个学生提出过这样一个问题：人类的爱情是非常主观的，一个人爱另外一个人的程度，可能只有他（她）本人才知道，甚至连本人都不是很清楚，那么爱情可以测量吗？

爱情当然可以测量。当我们将被试关于爱情的自我评价建立常模以后，每一个被试的自我评价就可以通过常模确定其程度与水平。如果你对自己的爱情的评分是90分，你认为你爱对方的程度非常深，但通过与常模比较以后，你的分数却只有50分（T分数），所以测量的结果告诉你，客观地说，你爱对方的程度只与50%的人差不多。常模提供了一个非常重要的参照标准，使我们对人类复杂的心理也能作出判断。否则，我们心理学的研究就会"两眼一抓黑，什么也看不到"。

其二，常模使心理测量真正成为一种科学工具。如果没有常模，心理测量谈不上是一种科学。就像一些小报或流行杂志上的所谓"心理测试"一样，充其量不过是一种娱乐，博取读者一乐而已，并不能起到什么实际作用。但是，科学的心理测量要对人类的心理作出诊断，甚至作出预测。心理测量只有建立好常模，制定好参照标准，才能跻身于科学殿堂，成为科学工具。

其三，常模是心理研究中通则研究的最高境界。有人将研究分为通则研究和殊则研究。通则研究就是探索普遍性规律、普遍性原理和普遍性意义的研究，科学研究大多如此。殊则研究就是探索特殊性现象的研究，有些社会科学的研究就是如此。在心理学研究中，特别是在心理测量研究中，常模成为通则研究的最高境界。为什么这样说？因为只有建立常模，我们才有可能对人类心理作出相对客观的判断，否则只能主观臆测。关于这一点，前面已经做了很多论证，在此不必再重复。此外，我们没有其他方法可以取代常模的研究，从而使心理测量更加科学，就像医学界没有其他办法可以取代血压的全国常模，从而对血压作出客观的诊断一样。有人曾经将智力测量寄希望于脑电（平均诱发电位）的测量，认为这样一种物理测量更加客观精确，但结果还是令人失望。至少目前那些简单的物理指标还远不能测量到人类更加复杂的心理。

其四，常模蕴含民主的逻辑与法则。有意思的是，常模是用常模样本来说话的。常模样本要有代表性，具有代表性的常模样本表达了常态的、正常的、一般的情况，也表现了多数的、主流的意义。所以，常模研究骨子里是一种民主的精神，常模本身含有民主的逻辑。常模就是用具有代表性的常态的情况来作决策。后现代主义者挑战科学研究，认为很多研究里面只能听到研究者的一种声音，是一种专断的做法，所以他们认为研究中应该同时出现研究者、被研究者等多种声音。而常模的研究，是不是多种声音（甚至是成千上万的声音)的表达呢?

下面我们要讨论两种常模,即发展性常模与团体性常模。

二、发展性常模

我们怎样判断婴幼儿的发育是否正常呢? 假如你的孩子在 3 个月的时候不能翻身,6 个月的时候不能坐着,8 个月的时候还不能爬动,是不是动作发展迟滞呢? 我们以什么为标准来作判断呢?

我们需要大多数这个年龄阶段婴幼儿正常的、一般的发育水平作为参照标准。通过研究,确定了这样一个标准,简称为"368,翻坐爬"(即 3 个月的时候能翻身,6 个月的时候能坐着,8 个月的时候能爬动),这就是一个发展性常模的概念。与这个发展性常模相比,你的孩子显然动作发育是迟滞了。

那么,什么叫发展性常模呢? 发展性常模(developmental norm)就是在个体正常发展水平上确定原始分数意义的参照标准。常见的发展性常模有智力年龄、年级当量、顺序量表三种。

1. 智力年龄

智力年龄(mental age)是根据不同的年龄阶段确定一般的、正常的、常态的水平。1905 年,法国人比奈和西蒙发明了测量智力的 30 道题,这是一大创举;而在 1908 年,他们发明了更了不起创举,这就是"智力年龄"的算法与概念。比奈-西蒙儿童智力量表最早采用这种常模来确定被试分数的意义。他们的具体做法是:将 30 道题按难度从低到高排列,然后让不同的年龄组的儿童完成测验,如果 80%以上的 3 岁儿童都能通过的项目,作为 3 岁儿童的智力年龄;80%以上 4 岁儿童都能通过的项目,作为 4 岁儿童的智力年龄。依次类推。一个 3 岁的儿童通过了 10 岁儿童才能通过的项目,表明他达到了 10 岁的智力年龄;而一个 10 岁的儿童只能完成 3 岁儿童才能通过的项目,则表明他的智力年龄只有 3 岁。

后来,美国的推孟在修订比奈-西蒙智力量表时,在智力年龄的基础上又有了新的发现,他提出了更加完善的算法——比率智商的算法,正式提出了智商(IQ)的概念,这一概念影响了全世界的人 100 多年。

比率智商的公式是:

$$比率智商(IQ) = \frac{智力年龄}{实足年龄} \times 100$$

2. 年级当量

与智力年龄一样的概念是年级当量(grade equivalents)。虽然年级当量这个概念对中国的学生来说是陌生的。年级当量就是按照年级的常态水平来确定分数的意义。

在一些标准化的学业测验中,可以使用年级当量这种常模。具体化做法是:编制一套适合从一年级到六年级学生的测验,并确定每个年级应该达到的成绩。将测验给一年级到六年级的学生做,如果一个一年级的学生能够完成六年级的题目,那么他的年级当量就是六年级;一个六年级的学生只能完成一年级的学生才能完成的题目,那么这个学生的年级当量只是一年级。

3. 顺序量表

顺序量表(ordinal scales)与前面的智力年龄和年级当量有点不同。智力年龄和年级当量用发展的常态水平作为参照标准,顺序量表则是用发展的阶段与顺序作为参照标准。顺序量表强调行为发展的顺序,认为每一个阶段的到达必须依据前面的阶段的完成。

最经典的例子就是格塞尔发展顺序量表(Gesell Development Schedule,GDS),该量表从四个方面评估婴幼儿的发育商数,即动作、言语、应人、应物,最后得出一个总的发育商数。心理学家格塞尔(Arnold Gesell)是在观察研究了千名婴幼儿后,才发现了婴幼儿常态的行为范型出现的次序与年龄的规律,婴幼儿在 4 周、16 周、28 周、52 周、18 月、24 月、36 月,其行为会出现质的飞跃,反映其生长发育到达新的阶段。所以,格塞尔就按照这种发育的顺序与阶段来评估婴幼儿的发育水平。

三、团体性常模

发展性常模是从常态的发展水平、阶段、顺序方面提供标准参照。与发展性常模不同的是,**团体性常模**(group norm)从一个有代表性的常模样本(团体)那里得到常态的信息,从而提供标准参照。常见的团体性常模有百分位和标准分数,标准分数又有很多转换分数,如 T 分数、标准十、标准二十等。

1. 百分位

百分位应该是一种最容易被人们理解的常模分数,因为我们已经习惯了生活中的百分制,例如伴随我们成长的学业成绩就是百分制的。

百分位(percentiles)指的是在一个群体的百分分数系统中,得分低于这个分数的人数的百分比。百分位表明得分在一个团体中的相对位置。例如,一个被试的原始测验分数为 85,经过转换,百分位为 77,这就表明这个被试在该群体中的排行为第 77,有 77% 的人分数低于他。

百分位的计算有两种,一种是未分组数据的计算方法,另一种是分组数据的计算方法。

方法一:未分组数据的计算。对未分组的数据,先将群体的全部原始分数从小到人排序,然后以下式计算:

$$P_R = 100 - [(100R - 50)/N]$$

式中:P_R 为百分位,R 为排名顺序的序号,N 为被试总人数。

例 6-1:对一个 60 人的公司实施了乐观测验,将 60 人的总分排好队后,李华的排名在第 30 名,计算李华的百分位。

解:

$$P_R = 100 - [(100R - 50)/N]$$
$$= 100 - [(100 * 30 - 50)/60]$$
$$= 50.83$$
$$\approx 51$$

答:李华在这个公司的乐观分数的百分位是 51,他的乐观程度高于公司 51% 的人。

方法二:分组数据的计算。有的时候,需要将被试的测验分数分成不同的组别来进行计算,于是分组数据的百分位的计算公式为:

$$P_R = \frac{100}{N}\left[\frac{(X-L)f}{i} + F_b\right]$$

式中,P_R 为百分位,X 为被试原始分数,L 为 X 所在组的下限,f 为 X 所在组的次数,i 为组距,F_b 为 X 所在组以下各组次数之和,N 为被试总人数。

百分位是一种相对位置量值,易于计算和解释,而且不受原始分数分布的影响,但它虽有顺序性、可比性,却没有可加性。百分位的两个局限是单位不相等、不便进行比较。在图 6-2 中可以看到,在高低两端非常明显不等距。百分位可以确定一个被试在一个团体中的位置,但不能在被试间进行比较。例如,如被试 A 的百分位是 78,被试 B 的百分位是 90,只能说被试 B 优于被试 A,两人之间的真正差异却难作判断。

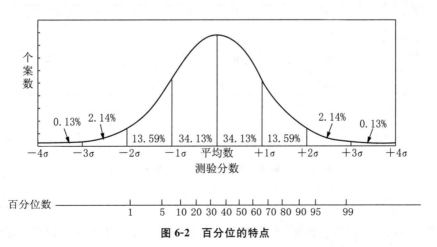

图 6-2　百分位的特点

百分位不同于百分比。百分比是原始分数,百分位是导出的分数。

有些心理测验如瑞文智力测验就是使用百分位常模的。

2. 标准分数

标准分数应该是最好的分数系统。标准分数没有百分位的那些局限。标准分数 (standard score)就是用分数分布的标准差来表示个体与平均数的距离,对原始数据进行转换得出的导出分数,即以 0 分为平均数,1 个单位为 1 个标准差的分数系统。将测验的原始分数转换为标准分数,可以不受原始测量单位的影响,从而可以对数据进行更复杂的计算处理。此外,心理学家为了更加方便,还将标准分数转换成各种分数,如 T 分数、离差智商,等等。

在统计学中,我们已经学习过标准分数的计算。其计算公式为:

$$Z = \frac{X - M}{S}$$

式中,Z 为标准分数,X 为原始分数,M 为团体平均数,S 为团体标准差。

由于标准分数是以 0 分为平均数,且以 1 个标准差为 1 个单位,就会出现负值,多见从 −4 到 4 之间取值,使用起来不方便,特别不便于理解。所以,心理学家想出很好的转换算法,能够帮助人们更好地理解分数的意义。常见的常模转换分数有 T 分数、离差智商、标准九、标准十、标准二十(见图 6-3)。下面我们逐一细述。

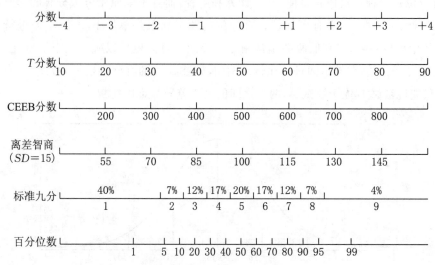

图 6-3　各种常模转换分数在正态曲线上的位置

(1) T 分数

T 分数是心理测验中最多见的分数系统。艾森克人格问卷(EPQ)、加利福尼亚心理调查表(CPI)、明尼苏达多相人格调查表(MMPI)等测验都采用了 T 分数。这一转换分数近似于百分制,特别便于人们的理解。其算法就是将标准分数转换成以 50 分为平均数,1个单位为 10 分的分数系统。转换公式为:

$$T=50+10Z$$

表 6-5 中根据上述公式计算出由 Z 分数转换出来的 T 分数。

表 6-5　根据公式计算的 T 分数

Z 分数	T 分数	Z 分数	T 分数	Z 分数	T 分数
−4	10	−2	30	2	70
−3.9	11	−1.9	31	2.1	71
−3.8	12	−1.8	32	2.2	72
−3.7	13	−1.7	33	2.3	73
−3.6	14	−1.6	34	2.4	74
−3.5	15	−1.5	35	2.5	75
−3.4	16	−1.4	36	2.6	76
−3.3	17	−1.3	37	2.7	77
−3.2	18	−1.2	38	2.8	78
−3.1	19	−1.1	39	2.9	79
−3	20	1	60	3	80
−2.9	21	1.1	61	3.1	81
−2.8	22	1.2	62	3.2	82
−2.7	23	1.3	63	3.3	83
−2.6	24	1.4	64	3.4	84
−2.5	25	1.5	65	3.5	85
−2.4	26	1.6	66	3.6	86
−2.3	27	1.7	67	3.7	87
−2.2	28	1.8	68	3.8	88
−2.1	29	1.9	69	3.9	89

图 6-4 是明尼苏达多相人格调查表的测验实例。测验结果用 T 分数的剖面图展现。这张图十分清楚地表达了 T 分数的意义。图中的灰色区域,即平均数加减一个标准差的面积,占 68.26% 面积,是常态的区域。高于 60 分,就超过 84.13% 的人,意味着具有临床意义;高于 70 分,超过 97.73% 的人,当然分数更高了。同样的道理,低于平均数 1 个标准差和 2 个标准差,表明分数更低。

(2) 离差智商

韦克斯勒智力测验最早采用了离差智商的算法,这是智力测验运动的又一创新。离差智商先将原始分数转换成标准分数,然后再将标准分数转换成平均数为 100,标准差为15 的分数系统。计算公式为:

$$IQ=100+15Z$$

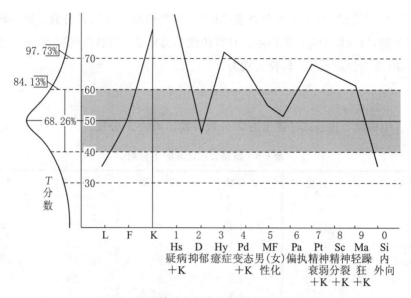

图 6-4　明尼苏达多相人格调查表的测验实例

于是使用离差智商的智力测验让人们一清二楚：100 分是全国的平均值，高于 100 分一个标准差即 115 分就是高分，低于 100 分一个标准差即 85 分就是低分。那么，为什么定 15 分为一个标准差呢？这是因为在很多研究中发现智力测验的标准差基本上都是 15。当然，也有定为 16 分的。斯坦福-比奈智力量表在后来使用离差智商的版本中，标准差就定为 16 分。

与比率智商相比，离差智商优点更多。离差智商可以避免比率智商的一些局限。例如，离差智商的标准差是相同的，因此可以进行各种计算和比较，但是比率智商的标准差各年龄不一样，在 16 分左右波动。波动会造成不好进行比较的问题。在表 6-6 中，在

表 6-6　平均数为 100 但标准差不同的正态分布中每一 IQ 组的个案百分数

IQ 组	百分数频数			
	SD = 12	SD = 14	SD = 18	SD = 18
130 及以上	0.7	1.6	3.1	5.1
120～129	4.3	6.3	7.5	8.5
110～119	15.2	16.0	15.8	15.4
100～109	29.8 ⎫59.6	26.1 ⎫52.2	23.6 ⎫47.2	21.0 ⎫42.0
90～99	29.8 ⎭	26.1 ⎭	23.6 ⎭	21.0 ⎭
80～89	15.2	16.0	15.8	15.4
70～79	4.3	6.3	7.5	8.5
70 以下	0.7	1.6	3.1	5.1
总　计	100.0	100.0	100.0	100.0

资料来源：安娜斯塔西，等.(2001). 心理测验.杭州：浙江教育出版社，p.85.

"70分以下"这一栏中,对智力落后的划界,与"130以上"这一栏对天才的划界,就因为标准差(从12到18)的不同,划出的百分比明显不同。在"70分以下"这一栏中对智力落后的划界,因标准差的不同而有从0.7到5.1的不同;"130以上"这一栏对天才的划界也是从0.7到5.1。

离差智商不会出现因为标准不同而导致的划界分不同,这样就合理了。比率智商显然是不合理的。

（3）标准九

标准九将分数系统转换成9分的分数系统。我们都习惯于10分制或100分制的分数系统,很少见到9分系统。这只是在美国的一些测验中出现过。标准九是以0.5分标准差为单位,将正态曲线下的横轴分成九段,除1和9外,每段都是0.5个标准差宽。理论上说,它是一种平均数为5,标准差为2的分数系统。

在具体计算中,如果难以判断是否为正态分布,则可以根据累积百分比来计算(见表6-7)。

表 6-7　标准九与正态分布及百分比的关系

标准九	1	2	3	4	5	6	7	8	9
常态曲线面积	4	7	12	17	20	17	12	7	4
累积百分比	4	11	23	40	60	77	89	96	100
各段中值与平均数的距离	>2	1.5	1	0.5	0	0.5	1	1.5	>2

标准九的计算公式如下:

$$N9=5+2Z$$

（4）标准十

标准十就是将分数系统转换为10的分数系统。标准十的计算公式如下:

$$N10=5+1.5Z$$

显然,标准十就是以5分为平均数,标准差为1.5分的标准分数转换分数。

例如,卡特尔16种人格因素问卷(16PF)就是标准十的分数系统(见图6-5)。

（5）标准二十

标准二十是将标准分数转换成20分的分数系统,即以10分为平均数,标准差为3分的分数系统。计算公式如下:

$$N20=10+3Z$$

韦克斯勒智力测验就是将每一个分量表的原始分数转换成标准分数后,再将标准分数转换成标准二十,然后还有一次转换,就是将每一分量表的标准二十分转换成离差智商(见图6-6)。

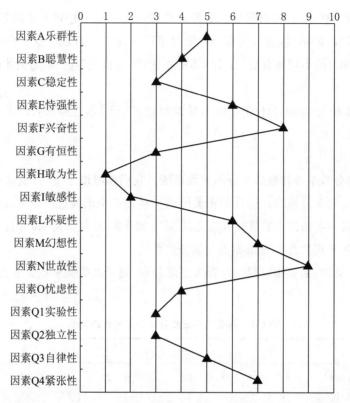

图 6-5 卡特尔 16 种人格因素问卷(16PF)结果的标准十剖面图

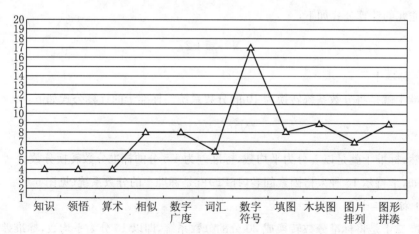

图 6-6 韦克斯勒智力测验(WAIS-RC)标准二十剖面图

说明:被试陈 XX,实足年龄 16,文化程度:初中。11 个分量表的原始分数分别为:知识,2;领悟,4;算术,4;相似,6;数字广度,8;词汇,10;数字符号,65;填图,7;木块图,20;图片排列,8;图形拼凑,16。原始分数转换图中的标准二十。然后累加言语分 34,操作分 50,全量表分 84;再将言语等 3 个分数转换成离差智商,分别为言语智商 67,操作智商 91,总智商 75。

各种转换分数在正态曲线上的位置见前面的图 6-3。

四、领域参照测验

前面我们讨论过,常模参照测验与领域参照测验的主要区别在于,在测量的领域不清楚的情况下,只能使用常模参照测验。例如,智力领域究竟有多大,包括哪些方面,都是不清楚的,在这样的情况下不可能使用领域参照测验。人格、心理弹性、乐观水平、自尊等,都是领域不清楚的心理现象。

当领域比较清楚的时候,例如高中一年级学过集合、函数、几何、代数这些内容,这些内容就构成清晰的领域。又如我们过去一年中做了哪些工作,也是领域很清晰的,在领域清晰的情况下,就可以使用领域参照测验。

领域参照测验(domain-referenced test),又称目标参照测验、内容参照测验,是一种与常模参照测验不同的分数解释系统。常模参照测验要通过与群体的常态水平比较确定个体的原始分数的意义。领域参照测验则是根据明确界定的领域和内容范围来制定预定的掌握水平,从而解释原始分数的意义。

1. 领域参照测验的特征

领域参照测验具有以下两个主要特征。

特征一:界定明确的领域和内容的范围。首先一定要界定清楚测验的领域与内容的范围。例如,过去学了哪些东西,做了哪些事。"依据内容意义来解释测验成绩。显然,它强调测验参加者能够做什么,知道做什么,而不是他们与别人相比较情况如何。"(安娜斯塔西,等,2001,p.101)

特征二:根据明确的领域和内容的范围,确定掌握水平。明确界定了测验的领域和内容范围之后,就可以确定一个掌握水平。例如,明确了高一某学期学过集合、代数、函数、几何这些内容,就可以每个部分编制若干道题,总共 100 分,并确定 60 分为及格。这分数就对知识和技能的掌握水平。

2. 领域参照测验与常模参照测验的关系

领域参照测验的难度、区分度、信度和效度的确定,与常模参照测验一样。

其一,领域参照测验可以与常模参照测验结合。当测验的领域清晰时,我们可以编制领域参照测验,也能编制成常模参照测验。例如,学业测验本来是领域参照测验,但是我们可以进一步将它发展成常模参照测验。那些学业标准化测验就是如此。著名的测验美国研究生入学考试(GRE)、托福、学业评价测验(SAT)、美国大学测验(SCT)等就是常模参照测验。

其二,常模参照测验不可编制成领域参照测验。当测验的领域不清晰时,只能编制常模参照测验,不能编制领域参照测验。智力、人格、创造力、心理健康这些领域都是不清晰的、难以明确辨别的,所以,只能编制常模参照测验,不能编制领域参照测验。领域都不清晰,谈何领域参照?

复习与思考

1. 怎样区别常模参照与领域参照?
2. 你怎样理解常模的意义?
3. 发展性常模与团体性常模有什么不同?
4. 为什么要使用常模转换分数?
5. 比较比率智商与离差智商的优点和局限。
6. 百分位的局限是什么?
7. T 分数适合什么样的测验?
8. 韦克斯勒智力测验为什么要两次使用常模转换分数,一次是使用标准二十,另一次是使用离差智商?

推荐阅读

Kevin R. Murphy & Charles O. Davidshofer. *心理测验:原理与应用(第 6 版)*.张娜,等,译.上海:上海社会科学院出版社,2006.

Robert M. Kaplan & Dennis P. Saccuzzo. *心理测验(第 5 版)*.赵国祥,等,译.西安:陕西师范大学出版社,2005.

安娜斯塔西,等. *心理测验*.缪小春,等,译.杭州:浙江教育出版社,2001.

查尔斯·杰克逊. *了解心理测验过程*.姚萍,译.北京:北京大学出版社,2000.

克罗克,L.阿尔吉纳,J. *经典和现代测量理论导论*.金瑜,等,译.上海:华东师范大学出版社,2004.

桑代克,哈根. *心理与教育的测量与评价*.叶佩华,等,译.北京:人民教育出版社,1985.

郑日昌. *心理测量*.长沙:湖南教育出版社,1987.

郑日昌,董奇. *心理测量*.北京:人民教育出版社,2000.

第七章

项目分析

本章要点

为什么要做项目分析?

怎样做难度分析?

测验项目缺乏区分度意味着什么?

难度与区分度的关系告诉我们什么?

除了难度与区分度以外,还有什么指数可用于项目分析?

关键术语

难度;间距量表;

区分度;鉴别力指数;

社会期望;项目特征曲线

项目分析有可能缩短测验,同时又提高测验的信度和效度。

——安娜斯塔西(安娜斯塔西,等,2001,p.225)

为什么要做项目分析? 所谓项目分析,也就是题目分析。在编制测验的时候,必须做项目分析。只有通过项目分析,才能知道什么题目是合适的,可以保留下来;什么题目是不合适的,应该删除。项目分析可以帮助测验的编制者确定质量高的题目,从而为测验的信度和效度提供了最早的保障。

项目分析将确定测验中每个项目的难度、区分度,而且还有其他指标可以帮助我们进行项目分析,如社会期望水平等。

一、难度

对一些学业测验、成就测验来说,首先必须确定项目的难度水平。例如,一项智力测验,如果它的大部分题目的难度过高的话,大部分被试都做不来,那么这项测验就会面临一个非常尴尬的局面。同样,它的题目都太容易,大部分被试都能通过,那么这项测验也就没有多大意义。

怎样评估测验题目的难度呢? 每一道题目的通过率就是难度(difficulty)的指标。另外,值得注意的还有一种间距量表。

1. 通过率

测验的难度指的是测验项目对被试来说的难易程度。大部分被试都能通过的测验项目,其难度小,若大部分被试都不能通过,其难度为大。通常应当采用难度适中的测验项目。

难度的计算分为二分记分与非二分项目两大类。

(1) 二分记分项目的难度的计算

A. 通过率最基本的公式。所谓二分记分的项目就是只有答对和答错两种答案的项目。通过率的计算公式如下:

$$P = R/N$$

式中 P 为项目难度;R 为答对的人数;N 为全部被试人数。

例 7-1:100 个大学生参加了一项 10 道题目的能力测验,根据回答的结果计算通过率。

解:根据公式计算的结果见表7-1。

表 7-1 一项能力测验的通过率

题号	答对的人数	通过率	题号	答对的人数	通过率
1	90	0.90	6	65	0.65
2	45	0.45	7	53	0.53
3	55	0.55	8	57	0.57
4	50	0.50	9	55	0.55
5	45	0.45	10	48	0.48

答:根据通过率,大部分题目还可以,但是第1题通过度为90%,显然太高,应当删除。

B. 通过率的分组计算公式。被试人数较多时,可以将被试按照测验总分从高到低排列,总分最高的27%的被试分为高分组(N_H),总分最低的27%的被试分为低分组(N_L),计算二组的通过率,按下式求得其难度:

$$P=(P_H+P_L)/2$$

例 7-2: 1 000个大学生参加了一项10道题目的能力测验,根据回答的结果计算通过率。

解:用总分由高到低排队,将高低两端各27%的被试分为各270人一组,计算按照分组的通过率公式计算各自的通过率,结果见表7-2。

表 7-2 分组计算的通过率

题号	高分组(N_H)	低分组(N_L)	通过率$(P_H+P_L)/2$
1	0.41	0.67	0.54
2	0.71	0.54	0.63
3	0.68	0.45	0.57
4	0.55	0.42	0.49
5	0.55	0.42	0.49
6	0.64	0.32	0.48
7	0.72	0.32	0.52
8	0.81	0.26	0.54
9	0.75	0.52	0.64
10	0.63	0.35	0.49

C. 防猜测的通过率公式。当项目的答案为多选时,被试会有猜测的可能性。2个备选答案时,被试猜中的概率为1/2,4个备选答案时,被试猜中的概率为1/4。例如,在瑞文联合型智力测验(CRT)中,每道题都有6个左右的选择。但是只有其中1项是正确答案,其他几项都是错误答案。为防猜测,可用吉尔福特公式加以校正:

$$CP=(KP-1)/(K-1)$$

式中,CP 为校正后的难度,K 为备选答案的数目。

例 7-3:100 个大学生参加了一项 6 道题目的心理测验,每道题的答案有 4 项,选择根据回答的结果计算校正通过率。

解:计算结果见表 7-3。

表 7-3　通过率的校正

题号	通过率 P	备选答案数目	校正的通过率 CP
1	0.65	4	0.53
2	0.81	4	0.75
3	0.46	4	0.28
4	0.67	4	0.56
5	0.42	4	0.23
6	0.55	4	0.4

答:校正后的通过率中,第 3 和 5 题通过率很低。

D. 最佳难度公式。一种计算最佳难度的公式:

$$P = cs + (1 - cs)/2$$

式中,cs 为机遇分数。如果有 10 个项目,每项目有 2 个选择答案,被试全部项目凭猜测答对的机遇分数是 50%。每项目有 3 个选择答案,被试全部项目凭猜测答对的机遇分数是 33%。洛德(Lord,1952)认为,对难度的估计往往总是偏低,难度高的项目比简单的项目更易导致猜测,所以建议最好再加上 0.10。

表 7-4　最佳难度水平

备选答案的数目	最佳难度	洛德最佳难度	备选答案的数目	最佳难度	洛德最佳难度
0	0.50	0.50	4	0.63	0.74
2	0.75	0.85	5	0.60	0.70
3	0.67	0.77			

资料来源:Lord,F. M.(1952). The Relationship of the Reliability of Multiple-Choice Tests to the Distribution of Item Difficulties. *Psychometreika*,17(2),181-194.

(2) 非二分记分项目的难度的计算

如果测验题目不是对与错(0,1 记分)的答案,而是从 1 分到 4 分、5 分、7 分的答案,就不能用上面的公式计算通过率。下面是适合非二分记分项目的难度的计算公式:

$$P = M/X_{\max}$$

式中,M 为被试在项目上的平均分,$X_{\max}$ 为该项目的满分。

难度的确定一般是根据测验的目的、性质而定。在人员选拔中,难度一般与录取率一致。

（3）不同项目难度的比较

有的时候需要比较不同项目的难度。不同项目之间难度的比较应当将难度转换为标准分数，这样才能进行比较。但是，由于标准分数有时会出现小数点和负值，所以美国教育测验服务中心建议用下面的公式消除小数点和负值：

$$难度 = 13 + 4Z$$

2. 间距量表

通过率是一种顺序量表的表达法，可以告诉我们不同项目的相对难度，但不能推论项目之间真正的差异。例如，项目 1、2、3 的通过率分别为 80%、50% 和 20%，我们只能说项目 3 最难，项目 1 最易，但不能说项目 1 与项目 2 的差异等于项目 2 与项目 3 的差异。

如果项目测量的因素呈现正态分布，则可以将通过率转换为标准分数，将难度转换成按单位相等的间距量表，如此可以对不同项目的难度进行比较。

例 7-4：测验项目均成正态分布，项目 1 通过率为 50%、项目 2 通过率为 16%，项目 1、2 的标准分数是多少？

解：查正态分布表，表中 0.50 的 Z 分为 0；0.16 的 Z 分为 1。

答：项目 1 的 Z 分为 0；项目 2 的 Z 分为 1。

二、区分度

难度只是告诉我们测验项目能够使多少被试通过，如果难度太高，可能大部分被试不能通过，这肯定不好；难度太低，大部分被试是能通过的，这样又将使测验失去了意义。测验的目的是能够利用这些测验项目恰当地鉴别出好的和差的被试。因此，在难度的基础上，我们还要进一步分析，测验项目能够在多大程度上区分好的和差的被试。

顾名思义，区分度（discrimination）就是测验项目能够区分不同水平被试的程度。区分度与鉴别力的概念是一致的。测验项目区分不同水平的被试的能力愈强，鉴别力就愈高。所以，区分度或鉴别力是测验项目的效度指标。

1. 区分度的计算

（1）适合二分记分的鉴别力指数

对二分记分的测验项目，采取将被试按测验得分高低分为高分组和低分组两组。然后比较两组的差异，差异愈大，区分度或鉴别力就愈高。同时还应该注意这个差异的方向。在正常情况下肯定是高分组大于低分组,但是出现低分组高于高分组,即出现负值,这就不正常了。所以,差值很小和负值,都是区分度或鉴别力低的情况。

将被试按测验分数从高到低排队,高低两端各按 27% 的比率选择被试,构成高分组与低分组,分别计算二组的通过率,然后计算高低两组的差,这一差值就是区分度(或鉴别力指数):

$$D = P_H - P_L$$

难度是计算两组的平均值,区分度或鉴别力则计算两组的差值。

例 7-5:假设某项测验有 9 个项目,计算 9 个项目的区分度或鉴别力。

解:表 7-5 是计算的结果。

表 7-5　鉴别力指数的计算

项　　目	通过率		鉴别力 $(D = P_H - P_L)$
	高分组 P_H	低分组 P_L	
1	60	20	0.40
2	70	40	0.30
3	50	30	0.20
4	80	50	0.30
5	40	30	0.10
6	30	40	−0.10
7	20	60	−0.40
8	80	20	0.60
9	60	40	0.20

答:由表可见,第 1、8 个项目区分度是高的,但是第 5、6、7 题区分度很低,应当删除。

怎么判断区分度或鉴别力呢?原则上当然是 D 值愈高,项目愈有效。埃贝尔(Robert L. Ebel)提出了一个判断区分度和鉴别力指数的标准(Ebel & Frisbie, 1991):

D 分 0.40 以上:测验项目很好;

D 分 0.30—0.39:测验项目良好,修改后会更好;

D 分 0.20—0.29:测验项目尚可,需修改;

D 分 0.19 以下:测验项目差,必须淘汰。

(2) 相关分析的算法

对非二分记分的测验项目,一般多采用相关分析的方法,即以项目分数与测验总分或效标分数的相关作为鉴别力的指标。

例 7-6:编制了一项 9 个项目的兴趣测验,求 9 个项目的鉴别力。

解:将 9 个项目与总分求相关,结果见表 7-6。

表 7-6　项目与总分的相关

项目	与总分的相关	P 值	项目	与总分的相关	P 值
1	0.55	0.01	6	0.68	0.01
2	0.64	0.01	7	0.82	0.01
3	0.65	0.01	8	0.76	0.01
4	0.71	0.01	9	0.69	0.01
5	0.12	0.08			

答：从表中可见，第 5 个项目相关系数很低，缺乏鉴别力，应当删除。

例 7-7：编制了一项 9 个项目的抑郁测验，将每个项目与 30 个正常组的被试和 30 个抑郁障碍组的被试比较，求 9 个项目的鉴别力。

解：将正常组的被试与障碍组的被试的每个项目的得分做平均数差异检验，计算出 t 值，并查自由度为 58 的 t 值分布表，确定其显著性水平，结果见表 7-7。

表 7-7　两组被试每个项目的平均数差异检验

项目	t 值	项目	t 值	项目	t 值
1	1.88*	4	1.98*	7	2.66**
2	0.98	5	1.68*	8	1.69*
3	2.65**	6	2.08*	9	2.78**

注：** 表示显著水平 P 值小于 0.01；* 表示显著水平 P 值小于 0.05。

答：从表中可见，第 2 个项目 t 值 0.98，显著水平达不到 0.05，缺乏鉴别力，应当删除。

必须注意的是，用外部效标求得的区分度与用内部一致性求得的区分度往往互相矛盾。因为常见与外部效标相关高而与总分相关低的情况。有一种折中的策略，就是将相对同质的项目分到独立的分测验中去，每个分测验覆盖外部效标的一个不同方面。如此，内部一致性低的项目不是被淘汰而是被分进分测验中。于是，内部一致性高，与外部效标的相关也高。

除了用皮尔逊积差相关分析的算法，还可以根据数据的特点，使用其他类型的相关分析算法，例如，用点二列相关计算测验项目 0、1 记分，效标或测验总分是连续变量的数据：

$$r_{pb} = [(M_p - M_q)/SD]\sqrt{pq}$$

式中，r_{pb} 为点二列相关系数；M_P、M_q 分别为通过与未通过该项目的被试的平均效标分数或总分平均分数；SD 为全体被试效标或总分的标准差；p、q 分别为通过和未通过该项目的被试人数比率。

如果测验项目分数是连续变量，效标或总分是二分变量，可用二列相关计算。

如果测验项目分数与效标或总分都是二分变量，可用 φ 相关计算。

2. 难度与区分度的关系

项目难度愈趋近中等,则项目区分度愈大,所以,测验的编制宜选用难度适中的项目,以使项目区分度达到最大。由表 7-8 可见,项目难度愈大,项目区分度愈小;项目难度愈小,项目区分度也愈小,只有难度适中,为 0.5 左右,项目区分度最大。

表 7-8　项目难度与区分度的关系

项目难度(P)	项目区分度(D)	项目难度(P)	项目区分度(D)
1.00	0.00	0.40	0.80
0.90	0.20	0.30	0.60
0.70	0.60	0.10	0.20
0.60	0.80	0.00	0.00
0.50	1.00		

三、其他指数

除了用难度、区分度来进行项目分析以外,还有一些指标可以使用。例如,对人格问卷测验、症状问卷测验、兴趣态度问卷测验等,还可以使用社会期望水平来进行项目分析。此外,现代心理测量理论中的项目反应理论(IRT)更是项目分析的最新技术,使用项目反应理论中的项目特征曲线,可以对项目作出更全面的评估。

1. 社会期望水平

在一些测验中,被试可能会按照社会期望、社会赞许的方向,而不是按照自己真实的情况回答问题。被试可能会尽量让自己"表现得更好些"。在投射测验、客观操作测验中,这样的情况是少有的,因为被试很难在这些测验中让自己"表现得更好些";但是在问卷测验中,例如在人格、动机、兴趣、态度等问卷测验中,这种情况就比较多见。因此,社会期望(social expectation)就成为一个不可忽视的变量,在项目分析中,如果发现有项目存在更大的社会期望性,就应该予以删除。一般情况下,都是应用一种事先编制好的"社会期望问卷"(参见资料链接 7-1),将所有项目与社会期望问卷总分求相关,如果相关很高,则说明项目存在社会期望性,被试容易向社会期望的方向回答问题。

关于社会期望有以下两种观点。

观点一:社会期望表现了一种测量误差,应该尽量消除其影响。具体做法是:将测验项目与之比较,选择与之不太相关的项目,删除相关高的项目;评估社会期望,并用它校正其他分量表,如明尼苏达多相人格调查表中用 K 量表校正一些临床量表,取得较好效果。

资料链接 7-1　社会期望问卷

我们曾经编制 11 题的社会期望问卷,公布于下,以供大家参考:

1. 有时我也会想到一些坏的说不出口的事。
2. 售货员多找了钱,我有时也会不出声地收下。
3. 有时我会假装生病来推掉我不想去做的事。
4. 我曾在背后取笑过我的老师。
5. 如果不会被发现,考试我会作弊。
6. 偶尔我也会说说人家的闲话。
7. 听了下流的笑话,我有时也会发笑。
8. 我曾损坏或遗失过别人的东西。
9. 我曾经将自己的过错推给别人。
10. 我做过有关性生活的梦。
11. 有时我也会随地吐痰或扔垃圾。

观点二:社会期望与人格特质有关,如果完全消除它,可能也消除了有意义的内容。所以,应该慎重对待社会期望水平这个指数。

2. 项目特征曲线

项目反应理论中,通过计算得到的项目特征曲线(item characteristic curve, ICC),每个项目都有一条项目特征曲线,这条项目特征曲线包含的信息很丰富,它可以同时描述项目的难度与区分度等。例如,难度参数 b_i 越大,表示项目的难度越大。在图 7-1,有三条项目特征曲线,它们的难度参数 b_i 分别为 $b_1 = 0.5$、$b = 1$、$b_3 = 1.5$。

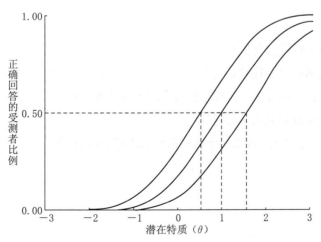

图 7-1　当 $b_1 = 0.5$、$b = 1$、$b_3 = 1.5$ 的三条项目特征曲线(ICC)

资料来源:克罗克,L.,阿尔吉纳,J.(2004).*经典和现代测量理论导论*.金瑜,等,译.上海:华东师范大学出版社,pp.393-394.

在图 7-2 中,有三条项目特征曲线,它们的区分度参数 a_i 分别是 $a_1 = 0.1$、$a_2 = 1$、$a_3 = 100$ 的三条项目特征曲线(ICC),可以看到其中区分度参数 $a_1 = 0.1$ 的项目区分度是最低的,因为答对这个项目的被试几乎在所有潜在特质上的得分都是一样的。区分度参数 $a_1 = 100$ 的项目区分度最高,能够有效区分低于 1.45 和高于 1.55 的被试。区分度参数 $a_1 = 1$ 的项目区分度适中。

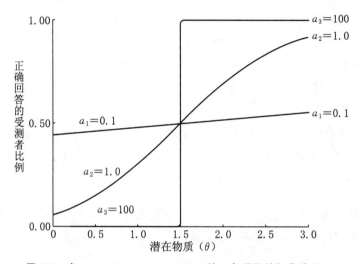

图 7-2 当 $a_1 = 0.1$、$a_2 = 1$、$a_3 = 100$ 的三条项目特征曲线(ICC)

资料来源:克罗克,L.,阿尔吉纳,J.(2004).*经典和现代测量理论导论*.金瑜,等,译.上海:华东师范大学出版社,pp.393-394.

复习与思考

1. 为什么要进行项目分析?
2. 在怎样的测验中要检验难度?
3. 为什么要检验区分度? 怎样根据区分度来筛选项目?
4. 难度与区分度的关系是怎样的?
5. 除了难度与区分度,还要考虑哪些指标来进行项目分析?

推荐阅读

Robert M. Kaplan & Dennis P. Saccuzzo. *心理测验(第 5 版)*. 赵国祥,等,译. 西安:陕西师范大学出版社,2005.

安娜斯塔西,等. *心理测验*.缪小春,等,译. 杭州:浙江教育出版社,2001.

查尔斯·杰克逊. *了解心理测验过程*.姚萍,译.北京:北京大学出版社,2000.

郑日昌,董奇. *心理测量*.北京:人民教育出版社,2000.

郑日昌. *心理测量*.长沙:湖南教育出版社,1987.

第八章

测验的编制、使用与解释

本章要点

如何区分一般测验与标准化测验？

标准化测验包含哪些内容？

为什么测验的主试必须是合格的主试？

为什么心理测验要控制使用？

应当如何解释和报告测验的结果？

关键术语

标准化测验；双向细目表；

主试的资格；保密原则；伦理规范

> 好测验必须有好题目。……编制一个拥有良好题目的测验是很难的。
> ——卡普兰和萨库佐(Robert M.Kaplan & Dennis P.Saccuzzo,2005,p.112.)

对心理学的专业人士来说,测验的编制应该是必修的内容。无论是心理学的理论研究还是应用实务,都离不开测验的编制。

更加重要的是,无论心理学的理论研究还是应用实务,更离不开心理测验的使用和解释。因此,在这一章,我们要讨论这样两个重要内容:心理测验如何编制? 心理测验如何使用和解释?

一、测验的编制

当我们探索人类心理的时候,很多场合离不开心理测验。因为人类心理往往是难以直接观测的,所以我们只能采取心理测量这种方法去间接测量人类心理。例如,班杜拉发现了人类心理中一种非常重要的现象:当人们面临一些特殊情境之时,可能会评估一下自己能否胜任和驾驭这一情境。这种知觉、评价就是自我效能。但是,当班杜拉想通过实验来验证这一假设时,他只能通过编制自我效能问卷来测量。舍此之外,别无他法。他没有任何其他直接观测的方法来观测一个人内在心理的自我效能。我们能够通过肉眼观测到我们身边最知心的亲友的自我效能吗? 不可能。甚至我们对我们本人的自我效能也难以判断。所以,班杜拉在他最经典的自我效能实验中采用的只能是问卷测验。请大家回忆一下班杜拉关于恐蛇症被试的实验研究,这一实验证实了自我效能可以预期行为的改变,在实验中,自我效能是通过问卷测量的(Bandura et al.,1977,pp.125-139)。

也就是说,在心理学的实验中,前测与后测在很多情况下都是问卷测验。

所以,心理学的研究不能没有测验的编制。如果因为种种原因而限制、压制心理测验的自由探索和研究,势必导致极其严重的后果,使整个心理学的发展严重萎缩。苏联在20世纪30年代的心理学大批判运动中对心理测验的打压,就是一个教训。我们应当鼓励心理测验的自由研究和开发,同时也要防止心理测验滥用。如果我们没有能力去防止心理测验的滥用,却只是去限制心理测验的开发与研究,那后果肯定是严重的。

测验的编制有点类似建筑物的施工,或者计算机程序的开发。心理测验的编制是一项工程。我们将心理测验的编制分为三个阶段九个步骤。

1. 编制测验阶段

在编制测验阶段,主要任务是形成一整套可以用来施测的题目体系。这套题目体系必须具有相应的信度和效度。在心理学的很多研究中,例如在一些实验研究中,只要完成这一阶段的任务就可以了。也就是说,测验只要具有相应的信度和效度就可以使用了。但是,这一阶段离量表还很远,因为还没有标准化,没有建立常模。

在本科生、研究生的毕业论文中,可以通过编制问卷等测验来探索心理问题。只要完成这一阶段的任务,检验了信度和效度就可以。甚至必须鼓励这样的研究。

我们应该分清楚问卷与量表的区别。不能将一切问卷当作量表来使用,也不能将一切问卷当作量表来限制。

编制一般测验的步骤有五个。

(1) 明确测验的目的,论证测验的意义

我们要编制的测验测量的是什么?是智力、人格、心理健康,还是组织行为?测验的对象是什么?是成人、青少年,还是儿童?在编制一项测验之前,首先必须明确界定要测量的目的、对象,而且这种界定应当有相当的理论依据,具有可操作性。

论证测量的意义所在也很重要。即使一项测验的目的明确,对象清楚,如果意义很小,就不值花费那么多精力去编制。例如,要编制一项测验,目的是测量智力,对象是成人。目的肯定是很明确,对象也很清楚,但是没有意义,因为世界上已经有了多少智力测验?

以班杜拉为例,他编制自我效能问卷的意义就非常大,因为从来没有人发现过自我效能这一现象。他的发现,他编制的自我效能问卷,都是一大创举。

(2) 建构测量的概念与理论,以及行为样本

当我们确定了测量的目的、对象、意义之后,就要进一步建构测量的概念与理论,抽取行为样本。我们要依据一定的理论框架,选择和确定要测量的可操作性的变量,编制相应的题目。通常有如下三条策略与路线。

其一,理论的(自上而下的)策略与路线。也就是,根据相应的理论,选择和确定测验要测量的变量,编制出相应的题目。例如,爱德华兹(Allen L. Edwards)编制爱德华兹个人偏好量表(Edwards Personal Preference Schedule,EPPS),就是根据默里(Henry Alexander Murray)的需要理论编制的。他根据默里的 15 种需要的理论,相应开发了成就、顺从、秩序、表现、自主、亲和、省察、求助、支配、谦逊、慈善、变异、坚毅、性爱、攻击 15 个分量表。班杜拉编制自我效能问卷,也是采用自上而下的路线,即根据自我效能的理论假设来编制相应的题目。

其二,经验的(自下而上的)策略与路线。也就是,根据经验的、实证的资料来选择和确定测验要测量的变量,编制相应的题目。例如,通过访谈、开放性调查来获得的项目资料。或者,通过效标组与对照组的比较来选择项目和变量。明尼苏达多相人格调查表(MMPI)就是从临床上收集了大量项目资料,然后相应建立有障碍的患者如精神分裂症患者的效标组,以及正常人对照组,选择能够区分两者的项目,建立相应的分量表。

其三,混合的策略与路线。也就是,同时或相继采用了以上两种策略与路线。如卡特

尔 16 种人格因素问卷从英语辞典等文献中搜集了涉及人格的大量词汇,通过因素分析抽出 16 个根源特质,用这种经验与实证的方法建立了人格的特质理论,即认为人格主要由这 16 个基本单位构成。根据这种理论,他再去编制了测量这 16 个根源特质的分测验。最后,他还用经验的方法发展了次元人格因素与特殊演算公式。

(3) 规划双向细目表

确定了测验编制的策略与路线后,就要编制具体题目。然而在编制具体题目之前,还要作出规划,怎样来编制安排这些题目。要有一个统筹规划。就像建筑房子一样,事先一定要设计一个蓝图,也像设计计算机程序一样,事先要设计好流程图。一般来说,测验的蓝图和流程图就是双向细目表。表 8-1 是一个学习测验的双向细目表。

表 8-1　双向细目表

教材内容	基本知识之获得	了解原理原则	应用原理原则	分析因果关系	综合成有系统之见解	建立判断的标准	合计
(一) 生物世界	3	5	6	3	2	1	20
(二) 资源利用	2	3	3	1	1	0	10
(三) 动力和机械	2	3	4	2	0	1	12
(四) 物质、物性与能量	5	6	8	3	2	1	25
(五) 气象	2	4	3	2	2	0	13
(六) 宇宙	2	5	4	1	0	0	12
(七) 地球	2	2	2	1	1	0	8
合　　计	18	28	30	13	8	3	100

心理测验的双向细目表可能还要复杂些。表 8-2 是我们编制心理健康测验的双向细目表,可供大家参考。

表 8-2　心理健康习性分量表的细目表

分量表	变量	题号	编号	测　　题	反向
习性	有律	275	1	我是一个做事有条理的人。	
		169	2	我做事计划性很强。	
		177	3	我能够合理地安排好自己的学习、生活。	
		195	6	我的生活很有规律。	
		231	7	我的一日三餐都很有规律。	
	锻炼	326	8	我热爱运动。	
		56	9	锻炼身体成为我的习惯。	
		268	10	我经常锻炼身体。	
		84	11	我喜欢投身于大自然。	
	习惯	25	12	我不暴饮暴食。	
		144	13	我有按时起床、按时睡觉的习惯。	
		120	14	我很少睡懒觉。	
		22	17	我很注重饮食的合理搭配。	
		263	18	我的衣着整齐、大方。	

(续表)

分量表	变量	题号	编号	测 题	反向
del	68	19	我不修边幅	
兴趣	52	20	我的爱好广泛。	
	233	21	我从来不参加赌博等不健康的活动。	
	16	22	我乐于参加各种社会活动。	
	262	23	我有很多娱乐活动。	
	110	24	除了学习、工作,我的生活中毫无乐趣。	

（4）编题：原则与技术

根据双向细目表编制具体的题目是十分必要的。双向细目表就好像是一个大纲或者图书馆的图书索引,对我们编制、修改和编排测验题目起到非常重要的作用。没有这样一个表格,我们可能会迷失方向,丢三落四。

接下来就是编制题目,即命题。命题有一些原则与技术,是值得注意的。这里只是简要提及一二,仅供参考。

其一,文字应该简短明确,浅显易懂,不暧昧含糊。当我们做明尼苏达多相人格调查表(MMPI)等著名测验时,都会发觉这些测验的题目非常简短通俗。但是初学者或新手编制测验时,可能会忽略这一点,甚至喜欢表现文采。别忘了我们测验的对象是各种文化程度的人,必须用最简洁、最通俗易懂的语句才对。表8-3中用灰色标出的题目就不是那么通俗易懂,例如"游戏者能够与其扮演的角色产生共鸣",什么是"共鸣"？产生什么"共鸣"？都是暧昧含糊的。显然应该修改。

表 8-3 一个测验编制的题目中的问题

变量	测 题	问 题
	1. 游戏让人产生身临其境的感觉。	
	2. 游戏者能够与其扮演的角色产生共鸣。	什么是共鸣？怎样共鸣？
	3. 游戏中各种角色的交流和现实生活中相似。	
	4. 有些游戏活动来自现实生活。	来自现实生活？
	5. 在游戏中,能够和真人对抗。	
逼真	应该是：	
	玩游戏时我就像生活在真实的世界中。	
	虚拟世界比现实生活更生动。	
	游戏世界中一切非常逼真。	
	我甚至难以区分现实世界与游戏世界。	
	游戏的逼真性很吸引人。	

（续表）

变量	测　题	问　题
艺术性	1. 游戏中的人物个性鲜明。	
	2. 游戏中的人物角色种类繁多。	
	3. 游戏画面栩栩如生。	
	4. 游戏画面很炫目。	
	5. 游戏画面精美。	
	6. 游戏画面色彩对比鲜明。	
	7. 游戏的故事情节连贯紧凑。	
	8. 游戏的故事情节曲折离奇。	
	9. 游戏的故事情节生动有趣。	
	10. 故事情节贯穿整个游戏过程。	
	11. 游戏的背景音乐及音效搭配与剧情设定相互契合。	
	12. 游戏的音乐效果 逼真 。	
有趣	1. 游戏中有精美的武器装备。	
	2. 游戏中的道具很实用。	
	3. 游戏中有各种千奇百怪的道具。	
	4. 游戏角色有各种各样的技能。	
	5. 游戏版本推陈出新。	
	6. 在游戏中，可以发现新事物。	新事物？
	7. 在游戏中，可以探索新领域。	新领域？
	8. 游戏可以满足我的好奇心。	

其二，各测验题目应该彼此独立。每一题目必须是具有独立意义的完整陈述。不能一道题目连意思也说不清楚，或者还要另外的题目来修饰、补充、说明。

其三，没有引起争议的答案。题目中不能出现引起争议的答案。如果答案是引起争议的，一方面令被试感到难以选择，另一方面也会耗费被试应答的时间，而且也难以评分。

其四，题目更不能出现歧义。出现歧义与引起争议是一样的结果。例如，表8-3中"在游戏中，可以发现新事物"，这"新事物"就会引起歧义。不同的被试对"新事物"可以有不同的理解，会赋予不同的内容。另一题"在游戏中，可以探索新领域"同样如此，也会引起不同的理解和诠释。如果这样，计分得到的结果就会很荒唐。

其五，题目不涉及隐私、敏感问题。题目应当尽可能不涉及隐私和敏感的问题。因为一旦涉及隐私和敏感的问题，被试就不会真实回答，就会更多可能掩饰、装好。这样就会导致题目效度不够。不过，心理测验处理隐私和敏感的问题还真的是比较棘手的。例如，明尼苏达多相人格调查表(MMPI)中就有不少隐私和敏感的问题。我们要尽可能不涉及这样的问题,测验的题目质量就会更高。

其六,测验题目还不能超出被试的理解范围。如果测验超出被试理解范围,被试就不能真正完成测验。因此,这一原则也应当是最基本的原则。

其七,题目尽量采用肯定的陈述。测验题目最好不要采用设问、否定的陈述。采用肯定的陈述更简洁、明快,耗用的心理资源相对更少。

以上是测验题目编制的几个最基本原则。关于编制问卷,艾肯(Lewis R. Aiken)有些很好的建议,参见资料链接 8-1。

资料链接 8-1　编制问卷的建议

1. 同一类型或涉及同一主题的题目应放在一起,根据内容或形式的分组不必非常严格,但应尽量地遵守。

2. 指导语要清晰、简洁,以简短的语言说明问卷的目的、作答方式、所需的时间以及完成后应做些什么。

3. 题干尽量使用短句,但要包括足够的信息以使回答的形式和内容满足要求。

4. 最重要的问题不要放在最后,烦躁、疲劳和时间压力可能会使后面题目的回答不如前面真实。

5. 用语不能过于专业化,过于普通,不明确或模棱两可。采用最简单的方式来描述问题应作为一项原则。

6. 避免情绪性词语、负载性问题(loaded questions)、引导性问题(leading questions),一题多问(double questions)以及假设性问题(hypothetical questions)。情绪性词语能够引发受测者的情绪反应,因而相关的联想会使回答产生偏差。负载性问题包括指导性问题,如"认为……难道是不合理的吗? ……你不认为……吗?"以这样的方式提问通常能诱导受测者说出预想中的答案。一题多问是指那些在一个题目中包含一个以上的问题,如"你每个星期都去看电影吗? 你喜欢看电影吗?"假设性问题(如果……怎么样),如"如果你失业了,……"通常推理色彩过浓而不能提供有用的信息。

7. 避免使用非具体的形容词和副词(nonspecific adjectives or adverbs)(如许多、有时)、多义词、双重否定、俚语和白话,这样的用语可能会使问题不明确,模棱两可。

8. 要采用多种问题来测量态度、信仰、意见、兴趣、期望、预期和其他主观变量。为了能准确地测量这些变量,要将涉及同一问题的题目得分相加。

9. 问题的呈现要符合逻辑,遵循谈话习惯。无论是问卷的内容还是风格都不要来回跳跃,要以一些简单的、有趣的、无威胁性的问题开始,然后按照逻辑顺序过渡到更复杂更具体的主题上,主题间的转换要流畅,并可通过一些语言来衔接,如"现在让我向你了解一些关于……"或"让我们再谈论一下……"如果有一些无聊的和较难的问题时,应把它们置于接近问卷的末端。

10. 问题要符合受测者的感受和价值观，否则，对问题的反应不是正确的答案而是强烈的情绪和心理防御。

11. 受测者的社会经济地位和其他人口统计资料的相关信息要放在问卷末端。如果这些问题放在问卷的开始，可能会显得与问卷标题及指导语中的问卷目的不协调。

12. 邮寄式问卷应在 30 分钟之内可以完成，电话访谈为 15 分钟。指导语中应包括花费多长时间的说明。

13. 在调查的最后应以口头或书面形式对受测者的合作表示感谢。

在实施面谈或电话访谈时有以下一些特别的注意事项：

1. 可以通过不同的字体或形式（如下划线）来区分施测者需要念给受测者的和他自己默读的内容。

2. 问题的跳答是指如果在前面一个题目中受测者的回答是某一类，那么他可以跳过一些问题，但是如何跳，应该在问卷中标明。这些跳答或筛选的问题可以使问卷的实施更加有效率，因为可以使受测者忽略掉某些不适合的问题。

3. 为施测者记录额外观察和信息留下足够空间。

4. 问题的选项不宜过多，以使受测者能够记住所有的选项。

5. 施测者对受测者的回答不应有过度反应，以使受测者回答是根据自己的意愿而不是为了取悦于施测者。

6. 施测者避免提问威胁性问题，以免过低或过高地报告了某一行为。

以邮寄或其他方式把问卷交给受测者时，应特别注意：

1. 问卷应该有编号，除非是在匿名调查中。

2. 问卷应该是有吸引力的、有趣的，以册子的形式呈现。

3. 问卷的标题应在最开始，但尽量避免出现"问卷""意见调查表"之类的字眼。

4. 无论是总的还是每部分的指导语可以加下划线或采用斜体印刷。

5. 页面不要过于紧密，要标明页码。

6. 同一问题不要印在不同的页上，而且问题表述不宜过长（20 个字左右）。

7. 重要的问题不要放在最后。

8. 问题要与调查的变量和假设直接相关，不应包括那些与研究目的和假设不直接相关的次要信息。

9. 问卷采用双面印刷时，在前一页的底部应有类似"结束""翻页继续"之类的字样予以提示。

10. 回答要和题目尽量接近，如果使用了单独的答题纸，应使题号对应。

11. 印刷要精美，纸张质量要好。

12. 即使是已经准备好了回复的信封，但收件人的名称和地址还是应当在问卷的开始或是最后予以列出。

Aiken，L.R.(2002).*心理问卷与调查表*.北京：中国轻工业出版社，pp.40-44.

题目编制完毕以后，还需要考虑编排题目的一些策略，如由易到难排列、混合排列、随机排列等策略。

对一些能力测验、成就测验来说，题目的编排应当按照从容易到难的水平来编排。学业测验、智力测验这类测验，都是从容易到难排列的。被试从容易的题目开始做起，直到完成不了的题目，这样才能测量到被试真实的能力水平。

对兴趣、态度、动机、人格测验来说，常常是混合编排测验题目。编制者有意识地将题目打乱，以使被试难以辨别这些题目是测量什么内容的。这样的做法可以有效避免被试根据可辨别的测验内容来采取应付措施，例如装好、装坏，等等。

随机编排也是多见的策略。兴趣、态度、动机、人格测验通常也可以随机编排。随机编排的目的与混合编排的目的是一样的，就是避免被试辨别了测验内容后，可能会采取相应的应答策略，从而影响测验的效度。

（5）预试和项目分析

当测验的题目编排完毕以后，就要开始预试，并通过预试进行项目分析。项目分析的目的是检验信度和效度，并筛选高质量的题目，删除低质量的题目，最后形成一套完整的测验。这样完成的测验就可以用来进行心理学的探索和研究，但是由于它尚未标准化，还不能对测量对象进行诊断和预测。

预试中的样本必须与正式测验情境近似。如果我们测量的成人群体，就不能使用大学生人群来作项目分析。另外，按照安娜斯塔西的说法，取样宜400人左右。这样，大规模的样本就可以发现测量的目标人群中应该出现的问题。

项目分析中要检验测验的难度、区分度，计算信度和效度，并删除一些区分度低的项目，筛选出高质量的题目。

当作完第一次项目分析之后，还可以再进行第二次项目分析，甚至第三、第四、第五……次。多次项目分析肯定有助于筛选出高质量的项目。

2. 测验的标准化阶段

测验经过标准化之后，就可以形成量表，而且真正工具化，成为可以销售的"产品"。在这之前的测验，虽然也是心理学研究必需的技术和方法，但是尚不能成为可以销售的工具和产品。标准化实际上包括两个方面：建立标准化的常模；建立标准化的测验程序。

（6）建立常模

建立常模绝对是一项巨大的工程，要耗费大量的人力、物力、经费。通过随机取样，抽取具有代表性的常模样本，从而建立常模。在第六章，我们已经讨论常模的各种类型以及计算方法。

（7）编写测验说明书

编制测验说明书是规范测验程序的一个必要步骤。在测验的说明书中，将测验的各个程序制订标准，以求整个地球的主试都能按照这个规定的标准化的程序操作这个测验，从指导语，到测验过程的控制，一直到最后的评分和解释。

测验说明书包括以下这些内容。

1）测验的目的与功能。说明书中必须说明这一测验的目的，以及这一测验具有的功能。

2）测验的理论。这一测验依据的理论是什么？建构的理论框架是什么？

3）测验的内容与方法。测验的主要内容是什么？测验的方法是怎样的？

4）信度与效度。全面完整地介绍这一测验的信度与效度资料。

5）测验的施测程序。详细介绍这一测验的整个完整程序。从准备测验、指导语、测验过程到记分、评分。

6）测验结果的解释。要全面详细地介绍测验结果的解释内容与方式。

7）常模资料。最后还要附上常模资料，以备主试使用。

8）测验的发行与销售

当测验完成说明书之后，就意味着可以通过正规渠道发行和销售了。在国外，有专业的心理测验发行机构进行发行和销售。目前，我国还没有专业的发行机构。因此，这可能是我国心理测验乱象丛生的一大原因。

3. 测验的修订阶段

（9）修订

心理测验总是要修订的，因为心理测验的常模有时效性，心理发展的内容也会随着时代的变迁而变迁。例如，人类智力据说每隔 10 年就会有明显的增长。人类的心理障碍更是会发生变化，所以《精神障碍诊断与统计手册》（*Diagnostic and Statistical Manual of Mental Disorders*，DSM）每隔若干年就要修订，现已经修订到第五版。

二、测验的使用与解释

前面讨论的内容是关于研究者如何编制心理测验。不过，对大部分心理测验的使用者来说，如何使用和解释心理测验，是一项必须了解的实务。

1. 测验的控制使用

必须明白，心理测验必须控制使用。原因有三：其一，由于心理测验具有诊断和预测功能,社会上有不少人士对测验抱着好奇心,并希望得到测验工具。如果不采取保密措施,控制使用,这一测验便会很快在社会上流传。如果大众在不受控制的情境中熟悉并做过这一测验,这一测验就意味着失去了效度。一项测验在编制过程中花费的大量人力、物力、经费就会诸东流。其二,心理测验对主试的要求很高,如果主试不具资格,不懂得如何控制测验情境、评分,特别是如何解释,就会造成很大的误差和负面后果。如果心理测验任由不具资格的外行滥用,其后果更严重。其三,测验的滥用会构成对被试的种种不良影响甚至伤害。

(1) 保密的原则

对测验的使用者来说,必须在两方面遵循保密原则。一是对心理测验的保密,尊重测验的版权,保证不流传到不具资格的人手中。一方面是保护知识产权的义务与权利,另一方面也是心理测验的特殊要求。二是对被试个人隐私的保护。被试测验的结果、测验的记录等,都必须予以严格保护,不能随意公开或与他人交流。

(2) 主试的资格

合格的主试意味着什么? 其一,合格的主试知道如何去选择合适的测验去服务于自己的应用目的。他知道这个世界上不存在包罗万象、万能通用的心理测验,每一种心理测验都有它各自的适用目的与对象,都有各自的局限。所以,合格的主试懂得根据测验的信度、效度、常模以及测验的目的与对象去选择真正合适的测验。其二,合格的主试能够进行标准化的施测、记录与评分。心理测验的主试必须接受系统的训练。没有这种系统的培训,会导致严重的测量误差。例如,对韦克斯勒成人智力测验的培训来说,接受过培训的与没有接受过培训的结果是截然不同的。培训前后评分者对韦克斯勒智力测验智商的计算可以出现加减 15 分的差异。又如,对指导语的操作来说,如果对不同的被试操作不同指导语,也会产生显著的测量误差。还有,研究表明,在对儿童进行智力测验的时候,在测验前是否与儿童被试进行接触,可以造成 10 分左右智商的差异。所有主试的微笑、点头、作出"好""不错"等评论这些情绪与行为,对测验结果都有决定性的影响(安娜斯塔西,2001,p.20)。其三,合格的主试能够结合测验情境、被试状态等资料,全面作出结论。例如,不同的被试,一个正在发高烧,另一个身体状态很好,但是他们的智力测验得出的智商是相同的。合格的主试就懂得根据被试的全面情况作出更合适的结论,即对发高烧的被试来说,他的智力由于生病并没有得到正常发挥,然而另一位被试发挥正常,他获得的智商能够正确衡量他的实际智力水平。

一些国家实行了颁发心理测验执照与资格证书的办法。一般要求具有心理学的博士学位、一定的工作经验,或者在相应的资格考试中获得合格的成绩。

(3) 伦理与法律

在心理测验使用过程中,存在值得关注的伦理问题,甚至可能会引起法律争端。因此,美国心理学会早在 1953 年就颁布了心理学的伦理标准,几经修订,现在的版本即《心理学家的伦理原则和行为规范》(Principles Ethical of Psychologists and Code of Conduct)(APA，1992)。美国的一些州政府也制定了不少针对心理学尤其是心理测验的法律条例。中国心理学会也颁发了相应的一些条例(见资料链接 8-2)。心理测验在使用过程中，往往会面临类似涉及被试隐私、造成种种可能的负面影响、在人员选拔中的公平、测验的不适当使用、滥用等伦理法律问题。每一个心理测验的研究者和使用者都必须谨慎、严肃地对待这些问题。为了避免不必要的伦理法律纠纷，必须恪守相关伦理标准与法律准则。

资料链接 8-2 心理测验管理条例(试行)

心理测验指在鉴别智力、因材施教、人才选拔、就业指导、临床诊断等方面具有咨询、鉴定和预测功能的测量工具。凡从事研制、使用和出售心理测验的中国心理学会会员个人或所属机构，有责任维护心理测验工作健康发展。在从事心理测验工作中须遵循本条例。

一、测验的登记注册

1. 凡中国心理学会会员个人或集体编制、修订、发行与出售的心理测验，都必须到中国心理学会心理测量专业委员会申请登记注册。(非会员也可申请登记)

2. 心理测量专业委员会只认可那些经科学论证程序审核鉴定的标准化测验，并予以登记注册。凡经过登记注册的心理测验，均给予统一分类编号，并定期在中国心理学会主办的期刊(心理学报)公布。

二、测验使用人员的资格认定

3. 心理专业的本科以上毕业生或在心理测量专家的指导下，具有两年以上测验使用经验者，可获得测验使用资格。

4. 凡在心理测量专业委员会备案并获得认可的心理测量培训班，由本专业委员会颁发测验使用人员的资格认定书。

5. 凡经过心理测量培训班的专门训练并获得资格认定书者，具有使用测验的资格。测验使用人员的资格认定书分为两种：单项测验使用资格认定书与多项测验使用资格认定书。

三、测验的控制使用与保管

6. 任何心理测验必须对该测验的使用范围、实施程序以及测验使用者的资格加以明确规定，并在该测验手册中作出详尽描述。

7. 具有测验使用资格者，可凭测验使用资格认定书购买和使用相应的心理测验器材，并要负责对测验器材的妥善保管。

8. 测验使用者必须严格按照测验指导手册的规定使用测验。在使用心理测验作为诊断或取舍决定等重要决策的参考依据时，测验使用者必须选择适当的测验，并要采取一定的检查措施：测验使用的记录及书面报告应保存备查。

9. 凡中国心理学会会员个人或机构在修订和出售他人编制的心理测验时,必须首选征得该测验的主管单位或作者的同意。印刷、发行和出售心理测验器材的机构应该到心理测量专业委员会登记,并只能将测验器材售予具有测验使用资格者。

10. 为保证测验的科学性与实用价值,标准化测验的内容与器材不得在各类非专业刊物上发表。

11. 本条例自中国心理学会批准之日起生效,其解释权归中国心理学会心理测量专业委员会。

资料来源:中国心理学会,1992年12月(心理学报,1993,2).

2. 测验的施测与解释

心理测验的施测与解释是一个不容忽视的重要环节。在测验的施测与解释过程中,以下五点务必注意。

(1) 测验前的准备

测验前必须做好充分的准备工作,主要有三点。

其一,准备测验器材。有些测验器材需要整理和事前准备,特别是有些测验需要准备好消耗品。

其二,温习手册。由于间隔时间较长等原因,有可能会忘记测验内容、测验步骤等,所以温习测验手册非常必要。

其三,要熟记指导语。没有这些必要时的测验前准备工作,就有可能导致测验指导错误,测验不能进行等情况。例如,有人在进行一般能力倾向成套测验(GATB)时,忘记了某道题的指导语,由于她变更了指导语,导致这一题完全废卷,进而导致整个测验废卷。

(2) 指导语的标准化

在指导测验时,标准化地使用指导语极其重要。所谓标准化地使用指导语,就是要求所有主试在指导这一测验时都保持高度的一致性,杜绝随意更改指导语的行为。避免读错指导语,避免读指导语时犹豫、吞吞吐吐,或者读指导语时有意无意地进行暗示。举一个例子,有人指导一项临床心理测验,手册中规定的指导语是让被试评估自己一星期以来的感觉。然而这位主试将一星期忘记了。试想一下:这样做会有什么后果?

(3) 测验情境的控制

测验情境的控制也是主试需要认真对待的。因为测验情境控制不利,就会产生很多测量误差。对主试来说,首先要选择合适的测验场所。控制好通风、光线、噪声、座位、人员等因素。据研究,使用和不使用书桌、问卷和答卷是否分开这些因素都可能影响测验结果。使用书桌的中学生可以获得更高的成绩,而五年级以下儿童不宜用分开的问卷和答卷(安娜斯塔西,等,2001,p.19)。

(4) 处理与被试的关系

主试必须与被试建立良好的合作关系。

其一,让被试明确测验的目的,使被试懂得测验的结果对他们有帮助,要激发被试的兴趣,鼓励被试积极合作。被试的合作是测验的必要前提。被试不合作,测验就无法进行,或者即使完成,结果也必然不可靠、无效。

其二,控制好自己的态度和情绪。主试不宜表露不耐烦、急躁、冷漠、冷淡等消极情绪。与被试的关系应当是热情的、自然的。这些因素会影响测验的信度和效度。

其三,控制被试与测验有关的心理反应。接受心理测验的被试一般都会产生相应的心理反应。例如:测验焦虑;希望表现得更好些的"装好""社会赞许"效应;希望博取同情和支持的"装坏"或"诈病"反应;或者不愿合作而产生的随机作答;因为以前做过测验产生的"练习效应";等等。这些效应影响测验的信度和效度,影响测验的结果。主试必须加以控制,杜绝或减少这些反应。此外,对待一些特殊被试,例如儿童、严重的精神病患者等,也需要有相应的处置方案。

(5) 解释和报告测验结果

要熟练、深刻地解释和报告测验的结果,主试必须具有较高的专业水平。没有一定的专业水平,不可能很好地解释和报告测验的结果。

其一,深入理解测验。主试要透彻地了解测验的性质与功能,了解测验常模的代表性;要能够综合多方面资料来慎重解释结果。也就是说,测验结果绝对不是简单地呈现分数。测验结果是通过分数呈现关于被试的丰富信息。

其二,将分数以区间估计形式解释。测验的分数是对被试心理状况的一种预报,是一种概率。因此,测验结果的分数不能等同于日常生活中的实然的数字。例如,12元1斤的鱼,买了2斤,便是24元。这24元是没有测量误差的。但是,一个被试的智商是120分,这里面包含测量误差,只是一种类似于天气预报的"预报"。所以,就像天气预报不用概率方式预报容易让公众误解一样,心理测验的结果也要避免这种实然的方式。要用区间估计这种概率方式报告测验分数。例如,某个被试的积极情绪分数95%的可能性是在98—108分这样一个区间。这样的方式让被试感觉到这就是一种预报,因此可以接受或忍受测量误差。

其三,让被试理解报告,并知道如何运用测验的结果。要用被试能够理解的方式,报告测验的结果。因此,尽量少用专业术语。如果报告给被试的测验结果,被试不理解,就不能获得测验应有的意义。因为测验的目的就是帮助被试了解自己,并能够在以后的生活中运用测验的结果(见资料链接 8-3)。

其四,保护隐私。在测验中,测验结束后,都要注意保护被试的个人隐私。特别是被试测验后的资料的保管,一定要履行职业操守的承诺。

其五,防止"标定效应"。测验的解释一定要防止"标定效应"。不要简单地给被试贴标签。特别是对那些测验结果不好的被试,更要注意保护他们的自尊,避免"污名化"。

资料链接 8-3 一份数学成就测验的报告

给学生和家长或监护人的报告

姓名:约翰·理查德 年级:五年级 学校:道森小学 时间:1995 年春

测验结果

你们的孩子得分为 63 分,最高分是 80 分,这表示你们的孩子答对了 79% 的问题。

如何解释测验分数

你们孩子的测验结果可以与本县城其他的五年级孩子进行比较。

数学成就测验有 80 道题

1. 本县城中等的孩子得分为 55 分,即答对 69% 的题目。

2. 你们的孩子在这个测验中得 63 分,比本县城 72% 的同龄孩子的分数更好。

你对本测验结果的相信程度

测验成绩会变化,你们的孩子在一种不同的场合对这个测验可能做得稍微好一点或差一点。这一测验的误差分数范围是±3 分,有 95% 的肯定性:你们孩子的分数范围是60—66 分。

如何使用测验分数

这一测验结果将在你的孩子教育决策中加以考虑,还要考虑包括孩子老师的报告在内的其他资料。

描述测验测量的内容

这个测验测量这一水平的孩子的主要数学技能。

这些技能包括:

1. 简单的数学计算(即加、减、乘、除的计算)。

2. 对乘法表的运用。

3. 对小数和分数的运用以及对钱的处理(如算出要找的钱的正确数量)。

4. 使用时间的计算(例如,计算火车旅行时开车与到达之间的时间长度)。

进一步信息

如果你们要进一步了解关于本测验以及测验结果如何使用的材料,或者你们要找机会讨论你们孩子的测验成绩,请联系道森小学校长。

复习与思考

1. 一般的心理测验是怎样编制的？标准化的心理测验又是怎样编制的？

2. 标准化的心理测验要求怎样的标准化？

3. 怎样才是合格的主试？

4. 怎样控制使用心理测验？

5. 在测验施测过程中应该注意哪些要点？

6. 应该怎样解释测验的结果？

推荐阅读

Robert M.Kaplan & Dennis P.Saccuzzo. *心理测验(第 5 版)*.赵国祥,等,译.西安:陕西师范大学出版社,2005.

Kevin R. Murphy & Charles O. Davidshofer. *心理测验:原理与应用(第 6 版)*.张娜,等,译.上海:上海社会科学院出版社,2006.

安娜斯塔西,等.*心理测验*.缪小春,等,译.杭州:浙江教育出版社,2001.

查尔斯·杰克逊.*了解心理测验过程*.姚萍,译.北京:北京大学出版社,2000.

杨国枢,等.*社会及行为科学研究法*.台北:东华书局,1994.

第三部分

　　这一部分介绍尽可能多的心理测验。我们还是按照传统的方式，将这些测验按照其内容与功能来分类，于是就有了后续这些章节的划分。

　　不过，按照测验的方法与技术来划分可能更加具有概括力。所有的测验不外乎都属于问卷测验、投射测验、客观操作测验和情境测验中的一种。

　　问卷测验(questionnaire test)是通过询问的方式，呈现纸质的问题，求得被试的反应，从被试的反应中获得需要的心理资料的一种测验技术。它是一种对人的心理与行为进行量化分析的基本的、常用的测验技术。它通过有代表性的或大样本的取样，建立一个可资比较的常模，将被试的反应放在这个常模中进行客观的、科学的分析和普遍意义的推论。如果仅仅使用问卷询问一两个被试，几乎没有任何意义。如果仅仅调查小样本的被试，也难作普遍意义的推论。例如，现在报纸、电视台时常进行一些调查，打出一些百分比，不报告调查的人数，如此很容易误导读者和观众。一定要进行取样，并根据这个有代表性的样本建立可推论的常模，方能得到真正有价值的心理资料。

　　问卷测验有两个很重要的假设：(1)被试是能够合作的。"当你去询问被试时，被试会(或能够、可以)作出回答。"在经过训练的、有经验的主试的主持下，被试一般能够对测验产生兴趣，并给予合作，所以问卷测验对主试的要求往往很高。不过，这一假设很有风险并有限制条件。风险表现在：如果被试不愿合作，或装好、随机作答等，其反应将对测验的结论构成不同程度的威胁。限制条件指的是，对那些不能合作的特殊人群，如严重的精神分裂症患者、因文化背景问题不能回答的人等，是不适宜的。(2)如果被试不合作，由于大样本取样，假设只有5%左右的人的反应是有误差的，对总体来说，不会产生很大影响。但是，能否保证将被试不合作等误差控制在5%之内，是很成问题的。换句话说，谁能保证95%的被试会真实作答？所以，问卷测验面临着种种严峻的挑战。

问卷测验的优点:(1)方便灵活,成本低,只用纸质问卷与答卷,不需要昂贵的器材。(2)可以用来探索各个领域的心理问题,几乎不受什么限制。(3)可以大面积取样,适合概率统计假设,便于统计分析。(4)可以通过建立常模来进行比较,从而作出客观化、标准化的推论。

关于问卷测验,也存在不少批评和争议。美国心理学家凯利(George Alexander Kelly)曾经有个假设:"人人都是科学家。"因此,他说:"你想知道人的心理吗?你可以直接去问他。"凯利的这一论断道出西方普遍流行的问卷测验的主要思路。西方文化有一个很重要的关于人性的基本假设——人是有理性的人,所以在凯利看来,每一个有理性的人,都应当能够像科学家那样思考和行动。而对于每一个像科学家那样能够有理性地思考和行动的人,你去询问他们,他们显然应该而且能够实事求是地回答你,使你能够获得你想得到的科学资讯。但是,中国文化关于人性的基本假设与西方文化殊异。凯利的名言如果放在中国文化背景中,则应该变成:"你想知道人的心理吗?你不好直接去问他。"

问卷测验获得的心理资料,完全建构在被试"告诉"的基础上。如果被试不愿、不能、不好、不便、不好意思"告诉",那可怎么办?

问卷测验的前提条件是,被试能够真实地回答。在以下情境中,问卷测验却束手无策:无法真实、客观地回答问题的非"科学家"的患者,如精神病患者等;不想真实客观地回答问题的人,如"装好"倾向、"装病"倾向、随机作答,等等。在一些著名的问卷测验中,如艾森克人格问卷,其 L 量表无法区分说谎与老于世故,而加利福尼亚心理调查表辨别作伪的变量有时居然将真实回答者也错判,形成"冤案"。

问卷测验普遍适合西方文化,不一定普遍适合中国文化。如前所述,中国人倾向于选择折中的、中间的、不明确的答案;中国人不习惯于对陌生人、对公众、对外界随便袒露自己的心理。又有,中国人受易经的影响极深,全息、整体、神机妙算的观念根深蒂固,所以中国人往往不太相信问卷直接发问得出的结果。中国人崇尚洞察秋毫、断于未萌之中、决于不言之时,甚至是神秘主义的神机妙算,所以算命、八卦预测等颇有市场。问卷测验无法评估敏感性的、被试不愿回答的问题,等等。

不独移植西方问卷测验在中国遭到非议,就是在西方,问卷测验也遭到批评。对问卷测验比较尖锐的批评,当属施韦德和德安德雷德(Shweder & D'Andrade, 1979)。他们提出系统歪曲假设(systematic distortion hypothesis),认为在人格问卷测验中,对行为的评价是一种基于记忆的评价,得到的结果往往是各种行为类别的语义的相关,并不是真实的行为本身。也就是说,测到的是一种观念而不是一种真实的行为。他们否认这种依靠记忆的人格评价、观念联想判断的人格分类的有效性,认为人格问卷测到的人格特质只能作为人与人相互知觉评判的标准,而知觉评判的准确性值得怀疑,很可能这种知觉评判只是一个观念的东西,而不是实际的东西。他们的实证研究分析了人格问卷评价、观念联想评价与现场实际观察结果之间的一致性。结果发现,人格问卷评价与观念联想评价之间普遍有 0.65—0.90 的高相关,而两者与现场实际观察数据之间的一致性均比较低,结果证实了他们的假说(龙立荣,1995)。这种假说得到不少人的支持,自然也引起异议。

我们虽然不认为所有的人格问卷测到的全是一种基于记忆的语义,而不是真实的行为本身,但还是觉得施韦德等人的批评不无道理:基于记忆的语义评价毕竟不是真实行为本身。很可能有时或有的人格问卷基于记忆的语义评价与真实行为本身是一致的,而有时或有的人格问卷基于记忆的语义评价与真实行为本身是不一致的。这至少提醒我们在使用问卷测验时必须小心谨慎。

在关于人物感知(person perception)的研究中,拉美尔等人(Lamiell et al.,1980)发现,在评价人是否具有某些形容词包含的性格特性时,被试往往按照形容词包含特性的"社会赞许"程度来评定,而不是按主试的要求,按照所评价的人本身是否具有这些特性来评定。显然,这是又一种令人头痛的现象。杨中芳(1996)认为,这是一种最不需要花心思费功夫就可及时给予反应的回答准则,是被试常用的可以取代伤脑筋的"照实回答"的"挡箭牌"。值得注意的是,在其他关于人格问卷因素分析的研究中,也发现同样的倾向,因素分析往往抽出的第一个因素,就是"好恶度"的人格维度(Edwards, 1970; Gotlib & Meyer, 1986; Bond, 1979;林邦杰,1979)。在人格评估中,被试使用这样一种策略,即以一种最不需要花心思费功夫就可及时给予反应的回答来搪塞,而并不是按主试要求、真实情况回答,如此"好恶度倾向"多么伤脑筋!

被试在做问卷测验时出现九种常见倾向。(1)认同(acquiescence):遇到不确定的情境时,表示同意的倾向。(2)社会赞许(socal desirability):按社会上多数人同意的方向作答。(3)装好:试图表现得更好。(4)过度谨慎(overcautiousness):回答时过度小心仔细的倾向。(5)极端倾向(extremeness):向极端方向作答,比有障碍的人还要极端。(6)对立(opposiyionalism):按与相反的方向作答的倾向。(7)掩饰(dissimulayion):有意不真实作答的倾向。(8)装坏:试图表现得更坏。(9)随机作答:不负责任地、随机地回答。

爱理斯在广泛的文献研究后对问卷法的信度和效度提出一系列疑问，认为采用问卷法进行人格评估是困难的。他认为，人格问卷法存在如下问题：(1)人格问卷法缺乏构念上的确切意义，不能对人的行为给出完整的或有机结合的全面描述。(2)采用问卷法虽然可以对某一个群体的人格特征作出充分描述，但面对一个个不同个体来说诊断用处不大。(3)人格是多种特质的混合体，不可能用单一的特质(如神经质)来描述。(4)问卷法是通过自我报告方式进行的，这样得到的结果有时不可信，因而不能指望它们有很高的效度。(5)问卷法有时采用两种或多种不同名称来描述人格特征，实际测量的却是同一特征。(6)文化差异可能导致受试者对问卷作出不同回答，影响问卷法的效度。(7)不同人可能对同一条目作出不同解释，因而影响效度。(8)一般人接受测试时，常常过度估价自己，或因为自我光晕效应(系统偏差)而影响效度。(9)很多受试者出于某种原因故意装好或装坏，人为地选择某种非真实的回答。(10)受试者的受试动机常因测试情境不同而改变，因此难以与测试者形成真正的合作关系。(11)受试者的反应方式必然影响效度。(12)问卷法的条目往往缺乏内在的一致性(同质性)，而这种内在一致性又是保证效度必需的。(13)问卷法的指导语方式可影响结果。(14)问卷的命题方式和范围可引起受试者对问题的误解，并因此影响效度。(15)采用问卷法测试是一个人为的过程，与现实的真实情况联系很少，因此结果不是很有效。(16)有的条目用于某种问卷时有效，而把这些条目选入另外的问卷时却往往无效。(17)一个受试者可能对自己真实情况缺乏洞察力或自知力，或无意识地把测试中描述的情况与自己等同起来，或完全相反地认同一些条目。(18)绝大多数问卷中包含一些没有明确意义的或模棱两可的条目，所以人们很难知道总分代表的真正意义。(19)许多测试的检查和计分方法，存在的机遇因素足以影响效度。(20)虽然在一个测试中"神经质"的分数代表一种特定的意义，但"非神经质"的分数的意义是什么？或许它根本不代表什么，也许受试者还存在严重的适应不良。(21)问卷中的条目往往凭编制者的想象而选择，并不是根据经验性的构建和严格的评价测试条目确定。(22)处理结果时应用各种不严密的统计过程，对测试数据添加了虚伪的真实性。(23)如果不允许受试者采取中间性选择的回答方式，受试者在两者必选其一的回答中就可能作出不精确的选择。(24)问卷法中不同量表有时测量的是同样特征，但是它们之间有的相关性却很低。(25)采用统计方法(如通过相关分析和因素分析)编制问卷和量表调查人格特征，并不是理解人格的捷径。(26)问卷法用于职业选择和选拔人才(如招工、晋升等)时，受试者可能过高评价自己而使答卷无效(纪术茂，戴郑生，2004，pp.6-7)。

投射测验(或称投射技术),似可克服问卷测验的局限。投射技术可以不依赖于被试是否真实作答,可望客观地获取被试的心理资料。

安娜斯塔西区分了两种投射技术。一种是心理测量学的、客观测验化的投射技术;另一种是非客观测验化的、注重直觉与经验的投射技术。

投射技术是从罗夏开始的。此后,默里(Murray,1938)发展了另一著名的投射技术——主题统觉测验,他的投射概念从弗洛伊德的概念衍化而来,但不仅仅是一种防御机制。默里认为,人们在认知和解释模糊性刺激时的知觉整合受到需要、兴趣和总的心理组织(psychological organization)的影响。

很多人可能都不知道,投射技术在20世纪40—60年代曾经盛极一时。当时,罗夏墨迹测验几乎成了临床心理学的同义语。作为临床心理学不可或缺的工具,以罗夏墨迹测验为代表的投射技术应用十分广泛。罗夏墨迹测验被列为临床心理学训练中的重要课程,而且必须具备某种资历方可使用罗夏墨迹测验。韦纳(Weiner)曾将桑德伯格(N.D. Sundberg)和拉宾(A.M. Lubin)等人的调查结果列成一表,从中可见投射技术当时在临床中应用的情况。罗夏墨迹测验、主题统觉测验、画人测验、本德格式塔测验,均位于韦克斯勒智力测验、明尼苏达多相人格调查表之前。罗夏基金会曾调查了1970年以前的仅仅有关罗夏墨迹测验文献,就有4 000篇,专著29本。可见,当时的研究与应用非常繁荣昌盛。

20世纪70年代以后,由于行为主义的兴起,客观研究的强调,使在多方面强调直觉与经验的投射技术面临危机,风势大减。客观研究不断增加对投射技术不利的证据。另外一个挑战是整个临床心理学及精神医学界对疾病诊断的态度发生了很大变化:由原来重视诊断的模式转向重视治疗的模式。这段时期是投射技术的危机期。投射技术随后便进入一个转折期。其中一个明显的转折点就是以埃克斯纳为代表的改革派给投射技术注入了新的血液。埃克斯纳集以往各派罗夏研究之大成,并使之走向客观化技术。埃克斯纳发展了罗夏墨迹测验的综合评分系统,这一系统使罗夏墨迹测验与其他的客观测验相差无几。在这个时期,投射技术的应用仍然占有较高比例。例如,《美国心理年鉴第9版》(MMY-9,1986)收集了1978—1985年以内的有关罗夏墨迹测验的文献79篇,在50个文献最多的测验中,罗夏墨迹测验仍名列第9.5。而其他几项重要的投射测验,如主题统觉测验、绘人测验也都在50名之列。其他的投射技术也仍在应用和发展之中。投射技术20世纪70年代后处于"退隐"期,但仍有复兴的希望。

客观操作测验和情境测验以它们的客观性赢得心理学家的信任。卡特尔认为,从客观测验表现的根源特质,是人格研究真正的王牌。客观操作测验和情境测验具有两个优点:记录对刺激情境的直接反应,获得的记录是客观的、精确的资料;可以减少被试有意无意的、主观的、歪曲的自我评价,突破被试因心理审查而设立的防线,避免问卷测验中的各种测验心向。但是,它们也有局限:界定和控制这些刺激情境很困难,能测到的心理因素有限;实际操作费钱、费力。

第二次世界大战以来出现的评价中心(assessment center)技术也是值得关注的趋势。第二次世界大战时,德、英、美先后采用模拟情境测验选拔军事人员和特工人员。1956 年,美国电话电报公司(AT&T)首次大规模用于管理发展和职业培训方面的工作(其公司 100 000 多人接受过此评价),随后推广到通用电器公司、西尔斯公司、国际商用机器公司、福特公司、柯达公司等,以后各国都有应用。评价中心成为用来选拔和培训人员的重要技术。

投射技术是与问卷测验、情境测验齐名的三大技术之一,但关于投射技术的特征与性质的问题,曾经争论不休。仅仅将投射技术看作"主观的"评估,而将其他技术看作"客观的"评估,这种观点现在看来过于简单。其一,其他的客观测验中,有时也包含投射技术。比奈很早就在智力测验中使用墨迹测题,虽然后来因为不便于团体测验而取消。韦克斯勒智力测验中的领悟力测验、词汇测验就被认为属于投射性质。其二,罗夏墨迹测验等投射测验也遵循测量学的原则,致力于建立客观化的评分标准,并有大量的信度、效度的研究报告。例如罗夏墨迹测验,在最早罗夏的评分系统中,主试的经验和直觉非常重要,而且信度不高。但在现在的综合系统中,已经成为一种客观测验,信度和效度都可以接受。在主题统觉测验中,默里的评分系统虽然也有内容分析量化的指数,但仍然很强调主试的经验和直觉。但在后来,麦克莱兰(D.C. Mc Clelland)等人使用不同于主题统觉测验原有的图片,发展了更客观的评分系统。麦克莱兰等人主要分析的是成就动机,他们在每一个故事中将以下与成就动机有关的内容计分:直接对成就需要的陈述;为达到某一目标表现出来的思想与行为;希望达到的目标;有关成就的主题,等等。主题统觉测验因重视直觉和经验而并不期待有多高的信度。但在后来发展的一些评分系统和修订版本中,也不是没有令人满意的信度。例如,我国台湾学者汪美珍修订的版本中,就有满意的信度的报道。另外,在实际应用中也发现主题统觉测验具有实证效度。

投射技术有两个区别于其他评估技术的主要特征。(1)间接性。问卷技术直接通过被试对问卷的反应评估其态度、人格等,情境测验也直接通过对被试的客观观察评估其态度、行为、人格等。在问卷测验中,被试的态度、人格等是直接与问卷内容有关的;在情境测验中,被试的态度、行为、人格也是直接可观察到的。投射技术却是通过被试的心理活动产品(如联想、回忆、绘画、故事、手工拼贴、笔迹甚至梦、笑话、短文等),间接地评估其中表现、反映和投射出来的知觉、情绪、人格特征等。(2)推论性。投射技术评估的知觉、情绪、人格等,是隐含的、间接显现的,是分析者根据自己的临床经验、实证所作的推论。推论应当是有风险的。它或者可以经受实证的检验,或者可能是一种主观臆测。因此,投射技术就是这样一种区别于问卷技术、情境测验技术的评估技术,它通过被试的心理活动产品(如联想、回忆、绘画、故事、手工拼贴、笔迹甚至梦、笑话、短文等),根据临床经验、实证进行推论,间接地评估其中表现、反映和投射出来的被试的知觉、情绪、人格特征等。

使用电脑进行心理测验是另一个不可避免的发展趋势。20世纪60年代已见端倪,80年代得到长足发展,21世纪的今天逐渐普及。安娜斯塔西(安娜斯塔西,等,2001, p.97)认为:"计算机对测验的每一个阶段,从测验的编制到实施、评分、报告、解释等,都产生重大影响。"计算机化的心理测验具有如下明显优势。(1)标准化功能:电脑作为主试,可以避免人作为主试可能产生的种种误差,如暗示、情绪的影响等,电脑可以更标准化地实施测验。(2)便捷化功能:自动记分、换算并立刻产生出测验报告,省却了繁琐的人工劳动。由于大多数心理测验的记分、换算十分繁琐,工作量巨大,电脑的介入可以节约大量的时间与劳动。(3)生动多样性功能:避免一般测验情境中的刻板枯燥,能够在适当的时候提醒被试作出反应;记录每一题的反应时间、在团体测验时记录每个人的反应时间等。

但是,计算机化的心理测验同样也存在一些值得关注的问题。例如:不能观察记录被试的表情、情绪等反应;不能根据被试的具体情况和测验情境综合地给出分析报告;对测验结果的解释方面有先天不足。

美国心理学会1986年出版了《电脑测验及解释指南》,强调"解释性报告只能与专家判断结合起来使用"。又如,英国牛津心理学家出版社(Oxford Psychologist Press, OPP)专门制定了使用电脑测验解释(CBTI)的条例。

牛津心理学家出版社(OPP)关于出版和使用电脑测验解释(CBTI)的条例总则
牛津心理学家出版社(OPP)认识到电脑测验解释(CBTI)系统有中等程度的效度,只有其准确度高于以其他方法产生的报告时才可以出售给顾客。
解释的基础
只要可能,OPP的电脑报告对于具有有关知识的用户是透明的,即分量表分数与测验的联系是很明确的,不模棱两可。OPP 明白地让顾客知道电脑解释主要是临床上的。也就是,报告是由一个或者多个专业用户书写的,因而包含他们对量表的特别解释。

当 OPP 电脑报告全部或部分是根据系统的、实验确证的过程(保险的基础)得来时,则根据这一过程得来的数据作出的陈述会明确地指出来(例如使用不同的印刷体)。

报告的应用

OPP 的 CBTI 报告在任何情况下都不能单独使用。这些报告是打算得到其他资料的补充,如个人情况表或面谈中收集的资料。

产生出给予直接指导或指示的报告(例如"在买卖中不要雇用此人"),或者即使是间接暗示的报告,都不符合 OPP 的方针。OPP 报告的目的是提供假设或提出问题。

报告的可资利用性

OPP 的 CBTI 报告有被 OPP 认可的够格的测验用户才能使用,他们受过全面的训练,有资格购买和解释与该报告有关的测验。OPP 不承认受过部分训练的那一类用户,即只有资格使用电脑解释的用户。

第三者的安排

OPP 报告不是打算给第三者看的(除了应试者之外)。然而,这些报告绝不应该"盲目"地交给应试者,而应当总是伴随着口头交待和提问讨论的机会。

然而,OPP 的 CBTI 报告的一部分可以综合到一个报告中交给第三者。任何这类报告都应该有相关的背景信息,而且要反映测验用户对于测验分数和其他信息与测验目的的相关程度的自己判断(查尔斯,杰克逊,2000,p.44)。

计算机自适应测验追求的是,让测验更能适合不同的被试。项目反应理论的出现更使这一技术如虎添翼。这一技术采用多种测量模型,如两阶段模型、角锥形模型等。两阶段模型先让被试在第一阶段接受常规测验,然后根据常规测验的成绩,根据其能力水平选择第二阶段三个测验中难度水平不一样的一个测验。这样,70 个测验被试只做 30 个。角锥形模型先让被试做一个中等难度的项目,如果做对了,再做下一个较难的项目,做错了,向下做下一个较易的项目,重复这样的程序,直到做完 55 个项目中的 10 个项目。

微软开发了计算机辅助测试(computer-aided testing)软件,使编制计算机辅助测试量表非常便利。在教育界,计算机辅助测试技术的应用愈来愈受重视。

它不仅有利于选拔学生,而且有利于对学生实行个别化教学。国外开发了不少这方面的教育测验与成就测验。在企业、政府以及军界的人员选拔和安置领域,也出现应用计算机辅助测试技术开发的心理测验。如美国军队服务职业能力倾向成套测验(ASVAB)、区别能力倾向测验(DAT)等。这些测验都应用了项目反应理论和计算机技术。

还有一个值得注意的现象,这就是即将到来的大数据时代将挑战和冲击今天的心理测量理论。很有可能,大数据时代会给心理测量带来更大的生机与希望⋯⋯

第九章

能力测验

本章要点

什么是能力测验？

最早的智力测验有哪些？

韦克斯勒智力量表有哪些优点？

关键术语

一般能力；比奈-西蒙智力量表；斯坦福-比奈智力量表；

韦克斯勒智力量表；认知能力测验；创造能力测验

　　心理测验始于 1905 年比奈和西蒙编制的儿童智力测验。智力测验掀开了人类心理测验运动的序幕。智力又称一般能力,是人类从事任何活动都必须具备的基本能力。由于智商(IQ)的广泛应用而导致对 IQ 的各种误读与曲解,安娜斯塔西主张将 IQ 改名为认知能力。实际上,无论怎样命名,能力,特别是一般能力仍然是人类心理中的重要成分。

　　从本章开始,我们要介绍和讨论世界上重要的心理测验。本章主要讨论能力测验,而且主要是一般能力测验。职业能力测验(例如一般能力倾向成套测验)则在第十四章"职业心理测验"中介绍。

一、智力测验

　　这部分主要介绍一些经典的智力测验,如比奈-西蒙智力量表、斯坦福-比奈智力量表、韦克斯勒智力量表、瑞文渐进矩阵测验。

1. 斯坦福-比奈智力量表

　　斯坦福-比奈智力量表(Stanford-Binet Intelligence Scale,1916,1937,1960,1986,2003),由比奈-西蒙智力量表(Binet-Simon Intelligence Scale,1905,1908,1911)修订而来。比奈-西蒙智力量表在法国历经两次修订(1908,1911),后传入美国,由斯坦福大学的推孟等人(1916)修订,被称为斯坦福-比奈智力量表。后又经多次修订(1937,1960,1986,2003),如今已发展到第五版。

　　(1)测验目的与功能

　　1905 年,比奈(Alfred Binet)受法国教育部委托,寻找一种方法筛选有智力缺陷的儿童,以便让这些儿童尽早接受特殊教育,从而可以减轻政府的负担。随后由推孟(Lewis M.Terman)等人修订的斯坦福-比奈智力量表则成为儿童智力测验的杰出代表。它不仅能够应用于发育迟缓或学习困难儿童的评估,而且更多用于正常儿童一般心理能力的评估。斯坦福-比奈智力量表受到斯皮尔曼二因素论的影响,注重一般能力(G 因素)的测量,但后期的斯坦福-比奈智力量表第四版和第五版更加注重吸纳新的智力理论及认知心理学研究的成果,构建了认知能力结构的三水平层级模型(见图 9-1、图 9-2)。

　　(2)测验的主要内容

　　比奈-西蒙智力量表(1905)。1905 年,由比奈和西蒙(Theodore Simon)编制。该量表用语文、算术、常识等题目来测量判断、理解、推理等高级心智活动,比奈认为这三者是智力的基本组成部分。量表包括 30 个题目,题目由易到难排列,题目大多为言语材料。智力缺陷的不同水平仅用白痴、低能者、迟钝者三种称谓来表示。

　　比奈-西蒙智力量表(1908)。1908 年的比奈-西蒙智力量表根据年龄水平来对项目进行分组,测验项目增加到 59 个,首次提出"智力年龄"的概念,以智力年龄来表示个体智力。这一量表是根据 203 名 3—13 岁正常儿童的成绩来修订的。80%—90%3 岁正常儿童通过的所有题目放入 3 岁水平组;同样,80%—90%4 岁正常儿童通过的所有题目放入 4 岁水平组,以此类推,直到 13 岁水平组。儿童在整个测验上的分数表示为智力水平,这相当于成绩同他一样好的正常儿童的年龄,这种智力年龄(mental age)就代表他的智力水平(mental level)。

比奈-西蒙智力量表(1911)。 1911 年比奈作了第二次修订,并于同年去世。这次修订并没作什么重大改变,只对少量题目进行修改和重新安排。在若干年龄水平组增加了一些题目,此次修订后的量表共有 54 个题目,将其适用范围扩大,设置了一个成人题目组,该测验的适用年龄从 3 岁至成年人。

斯坦福-比奈智力量表(1916)。 1916 年美国心理学家推孟及其同事修订了比奈-西蒙智力量表,被称为斯坦福-比奈智力量表。斯坦福-比奈智力量表(第一版)发展了新的算法,取代"智力年龄",提出"智力商数"(IQ)这一概念。实际上这个概念最初是斯腾(Stern,1912)提出的,用被试的智力年龄(MA)除以其实际年龄(CA)而得到的比率分数,这个比率分数代表被试的智力发展水平。智力年龄(MA)高于实际年龄(CA),就表明被试的智力水平超过平均发展水平,但这一量表的最高智力年龄仅为 19.5 岁。这一量表适用的年龄范围为 3—14 岁儿童,但是加了成人组和优秀成人组,以便用于成人。修订的样本由 1 000 名儿童和 400 位成人构成,但儿童被试来自加州的白种人。

斯坦福-比奈智力量表(1937)。 1937 年,推孟再次修订了斯坦福-比奈智力量表。此次修订将量表的年龄范围向下延伸到 2 岁,而且把智力年龄的最高年限提高到 22 岁 10 个月。项目中增加了一些操作性任务,要求被试完成一些诸如临摹图案这样的活动,以减少量表对言语能力测量的偏向。但非言语项目仍只占 25%,两类任务仍不均衡。这次量表修订的样本由 3 184 名白人构成,来自美国的 11 个州。此次修订的最重要改进在于设计了可替换的平行测验,L 和 M 型两个测验的难度和内容是平行的。

斯坦福-比奈智力量表(1960)。 1960 年的斯坦福-比奈智力量表在 1937 年版本的两种形式中,挑选最优项目组编成一个测量工具。从 16 岁扩展至 18 岁。此次修订的最大进步在于,采用离差智商来解决不同年龄组 IQ 变异不一致的问题。此版量表的离差智商平均数为 100,标准差为 16。这样就可以对不同年龄水平的 IQ 进行比较。1972 年桑代克(Robert Ladd Thorndike)将 1960 年的修订版运用于 2 100 儿童被试中,由此构成新的标准化团体(这一常模中包含非白种人被试)。

斯坦福-比奈智力量表(第四版,1986)。 1986 年桑代克等人(Thorndike, Hagen, & Sattler,1986)发表了全新的斯坦福-比奈智力量表(第四版)。该版量表彻底放弃了年龄量表格式,将相同内容的项目放到一起,由此组成 15 个分测验。这样便可以计算每个具体内容领域的多个分数。但不是每个被试都需要完成所有的测验,被试只需要对适合其发展水平的那部分测验进行反应。15 项分测验对言语推理、数量推理、抽象视觉推理和短时记忆这四个认知领域进行测试，它们分别是：言语推理，包括词汇、理解、谬误和语词关系四个分测验；数量推理，包括算术、数列关系和构造等式三个分测验；抽象/视觉推理，包括图形分析、仿造与仿画、矩阵以及折纸和剪纸这四个分测验；短时记忆，包括珠子记忆、词句记忆、数字记忆和物品记忆四个分测验。这 15 项分测验中有 9 个来源于第三版，其余 6 个为新添加的项目(见图 9-1)。

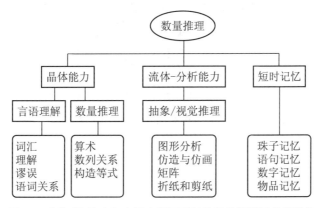

图 9-1　斯坦福-比奈智力量表(第四版)的理论模型及量表结构

资料来源：陈国鹏.(2005).*心理测验与常用量表*.上海：上海科学普及出版社，p.26.

斯坦福-比奈智力量表(第五版，2005)。2003 年罗伊德(Roid，2003)等人推出斯坦福-比奈智力量表第五版。标准化样本由 5 000 多名来自美国 47 个州和哥伦比亚特区的被试组成，年龄从 2 岁至 23 岁 11 个月。被试在该测验中可以得到 10 个分测验(平均数为 10，标准差为 3 的量表)上的分数，以及关于所有分量表、语言、非语言 IQ 的合成分数。这些分数由一个平均数为 100，标准差为 15 的计分量表来报告。这不同于以往斯坦福-比奈智力量表以 16 为标准差的计分方法。从此，斯坦福-比奈智力量表所得的 IQ 分数可与其他主要智力量表(例如韦克斯勒智力量表)的测验分数进行比较。斯坦福-比奈智力量表第五版采用了计算机自适应测验的方式，通过这一方法确定每个被试的真实水平，大大减轻了被试的工作任务。由于斯坦福-比奈智力量表第五版分为语言和非语言测验两种形式，因而它也分为语言(词汇)和非语言(矩阵)的自适应测验。

此外，第五版仍部分沿用了第四版的词汇分测验，并将第四版的理解分测验中低端的指认"人像"的测题融入分测验。继承了图形分析分测验，保留了测验低端的模板题，这对小年龄被试很有用。第五版沿用了第四版的大部分矩阵分测验测题，不过第四版是黑白两色的图片材料，而第五版采用了彩色图片材料。增加了色彩维度后，同一测题的难度发生了变化。第五版的数量分测验中编制了更多的彩图题，把测题的难度降了下来。语句记忆分测验也是斯坦福-比奈智力量表独有的，其他同类量表在考察记忆时，都没有用语句作为刺激材料。第五版仍保留有语句记忆分测验,不过语句材料有所变化,变得更简单了(温暖,金瑜,2007)(见图 9-2)。

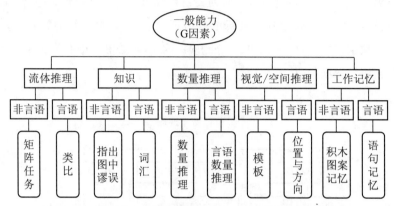

图 9-2　斯坦福-比奈智力量表(第五版)的理论模型及量表结构

资料来源:Roid,G.-H.(2003). *Stanford,Binet Intelligence Scales*(*5th ed*.). Examiners Manual. Itasca,IL:Riverside,p.24.

(3)测验举例

比奈-西蒙智力量表(1905)

第 4 题　测验被试辨认食物的能力(比如,区分巧克力和木块)。

第 14 题　要求被试给熟悉的事物(比如叉子)下定义。

第 9 题　要求说出图中所标明物体的名称(3 岁儿童极限水平)。

第 30 题　要求界定并区别成对的抽象名词,比如伤心和厌倦。

比奈-西蒙智力量表(1908)

3 岁水平(5 个项目)

1. 指出脸部的各个部位。

2. 复述两个数字。

9 岁水平(6 个项目)

回忆段落中的 6 个词语。

背诵一星期的各天。

13 岁水平

陈述每对抽象词语之间的差别。

资料来源:罗伯特·卡普兰,丹尼斯·萨库佐.(2010).心理测验:原理、应用和争论(第 6 版).陈国鹏,席居哲,等,译.上海:上海人民出版社,pp.177-178.

比奈-西蒙智力量表(1911)

3 岁组

指鼻子、眼睛和嘴巴。

复述两位数。

列举图片上的物体。

说出姓名。

复述有六个音节的句子。

9 岁组

从 20 个钱币中找出零钱。

在用途之外对熟悉的单词进行定义。

识别所有的钱币(9 种)。

按顺序命名一年中的月份。

回答或理解"简单问题"。

15 岁组

复述 7 位数。

在 1 分钟内找出给定单词的韵脚。

复述有 26 个音节的句子。

解说图片。

解说给定的事实。

成年人

解决剪纸问题。

在想象中重新组合三角形。

说出给定成对抽象术语的区别。

说出总统与国王的三个区别。

说出文章片断的主要思想。

资料来源:Lewis R.Aiken(2006).心理测验与评估.张厚粲,黎坚,译.北京:北京师范大学出版社,p.137.

斯坦福-比奈智力量表(第四版,1986)

词汇测验:定义下面的词语

水平	词语
A	球
E	硬币
J	辩论
P	支吾搪塞

理解测验:回答下面的问题

水平	问题
A	为什么房子要有门?

D   为什么要有警察？

I   为什么人们要缴税？

O   为什么人们属于不同的政党？

资料来源：凯温·墨菲，等.(2006).心理测验:原理和应用(第6版).张娜,等,译.上海:上海社会科学院出版社，p.238.

挑错测验：

要求被试指出图片上错误的地方。

例如：用汤勺写字。

　　　　骑缺少一个轮子的自行车。

　　　　美国地图西海岸缺少佛罗里达州。

构造等式测验：

要求被试将给出的数字和算术符号调整顺序,构成一个正确的等式。

例如：4　2　6　＋　＝

　　　　7　4　2　1　＋　＝

数列测验：

要求被试发现一系列数字的变化规律,在后面的空格处填入两个数字。

例如：5，4，3，＿＿＿，＿＿＿

　　　　10，2，11，2，12，＿＿＿，＿＿＿

资料来源：解亚宁,戴晓阳.(2006).实用心理测验.北京:中国医药科技出版社,p.61.

(4)测验的信度和效度

斯坦福-比奈智力量表具有令人满意的信度。在1937年的版本中,L型和M型量表的复本信度几乎在所有的年龄水平上都大于0.90:在2.5—5.5岁为0.83—0.91;在6—13岁为0.91—0.97;在14—18岁为0.95—0.98(葛明贵,柳友荣,2010)。

总的看来,斯坦福-比奈智力量表是一个高信度的测验,各种年龄和IQ水平的信度系数大都在0.90以上。一般说来,斯坦福-比奈智力量表对年龄大的被试比年龄小的被试信度高,对于智商低的被试比智商高的被试信度高(凯温·墨菲,等,2006)。斯坦福-比奈智力量表第四版的信度水平则更让人信服。领域分数、合成分数的信度系数远远高于0.90这个最低信度水平,而各个分测验的度系数则在这个界限左右(具体数值见表9-1)。

斯坦福-比奈智力量表第四版测验手册报告:对57名5岁学前儿童和55名8岁学龄儿童进行再测(间隔2—8个月之后),得出重测信度。总体看来,综合分数的稳定性是好的,两个样组的信度系数分别为0.91和0.90。言语推理领域分数的信度为0.80,而其他领域分数和各个测验的波动则比较大。这类结果难以解释,由于有限的范围可能对一些测验有影响,以及明显的练习效果,因此个体之间大不相同(Thorndike, Hagen, & Sattler, 1986)。

由于斯坦福-比奈智力量表第四版的测验没有复本,所以它的信度主要通过内部一致性和重测信度来评价。大部分的分析使用库德-理查森(Kuder-Richardson)技术,分析全部标准化样本的数据。15 个分测验的平均内部一致性信度为 0.88;在所有的年龄水平上,合成 IQ 的信度为 0.95 或更高,在每个认知方面的信度也很高。尽管信度随着在每个认知方面测验的数目而变化,但信度仍高达 0.80—0.97。单个测验的信度也达到 0.80—0.90,只有包括 14 个项目的物体记忆测验的信度与其他测验相比而言较弱,但仍达到 0.66—0.78(Thorndike,Hagen,& Sattler,1986)(见表 9-1)。

表 9-1　斯坦福-比奈智力量表第四版各分测验的信度中数

智力因素	分测验	信度系数
言语理解 0.97	词汇	0.87
	理解	0.89
	挑错(谬误)	0.87
	语词关系	0.91
数量推理 0.96	算术	0.88
	数列关系	0.90
	构造等式	0.91
抽象/视觉推理 0.96	图形分析	0.92
	仿造与仿画	0.87
	矩阵	0.90
	折纸和剪纸	0.94
短时记忆 0.93	珠子记忆	0.87
	语句记忆	0.89
	数字记忆	0.83
	物品记忆	0.73
G 因素	**总量表**	**0.98**

资料来源:Thorndike,R. L.,Hagen,E. P.,& Sattler,J. M.(1986). *Stanford-Binet Intelligence Scale*. Riverside Publishing Company,p.41.

斯坦福-比奈智力量表第五版的信度整体上也非常出色。23 个年龄段各自的全量表的信度系数为 0.97 以上。三个 IQ 分数的平均信度为 0.98(全量表 IQ)、0.95(非言语 IQ)和 0.96(言语 IQ)。5 个因素指标分数的信度系数范围从 0.90 至 0.92。言语和非言语分测验的信度系数相当,均在 0.85 以上。此版量表的重测信度也非常好,因年龄和间隔时长不同,从 0.75 至 0.95 不等。在剔除评价者一致性低的项目后,评分者间的一致性很高,整体的中位数达到 0.90(Riod,2003)。

斯坦福-比奈智力量表的智商分数与学业成绩、教师评定、受教育年限等外在效标分数间存在普遍正相关,效标关联效度系数大多介于 0.40—0.75 之间(Jenson,1980)。由于斯坦福-比奈智力量表以文字材料为主,因此它对言语方面的预测有效性较之其他方面更高一些。有研究者报告了斯坦福-比奈智力量表第四版的准则关联效度,通过对两组学业成绩不同学生的得分进行差异分析,结果表明成绩优秀组学生的四个领域分数均显著优于成绩较差组的学生,合成分数上成绩优秀组学生也显著优于成绩较差组学生(温暖,金瑜,2007)。

斯坦福-比奈智力量表的理论构想主要基于以下两方面:(1)智力随年龄而发展,其成长曲线特征为先快后慢;(2)智力结构中存在 G 因素,它渗透于每一智力行为之中,是智力的核心。斯坦福-比奈智力量表对于其理论构想的测量有效性已得到一定程度的证明:一方面,斯坦福-比奈智力量表的信度研究显示其再测稳定性程度随年龄而提高的趋势,从而表明智力随年龄而先快后慢发展的特点;另一方面,在 1960 年量表中,虽然每项目涉及不同智力行为,但项目分析结果显示各项目与测验总分的平均相关系数为 0.66,这表明各项目所测的特质同质性很高,因而这正是支持其理论假设中贯穿于所有智力行为之中的智力 G 因素的存在(葛明贵,柳友荣,2010)。

有研究者通过探索性因素分析验证斯坦福-比奈智力量表的理论模型中一般能力因素(G 因素)的存在。结果表明,第四版的 15 个分测验在 G 因素上的负载都较高,其中 7 个分测验在 G 因素上的负载大于 0.80,最高达到 0.87;还有五个分测验在 G 因素上的负载在 0.50—0.70 之间;另外三个分测验的负载稍低,不过也在 0.40 以上。这基本验证了斯坦福-比奈智力量表第四版理论模型中 G 因素的存在(温暖,金瑜,2007)。

2. 韦克斯勒智力量表

韦克斯勒智力量表(Wechsler Intelligence Scale),由心理学家韦克斯勒(David Wechsler)编制。因适用对象不同而分为三套:韦克斯勒成人智力量表(1939、1955、1981、1997);韦克斯勒儿童智力量表(1949、1974、1991、2003);韦克斯勒幼儿智力量表(1967、1989、2003)

(1)测验目的与功能

韦克斯勒于第二次世界大战期间在军中服务,对美军陆军中流行的甲种、乙种测验的应用很有经验。1939 年,他编制了成人智力量表——韦克斯勒-贝勒维智力量表(Wechsler-Bellevue Intelligence Scale)。当时比奈-西蒙智力量表非常流行,但不太适合成人,尤其将比率智商应用于成人时存在着明显的缺陷;此外,比奈-西蒙智力量表的言语与非言语内容极不平衡,最终量表提供的单一智商分数也限制了测验的诊断功能。韦克斯勒 1955 年开发了一种全新的智力测验——韦克斯勒成人智力量表(Wechsler Adult Intelligence Scale,WAIS),不采用年龄量表的形式,以分测验的形式来组合测验,评分采用点量表形式的积点计分法,而且用离差智商来表示测验结果。

在韦克斯勒成人智力量表诞生后,韦克斯勒于1949年依照成人量表的编制策略又开发了测量儿童智力的个别施测点量表——韦克斯勒儿童智力量表(第一版)(Wechsler Intelligence Scale for Children,WISC-I),该量表经过几次修订已发展到第四版(WISC-IV,2003)。韦克斯勒将量表的年龄适用范围进一步扩展,于1968年推出韦克斯勒幼儿智力量表(Wechsler Preschool and Primary Scale of Intelligence,WPPSI,亦称韦氏学前儿童智力量表),该量表经过两次修订发展到第三版(WPPSI-III,2003)。韦克斯勒的三套智力测验互相衔接,适用的年龄范围可从幼儿直到老年,它是目前应用最广泛的经典智力测验系列量表。

(2) 测验的主要内容

韦克斯勒成人智力量表(第三版,WAIS-III)包括14个分测验,其中11个分测验用于计算全量表智商分数、语言智商分数和操作智商分数。第三版提出了更详细的分数指标,当两个或两个以上分测验与一种基本能力相关时,就生成了指标。如:言语理解(词汇、类同、常识),知觉组织(图画补缺、积木图案、矩阵推理),工作记忆(算术、数字广度、字母-数字排序)以及加工速度(数字-符号译码、符号搜索)。还有3个分测验(图片排列、理解和物体拼组)对以上四方面指标的贡献则很小。WAIS-III的四个指标和相应分测验如图9-3所示。

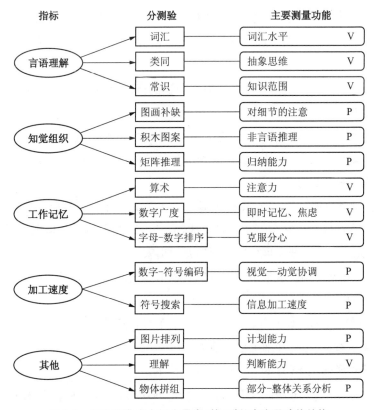

图 9-3　韦克斯勒成人智力量表(第三版)内容及功能结构

注:P代表操作测验,V代表言语测验。

资料来源:罗伯特·卡普兰,丹尼斯·萨库佐.(2010).*心理测验:原理、应用和争论(第6版)*.陈国鹏,席居哲,等,译.上海:上海人民出版社,p.193.

　　韦克斯勒的关键改进有两点。一是采用点量表形式,每一题赋予分值,个体每通过一个题都会有一个具体的分值。这样还便于将特定内容的题项都聚到一起,能够得到每个内容领域的分数。这种编制已成为一种典范。二是不同于早期比奈-西蒙智力量表对于语言能力的过分偏重,韦克斯勒量表设计了一个测量非言语智力的完整量表:操作量表。量表中引入了更多操作任务,而不仅仅是回答问题(罗伯特·卡普兰,丹尼斯·萨库佐,2010)。

　　言语量表,包括词汇、类同、算术、数字广度、常识、理解和字母-数字排序这七个分测验。

　　A. **词汇**(vocabulary),共 33 个词汇题,每个词汇写在一张词汇卡片上。通过视觉或听觉逐一呈现词汇,要求被试解释每个词汇的一般意义。

　　B. **类同**(similarities),包括 15 组成对的词汇,要求被试概括每一对词义相似的地方在哪里。

　　C. **算术**(arithmetic),包括 15 个相对简单的测题,被试在解答测题时,不能使用笔和纸,而只能用心算来解答。

　　D. **数字广度**(digit span),主试大声读出一组 2—9 位的随机数字,要求被试顺背或倒背,两者分别进行。顺背从 3 位数字至 9 位数字,倒背从 2 位数字到 8 位数字。总分为顺背和倒背两者的和。

　　E. **常识**(information),包括 30 个一般性知识的测题,根据难度不断提高依次排列项目,题目的内容非常广。

　　F. **理解**(comprehension),可分为两种题型:一种是要求被试对于现实中的一些规则或现象作出逻辑解释;另一种是主试把每个假设的开放式问题呈现给被试,要求他说明在每种情境下自己该怎么办。

　　G. **字母-数字排序**(letter-number sequencing),它是一个补充测验,作为工作记忆指标的一部分包含在测验中。它由 7 个项目组成,测试者以混合的顺序呈现一系列字母和数字,要求被试先按照数字升序再按字母顺序背诵出来。

　　操作量表,包括图画补缺数字-符号译码、积木图案、矩阵推理、图片排列、拼图和符号搜索这七个分测验。

　　H. **图画补缺**(picture completion),每张图片上都有意缺少一个主要的部分。该测验用来测量视觉敏锐性、记忆和细节注意能力。

　　I. **数字符号译码**(digit symbol coding),这基本上是一个符号替代测验。方法是向被试提供一个由数字 1—9 和跟其配对的符号组成的译码栏,要求被试在规定时限内,依据规定的数字符号关系在数字下部应填的符号。

　　J. **积木图案**(block design),要求被试用 4 块到 9 块积木,按照图案卡片来照样排列积木。积木图案测验用来测量视知觉和分析能力、空间定向能力及视觉-运动综合协调能力。

K. **矩阵推理**(matrix reasoning)，该分测验正是为了适应增强对流体智力评估的需要而产生的。呈现给被试非语言的符号刺激，任务就是需要被试说明图案或刺激物间的关系。

L. **图片排列**(picture arrangement)，包括 11 套图片，每套由 3—6 张图片组成。在每道题中，主试呈示一套次序打乱了的图片，要求被试按照图片内容的事件顺序，把图片重新排列起来，使它们成为一个有意义的故事，该测验用来测量被试广泛的分析综合能力、观察因果关系的能力、社会计划性、预期力和幽默感，等等。

M. **物体拼组**(object assembly)，包括代表常见的物体，是被剪开的扁平硬纸板。把每套零散的图形拼板呈现给被试，要求他拼配成一个完整的物件。物体拼配测验主要测量思维能力、工作习惯、注意力、持久力和视觉综合能力。

O. **符号搜索**(symbol search)，加入这一分测验是为了识别信息加工速度在智力中的作用。在这个分测验中，主试呈现给被试两个几何数字作为目标靶，测验任务就是在一系列 5 个附加搜索数字中进行搜索，并确定目标靶数字是否出现在搜索组中。

韦克斯勒儿童智力量表（第一版）(Wechsler Intelligence Scale for Children, WISC)诞生于 1949 年，用于测量 5—15 岁之间儿童的智力。这是对成人智力量表的延伸，将其编制原则和测量内容移植到儿童量表。最初版本的项目大多直接取自或改编自韦克斯勒-贝勒维智力量表。该量表后来经过 1974 年、1991 年、2003 年的修订，发展到第四版(WISC-IV)。

韦克斯勒儿童智力量表第四版(WISC-IV)是以 6 岁到 16 岁 11 个月的儿童或青少年为对象，进行认知能力评估、个别施测的测评工具。修订后的 WISC-IV 结构反映了当前对儿童认知进行评估的理论导向和实践要求，对工作记忆和加工速度给予了更多关注。新版测验共有 15 个分测验，积木、类同、数字广度、译码、词汇、理解、填图、常识、算术、符号搜索是 10 个从第三版保留下来的分测验。为了强调流体推理和工作记忆的测量，增加了图画概念(picture concepts)、字母-数字排序(letter-number sequencing)、划消(cancellation)、矩阵推理(matrix reasoning)、词语推理(word reasoning)等 5 个分测验。另外，还删除了旧版测验中的图片排列、拼图和迷津 3 个旨在测查问题解决能力的操作分测验。这是因为图片排列和拼图非常依赖反应速度，而研究表明迷津的信度、稳定性和效度都比较差。常识和算术改作补充分测验，以减少对学校教育的强调，使得事实记忆(factmemory)对言语理解指数的影响和数学教育对工作记忆指数的影响都要比以前的版本少(陈海平，2008)。

在衡量智力的指标方面，WISC-IV 除了提供用以说明儿童的总体认知能力的总智商之外，还能导出另外四个合成分数，以进一步说明儿童在不同认知领域中的认知能力。WISC-IV 首次将量表的整体结构变为一种四指数结构。工作记忆指数和加工速度指数被直接纳入量表结构中，有专门的分测验对这两个指数进行测量。除五个合成分数外，

WISC-IV 还依据神经心理学评估的过程方法(process approach)在积木设计、背数和划消三个分测验中提供了七个加工分数,更准确、更精细地对被试的认知过程进行描述。这七个加工分数分别是,不包含速度加分的积木设计分、顺序背数、倒序背数、顺序背数最大长度、倒序背数最大长度、随机划消、结构性划消。这些加工分数并不需要额外的施测,而是基于对儿童在相应分测验中信息加工过程的分析(孔明,孙晓敏,2008)(见图 9-4)。

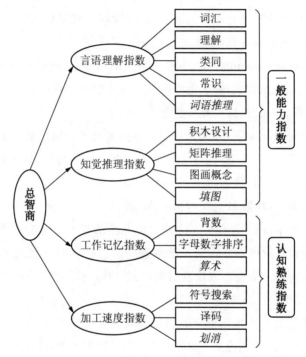

图 9-4　韦克斯勒儿童智力量表(第四版)测验内容结构

注:图中斜体字为补充测验。

资料来源:张厚粲.(2009).韦氏儿童智力量表第四版(WISC-IV)中文版的修订.*心理科学*,*32*(5),1177-1179.

WISC-IV 中有 10 个核心分测验(core subtests)和 5 个补充的分测验(supplemental subtests)。补充的分测验可用于提供额外信息,或者在某一主要的子测验被错误施测时,补充的分测验可作为替补项目(丁怡,杨凌燕,等,2006)。而且四个复合指数可以进行再组合(如图 9-4 所示)。例如,一般能力指数(General Ability Index,GAI)由构成言语理解和知觉推理的六个分测验导出,它的 G 因素载荷高。在某些临床情况下,它比总智商更能表达人的智力潜能。再如,认知熟练指数(Cognitive Proficiency Index,CPI),该合成分数由构成工作记忆和加工速度的四个分测验导出。它的 G 载荷虽低,但侧重认知效率,因此拥有独特的临床价值(陈海平,2008)。

韦克斯勒幼儿智力量表(Wechsler Preschool and Primary Scale of Intelligence,WPPSI),

亦称韦氏幼儿智力量表、韦克斯勒学龄前儿童和学龄初期儿童智力量表。韦氏幼儿智力量表(第一版)编制于 1967 年,用于测量 4 岁到 6.5 岁的儿童智力。后过 1989 年、2003 年的两次修订,发展到最新版本 WPPSI-III。

WPPSI-III 被分为两个年龄段。年龄在 2.5 岁至 4 岁的儿童接受四个核心的分测验(感受词汇、常识、积木图案、物体拼组),每个分测验都使用适合年龄的任务。大一点的儿童(4—7 岁)还要接受另外的分测验(测知觉速度)。WPPSI-III 为所有年龄水平的儿童提供了语言、操作和全量表智商的评估,为大一点的被试还提供了知觉速度的分数。韦氏幼儿智力量表的内容非常类似于韦氏儿童智力量表,题项设计得更简单,更加注重语言的指导和反应,使用更多色彩丰富并具有吸引力的测验材料。由于该测验的适用对象年龄较小,比较容易烦躁和分心,施测者也特别要注意吸引幼儿的注意力。因此对施测者的要求相对较高,考虑到这一点,该测验编制了大量的替代性测验,以避免被试受挫(凯温·墨菲,等,2006)。

WPPSI-III 增加了 7 个新的分测验,以加强对流体推理、加工速度和接受、表达词汇的测量。对具有智力缺陷、发育迟缓、天才、自闭症、注意缺陷多动症和言语障碍的儿童进行了研究,这些有效研究可以帮助人们更好地理解临床和非临床组的相应表现。除了增加分测验以外,还增加了两个组合(加工速度指数 PSQ 和一般语言组合 GLC)这些新组合与言语、操作和全量表一起,为评估幼儿提供了新的视角。

(3)测验举例

韦克斯勒成人智力量表

数字广度:

A. 分顺背和倒背,顺背有 10 个数字串,倒背 9 个数字串。主要测量即刻记忆和短时记忆、注意力。倒背还测量工作记忆。

B. 所有被试均第 1 项开始,每项有两试,两试均失败则停止。每秒一数,不能分组,第 1 项失败缩短位数,全部通过可加位。

C. 按通过的数字位数记分,而不是按通过的项目数记分,顺背最高 12 分,倒背 10 分。

顺　背	倒　背
3：5—8—2 6—9—4	2：2—4 5—8
4：6—4—3—9 7—2—8—6	3：6—2—9 4—1—5
5：4—2—7—3—1 7—5—8—3—6	4：3—2—7—8 4—9—6—8
6：6—1—9—4—7—3 3—9—2—4—8—7	5：1—5—2—8—6 6—1—8—4—3

(续表)

顺　背	倒　背
7：5—9—1—7—4—2—8 4—1—7—9—3—8—6	6：5—3—9—4—1—8 7—2—4—8—5—6
8：5—8—1—9—2—6—4—7 3—8—2—9—5—1—7—4	7：8—1—2—9—3—6—5 4—7—3—9—1—2—8
9：2—7—5—8—6—2—5—8—4 7—1—3—9—4—2—5—6—8	8：9—4—3—7—6—2—5—3 7—2—8—1—9—6—5—3
10：5—2—7—4—9—1—3—7—4—6 4—7—2—5—9—1—6—2—5—3	9：6—3—1—9—4—3—6—5—8 9—4—1—5—3—8—5—7—2
11：4—1—6—3—8—2—4—6—3—5—9 3—6—1—4—9—7—5—1—4—2—7	10：6—4—5—2—6—7—9—3—8—6 5—1—6—2—7—4—3—8—5—9
12：7—4—9—6—1—3—5—9—6—8—2—5 6—9—4—7—1—9—7—4—2—5—9—2	顺____＋倒____＝____

数字符号

A. 要求给数字(1—9)配上相应的符号,共 90 项。主要测量学习新联想的能力、视觉-运动协调、精细运动、持久能力和操作速度。

B. 在 90 秒内,以最快的速度,按顺序填写相应的符号,时间到停止。

C. 每正确填写一个符号记 1 分,倒转符号记 0.5 分,最高 90 分。

1	2	3	4	5	6	7	8	9
一	⊥	⊓	∟	∪	0	∧	×	＝

2	1	3	7	2	4	8	1	5	4	2	1	3	2	1

4	2	3	5	2	3	1	4	6	3	1	5	4	2	7

6	3	5	7	2	8	5	4	6	3	7	2	8	1	9

5	8	4	7	3	6	2	5	1	9	2	8	3	7	4

6	9	8	2	6	7	9	1	2	5	8	2	4	1	8

3	1	4	1	5	7	2	9	4	2	3	7	9	1	3

资料来源:龚耀先,戴晓阳.(1982).修订韦氏成人智力量表手册(WAIS-RC)(内部资料).长沙:湖南医学院.

韦克斯勒儿童智力量表

常识:

A. 一年分为哪四季?

B. 油为什么会浮在水上?

类同:

A. 蜡烛与电灯在什么地方相似?

B. 愤怒与喜悦在什么地方相似?

积木图案:

要求被试用红白相间的积木组合成主试呈现的 11 种图样。简单的图样需要用 4 块积木,复杂的需要用 9 块(图样如图 9-5 所示)。

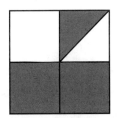

图9-5　积木图样

资料来源:顾海根.(2010).应用心理测验学.北京:北京大学出版社,pp.52-53.

动物房:

用不同的弹子代表不同的动物,要求儿童按照既定规则在每一个动物下面的洞内放入相应颜色的弹子,儿童完成时间越快,并且错误和遗漏越少,得到的分数就越高。原理其实跟成人测试中的数字符号原理相同,测的是儿童视觉-运动速度和协调能力,短时记忆和注意力。

(4)测验的信度和效度

韦克斯勒成人智力量表 3 个版本全量表的分半信度都超过 0.95,而语言智商和操作智商的信度通常在 0.90—0.95 之间。单个的分测验信度也很少有低于 0.70 的(凯温·墨菲,等,2006)。WAISI-III 的语言量表、操作量表和全量表的内部一致性信度和再测信度都是令人满意的。除了速度测验(数字符号译码和符号搜索)以外,计算其他所有分测验在不同年龄水平上的分半信度,全量表的平均分半信度是 0.98,语言量表的平均分半信度是 0.97，操作量表的平均分半信度是 0.94(Tuleky，Zhu，& Ledbetter，1997)。测验指导手册报告的再测信度系数比分半信度系数要稍微低一点(全量表、语言量表和操作量表的再测信度分别是 0.95、0.94 和 0.88)。各种分测验的再测信度系数表现出更大的不同。从测验手册报告的数据来看，多数分测验的再测信度系数介于 0.70—0.80 之间，有少数在 0.60 左右(Tulsky，Zhu，& Ledbetter，1997)。

WAIS-III 的效度主要依赖于 WAIS-III 与较早的 WAIS-R 之间的相关，以及 WAIS-III 与 WISC-III 之间的相关(不考虑年龄因素)。WAIS-III 的全量表 IQ、语言量表 IQ 以及操作量表 IQ 和其他测验之间的相关要高于具体分测验之间的相关(见表 9-2)。

表 9-2　WAIS-III、WAIS-R 及 WISC-III 间的相关

WAIS-III		WAIS-R	WISC-III
分测验			
	词汇	0.90	0.83
	类同	0.79	0.68
	算术	0.80	0.76
	数字广度	0.82	0.73
	常识	0.83	0.80
	理解	0.76	0.60
	字母-数字排列	—	—
	图画补缺	0.50	0.45
	数字符号译码	0.77	0.77
	积木图案	0.77	0.80
	矩阵推理	—	—
	图片排列	0.63	0.31
	符号搜索	—	0.67
	物体拼配	0.69	0.61
IQ			
	语言 IQ	0.94	0.88
	操作 IQ	0.86	0.78
	全量表 IQ	0.93	0.88

资料来源：Robert M.Kaplan & Dennis P. Saccuzzo(2005).心理测验(第5版).赵国祥，等，译.西安：陕西师范大学出版社，2005，p.205.

WAIS-III 的内容、基本原理和操作程序与 WAIS 及 WAIS-R 基本上是相同的。因此，有关 WAIS 和 WAIS-R 的效度研究为评估 WAIS-III 的效度提供了良好的基础。马特拉佐(Matarazzo，1972)总结了关于 WAIS 的效标关联效度的研究，结果发现 WAIS 分数和大量的学业和生活成就(包括学习成绩及对工作绩效和职业水平的测量)效标显著相关。一般说来，WAIS 的效标关联效度要小于斯坦福-比奈智力量表。对 WAIS-III 量表自身的检验表明它至少具有一定水平的内容效度。WAIS 分数与其他的一般智力测验分数之间

具有一贯的高度相关。这就为它的构想效度提供了外部证据(Cooper & Fraboni，1988)。

　　WISC-R 的信度采用计算 11 个年龄组。每个测验(数字广度和译码除外)的奇偶分半信度，言语、操作、全量表的平均分半信度分别为 0.94、0.90、0.96；而采用 3 个年龄组 6.5—7.5 岁，10.5—11.5 岁，14.5—15.5 岁计算再测信度(以 1 个月为间隔)，言语、操作、全量表的平均再测信度分别为 0.93、0.90、0.95(郑日昌，等，1998)。

　　WISC-R 的原始分数随年龄增加而增加，与学业效标的相关系数达到 0.50—0.60。言语量表和操作量表具有 0.67 的相关，这说明两者有共同之处，测量了智力的 G 因素。WISC-R 与 1972 年的斯坦福–比奈智力量表也有很高的相关，在各年龄组的平均相关系数为 0.73(郑日昌，等，1998)。WISC-R 的言语 IQ、操作 IQ 及全量表的 IQ 与 1972 年版的斯坦福–比奈智力量表 IQ 的平均相关系数分别为 0.71、0.60 和 0.73。用分半相关法计算的内在一致性信度系数表明，言语量表、操作量表和全量表的 IQ 对于整个年龄全距都有高信度，它们三者的平均信度系数分别为 0.94、0.90 和 0.96。分测验的信度也是相当令人满意的，言语测验各个分测验的平均信度系数是 0.77—0.86，操作测验各个分测验的平均信度系数是 0.70—0.85。用再测相关计稳定系数(时间间隔一个月)，对于 6.5—7.5 岁的年龄组，言语量表、操作量表、全量表的稳定系数分别为 0.90、0.90 和 0.94；对于 10.5—11.5 岁的年龄组，三种量表的稳定系数分别为 0.95、0.89 和 0.95；对于 14.5—15.5 岁的年龄组，三种量表的稳定系数分别为 0.94、0.90 和 0.95(竺培梁，1987)。

　　有证据支持 WISC 的构想效度，对 WISC 分数的分析结果支持将分测验分为语言和操作智商(Cohen，1959；Geary & Whitworth，1988；Wallbrown，Blaha，& Wherry，1973；Kaufman，1975)。另有研究证据支持 WISC 的效标关联效度。考夫曼(Kaufman)报告 WISC-R 全量表智商分数和学业成就测量(成绩、教师评定等)的相关通常在 0.50—0.60 之间，而且当用 WISC-R 来预测在小学的表现时，效度可达 0.70 左右(凯温·墨菲，等，2006)。

　　WISC-Ⅲ的全量表、语言量表和操作量表 IQ 的平均分半信度系数分别是 0.96、0.95 和 0.91，再测信度系数稍微低于分半信度系数；每个分测验的信度系数多在 0.70—0.80 之间(Wechsler，1991)。各分测验的内在一致性系数中，最低的是迷津，系数为 0.70；最高的是词语和积木分测验，均为 0.87。但在较大年龄段的被试中，积木分测验的内在一致性系数显得比较低，15 岁组的系数为 0.61，16 岁组的系数是 0.67。在各因素指标之间，内在一致性的变化也十分明显，如言语理解的内在一致性系数为 0.94，而加工速度的内在一致性系数是 0.85(葛明贵，柳友荣，2010)。

　　WISC-Ⅲ和其他韦克斯勒智力量表有相当高的相关。相容效度的研究报告在测验手册中也有记录，WISC-Ⅲ的全量表分数与 WISC-R 的相关系数为 0.89，与韦克斯勒学龄前和学龄初儿童智力量表(修订版)的相关系数为 0.92，与区分能力量表(DAS)的相关系数为 0.92，与 WAIS-Ⅲ 和 WPPS1-R 在全量表、语言量表和操作量表上的相关系数都在 0.70—0.80 之间。WISC-Ⅲ与斯坦福–比奈智力量表的相关对于单个分测验来说大多数相关系数都在 0.60—0.70 之间。而全量表、语言量表和操作量表，个量表智商分数的相关系数在0.80—0.90 之间（罗伯特·卡普兰，2005）。

WISC-IV 保持了先前版本的良好心理测量学特征。其信度系数与 WISC-III 和 WAIS-III 类似，WISC-IV 的分半信度范围从 0.88（加工速度）到 0.97（全量表 IQ），只有个别分测验信度偏低（Wechsler，2003b，p.35）。

WPPSI 的言语量表、操作量表及总量表的分半信度是 0.87—0.90、0.84—0.91、0.92—0.94。以 11 个星期为间隔的再测信度分别为 0.86、0.89、0.92（郑日昌，等，1998）。三个智商量表的内部一致性信度系数从 0.93 到 0.96；各个分测验的信度系数从 0.77 到 0.87。大量研究证明，WPPSI 具有较好的内容效度和同时效度，因素分析证实其具有良好结构效度，发现了言语及操作群因素（葛明贵，柳友荣，2010）。WPPSI 的言语、操作及全量表与斯坦福–比奈智力量表的相关系数分别达到 0.76、0.56、0.75（郑日昌，等，1998）。

WPPSI-III也具有很好的信度和效度。语言、操作和全量表智商信度大都在 0.90 左右，而分测验的信度接近 0.80（葛明贵，柳友荣，2010）。因素分析以及和其他智力测验的相关都为 WPPSI-III的构想效度提供了证据（Wallbrown，Blaha，& Wherry，1973）。尽管有一些证据支持 WPPSI 的效标关联效度，但是关于 WPPSI 预测能力的数据相对还不多见，这可能是学前儿童适宜的效标测量本身就比较缺乏（凯温·墨菲，等，2006）。

3. 瑞文渐进矩阵测验

瑞文渐进矩阵测验（Raven's Progressive Matrices，RPM），亦称瑞文推理测验，英国心理学家瑞文（John Carlyle Raven）于 1938 年编制的一种非文字智力测验，经过 1947 年、1956 年、1996 年三次修订。

（1）测验目的与功能

瑞文渐进矩阵测验适合团体施测，适用的年龄范围从儿童到老年，不易受被试文化、种族和语言的限制（蒋京川，杜叶，张红坡，2009）。该测验也受斯皮尔曼二因素理论的影响，被视为测量一般智力因素的有效工具。

瑞文渐进矩阵测验有三种不同的版本。最早的版本是标准型测验（Standard Progressive Matrices），它也是应用最广泛的形式。为了适用于那些发育较为迟缓或者年纪较小的儿童，瑞文于 1947 年又推出彩色型测验（Coloured Progressive Matrices）。最后是针对少部分智力超常的被试而特别设计的高级型测验（Advanced Progressive Matrices）。这样，5 岁儿童直至老年人都是瑞文渐进矩阵测验的适宜测量对象，它既可以个别施测，又可以团体施测，是大规模智力筛查的理想工具。瑞文渐进矩阵测验已成为文化公平测验中的一种典范，也常被用于跨文化研究。

（2）测验的主要内容

瑞文标准型测验（Standard Progressive Matrices，SPM）是三种版本中应用最广泛的

版本。标准型测验共包括 60 个黑白矩阵,每组都有 12 个矩阵。60 张图案按逐步增加难度的顺序分成 A、B、C、D、E 五组:A 组主要测知觉辨别力、图形比较、图形想象力等;B组主要测类同、比较、图形组合等能力;C 组主要测比较、推理和图形组合能力;D 组主要测系列关系飞图形组合,比拟等能力;E 组主要测互换、交错等抽象推理能力(郑日昌,等,1998)。

每组所用的解题思路基本一致,而各组间的题型略有不同,每组在智力活动的要求上也各有不同。解答这 5 组矩阵涉及的规则包括知觉辨认、模式的旋转和排列。E 组最后几题为本测验难度最大的测题,它们不只是一般的图形套合与互换关系,还要求被试从中发现正反相消的关系。总的说来,矩阵的结构越来越复杂,从一个层次到多个层次的演变,要求的思维操作也是从直接观察到间接抽象推理的渐进过程。该测试时间一般为20—45 分钟,适用于 5 岁以上的儿童和成人(5—80 岁)。由于这个测验的下限很低而上限又相当高,它可以用来测量大部分人的能力水平(凯温·墨菲,等,2006)。

瑞文彩色型测验(Coloured Progressive Matrices,CPM)在图形内容上与标准型并无实质差别,只是将标准型中的 A、B 两组中的一些图形加上色彩,并插入一个新的 AB 组;在难度上与标准型相比,彩色型则明显降低。彩色型推理测验共有 36 个项目,分为 3 组,每一矩阵都使用了色彩。因此,这一测验更适用于那些发育比较迟缓的年纪比较小的儿童(4—10 岁)以及少量智力低下的年长儿童和成人(60—89 岁)。测试时间一般为 15—30分钟(葛明贵,柳友荣,2010)。

瑞文高级型测验(Advanced Progressive Matrices,APM)共分两套,第一套 12 个项目,第二套 36 个项目。其中许多矩阵的解答都涉及极其复杂的规则(凯温·墨菲,等,2006)。测试时间为 40—60 分钟。适用于大一些的少年(17 岁以上)和成人,通常用于那些认为标准型测验过于简单的智力超常的人。这个测验可以有效地区分出那些在标准推理测验上获得极高分数的被试(葛明贵,柳友荣,2010)。

瑞文高级型测验的内容设计和编排都遵循类似的规则。无论是纸笔作答还是计算机施测都是由一系列多重选择项目组成,每一个项目都代表了一个以矩阵的形式进行的知觉类推。在每个项目中,一些有效关系将这个矩阵每行的子项目联系起来,而另一些有效关系将这个矩阵每列的子项目联系起来;每个矩阵都以这样一种方式呈现:矩阵的右下方缺失一块。被试必须从 6—8 个备选答案中选择出最符合每一个矩阵的整体结构的图片填补上去;在所有的测验项目中,测验项目顺序均按照由易到难排列;共有两种题目形式,一是从一个完整图形中挖掉一块,另一种是在一个 2×2 或 3×3 的图形矩阵中缺少一个图形,要求被试从给出的几个备选图案中,选出一个能够完成图形或符合一定的结构排列规律的图案(葛明贵,柳友荣,2010)。渐进矩阵的构图说明其中的数列关系越来越隐蔽,因素越来越多,解决这类问题越来越依靠间接的抽象概括思维能力——类比推理。只有对其中的演变规则分析并把握得越清晰,类比推理才会越有把握。因此,该系列测验又常被称作"瑞文渐进矩阵测验"。

（3）测验举例

瑞文标准型测验举例：

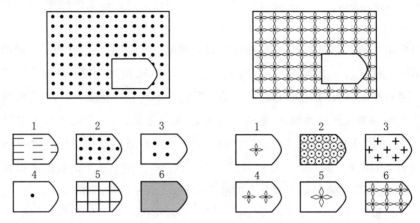

图 9-6　瑞文标准型测验举例

瑞文彩色型测验举例：

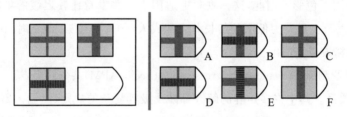

图 9-7　瑞文彩色型测验举例

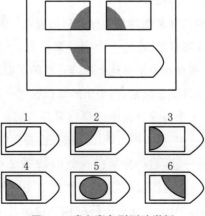

图 9-8　瑞文彩色型测验举例

瑞文高级型测验举例：

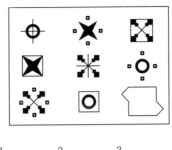

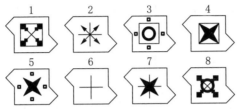

图 9-9 瑞文高级型测验举例

资料来源:罗伯特·卡普兰,丹尼斯·萨库佐.(2010).心理测验:原理、应用和争论(第 6 版).陈国鹏,席居哲,等,译.上海:上海人民出版社,2010,p.253.

(4)测验的信度和效度

瑞文标准型推理测验信度通常在 0.70—0.90 之间(Kevin R. Murphy & Charles O. Davidshofer,2006)。张厚粲修订的瑞文标准型推理测验中国城市版的分半信度达到 0.95;间隔 15 天和 30 天的再测信度分别为 0.82 和 0.97;同时效度方面,它与韦氏言语智商、操作智商、总智商的相关分别为 0.54、0.70、0.71;预测效度方面,发现该量表与数学成绩相关比较高的相关,它与高考语文成绩、数学成绩、总分的相关分别为 0.29、0.54、0.45(张厚粲,王晓平,1989)。研究表明,瑞文标准型推理测验与多个智力测验的相关在 0.50—0.75 之间(Burke,1972)。尽管瑞文标准型推理测验的效度往往要低于那些更加标准的智力测验,但是它的分数和各种学业成就测验也具有相关性(Kevin R. Murphy & Charles O. Davidshofer,2006)。

瑞文标准型推理测验的 5 个单元:A 主要测知觉辨别力、图形比较、图形想象等;B 主要测类同、比较、图形组合等;C 主要测比较、推理、图形组合;D 主要测系列关系、图形套合;E 主要测套合、互换等抽象推理能力。在 5 个单元得分中,B、C、E 单元得分与韦氏总智商有显著相关性,而且 B、C、E 单元得分与操作量表分有显著相关性;而仅有 C 单元得分与言语量表分有显著相关性(Kevin R. Murphy & Charles O. Davidshofer,2006)。

二、认知能力测验

正如安娜斯塔西所说,由于智商(IQ)在社会被滥用,最好将一般能力改为认知能力。

不过还必须看到,今天的认知能力测验的确吸收了大量认知心理学的研究成果。

1. 戴斯-纳列里认知评估系统

戴斯-纳列里认知评估系统(Das-Naglieri Cognitive Assessment System, CAS),由加拿大心理学家戴斯(Jagannath Prasad Das)和纳列里(Jack Naglieri)1994 年编制。

(1)测验目的与功能

戴斯等人(Das, Kirby, & Jarman, 1975)提出一种全新智力理论——PASS 智力理论(PASS theory of intelligence)。他们将这种智力理论操作化,将智力当作一种认知加工过程来进行测量和评估,开发出一套标准化的 PASS 测验——戴斯-纳列里认知评估系统(CAS)。戴斯-纳列里认知评估系统(CAS)与考夫曼儿童成套评价测验(K-ABC)一样,受到鲁利亚(Alexander Luria)大脑功能分区理论的影响,强调个体的智力活动与三个认知功能系统(注意-唤醒系统、编码-加工系统、计划系统)的联系。因此,CAS 是一种典型的认知能力测验(Das, 2002)。

CAS 的主要目的在于评估个体的基本认知能力,这种能力与学习相关,但又独立于教育。它评估的基本认知能力包含计划、注意、同时加工和继时加工。CAS 是一种新型的智力评定工具,不仅可以有效地动态评估认知过程,反映个体的认知能力,还可以用于诊断个体学习能力的优劣、学习困难和认知过程缺陷(如注意缺陷多动障碍)等(刘明,2004;邓赐平,傅丽萍,李其维,2009)。除了依据 PASS 智力理论开发的认知评估系统,戴斯等人还提出 PASS 补救计划(PASS Remediation Program, PREP)。基于 CAS 的评定结果,可以对儿童的认知缺陷设计干预或教育方案(Das, 1994)。

(2)测验的主要内容

CAS 是严格对应 PASS 智力理论来编制的,将智力构念为认知加工过程(计划、注意、同时性加工、继时性加工)来加以测量和评估。CAS 适宜对 5 岁至 17 岁 11 个月的个体进行个别施测,测验内容包含计划、注意、同时性加工和继时性加工四个分量表,共 12 项测验任务。

A. **计划分量表**(Planning)。需要儿童考虑如何解决每一个项目,提出一个行动的计划,运用计划确定行动,保持与原始目标的一致性,并在必要的时候修正计划,控制不加考虑的冲动行为。计划分量表要求说明有效操作的策略使用情况,它包含数字匹配、计划编码和计划连接三个分测验。

B. **注意分量表**(Attention)。要求被试有选择地注意一个两维刺激的一个方面而忽略其另一个方面。该分量表包括表达性注意、数字检测和接受性注意三个分测验。接受性注意考察了注意的输入部分,数字检测考察注意的加工过程,表达性注意测查儿童的注意输出部分。以上这三个任务形成注意的整体。

C. **同时性加工分量表**(Simultaneous)。该分量表要求观察到项目所有各个成分之间的关系,从而将分离的元素整合成一个使用言语或非言语内容的相互联系的完整模式或观念。同时性加工任务的难度取决于成分间相互联系的复杂性和数量,其各分测验测题均按照由易到难的顺序编排。同时性加工分量表包括矩阵、言语—空间关系和图形记忆三个分测验。

D. **继时性加工分量表**(Successive)。继时性加工任务要求个体理解和把握按照特定顺序呈现的信息,其难易程度取决于刺激的数目和刺激之间次序关系的复杂性、抽象性和清晰性。该分量表包括词语系列、句子复述、言语速率/句子提问三个分测验,每一分测验的题目均按由易(两个广度)到难(九个广度)的顺序编排。其形式大多要求个体根据一个特定的序列进行重复(姜婷婷,2008)。

8个或12个分测验(基础版或标准版)的得分可以转换成四个量表分数,这四个分数相加就得到一个称为"全量表分数"。测验手册中提供了把四个量表得分、全量表分数转换成标准分、百分量等级和年龄当量(间隔为4个月)的有关表格。

(3) 测验举例

同时性加工中的非言语矩阵测验。题目使用的图形或几何元素之间存在空间组织或逻辑组织联系,要求被试对各元素间的联系进行抽象。图9-10要求被试基于呈现的5个图形间的关系进行推断,选出所缺的第6个图形(邓赐平,傅丽萍,李其维,2009)。

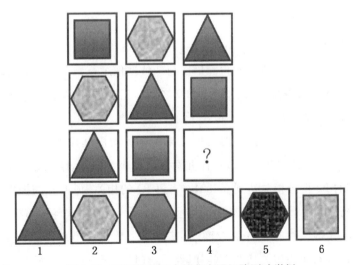

图9-10　同时性加工中的非言语矩阵测验举例

计划性量表中的计划编码测验。它需要被试能够发现题目编排的规律,在填写的时候提高完成任务的速度。这种测验总是鼓励被试去使用策略,在完成这一任务的时候,被试可能采用不同的策略,相当一部分儿童都能按字母来完成题目,比如先把A填写完,再填B,等等,这样往往在计划方面他们的分数比较高。计划分测验需要被试对自己的行为进行监控,以发展更好的策略来解决问题(见图9-11)。

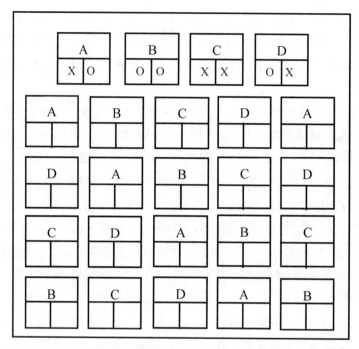

图 9-11   计划性量表中的计划编码测验举例

资料来源:李长青.(2003).*PASS* 理论及其认知评估系统(*CAS*)与传统智力测验的比较研究.北京:首都师范大学硕士学位论文,p.15，p.18.

(4) 测验的信度和效度

CAS 测验手册中报告的该测验再测信度与一致性信度系数分别是,全最表得分为以 0.90 上,四个 PASS 量表得分则在 0.80—0.90 之间。王晓辰、李清的研究报告 CAS 各个分测验的克龙巴赫 α 系数在 0.61—0.82 之间。以瑞文推理测验为效标,结果显示,认知评估系统各分量表标准分与瑞文推理测验的结果的相关均极其显著(相关值分别为 0.40、0.42、0.73、0.51)。李长青 2003 年以韦氏儿童智力量表为效标,结果显示 CAS 全量表得分与 WISC-CR 的 IQ 得分相关达到 0.608,与言语 IQ 的相关为0.497,与操作 IQ 的相关为 0.553。以上研究均显示 CAS 具有较好的效标关联效度(王晓辰,李清,邓赐平,2010)。

研究表明,PASS 模型有很好的效度,比其他几个替代模型更能拟合数据(Naglieri,1999，2000)。四因素间的相关从 0.37(同时性—继时性)至 0.68(计划—注意)之间,计划和注意两个过程确实密切相关。他们认为,这与鲁利亚(Luria, 1966)关于第一—第三功能单位的描述相一致,两者的关系预期中就应比和同时性、继时性更密切,但两者又是相对独立的。也有研究也证实了这种密切联系(尤其是计划过程和注意关系非常密切)(邓赐平,刘明,张莹,李其维,2010)。

蔡丹等人(蔡丹,邓赐平,李其维,2010)运用 CAS 对 105 名幼儿园儿童施测,前后两次施测(间隔两个月)的重测相关系数为 0.73(*P*<0.001),表明该测验具有较好的稳定性。

对 253 名三至八年级学生进行 CAS 施测,发现被试的数学成绩与 PASS 认知过程的相关分别为 0.433、0.412、0.514、0.391,与全量表的相关值最高,为 0.567。进一步通过回归分析表明,同时性加工对数学学习困难的预测效力最高,达到 81.6%。对 68 名数学学习困难学生和 79 名数学学习正常学生匹配,研究发现两组学生在 PASS 各过程中差异显著[量表总分 $F(1, 145)=11.942$, $P<0.001$]。

张海丛等人将 CAS 运用于轻度智障儿童。结果显示,认知评估系统得分与韦氏儿童智力测验(WISC-R)的智商分数相关值为 0.292。通过多元回归分析发现,CAS 对于学习成绩的预测力更好,其解释量达到 47.2%(张海丛,许家成,方平,等,2010)。这表明 CAS 具有良好的预测效度。

2. 伍德科克-约翰逊认知能力测验

伍德科克-约翰逊认知能力测验(Woodcock-Johnson Tests of Cognitive Abilities,WJ-COG),由伍德科克(Richard Woodcock)和约翰逊(Mary E. Bonner Johnson)于 1977 年编制,于 1989 年、2001 年、2014 年经过 3 次修订。

(1)测验目的与功能

伍德科克-约翰逊认知能力测验(WJ-COG)基于卡特尔-霍恩-卡罗尔理论(Cattell-Horn-Carroll theory)开发而来。WJ-COG 主要用来测量认知功能相关的内容。而且第三版(Woodcock Johnson III-Tests of Cognitive Skills,WJ-III)还包含成就测验(WJ-ACH),两者结合使用可以准确的比较被试的认知能力、口头言语能力、学习能力以及成就分数。认知能力测验部分(WJ-COG)的一些分测验可以最小适用于 24 个月的幼儿,整个测验则可以对 5—95 岁的个体进行测量(弗雷德里克·施兰克,等,2003)。

此外,WJ-III COG 有助于进行系统的和有针对性的学习诊断和干预。据个体当前认知能力优势劣势的状况制定有针对性的教育和训练计划,而且在一定时间间隔后进行相应的增长性评估确定干预的成效。这种方式可以应用于对学习障碍群体有计划、有步骤地具体干预中(姜婷婷,2008)。而且 WJ-COG 很容易修改,因此对于把英语作为第二语言的学生、听力和视力受损害的个体以及脑受伤和身体残疾的个体都是很实用的(袁琳,2005)。

(2)测验的主要内容

WJ-COG 测验结构由麦格鲁(Kevin McGrew)和弗拉纳根(Dawn P. Flanagan)在卡特尔-霍恩-卡罗尔理论基础上发展起来。卡特尔-霍恩-卡罗尔理论是整合了霍恩(John L. Horn)、卡特尔(Raymond B. Cattell)的流体-晶体智力理论以及卡罗尔(John B. Carroll)的三层认知能力理论。卡特尔-霍恩-卡罗尔理论借鉴了卡罗尔认知能力模型的三层框架以及第一层的概念和内容,称之为"特殊能力"(Narrow Abilities);同时吸收了流体-晶体智力模型中的"流体-晶体能力"并将其置于模型的第二层,称为"广泛能力"(Broad Abilities),每个广泛能力包括不同的特殊能力;模型的顶层就是一般能力因素,但认知能力测验更关注的是第二层的广泛能力(姜婷婷,2008)。相对应的,WJ-III COG 的每个分测验都可以划归为卡特尔-霍恩-卡罗尔理论不同的认知能力之下。而且,第三版在 10 个标准测验基础上还增加了 10 个扩展测验,每个测验针对认知能力的不同方面,可根据实际需要组合选择。

A. **词汇理解测验**(Gc)。词汇理解是属于"理解-知识"测验,它是评估晶体智力(Gc)的一种手段。词汇理解包括四个分测验:图片词汇、同义词、反义词和词语类比。每个分测验测量了口语中语言发展的不同方面。

B. **视-听学习测验**(Glr)。该测验是与长时贮存和提取(Glr)有关的测验。该测验要求被试学习、贮存并提取一系列视-听觉联想物。在这个联想的、富有意义的记忆测验中,要求被试学习和回忆字谜(具有象形文字特征的单词)。

C. **空间关系**(GV)。空间关系是与视觉空间思维(Gv)有关的测验。这种形象化的空间关系任务要求被试判断形成一个完整的目标形状是两部分还是三部分。随着各图形部分的翻转、旋转和外形相似性的增加,任务难度也相应的增大。

D. **声音混合**(Ga)。声音混合是一个听觉加工(Ga)测验。该语音编码测验测量的是合成语音因素的技巧。要求被试听一系列音节或音素然后把它们合成一个单词。

E. **概念形成**(Gf)。概念形成试一个流畅的推理(Gf)测验。这种受限的学习任务涉及了归纳性逻辑基础上的范畴推理。概念形成也测量了执行加工能力,当要求频繁地转换人的心理定向时的思维灵活性方面。该测验不包含记忆成分,给被试呈现一套完整的刺激系列,要求从中推出每个项目的规则。除最后的项目外,在下一个项目呈现之前给被试有关每个反应正确性的即刻反馈。

F. **视觉匹配**(Gs)。视觉匹配是有关加工速度(Gs)的测验。具体地说,是对知觉速度的测量。测验任务测量的是认知功效的一个方面,即个体对视觉符号作出辨别的速度。该测验要求被试圈出 6 个一行的数字中完全相同的两个数字。任务难度随着数位的增加(从一位数到三位数)而增大,而且有三分钟的时间限制。

G. **倒背数字**(Gsm)。倒背数字是有关短时记忆(Gsm)的一个测验。该测验主要测量的是短时记忆广度,但也可以用来测量工作记忆或注意力。测验考察个体在即刻的注意(记忆)时保持数字的数量,并且这时要执行心理操作(倒背数字)(姜婷婷,2008)。

(3) 测验举例

WJ-III 测验 12:搜索的流畅性

该测验针对长时记忆的搜索能力(Glr),即从已有知识里进行检索的流畅性。要求被试在 1 分钟内尽可能多地说出某个类别的例子。类别包括食品饮料、人名以及动物等。每个被试要完成 3 个项目;每个项目限时 1 分钟;对正确答案记分(不接受重复答案,但接受不同语言的答案,如果不是同一物品的两种语言表达)。

资料来源:弗雷德里克·施兰克,等.(2003).认知能力测评.李剑锋,译.北京:华夏出版社,p.35.

（4）测验的信度和效度

认知能力测验修订版（WJ-R COG）的技术手册（McGrew，Werder，& Woodcock，1991）提供了每一项分测验的信度。标准的主要认知能力指数（根据前 7 项测验）的整个测验信度为 0.94。对于学龄前的样本（2—4 岁儿童）主要认知能力指数的内部一致性系数为 0.96。对于所有的样本组（根据前 14 项测验）扩大量表的内部一致性系数超过了0.95（Woodcock & Mather，1989）。认知能力测验第 3 版的标准化选取了 8 818 名被试，标准测验系列的信度系数在 0.81—0.94 之间，扩展测验系列的信度系数在 0.74—0.97 之间。速度测验的重测信度：7—11 岁组在 0.76—0.95 之间；14—17 岁组在 0.73—0.89 之间；26—29 岁组在 0.69—0.90 之间。以上结果均表明该测验的信度非常好（Woodcock，McGrew，Mather，Schrank，et al.，2003）。

检验 WJ-R COG 的同时效度，使用了考夫曼儿童评估成套测验（K-ABC）、斯坦福-比奈智力量表第四版（SB-IV）、韦氏成人智力量表修订版（WAIS-R）和韦氏儿童智力量表修订版（WISC-R）等传统的经典智力测验。64 个 3 岁儿童的同时效度系数是从 0.46 到0.69。WJ-R 与 K-ABC 心理加工测验的相关是 0.69，与 SB-IV 的相关也达到 0.69。其中，在 9 岁这个阶段 WJ-R（根据前 7 项测验）与 K-ABC、SB-IV 和 WISC-R-的同时效度系数分别为 0.46、0.53 和 0.52。当使用扩大的主要认知能力成套测量量表（根据前 14 项测验）时，效度系数大大的增加，从 0.65 到 0.70 左右（Woodcock & Mather，1989）。认知能力测验第 3 版（WJ-III COG）的标准测验系列得分与 SB-IV、WPPSI、WISC、WAIS、K-ABC 的相关分别为0.76、0.73、0.71、0.67、0.75。扩展版与这些经典智力测验的相关值也都在 0.70 以上（Woodcock，McGrew Mather，Schrank，et al.，2003）。这些数据都表明，伍德科克-约翰逊认知能力测验具有非常好的效标效度。

姜婷婷（2008）的研究显示，WJ-III COG 与小学生语文成绩的相关在 0.221—0.498 之间（$P<0.001$），与数学成绩的相关值在 0.217—0.476 之间（$P<0.001$）。焦永清（2011）将 215 名小学三至六年级儿童的数学成绩按年级转换成标准分，考察广泛认知能力与儿童数学成绩之间的相关。结果显示，数学标准分与各项认知能力均呈现不同程度的正相关。其中，晶体智力（Gc）、视觉空间思维（Gv）、流体智力（Gf）、加工速度（Gs）和短时记忆（Gsm）与数学标准分的相关分别为 0.309、0.334、0.427、0.438、0.352（$P<0.01$）；长时提取（Glr）和听觉加工（Ga）与数学标准分的相关分别为 0.156、0.143（$P<0.05$）。对数学成就分数的回归分析发现，有显著回归效应的认知能力是加工速度（GS）、流体智力（Gf）、短时记忆（Gsm）和视觉空间思维（Gv）。这四个认知能力可以解释数学成绩 33.90% 的变异，其中加工速度（GS）可以单独解释 19.2% 的变异。专门针对数学困难儿童的数学成就分数的回归分析发现，有显著回归效应的认知能力是加工速度（Gs）和视觉空间思维（Gv）。这两个认知能力可以解释数学成绩 29.6% 的变异，其中加工速度（GS）可以单独解释 21.7% 的变异。以上结果均表明 WJ-III COG 有良好的预测效度。有研究者对 WJ-R 进

行的因素分析支持伍德科克-约翰逊认知能力测验的量表结构,表明 WJ-R 具有良好的结构效度(Reschly,1990;Ysseldyke,1990)。

3. 考夫曼儿童成套评价测验

考夫曼儿童成套评价测验(Kaufman Assessment Battery for Children,K-ABC),由考夫曼夫妇(Alan S. Kaufman & Nadeen L. Kaufman)1983 年编制,2004 年修订。

(1)测验目的与功能

认知神经心理学的的重要理论极大地影响着智力测验的发展。美国心理学家考夫曼夫妇开发的 K-ABC 就深受神经心理学家鲁利亚(Alexander Luria)、斯佩里(Roger Wolcott Sperry)和认知心理学家戴斯(Jagannath Prasad Das)、奈塞尔(Ulric Neisser)有关认知加工过程等理论的影响(罗伯特·卡普兰,丹尼斯·萨库佐,2010)。该测验后来成为与韦氏智力量表、斯坦福-比奈智力量表齐名的三大个别智力测验。

K-ABC 强调对儿童认知能力的评估,而且还特别将学业方面的成就测验分离出来,可以减少学业成就对智力的混淆(丁伟,金瑜,2006)。如今该测验应用的领域已十分广泛,它可运用于心理与临床评估、学习困难儿童及其他特殊儿童的心理教育评价、教育计划与安置、少数群体的评估、学前及学龄儿童的评估、神经心理评估以及研究儿童发展水平等方面。此外,鉴于 K-ABC 的操作性特征,因而它还特别适用于跨文化的研究(薛红丽,静进,2005)。

(2)测验的主要内容

K-ABC 总共可分为智力量表和成就量表两大部分。其中智力量表又由同时性加工量表和继时性加工量表组成,这两个分量表即组成了反映儿童认知能力整体水平的智力量表(Mental Processing Scale)。成就量表(Achievement Scale)是用来测定儿童在家庭、学校及其他场合已获得的知识和技能,不涉及信息加工过程的测验,与智力量表是相对独立的。此外,还从智力量表中挑选部分非言语项目构成非言语量表,此部分只要求被试儿童做相应的动作反应,而不需要语言回答。该量表用于评估估 4—12 岁 11 个月听觉和语言障碍儿童的认知加工过程。

A. **智力量表**(Mental Processing Scale),共由 10 个分测验组成,其中继时性加工量表由 3 个分测验组成,它们是分测验 3 动作模仿(Hand Movements)、分测验 5 数字背诵(Number Recall)和分测验 7 词语背诵(Word Order);同时性加工量表(Simultaneous Processing Scale)由 7 个分测验组成,它们是分测验 1 图形辨认(Magic Window)、分测验 2 人物辨认(Face Recognition)、分测验 4 完型测验(Gestalt Closure)、分测验 6 三角拼图(Triangles)、分测验 8 图形类推(Matrix Analysis)、分测验 9 位置记忆(Spatial Memory)和分测验 10 照片排列(Photo Series)。

B. **成就量表**(Achievement Scale),共由 6 个分测验组成,它们是分测验 11 词语表达

(Expressive Vocabulary)、分测验 12 人地辨认(Faces & Places)、分测验 13 算术(Arithmetic)、分测验 14 猜谜(Riddles)、分测验 15 阅读发音(Reading/Decoding)和分测验 16 阅读理解(Reading/Understanding)。

C. **非言语量表**，由可以通过手势完成的任务组成。它们是由智力量表中的分测验 2 人物辨认、分测验 3 动作模仿、分测验 5 三角拼图、分测验 8 图形类推、分测验 9 位置记忆和分测验 10 照片排列共 6 个分测验组合而成(丁伟,2005)(见表 9-3)。

表 9-3 K-ABC 结构及分测验

智力量表		成就量表	非言语量表
继时性加工量表	同时性加工量表		
分测验 3 动作模仿	分测验 1 图形辨认	分测验 11 词语表达	分测验 2 人物辨认
分测验 5 数字背诵	分测验 2 人物辨认	分测验 12 人地辨认	分测验 3 动作模仿
分测验 7 词语背诵	分测验 4 完型测验	分测验 13 算术	分测验 6 三角拼图
	分测验 6 三角拼图	分测验 14 猜谜	分测验 8 图形类推
	分测验 8 图形类推	分测验 15 阅读发音	分测验 9 位置记忆
	分测验 9 位置记忆	分测验 16 阅读理解	分测验 10 照片排列
	分测验 10 照片排列		

资料来源:丁伟.(2005).考夫曼儿童成套评价测验的试用研究.上海:华东师范大学硕士学位论文,p.5.

同时性加工量表要求被试能够从总体上观察空间的和视知觉的内容,并对这种内容进行综合和组织。系列性加工量表要求被试进行系列的或时间的排列,他们使用言语的、数字的、视知觉的内容以及短时记忆。相对应的,成套测验得出 4 个综合分数:继时性加工、同时性加工、心理加工组合(前两个加工相联合)、成就等分数。每个综合分数都是以平均数为 100、标准差为 15 的标准分数。测量对象的年龄适宜范围为 2.5—12.5 岁。每位被试不需要做完所有的分测验,而是根据年龄选用相应的分测验(7—13 个)。

(3)测验举例

动作模仿测验

该测验是主试每次用手做几个连续的动作,然后要求被试模仿。本测验主要是考察被试对一套动作模仿的能力。

数字背诵测验

主试按一定的时间间隔念若干个数字,然后要求被试按相同的顺序或按相反的顺序重复。本测验主要是考察被试听感觉通道的短时记忆能力。这种测试与韦氏成人智力量表等知名智力测验类似,其测验形式见下表。

顺　背	倒　背
3： 1—8—2 　 5—6—7	2： 4—5 　 2—4
4： 3—5—7—2 　 5—7—3—2	3： 6—3—2 　 5—2—4

（4）测验的信度和效度

考夫曼夫妇（Kaufman，A. S.& Kaufman，N. L.，1983）在美国选取了 2 000 名儿童被试（年龄在 2 岁 6 个月至 12 岁 5 个月之间），对 K-ABC 进行了标准化。研究的结果显示，学龄前儿童在 4 个量表上（继时性加工量表、同时性加工量表、智力量表、成就量表）的平均分半信度在 0.89—0.97 之间。从总体上看来，K-ABC 大多数分测验的信度也都在 0.80 以上（李洪玉，阎国利，1989）。

由被试的继时性加工量表和同时性加工量表计算得出的心理加工总分（标准分数）与韦氏儿童智力测验（WISC-R）的得分的相关达到 0.70；与韦氏幼儿智力测验（WPPSI）的智商分数的相关为 0.55；学龄儿童被试的得分与斯坦福-比奈量表智商分数的相关则只有 0.36。但总体看来，K-ABC 的聚合效度是比较好的（王晓平，1986）。

丁伟和金瑜 2005 年修订出 K-ABC 中文版，对 76 名儿童的试用结果进行分析。结果显示，K-ABCR 内部一致性 α 系数在 0.72—0.92 之间。只有图形辨认、动作模仿、完型测验、人物辨认分测验的内部一致性系数在 0.80 以下（0.72—0.78）。随着儿童年龄的递增，K-ABC 的得分也显示出递增趋势。智力随着年龄在一定范围内增长，这是一种普遍规律，所以这种趋势变化的呈现也是 K-ABC 有利的效度资料。中文版的 K-ABC 因素分析的结果与原量表的结构一致（分别呈现继时性加工、同时性加工、成就三个因素），表明该测验具有良好的结构效度（丁伟，金瑜，2005）。

三、婴幼儿发展测验

1. 格塞尔发展顺序量表

格塞尔发展顺序量表（Gesell Development Schedule，GDS），亦称"格塞尔发展量表"，由发展心理学家格塞尔（Arnold Lucius Gesell）最初于 1925 年编制，1940 年正式推出第一版。

（1）测验目的与功能

婴幼儿智力评估不同于成人智力评估，成人和学龄儿童可以通过认知能力的评估来测量智力水平，但两三岁儿童的思维能力还不成熟，难以测量。这样，研究者只有通过对动作、语言、社交或适应行为、感知觉等与身体发育相关的行为来评估婴幼儿的智力发展。

格塞尔及其同事从 1916 年起对婴幼儿发展进行系统研究,1940 年正式推出"格塞尔发展顺序量表"。

格塞尔对婴幼儿动作发展规律以及重要因素进行了广泛深入的研究。认为婴幼儿在行为上显示出的质的发展能反映出婴幼儿生长发育的阶段性成熟特征,其相应的年龄就是关键年龄(枢纽期)。因此,每个年龄达到的行为就可以作为评估以及诊断的项目,最终的测量结果就用发展商数(Developmental Quotient,DQ)。发展商数这一概念被用来区别大龄儿童和成人的智力商数。格塞尔发展顺序量表的适用年龄范围为 4 周到 3 岁,该量表主要用于这一年龄阶段婴幼儿的智力诊断,尤其适用于鉴定婴儿的神经缺陷和器质性的行为异常(葛明贵,柳友荣,2010)。

(2)测验的主要内容

格塞尔发展顺序量表主要测量四种能力:应人能、应物能、言语能和动作能。

A. 应人能,反映生活能力(如大小便)及与人交往的能力,主要测试幼儿对周围人的应答能力。

B. 应物能,是对外界刺激的综合和分析的能力,如对物体、环境的精细感觉。

C. 言语能,反映婴幼儿听、理解、表达语言的能力。

D. 动作能,主要测试幼儿坐、步行和跳跃的能力,分为粗动作和细动作。粗动作有姿态的反应、头的平衡、坐立、爬走等能力。细动作有如于指抓握能力等。这些动作构成了对婴幼儿成熟程度估计的起点(郑日昌,蔡永红,周盖群,1998)。

格塞尔将婴幼儿的 4 周、16 周、28 周、40 周、52 周、18 个月、24 个月、36 个月作为枢纽龄,其行为上在这些阶段会出现特殊的发展,格塞尔分别描述了这些年龄阶段的四种能力,共确立 63 个评估项目。每个关键年龄都建立有分量表,共 8 个分量表。

(3)测验举例

以婴儿的 12 周、16 周、20 周为例,4 个方面的能力评估项目(部分)见表 9-4。

表 9-4 12 周、16 周、20 婴儿 4 个方面的能力评估项目

12 周	16 周	20 周
	动作能—粗动作	
仰卧:头部转向半侧位(16 周)	仰卧:头对着中央	拉坐:头不再向后垂
仰卧:头向中央,两侧姿势对称	仰卧:两侧姿势对称为主	坐:头直稳定
坐:头前倾,头摇动不稳(16 周)	仰卧:手握着手(24 周)	伏卧:两臂伸直
立:自己支持体重,极微极短暂	坐:头、身体前倾,头部稳定(20 周)	
立:能够兴起一足(28 周)	伏卧:举头 III 度稳定	
伏卧:举头 II 度稳定	伏卧:两腿伸直或者半伸直(40 周)	
伏卧:前臂撑起(20 周)	伏卧:几乎能翻身(20 周)	
伏卧:髋部低下,两下肢屈曲(40 周)		

（续表）

12 周	16 周	20 周
	动作能—细动作	
仰卧：两手放松或者轻握拳头 摇荡鼓：主动地握住 杯：手接触杯	悬环：留握 仰卧：玩弄手指，能抓，能抓牢(24)	伏卧或者对着台面：抓垫面或者台面(28周) 方木：指端掌根握
	言语能	
发音：咕咕的声音(36周) 发音：咯咯地笑 社交：逗引时有表情并且出声	表情：兴奋时深呼吸、屏气(32周) 发音：大声地笑	发音：发出尖叫声(36周)
	应人能	
社交：逗引时有表情并且出声 仰卧：牢望着主试 玩耍：注意到自己的手(24周) 玩耍：拉自己的衣服(24周)	社交：自动地微笑迎人 社交：拉臂坐起时会发音或者微笑(24周) 玩耍：扶坐可以达到10至15分钟(40周) 玩耍：两手合起来，玩弄手指和手(24周) 玩耍：把自己的衣服拉到脸上来(24周)	社交：望着镜中影子微笑 哺喂：两手拍着奶瓶(36周)

注：括号中的周数指这种行为表观延续至此周龄。

资料来源：郑日昌，蔡永红，周益群.(1998).心理测量学.北京：人民教育出版社，p.133.

(4) 测验的信度和效度

格塞尔发展顺序量表得到广泛应用。有证据表明，受过训练的主试其测验结果的信度达到 0.95 以上(葛明贵，柳友荣，2010)。研究还表明，格塞尔发展顺序量表的项目标准对于中国的婴幼儿均能循序地达到，可以适用于中国的儿童，只是个别的项目略有些差异(郑日昌，蔡永红，周益群，1998)。

虽然格塞尔发展顺序量表是早期婴幼儿能力测验的一个突破，但其操作化程序和标准化程度都还不够良好。纳列里(Naglieri, 1985)就曾指出，格塞尔发展顺序量表除非在分数的低端，否则很难良好地预测被试未来的智力发展水平。但我们也要认识到，测验婴儿(0—1.5 岁)和幼儿(1.5—5 岁)的智力比较困难，因为他们的注意广度狭窄，而且他们易产生疲劳和厌倦。年幼的儿童对完成任务缺乏动机，而且评估的往往不是稳定的特征。所以，学前儿童测验的信度和效度要低于学龄期的儿童测验，而且婴儿测验也很难有效地预测以后儿童智力的发展。这些测验与儿童以后实施智力测验(如斯坦福-比奈智力量表等)成绩的相关比较低，仅仅有 0.10—0.50 左右。这里相关低的原因可能是这两种测验任务的性质不同，因为婴幼儿基本上是感觉运动发展状况的测验，而斯坦福-比奈智力测验则是对言语材料的负荷较高。不过，婴幼儿测验对诊断智力落后和脑功能障碍比较有效(葛明贵，柳友荣，2010)。

2. 丹佛发展筛选测验

丹佛发展筛选测验(Denver Developmental Screening Test，DDST)，由弗兰肯堡(William K. Frankenburg)和多兹(Josiah B. Dodds)于 1967 年编制，1990 年修订。

(1) 测验目的与功能

丹佛发展筛选测验是目前国际上公认的对儿童心理智能进行筛查测试的一种最简捷可靠的评价方法。它成为医疗保健等机构对婴幼儿进行检查的常规项目。该测验能筛选出可能的智商落后者。测验的主要目的在于快速进行智能筛查。

丹佛发展筛选测验形成的初步结论不能很好地揭示被试问题的具体性质或原因，因此还要考虑进一步的诊断性评估或者体格检查(葛明贵,柳友荣,2010)。格塞尔发展顺序测验一般需要 30—60 分钟，而丹佛发展筛选测验只需 20 分钟左右，简版甚至只需要约 10 分钟，是使用最广泛的智力筛选测验(Frankenburg & Dodds，1967)。

(2) 测验的主要内容

在测验内容上，丹佛发展筛选测验可以用来评估 0—6 岁的婴幼儿。共 105 个项目，测量儿童的应人能、应物能、言语能、动作能。每一个项目的发展水平可以用图来表现，根据图中给出的年龄(以月数计)来判断儿童发展的状况。

A. 应人能，评估婴幼儿对周围人们应答能力和料理自己生活的能力。

B. 精细动作—应物能，评估婴幼儿观察事物的能力，用手取物和画图的能力。精细动作的评估项目有画人"6"部位、临摹"口"形、画人"3"部位、模仿"口"形等。

C. 言语能，评估婴幼儿听、理解和运用语言的能力，包括：说 3 样东西是什么做的；对 9 个词中 6 个下定义；认识 4 种颜色中 3 种；会说 2 个反义词等。

D. 粗动作能，评估婴幼儿的坐、行走和跳跃等大运动的能力。

测验中要使用 DDST 工具箱，按照操作要求对每一位儿童进行测试。根据儿童实际年龄在 DDST 表上相同年龄标记处画出被测儿童年龄线，在年龄线上的所有项目及年龄线左侧的 3 个项目进行测试，每个项目可重复 3 次。按照 DDST 判断标准对测试结果进行判断，将儿童分为正常、异常、可疑和无法判断 4 种。1)异常:2 个或更多区有 2 个或更多项迟缓，或 1 个区有 2 个或更多项发育迟缓，加上另 1 个或多个区有 1 个迟缓，并在同区年龄线的项目都未通过。2)可疑:个区有 2 项或更多项发育迟缓或 1 个或更多区有 1 个迟缓，并在同区年龄线的项目都未通过。3)正常:无上述情况者。4)无法测定:由于儿童不合作而无法测定项目太多，会导致正常结果被误评为异常或可疑，应定为无法测定(葛明贵,柳友荣,2010)。

(3) 测验举例

以动作能评估中的行走项目为例。凡结果超过 90% 以上线称为"迟长"；如该项目条超过年龄线，小儿仍不会则为"失败"(如图 9-12 所示)。假设某被试年龄为 14 个月，那么行走这一项目条超过 14 个月的年龄线，这样也只能定为"失败"而非延迟；如果该被试的年龄已经 15 个月,显然超过 90％的 15 个月以下的被试在这行走这一项目上已经完成得很好,那么这个被试就可以评估为"迟长"。

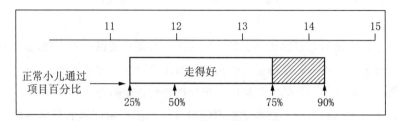

图 9-12　走路这一项目的发展水平图

注:坐标尺以月为单位。
资料来源:陈国鹏.(2005).心理测验与常用量表.上海:上海科学普及出版社,p.33.

表 9-5　DDST 的评价项目举例

能力名称	评价项目
个人—社会行为	注视人脸　应答微笑　自发微笑　注视自己的手 自喂饼干　玩躲猫猫游戏　拍手做再见　与检查者玩球
精细动作—适应性	跟过中线　抓住拨浪鼓　两手在一起　视线跟 1800 注视小丸 伸手抓东西　坐位拉线团　拿 2 块积木　对敲两手中积木
言语	发喔呵　出声笑　转向拨浪鼓　转向声源 学样发音　说 3 个词　说出 1 张画名　指身体 6 个部位
大运动	俯卧抬头　腿能支撑一点力　俯卧掌撑胸　翻身 拉坐头不后重　会后退　会跑　自己上台阶

资料来源:梅其霞,等.(1997).Denver II 在中国重庆试用及标准化.中华儿童保健杂志,5(1),27-30.

(4) 测验的信度和效度

丹佛发展筛选测验(DDST)具有可靠的信度、效度。其重测一致性达到 95.8％,评分者一致性达到 90％。虽然 DDST 不强调智力的预测力,但它仍与斯坦福-比奈智力量表有高达 0.73 的相关(郑日昌,蔡永红,周益群,1998)。朱月妹等人用丹佛智能发育简化筛选法对在上海市区的 1911 名婴幼儿进行试用,其中 164 名儿童经主试和旁观者各自评分后相互比较,结果显示,评价结论相同者 153 人,结论不符者 11 人,平均符合率为 94％(朱月妹,卢世英,唐彩虹,王子才,1983)。

陈佳英等人对 260 位儿童均应用丹佛发育筛查测验和格塞尔发展顺序量表进行测试。结果显示两种方法具有很好的一致性(比较符合率达到 92.7％)。而且抽取样本中 10％的儿童共 26 名进行 7—10 天的再测信度检验,结果显示符合率为 0.87,表明测试前后结果具有较好的一致性。此外,该研究报告 DDST-IIR 的灵敏度为 89.5％、特异度为 93.2％、假阳性率为 6.8％、假阴性率为 10.5％、正确诊断指数为 0.83。这表明该测验能有效地用于婴幼儿发育筛查(陈佳英,魏梅,何琳,姜莲,刘锋,2008)。

3. 贝利婴儿发展量表

贝利婴儿发展量表(Bayley Scales of Infant Development，BSID)，由发展心理学家贝利(Nancy Bayley)1933 年编制,经历过 1969 年、1993 年两次修订。

(1) 测验目的与功能

贝利婴儿发展量表于 1933 年发表。它从格塞尔发展顺序量表等优秀婴幼儿测验中吸取了一些项目,但它比格塞尔发展顺序量表具有更高的信度和效度,它标准化程度好于同时代大多数的婴幼儿智力测验,因此它成为目前应用最广泛的婴幼儿发展量表。

贝利婴儿发展量表用于 2 至 30 个月婴幼儿心理发展水平的评估。经过 1993 年的修订后,还配套了贝利幼儿神经发展筛选测验(Bayley Infant Neurodevelopmental Screener，BINS),可以对 3—24 个月婴儿的神经功能、听力功能、视觉功能,以及社会化与认知过程进行评估。1993 年版的贝利婴儿发展量表对"高风险"儿童具有很好的筛查功能。

(2) 测验的主要内容

测验包括智力量表、运动量表和行为观察记录表三部分。其中前两个量表的运用最广泛,行为记录部分则可以作为前者的补充。智力量表、运动量表用于评定婴幼儿的智力和运动能力的发展水平,可以分别提供婴儿的智能发展指数(Mental Developmental Index，MDI)、运动发展指数(Psychomotor Developmental Index，PDI)。

智力量表评估评估感知敏锐性、辨别力及对外界的反应力;早期获得物体的恒常性、记忆、学习及解决问题的能力;发声、语言交流以及简单概括和分类能力。由 163 个条目构成。这一部分测验得出智能发展指数。

运动量表评估婴幼儿身体控制程度、粗大肌肉运动以及手指精细操作技能。由 81 个条目构成。这一部分测验得出运动发展指数。

行为评定量表评定婴幼儿个性发展的各个方面,包括觉醒状态、情绪状态、行为始动性、目标定向、注意广度和持续性、反应性等方面的行为表现。由 30 个条目组成。该部分结果也可以作为婴幼儿气质评定的参照指标。

(3) 测验举例

项目 8:背部悬空抬头

项目 14:腹部悬空抬头

项目 33:拉腕坐起

资料来源:郑日昌,孙大强.(2008).心理测量与测验.北京:中国人民大学出版社,p.84.

(4) 测验的信度和效度

弗拉纳根和阿方索(Flanagan & Alfonso, 1995)报告,BSID-II 的信度系数良好。其中,智力量表的分半信度系数的中值为 0.88(信度系数范围在 0.80—0.94 之间),运动量表为 0.84(信度系数范围在 0.65—0.94 之间)。在最低年龄群体中表现出来的心理测量学指标是最低的。

易受蓉等人以中国十二城市 2 409 名 2 个月至 30 个月的正常婴幼儿为被试,修订出贝利婴幼儿发展量表(城市版)。研究结果显示,由智力量表和运动量表得到的分半测验粗分计算出的相关系数(经过斯皮尔曼-布朗公式校正)为:智力量表分半相关值在 0.79—0.98 之间;运动量表分半相关值在 0.69—0.95 之间。与 BSID 原量表的分半信度范围0.81—0.93 和 0.68—0.92 基本一致。在评分者信度方面,他们对智力量表与运动量表的大部分条目进行了测试者与观察者评分的相关系数分析,其智力与运动条目的相关系数分别为 0.97 和 0.99;测试者之间的评分一致性信度系数为 0.86(易受蓉,罗学荣,杨志伟,万国斌,1993)。

万国斌等人采用贝利婴儿发展量表(BSID)和婴儿气质问卷(RITQ)评定 211 名 6—8月的正常婴儿(男孩 110,女孩 101)婴儿的能力发展水平、行为倾向及气质表现。对 BSID的行为观察量表进行因素分析,提取出任务定向、活动性、情绪性、社会性和视听反应 5 个因子,方差贡献率为 65.4%。其中,活动性、情绪性及社会性三个因子与 RITQ 的相应气质维度存在明显的相关,任务定向与 RITQ 的坚持度的相关最高,也与 MDI 和 PDI 呈现中度相关。这表明 BSID 的行为记录部分得分能作为婴儿气质的有效预测指标(万国斌,李雪荣,龚颖萍,1999)。

四、创造能力测验

1. 托兰斯创造性思维测验

托兰斯创造性思维测验(Torrance Test of Creative Thinking，TTCT)，由美国明尼苏达大学教授托兰斯(Ellis Paul Torrance)1966 年编制，1984 年修订。

(1) 测验目的与功能

在 20 世纪六七十年代，人们对于创造力的研究热情高涨。创造力被定义为：以原创、新颖的方法对已知的事物进行组合，或者发现已知事物之间新联系的能力。对创造力的评估提供了智力测验的一种替代性形式。托兰斯创造性思维测验是最知名和最受欢迎的创造力测验(罗伯特·卡普兰，丹尼斯·萨库佐，2010)。

托兰斯创造性思维测验基于吉尔福特智力结构理论和发散性思维测验。创造性测验主要反映个体在有限时间内产生很多新颖想法的能力(重点是发散性思维能力)，以此实现对创造潜能的估计(徐雪芬，辛涛，2013)。托兰斯创造性思维测验主要考察创造性思维的不同方面，如个体的流畅性、灵活性、独创性、精确性(Palaniappan & Torrance，2001)。

(2) 测验的主要内容

托兰斯创造性思维测验测量创造性思维的不同方面，如流畅性、独创性、灵活性和精确性。在测量思维的流畅性时，被试须对问题提出尽可能多的不同解决方案，被试提出的解决问题的方法越多表明其思维的流畅性就越好；评估思维的独创性就采用评估人们解决问题的方法有多么新颖或多么与众不同；思维的灵活性测量的是个体解决问题时转变方向或者试图提出新的解决办法的能力；而精确性则是指对细节的描述和详尽准确地感知事物的能力(葛明贵，柳友荣，2010)。

托兰斯创造性思维测验有两个复本，由言语创造思维测验、图画创造思维测验以及声音和词的创造思维测验三套构成。

言语创造思维测验由 7 个分测验构成，这 7 项均从流畅性、变通性和独特性方面各记一个分数。前 3 个分测验是根据一张图画(画中有一个小精灵正在溪水里看他的影子)推演而来的。这 7 项分测验分别是：

A. 提问题(ask questions)，要求被试列出他对图画内容想到的一切问题。

B. 猜原因(guess)，要求被试列出图画事件可能原因。

C. 猜后果(guess)，要求列出图画中发生的事件的各种可能后果。

D. 产品改造(product improvement)，要求对一个玩具图形列出所有可能的改造方法。

E. 非常用途测验(unusual uses)，给一指定事物，要求尽量列举该事物的各自不寻常的用途。

F. 非常问题(unusual questions),要求被试对同一物体提出尽可能多的不同寻常的问题。

G. 假想(just suppose),与吉尔福特的推断测验相似,要求被试推断一种不可能发生的将出现的各种可能后果。

图画创造思维测验有 3 个分测验,呈现未完成的或抽象的图案,要求被试完成,使其具有一定的意义。从流畅性、变通性、独特性和精确性方面各记一个分数。3 个分测验分别是:

A. 图画构造(picture constructure),要求被试将一个边缘为曲线的彩色纸片贴在空白图画纸上,以此为起点构造一幅有趣的故事图。

B. 未完成图画(incomplete figures),向被试提供 10 个简单线条勾出的抽象图形,让他们完成这些图形并加以命名。

C. 圆圈或平行线测验(circle or parallel lines),共包括 30 个圆圈(或 30 对平行线),要求被试据此尽可能多地画出互不相同的图画。

声音和词的创造思维测验的指导语和刺激都用录音磁带的形式呈现。刺激呈现三次,要求被试听到声音后想象出有关的事物或活动。该工具实际上由声音与表象、拟声与表象两个测验组成。测验只记反应的独特性分数。

声音与表象测验中,主试给被试呈现 4 种抽象的声音,要求被试每听完一种声音,就把自己由声音联想到的心理表象草草地记下来,一组声音呈现三次。测验评估被试的独创性,评分指导原则与前面介绍的两套测验相似。

拟声与表象测验由音响想象、象声词想象两个分测验构成。这两个分测验都有 A、B 两种平行测验,并且为成人和儿童分别配有指导语。除了平行测验略有不足外,整套测验的信度则非常理想。音响想象(sounds and image)采用 4 个被试熟悉的和不熟悉的音响系列,各呈现三次,让被试分别写出联想到的物体或活动。象声词想象(onomatope and image)用 10 个模仿自然声响的象声词(如"嘎吱嘎吱"等),各呈现 3 次也让被试分别写出联想到的事物(葛明贵,柳友荣,2010)。

(3) 测验举例

图画题:

题目 1:把下边不完整的图画添加完整。并用你完成的图画讲述一个完整的故事。给你的图画起名。(时间 3 分钟。)

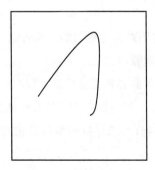
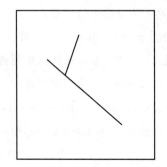

图画名称：_____

题目 2：给以下方块图案添加细节，使其构成完整图画。让这些方块成为你的图画的一部分。努力画出别人未曾画出的图画。添加细节，并讲述完整故事。给图画起名。（时间 3 分钟。）

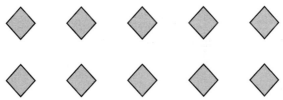

图画名称：_____

文字题：

假设人们能够眨巴眼睛就能把自己从一个地方运送到另一个地方，结果会出现哪些事情？（时间 3 分钟。）

回答：_____

（4）测验的信度和效度

托兰斯创造性思维测验的任务无固定答案，而且需要对应进行多维度评估，因此评分者信度显得十分重要。其测验手册详尽说明了评分方法，从而有效地保证了测验具有良好的评分者信度。该测验评分者信度在 0.80—0.90 之间，复本信度和分半信度在 0.70—0.90 之间（郑日昌，蔡永红，周益群，1998）。

不同研究报告的 TTCT 预测效度各不相同。托兰斯报告了两项纵向研究，主要是把被试在 TTCT 早期版本上的测验结果分别与 12 年和 20 年后成年时期的成就进行了相关研究。两者之间的相关值在 0.43—0.63 之间，这一结果与一般智力测验的预测效度相当。托兰斯还发现在高中时具有高创造性的学生与 IQ 高的学生获得的研究生学位和荣誉一样多，成年后则是前者获得的成就超过后者。豪耶斯检验托兰斯创造性思维测验的预测效度时得到的结果与托兰斯本人的有些出入。豪耶斯发现，托兰斯创造性思维测验中言语测验对被试 23 年以后以及成年时的创造性成就的预测未达到显著性水平。对能被公众和个人识别的成就，托兰斯创造性思维测验中言语测验的预测水平在 0.33—0.51 之间。不过，托兰斯和豪耶斯都发现托兰斯创造性思维测验对男子创造性成就的预测要比对女子的预测准（Torrance & Goff，1989；陈国鹏，2005）。

2. 威廉斯创造性倾向量表

威廉斯创造性倾向量表（Creativity Assessment Packet，CAP），由威廉斯（Frank Edwin Williams）1980 年编制。

（1）测验目的与功能

以托兰斯创造性思维测验为代表的早期创造力测量工具，多以发散思维为核心来评估个体的创造力。此类测验强调个体创造能力在认知方面的表现,较少关注创造力的情感性特征,忽视了创造性个体在创造性行为中表现出的某些重要特征。

威廉斯强调关注情感性创造力,认为在创造力的认知评估方面应当关注个体反应的流畅性、变通性、独创性和精确性,这是创造者的思维品质因素;在情感特征方面尚须考察个体的冒险性、挑战性、好奇心和想象力,这是创造者的人格特质因素(刘彩谊,张惠敏,张莲,等,2013)。威廉斯1980年推出威廉斯创造性倾向量表。威廉斯强调高创造力者具有的一系列特质,因此他编制的创造性倾向量表也被视为创造力人格测量范式的经典代表。

(2)测验的主要内容

威廉斯创造性倾向量表主要评估个体的好奇心、想象力、挑战性和冒险性四项人格特质水平,以此来反映个体的总体创造性倾向。该量表对应有 4 个分测验,共有 50 个自陈题项。这 4 个分量表的主要测验内容如下。

A. **冒险性**,勇于面对失败或批评,敢于猜测,在杂乱的情境中完成任务和为自己的观点辩护。

B. **好奇心**,富有追根究底的精神,主意多,乐于接触扑朔迷离的情境,肯深入思索事物的奥妙,能把握特殊的现象。

C. **想象力**,视觉化和建立心像,幻想尚未发生过的事情,直觉地推测,能够超越感官及现实的界限。

D. **挑战性**,寻找各种可能性,了解事情的可能及现实间的差距,能够从杂乱中理出秩序,愿意探究复杂的问题。

创造性倾向强的人敢于冒险,好奇心强,想象力丰富,勇于挑战未知。测验要求被试对描述的情形符合程度进行判断,每道题为 3 点记分:"完全符合"记 3 分,"部分符合"记 2 分,"完全不符合"记 1 分。总体创造性倾向满分 150 分,其中冒险性满分 33 分,好奇性满分 42 分,想象力满分 39 分,挑战性满分 36 分。在量表上的得分越高说明创造性倾向越强,得分越低说明创造性倾向越低(林幸台,王木荣,1997)。

(3)测验举例

选择符合程度:1 完全符合　2 部分符合　3 完全不符合

2. 我喜欢仔细观察我没有看过的东西,以了解详细的情形。(　　　)

12. 我不喜欢交新朋友。(　　　)

22. 如果一本故事书的最后一页被撕掉了,我就自己编造一个故事把结局补上去。(　　　)

32. 我常想自己编一首新歌。(　　　)

42. 为将来可能发生的问题找答案是一件令人兴奋的事。(　　　)

16. 我宁愿生活在太空站也不喜欢住在地球上。(　　　)

26. 我喜欢解决问题,即使没有正确的答案也没关系。(　　　)

36. 对于一件事情先猜猜看然后再看是不是猜对了,这种方法很有趣。(　　)

46. 当我看到一张陌生人的照片时,我喜欢去猜测他是怎样一个人。(　　)

资料来源:王书延.(2008).大学生元认知与创造性人格、创造性思维的关系研究.西安:西北大学硕士学位论文,p.52.

(4)测验的信度和效度

威廉斯创造性倾向量表使用手册报告的重测信度为0.61—0.74,分半信度为0.82—0.86,内部一致性α系数为0.81—0.85,说明该工具有很好的信度(张孝义,2010)。以修订宾夕法尼亚州创造性倾向量表为同时校标,两者的相关介于0.59—0.81之间(林幸台,王木荣,1997)。刘琳琳(2009)应用威廉斯创造性倾向量表评估医学学生的创造性。4个分测验(间隔4个星期)的再测信度在0.51—0.65之间;总量表的α信度系数为0.82。杜艳芳等人运用威廉斯创造性倾向量表分析小学生创造性人格的发展特点及其对学业成绩的影响。结果表明,量表总体的克龙巴赫α系数为0.830,信度较好。创造性倾向量表各维度之间的相关在0.514—0.610之间,各维度与量表总分相关值在0.750—0.867之间,表明该测验有较好的结构效度。而且,语文成绩与创造性总分及好奇心、想象力相关显著(0.196—0.262),数学成绩与创造性总分及好奇心、挑战性相关显著(0.169—0.287)(杜艳芳,牛芳萍,2013)。盛红勇研究显示,威廉斯创造性倾向量表总量表的α信度系数为0.83(盛红勇,2007)。

张孝义(2010)选取254名小学五、六年级学生为被试,分别采用创造性思维测验、威廉斯创造性倾向量表作为创造性思维、创造性人格的评估工具,考察留守儿童与非留守儿童在创造性思维、创造性人格上的差异。结果表明,留守儿童创造性人格对于其创造性思维有着显著的影响,其中的挑战性、想象性、冒险性与创造性思维的相关显著(0.117—0.168)。

宋志一等人以322名在校大学生为被试,采用极端分组法,以威廉斯创造性倾向量表测验结果划分出高创造性倾向组和低创造性倾向组,然后对不同创造性倾向大学生的人格特征(加利福尼亚心理调查表)测验结果进行方差分析。结果表明,不同创造性倾向大学生的人格特征在10个分量表上均表现出显著差异。高创造性倾向大学生具有首创精神和上进心,敏感,自我确认和自我评价较高,社会适应良好,但自我控制力较低,自我中心倾向明显,高怀疑,倔强固执(宋志一,朱海燕,张锋,2005)。崔捷等人采用威廉斯创造性倾向量表与艾森克人格问卷测查三所师范类大学生的创造性倾向与人格的关系。结果同样表明,人格特质与创造性倾向之间有密切联系(崔捷,梁晓,2010)。曾晖(2013)的研究表明,大学生创造力倾向与内外向、神经质、精神质等因子呈正相关($r=0.203$、0.231、0.153,$P<0.01$)。回归分析结果显示,内外向、神经质因子能预测大学生的创造性倾向($R^2=0.256$)。

3. 同感评估技术

同感评估技术（Consensual Assessment Technique，CAT），由美国哈佛大学教授阿马比尔（Teresa M. Amabile）1982 年编制。

（1）测验目的与功能

阿马比尔（Amabile，1982）和贝尔（Baer，1994）认为，将发散性思维作为评估创造力的重要指标缺乏效度，于是转向通过创造成果评定个体的创造能力。阿马比尔进而发展出同感评估技术。同感评估技术非常适用于评定与言语或语言、艺术或表演或具有多种解决方案的问题解决等有关的作品或反应的创造性。

（2）测验的主要内容

同感评估技术是一种创造性产品的评定技术，并不强调对不同产品设定统一的评定内容和标准。评价的依据来源于评价者共感的、趋于一致的内隐标准。同感隐含着这样一个假设：人们知道什么是创造力。同感评估技术的理论基础是斯腾伯格（Robert J. Sternberg）的创造力内隐理论。尽管人们对创造力的定义可能不完全一样，但人们特别是同一领域的专家对同一作品的创造性会有基本一致的看法，这就是同感（consensual）可以成为评价创造力的基础（Sternberg，1985），这是阿马比尔对创造力的一个操作性定义（宋晓辉，施建农，2005）。

评价对象。虽然认为个体间具有共通的创造性内在评价标准，但阿马比尔（Amabile et al.，1996）认为，能够采用同感评估技术评价的作品必须首先满足两个基本条件：具有新颖性和适宜性；作品生产必须是开放式的。

评价原则。采用同感评估技术评价时评价者要坚持这样一些原则：评价者必须熟悉该领域，即有该领域的工作经验；所有评价者必须对作品进行独立评价；评价者必须先了解需要评价的所有作品，然后根据作品的相对水平对创造性高低作出评价；评价时应该以随机顺序评价作品（Amabile et al.，1996）。

评价基本过程。要挑选熟悉相关领域的评价者组成评价小组，告知评价者对产品的哪些方面作出评价，由评价者对所有产品作出独立评价。这种评价通常有三种形式：依据产品具有的创造性由高到低对所有产品进行排序；将所有产品分为创造性很低、创造性稍低、无法判断、创造性稍高和创造性很高五类；采用利克特五点量表。其中，第三种方法的评分者一致性较高（Amabile et al.，1996）。

（3）测验举例

下面的内容是一个对个体写作方面创造性进行同感评估的例子。

作文测验是给被试呈现一幅图画（图画略），让被试依据图画的内容，充分发挥其创造力，写一篇结构完整、新颖的小短文。

被试指导语

请你看完图画后，充分发挥你的创造力，写出与图画有联系的小作文；文体不限；选题和内容尽可能新颖,根据自己对图画的理解进行构思;结构要完整,语言要通顺。让我们看看你的创造力有多么丰富!

评分者指导语

评委依次从总体性、选材、内容、语言和结构五个方面作出创造力的评价。选材、内容、语言、结构分别是作文作品的组成要素,分别称为测验的子指标,总体性是对作文作品总体创造力水平而言的,称为总体性指标。

您需要做的工作是对作文中蕴含的创造力水平给出评价,诸如学生书写认真程度、篇幅的长短都不在考虑的范畴。评语共包含"1 非常好、2 较好、3 一般、4 较差、5 非常差"五个等级。

以作文作品中蕴含的创造力水平为衡量指标,凭您自己写作方面的丰厚经验先对作文作品富有的创造力水平作出一个总体评价,然后再对其选材、内容、语言、结构上的创造力水平依次作出评价,看看分别属于哪个等级,在表格相应的位置填写上相应的代码。

评定注意事项

(1) 首先把所有的作文看完。

(2) 凭您对创新性作文含义的理解,先对作文的创新性作水平出总体的评价,然后再对其他方面依次作出评价。

(3) 所有作文要相互比较着进行评价。

(4) 为降低评价中的工作量,建议看完所有作文后,先根据总体感觉,把全部作文由好到差分为五类。这样每一类作文的总体评价是相同的,另外只需要对其他方面作出评价即可。

(5) 每份测验正面的右上角都标有编号。

例如:编号为 A 的被试作文作品总体性创造力水平非常好,选材上的创新性较好,内容创新性非常好,结构创新性较好,语言创新性一般,则评价结果的填写方式见表 9-6。

表 9-6　作文测验的评价表格样式

姓名	年级	编号	选材	内容	语言	结构	总体
###	8	A	2	1	3	2	2
		B					
		……					

资料来源:田金亭.(2011).基于 CAT 的中学生创造力评价技术探讨.南京:南京师范大学博士学位论文,pp.22-25.

(4) 测验的信度和效度

由于同感评估技术评分者一致性系数的高低非常重要,阿马比尔对各种任务的评分者信度作过考察,发现都具有较高的一致性系数。阿马比尔不但证实专家创造力评定的意见趋向一致,而且发现创造力的评价不同于产品的其他属性(诸如技术性、表达性、灵巧性)的评价。技术性评价、表达性评价、灵巧性评价与创造力评价的相关系数分别为 0.13、−0.05、−0.26。阿马比尔还发现,产品创造力的评价与其他属性的评价存在很强的正相关。例如,材料新颖性用途方面的评价与创造力评价的相关系数为 0.81;复杂性评价与创造力评价的相关系数为 0.76;审美评价与创造力评价的相关系数为 0.43。大多数研究者都认为拼图的这些属性应该是涉及拼图中的创造力(Amabile,1982,1983)。

五、学业能力测验

1. 学业评价测验

学业评价测验(Scholastic Assessment Test,SAT),由美国大学入学考试委员会(College Etrance Examination Board)1926 年编制,1994 年修订。

(1) 测验目的与功能

学业评价测验又常被译为"学术能力测验",它是美国大学入学考试委员会在全美范围施测的,用于录取和安置大学生的一项大型标准化测验(陈国鹏,2005),是同类测验中最常见和最具影响力的测验之一。该测验既包含用以评价语言和数学推理的学术能力突出与否的测验(SAT-I),也包含一些评估特定学科(如生物、世界历史)掌握情况的测验(SAT-II)(罗伯特·卡普兰,丹尼斯·萨库佐,2010)。

SAT-I 这一测验部分可以评估一般学习能力倾向的不同方面(如提供语言和数量分数),它可以预测学生在下一步的学习、研究或者工作中的能力;SAT-II 则主要测量具体的学科知识以及对这种知识的应用能力(凯温·墨菲,等,2006)。学业评价测验可以比较来自不同学校、背景,甚至不同地区和国家学生一般学习能力倾向及学科知识水平。它至今仍是美国大学入学选拔使用最广泛的测验,每年约有 150 万考生参加 SAT。

(2) 测验的主要内容

SAT 被分两大部分。SAT-I 用来测量语言和数学推理能力,它反映与大学表现相关的基本推理能力;SAT-II 主要测量学科知识水平和知识运用能力(凯温·墨菲,等,2006)。

SAT-I:推理测验。随着 20 世纪八九十年代美国的教育改革运动,修订后的 SAT 将言语和数学部分更名为"推理测验"(具体项目构成见表 9-7)。该测验又包含语言推理(SAT-V)和数学推理(SAT-M)两个部分,完成时间大约为 3 小时。其中修订后的言语部分更强调批判性阅读(如呈现观点不同的两个段落)。以前的反义词项目被删去,增加了一些在上下文中测量词汇的新问题;数学推理关注那些对学业成功极为重要的问题解决技能。修订后的数学推理测验更强调学生对数学概念应用和解释数据的能力该部分的一些题目要求学生给出自己的回答,而不是从已有答案中选择,鼓励学生进行计算,学生可以自备计算器(罗伯特·卡普兰,丹尼斯·萨库佐,2010)。

表 9-7 SAT 推理测验项目构成

言语部分	题量	备 注
完成句子	共 19 题	分析性阅读一般有 4 篇文章:
类比	共 19 题	1 篇 400—500 词;1 篇 550—700 词;2 篇 700—850 词 内容涉及:
分析性阅读	共 40 题	人文科学、社会科学、自然科学、记叙文(小说或者纪实)
数学部分		
问答填空	共 10 题	修订版的 SAT,部分题目由学生自己计算得到答案,考试时推荐学生自备计算器。
定量比较	共 15 题	
常规数学题(多项选择)	共 35 题	

资料来源:罗伯特·卡普兰,丹尼斯·萨库佐.(2010).*心理测验:原理、应用和争论(第 6 版)*.陈国鹏,席居哲,等,译.上海:上海人民出版社,p.242.

SAT-II:学科测验。具体的学科知识及学科知识应用能力评估由 SAT-II 来实现。学科测验涉及生物、化学、美国历史、数学等科目(具体测验科目见表 9-8)。SAT-II 一般在 1 个小时内完成,题目形式多为多重选择题。一些测验要求考生写文章或对由磁带播放的外文资料进行反应。数学测验的部分题目需要使用计算器(凯温·墨菲,等,2006)。

表 9-8 SAT-II 学科测验范围

英文(English)	1. 文学 2. 写作(一篇文章)
数学(Mathematics)	1. 数学 IC(使用计算器) 2. 数学 IIC
历史(History)	1. 美国历史 2. 世界历史
科学(Science)	1. 生物(生态生物学/分子生物学) 2. 化学 3. 物理学
语言(Language)	语言分为阅读与听力:1.阅读有法语、德语、犹太语、意大利语、拉丁语、西班牙语;2.听力有中文、法语、日语、韩语、西班牙语;3.英语能力测验(English language proficiency test)

资料来源:郑日昌,孙大强.(2008).*心理测量与测验*.北京:中国人民大学出版社,p.280.

(3) 测验举例

SAT-I 的项目举例:

1. 中世纪的王国不是一夜之间变成法治的共和国的。相反,这种变化是_____。

(A) 不受欢迎的

(B) 出乎意料的

(C) 有利的

(D) 充足的

(E) 逐步的

2. 要将 N 枚硬币分给阿尔(Al)、苏敏娅(Sonja)和卡罗尔(Carol),如果苏敏娅得到的硬币是卡罗尔的 2 倍,阿尔得到的硬币是苏敏娅的 2 倍,那么卡罗尔会得到多少枚硬币呢?(用 N 表示)

(A) $N/2$

(B) $N/3$

(C) $N/4$

(D) $N/6$

(E) $N/7$

3. 一个两位正数 x 的两个数字的和为 7,十位上的数大于个位上的数,x 的一个可能的值是什么?

资料来源:凯温·墨菲,等.(2006).*心理测验:原理和应用(第 6 版)*.张娜,等,译.上海:上海社会科学院出版社,p.264.

(4) 测验的信度和效度

SAT 的早期版本信度系数多在 0.90 以上。与大学成绩的相关在 0.50—0.60 之间(凯温·墨菲,等,2006)。美国大学入学考试委员会的考试效度研究中心曾对 700 所大学做了 2 000 多个效度研究。研究结果显示,SAT 与大学一年级学习成绩的相关系数为 0.42,高中学习成绩与大学一年级的学习成绩的相关系数为 0.48,两者结合与大学一年级的学习成绩的相关系数可提高到 0.55(Kenneth et al.,1990)。SAT(修订版)的预测效度对白种学生与拉美裔美国学生(Fuertes & Sedlacek,1994)、非裔美国学生几乎一致,而且男女之间的预测效度也是相似的。但劳勒等人(Lawlor et al.,1997)对旧版 SAT 的研究发现,非裔美国人与拉美裔美国学生倾向于获得更低的平均分数。毛和林恩(Mau & Lynn,2001)的研究发现,女生倾向于在大学获得更高的 GPA(Grade Point Average,即平均学分绩点),但她们在 SAT 得分上倾向于比男生更低。这提示 SAT 的效度可能会受社会经济地位或种族等因素的影响(Mau & Lynn,2001),也有可能 SAT 本身有性别偏见,低估了女生的学习成绩(Leonard & Jiang,1999)。

加州大学要求申请入学的学生参加 SAT-I 和 SAT-II 两个测验,由此获得一个 78 000 名申请者的大样本研究(Geiser & Studley,2002)。结果表明,SAT-I 可解释加州大学 GPA 变异的 13.3%(相关为 0.365),而 SAT-II 可解释 16%的变异(相关为 0.40),本科 GPA 可解释 15.4%(相关为 0.492)。卡马拉和埃希特纳赫特(Camara & Echternacht,2000)则建议将 SAT 和累计 GPA 共同使用,同时作为大学成就的重要预测变量。

第十章

情绪智力测验

本章要点

什么是情绪智力?

情绪智力测验的作用是什么?

智力测验与情绪智力测验的区别是什么?

关键术语

巴昂情商问卷;巴昂青少年情绪智力量表;多因素情绪智力量表;

情绪智力量表;情绪胜任力量表;梅耶-沙洛维-卡鲁索情绪智力测验

一、巴昂情商问卷

巴昂情商问卷(Emotional Quotient Inventory,EQ-i),由以色列心理学家巴昂(Reuven Bar-On)1997 年编制。

1. 测验的功能与目的

巴昂情商问卷是世界上第一个测量情绪智力的标准化量表。测验主要用于临床,评估情绪上的健康。该问卷出版后得到广泛应用,在世界范围内测试了 85 000 多名被试,目前已被应用于心理咨询与治疗、人力资源、人格、学习能力评估等领域。

2. 测验的主要内容

巴昂情商问卷共 133 个题目,5 点计分。内容基于巴昂的情绪智力结构模型,有 5 个成分量表:(1)个体内部,包括情绪的自我觉察、自信、自我尊重、自我实现和独立性;(2)人际关系,包括共情、社会责任感和人际关系;(3)适应性,包括现实检验、问题解决和灵活性;(4)压力管理,包括压力承受和冲动控制;(5)一般心境,包括幸福感和乐观精神。

3. 测验举例

①=非常不符合;②=有点不符;③=不确定;④=符合;⑤=非常符合

1. 遇到困难,我总是逐步地解决 …………………………………… ① ② ③ ④ ⑤
2. 我不善于享受生活 ………………………………………………… ① ② ③ ④ ⑤
3. 我喜欢做别人告诉我该怎么办的事情 …………………………… ① ② ⑨ ④ ⑤
4. 我知道如何处理烦恼的问题 ……………………………………… ① ② ③ ④ ⑤
5. 我喜欢我认识的每一个人 ………………………………………… ① ② ③ ① ⑤
6. 我想尽可能地使我的生活变得有意义 …………………………… ① ② ③ ④ ⑤
7. 对我来说,表达出自己内心情绪感受非常容易 ………………… ① ② ③ ④ ⑤

4. 测验的信度和效度

有研究表明,巴昂情商问卷各分量表相关平均数为 0.50,巴昂认为这说明各分量表之间有较好的内部一致性。不同分量表的内部一致性都较高,从 0.69 到 0.86 不等,而所有量表的平均内部一致性为 0.76,一个月后各分量表的重测信度在 0.78—0.92 之间(王娟,王伟,2008)。也有研究报告,巴昂情商问卷与情绪斯特鲁普任务相关为 0.36,与述情障碍量表 TAS-20 相关为 -0.72,与 TMMS(特质性元情绪量表)总分相关为 0.58。这表明该问卷具有聚合效度和区分效度(蔡铁成,2009)。奥康纳和利特尔(O'Connor & Little,2003)的研究发现,巴昂情商问卷具有较好的预测效度。

二、巴昂青少年情绪智力量表

巴昂青少年情绪智力量表(Emotional Quotient Inventory:Youth Version,EQ-i:YV),由以色列心理学家巴昂(Reuven Bar-On)2000 年编制,中国的修订版为张闻 2007 年修订。

1. 测验目的与功能

巴昂青少年情绪智力量表适用于青少年。中国的修订版检验了测验的各项心理测量学指标;制定了青少年男生和女生、城市和农村以及年级组等不同团体的常模,测验适用于学校、诊所、介入治疗机构、少管所及心理咨询中心等机构。

2. 测验的主要内容

巴昂青少年情绪智力量表又分为长式情绪智力量表(包括 60 个项目,7 个分量表)和短式情绪智力量表(30 个项目,5 个分量表)。长式情绪智力量表有 7 个分量表:(1)个体理解和表达自己的感受的能力,包含情绪的自我意识、自信、自尊、自我实现和独立性五个因素。(2)个体愉悦他人、理解和倾听他人的能力,包含移情、人际关系和社会职责三个因素。(3)善于适应变化的环境,包含压力耐受性和冲动控制两个因素。(4)在压力条件下冷静地解决问题的能力,包含问题解决、现实检验和灵活性三个因素。(5)总体情绪智力,愉快、高效地解决问题的能力,是前四者的总分。(6)一般心境,保持心境乐观积极的能力,包含幸福感和乐观主义两个因素。(7)积极印象,使自己具有积极印象的能力。

3. 测验举例

我喜欢享受快乐

  1 极少 2 很少 3 有时 4 通常

我善于理解别人的感受

  1 极少 2 很少 3 有时 4 通常

我心烦时能够保持冷静

  1 极少 2 很少 3 有时 4 通常

我很快乐

  1 极少 2 很少 3 有时 4 通常

我关心发生在别人身上的事情

　1 极少　2 很少　3 有时　4 通常

我很难控制自己的脾气

　1 极少　2 很少　3 有时　4 通常

告诉别人自己的感受是件很容易的事情

　1 极少　2 很少　3 有时　4 通常

我喜欢遇到的每个人

　1 极少　2 很少　3 有时　4 通常

4. 测验的信度和效度

有研究报告,男女生各分量表的内部一致性系数在 0.65—0.90 之间。各分量表的重测信度系数在 0.77—0.89 之间。情绪智力的四个维度之间呈低度相关到中度相关,系数在 0.28—0.49 之间,表明测量的是情绪智力的不同方面,而与总体情绪智力的相关程度高,系数在 0.60—0.72 之间。个体内部分量表与 NEO-FFI(大五人格量表)中 E 和 A 维度呈低相关;人际分量表与 E、A 和 C 维度呈中度相关;适应性分量表与神经质维度呈显著负相关;压力管理分量表与除开放性维度之外的其余四个维度均呈中度相关。以上研究表明测验有着较好的信度与效度(张闻,2007)。

三、多因素情绪智力量表

多因素情绪智力量表(Multifactor Emotional Intelligence Scale,MEIS),由梅耶(John Mayer)和沙洛维(Peter Salovey)1997 年编制。

1. 测量目的与功能

梅耶和沙洛维根据自己提出的情绪智力模型开发了多因素情绪智力量表。他们认为如果能够测出个体认知他人情绪的能力,那么这将预示着个体能够认知自己的情绪,而且这种能力也能够被测量。他们开发了这一量表,同时也用实证方法证明了情绪智力理论。

2. 测验的主要内容

MEIS 有两个版本,一个是 1997 年版,另一个是简化版。1997 年版共 402 个项目,包括 4 个维度 12 个分测验:(1)知觉、评估和表达情绪的能力(4 个分测验);(2)情感对思维有促进作用的能力(2 个分测验);(3)理解情绪的能力(4 个分测验);(4)调节情绪以促进情绪和智力发展的能力(2 个分测验)。

另一个版本是简化版,有 7 个分量表,160 个项目:(1)知觉、评估和表达情绪的能力(2 个分测验);(2)情感对思维有促进作用的能力(1 个分测验);(3)理解情绪的能力(3 个分测验);(4)调节情绪以促进情绪和智力发展的能力(1 个分测验)。

3. 测验的信度和效度

MEIS 的 α 系数从 0.680—0.710,分半信度系数从 0.228—0.646。曹蓉和王晓钧试图按照梅耶的情绪智力理论提取出 4 个共同因子,因子分析结果显示,与的情绪智力结构理论的主要成分并不一致(曹蓉,王晓钧,2007)。

四、情绪智力量表

情绪智力量表(Emotional Intelligence Scale,EIS),由舒特(Nicola Schutte)1998 年编制。

1. 测验的主要内容

舒特也是根据梅耶的情绪智力模型开发了这个测验。测验有 33 个题项,包括 4 个维度:感知情绪、自我情绪调控、调控他人情绪、运用情绪。在测验上得高分者更积极,更能克制冲动,更能清楚地表达自己的感受,更少情绪障碍和抑郁,更富有同情心,更能自我监控。

2. 测验的目的和功能

测验用于评估人们对自己以及他人情绪的感知、理解、表达、控制和管理利用的能力。

3. 测验举例

请你仔细阅读以下每一个句子,然后根据你的实际情况,选择符合的数字。对你来说,数字代表这个句子符合你的程度。具体如下:

1＝很不符合　2＝较不符合　3＝不清楚　4＝较符合　5＝很符合

EIS 修订初稿依然是自评式 5 点记分,"很不符合"计 1 分,"较不符合"计 2 分,"不清楚"计 3 分,"较符合"计 4 分,"很符合"计 5 分。为操作方便,全部采用"五选一"的选择题形式。

1. 我知道什么时候该和别人谈论我的私人问题

很不符合 1　2　3　4　5 很符合

2. 当我面对某种困难时,我能够回忆起面对同样困难并克服它们的时候

很不符合1 2 3 4 5很符合

3. 我期望我能够做好我想做的大多数的事情

很不符合1 2 3 4 5很符合

4. 别人很容易相信我

很不符合1 2 3 4 5很符合

4. 测验的信度和效度

根据 328 名男性和女性的样本得出的测验内部一致性系数为 0.90,两周后的重测信度为 0.78(Schutte,1998)。黄韫慧和吕爱芹等人将研究中包括的所有问卷条目进行探索性因素分析,结果发现首因素能够解释总方差的 16%。不存在单一的因素可以解释绝大多数的方差。另外,研究中包括的各个变量在内涵上存在符合逻辑的相关。与王(Wong,2002)等人的情绪智力量表的聚合效度为 0.79(黄韫慧,吕爱芹,等,2008)。

五、情绪胜任力量表

情绪胜任力量表(Emotional Competence Inventory,ECI),由波雅茨(Richard Boyatzis)、戈尔曼(Daniel Goleman)和李(Kenneth Rhee)2000 年根据绩效理论编制。

1. 测验的目的与功能

情绪胜任力测验用来评估个人和团体的情绪能力,提供了一种评价个人实力和极限的方法,可以准确地告诉人们应该提高哪种能力才能达到自己事业上的目标。

2. 测验的主要内容

戈尔曼提出一个情绪能力模型,包括两个层面,五个维度,二十五种分胜任力。

第一层面,自我个体能力,包括三个维度:自我意识(self-awareness),包括情绪的自我觉知、准确的自我评价和自信三种能力;自我管理(self-regulation),包括自我控制、可信、责任心、灵活性和创新五种能力;激励(motivation),包括成就驱力、义务感、自发性和乐观性四种能力。

第二层面,社会能力,包括两个维度:移情作用(empathy),包括理解他人、发展他人、服务定向、在多样化中达到平衡、政治意识五种能力;社会技能(social skill),包括影响力、沟通能力、冲突管理、领导能力、合作技能、团队能力、变革催化、建立联盟能力八种能力。

测验有 110 个题项,7 点评分,通过因素分析把理论上的二十五种胜任力压缩为二十种,这二十种分属四个领域的能力。这个四个领域是自我意识、社会意识、自我管理和社会技能。ECI 采用 360 度测评方法,包括上级、平级、下级和自我评价。

3. 测验举例

1. 完全不符合　2. 比较不符合　3. 有点不符合　4. 不确定　5. 有点符合　6. 比较符合　7. 非常符合

1. 表达自己内心的真实感受对我来说很难。1　2　3　4　5　6　7
2. 当遇到挫折时,我常常都会放弃我在做的事。1　2　3　4　5　6　7
3. 我不能接受自己的弱点。1　2　3　4　5　6　7
4. 我忍受挫折和压力的能力很强。1　2　3　4　5　6　7
5. 对于他人的不道德行为,我采取视而不见的态度。1　2　3　4　5　6　7
6. 我经常主动找寻机会来拓展个人能力。1　2　3　4　5　6　7
7. 我有较强的上进意识,总希望自己在团体中较为突出。1　2　3　4　5　6　7

4. 信度和效度

波雅茨、戈尔曼和李(Boyatzis, Goleman, & Rhee, 2000)对来自公司经理、售货员和在读研究生课程的职员的样本,分别通过自评和他评获得,信度系数 0.82。这一测验的内部一致性系数、再测信度、内容效度、结构效度、区分效度和效标效度都很好。

波雅茨和戈尔曼用情绪胜任力量表对 596 名成年人施测,结果发现,在他人评分的条件下,情绪胜任力量表各领域和能力间的 α 系数平均值为 0.85,在自评条件下,α 系数平均值为 0.75。情绪胜任力量表的内容效度与结构效度也较好。另外,在结构效度方面情绪胜任力量表分数和很多测量同样构造的量表(如 A、B 型人格,大五人格量表)之间有较高的关联度。效度分析采用的是因子分析法,它是利用最大变异数法(varimax method)进行直交转轴(orthogonal rotation)来分析各个测量指标能否正确测量目标的程度。自我意识维度的因子负荷为 0.683,自我管理的效度值为 0.592,社会意识的效度值为 0.698,社会关系管理技巧的效度值为 0.509 (Boyatzis, Goleman, & Rhee, 2000)。

六、梅耶-沙洛维-卡鲁索情绪智力测验

梅耶-沙洛维-卡鲁索情绪智力测验(Mayer-Salovey-Caruso Emotional Intelligence Test,MSCEIT),由梅耶(John Mayer)、沙洛维(Peter Salovey)、卡鲁索(David R. Caruso) 2002 年编制。

1. 测验目的与功能

该测验测量人们解决情绪问题的质量和程度,与通过个人对自己情绪技能的主观评估的问卷不同。

2. 测验的主要内容

该测验共有 141 个自陈项目,适用于 17 岁以上的人群,测验时间为 35 分钟。测验主要测量梅耶-沙洛维(Mayer & Salovey,1997)情绪智力能力模型中的 4 个因素。这 4 个因素为:(1)知觉情绪。测量在物体、艺术、音乐和其他刺激中感知自己和他人的情绪;(2)情绪整合。测量情绪如何促进思维;(3)理解情绪。测量理解情绪知识的能力;(4)管理情绪。测量坦率地面对自己情感的能力。

测验给出 15 项分数,分别是总体情绪智力分数、2 项区域分数、4 项因素分数、8 项任务分数。

3. 测验举例

一、下面有几张表情图片,每张图片下边都列出了该图片可能含有的三至五种情绪。请你仔细观察,并对图片下边的这些情绪进行评定,将相应的等级序号填入答题纸相应处。

例如:①非常惊讶;②比较惊讶;③有点惊讶;④不太惊讶;⑤一点都不惊讶。

(1) 惊讶　非常惊讶①……②……③……④……⑤一点都不惊讶

(2) 恐惧　非常恐惧①……②……③……④……⑤一点都不恐惧

(3) 悲伤　非常悲伤①……②……③……④……⑤一点都不悲伤

二、下面有几段简短的情境性叙述,每段叙述下面都有四种可能行为。请大家仔细阅读,并对这四种行为的有效性进行评定,将相应的等级序号填入答题纸相应处。题目中

Ta＝他/她。注意："1"非常有效；"2"比较有效；"3"稍微有效；"4"比较无效；"5"非常无效。

1. 自习课上，邻桌不停地说话，打扰了你学习，你很生气。为了缓解自己的心情，请分别对下面四种行为的有效性进行评价：

（1）告诉自己不要受他人干扰，劝自己专心学习。

□1　　□2　　□3　　□4　　□5

（2）直接告诉邻桌，并请 Ta 保持安静。

□1　　□2　　□3　　□4　　□5

（3）生气地翻书或制造声响，表示自己的不满。

□1　　□2　　□3　　□4　　□5

三、下面有几道选择题，请仔细阅读，选出一个最佳选项。

1. 当李明想到 Ta 还有很多作业要做的时候，Ta 感到很焦虑。但这时老师又布置了更多新的作业，这时李明的感觉可能是（　　）。

A. 沮丧　　　　B. 崩溃　　　　C. 羞愧　　　　D. 紧张不安

4. 测验的信度和效度

梅耶报告整个量表的信度为 0.92，管理情绪的信度为 0.87，理解情绪的信度为 0.77，促进情绪的信度为 0.90，知觉情绪的信度为 0.91，但其中混合、山水画、情感翻译和类推这四部分的内在一致性信度较低（Mayer，Salovey，& Caruso，2000）。

第十一章

人格测验

本章要点

什么是人格测验?

卡特尔 16 种人格因素问卷是怎样一种测验?

艾森克人格问卷是怎样一种测验?

加利福尼亚心理调查表是怎样一种测验?

关键术语

卡特尔 16 种人格因素问卷;艾森克人格问卷;

加利福尼亚心理调查表;大五人格量表;

罗夏墨迹测验;主题统觉测验;

团体罗夏墨迹测验;中国人人格量表

一、卡特尔 16 种人格因素问卷

卡特尔 16 种人格因素问卷（Cattell's Sixteen Personality Factors Questionnaire，16PF），由美国心理学家卡特尔（Raymond Bernard Cattell）根据 16 种根源特质 1949 年编制。1979 年引入中国并修订为中文版（亦称卡特尔 16 种人格因素测验）。

1. 测验目的功能

美国伊利诺伊州立大学人格及能力研究所卡特尔教授通过长期的研究，并用因素分析确定了人格的基本单位为 16 个特质，根据这一发现编制了卡特尔 16 种人格因素问卷。人格测验可为人格诊断、教育辅导、人事选拔、人力资源的合理配置提供应用服务。

2. 测验的主要内容

16 种人格因素及 8 种次级因素如下：

因素 A——乐群性

低分数的特征（以下简称低）：缄默、孤独、冷漠。标准分低于 3 者，通常表现为执拗，对人冷漠，落落寡合，吹毛求疵。宁愿独自工作，对人不对事，不轻易放弃一己之见工作严谨不苟且，工作标准常常要求很高。

高分数的特征（以下简称高）：外向、热情、乐群。标准分高过 8 者，通常和蔼可亲，容易与人相处。合作，适应能力强。愿意参加或组织各种社团活动。不斤斤计较，容易接受别人批评。萍水相逢也可以一见如故。

因素 B——聪慧性

低：思想迟钝，学识浅薄，抽象思维能力弱。低者通常理解力不强，不能"举一反三"。

高：聪明，富有才能，善于抽象思维。高者通常学习能力强，思维敏捷、正确。

因素 C——稳定性

低：情绪激动，容易产生烦恼。低者通常不容易应付生活上遇到的阻挠和挫折，容易受环境支配而心神动摇不定。常常会急躁不安，身心疲乏，甚至失眠，做噩梦，恐怖。

高：情绪稳定而成熟，能面对现实。高者通常能以沉着的态度应付现实中各种问题，行动充满魄力，能振作勇气，有维护团结的精神。有时高者也可能由于不能彻底解决生活难题而不得不强自宽解。

因素 E——恃强性

低：谦虚，顺从，通融，恭顺。低者通常行为温顺，迎合别人，也可能有"事事不如人"的感觉。

高:好强固执,独立积极。高者通常有主见,独立性强。但容易自高自大,自以为是。可能非常武断,对抗有权势者。

因素 F——兴奋性

低:严肃,审慎、冷静、寡言。低者通常行动拘谨,内省而不轻易发言,较消极,阴郁。有时可能过分深思熟虑。工作上常常是一位认真可靠的人。

高:轻松兴奋,随遇而安,高者通常活泼,愉快,健谈,对人对事热心而富有感情。但有时也可能过分冲动,以致行为变化莫测。

因素 G——有恒性

低:苟且敷衍,缺乏认真负责精神。低者通常缺乏远大目标和理想,缺乏责任感,甚至有时不择手段地来达到某一目的。

高:有恒负责,做事尽职。高者通常责任心强,工作细心周到,有始有终。是非善恶是他的行动指南,结交的朋友也多为努力肯干的人。不十分喜欢诙谐有趣的场合。

因素 H——敢为性

低:畏怯退缩,缺乏信心。低者通常在人群中羞怯,有不自然的表现,有强烈的自卑感。不善于发言,更不愿跟陌生人交谈。凡事采取观望态度。有时由于过分倾向于自我意识而忽视社会中的重要事物和活动。

高:冒险敢为,少有顾忌,高者通常不掩饰,不畏缩,敢作敢为,能经历艰辛而保持有坚强的毅力。有时可能粗心大意,忽略细节,也可能无聊多事,喜欢向异性献殷勤。

因素 I——敏感性

低:理智,着重现实,自恃其力。低者通常多以客观、坚强、独立的态度处理问题,不感情用事。也可能过分骄傲,冷酷无情。

高:敏感,感情用事。高者通常心肠软,易受感动,较女性化,爱好艺术,富于幻想,有时过分不务实际,缺乏耐性与恒心。不喜欢接近粗犷的人和做笨重的工作。在集体活动中,由于常常有不着实际的看法和行为而降低团体的工作效率。

因素 L——怀疑性

低:信赖随和,容易与人相处。低者通常无猜忌,不与人竞争,顺应合作,善于体贴人。

高:怀疑、刚愎,固执己见。高者通常多怀疑,不信任别人,与人相处常斤斤计较,不顾别人利益。

因素 M——幻想性

低:现实,合乎成规,力求妥善合理。低者通常事先斟酌现实条件,然后决定取舍,不鲁莽从事,在关键时刻也能保持镇静。有时可能过分重视现实,为人索然寡趣。

高:幻想,狂放不羁。高者通常忽视生活细节,只以本身动机,当时兴趣等主观因素为行动的出发点。可能富有创造力,有时也过分不务实际,近乎冲动,而被人误解。

因素 N——世故性

低:坦白,直率,天真。低者通常思想简单,感情用事,与人无争,心满意足。但有时显得幼稚、粗鲁、笨拙,似乎缺乏教养。

高:精明能干,世故。高者通常处事老练,行为得体,能冷静分析一切。对一切事物的看法是理智的、客观的,有时可能近乎狡猾。

因素 O——忧虑性

低:安详,沉着,有自信心。低者通常有自信心,不易动摇,相信自己有应付问题的能力。有安全感,能运用自如。有时因缺乏同情而引起别人的反感。

高:忧虑抑郁,烦恼自扰。通常觉得世道艰辛,人生不如意,甚至沮丧、悲观,常常有患得患失之感,总觉得自己不容于人,缺乏和别人接近的勇气。

因素 Q1——实验性

低:保守,着重传统观念与行为标准。低者通常无条件地接受社会上沿用已久的而有权威的见解,不愿尝试探新。常常激烈地反对新的思潮和变革,墨守成规。

高:自由、激进,不拘泥于现实。高者通常喜欢考验一切现有的理论与事实而予以新的评价,不轻易判断是非,对新的思想和行为有兴趣。可能广见多闻,愿意充实自己的生活经验。

因素 Q2——独立性

低:依赖,随群,附和。通常愿意与人合作共事,而不愿独立孤行。常常放弃个人主见。附和众议,以取得别人好感。需要集体的支持以维持其自信心,却不是真正的乐群者。

高:自立自强,当机立断。高者通常能够自作主张,独立完成自己的工作计划,不依赖别人,也不受社会舆论的约束。也无意控制和支配别人,不嫌恶人,但也不需要别人的好感。

因素 Q3——自律性

低:矛盾冲突,不明大体。低者通常既不能克制自己,又不能尊重礼俗,更不愿考虑别人的需要,充满矛盾,却无法解决。

高:知己知彼,自律谨严。高者通常言行一致。能够合理支配自己的感情行动,为人处事能保持自尊心,赢得别人的尊重。有时却太固执。

因素 Q4——紧张性

低:心平气和,闲散宁静。低者通常知足满意,内心平衡。也可能过分松懒,缺乏进取心。

高:紧张困扰,激动挣扎,高者通常缺乏耐心,心神不定;过度兴奋,时常感觉疲乏,又无法彻底摆脱,以求宁静。在集体中,对人对事缺乏信念。每日生活战战兢兢,不能控制自己。

适应与焦虑型 X1。低分特征:生活适应顺利,通常感到心满意足,能做到期望的及自认为重要的事情。也可能对困难的工作缺乏毅力,有事事知难而退,不肯奋斗努力的倾向。高分特征:对生活上要求的和自己意欲达成的事情常感到不满意。可能会使工作受到破坏和影响身体健康。

内向与外向型 X2。低分特征:内倾,趋于胆小,自足,在与别人接触中采取克制态度,有利于从事精细工作。高分特征:外倾,开朗,善于交际,不受拘束,有利于从事贸易工作。

感情用事与安详机警型 X3。低分特征:情感丰富而感到困扰不安,它可能是缺乏信心,颓丧的类型,对生活中的细节较为含蓄敏感,性格温和,讲究生活艺术,采取行动前再三思考,顾虑太多。高分特征:富有事业心,果断,刚毅,有进取精神,精力充沛,行动迅速,但常忽视生活上的细节,只对明显的事物注意,有时会考虑不周,不计后果,贸然行事。

怯懦与果断型 X4。低分特征:怯懦,顺从,依赖别人,纯洁,个性被动,受人驱使而不能独立,为获取别人的欢心会事事迁就。高分特征:果断,独立,露锋芒,有气魄,有攻击性的倾向,通常会主动地寻找可以施展这种行为的环境或机会,以充分表现自己的独创能力,并从中取得利益。

心理健康因素 Y1。低于 12 分者仅占人数分配的 10%,情绪不稳定的程度颇为显著。

专业有成就者的人格因素 Y2。平均分为 55,67 以上者应有其成就。

创造力强者的人格因素 Y3。标准分高于 7 者属于创造力强者的范围,应有其成就。

在新环境中有成长能力的人格因素 Y4。平均值为 22 分,不足 17 分者仅占分配人数的 10%左右,从事专业或训练成功的可能性极小。25 分以上者,则有成功的希望。

3. 测验举例

1. 如果有机会的话,我愿意……
   A. 到一个繁华的城市去旅行　　B. 介于 A 与 C 之间　　　C. 游览清静的山区
2. 我不擅长讲笑话、说趣事。
   A. 是的　　　　　　　　　　B. 介于 A 与 C 之间　　　C. 不是的
3. 我总是不敢大胆批评别人的言行。
   A. 是的　　　　　　　　　　B. 有时如此　　　　　　　C. 不是的
4. 在从事体力或脑力劳动之后,我需要有比别人更多的休息时间,才能保持工作效率。
   A. 是的　　　　　　　　　　B. 介于 A 与 C 之间　　　C. 不是的
5. 我认为只要双方同意就可以离婚,可以不受传统观念的束缚。
   A. 是的　　　　　　　　　　B. 介于 A 与 C 之间　　　C. 不是的
6. 我对人或物的兴趣都很容易改变。
   A. 是的　　　　　　　　　　B. 介于 A 与 C 之间　　　C. 不是的

7. 在工作中,我愿意……

    A. 和别人合作   B. 不确定   C. 自己单独进行

8. 我的神经脆弱,稍有点刺激就会使我战战兢兢。

    A. 时常如此   B. 有时如此   C. 从不如此

9. 我身体不舒服的时候,有时会发脾气。

    A. 是的   B. 否

10. 根据我的能力,即使让我做一些平凡的工作,我也会安心的。

    A. 是的   B. 不一定   C. 不是的

4. 测验的信度和效度

有研究报告,16PF 的 16 个因素的平均 α 系数为 0.63,从 0.39 到 0.86。对 31 名被试在 15 天后进行重测,16 个因素的重测系数分布在 0.49—0.93 之间。从 16 个因素的分量表中各随机抽取两题,总计 32 题,将这些题目分别与 16 个因素分量表分进行相关分析,随机抽取的 32 道题目在自身所在因素量表上的负荷都显著高于其他因素量表上的负荷。同时将 16 个基本因素之间以及 5 个综合因素之间分别进行相关分析,统计显著。采用主成分分析法对样本进行了因子分析,初始因子矩阵用方差最大变异法进行转轴处理,最后得到六个公共因子。前五个因子模型正好与五个综合因素的结构基本吻合,分别代表了外向性、焦虑、自控、独立和刻板五个综合因素,而第六个因子正代表了独立与其他 15 个分量表的推理因素。六个公共因子总共解释了 67.75% 的方差。这说明结构效度良好(程嘉锡,陈国鹏,2006)。

二、艾森克人格问卷

艾森克人格问卷(Eysenck Personality Questionnaire,EPQ),由德裔英国心理学家艾森克(Hans Jürgen Eysenck)1975 年编制。

1. 测验目的与功能

艾森克人格问卷是负有盛名的人格问卷测验之一。艾森克像卡特尔一样对人格的基本单元——特质感兴趣,但他更重视人格的遗传与生物因素。测验主要测量三大基本特质:外倾(extraversion,E)、神经质(neuroticism,N)、精神质(psychoticism,P)。有研究表明,这三个特质具有进化的意义。例如,对猴子的研究认为,对猴子的行为观测的因素分析居然也有类似于三大特质的情形。猴子也有 E 特质(如猴子的玩耍);N 特质(如猴子的惧怕、退缩);P 特质(猴子的攻击性)(Zuckerman,1991)。

测验多用于人格诊断、心理咨询等领域。

2. 测验的主要内容

艾森克人格问卷有 4 个分量表,即外倾(E)、神经质(N)、精神质(P)、掩饰(L)。

E 量表,主要测量外显或内隐倾向。高者更好社交,喜欢聚会,朋友多,好热闹;活泼、好动、武断、寻求刺激、冲动;快活、好支配人、感情激烈、好冒险;低分者则好静、内省、离群、保守、做事更有计划、生活更有规律,不易冲动,踏实可靠,很少进攻性,但易悲观。内倾者可能对疼痛更敏感,更容易疲倦,更易激动,学业更出色,在性生活上的频率和伙伴类型上都不如外倾者活跃。

N 量表,测量神经质或情绪稳定性。高者更焦虑、抑郁、负疚、自尊低、紧张、不理性、害羞、喜怒无常、易动情。

P 量表,测量潜在的精神特质,或称倔强。高分者多攻击、敌意;自我中心、冲动、反社会、常有麻烦;无同情心、冷漠、迟钝;可能是残忍的、顽固的,但是还有一种可能性,这就是创造性高。

L 量表,为效度量表,测量被试的掩饰或防卫,但是也可能同时测量到被试的世故、圆滑等人格特质。

3. 测验举例

测验题目为自陈式问题,如:

1. 你是否有许多不同的业余爱好?

A. 是　　B. 否

2. 你是否在做任何事情以前都要停下来仔细思考?

A. 是　　B. 否

3. 你的心境是否常有起伏?

A. 是　　B. 否

4. 你曾有过冒别人的功劳受到奖励的事吗?

A. 是　　B. 否

5. 你是否健谈?

A. 是　　B. 否

6. 欠债会使你不安吗?

A. 是　　B. 否

7. 曾无缘无故地觉得"真是难受"吗?

A. 是　　B. 否

8. 你曾经贪图过分外之物吗?

A. 是　　　B. 否

9. 你是否比较活跃？

A. 是　　　B. 否

4. 测验的信度和效度

有研究报道，87 名小学生（相隔 2 个月以上）和 49 名中学生（相隔半年）的重测相关系数在 0.58—0.67 之间，后者在 0.62—0.65 之间（龚耀先，1984）。吕乐报道，对全国各地区 1432 名 16—82 岁的成人用艾森克人格问卷进行了测试。信度检验表明，克龙巴赫 α 系数在 0.63—0.87 之间，总量表为 0.76；分半信度系数在 0.62—0.83 之间。127 名被试在完成第一次测验后 30 天进行了重测，重测信度系数在 0.63—0.87 之间。用最大似然法对艾森克人格问卷的四因素模型（P、E、N 和 L）进行验证性因素分析，通过考察独立模型与研究模型之间的拟合程度，检验量表的结构效度，结果表明艾森克人格问卷结构和理论模型拟合程度较好（吕乐，2008）。

总之，艾森克人格问卷具有良好的信度与效度，其中 E 量表和 N 量表最确定。

三、加利福尼亚心理调查表

加利福尼亚心理调查表（California Psychological Inventory，CPI），由美国心理学家高夫（Harrison G. Gough）1956 年编制，1987 年修订。

1. 测验目的与功能

高夫为美国加利福尼亚大学伯克利人格评估研究所教授，早年从事明尼苏达多相人格调查表的研究。从 20 世纪 40 年代后期开始，他鉴于明尼苏达多相人格调查表用于正常人的局限，并克服明尼苏达多相人格调查表早期方法学上的不足，酝酿制订一套用于正常人的人格量表。从最初的两个分量表（进取能力和宽容性），经过不断补充和发展，到 1956 年正式出版，此后 1987 年又进行了修订。测验编制目的在于，预测人们在特定情境下的行为和人格。

测验的编制采用了与特质论不同的策略。特质论将量表的同质性或因素单一性作为衡量量表价值的标准。加利福尼亚心理调查表则是采用因素多元性的策略。虽然其中一些分量表与人格特质相同，但它们不是对特质的定义，而是与概念相对应的一组复合心理品质，即所谓通俗概念的策略。

在编制过程的过程中，研究采用同伴、教师等知情人提名法，按各量表概念的描述性定义评选出他们认为的典型人物（最独立的与最不独立的），选出差异最大者构成量表。

对量表分数意义的解释包括由专业人员、同伴、配偶等采用晤谈核查表,Q 分类技术,形容词核查表对被试评定。将评出结果与加利福尼亚心理调查表分数进行相关分析。相关最高的一些人格特征项目,组成解释。编制者使用了一千多个案。

　　加利福尼亚心理调查表的应用范围十分广泛,既可用于对学业成就、创造性潜能的预测,为专业选择提供指导,还可以在临床心理学方面用来诊断和预测心理障碍、违法行为等。特别是在人员选拔方面潜力很大,它可预测应聘者的管理潜能、工作绩效。测验发展了 34 种不同职业群体的常模,以及 32 种其他心理测验的相关研究资料。加利福尼亚心理调查表是主要的经典人格测验之一,美国人格学临床心理学博士必须熟悉的 5 项人格测验之一。1985 年《心理测量年鉴第九版》列出的加利福尼亚心理调查表文献,在人格问卷中位居第四。

2. 测验的主要内容

该量表有 20 个分量表:

(1) 适意感(Wb),确定身心健康,及相对不受自我怀疑和幻想破灭情绪干扰的程度。

(2) 好印象(Gi),评估个人创造良好印象的能力,以及关注别人对他的看法和反映的程度。

(3) 宽容性(To),评估个人容纳和接受他人信念和价值的程度。

(4) 自我控制(Sc),评估自我控制和自我调节以及摆脱冲动性和自我中心的程度。

(5) 顺从成就(Ac),确定促成成就的兴趣和动机因素,这些成就可在任何将顺从视为积极品质的场合下取得。

(6) 独立成就(Ai),确定促成成就的兴趣和动机因素,这些成就可在任何将独立视为积极品质的场合下取得。

(7) 智力效率(Ie),确定个人智能得到发挥的程度。

(8) 心理感受性(Py),评估个人对内部需求,动机和对别人内心体验的兴趣和反应。

(9) 责任心(Re),评估认真负责,可靠等品质。

(10) 社会化(So),表明个人达到的社会成熟水平以及自我整合的程度。

(11) 同众性(Cm),确定个人反应与问卷中设立的共同模式相一致的程度。

(12) 社交能力(Sy),评估社交能力。

(13) 社交风度(Sp),评估镇定自若、坦然自在等因素以及在社会交往方面的自信心和风度。

(14) 自我接受(Sa),评估自我价值以及自我确定等因素。

(15) 支配性(Do),评估领导能力及社会主动性等因素。

(16) 通情(Em),评估与他人进行感情沟通的能力。

(17) 独立性(In),评估独立思考和行动的能力。

(18) 进取性(Cs),个人达到某种社会地位所需的品质。

(19) 女性化/男性化(F/M),测量兴趣的男性化和女性化程度。

(20) 灵活性(Fx),表明个人思想和社会行为的灵活性和适应方式。

该量表还有 3 个结构量表:

(1) 内向-外向:高分内向,低分外向。

(2) 常规趋向-常规异向:高分遵守常规,小心谨慎,忠实可靠,自制力强;低分不能安分守己,桀骜不驯,贪图个人享受,随心所欲。

(3) 自我实现:高分成熟、乐观、有自知之明、兴趣广泛、感到自己有能力并能应付生活中的紧张刺激,能够实现自己的志向与抱负,心理更健康;低分则缺乏自信,更多不满,对变化不定的事物感到无所适从,感到自己缺乏决心与毅力,容易在生活中受到打击,难以实现自己的目的与志向(杨坚,龚耀先,1993)。

20 个分量表又可分为 4 部分:

第一部分测量自我确认和人际适应,包括支配性(dominance,Do)、进取能力(capacity for Status,Cs)、社交性(sociability,Sy)、社交风度(social presence,Sp)、自我接受(self-acceptance,Sa)。

第二部分测量社会价值、内化程度,包括责任心(responsibility,Re)、社会化(socialization,So)、自我控制(self-control,Sc)、宽容性(tolerance,To)、好印象(good impression,Gi)、同众性(communality,Cm)、适意感(sense of wellbeing,Wb)。

第三部分主要测量成就潜能,包括顺从成就(achieve-ment via conformance,Ac)、独立成就(achievement via independence,Ai)、智力效率(intellectual efficiency,Ie)。

第四部分主要测量智慧和兴趣模式,包括心理感受性(psychological mindedness,Py)、灵活性(flexibility,Fx)、女性气质(feminity,Fe)。

3. 测验举例

1. 我喜欢社交聚会,是为了想与大家在一起。

A. 是　　　B. 否

2. 报纸上唯一有趣的内容是"奇谈趣闻"。

A. 是　　　B. 否

3. 我把父亲视为一位理想人物。

A. 是　　　B. 否

4. 我非常渴望在世界上取得成就。

A. 是　　　B. 否

5. 我喜欢看小说《西游记》。

A. 是　　　B. 否

6. 通常我每周看电影在一次以上。

A. 是   B. 否

7. 有些人用夸大困难来获得别人的同情。

A. 是   B. 否

8. 我常常感到我选错了自己的职业。

A. 是   B. 否

4. 测验的信度和效度

加利福尼亚心理调查表的信度和效度良好。其手册报道在间隔 1 年以后,不同量表的重测信度在 0.38—0.77 之间,平均为 0.66。间隔 1—4 周,重测信度平均为 0.77,分半相关系数达 0.63—0.86,平均为 0.78。男女常模各量表的内部一致性系数范围分别为 0.46—0.84,0.44—0.84,平均为 0.67,0.66。对 98 名男性,62 名女性中学生受试者间隔 1 年后进行重测,各量表相关系数为 0.50—0.70(男),0.51—0.76(女),平均为 0.65(杨坚,龚耀先,1993)。

效度研究采用了多种实证效度研究,如专业人员、同伴、配偶等的晤谈校核表,形容词校核表,Q 分类分析等,研究表明,加利福尼亚心理调查表具有良好的实证效度。因素分析表明测验有较好的结构稳定性,加利福尼亚心理调查表中的一些分量表与学业成就、领导和管理能力、创造性、社会适应能力、违法犯罪行为等具有显著的相关(杨坚,龚耀先,1993)。

四、大五人格量表

大五人格量表(NEO Five-Factor Inventory,NEO),由美国心理学家科斯塔(Jr. Paul Costa)和麦克雷(Robert R. McCrae)1987 年根据大五人格理论编制,1992 年修订。

1. 测验目的与功能

从卡特尔发现人格的 16 种根源特质后,心理学家对人格特质进行了大量研究。后来的研究趋向于认同人格的基本特质为外向性、宜人性、严谨性、神经质、开放性。这就是大五人格理论。大五人格量表旨在探测这五种人格特质及其子维度,可以对被试作出人格诊断。其结果可运用到心理咨询、教育辅导、人员选拔和职业生涯规划。

2. 测验的主要内容

大五人格量表测量五大特质,有 300 题,五级记分。该量表有 5 个分量表。

N:神经质(Neuroticism),测量个体情绪的状态,体验内心苦恼的倾向性。

E:外向性(Extraversion),测量个体神经系统的强弱和动力特征。

O:开放性(Openness),测量个体对体验的开放性、智慧和创造性。

A:顺同性(Agreeableness,亦译"宜人性"),测量人际交往中的人道主义或仁慈方面,如亲和性,是否易相处,沟通与合作等人格特质。

C:严谨性(Conscientiousness),测量人格特征与意志有关的内容和特点,个体在目标取向行为上的组织性、持久性和动力性的程度。

表 11-1 概括了该量表的主要内容。

表 11-1　大五人格量表(NEO)的主要内容

高分者的特征	量　　表	低分者的特征
情绪调节能力比较差,容易愤怒、焦虑、抑郁等。对外界刺激反应比一般人强烈,经常处于一种不良的情绪状态下。紧张、过分担心、缺乏安全感。思维、决策以及应对外部压力的能力比较差	**N:神经质**(Neuroticism)个体情绪的状态,体验内心苦恼的倾向性	情绪调节能力比较强,情绪稳定,较少烦恼,较少情绪化,比较平静、放松、性情沉静温和,不会过度兴奋,有安全感。思维、决策以及应对外部压力的能力比较强
焦虑、不安、紧张	**N1:焦虑**(Anxiety)面对难以把握的事物、令人害怕情况时的状态	**放松、平静、有安全感**
易怒,有敌意	**N2:愤怒性敌意**(Angry Hostility)人们准备去体验愤怒情绪的状态	**情绪能够控制**
抑郁、压抑	**N3:抑郁**(Depression)正常人倾向于体验抑郁情感的个体差异	**愉悦、快乐**
面临困境时常有不现实的想法、要求	**N4:自我意识**(Self-Consciousness)人们体验羞耻和面临困境时的情绪状态	面临困境时很少有不现实的想法、要求
控制冲动和欲望的能力较弱。表现在容易激惹,冲动,以至于情绪容易波动	**N5:冲动性**(Impulsiveness)控制自己的冲动和欲望的能力	控制冲动和欲望的能力较强
面对挫折的承受力较弱。在遭遇挫折与打击时,往往不能够冷静理智地应对	**N6:脆弱性**(Vulnerability)个体面对应激时的状态	面对挫折的承受力较强。在遭遇挫折与打击时,能够冷静理智地应对
明显外向,乐于和人相处,精力充沛、充满活力,常常怀有积极的情绪体验。自信、积极、主动、活跃、喜欢表现。喜欢交朋友、爱参与热闹场合。乐观、热情、健谈、果断、坦率、喜欢支配别人	**E:外向性**(Extraversion)人际互动的数量和强度、活动水平、刺激需求程度	明显内向,安静,抑制,谨慎,对外部世界不太感兴趣。喜欢独处,独立和谨慎有时会被错认为不友好或傲慢。保守、缄默、害羞、腼腆、退缩、回避

（续表）

高分者的特征	量　表	低分者的特征
为人热情，大方，喜欢并比较注意去经营和处理人际关系	**E1：热情性**（Warmth） 对待别人和人际关系的态度	不是那种很热情的人，不喜欢去经营和处理人际关系
乐群	**E2：乐群性**（Gregariousness） 指人们是否愿意成为其他人的伙伴	**好静**
能够调动别人的积极性，支使别人做事，有一定的组织能力	**E3：自我肯定**（Assertiveness） 支配别人和社会的欲望	宁可自己多做事，也不喜欢去支使别人做事
从事各类活动的动力和能量强，精力充沛，干劲十足	**E4：活跃性**（Activity） 从事各类活动的动力和能量的强弱	缺乏活力，从事各类活动的动力和能量不足，不愿意太忙碌，宁可韬光养晦
喜欢追求刺激，有激情，容易兴奋，不怕冒险	**E5：刺激追寻**（Excitement-Seeking） 人们渴望兴奋和刺激的倾向性	喜欢安静，平安，缺乏激情
	E6：正性情绪（Positive Emotions） 人们倾向于体验到正性情绪的程度	
富有想象力和创造力，好奇心强，兴趣广泛；喜欢欣赏艺术，讲求艺术性、对美的事物比较敏感；具有开阔的心胸；喜欢思考及求新求变，不会过于传统、循规蹈矩；偏爱抽象思维，有洞察力、求知欲强；聪明睿智、有计谋、明智、有逻辑性、处事老练、有修养	**O：开放性**（Openness） 对经验积极寻求，具有开放性；喜欢接受并探索不熟悉的经验的倾向；智慧与创造性	讲求实际，遵守常规，比较传统和保守，循规蹈矩。但是兴趣比较狭窄、想象与创造性不够；思维显得不够深刻，流于表浅；是一种非艺术性、非分析性的风格
富于幻想	**O1：幻想**（Fantasy） 个体富于幻想和想象的水平	**缺乏幻想**
热爱艺术和美	**O2：美感**（Aesthetics） 个体对于艺术和美的敏感和热爱程度	不喜欢艺术和美
自我接纳	**O3：情感**（Feelings） 人们对于自己的感觉和情绪的接受程度	缺乏自我接纳
喜欢接受挑战，愿意尝试各种不同的活动。工作主动、积极	**O4：行动**（Action） 人们是否愿意尝试各种不同活动的倾向性	不愿意尝试各种不同活动，宁愿做熟悉的工作
对新事物有着强烈的好奇心，接受新事物快	**O5：观念**（Ideas） 人们对新观念、怪异想法的好奇程度	对新事物抱有谨慎态度，有时显得有点守旧、保守

(续表)

高分者的特征	量 表	低分者的特征
有首创精神与批判精神,善于思考,敢于怀疑	**O6:价值**(Values) 人们对现存价值观念的态度和接受程度	遵纪守法,克己奉公,谨小慎微,不会对现实抱有批判与怀疑态度
有亲和力,重视与他人和谐相处,体贴,友好,大方,谦让。有礼貌、令人信赖、待人友善、容易相处。心肠好、有同情心、亲切、热情、乐于助人、谅解、脾气好、信任人、宽宏大量、知恩图报,但是可能易轻信别人	**A:顺同性**(Agreeableness) 思想、感情和行为方面在同情至敌对这一连续体上的人际取向;反映个体在合作与社会和谐性方面的差异;评估是否易相处、沟通与合作的人格特质	非常理性,这种特质可能更适合科学、工程、军事等需要经常作出客观的决策的工作情境。比较关注自己的利益,可能不太关心他人,有疑心,有时候怀疑他人的动机。可能比较挑剔、严厉;显得冷淡、不友好、硬心肠、冷酷;有点愤世嫉俗、粗鲁、不合作;易怒、容易吵架、报复心重、残忍、好操纵别人、忘恩负义
信任他人,但是可能会轻信他人	**A1:信任**(Trust) 对其他人的信任程度	疑心较重
为人坦诚,直率	**A2:坦诚**(Straight Forwardness) 对别人表达自己真实情感的倾向性	拘谨、城府较深
关心他人,能够觉察别人的兴趣和需要	**A3:利他性**(Altruism) 对别人的兴趣和需要的关注程度	不太敏感,不善于去觉察别人的兴趣和需要
宽宏大度,不太与别人发生冲突	**A4:顺从性**(Compliance) 与别人发生冲突时的倾向性特征	斤斤计较,心胸不开阔,容易与别人发生冲突
谦虚	**A5:谦虚**(Modesty) 对待别人的行为表现	不谦虚
赞同和关心别人	**A6:温存**(Tender-Mindedness) 给予别人赞同和关心的程度	不太赞同和关心别人
有抱负、追求卓越和成功、有计划、有毅力、努力、坚忍、不屈不挠、有始有终;可信赖、自我克制、守时、细心、整洁;循规蹈矩、谨慎、可靠、严格、有责任感;深思熟虑、有条理、认真、有效率、讲实际、勤勉	**C:严谨性**(Conscientiousness) 人格特征与意志有关的内容和特点。个体在目标取向行为上的组织性、持久性和动力性的程度	没有太大的事业心,无目标、做事计划性不强,意志薄弱、懒散、粗心、散漫、享乐主义。粗心、混乱、轻浮、不负责、不可靠、爱忘事、懈怠
有胜任感	**C1:胜任感**(Competence) 对自己的竞争状态的认识和感觉	缺乏信心与胜任感
处理事务和工作有秩序和条理	**C2:条理性**(Order) 处理事务和工作的秩序和条理	处理事务和工作缺乏秩序和条理

（续表）

高分者的特征	量　　表	低分者的特征
对待事物和他人能够负责任，认真履行承诺	**C3：责任心**（Dutifulness） 对待事物和他人的认真和承诺态度	对待事物和他人不能够负责任，不认真履行承诺
有事业心	**C4：事业心**（Achievement Striving） 奋斗目标和实现目标的进取精神	**缺乏事业心**
自律	**C5：自律性**（Self-Discipline） 约束自己的能力，自始至终的倾向性	**缺乏自律**
审慎	**C6：审慎性**（Deliberation） 在采取具体行动前的情绪状态	**不审慎**

3. 测验举例

大五人格量表中有 300 题自陈式问题，示例如下：

1. 在工作上，我是有效率又能胜任的。

A. 完全不同意　B. 有点同意　　C. 拿捏不准　　　D. 比较同意　　　E. 完全同意

2. 在态度上，我是顽固不妥协的。

A. 完全不同意　B. 有点同意　　C. 拿捏不准　　　D. 比较同意　　　E. 完全同意

3. 我宁愿与人合作，而不愿与人竞争。

A. 完全不同意　B. 有点同意　　C. 拿捏不准　　　D. 比较同意　　　E. 完全同意

4. 我对自己有很高的评价。

A. 完全不同意　B. 有点同意　　C. 拿捏不准　　　D. 比较同意　　　E. 完全同意

5. 别人对待我的方式常使我感到愤怒。

A. 完全不同意　B. 有点同意　　C. 拿捏不准　　　D. 比较同意　　　E. 完全同意

6. 有时我会羞愧得想躲起来。

A. 完全不同意　B. 有点同意　　C. 拿捏不准　　　D. 比较同意　　　E. 完全同意

4. 测验的信度和效度

不少研究证实，五大因素具有跨文化的效度。东西方文化中都存在五大人格特质。

在美国和加拿大的样本中 α 系数一般在 0.75—0.90 之间，平均在 0.80 以上；间隔三个月的重测信度在 0.80—0.90 之间，平均为 0.85。大五人格量表具有很好的实证效度。例如，麦克雷和科斯塔证实了该测验的自我评定与同伴和配偶之间有较高的一致性（McCrae & Costa, 1990）（见表 11-2）。

表 11-2　大五人格量表(NEO)自我评定与同伴和配偶之间的相关

NEO-PI 因素	评定间一致性			
	同伴与同伴	同伴与配偶	同伴与自我	配偶与自我
神经质	0.36	0.45	0.37	0.53
外向性	0.41	0.26	0.44	0.53
开放性	0.46	0.37	0.63	0.59
宜人性	0.45	0.49	0.57	0.60
严谨性	0.45	0.41	0.49	0.57

注:所有相关显著性水平为:$P<0.001$,$N_s=144$ 至 719。资料来源:McCrae & Costa,1990,p.38。

　　此外,临床诊断的证据也证实,在严谨性因素上得分特别高的人多为强迫型人格;宜人性因素上得分特别低的人多见反社会人格。大五人格量表也揭示遗传的作用。研究表明,40%的人格差异可以由遗传来解释。外向性遗传的贡献率(h^2)为 0.36;宜人性 0.28;严谨性 0.28;神经质 0.31;开放性 0.46;总平均数 0.34(Loehlin,1992)。

五、罗夏墨迹测验

　　罗夏墨迹测验(Rorschach Inkblot Test,RIT),由瑞士精神科医生、精神病学家罗夏(Herman Rorschach)在 1921 年出版的《心理诊断》一书中提出。此后经历多次改革,到 20 世纪 50 年代中期出现五个罗夏记分系统:(1)贝克系统,强调标准化步骤,重视客观性;(2)克洛普弗系统,强调主观、实验观点;(3)赫兹(Hertz)系统,重视标准化;(4)拉帕波特-谢弗(Rapaport-Schafer)系统;(5)彼得罗夫斯基(Piotrowski)系统。1974 年埃克斯纳(John E. Exner,1928—2006)在这五个记分系统基础上发展出综合系统。

1. 测验目的与功能

　　罗夏墨迹测验基于投射原理。罗夏在欧洲流行的"泼墨游戏"中发现,人们对墨迹这种模糊刺激作出的反应,会投射出相当复杂和丰富的心理活动。不仅投射出人们的想象力和创造力,还能投射出动机、情绪、人格等心理活动。罗夏发现,正常人与精神病患者的反应就有显著不同。在这一发现的基础上,罗夏建立了最早的分析系统,可用于临床诊断。罗夏根据自己的经验,从 1 000 多张墨迹图中选取 10 张区分度更高的图片,形成流传至今的罗夏墨迹测验。这些测验图片以一定顺序排列,其中 5 张为黑白图片(1、4、5、6、7),墨迹深浅不一,2 张(2、3)主要是黑白图片,加了红色斑点,3 张(8、9、10)为彩色图片。图片在被试面前出现的次序是有规定的。10 张图片图形对称,没有明确的意义。主试的说明很简单。例如:"这看上去像什么?""这可能是什么?""这使你想到什么?"主试记录被试反应的语句,每张图片出现到开始第一个反应所需的时间,各反应之间较长的停顿时间,对每张图片反应总共所需的时间,被试的附带动作和其他重要行为等。最后,根据被试的所有反应推断其各种心理特点。

2. 测验的主要内容

罗夏墨迹测验对主试的要求很高。测验情境要求有适宜的灯光、舒适的座位,安静而没有干扰。主试与被试的坐法是规定的。主试的指导语一般如此:"我想请你看一些图片,一共有十张。这些图片是一些墨迹图。你在看这些图片时,请你告诉我你看到了些什么,或是让你想起了什么。"

测验分两个阶段:(1)自由联想阶段。主试在说完指导语后,按照规定程序将图片一张一张呈现给被试,用秒表计时,同时注意被试转动图片的情况,记录图片的方位,记录被试说出的内容。在这个阶段,主试要让被试作自由反应,所以称为自由联想阶段。(2)询问阶段。在被试对10张墨迹图作完自由联想之后,主试要将每一张图再交给被试,对被试作进一步的询问。

综合系统的编码和记分方法主要涉及:部位;认识功能发展质量;形状质量;决定因素;回答的内容;常见的回答及其他变量。

部位。指被试作出各种反应时在墨迹图上所用的部位。有四种反应编码:(1)W(整体反应)。这种反应是根据整个墨迹图作出的,包括图的所有部分。(2)D(常见部分反应)。回答只包括若干部分,而且是常见的部分,不包括整个图。(3)Dd(不常见部分反应)。回答包括一些不常见的部分。所谓不常见部分,指的是大多数人回答的频率低于5%。(4)S(空白部分反应)。对墨迹图中的空白部分作反应。

认识功能发展质量。指在考虑回答的部位的同时,还必须考虑回答的质量。因为同样是一个常见部分(D)的回答,其选择与组织的水平却有不同。而这种不同很可能与认识的功能有关。综合系统中有以下四种编码:(1)+(组合回答)。这是组织水平高的回答,能按一定方式组合成具有特定形状的东西。(2)v/+(组合回答)。有组合,但是没有按一定方式形成特定形状。(3)0(普通回答)。缺乏组合的对一个单独部位的回答,并且只注意描述物体的外形特征与结构特征,常描述为一种自然形状的东西。(4)v(模糊回答)。组合水平差,对墨迹只有一个模糊的印象,缺乏特定形状与结构。有歪曲、不明确、描述的东西与部位不符的情况。

形状质量。指回答内容与墨迹区域的符合程度。以四个等级判断形状质量:(1)F+(优秀),即选择的部位不是人人都看得出,描述的东西与墨迹很贴切,很相似,有创造性。(2)F0(平常),即选择的部位大多数人一看就知道,描述没有创造性,流于一般化。(3)Fu(稀有),即所作的回答比较少见,描述的东西质量差。(4)F-(缺陷),即描述的东西变形、模糊,与墨迹不符。

决定因素。指影响和决定回答的因素，或者说，回答是根据什么因素作出的。主要有以下五种决定因素。

彩色决定因素，即回答是根据彩色作出的。又有以下编码：(1)C(纯颜色回答)，这种回答只根据颜色作出，不包括形状。例如，"血""画"等就是典型的 C 回答，没有形状的介入。(2)CF(颜色-形状回答)，这种回答以颜色为主，形状了起作用。(3)FC(形状-颜色回答)，与第(2)相反，回答主要根据形状，颜色也起作用。(4)Cn(颜色命名回答)，这种回答直接指出墨迹某个部位的颜色。

非彩色的颜色决定因素，即这种回答将墨迹图中的黑色、灰色及图的空白区作为颜色。又有这样几种情况：(1)C'(纯非彩色的颜色回答)，只根据黑色、灰色和白色来回答，没有形状介入。(2)C'F(非彩色颜色-形状回答)，回答主要根据非彩色的颜色作出，但也有形状介入。(3)F'C(形状-非彩色颜色回答)，回答主要根据形状，但也有非彩色有颜色介入。

阴影决定因素，即回答是根据阴影作出的。阴影决定因素主要有纹理决定因素，根据墨迹上的阴影，知觉为纹理的、有触觉属性的东西。具体又有三种情况：T(纯纹理的回答)，只根据阴影的触觉特征回答，没有形状；TF(纹理-形状回答)，将阴影知觉为触觉的东西，同时也有形状；FT(形状-纹理回答)，主要根据形状进行回答，同时也有触觉的特征。

阴影-维度决定因素，即根据阴影的深度和维度回答。有三种编码：(1)V(纯远景回答)，这种回答将阴影看成有深度或有维度的，但没有形状，如"很深""远方"。(2)VF(远景-形状回答)，将阴影看成有深度和有维度的，但也有形状。(3)FV(形状-远景回答)，主要根据形状，也有阴影的深度和维度的感觉。

弥漫阴影决定因素，指不是根据阴影的纹理、深度或维度来回答，而是根据阴影的一般的明暗属性来回答。有四种编码：(1)Y(纯阴影回答)，回答中根据阴影的明暗属性，没有形状。(2)YF(阴影-形状回答)，主要根据阴影的明暗属性，同时也有形状。(3)FY(形状-阴影回答)，主要根据墨迹有形状，同时也有阴影的明暗属性介入。(4)FD(以形状为基础的维度回答)，没有根据阴影，而是根据维度来回答，有方向、距离、深度的感觉。

回答的内容。指被试在回答时具体提及的东西。综合系统对 28 个内容编码。例如：人体(H)；动物(A)；风景(Ls)；艺术品(Art)；火(Fi)；血(Bi)；等等。

常见的回答及其他变量。在综合系统中，常见的回答指每 3 个记录中至少有 1 个回答为常见的回答。例如，在第一张墨迹图中，常见的回答为"蝙蝠""蝴蝶"。此外，还有其他变量，如组织活动(Z)，特殊分数等。

有关比率、指数和百分数的计算。综合系统中有 34 个这样的比率、指数和百分数。例如：EB(经验平衡)，表征被试的经验类型；D 指数，表明被试对紧张的耐受力和自制力；自杀丛指数(S-Con)；抑郁指数(DEPI)；精神分裂指数(SCZI)等。

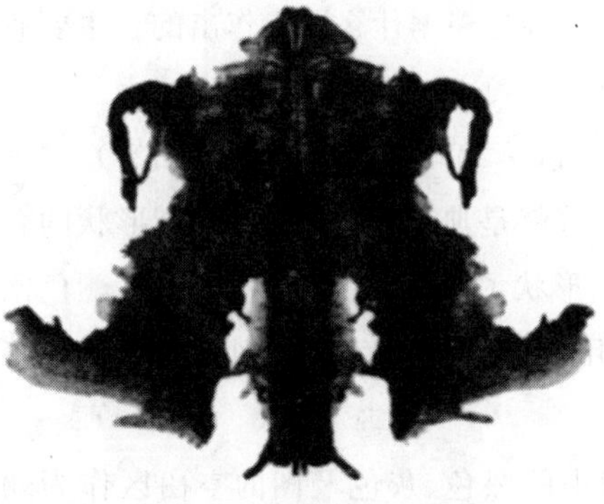

图 11-1　罗夏墨迹测验图

3. 测验举例

操作罗夏墨迹测验是一项非常复杂的技术工作。

在测验中，主试依次呈现 10 张图，按照既定的程序记录被试的反应。兹举一例，被试李XX为青年教师，29 岁，已婚。在对第一张图片的反应中，他的第一个反应是认为图中“像一个动物的头”，第二个反应是“像个蝙蝠”。主试记录这些反应，并要对这些反应进行编码。

通过询问确认被试的反应后，进行总的评分时要计算各种比率、指数。

最后，概括测验中获得的大量信息和数据，对被试作出全面诊断(见表 11-3)。

表 11-3　罗夏墨迹测验记录

图卡	No.	回答与询问	评　定
Ⅰ	1	15”动物头	W+ F^0 Ad 1.0
	2	像个蝙蝠	W+ F^0 A 1.0 P
	3	从中间分开的，两个狼头……狗头	D+ F^0 Ad (2) 4.0
	4	像个地图，像海边伸出去的大陆架	$W^{v/+}$ Fv^u 4.0 Ge
	5	像变形金刚，中间像眼睛，四个空白部分像机器发光	W+ dsF m+ 1.0 Idio
Ⅱ	6	5”中间空白部分像佛塔	Ds5+ F0 Ay
	7	黑的地方像两只小狗在玩	D1+ Fc’ FM^0 P (2) 3.0 A
	8	上面两个红色的，像两个人在做鬼脸	D3 CF M^0 (2) 5.5 H
	9	前面尖的地方像火箭，火箭头	$D6^0$ F^u Sc
	10	下面红色的像昆虫的头部，两面像复眼	D4+ CF+ (2) 3.0 Ad
Ⅲ	11	5”像一个壶	W+ F 5.5 Hh
	12	中间红的像男人的领带	$D3^0$ FC^0 Cg 3.0
	13	V∧有点像马戏团的面具	W^v/+ F Cg 5.5
	14	V像海里游弋的鲨鱼	$D5^0$ VF+ A 3.0
	15	<像男人抬东西，而且像女人	W+ FM^0 H P 5.5
Ⅳ	16	3”像兽皮(野兽)	W+ FT+ Ad 2.0
	17	V∧像巨人躺在地上，两腿叉开	W+ FD+ H P 2.0
	18	中间像一条大道	$Dd25^0$ Fv^u Ls
	19	<>∧两边像雪盖树枝	Dd^v $C'F^u$ Ls
	20	中间像一把剑	$D6^0$ F^0 Idio 2.0
Ⅴ	21	3”一只蝴蝶	W+ F^0 A 1.0 P
	22	∧一只蝙蝠	W+ F^0 A 1.0 P
	23	∧中间像蜗牛，蜗牛头	$D3^0$ F^0 Ad 2.5
	24	整体像鱼跃起，海豚那样	W+ Fm+ A 1.0

（续表）

图卡	No.	回答与询问	评　定
VI	25	47"∧＜V∧像拨浪鼓	W+ F+ Hh 2.5
	26	前面像峡谷中的一条河流	Dd25⁰ F⁰ Ge 2.5
	27	像王八、鳖	Wᵛ⁺ Fᵘ A 2.5
	28	一边像一只军舰	Dd22ᵛ⁺ Fᵘ Sc (2) 2.5
	29	中间有点像人，一个的部分在里面	Dd26ᵛ F− H
VII	30	9"像两人相对而坐	D2ᵛ⁺ F⁰ H (2) 3.0
	31	∧像两人一起跳舞	D2ᵛ⁺ FM⁰ H (2) 3.0
	32	∧下部分像南北美洲	D2+ F+ Ge (2) 3.0
	33	上面像两人竖起大拇指	D2+ F+ Hd (2) 3.0
	34	∧V中间像铁锹	DS8+ F+ Hh 4.0
VIII	35	6"两边的红色像动物攀援	D1+ CF FM+ (2) A 3.0
	36	像变形金刚的头部	W+ F+ Idio 4.5
	37	上面像风筝	D3+ F+ Art 3.0
	38	∧中间像一个瘦高个女神	Dᵛ⁺ Fᵘ H 3.0
	39	＜总觉得像一快速前进的什么，中间直线像高速公路，直线的美感	Dᵛ⁺ m FYᵘ Ls 4.0
IX	40	12"上面像树枝	D10ᵛ⁺ F⁰ Bt (2) 2.5
	41	∧V中间像乐器，大提琴的部分	D8+ C⁰ Art 2.5
	42	∧整体像人，没戴帽子，头部不清，叉着手	Wᵛ⁺ FC⁰ Hd P 5.5
	43	但一旦脸部表情愉快、笑的人，欧洲中世纪贵族	W+ FC+ Hd P 5.5
X	44	8"马戏团的面具，有两眼睛、眉毛	W+ F+ Cg 5.5
	45	上面像两怪物在吵架	D8⁰ FM+ (A) 4.0
	46	下面像很有威望的人，有两撇胡子	W+ FC+ Hd 5.5
	47	上面有点像花蕾	D13⁰ F⁰ Bt 2.5
	48	两个蓝色部分像漩涡	D1⁰ CF⁰ (2) Nd 4.0

测验各项指数：

R：49　Zf：43　Zsum：123.5　Zest：148　P：8 (2)：12

回答部位　　W：19　D：24　Dd：6　S：3

发展质量（DQ）　＋：26　V/＋：9　O：10　V：2

形状质量（FQ）　＋：17　O：21　u：8　—：1

决定因素　复合的：5

单独的：M：2　（M−）：0　FM：4　m：3　C：1　Cn：0　CF：4　FC：4　C'：0　C'：F：1　FC'：1　T：0　TF：0　FT：0　V：1　VF：0　FV：2　Y：0　YF：0　FY：1　rF：0　Fr：0　F：28　Fo：1

回答内容：H：5　(H)：1　Hd：5　(Hd)：0　A：8　(A)：8　(A)：1　Ad：5　(Ad)：0　Ab：0　AL：0　An：0　Art：2　Ay：1　BL：0　Bt：2　Cg：3　Cl：0　Wx：0　Fi：0　Fd：0　Ge：3　Hh：3　Ls：3　Na：0　Sc：2　Sx：0　Xy：0　Idio：3

S-Con(自杀丛指数)：5

SCZI(精神分裂指数)：0

DEPI(抑郁指数)：4

其他指数　Zsum-Zest：−24.5 Zd：−24.5 EB：2：7.5 EA：9.5 - es：14 eb：7：7 D：−1 AADJ D：0 a：p：7：0 Ma：Mp：3：0 FC：CF＋C：4：5(纯 C)：1 Afr：−3.75 3r＋(2)/R：0.25 纯 F/非纯 F：1.33 混合回答：R 5：49 X＋％：0.78 F＋％：4.4 X−％：0.02 orig％：0 A％：0 W：M 19：2 W：D 19：24：6 隔离指数：8：48 Ab＋Ay：3 An＋Xy：0 H(H)：Hd(Hd) 5：6(纯 H)：5(H、Hd)：(A、Ad) 1：1 H＋A：Hd＋Ad 13：10

4. 测验的信度和效度

埃克斯纳研究了 30 个 6 岁儿童相隔 24 月、25 个 9 岁儿童相隔 30 个月、100 个成人相隔 36—39 月的重测信度。尤其是在 100 个成人的样本中，重测信度是不错的(Exner，1980，pp.563-576)。克洛普弗(Bruno Klopfer)使用罗夏墨迹测验对 24 名癌症患者作了诊断，9 名被正确诊断为快速发展的癌症，10 名被正确诊断为缓慢发展的癌症，1 例不能判别，另外 2 例快速发展的癌症错判为缓慢发展的癌症，2 例缓慢发展的癌症错判为快速发展的癌症。统计检验：$X^2 = 6.042$；$P < 0.02$。这一结果与使用明尼苏达多相人格调查表(MMPI)的结果相似：44 个患者 21 个被正确诊断为快速发展的癌症，13 个被正确诊断为缓慢发展的癌症，这两组各有 5 名被错误判别。统计检验：$X^2 = 12.356$；$P < 0.01$。克洛普弗等人进一步作了比较：同时使用罗夏墨迹测验和 MMPI 对 15 名患者进行诊断，结果 11 名被两者同时正确区分，2 名被 MMPI 错判而被罗夏墨迹测验正确判别，2 名被罗夏墨迹测验错判却被 MMPI 正确判别，只有 1 名两者都不能判别(Klopfer，1957，pp.332-340)。龚耀先随机选取了 32 个被试，相隔 1—20 个月做了两次测验，选取罗夏墨迹测验中的 35 项变量计算重测相关系数(最低 0.07，最高 0.85，平均 0.473 1)，并对精神分裂症患者与正常人作了比较，以检验效度。精神分裂症患者组包括 22 例偏执型、16 例混合型、10 例瓦解型、5 例残余型，共 53 人；正常人组年龄、教育与之匹配共 53 人。结果表明，两组在与思维有关的变量(如 M、DR、DV 等)、与感知精确性有关的变量(如 FQ⁰、FQX−、X＋％等)、与自我意象及人际关系有关的变量以及精神分裂指数上均有显著差异，说明测验有较好的区分效度(龚耀先，1991)。

六、主题统觉测验

主题统觉测验(Thematic Apperception Test，TAT)，由默里(Henry A. Murray)和摩

根(Christiana D.Morgan)1935 年编制。现在有各种记分系统和各种修订版本,分别适用于 7 岁以上儿童,成人以及精神病患者。

1. 测验的目的与功能

主题统觉测验通过被试对图片的反应,来探索被试的动机、情绪、情结和人格。被试在面对图片中给定的模糊的情境并予以解释时,会倾向于使这种解释与自己过去的经历或当前自己的愿望一致,也可能与自己过去的经历结合起来,表达出自己的种种感情与需要。被试要组织所给的刺激,要建构所给的刺激,这种组织与建构会投射出被试的动机、需要、人格。测验最初的目的是用来研究人格,后来经过多次修订,逐步推广应用于临床、跨文化研究等领域。

2. 测验的主要内容

主题统觉测验的材料由 31 张图卡组成,30 张为有不同矛盾情境的黑白图卡,另一张为一空白卡。这些材料与罗夏墨迹测验用的墨迹图有所不同,它们都有一定意义,不是完全无结构的。测验材料按年龄、性别组合成男人(M)用,女人(F)用,男孩(B)用,女孩(G)用四套,每套都是 20 张图卡组成,各套中有一些图为共用,有一些为各套专用。其中,每一套又分两次进行,一半为第一次测验用,另一半为第二次测验用,因此实际上每次测验只用 10 张图卡。

3. 测验举例

测验使用的材料是印于白色优质纸板上的 30 张图片,其中包括一张空白卡片。图片上画有一些模糊的人物与场景。有的图片各种年龄与性别都可以共用,有的图片则只能由不同性别单独使用。所有图片被组合成四套,每套 20 张图片,分别用于男性、女性、男孩与女孩。各套又分有两种系列,每一系列各有 10 张图片。第二系列的图片比第一系列的图片设计得更有戏剧性、更离奇。完成一个系列大概要一个小时左右,两系列间隔的时间要一天以上。

主题统觉测验有不同的评分方法与系统。在默里的评分系统中,虽然有量化的指数,但仍然很强调主试的经验与直觉。麦克莱兰(D.C. McClelland)等人使用不同与主题统觉测验原有的图片,发展了更客观的评分系统。麦克莱兰等人主要分析的是成就动机,他们在每一个故事中,将以下与成就动机有关的内容计分:直接对成就需要的陈述;为达到某一目标表现出来的思想与行为;希望达到的目标;有关成就的主题,等等。

图 11-2　主题统觉测验的图片

4. 测验的信度和效度

在临床实践中,研究者业已发现一些能够区分正常人与精神分裂症患者的主题统觉测验指征。例如,精神病患者在主题统觉测验中的特征有(龚耀先,1983,p.516):(1)僵硬和具体。患者僵硬地强调:"这就是一个男人和一个女人。"拒绝再作其他的引申和发挥。(2)否定。患者的态度是否定的。如患者说:"除了一张画以外,我未看到什么。""我不愿告诉你。"(3)持续不变。患者在一张图中的概念,可以持续不变地出现在几张图片中。(4)似曾相识反应。对图片中的情境,患者似乎感到很熟悉,或者说认识画中人。(5)投射同性恋的属性。如妄想型分裂症者,在 12F 卡中说:"这个老妇人与年轻的妇人有同性恋的行为。"(6)威胁和邪恶意图的投射。如患者说"她将杀害别人"。(7)冷漠反应。对一些在正常时可引起情绪反应的画(如 18GF 卡、13MF 卡、BM 卡、3GF 卡等),完全无情绪反应。(8)经常或长时间地看图片背面。妄想型患者常见这种反应。(9)反应时间过长。

主题统觉测验在跨文化研究方面似更具特色。许琅光曾用两张主题统觉测验图片(即图片 I 和 12BG)比较研究了中国人、美国人及印度人。结果发现:美国人的主要表现是对权威的反抗、个人的独立以及对同辈的接纳;中国人在这几方面均比美国人低;印度人则多看重生命与非生命的界限,以及主观与客观和界限,受宗教的影响较大(F.L.K. Hsu,1963)。黄坚厚用主题统觉测验中四张图片(6BM,14,8BM,12BG)对中国青年与苏格兰青年进行测验,结果发现,两国青年的社会态度,因受到两国不同文化的影响而有着显著差异(Chien Hou Hwang,1970)。

七、团体罗夏墨迹测验

团体罗夏墨迹测验(Group Rorschach Inkblot Text,GRIBT),由本明宽于 20 世纪 70 年代编制。

1. 测验目的与功能

罗夏墨迹测验只能一个主试对一个被试,耗时多,工作量很大。团体罗夏墨迹测验就是为了改良个别测验的局限,以求同时可以测试多个被试(团体)。为了满足军队选拔人员的迫切需要,最初的团体罗夏墨迹测验就应运而生了。因此,团体罗夏墨迹测验既保留了投射测验的各项特点,又能发挥了团体施测简单快捷的优点,被认为是投射测验的一个新发展。

2. 测验的主要内容

团体罗夏墨迹测验项目主要分为两个部分:一部分是关于对异常心理与正常心理进

行区分,其中包括形态水平、对现实事物的认知能力、异常倾向、社会意识、冲动性倾向、情绪稳定性、僵硬、忧郁、焦虑和幼儿爱的需要(依恋)十个小项目;另一部分测量了几个人格特征,分别是内向型和外向型、内控和外控。同时,团体罗夏墨迹测验选用了经典罗夏墨迹测验中十张图片中的五张,在做了一些改动之后,为每张图片各配上了两大部分相应的选择题项,被试在主试统一规范的指导语下针对问题进行选择。

3. 测验举例

1. 云(正面看,全部区域)

A. 有云的天空

B. 翻滚变换的云

C. 空中飘浮的云

2. 马(正面看以及与其相反的部分)

A. 形状像马

B. 马正在惊跳

C. 两匹马尾巴相连,正在乱蹦乱跳。

3. 螃蟹的交爪(正面看以及内侧突出的部分)

A. 形状像螃蟹的脚爪

B. 黑色部分的形状像螃蟹的脚爪

C. 因为有 4 只脚爪,所以像螃蟹的脚爪。

4. 冰(正面看)

A. 有像冰那样冷的感觉

B. 像弄脏的冰

C. 像冰冷发光的冰

5. 玩具人帽子上的凤翅形装饰物(正面看,全部区域)

A. 很像玩具人帽子上的凤翅形装饰物

B. 因为分为上下两股,所以像玩具人帽子上的凤翅形装饰物

C. 像破损了的玩具人帽子上的凤翅形装饰物。

6. 内脏(正面看,全部区域)

A. 总觉得形状像内脏

B. 感到软绵绵的,像内脏

C. 形状像心脏

7. 上面的几样东西,哪一个都不像

我觉得更像_____　因为_____

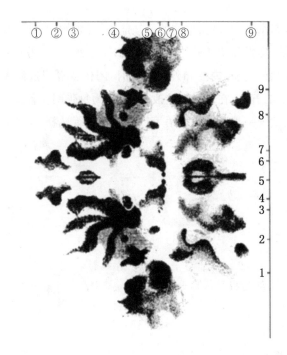

4. 测验的信度和效度

孔克勤等人修订了团体罗夏墨迹测验。他们选取了团体智力测验、艾森克人格问卷、内外控测验和 SCL-90 作为校标，发现在各个分项目上效度良好；在信度方面，由于团体罗夏墨迹测验是半结构式测验，因而他们只研究了重测信度，发现 14 个分项目上，除焦虑外，其余均达到 $P<0.01$ 水平的显著相关（李敏，2001）。

瞿晓理（2007）通过概化理论研究发现，该测验各个编码的概化系数和可靠性指数均达到 0.5 以上。

八、中国人人格量表

中国人人格量表（Qingnian Zhongguo Personality Scale，QZPS），1999 年由王登峰和崔红编制。

1. 测验目的与功能

由于西方人格测验的文化背景与中国人的文化背景存在很大不同，所以使用西方的人格测验评估中国人的人格就存在很大的问题。中国人人格量表依据中国人的人格结构和具体生活经验来编写测验项目，可以反映中国人人格结构的全貌和中国人日常生活的经验和内涵。

2. 测验的主要内容

按照人格特质形容词的含义编写测量项目,并根据小因素和大因素的含义对项目进行修改,初步确定 1 600 多个项目。经 2 280 名被试的评定,初步筛选出 409 个项目。再经 1 099 名被试评定,确定了 215 个项目构成中国人人格量表,测量中国人人格的 7 个维度和 18 个小因素。

为进一步明确各个大因素的构成,分别对各个大因素包含的项目进行因素分析。

第一个大因素由 74 个项目组成,按其含义,测量的是内外向的特点,对其进行因素分析,可以由 3 个小因素进行合理的解释,3 个小因素分别命名为"合群""活跃""乐观"。而将第一个大因素命名为"外向型"。

第二个大因素由 65 个项目组成,按其含义,测量的是善良友好—薄情冷淡。对其进行因素分析,可以由 3 个小因素进行合理的解释,分别命名为"真诚""利他""重感情"。第二个大因素被命名为"善良"。

第三个大因素由 52 个项目组成,按其含义,测量的是热情豪爽—退缩自私。根据项目的含义,将第三个大因素命名为"情绪性",对其进行因素分析,2 个小因素分别命名为"耐受性""爽直"。

第四个大因素由 43 个项目组成,按其含义,测量的是精明干练—愚钝懦弱。对其进行因素分析,由 3 个小因素进行合理的解释,3 个小因素分别命名为"敢为""机敏""坚韧"。为简便起见,将第四个大因素命名为"才干"。

第五个大因素由 52 个项目组成,按其含义,测量的是:温顺随和—暴躁倔强。对其进行因素分析,由 2 个小因素进行合理的解释,2 个小因素分别命名为"热情""宽和"。为简便起见,第五个大因素被命名为"人际关系"。

第六个大因素由 48 个项目组成,按其含义,测量的是严谨自制—放纵任性。对其进行因素分析,由 3 个小因素进行合理的解释,3 个小因素分别命名为"沉稳""自制""严谨"。为简便起见,第六个大因素被命名为"行事风格"。

第七个大因素由 24 个项目组成,按其含义,测量的是淡泊诚信—功利虚荣。对其进行因素分析,由 2 个小因素进行合理的解释,2 个小因素分别命名为"自信""淡泊"。为简便起见,第七个大因素被命名为"处世态度"。

3. 测验的信度和效度

中国人人格量表各个大、小因素的内部一致性系数,各个大因素 α 系数均在 0.79—0.84 以上,小因素的 α 系数也在 0.80 左右,只有两个小因素的 α 系数比较低,分别是 0.54 和 0.67。169 名大学生被试间隔 5 周的重测信度为 0.75。因素分析的结果以及与中国人人格量表因素结构的一致性支持了中国人格七因素(QZPS-SF)的构想效度,证明中国人人格量表有着很好的构想效度(王登峰,崔红,2001,2003,2004,2005)。

第十二章

临床心理测验

本章要点

什么是临床心理测验?

有哪些重要的临床心理测验?

关键术语

综合临床心理测验;心境障碍测验;自杀意念测验;

焦虑测验;恐惧测验;强迫测验;

精神病性障碍测验;人格障碍测验;应激障碍及相关测验

一、综合临床心理测验

1. 明尼苏达多相人格调查表

明尼苏达多相人格调查表（Minnesota Multiphasic Personality Inventory，MMPI），由美国明尼苏达大学哈撒韦（Starke R. Hathaway，1903—1987）和麦金利（J. Charnley McKinley，1891—1950）1943 年根据经验效标法编制。现有明尼苏达多相人格调查表修订版（MMPI-2）（Butcher，Dahlstrom，Graham，Tellegen，& Kaemmer，1989）、明尼苏达多相人格调查表中文版（宋维真，1989）、明尼苏达多相人格调查表修订版中文版（张建新，宋维真，张妙清，1999）。

（1）测验目的与功能

明尼苏达多相人格调查表已成为世界上使用最广泛的心理测量工具之一（张建新，宋维真，张妙清，1999），先后被译成多种语言。关于明尼苏达多相人格调查表的研究，目前发表的相关研究文献达 14 000 之多，其后来发展的量表也已达 800 种之多。明尼苏达多相人格调查表不仅被认为具有跨文化的效度，而且可以使临床判断的准确率提高 19%—38%（Marks，Seeman，& Haller，1974）。明尼苏达多相人格调查表不但可以提供临床上的诊断，同时也可用于正常人的个性评定（郭念锋，2012）。

（2）测验的主要内容

明尼苏达多相人格调查表

明尼苏达多相人格调查表在 1980 年引入我国，1989 年完成标准化工作（MMPI 全国协作组，1982）。

测验材料。明尼苏达多相人格调查表共包括 566 个自我陈述语的项目，其中 16 个题目为重复题，如果只为了精神病诊断使用，可只做前 399 题。项目内容范围十分广泛，包括身体各方面状态（如神经系统、心血管系统、生殖系统等），精神状态以及对家庭、婚姻、宗教、政治、法律、社会等态度（郑日昌，2008）。明尼苏达多相人格调查表适用于 16 岁以上的被试。被试根据自己的实际情况对每一项目作出"是"或"否"，或"不能肯定"的回答。按照被试回答的结果，可在 14 个量表上得到不同的分数，最后形成被试个人特有的剖面图。其中前四个是效度量表（Validating scales），后十个是临床量表（Clinical scales）（MMPI全国协作组，1982）。

效度量表包括疑问量表（Question）、说谎量表（Lie）、诈病量表（Vajidity）、校正分量表（Correction）。

疑问量表（Q）。Q 为对问题毫无反应及对"是"或"否"都进行反映的项目总数，即"不能肯定"的分数。如被试"不能肯定"的项目过多，表示其逃避现实。若在 566 题中原始分超过 30,或在前 399 题中原始分超过 22,则答卷作废。

说谎量表(L)。L 量表共有 15 道题,分数高,表示答案不真实。L 量表原始分超过 10 分时,提示测量结果不可信。

诈病量表(F)。F 量表共有 64 道题,多为一些比较古怪或荒唐的内容。分数高,表示故意诈病、严重偏执或回答时粗心大意。如果测量有效,F 量表是精神病程度的良好指标,其得分越高,暗示着精神病程度越重。

矫正量表(K)。K 量表共有 30 道题,是衡量测量态度:判别被试是否存在防卫的态度;根据 K 量表修正临床量表的得分。

临床量表包括疑病量表(Hypochondriasis)、抑郁量表(Depression)、癔症量表(Hysteria)、精神病态量表(Psychopathic deviate)、男子气-女子气量表(Masculinity-Femininity)、偏执量表(Paranoia)、精神衰弱量表(Psychasthenia)、精神分裂症量表(Schizophrenia)、轻躁狂量表(Hypomania)、社会内向量表(Social intruversion)。其中男子气-女子气量表与社会内向量表只说明人格特征,与疾病无关。

疑病量表(Hs)。Hs 量表共有 33 道题,反应被试对身体功能的不正常关心。得分高者,提示疑病倾向。Hs 量表得分高的精神障碍患者,常有躯体化障碍、疑病症、神经衰弱等临床诊断。

抑郁量表(D)。D 量表共有 60 道题,与忧郁、冷淡漠、悲观、思想与行动缓慢有关。得分高者常被诊断为抑郁症,得分过高者存在自杀风险。

癔症量表(Hy)。Hy 量表共有 60 道题,评估用转换反应来对待压力或解决矛盾的倾向。得分高者多表现为依赖、天真、外露、幼稚及自我陶醉,并缺乏自知力,常被诊断为癔症。

精神病态量表(Pd)。Pd 量表共有 50 道题,反映被试性格的偏离。得分高者表现为脱离社会道德规范,蔑视社会习俗,常有复仇攻击观念,并不能从惩罚中吸取教训。在精神障碍患者中,得分高者多诊断为人格障碍,如反社会人格、被动攻击性人格。

男子气-女子气量表(Mf)。Mf 量表共有 60 道题,主要反映性别色彩。得分高的男性表现为敏感、爱美、被动、女性化,往往缺乏对异性的追求;得分高的女性表现为男性化、粗鲁、好攻击、自信、不敏感。在极端高分的情况下,可考虑为同性恋倾向或同性恋行为。

偏执量表(Pa)。Pa 量表共有 40 道题,得分高者提示具有多疑、孤独、烦恼及过分敏感等性格特征。得分过高者则可能存在偏执妄想,尤其是合并 F 和 Sc 量表得分过高时,常被诊断为偏执型精神分裂症。

精神衰弱量表(Pt)。Pt 量表共有 48 道题,得分高者表现为紧张、焦虑、反复思考、强迫、恐怖及内疚感,经常自责、自罪,感到不如人和不安。当 Pt 量表和 D 量表、Hs 量表同时升高时,则提示有神经症。

精神分裂症量表(Sc)。Sc 量表共有 78 道题,得分高者表现为异乎寻常的生活方式,如不恰当的情感反应、少语、特殊姿势、怪异行为、行为退缩与情感脆弱。得分极高者可表现为妄想、幻觉、人格解体等精神症状及行为异常。如只有 Sc 量表高分,而无 F 量表得分升高,则提示为分裂型人格障碍。

轻躁狂量表(Ma)。Ma 量表共有 46 道题,得分高者常表现为联想过快、活动过多、观念飘忽、夸大而情感高昂、情感多变。得分极高者可能表现为情绪紊乱、反复无常、行为冲动。Sc 量表得分极高者可考虑为躁狂症或双向障碍的躁狂发作。

社会内向量表(Si)。Si 量表共有 70 道题,得分高者表现为内向、胆小、退缩、不善交际、屈服、过分自我控制、紧张、固执及自罪等。得分低者表现为外向、爱交际、富于表情、好攻击、健谈、冲动、不受拘束、任性、做作、在社会关系中不真诚等。

明尼苏达多相人格调查表中文版只对项目中的个别词句作了适当的改动。

计分方式。首先,根据被试的答题情况,按照计分手册计算出各个分量表的原始分。另外疑病量表(Hs)、精神病态量表(Pd)、精神衰弱量表(Pt)、神经分裂症量表(Sc)和轻躁狂量表(Ma)需在原始分的基础上加上一定比例的 K 分(校正分):Hs+0.5K、Pd+0.4K、Pt+1.0K、Sc+1.0K、Ma+0.2K。其次,根据 T 分数计算公式,将原始分转换为标准分(T 分数)。最后,将各个分量表的 T 分数标记在剖面图上,各点相连即成为被试人格特征的剖面图。

分数解释。对明尼苏达多相人格调查表结果的解释主要分为对效度量表和临床量表的解释。

对效度量表的解释,可以单独进行,也可以通过量表的各种组合模式来考察结果的效度和被试的测验态度和动机因素。

对临床量表的解释,首先要考虑各个量表的高分特点,当分量表的 T 分超过 70 分(美国常模)或超过 60 分(中国常模),便视为可能有病理性异常表现或某种心理偏离现象。其次,对临床量表的解释更要注重考查剖面图上显示的编码类型、因子分数和图形的整体模式,因为大量研究结果显示,由多个临床量表组成的编码和模式更具有临床的稳定性(郑日昌,2008)。

明尼苏达多相人格调查表修订版

1989 年美国明尼苏达大学对明尼苏达多相人格调查表进行了修订,出版了明尼苏达多相人格调查表修订版(MMPI-2)(Butcher, Dahlstrom, Graham, Tellegen, & Kaemmer, 1989)。张建新、宋维真等人于 1992 年开始了明尼苏达多相人格调查表修订版中文版的修订工作。修订版较之于原始版有了若干方面的变化,删改部分落后于时代发展的项目和量表,效度量表增加到 7 个,重新构建了 15 个内容量表,同时在明尼苏达多相人格调查表修订版中采用了一致性 T 分和新的常模(张建新,宋维真,张妙清,1999)。

测验材料。明尼苏达多相人格调查表修订版共有 567 个项目,其中有 394 个项目与原始版完全相同;有 66 个项目经过语法或语言修辞方面的改动,但基本内容没有变动;原始版中的 90 个项目在修订版中被删除;修订版中新增加 107 个项目。从项目内容来看,修订版保留了原始版中 83.6% 的项目。被保留的项目多集中在修订版第 370 题以前的测验部分。修订版分基础量表、内容量表和附加量表三大类,国内使用者大都对第一类量表比较熟悉,它包括 10 个临床量表和 3 个效度量表。修订版适用于 18—70 岁的被试(张建新,宋维真,张妙清,1999)。

基础量表包括疑问量表(Q)、说谎量表(L)、诈病量表(F)、校正量表(K)、疑病量表(Hs)、抑郁量表(D)、癔症量表(Hy)、精神病态量表(Pd)、男子气-女子气量表(Mf)、偏执量表(Pa)、精神衰弱量表(Pt)、精神分裂症量表(Sc)、轻躁狂量表(Ma)、社会内向量表(Si)。在 10 个临床量表中有 7 个量表可按照项目内容分为若干亚量表,这 7 个量表分别为抑郁量表(D)、癔症量表(Hy)、精神病态量表(Pd)、偏执量表(Pa)、精神分裂症量表(Sc)、轻躁狂量表(Ma)、社会内向量表(Si)。各临床量表的亚量表名称如下(郭念锋,2012)。

抑郁量表(D):主观抑郁(D1)、心理运动迟缓(D2)、身体不适(D3)、精神麻木(D4)、沉思默想(D5)。

癔症量表(Hy):否认社会焦虑(Hy1)、情感需求(Hy2)、精神与躯体困难(Hy3)、躯体症状(Hy4)、抑制侵犯性(Hy5)。

精神病态量表(Pd):家庭不和(Pd1)、厌恶权威(Pd2)、社交沉着(Pd3)、社会疏离(Pd4)、自我疏离(Pd5)。

偏执量表(Pa):神经过敏(Pa1)、被害妄想(Pa2)、天真幼稚(Pa3)。

精神分裂症量表(Sc):社会疏离(Sc1)、情感疏离(Sc2)、缺乏思维自控(Sc3)、缺乏意志自控(Sc4)、缺乏情绪自控(Sc5)、奇异感觉(Sc6)。

轻躁狂量表(Ma):反道德性(Ma1)、心理运动过速(Ma2)、冷漠(Ma3)、自我膨胀(Ma4)。

社会内向量表(Si):害羞(Si1)、社会逃避(Si2)、与人与己疏离(Si3)。

明尼苏达多相人格调查表修订版的效度量表由原始版的 4 个增加至 7 个,新增的 3 个效度量表分别是后 F 量表(Fb)、同向答题矛盾量表(TRIN)、反向答题矛盾量表(VRIN)。后 F 量表(Fb)与 F 量表一样,是依据被试对某些项目的极端应答而得到的。由于组成该量表的项目大多数出现在 370 道题之后,故 Fb 量表提供了检查被试对 370 道题以后项目的答案效度的手段,对于明尼苏达多相人格调查表修订版中新增加的附加量表和内容量表的检查也特别有用。同向答题矛盾量表及反向答题矛盾量表与原效度量表L、F、K 的区别之处,在于它们的项目没有任何内容含义,只是提供一种检测被试回答项目是一致或矛盾的指标。同向答题矛盾量表得分高表明被试不加区别地对测验项目给予肯定回答,得分低表明被试不加区别地对项目作否定回答;反向答题矛盾量表得分高表明被试以随机的方式回答项目内容,当反向答题矛盾量表的 T 分≥80 分时,测验结果无效(张建新,宋维真,张妙清,1999)。

明尼苏达多相人格调查表修订版中重现建构的 15 个内容量表涉及的测量对象既有

与临床量表相重叠的地方,又有自己的特殊范围,其最大特性在于量表项目内容的同质性,即每个内容量表的项目之间有相对较高的相关性,使得对测量结果的解释更明确(张建新,宋维真,张妙清,1999)。15个内容量表分别是焦虑紧张量表(ANX)、恐惧担心量表(FRS)、强迫固执量表(OBS)、抑郁空虚量表(DEP)、关注健康量表(HEA)、古怪思念量表(BIZ)、愤怒失控量表(ANG)、愤世嫉俗量表(CYN)、逆反社会量表(ASP)、A型行为量表(TPA)、自我低估量表(LSE)、社会不适量表(SOD)、家庭问题量表(FAM)、工作障碍量表(WRK)、反感治疗量表(TRT)。

为了补充10个临床量表未涉及的临床精神病学分类,研究者不断从明尼苏达多相人格调查表修订版的题库中建构出有特殊作用的附加量表。其中包括原始版常用的4个附加量表——焦虑量表(A)、压抑量表(R)、自我力量量表(Es)、麦氏酗酒量表(MAC-R),以及明尼苏达多相人格调查表修订版新增加的5个附加量表——受制敌意量表(O-H)、支配性量表(Do)、社会责任量表(Re)、性别角色量表(GM及GF)、创伤后应激失常量表(PK及PS)。

计分方式。明尼苏达多相人格调查表修订版计分方式的独特之处在于,它采用了原始版多没有的一致性T分计算法。与原始版采用的线性T分相比较,一致性T分的计算方法更复杂,需要经过若干步骤,如采用内插、外插法先将量表原始分数加以综合,然后利用回归法找到各量表分数与综合分布间的回归系数,最后再将原始分数由回归系数转化成一致性T分,计算过程较为复杂,需要专业软件、借助计算机(郭念锋,2012)。

传统的线性T分只代表单个量表T分分布的直接结果,即同一T分数在不同的量表上则代表不同的百分位值。而一致性T分则是在考虑了所有量表T分分布之后获得的单个量表标准分数的分布,它的主要特点在于:不同量表上相同的T分值对应的典型分布百分位点是一致的;各个量表一致性T分分布趋向一致,均呈正偏态分布,正偏态分布能更好地反映出总人口的心理异常性,即大多数人位于低分数段,只有少数人位于高分数段;不同言语版本的明尼苏达多相人格调查表修订版均参照同一分布曲线来计算各自常模的一致性T分。由于目标曲线统一,不同明尼苏达多相人格调查表修订版的T分可以相互进行比较。

需要注意的是,在明尼苏达多相人格调查表修订版的各个临床量表和内容量表中使用一致性T分时,应排除Mf量表和Si量表。因为Mf和Si量表是双向量表,其低分与高分都有解释意义,它们的标准分依旧使用线性T分,以此来反映该量表的双向性。

分数解释。明尼苏达多相人格调查表修订版的分数解释分为效度量表解释、临床量表解释、内容量表解释以及附加量表解释。

需要注意的是,虽然原始版与修订版都将T分作为标准分数,但两者的分界点是不同的。原始版美国常模的临床分界点是70分,修订版的美国常模的分界点则是65分;而原始版和修订版的中国常模的分界点是一致的,都是60分。根据中国常模,凡高于或等于60分的量表分数便具有临床意义。量表T分越高,则被试在某种人格特性、情绪状态和临床症状上属于少数人群的可能性就越大。

（3）测验举例

明尼苏达多相人格调查表

1. 我喜欢看机械方面的杂志。　　　　　　　　　　　A. 是　B. 否

2. 我的胃口很好。　　　　　　　　　　　　　　　　A. 是　B. 否

3. 我早上起来的时候，多半觉得睡眠充足，头脑清醒。　A. 是　B. 否

4. 我想我会喜欢图书管理员的工作。　　　　　　　　A. 是　B. 否

5. 我很容易吵醒。　　　　　　　　　　　　　　　　A. 是　B. 否

6. 我喜欢看报纸上的犯罪新闻。　　　　　　　　　　A. 是　B. 否

7. 我的手脚经常是很暖和的。　　　　　　　　　　　A. 是　B. 否

（4）测验的信度和效度

明尼苏达多相人格调查表原始版和修订版的分半信度系数的中位数都位于 0.70 附近，其中有些系数高达0.96，但也有些较低。重测信度系数从 0.50 到 0.90 不等，中位数是 0.80（郑日昌，2008）。

有研究者对 1989—2008 年国内发表的有关明尼苏达多相人格调查表的文章进行信度概化研究，报告明尼苏达多相人格调查表的 10 个临床量表和 3 个效度量表内部一致性信度系数的均值，结果显示，神经衰弱(Pt)和精神分裂症(Sc)分量表的信度系数均值最高，达到 0.80；诈病(F)、校正(K)、疑病(Hs)、社会内向(Si)分量表的信度系数均值在 0.60 以上，分别是 0.73、0.69、0.73、0.65；信度系数均值最低的是男子气-女子气(Mf)分量表，低至 0.38；其余分量表的信度系数均值分别是说谎(L)—0.51、抑郁(D)分量表—0.52、癔症(Hy)分量表—0.56、精神病态(Pd)分量表—0.45、偏执(Pa)量表—0.50、轻躁狂(Ma)量表—0.56（焦璨，张洁婷，吴利，张敏强，2010）。

布彻等人 1972 年对美国、意大利的正常人、神经症和精神病的明尼苏达多相人格调查表作判别分析，与临床实际诊断的符合率在美国为 72.3%，在意大利为 77.3%(Butcher et al.，1986)；在意大利用明尼苏达多相人格调查表对 11 种精神疾病进行判别分析，总的临床符合率为 55.35%(Butcher & Pancheri，1976)。

国内一些研究将明尼苏达多相人格调查表经验诊断与临床诊断相比较，对精神分裂症的诊断符合率在 70%—80%（宋维真，等，1980；沈慕慈，等，1984），神经症的总体模式符合率在 55%—87%（湖南医学院，1981）。对正常人、神经症和精神病判别诊断与临床实际诊断的符合率为 84.4%（邹义壮，赵传绎，1992）。一般认为，明尼苏达多相人格调查表对新入院精神病患者的诊断符合率为 60%（湖南医学院，1981）。

2. 米隆临床多轴问卷

米隆临床多轴问卷（Millon Clinical Multiaxia Inventory，MCMI），由美国心理学家米

隆(Theodore Millon)根据《精神障碍诊断与统计手册》(*Diagnostic and Statistical Manual of Mental Disorders*，DSM)中的人格障碍分类，以临床患者为样本 1977 年编制。随后修订三次，即米隆临床多轴问卷第一版(MCMI-I)(Millon，1983)、米隆临床多轴问卷第二版(MCMI-II)(Millon，1987)、米隆临床多轴问卷第三版(MCMI-III)(Millon，1997)。

(1) 测验目的与功能

米隆临床多轴问卷在研究中使用,仅次于明尼苏达多相人格调查表和罗夏墨迹测验(Butcher & Rouse，1996)。在过去 30 多年里,米隆临床多轴问卷已成为临床医生了解和评估人格障碍与精神病患者的临床症状十分有用的工具(Strack & Millon，2007)。米隆临床多轴问卷没有基于正常人群的标准分数,因此米隆本人明确指出,米隆临床多轴问卷不是一个用于正常人群和其他目的的一般评定工具,它只用来进行临床诊断。

(2) 测验的主要内容

米隆临床多轴问卷的理论基础是米隆关于人格功能作用的生物心理学观点。该量表最初的编制并没有与《精神障碍诊断与统计手册》(DSM)的人格障碍分类标准相一致,但随后的修订版都与《精神障碍诊断与统计手册》的标准越来越接近(Craig，1999),最新版本——米隆临床多轴问卷第三版(MCMI-III)的量表构成则与《精神障碍诊断与统计手册(第四版)》(DSM-IV)的诊断分类相一致(Jankowski，2002)。

测验材料。米隆临床多轴问卷第三版有 175 个条目,采用"对或错"的形式答题,绝大多数患者完成整个测验只需要 20—30 分钟的时间(Millon，1997)。量表包括 1 个效度指数、3 个校正指数、24 个临床分量表,各量表题目有重叠。

效度指数(Validity Index)由三个不真实的项目组成,如果被试认为这些项目是对的,就可以认为测验结果是无效的。效度指数能起到区分被试是否存在随机作答、阅读障碍或对项目误解的可能。

3 个校正指数分别是揭露量表(Disclosure Scale)、装好量表(Desirability Scale)、装坏量表 Z(Debasement Scale)。揭露量表测量被试在测验过程中公开信息的多少,揭露指数(X)过高或过低都会导致测验结果无效;装好指数(Y)和装坏指数(Z)提示被试在测验过程中是否存在装好或装坏的答题模式。

24 个临床分量表包括 11 个临床人格类型量表、3 个严重人格病理学量表、7 个临床症状量表和 3 个严重临床症状量表。

11 个临床人格类型量表分别为分裂样(Schizoid)、回避型(Avoidant)、抑郁型(Depressive)、依赖型(Dependent)、表演型(Histrionic)、自恋型(Narcissistic)、反社会型(Antisocial)、攻击型(Aggressive)或施虐型(Sadistic)、强迫型(Compulsive)、被动攻击型(Passive-Aggressive)、受虐型(Masochistic or Self-Defeating)。

3 个严重人格病理学量表分别为分裂型(Schizotypal)、边缘型(Borderline)、偏执型(Paranoid)。

7 个临床症状量表分别焦虑障碍(Anxiety Disorder)、躯体形式障碍(Somatoform Disorder)、双向情感——躁狂症(Bipolar：Manic Disorder)、心境恶劣障碍(Dysthymic Disorder)、酒精依赖(Alcohol Dependence)、药物依赖(Drug Dependence)、创伤后应激障碍(Posttraumatic Stress)。

3 个严重临床症状量表分别为思维障碍(Thought Disorder)、重性抑郁(Major Depression)、妄想障碍(Delusional Disorder)。

计分方式。米隆临床多轴问卷较为独特的一点在于它在计分过程中使用基本比率标准分(Base Rate Scores)。米隆认为，人格障碍与临床症状在一般人群中并不呈正态分布，因此将原始分数转换为标准分的方式并不适合该量表。米隆开发了基本比率标准分分布和基本比率标准分分数，它取代了常模化，参照被测特征的一般比率。米隆临床多轴问卷的基本比率标准分界定分的设置反映了量表评定的特定条件下的精神病患者人群中计算出来的基本比率数据，以此加强鉴别和诊断的准确性(Craig，1999)。

(3) 测验举例

米隆临床多轴问卷第三版中文版

1. 最近我总觉疲倦乏力，即使早上起床亦是这样。　　　　　　对(　)　不对(　)

2. 我重视规则，因为它们是良好的指引。　　　　　　　　　　对(　)　不对(　)

3. 有太多不同的事情我都喜欢去做，令我不能决定该先做哪一件。对(　)　不对(　)

4. 我大部分时间都觉得虚弱和疲倦。　　　　　　　　　　　　对(　)　不对(　)

5. 我知道自己比别人杰出，所以不在乎别人怎么想。　　　　　对(　)　不对(　)

(4) 测验的信度和效度

国外研究者表明米隆临床多轴问卷第三版具有良好的信度，其中 14 个人格量表的内部一致性系数 α 在 0.66—0.89 之间，除了强迫型量表和自恋型量表的内部一致性系数较低之外(α 值分别是 0.66 和 0.67)，各分量表的一致性系数中位数为 0.84(Millon，2006)。人格量表间隔 5—14 天的重测信度系数在 0.85—0.93 之间，中位数为 0.89。另外，10 个临床症状量表间隔 5—14 天的重测信度系数在 0.86—0.96 之间，中位数为 0.92(Millon，1997)。

在国内，李雅文等人首次对米隆临床多轴问卷第三版中文版作了信度和效度检验，运用米隆临床多轴问卷第三版对病例组被试及正常人进行施测。部分病例组被试 7—14 天后进行重测。结果显示，总量表的克龙巴赫 α 系数为 0.96、分半信度为 0.92；分量表的 α 系数在 0.53—0.85 之间(均值为 0.72)，分量表分半信度在 0.32—0.92 之间(均值为 0.71)，重测信度在 0.32—0.87 之间(均值为 0.71)(李雅文，杨蕴萍，姜长青，2010)。

国外研究者报告米隆临床多轴问卷第三版的诊断效度显示，该量表对人格障碍患者的敏感性为 44%—92%，阳性预测率为 30%—81%，阴性预测率高达 94%—100%，而阳性诊断的增量效度为 26%—75%(Millon，1997)。

国内，李雅文等人的研究结果显示，除表演型、自恋型、强迫型人格类型分量表外，其他所有分量表之间的相关均达到显著水平,提示该量表有良好的结构效度。通过让部分病例组被试同时完成焦虑自评量表、抑郁自评量表、汉密尔顿焦虑量表、汉密尔顿抑郁量表的方式,得出的结果显示焦虑自评量表与焦虑障碍、恶劣心境、重性抑郁分量表的相关(相关系数 r 在 0.77—0.83 之间),抑郁自评量表与重性抑郁、恶劣心境、躯体形式障碍、焦虑障碍分量表的相关(相关系数 r 在 0.67—0.76 之间),汉密尔顿焦虑量表与恶劣心境分量表的相关(相关系数 $r=0.55$),汉密尔顿抑郁量表与恶劣心境、重性抑郁、创伤后应激障碍、躯体形式障碍分量表的相关(相关系数 r 在 0.53—0.56 之间),均达到极显著性水平。这提示该量表的上述分量表有较好的效标效度。另外,除反社会型、施虐型人格类型分量表外,其他 25 个分量表得分在病例组与对照组之间的差异均达到显著性或极显著性水平,提示该量表有良好的区分效度(李雅文,杨蕴萍,姜长青,2010)。

3. 90 项症状清单

90 项症状清单(Symptom Check-List 90,SCL-90),又名症状自评量表(Self-Reporting Inventory),由德罗加蒂斯(Leonard R. Derogatis)1973 年基于 Hopkin 症状清单改编而成。

(1)测验目的与功能

90 项症状清单(SCL-90)主要用于评估心理症状(Derogatis & Cleary,1977),具有容量大、评估症状更全面、更能准确刻画患者自觉症状特性等优点(王征宇,1984)。1984 年由上海市精神卫生中心王征宇编译引进国内,主要应用于心理症状的研究,之后由于 SCL-90 简便、灵敏等特点,部分学者开始将其尝试应用于正常人群,成为国内应用最多的一种自评量表(谢华,戴海崎,2006)。

(2)测验的主要内容

测验材料。SCL-90 共有 90 个评定项目,包含较广泛的心理症状学内容,从感觉、情感、思维、意识、行为直至生活习惯、人际关系、饮食睡眠等均有所涉及。量表主要采用 9 个因子分别反映 9 个方面的心理症状,分别为躯体化、强迫症状、人际关系敏感、抑郁、焦虑、敌对、恐怖(恐惧性焦虑)、偏执和精神病性,剩余的项目归入其他因子(王征宇,1984)。

10 个因子定义及包含的项目如下。

躯体化(Somatization),包括 1、4、12、27、40、42、48、52、53、56、58,共 12 项。该因子主要反映主观的身体不适感,包括心血管、胃肠道、呼吸等系统的主诉不适,以及头痛、背痛、肌肉酸和焦虑的其他躯体表现。

强迫症状(Obsessive-Compulsive),包括 3、9、10、28、38、45、46、51、55、65,共 10 项。它与临床上强迫表现的症状定义基本相同,主要指那种明知没有必要但又无法摆脱的无意义的思想、冲动、行为等表现,还有一些比较一般的感知障碍(如"脑子都变空了""记忆力不行"等)也在这一因子中反映。

人际关系敏感(Interpersonal Sensitivity),包括 6、21、34、36、37、41、61、69、73,共

9项。它主要指某些个人不自在感与自卑感,尤其是在与其他人相比较时更突出。自卑感、懊丧以及在人事关系明显相处不好的人,往往是这一因子的高分对象,与人际交流有关的自我敏感及反相期望也是产生这方面症状的原因。

抑郁(Depression),包括5、14、15、20、22、26、29、30、31、32、54、71、79,共13项。它反映的是与临床上抑郁症状群相联系的广泛的概念,忧郁苦闷的感情和心境是代表性症状,它还以对生活的兴趣减退、缺乏活动愿望、丧失活动力等为特征,并包括失望、悲观、与忧郁相联系的其他感知及躯体方面的问题,该因子中有几个项目包括死亡、自杀等概念。

焦虑(Anxiety),包括2、17、23、33、39、57、72、78、80、86,共10项。它包括一些通常临床上明显与焦虑症状相联系的症状及体验,一般指那些无法静息、神经过敏、紧张以及由此产生躯体征象(如震颤)。那种游离不定的焦虑及惊恐发作是本因子的主要内容,它还包括有一个反映"解体"的项目。

敌对(Hostilty),包括11、24、63、67、74、81,共6项。这里主要以三个方面来反映患者的敌对表现、思想、感情及行为。其项目包括从厌烦、争论、摔物,直至争斗和不可抑制的冲动暴发等各个方面。

恐怖(Phobic Anxiety,恐惧性焦虑),包括13、25、47、50、70、75、82,共7项。它与传统恐惧状态或广场恐惧症反映的内容基本一致,恐惧的对象包括出门旅行、空旷场地、人群或公共场合及交通工具。此外,还有反映社交恐惧的项目。

偏执(Paranoiel Ideation),包括8、18、43、68、76、83,共6项。所谓偏执是一个十分复杂的概念,本因子只是包括它的一些基本内容,主要是指思维方面,如投射性思维、敌对、猜疑、关系妄想、被动体验和夸大等。

精神病性(Psychotism),包括7、16、35、62、77、84、85、87、88、90,共10项。由于要在门诊中迅速、扼要地了解患者的病情程度,以便作出进一步的治疗或住院等决定,故把一些明显的、纯属精神病性的项目汇集到本因子中。基本内容包括幻听、思维播散、被控制感、思维被插入等反映精神分裂样症状的项目。

其他,包括19、44、59、60、64、66、89,共7项,这些项目主要反映睡眠、饮食的情况,未归入任何因子。

计分方式。SCL-90要求被试根据"现在"或是"最近一周"的实际感受,运用5级评分制对每个项目作出独立的、不受任何人影响的自我评定,其中"1"代表"无",自觉并无该项症状(问题);"2"代表"轻度",自觉有该项症状,但发生得并不频繁、严重;"3"代表"中度":自觉有该项症状,其严重程度为轻到中度;"4"代表"偏重",自觉常有该项症状,其严重程度为中度到严重;"5"代表"严重",自觉该项症状的频度和强度都十分严重。SCL-90的统计指标主要为两项,即总分与因子分(王征宇,1984)。

总分:将90个项目的各单项得分相加,便得到总分。总分能反映被试病情的严重程度。另外,还有以下一些统计项目。

总均分:总均分＝总分/90,表示从总体情况看,被试的自我感觉位于 1—5 的哪一个范围。

阳性项目数:为单项分≥2 的项目数,表示被试在多少项目中呈现有"症状"。

阴性项目数:为单项分＝1 的项目数,表示被试"无症状"的项目有多少。

阳性症状均分:阳性症状均分＝(总分－阴性项目数)/阳性项目数,表示被试在"有症状"项目中的平均得分,反映被试自我感觉不佳的项目的严重程度介于哪个范围。

因子分:因子分＝各因子项目总分/个因子项目数,每一个因子分都着重反映被试某一方面的情况,通过因子分可以了解被试的症状分布特点,并可做廓图(profile)分析。

(3) 测验举例

SCL-90 中文版

1. 头痛。	1　2　3　4　5
2. 神经过敏,心中不踏实。	1　2　3　4　5
3. 头脑中有不必要的想法或字句盘旋。	1　2　3　4　5
4. 头昏或昏倒。	1　2　3　4　5
5. 对异性兴趣减退。	1　2　3　4　5

……

(4) 测验的信度和效度

国外一项研究报告对 94 个各类精神症状门诊患者间隔一星期的重测信度为 0.78—0.90。另一项研究报告是相隔 10 个星期的重测相关系数达到 0.68—0.80。还有研究对 SCL-90 在精神病住院患者、物质滥用者住院患者及癌症患者施测的分量表和总指标的内部一致性系数进行报告,结果发现内部一致性非常好(Schmitz,Kruse,Heckrath,Alberti,& Tress,1999)。

国内研究者对 624 名正常人和 268 名心理门诊患者使用 SCL-90 进行测量,结果显示 SCL-90 各因子的内部一致性较好,克龙巴赫 α 系数在 0.78—0.90 之间(冯正直,张大均,2001)。陈树林等人对杭州市 4 526 名中学生、社区成年人及 60 岁以上老年人进行 SCL-90 的心理测量,结果显示 SCL-90 总量表的同质性信度为 0.97,各分量表的同质性信度在 0.69 以上,重测信度也都大于 0.73,说明 SCL-90 在正常人群中具有较好的信度(陈树林,李凌江,2003)。

国外研究证明,SCL-90 有较好的相容效度。通过比较明尼苏达多相人格调查表临床量表,得出的结果显示 SCL-90 的 9 个主要症状维度分别与明尼苏达多相人格调查表对应分数显著相关(Derogatis,Rickels,& Rock,1976)。也有一些研究表明 SCL-90 在患者和正常总体的水平上,有区分效度。总体上 SCL-90 相容效度比区分效度更好。但有研究者发现,SCL-90 的因子结构非常不稳定,大部分关于结构效度的研究都不能得出 SCL-90 最初的 9 个维度(Cyr,McKenna-Foley,& Peacock,1985)。国内的一些研究也得到相关的结论(冯正直,张大均,2001)。

国内学者把 SCL-90 的抑郁因子分和焦虑因子分,分别与汉密尔顿抑郁量表、汉密尔顿焦虑量表的总分作相关分析,在 63 例抑郁症中相关系数 r 分别是 0.787、0.815($P<$ 0.01),在 35 例神经症中相关系数 r 分别是 0.345、0.573($P<0.01$)(王征宇,1984)。SCL-90 的 9 个因子之间存在高相关,在正常人样本中相关系数的平均值达到 0.69,在心理门诊患者样本中相关系数均值为 0.57,各因子间的相关系数范围在 0.39—0.79 之间;SCL-90 在判别分析中能很好区分患者和正常人,正常人群的正判百分率为 90.3%,患者样本的正判率为 72.9%。总的正判率为 80.6%(冯正直,张大均,2001)。SCL-90 各分量表与总量表的相关为 0.79—0.92,各分量表之间的相关为 0.59—0.83,说明 SCL-90 在正常人群中结构效度也较好(陈树林,李凌江,2003)。

二、心境障碍测验

心境障碍测验包括抑郁测验、躁狂测验两个部分。抑郁测验有贝克抑郁量表、抑郁自评量表、流调用抑郁自评量表、汉密尔顿抑郁量表。躁狂测验有贝克-拉斐尔森躁狂量表、杨氏躁狂状态评定量表、32 项轻躁狂症状清单。

1. 贝克抑郁量表

(1)测验目的与功能

贝克抑郁量表(Beck Depression Inventory,BDI),由美国精神医学家贝克(A.T. Beck)等人 1961 年编制(Beck,Ward,Mendelson et al.,1961),中文版在国内的研究及临床领域都获得广泛应用(张雨新,王燕,钱铭怡,1990;王克勤,杜召云,杨洪峰,2001;张志群,郭兰婷,2004)。1996 年贝克等人根据 DSM-IV 抑郁症诊断标准进行修订,推出贝克抑郁量表第 2 版(BDI-II)(Beck & Steer,1996),并迅速在临床与研究中推广应用,现有西班牙语、日语、波斯语等多种语言版本,2011 年被翻译成中文版,并在抑郁症患者中初步证实中文版的信度和效度(王振,苑成梅,黄佳,等,2011)。贝克抑郁量表广泛应用于抑郁症状自评。

(2)测验的主要内容

测验材料。贝克抑郁量表为自陈量表,由 21 项抑郁症患者常见症状和态度构成,每个项目含有 4 个陈述句条目(Beck,1967)。21 个项目分别是抑郁情绪(Sadness)、悲观(Pessimism)、失败感(Sense of Failure)、不满(Self-Dissatisfaction)、罪感(Guilty)、惩罚感(Expectation of Punishment)、自厌(Self-Dislike)、自责(Self-Accusation)、自杀意向(Suicidal Ideas)、痛哭(Crying)、易激惹(Irritability)、社会退缩(Social Withdrawal)、犹豫不决(Indecisiveness)、体像歪曲(Body Image Change)、活动受抑制(Work Difficulty)、睡眠障碍(Insomnia)、疲劳(Fatigability)、食欲下降(Loss of Appetite)、体重减轻(Weight Loss)、有关躯体的先占观念(Somatic Preoccupation)、性欲减退(Loss of Libido)。21 个项目组合成三个维度(Steer，Beck，& Garrison，1986)：消极态度-自杀(Negative Attitudes-Suicide)，即悲观和无助等消极情感；躯体症状(Physiological Manifestation)，表现为易疲劳、睡眠不好等；操作困难(Performance Difficulty)，表现为感到工作比以前困难。

施测步骤。贝克抑郁量表操作简便，用时仅需 5 分钟。测验过程中要求被试回忆最近一周内的情况，根据自身有无症状及症状的严重程度挑选每个项目中最符合近期状况的陈述句。

计分方式。贝克抑郁量表的各项均为 0—3 分四级评分，按被试所选具体条目的严重程度评分，"0"表示无该项症状；"1"表示轻度；"2"表示中度；"3"表示严重。所有项目得分之和为贝克抑郁量表的得分，高分指示抑郁程度严重。

贝克等人 1996 年根据《精神障碍诊断与统计手册(第四版)》(DSM-IV)抑郁症障碍诊断标准修订推出贝克抑郁量表第 2 版。贝克抑郁量表第 2 版有 21 个项目，仍然使用 0—3 分四级评分制。除了在个别项目的内容上进行修改，另一个主要变化体现在区分抑郁症状及其严重程度的标准上，具体表现为 21 个项目的总分为 0—13 分为无抑郁症状；14—19 分为轻度抑郁；20—28 分为中度抑郁；29—63 分为重度抑郁(Beck & Steer，1996)。

国内王振等人 2011 年对贝克抑郁量表第 2 版进行了修订。经与原文比对后确定中文译本，未增减任何条目，各条目表述简单易懂，且符合中国文化的表达习惯，在之后的研究中未遇到被试难以理解的现象(王振，苑成梅，黄佳，等，2011)。

(3) 测验举例

贝克抑郁量表第 2 版中文版

指导语：本问卷有 21 组陈述句，请仔细阅读每个句子，然后根据您近两周(包括今天)的感觉，从每一组中选择一条最适合您情况的项目。如果一组句子中有两条以上适合您，请选择最严重的一个。请注意，每组句子只能选择一个条目。

1.0 我不觉得悲伤。

　　1 很多时候我都感到悲伤。

　　2 所有时间我都感到悲伤。

　　3 我太悲伤或太难过，不堪忍受。

2.0 我没有对未来失去信心。

　　1 我比以往更加对未来没有信心。

　　2 我感到前景黯淡。

　　3 我觉得将来毫无希望，且只会变得更糟。

(4) 测验的信度和效度

张雨新等人检验了贝克抑郁量表的信度，对正常组 268 人，抑郁症及抑郁性神经症组

38人,以及其他神经症组29人进行施测,结果显示量表的分半信度为0.879,克龙巴赫α系数为0.890(张雨新,王燕,钱铭怡,1990)。王振等人引进贝克抑郁量表第2版后,选取142名复发性抑郁症患者完成贝克抑郁量表第2版和汉密尔顿抑郁量表(HAMD)的测试,并随机抽取20名患者1周后进行贝克抑郁量表第2版的重测,结果显示,贝克抑郁量表第2版中文版的克龙巴赫α系数为0.94;重测相关系数为0.55;各条目间的相关系数在0.18—0.71之间,各条目与贝克抑郁量表第2版总分的相关系数在0.56—0.82之间(P值均小于0.05),提示该量表具有良好的同质信度(王振,苑成梅,黄佳,等,2011)。

张雨新等人证实了贝克抑郁量表的测验效度。在主成分分析中,贝克抑郁量表的所有条目组在该因素上的负荷为正值,且极为显著($P < 0.01$),表明贝克抑郁量表的所有条目组都在度量某一共同的心理特征,从而证实该量表的构想效度;另外,研究中正常组、其他神经症组和抑郁组被试的贝克抑郁量表平均得分有非常显著的差异,正常组的平均得分极显著地低于抑郁组,也显著地低于其他神经症组,而且其他神经症组显著地低于抑郁组(P值均小于0.02),从而证实了该量表的同时效度(张雨新,王燕,钱铭怡,1990)。王振等人的研究结果显示,贝克抑郁量表第2版分与汉密尔顿抑郁量表分呈显著正相关($r = 0.67$,$P < 0.01$)(王振,苑成梅,黄佳,等,2011)。

2. 抑郁自评量表

抑郁自评量表(Self-Rating Depression Scale,SDS),由美国精神医学家庄(William K. Zung)1965年编制。

(1)测验目的与功能

抑郁自评量表使用简便,能相当直观地反映被试抑郁的主观感受及其在治疗中的变化,广泛应用于门诊患者的粗筛、抑郁症状的评定以及调查、科研等(Kivelä & Pahkala,1987)。

(2)测验的主要内容

测验材料。抑郁自评量表由20个陈述句和相应问题条目组成,项目内容反映的症状分别为忧郁(Depressed mood)、晨重夜轻(Diurnal variation)、易哭(Crying spells)、睡眠障碍(Sleep disturbances)、食欲减退(Decreased appetite)、性欲减退(Decreased libido)、体重减轻(Weight loss)、便秘(Constipation)、心悸(Tachycardia)、易疲劳(Fatigue)、思考困难(Confusion)、能力减退(Retardation)、不安(Agitation)、绝望(Hoplessness)、易激惹(Irritability)、犹豫不决(Indecisiveness)、自我贬值(Personal devaluation)、空虚感(Emptiness)、自杀意念(Suicidal ideas)(中文版译为无价值感)、不满足(Dissatisfaction)(中文版译为兴趣丧失),其中2、5、6、11、12、14、16、17、18、20这10个项目为反向计分题。

20个项目反映抑郁状态的4组特异性症状(张明园,1998),分别是:精神性-情感症状,包含忧郁和易哭2个项目;躯体性障碍,包含晨重夜轻、睡眠障碍、食欲减退、性欲减退、体重减轻、便秘、心悸、易疲劳共 8 个项目；精神运动性障碍，包含能力减退和不安（激越）2 个项目；抑郁的心理障碍，包含思考困难（思维混乱）、绝望、易激惹、犹豫不决、自我贬值、空虚感、思考自杀和不满足，共 8 个项目。

施测步骤。抑郁自评量表要求被试根据自身最近一周的实际情况，作出独立的、不受任何人影响的自我评定。抑郁自评量表采用 1—4 分的 4 级评分制，主要评定症状出现的频度，其标准为："1"表示没有或很小时间；"2"表示小部分时间；"3"表示相当多时间；"4"表示绝大部分或全部时间（王征宇，迟玉芬，1984b）。

计分方式。抑郁自评量表的分析方法比较简便，主要的统计指标就是总分。根据被试的选择计算 20 个项目的总分，其中正向评分题依次评为粗分 1、2、3、4，反向评分题依次评为粗分 4、3、2、1。项目分相加后得到总粗分（X），然后通过公式 $Y = int(1.25X)$ 作转换，即用粗分 X 乘以 1.25 后，取整数部分，得到标准分（Y），也可以通过表格作转换（王征宇，迟玉芬，1984b）。

根据王春芳等人于 1986 年对我国正常人 1 340 例进行分析评定后修订的中国常模，抑郁自评量表的分界值为粗分 41 分、标准分 53 分，超过分界值者考虑有抑郁症状，分之越高，症状越严重（王春芳，蔡则环，徐清，1986）。

（3）测验举例

抑郁自评量表中文版

指导语：下面有 20 条文字，请仔细阅读每一条，把意思弄明白，然后根据你最近一周的实际情况在适当的方格里画一个"√"，每一条文字后有四个格，表示：没有或很少时间；少部分时间；相当多时间；绝大部分或全部时间。

	没有或 很少时间	少部分 时间	相当多 时间	绝大部分 或全部时间
1. 我觉得闷闷不乐，情绪低沉。	□	□	□	□
2. 我觉得一天之中早晨最好。	□	□	□	□
3. 我一阵阵哭出来或觉得想哭。	□	□	□	□
4. 我晚上睡眠不好。	□	□	□	□
5. 我吃的跟平常一样多。	□	□	□	□
6. 我与异性亲密接触时和以往一样感觉愉快。	□	□	□	□
7. 我发觉我的体重在下降。	□	□	□	□
8. 我有便秘的苦恼。	□	□	□	□

资料来源：戴晓阳.(2010).*常用心理评估量表手册*.北京：人民军医出版社.

（4）测验的信度和效度

杰吉德运用抑郁自评量表对 206 名大学生进行测试，显示量表各个项目的内部一致性系数为 0.36—0.79（Jegede，1976）。

刘贤臣等人运用抑郁自评量表对大学生进行测试,结果显示抑郁自评量表的克龙巴赫 α 系数为 0.86,分半信度为 0.75,3 周后重测显示重测信度为 0.82(刘贤臣,唐茂芹,保琨,胡蕾,王爱祯,1995)。

拉德洛夫(Radloff, 1977)研究表明,流调用抑郁自评量表与抑郁自评量表在抑郁症患者中有高度的相关,相关系数高达 0.90。

王征宇等人对 63 例抑郁症患者进行了抑郁自评量表检查,并同时采用汉密尔顿焦虑量表检查,将两项检查的总分进行比较,皮尔逊相关系数为 0.778,斯皮尔曼等级相关系数为 0.783,表明抑郁自评量表的总分与汉密尔顿焦虑量表客观评定的总分呈极为显著的正相关,证明了抑郁自评量表的临床有效性(王征宇,迟玉芬,1984b)。刘贤臣等人同时运用抑郁自评量表与流调用抑郁自评量表对 560 名大学生同时进行测试,结果显示两者总分的相关系数为 0.597($P<0.01$)(刘贤臣,唐茂芹,保琨,胡蕾,王爱祯,1995)。

3. 流调用抑郁自评量表

流调用抑郁自评量表(Center for Epidemiologic Studies-Depression Scale, CES-D),亦称"流调中心抑郁量表",由美国国家精神卫生研究院(NIMH)的拉德洛夫(Lenore Sawyer Radloff)1977 年编制,1988 年推出流调用抑郁自评量表中文版(张明园,1998)。

（1）测验目的与功能

流调用抑郁自评量表已经成为应用最广泛的抑郁自评量表之一。编制之初旨在设计一个流行病学调查表,用以筛查出有抑郁症状的人(Radloff,1977),随着它的应用越来越广,许多研究者指出它还可以运用于抑郁症状的临床评估(Andresen, Malmgren, Carter, & Patrick, 1994；Ensel, 1986；Myers & Weissman, 1980),不仅适合最初针对的成年人群,也可用于青少年和老年人群(Radloff, 1991)。流调用抑郁自评量表中文版已广泛运用于青少年、大学生、成年人、老年人、神经症患者、恢复期精神分裂症患者等人群(陈祉妍,杨小冬,李新影,2009；刘贤臣,唐茂芹,保琨,胡蕾,王爱祯,1995；佟雁,申继亮,王大华,徐成敏,2001；张宝山,李娟,2012；刘志中,1989；曾小清,2005)。

（2）测验的主要内容

测验材料。流调用抑郁自评量表共有 20 个项目,测量内容包括情绪低落、无价值感、绝望、食欲下降、注意力差、睡眠困扰等抑郁症状,但并不包括食欲或睡眠增加、精神运动性激越、自杀意念等症状,其中有 16 想项消极词汇,而另外 4 项是需要反向计分的积极词汇。最初,拉德洛夫(Radloff, 1977)对 20 个项目进行因素分析得到 4 个因素:抑郁情绪(Depressed Affect),含第 1、3、6、9、10、14、17、18 题;积极情绪(Positive Affect),含第 4、8、12、16 题;躯体症状与活动迟滞(Somatic Symptoms and Retarded Activity),含第 2、5、7、11、13、20 题;人际关系(Interpersonal)含第 15、19 题。

拉德洛夫的因素结构在很多使用西方被试的研究中都得到重复和验证(Husaini,

Neff，Harrington，Hughes，& Stone，1980；Robert，Shela，Rob，& Susan，1997），然而不同种族和地域的人在对量表项目进行理解和解释时会存在差异，量表的因素结构也可能随之发生变化(Vandenberg & Lance，2000)。有研究者在西班牙人群中发现，拉德洛夫因素结构中的抑郁情绪和躯体症状合并成一个因素，积极情绪额和人际关系仍然维持两个单独的因素(Guarnaccia，Angel，& Worobey，1989)。有研究者在大学生被试中同样得到三个因素，包括积极情绪、抑郁情绪和躯体症状(Yen，Robins，& Lin，2000)。有研究者在香港青少年研究中则显示量表由积极情绪和情绪/躯体症状两个因素构成(Lam et al.，2004)。尽管没有得到普遍认可，这些因素结构均得到部分实证研究的支持(Janette，Spero，Ellen，& Rhonda，1991；Rhonda，Janette，Ellen，& Spero，1994；Edman et al.，1999)。

施测步骤。流调用抑郁自评量表为自评量表，要求被试根据"现在"或"过去一周内"的情况和感觉，用 0—3 级评定症状出现的频度。其中"0"表示"没有或几乎没有"(少于 1 天)，"1"表示"有时或很少时间"(1—2 天)；"2"表示"经常或一半时间"(3—4 天)；"3"表示"大部分或所有时间"(5—7 天)。

计分方式。流调用抑郁自评量表的统计指标是总分，即根据正向计分和反向计分原则计算 20 个项目的总分，范围为 0—6 分，分数越高抑郁出现的频度越高。拉德洛夫最初推荐使用 16 分作为可能存在抑郁问题的分界点，对应 80 百分位(Radloff，1977)，后来改为以 28 分作为抑郁状态的分界点，对应 95 百分位(Randloff，1991)。

(3) 测验举例

流调用抑郁自评量表

指导语：下面是一些你可能有过或感觉到的情况或想法，请按照过去一周内你的实际情况或感觉，在适当的格子内画一个"√"。

没有或几乎没有：过去一周内，出现这类情况的日子不超过 1 天。

少有：过去一周内，有 1—2 天有这类情况。

常有：过去 1 周内，有 3—4 天有这类情况。

几乎一直有：过去 1 周内，有 5—7 天有这类情况。

	没有或几乎没有	少有	常有	几乎一直有
1. 我因一些小事而烦恼。	□	□	□	□
2. 我不大想吃东西，我的胃口不好。	□	□	□	□
3. 即使家属和朋友帮助我，我仍然无法摆脱心中苦闷。	□	□	□	□
4. 我觉得和一般人一样好。	□	□	□	□
5. 我在做事时，无法集中自己的注意力。	□	□	□	□
6. 我感到情绪低沉。	□	□	□	□

资料来源：Stansbury，J.P.，Ried，L.D.，& Velozo，C.A.(2006). Unidimensionality and Bandwidth in the Center for Epidemiologic Studies Depression(CES-D) Scale. *Journal of Personality Assessment*，86(1)，10-22.张明园.(1998). *精神科评定量表手册*.长沙：湖南科学技术出版社.

（4）测验的信度和效度

章婕等人(2010)运用流调用抑郁自评量表对国内 21 省 39 座城市普通人群 16 047 名施测,并抽取 329 人进行了间隔 8 周的重测。结果显示,流调用抑郁自评量表的克龙巴赫 α 系数为 0.90,各因素的克龙巴赫 α 系数为 0.68—0.86;间隔 8 周的重测信度为 0.49($P <$ 0.01),各因素重测相关为0.39—0.51($P < 0.01$)。刘贤臣等人(1995)运用流调用抑郁自评量表对大学生进行测试,结果显示该量表的克龙巴赫 α 系数为 0.85,分半信度为 0.71,3 周后重测显示重测信度为 0.87。

拉德洛夫的研究结果表明,流调用抑郁自评量表与抑郁自评量表在抑郁患者中有高度的相关,相关系数高达 0.90(Radloff,1977)。

章婕等人(2010)的研究结果显示,349 名精神科门诊和住院患者的流调用抑郁自评量表得分显著高于普通人群($P < 0.01$),其中抑郁患者得分最高($P < 0.01$),表明流调用抑郁自评量表具有较好的校标效度。刘贤臣等人(1995)同时运用抑郁自评量表与流调用抑郁自评量表对 560 名大学生同时进行测试,结果显示两者总分的相关系数为 0.597($P < 0.01$)。袁家珍等人(1998)对流调用抑郁自评量表社区应用的效度研究结果表明,该量表与标准诊断的阳性正确率高达 92.6%。

4. 汉密尔顿抑郁量表

汉密尔顿抑郁量表(Hamilton Depression Scale,HAMD),由英国精神医学家汉密尔顿(Max Hamilton)1960 年编制。

（1）测验目的与功能

汉密尔顿抑郁量表是目前世界上最常用的抑郁症状他评工具,也是临床上评定抑郁症状时应用得最普遍的量表(Bech, Bolwig, Kramp, & Rafaelsen, 1979; Hedlund & Vieweg, 1979)。该量表评定方法简便,标准明确,便于掌握,可用于评定抑郁症、双向障碍、焦虑症等多种疾病的抑郁症状,尤其适用于评定抑郁障碍患者抑郁症严重程度,但不能较好地鉴别抑郁症与焦虑症(汤毓华,张明园,1984)。

（2）测验的主要内容

汉密尔顿抑郁量表有 17 项、21 项和 24 项三种版本,根据不同的专业人员和不同的使用目的进行选择,这里主要介绍 24 项版本。本量表适用于有抑郁症状的成年人。

测验材料。汉密尔顿抑郁量表的 24 项版包含 24 项评分内容,分别是抑郁情绪(Depressed mood)、有罪感(Feelings of guilt)、自杀(Suicide)、入睡困难(Insomnia-early)、睡眠不深(Insomnia-middle)、早醒(Insomnia-late)、工作和兴趣(Work & Interests)、迟缓(Retardation)、激越(Agitation)、精神性焦虑(Psychic anxiety)、躯体性焦虑(Somatic anxiety)、胃肠道症状(Gastro intestinal)、全身症状(General somatic symptoms)、性症状(Genital symptoms)、疑病(Hypochondriasis)、体重减轻(Loss of weight)、自知力(Insight)、日夜变

化(Diurnal variation)、人格解体或现实解体(Depersonalization & Derealization)、偏执症状(Paranoid symptoms)、强迫症状(Obsessional symptoms)、能力减退感(Helplessness)、绝望感(Hopelessness)、自卑感(Worthlessness)(汤毓华,张明园,1984)。

其中迟缓(Retardation)指思维和言语缓慢,注意力难以集中,主动性减退;躯体性焦虑(Somatic anxiety)指焦虑的生理症状,包括口干、腹胀、腹泻、打嗝、腹绞痛、心悸、头痛、过度换气和叹息、尿频和出汗等;性症状(Genital symptoms)指性欲减退、月经紊乱等;人格解体或现实解体(Depersonalization & Derealization)指非真实感或虚无妄想;强迫症状(Obsessional symptoms)指强迫思维和强迫行为。

依据各项目反映的症状特点,汉密尔顿抑郁量表可归纳为 7 类因子结构(郭念锋,2012)。

焦虑/躯体化(Anxiety/Somatization),由精神性焦虑、躯体性焦虑、胃肠道症状、全身症状、疑病、自知力 6 项组成。

体重(Weight),即体重减轻一项。

认识障碍(Cognitive disturbance),由自罪感、自杀,激越、人格解体和现实解体、偏执症状、强迫症状 6 项组成。

日夜变化(Diurnal variation),仅日夜变化一项。

迟缓(Retardation),由抑郁情绪、工作和兴趣、迟缓、性症状 4 项组成。

睡眠障碍(Sleep disturbance),由入睡困难、睡眠不深、早醒 3 项组成。

绝望感(Hopelessness),由能力减退感、绝望感、自卑感 3 项组成。

汉密尔顿抑郁量表 21 项版,即比 24 项版少了能力减退感、绝望感、自卑感这 3 项,探讨抑郁病例症状时多用 21 或 24 项版本。汉密尔顿抑郁量表 17 项版,即比 24 项版少了日夜变化(Diurnal variation)、人格解体或现实解体(Depersonalization & Derealization)、偏执症状(Paranoid symptoms)、强迫症状(Obsessional symptoms)、能力减退感(Helplessness)、绝望感(Hopelessness)、自卑感(Worthlessness)这 7 项,多用于评定抑郁症状的严重程度(郭念锋,2012)。

施测步骤。汉密尔顿抑郁量表的评定过程由受过专业训练的评定员进行,一般采用交谈和观察两种方式。其中迟缓、激越、躯体性焦虑 3 项,依据对患者的观察进行评定,其余各项,则根据患者自己的口头叙述评分,但其中抑郁情项需两者兼顾。另外,工作和兴趣、能力减退感 2 项,需向患者家属或病房工作人员收集资料,而体重减轻项,最好是根据体重记录,也可依据患者主诉及其家属或病房工作人员提供的资料评定(汤毓华,张明园,1984)。

在评估心理或药物干预前后抑郁症状的改善情况时,首先在入组时需评定当时或入组前一周的情况,然后再干预 2—6 周后再次评定,一次比较抑郁症状严重程度和症状谱的变化。

汉密尔顿抑郁量表的大部分项目采用 0—4 分的 5 级评分法,各级标准为:“0”表示

"无";"1"表示"轻度";"2"表示"中度";"3"表示"重度";"4"表示"很重"。少数项目采用0—2分的3级评分法,其分级标准为:"0"表示"无";"1"表示"轻至中度";"2"表示"重度"。

计分方式。汉密尔顿抑郁量表的统计指标有因子分和总分。因子分为7个因子的各个项目得分的算术和。总分即所有项目得分的总和。总分是一项很重要的指标,能较好地反映病情的严重程度,症状越重,总分越高。按照戴维斯(J.M. Davis)的划分,24项版本总分≥35分可能为严重抑郁,总分≥20分可能是轻度或中度抑郁,总分<8分则没有抑郁症状;在17项版本中,总分≥24分可能为严重抑郁,总分≥17分可能是轻度或中度抑郁,总分<7分则没有抑郁症状(郭念锋,2012)。

(3) 测验举例

汉密尔顿抑郁量表24项中文版

1. 抑郁情绪(Depressed mood)

(1) 只在问到时才诉述。

(2) 在谈话中自发地表达。

(3) 不用言语也可以从表情、姿势、声音或欲哭中流露出这种情绪。

(4) 患者的自发语言和非言语表达(表情、动作),几乎完全表现为这种情绪。

2. 有罪感(Feelings of guilt)

(1) 责备自己,感到自己已连累他人。

(2) 认为自己犯了罪,或反复思考以往的过失和错误。

(3) 认为目前的疾病,是对自己错误的惩罚,或有罪恶妄想。

(4) 罪恶妄想伴有指责或威胁性幻觉。

3. 自杀(Suicide)

(1) 觉得活着没意义。

(2) 希望自己已经死去,或常想到与死有关的事。

(3) 消极观念(自杀念头)。

(4) 有严重自杀行为。

(4) 测验的信度和效度

汉密尔顿报告,两名经验丰富的临床医生同时进行评定的结果显示,评分者间的信度为0.87—0.95(Hamilton, 1986),内部一致性信度的范围为0.45—0.78(Schwab, Bialow, & Holzer, 1967)。

汤毓华等人曾对46例抑郁症、躁郁症、焦虑症等患者作了联合检查,两评定员间的一致性相当好:其总分评定的信度系数 r 为0.99,各单项症状评分的信度系数为0.78,P 值均小于0.01(汤毓华,张明园,1984)。

国外研究者对汉密尔顿抑郁量表的效度进行研究的结果显示,汉密尔顿抑郁量表与贝克抑郁量表的相关系数达0.68(Bailey & Coppen, 1976),与抑郁自评量表的相关系数达0.41(Carroll, Fielding, & Blashki, 1973)。

汤毓华等人对 58 例抑郁症的病情严重程度与汉密尔顿抑郁量表总分作经验效度检验,其效度系数为 0.37($P<0.01$)。汉密尔顿抑郁量表也能很好地衡定治疗效果。上述 58 例病例治疗前后的总分改变与临床疗效判定的结果,两者呈正相关 $r=0.26$($P<0.05$)。如利用因子分析法作疗效分析,还能确切地反映各靶症状群的变化情况(汤毓华,张明园,1984)。李建勋等人应用汉密尔顿抑郁量表评定抑郁症 118 例,抑郁性神经症 92 例和伴抑郁症状的分裂症 106 例,并由另一评定员根据疾病严重度指数单独评分,比较三组疾病汉密尔顿抑郁量表总分与疾病严重度指数评分间的相关系数,结果显示抑郁症和抑郁性神经症组远高于分裂症组($P<0.01$),表明汉密尔顿抑郁量表总分确能满意反映抑郁性疾病患者的症状严重程度,真实性良好,适用于抑郁症和抑郁性神经症的评定(李建勋,阮庆池,肖计划,文红,陈默,钟琨,1986)。

5. 贝克-拉斐尔森躁狂量表

贝克-拉斐尔森躁狂量表(Bech-Rafaelsen Mania Rating Scale,BRMS),由贝克(P. Bech)和拉斐尔森(O.J. Rafaelsen)1978 年编制。

(1)测验目的与功能

贝克-拉斐尔森躁狂量表主要用于评价躁狂症状的严重程度,以及躁狂症状在治疗中的变化(郭念锋,2012)。量表有明确的评定标准,项目名称又与日常临床工作所用术语相近,较易掌握和接受,是评定躁狂状态的较好量表(张明园,1984a)。量表已被翻译成多种语言,成为应用较广泛的躁狂量表(Chambon et al.,1988;Vieta et al.,2008)。

(2)测验的主要内容

测验材料。贝克-拉斐尔森躁狂量表共包括 11 项症状,分别是运动性活动(Motor activity)、言语性活动(Verbal activity)、意念飘忽(Flight of thoughts)、言语/喧闹程度(Noise level)、敌意/破坏行为(Hostility/Destructiveness)、情绪(Mood)、自我评价(Self-esteem)、接触(Contact)、睡眠(Sleep)、性兴趣(Sexual interesting)、工作(Working)(张明园,1984a)。

施测步骤。贝克-拉斐尔森躁狂量表的评定由经过培训的专业人员进行,采用会谈与观察结合的方式,综合家属或有关知情人员提供的资料进行评定,其中第 5 项敌意/破坏行为,第 8 项接触,第 9 项睡眠,第 10 项性兴趣和第 11 项工作,最好能同时向家属和病房工作人员询问,方能正确评定;第 9 项睡眠,以过去三天内的每天平均睡眠时间估计。一般评定时间范围为最近一周,若再次评定则间隔 2—6 周。量表采用为 0—4 分的 5 级评分制,其中“0”表示无该项症状或与患者正常时的水平相仿,“1”表示症状轻微,“2”表示中度症状,“3”表示症状明显,“4”表示症状严重(张园明,1984a)。

计分方式。贝克-拉斐尔森躁狂量表的统计指标为总分。总分反应疾病严重程度,总分越高,病情越严重。总分为 0—5 分者为无明显躁狂症状;6—10 分者为肯定躁狂症状;≥22 分者为严重躁狂症状(郭念锋,2012)。国外对贝克-拉斐尔森躁狂量表分数进行了标准化,提示总分低于 15 分表明轻躁狂发作,总分为 20 分左右为中等程度躁狂,总分为 28 分左右为严重躁狂(Bech, 2002)。

(3)测验举例

贝克-拉斐尔森躁狂量表中文版

1. 运动性活动(Motor activity)

(1)动作略增多,表情活跃。

(2)动作增多,姿势活跃。

(3)动作严重增多,会谈时曾起立活动。

(4)动个不停,虽予劝说仍坐不安宁。

2. 言语性活动(Verbal activity)

(1)话较多。

(2)话很多,几无自动停顿。

(3)很难打断。

(4)无法打断。

(5)性兴趣显著增强,有严重调戏或卖弄风情言行。

(6)整日专注于性活动。

……

11. 工作(Working)

初次评定时:

(1)工作质量略有下降。

(2)工作质量明显下降,工作时间争吵。

(3)无法继续工作,或在医院内尚能活动数小时。

(4)日常活动不能自理,或在医院内不能参加病房活动。

资料来源:张明园.(1984a).倍克-拉范森躁狂量表(BRMS).上海精神医学,2,66-67.

(4)测验的信度和效度

研究结果表明,贝克-拉斐尔森躁狂量表的克龙巴赫 α 系数在 0.80—0.90 之间(Bech, 2002);评分者信度为 0.89—0.92(Strober et al., 1998;Rossi et al., 2001)。别塔等人(Vieta et al., 2008)用贝克-拉斐尔森躁狂量表西班牙语版进行信度研究,结果显示该量表的克龙巴赫 α 系数为 0.80,重测信度为 0.69,评分者信度为 0.80。

贝克-拉斐尔森躁狂量表在引入国内时经过量表协作组的测试。在对 124 例躁狂症的测试中,评分者之间的一致性良好,为 0.93—0.99(汪向东,王希林,马弘,1999)。

有关贝克-拉斐尔森躁狂量表与杨氏躁狂状态评定量表的比较研究结果表明,两个量表之间的相关系数达 0.90,表明两者具有较好的相容效度;用 24 分作为贝克-拉斐尔森躁狂量表的分界值进行分组,结果显示贝克-拉斐尔森躁狂量表预测躁狂的敏感性为 92%,特异性为91％,这表明贝克-拉斐尔森躁狂量表具有较好的临床效度(Wciórka et al.,2011)。

效度研究结果表明,贝克-拉斐尔森躁狂量表总分与大体评定量表(Global Assessment Scale)间的平行效度为0.92,与疾病严重度指数间的平行效度为0.91。同时,对不同的临床疗效,贝克-拉斐尔森躁狂量表评分差异显著,能反映治疗效果的变化(汪向东,王希林,马弘,1999)。

6. 杨氏躁狂状态评定量表

杨氏躁狂状态评定量表(Young Mania Rating Scale,YMRS),由杨氏(R.C.Young)1978年编制。

(1) 测验目的与功能

杨氏躁狂状态评定量表(YMRS),主要用于评定患者有无躁狂症状以及躁狂症状严重程度的等级评价量表(Young et al.,1978)。该量表有明确的评定标准,项目数量适中,便于掌握,能较好地反映疾病的严重性以及治疗前后的变化,是评定躁狂症状的较好量表(童辉杰,2007)。杨氏躁狂状态评定量表具有较高的信度和效度,在国外已成为研究中运用最频繁的躁狂测验量表,并已被翻译成多种语言,在世界各地有较广泛应用(Colom et al.,2002;Vilela et al.,2005;Mühlbacher et al.,2011)。

(2) 测验的主要内容

测验材料。量表有11个项目,每个项目反映的内容依次包括心境高涨(Elevated Mood)、活动/精力增加(Increased Motor Activity or Energy)、性兴趣(Sexual Interest)、睡眠(Sleep)、易激惹(Irritability)、言语:速度和数量(Speech:Rate & Amount)、思维形式障碍(Language:Thought Disorder)、思维内容(Thought Content)、破坏/攻击行为(Disruptive or Aggressive Behavior)、外表(Appearance)、自知力(Insight)(Young,1978)。

施测步骤。量表采用会谈与观察相结合的方式,由精神科医生进行临床检查后,综合家属或病房工作人员提供的资料进行评定,评定范围为最近一周,一次评定需要20分钟。

计分方式。量表中多数项目采用0—4分的5级评分制,其中"0"表示无该项症状或与患者正常时的水平相仿,"1"表示症状轻微,"2"表示中度,"3"表示较重,"4"表示严重。此外,易激惹、言语速度和数量、思维内容、破坏/攻击行为这4个项目采用0—8分的9级评分制,因为每个项目的选项均为5项,因此这4个项目每个选项对应的得分是第1项为0分,第2项为2分,第3项为4分,第4项为6分,第5项为8分(Young,1978)。

国外常以20分座位有无躁狂症状的分界值,20分以上为有躁狂症状,20以下为无躁狂症状。

(3) 测验举例

1. 心境高涨(Elevated Mood)

(0) 无

(1) 轻微或可能加重

(2) 肯定的自我评价；乐观、自信；开朗；与环境协调

(3) 高涨，与环境不协调；幽默

(4) 欣快，不恰当的笑声，歌唱

2. 活动/精力增加(Increased Motor Activity or Energy)

(0) 无

(1) 主观上增加

(2) 活跃的；手势增多

(3) 精力过剩；有时活动过度；不安分(能够平静)

(4) 运动兴奋；持续活动过度(不能平静)

......

6. 言语：速度和数量(Speech：Rate & Amount)

(0) 没有加快或增多

(1) 觉得喜欢说话

(2) 有时语速加快或语量增多，有时啰嗦

(3) 加快；一贯地语速加快和语量增多

(4) 压迫感；不间断地，持续说话

资料来源：Young, R., et al. (1978). A Rating Scale for Mania：Reliability, Validity and Sensitivity. *British Journal of Psychiatry*, 133, 429-435.

(4) 测验的信度和效度

杨氏对杨氏躁狂状态评定量表信度进行研究的结果显示，该量表的评分者信度达 0.92(Young, 1978)。不同国家的研究者将杨氏躁狂状态评定量表引入本国后，进行的信度研究结果均表明该量表具有较好的信度。科洛姆(Colom, 2002)对西班牙版的杨氏躁狂状态评定量表信度进行研究的结果显示，量表的内部一致性信度为 0.88，重测信度为 0.76。维莱拉等人(Vilela et al., 2005)对葡萄牙版的杨氏躁狂状态评定量表进行研究的结果显示，量表整体的克龙巴赫 α 系数为 0.67。米尔巴赫尔等人(Mühlbacher et al., 2011)对德国版的杨氏躁狂状态评定量表研究结果显示，量表的评分者信度为 0.79—0.97，克龙巴赫 α 系数为 0.74。

杨氏的研究结果显示，量表内各个项目的评分相关在 0.66—0.92 之间，表明杨氏躁狂状态评定量表具有较好的结构效度(Young, 1978)。维莱拉等人的研究结果显示，YMRS 葡萄牙版与简明精神病评定量表的总分之间的相关系数为 0.78(Vilela et al., 2005)；米尔巴赫尔等人的研究结果显示，杨氏躁狂状态评定量表与临床总体印象评定量表的双向障碍分量表(Clinical Global Impression Rating Scale, Bipolar Version)得分的相关系数为 0.91 ($P<0.01$)(Mühlbacher et al., 2011)。

7.32 项轻躁狂症状清单

32 项轻躁狂症状清单（32-Item Hypomania Checklist，HCL-32），由昂斯特（Jules Angst）2005 年编制。

（1）测验目的与功能

32 项轻躁狂症状清单用于快速识别轻躁狂症状（Angst，Adolfsson，& Benazzi，2005）。双相障碍是一种易复发、诊断不足且容易误诊的精神疾病，国外有研究报道 69.0% 的双相障碍患者曾被误诊为单相抑郁（Ghaemi et al.，1999；Hirschfeld，Lewis，& Vomik，2003）。轻躁狂状态通常不易识别，可能被认为是正常甚至较好状态，而被医生、患者及其家属忽视。通过应用自评性轻躁狂量表以客观、简易的方式在精神障碍患者中快速识别轻躁狂症状、正确诊断双相障碍，很有意义。32 项轻躁狂症状清单是比较成熟和影响较大的躁狂症状自评量表（杨海晨，等，2008）。

（2）测验的主要内容

测验材料。32 项轻躁狂症状清单包括反映既往轻躁狂体验的 32 项条目，在量表中的 32 项目评定前，Jules Angst 加入"受试者自我心境状态评定"，共 7 个等级，分别为比平常差多了、比平常差、比平常差一点、跟平常一样、比平常好一点、比平常好及比平常好很多。32 项条目反映的内容分别是睡眠（Lowsleep）、精力（Energy）、自信（Self confidence）、工作兴趣（Funwork）、社交活动（Sociable）、旅行（Travel）、开车速度（Fast driving）、花钱（Money）、冒险（Risk more）、活动（Active）、计划（Plans）、想法（Ideas）、不害羞（Less shy）、穿着（Dress）、与人接触（Meet）、性欲（Libido）、挑逗（Flirt sex）、健谈（Talk more）、思维敏捷（Think fast）、玩笑（Joke more）、分心（Distract）、尝试新事物（New thing）、思维跳跃（Jump thought）、做事变快（All fast）、耐心（Inpatient）、影响他人（Bug other）、争吵（Argument）、情绪高涨（High mood）、咖啡摄入（Coffe）、吸烟（Smoke）、酒精（Alcohol）、药物（Drugs）（Angst，Adolfsson，& Benazzi，2005）。

32 项条目大致可以归为 2 类因子，因子Ⅰ为精力充沛/心境高涨（Active/Elated），主要包括活动过度、情绪高涨和思维亢进；因子Ⅱ为属于冒险/易激惹（Risk-taking/Irritable），主要包括冒险行为、易激惹、攻击想法。昂斯特最初的研究结果显示，若各条目的因子负荷以 0.40 为水准，因子Ⅰ包括精力、自信、工作兴趣、社交活动、旅行、活动、计划、想法、不害羞、与人接触、性欲、健谈、思维敏捷、玩笑、尝试新事物、做事变快、情绪高涨共 17 项，因子Ⅱ包括开车速度、花钱、冒险、分心、思维跳跃、耐心、影响他人、争吵、酒精共 9 项（Angst，Adolfsson，& Benazzi，2005）。

施测步骤。被试根据自己的实际情况，判断条目描述的内容是否与自身相符，选择"是"或"否"。

计分方式。32 项轻躁狂症状清单是以"0"和"1"分别表示"否"和"是"的两组评分，总分为 32 分。

昂斯特等人在欧洲精神科门诊研究中,32 项轻躁狂症状清单划界分为 14 分时区分双相障碍与重性抑郁障碍(单相抑郁障碍)的敏感性及特异性最佳,分别是 80%、51%(Angst,Adolfsson,& Benazzi,2005)。因此,量表的结果解释以总分是否大于 14 分作为有无躁狂发作的参考。

(3) 测验举例

32 项轻躁狂症状清单中文版

指导语:每个人在一生中的不同时期都会体验到精力、活力及情绪上的变化或波动("高涨"与"低落"),此问卷旨在评估您在"高涨"时期的特点,请您根据自己的情况选择合适的选项。

首先,跟平常的状态比起来,您今天的感觉如何?(自我心境状态评估)

1. 比平常差多了

2. 比平常差

请试着回忆当您处于"高涨"状态时,您那时的感觉如何?(不管您现在的状态如何,请您对下列所有的描述进行回答。)在"高涨"状态下:回答"是"或"否"。

1. 您需要的睡眠比平时少

2. 您感觉比平时更有精力及活动增多

3. 您比平时更自信

4. 您更加喜欢工作

5. 您社交活动增多(打电话比平时多、外出比平时多)

(4) 测验的信度和效度

昂斯特等人将 32 项轻躁狂症状清单分别施测于意大利人和瑞典人,结果显示量表的克龙巴赫 α 系数分别为 0.82、0.86(Angst,Adolfsson,& Benazzi,2005)。

杨海晨等人 2008 年首次将 32 项轻躁狂症状清单施测于国内的双相 I 型障碍患者,结果显示量表的内部一致性信度——克龙巴赫 α 系数为 0.83,重测相关系数为 0.61($P <$ 0.01)(杨海晨,等,2008)。2010 年又将 32 项轻躁狂症状清单应用于双相 II 型障碍患者中,结果显示量表的内部一致性信度——克龙巴赫 α 系数为 0.84,重测相关系数为 0.51($P < 0.01$)(杨海晨,等,2010a)。对于 32 项轻躁狂症状清单中文版在双相障碍患者中的信度研究结果显示,量表的内部一致性信度——克龙巴赫 α 系数为 0.86,32 项轻躁狂症状清单重测相关系数为 0.62(杨海晨,等,2010b)。

昂斯特等人对 32 项轻躁狂症状清单在双相障碍与重性抑郁障碍区分效果,以 32 项轻躁狂症状清单总分为 14 分作为化解分,研究结果显示 32 项轻躁狂症状清单在区分双相障碍与重性抑郁障碍上的敏感性为 80%,特异性为 51%,阳性预测率和阴性预测率分别是 73% 和 61%(Angst,Adolfsson,& Benazzi,2005)。

杨海晨等人将 32 项轻躁狂症状清单分别施测于双相 I 型障碍患者、双相 II 型障碍患者中,结果显示 32 项条目阳性回答率范围为 7.2%—93.9%(杨海晨,等,2008;杨海晨,等,2010a)。对 32 项轻躁狂症状清单在双相障碍与重性抑郁障碍(单相抑郁障碍)区分效果的研究结果显示,双相障碍患者的 32 项轻躁狂症状清单的平均得分为 16.6±6.2 分,而重性抑郁障碍患者的 32 项轻躁狂症状清单的平均得分为 10.9±6.4 分,差异具有统计学意义(P<0.01)。经接受者操作特征曲线法,32 项轻躁狂症状清单对于双相障碍患者与重性抑郁障碍患者的最佳划界分为 14 分,相应敏感性、特异性为 0.74、0.66,阳性预测值0.81,阴性预测值 0.57(杨海晨,等,2010b)。

三、自杀意念测验

自杀意念测验主要有两种:自杀意念量表(Scale for Suicide Ideation,SSI);贝克自杀意念量表(Beck Scale for Suicide Ideation,BSI)。

1. 自杀意念量表

自杀意念量表(Scale for Suicide Ideation,SSI),由贝克(A.T. Beck)、科瓦奇(M.Kovacs)和韦斯曼(A.Weissman)根据临床经验和理论研究 1979 年编制。1986 年推出修订版自杀意念量表(Modified for Suicide Ideation,MSSI)(Miller,Norman,Bishop et al.,1986)。

(1)测验目的与功能

自杀意念量表用来评估自杀意念。这是一种由经过培训的人员使用的他评量表,是临床和研究常用的评估工具。贝克等人最初用来评估患者目前计划和希望自杀的强度、持续时间和具体特征(Beck,Kovacs,& Weissman,1979),随着量表的应用越来越广泛,由最初的患者(Steer et al.,1993;Beck,Brown,& Steer,1997;Beck et al.,1999),扩展到其他人群(Dixon,Heppner,& Anderson,1991;Clum & Curtin,1993;Nock,& Kazdin,2002)。米勒等人对自杀意念量表进行了修订,形成修订版自杀意念量表(Modified for Suicide Ideation,MSSI)(Miller,Norman,Bishop et al.,1986)。

(2)测验的主要内容

自杀意念量表

测验材料。自杀意念量表由 19 个项目组成,每个项目反映的内容包括活着的愿望(Wish to live)、死去的愿望(Wish to die)、活着/死去的理由(Reasons for living/dying)、主动自杀愿望(Desire to make active suicide attempt)、被动自杀愿望(Passive suicidal desire)、想法持续时间(Time dimension:Duration)、想法出现频率(Time dimension:Frequency)、对自杀的态度(Attitude toward ideation/wish)、自我控制想法的能力(Control over suicidal action)、顾虑对自杀的阻止程度(Deterrents to active attempt)、自杀理由(Reason for contemplated attempt)、自杀计划的具体性(Method：Specificity/planning)、自杀的条件和机会(Method：Availability/opportunity)、知觉到的自杀能力(Sense of "capability" to carry out attempt)、自杀的可能性(Expectancy/anticipation of actual attempt)、自杀的实际准备(Actual preparation)、遗言(Suicide note)、自杀前安排(Final acts)、隐瞒自杀想法(Deception/concealment of contemplated suicide)(Beck，Kovacs，& Weissman，1979)。

贝克对自杀意念量表中的 19 个项目进行因素分析的结果显示,量表有主动自杀意愿、具体自杀计划和被动自杀意愿 3 个因子。

主动自杀意愿(Active suicidal desire),包括活着的愿望、死去的愿望、活着的理由、主动自杀愿望、想法持续时间、想法出现频率、对自杀的态度、顾虑对自杀的阻止程度自杀理由、自杀的可能性 9 个项目。

具体自杀计划(Preparation),包括自杀计划的具体性、自杀的条件和机会、自杀的实际准备 3 个项目。

被动自杀意愿(Passive suicidal desire),包括被动自杀愿望、知觉到的自杀能力、隐瞒自杀想法 3 个项目。

自我控制想法的能力、遗言、自杀前安排这 3 个项目不归入任何因子(Beck，Kovacs，& Weissman，1979)。

施测步骤。自杀意念量表的施测采用他评的方式进行。根据患者的精神状态以及意识的清晰度,临床医生可以选择不同的询问方法,以便得到与每一个项目有关的具体信息。在这样的半结构式面谈中,临床医生根据获得的信息,在每个项目的 3 个选项中作出合适的选择(Beck，Kovacs，& Weissman，1979)。

计分方式。根据不同项目代表的内容,每个项目的 3 个选项分别赋予不同的分数,范围为 0—2 分。总分即将各个项目的得分相加,范围为 0—38 分。得分越高,自杀危险越高(Beck，Kovacs，& Weissman，1979)。

修订版自杀意念量表

米勒等人对自杀意念量表进行了修订:增加了一些项目;修改了评分标准,增加评估结果的特异性和范围;对每个条目增加了标准化的提问方式,制定一个标准化的项目序列,便于非专业人员使用;发展筛查项目,以筛查项目的得分决定是否继续评估,使施测过程更高效;根据量表内部一致性以及与临床专家评估的相关性选定最后的量表条目。修订版自杀意念量表,用于评估最近 1 年与自杀倾向有关的症状(Miller et al.，1986)。

测验材料。修订版自杀意念量表由 18 个项目组成,每个项目反映的内容包括活着的愿望(Wish to live)、死去的愿望(Wish to die)、主动自杀愿望(Desire to make active suicide attempt)、被动自杀愿望(Passive suicidal desire)、想法持续时间(Duration of thoughts)、想法出现频率(Frequency of ideation)、自杀意念强度(Intensity of thoughts)、顾虑对自杀的阻碍程度(Deterrents to active attempt)、活着/死去的理由(Reasons for living/dying)、自杀

计划的具体性（Method：Degree of specificity/planning）、自杀的条件和机会（Method：Availability/opportunity）、知觉到的自杀勇气（Sense of courage to carry out attempt）、自杀能力（Competence）、自杀的可能性（Expectancy of actual attempt）、谈论自杀（Talk about death/suicide）、书面记述自杀（Writing about death/suicide）、遗言（Suicide note）、自杀的实际准备（Actual preparation）。其中 13 个为自杀意念量表中的原条目，5 个为新增条目，分别是 7、12、13、15、16 项（Miller et al.，1986）。

克伦和杨对修订版自杀意念量表进行因子分析的结果显示，量表由自杀意愿、自杀准备及感知实施自杀行为的可能性 3 个因子组成，各因子包含的项目如下（Clum & Yang，1995）。

自杀意愿（Suicidal desire），包括活着的愿望、死去的愿望、主动自杀愿望、被动自杀愿望、想法持续时间、想法出现频率、自杀意念强度、活着的理由、自杀的可能性 9 个项目。

自杀准备（Preparation for attempt），包括自杀计划的具体性、自杀的条件和机会、谈论自杀、书面记述自杀、遗言、自杀的实际准备 6 个项目。

认为实施自杀行为的可能性（Perceived capability of making an attempt），包括顾虑对自杀的阻碍程度、知觉到的自杀勇气、自杀能力 3 个项目。

也有研究者认为修订版自杀意念量表由自杀意愿/意念（Desire & Ideation）（包括 1、2、3、4、6、8、9、14、15 项共 9 项）及计划/准备（Plans & Preparation）（包括 5、7、10、11、12、13、16、17、18 共 9 项）2 个因子组成（Rudd & Rajab，1995；Joiner，Rudd，& Rajab，1997）。

施测步骤。修订版自杀意念量表的施测同样采用他评的方式进行，可由非专业人士根据半结构式面谈获得的信息，在每个项目的 4 个选项中作出合适的选择。

为了使测验更高效的达到筛选的目的，测验的前 4 项被规定为筛选项目。当被试在面谈过程中表现出以下特点：中度或强烈的死的愿望（第 1 项）、无或弱的生的愿望（第 3 项）、任何主动的、被动的企图自杀的意愿（第 3、4 项），都被认为具有显著的自杀意念，且必须完成整个测验。当被试不符合以上标准时，则被认为没有显著的自杀意念，且可以不必完成余下的测验（Miller et al.，1986）。

计分方式。据不同项目代表的内容，每个项目的 4 个选项分别赋予不同的分数，范围为 0—3 分。总分即将各个项目的得分相加，范围为 0—54 分，根据总分可以评估被试自杀意念的严重程度。得分越高，自杀危险越高（Miller et al.，1986）。

（3）测验举例

自杀意念量表

1. 活着的愿望

0. 中等到强烈

1. 弱

2. 无

2. 死去的愿望

0. 无

1. 弱

2. 中等到强烈

3. 活着/死去的理由

0. 活着的理由胜过死去的理由

1. 两者相当

2. 死去的理由胜过活着的理由

……

9. 自我控制想法的能力

0. 有意识去控制

1. 不确定是否有控制

2. 没有控制

（4）测验的信度和效度

贝克等人将自杀意念量表用于住院患者自杀意念的临床评估,对 90 名有自我毁灭意念的住院患者进行测验的结果显示,测验的各个项目得分与总分有较高的相关水平,其中有 16 个项目的相关系数达到显著水平,r 值的范围为 0.22—0.72($P<0.01$);测验的内部一致性系数 α 为 0.89;两名临床医生对 25 名患者独立进行评估的结果显示,测验的评分者信度为 0.83($P<0.01$)(Beck, Kovacs, & Weissman, 1979)。

米勒等人(Miller et al., 1986)对 54 名完整完成修订版自杀意念量表的被试的数据进行分析,结果显示量表的内部一致性系数 α 值为 0.94;各个项目与测验总分的相关系数范围为 0.41—0.83;评分者信度为 0.99。

贝克等人(Beck, Kovacs, & Weissman, 1979)的研究结果显示,自杀意念量表的总分与贝克抑郁量表(Beck Depression Inventory)中"自我伤害"项目的得分存在显著的相关($r=0.41$, $P<0.001$);对 90 名住院患者和 50 名寻求精神治疗的抑郁门诊患者同时进行自杀意念量表的评估,结果显示两组被试的得分存在显著差异,住院患者的得分显著高于门诊患者($P<0.001$)。量表还报告了预测效度。尽管预测效度低于其他效度,但是对于测量自杀这样一种低概率行为的量表而言,能够建立起预测效度已是难能可贵之事(陆红,田丽丽,马孟阳,2012)。

米勒等人(Miller et al., 1986)的研究结果显示,修订版自杀意念量表的总分与贝克抑郁量表的相关系数为 0.34,与贝克绝望量表(Beck Hopeless Scale)的相关系数为 0.42;对量表的区分效度研究的结果表明,与没有被确诊为有自杀问题的患者(36 名)相比,被精神科医生记录为有自杀问题的患者(13 名)的修订版自杀意念量表得分显著升高($t=4.2$, $P<0.001$),因为有自杀想法或行为入院的患者(24 名)在修订版自杀意念量表上的得分

显著高于那些没有自杀想法或行为的患者(25 名)($t=4.1$，$P<0.001$)。

2. 贝克自杀意念量表

贝克自杀意念量表(Beck Scale for Suicide Ideation，BSI)，由贝克等人(A. T. Beck，R. A. Steer，W. F. Ranieri)1988 年基于自杀意念量表编制而成。

(1)测验目的与功能

贝克自杀意念量表，是目前使用最广泛的自我评定自杀意念量表(童辉杰，2007)，用于评估患者的自杀意念。这样一来，自杀意念的评估可以同时通过自我报告和临床访谈的两种方式进行。贝克等人发现，利用计算机测得的自杀意念分数高于临床医生测得的分数(Beck，Steer，& Ranieri，1988)。这表明被试更容易对计算机报告出更高或更真实的自杀想法。因此，作为自我报告的贝克自杀意念量表可能比他评的自杀意念量表更具有优势(陆红，田丽丽，马孟阳，2012)。李献云等人在自杀意念量表和贝克自杀意念量表基础上修订推出贝克自杀意念量表中文版(Beck Scale for Suicide Ideation-Chinese Version，BSI-CV)(李献云，费立鹏，童永胜，等，2010)。

(2)测验的主要内容

贝克自杀意念量表

测验材料。贝克自杀意念量表的项目数目、内容、顺序均与自杀意念量表的类似。19个项目包括活着的愿望(Wish to live)、死去的愿望(Wish to die)、活着的理由(Reasons for living)、主动自杀愿望(Active attempt)、被动自杀愿望(Passive attempt)、想法持续时间(Duration of thoughts)、想法出现频率(Frequency of ideation)、对自杀的态度(Attitude toward ideation)、自我控制想法的能力(Control over action)、顾虑对自杀的阻止程度(Deterrents to attempt)、自杀理由(Reason for attempt)、自杀计划的具体性(Specificity of plan)、自杀的条件和机会(Availability/opportunity)、知觉到的自杀能力(Capability)、自杀的可能性(Expectancy)、自杀的实际准备(Actual preparation)、遗言(Suicide note)、自杀前安排(Final acts)、隐瞒自杀想法(Deception/concealment of contemplated suicide)(Beck，Steer，& Ranieri，1988)。

贝克自杀意念量表也包括三个因子：前两个因子(主动自杀意愿和自杀准备)与自杀意念量表的其中两个因子相同，但是第三个因子为死亡意愿。其中主动自杀意愿包括 4个项目，自杀准备包括 5 个项目，死亡意愿包括 5 个项目(Steer et al.，1993)。

施测步骤。贝克自杀意念量表分为纸笔版和计算机版，由被试自己阅读每个项目及相应选项，从中选出最符合自己最近一周(包括当天在内)情况的一个选项。

测验中的前 5 个项目为筛选项目，用以识别有自杀意念者。如被试既没有主动自杀意愿也没有被动自杀意愿，则不再回答下面的 14 个项目，否则，完成剩下的 14 个项目(Beck & Steer，1991)。

计分方式。贝克自杀意念量表和自杀意念量表的评分等级一致,每个项目包含 3 个选项,采取 0—2 分的 3 级评分制。总分即将各个项目的得分相加,范围为 0—38 分。得分越高,自杀危险越高(Beck, Steer, & Ranieri, 1988)。

贝克自杀意念量表中文版

2010 年李献云等人在自杀意念量表和贝克自杀意念量表基础上,经过翻译、回译、专家讨论和预试验 4 个步骤,并根据国人的表达习惯修订了每个条目的提问方式和答案选项,使其既可自评,也可由调查员访谈获得;既可评估访谈当时,又可评估最严重时的自杀意念强度(李献云,费立鹏,童永胜,等,2010)。

测验材料。贝克自杀意念量表中文版的项目数目、内容和数目均与英语原版相同,但对少数项目(第 6、7、11、13 和 19 项)添加了"无自杀想法"的选项(李献云,费立鹏,童永胜,等,2010)。

施测步骤。被试可根据最近一周,或既往自杀倾向最严重的时候(即最严重时)的真实情况,选择最符合自身的选项。前 5 项为筛选项,当在第 4(主动自杀愿望)或 5 项(被动自杀愿望)的答案为"弱"或"中等到强烈"时(即不为 0),不论是最近一周还是最严重时,继续回答第 6—19 项,否则,结束此量表调查(李献云,费立鹏,童永胜,等,2010)。

计分方式。贝克自杀意念量表中文版的 0—2 分三级评分制和量表总分计算(0—38 分)与英语原版相同,少数项目(第 6、7、11、13 和 19 项)的"无自杀想法"的选项赋值为 0。得分越高,自杀意念越强烈,自杀危险越高。如果不需调查第 6—19 项,量表总分为前 5 项之和(李献云,费立鹏,童永胜,等,2010)。

(3) 测验举例

贝克自杀意念量表中文版

指导语:下述项目是一些有关您对生命和死亡想法的问题。每个问题既问最近一周您是如何感觉的,又问既往您最消沉、最忧郁或自杀倾向最严重的时候是如何感觉的。每个问题的答案各有不同,请您注意听清提问和备选答案,然后根据您的情况选择最适合的答案。

1. 您希望活下去的程度如何?

最近一周	中等到强烈	弱	没有活着的欲望
最消沉、最忧郁的时候	中等到强烈	弱	没有活着的欲望

2. 您希望死去的程度如何?

最近一周	没有死去的欲望	弱	中等到强烈
最消沉、最忧郁的时候	没有死去的欲望	弱	中等到强烈

3. 您要活下去的理由胜过您要死去的理由吗?

最近一周	要活下去胜过要死去	两者相当	要死去胜过要活下来
最消沉、最忧郁的时候	要活下去胜过要死去	两者相当	要死去胜过要活下来

(续表)

4. 您主动尝试自杀的愿望程度如何？

	没有	弱	中等到强烈
最近一周	没有	弱	中等到强烈
最消沉、最忧郁的时候	没有	弱	中等到强烈

5. 您希望外力结束自己生命，即有"被动自杀愿望"的程度如何？（如，希望一直睡下去不再醒来、意外地死去等。）

	没有	弱	中等到强烈
最近一周	没有	弱	中等到强烈
最消沉、最忧郁的时候	没有	弱	中等到强烈

如果上面第 4 或第 5 项的答案为"弱"或"中等到强烈"，不论针对的是"最近一周"还是"最消沉、最忧郁的时候"，继续问接下来的问题；否则，请跳至表 14。

6. 您的这种自杀想法持续存在多长时间？

	短暂、一闪即逝	较长时间	持续或几乎是持续的	近一周无自杀想法
最近一周	短暂、一闪即逝	较长时间	持续或几乎是持续的	近一周无自杀想法
最消沉、最忧郁的时候	短暂、一闪即逝	较长时间	持续或几乎是持续的	

7. 您自杀想法出现的频度如何？

	极少、偶尔	有时	经常或持续	近一周无自杀想法
最近一周	极少、偶尔	有时	经常或持续	近一周无自杀想法
最消沉、最忧郁的时候	极少、偶尔	有时	经常或持续	

8. 您对自杀持什么态度？

	排斥	矛盾或无所谓	接受	
最近一周	排斥	矛盾或无所谓	接受	
最消沉、最忧郁的时候	排斥	矛盾或无所谓	接受	

（4）测验的信度和效度

贝克等人用贝克自杀意念量表对 50 名住院患者和 25 名门诊患者施测，结果表明量表的内部一致性较高，克龙巴赫 α 系数分别为 0.96、0.97，且各个项目与总分之间呈中高度相关，相关系数范围分别为 0.56—0.92（$P < 0.001$）、0.54—0.96（$P < 0.005$）（Beck，Steer，& Ranieri，1988）。

李献云等人评估了贝克自杀意念量表中文版在国内社区成年人群中的应用情况，评估最近一周及最消沉、最忧郁或自杀倾向最严重时（简称最严重时）的状况，在首次调查后第 5—8 天，对部分被试进行重测，结果显示，量表的克龙巴赫 α 系数为 0.57—0.88，量表的重测信度为 0.39—0.84（李献云，费立鹏，童永胜，等，2010）。李献云等人又评估了贝克自杀意念量表中文版在大学生调查中的信度和效度。对 629 例大学生的自评结果进行分析，结果表明量表总分的内部一致性克龙巴赫 α 系数为 0.74—0.88，最近一周和最严重时量表总分的重测信度分别为 0.41—0.81（李献云，费立鹏，童永胜，等，2011）。

王黎明等人探讨了贝克自杀意念量表中文版在抑郁症患者自杀意念评价中的信度。采用贝克自杀意念量表中文版对 334 名抑郁患者进行问卷调查，结果显示贝克自杀意念量表中文版用于评价抑郁症患者"近一周"和"最消沉忧郁"时自杀意念的内部一致性信度分别为 0.944、0.957，分半信度分别为 0.926、0.896，表明贝克自杀意念量表中文版在抑郁症患者人群中具有良好的信度(王黎明,等,2012)。

贝克等人的研究结果显示,贝克自杀意念量表总分与贝克绝望量表(Beck Hoplessness Scale)、贝克抑郁量表(Beck Depression Inventory)的相关系数分别为 0.53—0.62($P<0.005$)、0.64—0.75($P<0.001$)(Beck, Steer, & Ranieri, 1988)。

李献云等人对国内社区成年人群的研究结果表明,调查中有自杀未遂史者(N=12)最严重时贝克自杀意念量表中文版总分高于无自杀未遂史者($P<0.001$)。对大学生进行调查研究的结果表明,有主动自杀意念组最近一周和最严重时量表总分均高于无主动自杀意念组($P<0.05$),表明量表具有较好的区分效度(李献云,费立鹏,童永胜,等,2011)。

四、焦虑测验

下面将介绍以下五种焦虑测验:贝克焦虑量表;焦虑自评量表;状态-特质焦虑问卷;汉密尔顿焦虑量表;惊恐障碍严重度量表。

1. 贝克焦虑量表

贝克焦虑量表(Beck Anxiety Inventory, BAI),由贝克等人(A.T. Beck, N.Epstein, G.Brown, R.S. Steer)1988 年为探究以往研究中焦虑症与抑郁症的测验结果高度相关的原因编制。

(1) 测验目的与功能

贝克焦虑量表是自陈量表,用于评估焦虑障碍的严重程度,在临床心理的诊断及治疗过程中,应用颇为广泛(郑健荣,等,2002)。

(2) 测验的主要内容

测验材料。贝克焦虑量表最初的项目分别来自焦虑清单(Anxiety Checklist)、医生案头参考清单(Physician's Desk Reference Checklist)和情境焦虑清单(Situational Anxiety Checklist),经过一系列分析,描述焦虑症状的项目从最初的 86 个减少为 21 个(Beck, Epstein, Brown, & Steer, 1988),每个项目反映的内容分别是麻痹刺痛(Numbness or tingling)、感觉体热(Feeling hot)、脚软(Wobbliness in legs)、不能放松(Unable to relax)、害怕坏事发生(Fear of worst happening)、头晕/头昏(Dizzy or lightheaded)、心跳/心促(Heart pounding/racing)、不稳定(Unsteady)、恐慌(Terrified or afraid)、精神紧张(Nervous)、感觉窒息(Feeling of choking)、手震(Hands trembling)、颤抖(Shaky/unsteady)、害怕失去控制(Fear of losing control)、呼吸困难(Difficulty in breathing)、害怕死亡(Fear of dying)、惊慌(Scared)、肠胃症状(Indigestion)、昏眩/晕倒(Faint/lightheaded)、脸红耳热(Face flushed)、无故流汗(Hot/cold sweats)。

施测步骤。贝克焦虑量表要求被试根据过去 1 个月(包括测试当天)的真实情况,认真判断量表中各个症状的严重程度及其困扰程度,作出与自身情况相符的选择。

计分方式。贝克焦虑量表采用 0—3 分的四级评分制,"0"代表"一点不受影响","1"代表"症状轻微,但未造成太大困扰","2"代表"症状中度,症状发生时感到不愉快","3"代表"症状严重,并造成很大困扰"。测验总分为 63 分,得分越高表明焦虑症状越严重。

(3)测验举例

指导语:以下是一系列焦虑症状的列表。请认真阅读每个项目,然后根据这些症状在过去 1 个月(包括今天)对你造成困扰的程度,在项目后相应的数字画一个圈"○",其中"0"表示"一点不受影响","1"表示"症状轻微,但未造成太大困扰","2"表示"症状中度,症状发生时感到不愉快","3"表示"症状严重,并造成很大困扰"。

	一点不受影响	症状轻微,但未造成太大困扰	症状中度,症状发生时感到不愉快	症状严重,并造成很大困扰
麻痹刺痛	0	1	2	3
感觉体热	0	1	2	3
脚软	0	1	2	3
不能放松	0	1	2	3
害怕坏事发生	0	1	2	3
头晕/头昏	0	1	2	3
心跳/心促	0	1	2	3
不稳定	0	1	2	3
恐慌	0	1	2	3
精神紧张	0	1	2	3
感觉窒息	0	1	2	3
手震	0	1	2	3
颤抖	0	1	2	3
害怕失去控制	0	1	2	3
呼吸困难	0	1	2	3
害怕死亡	0	1	2	3
惊慌	0	1	2	3
肠胃症状	0	1	2	3
昏眩/晕倒	0	1	2	3
脸红耳热	0	1	2	3
无故流汗	0	1	2	3

资料来源:英文原版源自 Beck, A.T., Epstein, N., Brown, G., & Steer, R.S. (1988). An Inventory for Measuring Clinical Anxiety: Psychometric Properties. *Journal of Consulting and Clinical Psychology*, *56*(6), 893-897.

（4）测验的信度和效度

贝克等人用贝克焦虑量表对 160 名患者施测，其中有 40 名重度抑郁障碍患者、11 名心境恶劣障碍和非典型抑郁障碍患者、45 名惊恐障碍患者、18 名广泛性焦虑障碍患者、18 名广场恐惧症患者、12 名社交恐惧症患者以及 16 名非焦虑非抑郁障碍（如适应障碍）患者，结果显示贝克焦虑量表的内部一致性系数 α 为 0.92，各个项目与总分的相关系数为 0.30—0.71；1 周后，对其中的 83 名患者进行复测的结果显示，量表的重测信度为 0.75（Beck, Epstein, Brown, & Steer, 1988）。

郑建荣等人将贝克焦虑量表中文版运用于 189 例患有焦虑症或抑郁症的香港精神科门诊患者，结果显示量表内部一致性相当良好，全量表的克龙巴赫 α 系数为 0.95，分半信度为 0.89—0.92（郑建荣，等，2002）。

贝克等人的研究结果显示，贝克焦虑量表能有效鉴别焦虑诊断组（惊恐障碍、广泛性焦虑障碍等）和非焦虑诊断组（重度抑郁障碍、心境恶劣障碍等），此外，贝克焦虑量表与汉密尔顿焦虑量表修订版呈中度相关（$r=0.51$），与汉密尔顿抑郁量表修订版仅呈轻度相关（$r=0.25$），表明贝克焦虑量表具有较好的区分效度（Beck, Epstein, Brown, & Steer, 1988）。

2. 焦虑自评量表

焦虑自评量表（Self-Rating Anxiety Scale, SAS），由美国精神医学家庄（W. W. K. Zung）1971 年编制。

（1）测验目的与功能

与抑郁自评量表十分相似，焦虑自评量表用于评估焦虑症状主观感受的轻重程度及其在治疗中的变化，适用于有焦虑症状的成年人，但主要用于疗效评估，不能用于诊断。与抑郁自评量表一样，作为一种自评量表，焦虑自评量表具有方法简便、易于分析等优点（王征宇，迟玉芬，1984a）。

（2）测验的主要内容

测验材料。焦虑自评量表由 20 个陈述句和相应问题条目组成，项目内容反映如下症状：焦虑、害怕、惊恐、发疯感、不幸预感、手足颤抖、头疼、乏力、静坐不能、心悸、头晕、晕厥感、呼吸困难、手足刺痛、胃痛和消化不良、尿意频数、多汗、面部潮红、睡眠障碍、噩梦。

施测步骤。焦虑自评量表要求被试根据自身最近一周的实际情况，作出独立的、不受任何人影响的自我评定。采用 4 级评分制，评定症状出现的频度（王征宇，迟玉芬，1984a）。

计分方式。自评结束后，将 20 个项目的各个得分相加得到粗分，其中正向评分题依次评为粗分 1、2、3、4，反向计分题（共 5 个反向计分题，分别是第 5、9、13、17、19 项）依次评为粗分 4、3、2、1。得到总粗分（X）后，通过公式 $Y=int(1.25X)$ 作转换，即用粗分 X 乘以 1.25 后，取整数部分，得到标准分（Y）（王征宇，迟玉芬，1984a）。

根据量表协作组于 1990 年对我国 1158 名正常成年人测试结果的分析,得出的中国常模是,焦虑自评量表粗分的临界值为 41 分,标准分的临界值为 50 分,其中 50—59 分为轻度焦虑,60—69 分为中度焦虑,69 分以上为中度焦虑(吴文源,1990)。

(3) 测验举例

焦虑自评量表中文版

指导语:下面有 20 条文字,请仔细阅读每一条,把意思弄明白。然后根据你最近一周的实际情况在适当的方格里画一个"√",每一条文字后有四个格,表示:没有或很少时间;少部分时间;相当多时间;绝大部分或全部时间。

	没有或 很少时间	少部分 时间	相当多 时间	绝大部分或 全部时间
1. 我觉得比平常更容易紧张和着急。	□	□	□	□
2. 我无缘无故地感到害怕。	□	□	□	□
3. 我容易心理烦乱或觉得惊恐。	□	□	□	□
4. 我觉得我可能将要发疯。	□	□	□	□
5. 我觉得一切都很好,也不会发生不幸。	□	□	□	□
6. 我手脚发抖打颤。	□	□	□	□

资料来源:戴晓阳.(2010). *常用心理评估量表手册*.北京:人民军医出版社.

(4) 测验的信度和效度

奥腾吉等人对 443 名大学生的研究结果显示,焦虑自评量表有足够好的内部一致性信度,克龙巴赫 α 系数为 0.81;焦虑自评量表具有较好的结构效度,各项目与总分的相关范围在 0.34—0.65 之间(Olatunji et al., 2006)。

王芳芳对 1 032 名中学生进行焦虑自评量表测试,结果显示量表的分半信度系数为 0.696,间隔 1 个月的重测相关系数为 0.777($P < 0.001$)(王芳芳,1994)。

王征宇和迟玉芬对 36 例神经官能症患者进行焦虑自评量表调查,同时由医生使用汉密尔顿焦虑量表作检查,两表总分的皮尔逊相关系数为 0.365,斯皮尔曼等级相关的相关系数为 0.341,表明焦虑自评量表的效度较好(王征宇,迟玉芬,1984a)。

3. 状态–特质焦虑问卷

状态–特质焦虑问卷(State-Trait Anxiety Inventory,STAI),由斯皮尔伯格等人(C.D. Spielberger)1970 年编制,旨在区分短暂的焦虑情绪状态和人格特质性焦虑倾向的评定(Spielberger, Gorsuch, & Lushene, 1970)。1980 年为能更好地区分焦虑和抑郁,提高量表的信度和效度,斯皮尔伯格等人把原版状态–特质焦虑问卷(STAI Form-X)修订为修订版状态–特质焦虑问卷(STAI Form-Y),并收录于 1983 年的问卷手册中(Spielberger, 1983)。状态–特质焦虑问卷中文版 1986 年推出。

（1）测验目的与功能

状态-特质焦虑问卷作为焦虑测量工具已被广泛应用于流行病学研究（Knight，Waal-Manning，& Spears，1983；Knight，Waal-Manning，& Godfrey，1983）、焦虑与其他心理结构的关系研究（Gotlib，1984；Ferreira & Murray，1983）等，已被翻译成多种语言，并运用于不同文化中（Mote，Natalicio，& Rivas，1971；Sipos & Sipos，1983），中文版于1986年由蔡等人修订（Tsoi，Ho，& Mak，1986）。

（2）测验的主要内容

卡特尔等人通过因素分析证实焦虑是一个多维的概念，并提出两种截然不同的焦虑——状态焦虑和特质焦虑（Cattell & Scheir，1958）。状态焦虑（State Anxiety），是一种每时每刻都会变化的暂时的不愉快的情绪体验，表现为紧张、恐惧、担忧等情绪，一般为短暂的。特质焦虑（Trait Anxiety），是一种相对稳定、持久，体现个体焦虑倾向差异的人格特质。这一观点同样被斯皮尔伯格接受，并将其从概念扩展到具体的测量方法，即编制了状态-特质焦虑问卷（State-Trait Anxiety Inventory，STAI）。

测验材料。状态-特质焦虑问卷共有40个项目，由状态焦虑量表和特质焦虑量表两个分量表组成。状态焦虑量表（S-AI），包含第1—20项，评定目前的、近期某一特定时间的或特定情景的体验，可用作面临各种诱发焦虑情境时情绪状态的评价工具。特质焦虑量表（T-AI），包含第21—40项，评价较稳定的焦虑、紧张的人格特质（情绪反应特点），也可用于临床研究、评价各类个体或群体相对稳定的情绪状态，亦可作为长期心理治疗、行为矫正和药物治疗效果的评价工具（郑晓华，等，1993）。

施测步骤。状态-特质焦虑问卷具有自评和他评两种性质，群体和个体调查均可使用。测验要求被试根据指导语，选择最符合自身情况的选项。施测过程无时间限制，一般在10—20分钟可完成。

计分方式。状态-特质焦虑问卷采用1—4分的四级评分制。在状态焦虑量表中，"1"表示"完全没有"，"2"表示"有些"，"3"表示"中等程度"，"4"表示"非常明显"，其中第1、2、5、8、10、11、15、16、19、20项为反向计分题。在特质焦虑量表中，"1"表示"几乎没有"，"2"表示"有些"，"3"表示"经常"，"4"表示"几乎总是如此"，其中第21、23、24、26、27、30、33、34、36、39项为反向计分题。根据各个项目的得分，分别计算两个分量表的总分，分量表总分范围在20—80之间，得分越高反映状态或特质焦虑的程度越高。

（3）测验举例

状态-特质焦虑问卷中文版

指导语：下面列出的是一些人们常常用来描述他们自己的陈述，请阅读每一个陈述，然后在右边适当的圈上打钩来表示你现在最恰当的感觉，也就是你此时此刻最恰当的感觉。没有对或错的回答，不要对任何一个陈述花太多的时间去考虑，但所给的回答应该是你现在最恰当的感觉。

	完全没有	有些	中等程度	非常明显
1. 我感到心情平静。	①	②	③	④
2. 我感到安全。	①	②	③	④
3. 我是紧张的。	①	②	③	④
4. 我感到紧张束缚。	①	②	③	④
5. 我感到安逸。	①	②	③	④
6. 我感到烦乱。	①	②	③	④

指导语:下面列出的是人们常常用来描述他们自己的一些陈述,请阅读每一个陈述,然后在右边适当的圈内打钩,来表示你经常的感觉。没有对或错的回答,不要对任何一个陈述花太多的时间去考虑,但所给的回答应该是你平时感觉到的。

	几乎没有	有些	经常	几乎总是如此
21. 我感到愉快。	①	②	③	④
22. 我感到神经过敏和不安。	①	②	③	④
23. 我感到自我满足。	①	②	③	④
24. 我希望能像别人那样高兴。	①	②	③	④
25. 我感到我像衰竭了一样。	①	②	③	④

资料来源:戴晓阳.(2010).*常用心理评估量表手册*.北京:人民军医出版社.

(4) 测验的信度和效度

斯皮尔伯格等人对大学生进行测试的结果表明,状态-特质焦虑问卷的内部一致性信度较好,两个分量表的克龙巴赫 α 系数在 0.89—0.90 之间(Spielberger, Gorsuch, & Lushene, 1970);对状态-特质焦虑问卷(Form-Y)的研究结果显示,两个分量表的克龙巴赫 α 系数在 0.86—0.94 之间(Spielberger, 1983)。

郑晓华等人的状态-特质焦虑问卷测试报告显示,两个分量表的重测信度分别是 0.90 和 0.88(郑晓华,等,1993)。

国外学者的研究结果显示,状态-特质焦虑问卷的两个分量表得分与贝克焦虑量表(BAI)的相关系数分别为 0.52 和 0.44,表明量表具有较好效度(Kabacoff, Segal, Hersen, & Hasselt,1997);状态-特质焦虑问卷(Form-Y)测验手册提供的数据表明,各种神经精神疾病患者的得分显著高于一般人群,说明量表具有较好的区分效度(Spielberger, 1983)。

4. 汉密尔顿焦虑量表

汉密尔顿焦虑量表(Hamilton Anxiety Scale,HAMA),由汉密尔顿(Max Hamilton)1959 年编制。

（1）测验目的与功能

汉密尔顿焦虑量表，是用于评估焦虑障碍严重程度的半结构化临床访谈量表（Hamilton，1959），具有良好的心理测量学特性，是临床治疗中常用的测量焦虑障碍严重程度、变化及治疗效果的量表（Maier et al.，1988）。

（2）测验的主要内容

测验材料。汉密尔顿焦虑量表包括 14 个反映焦虑症状的项目，分别是焦虑心境（Anxious mood）、紧张（Tension）、害怕（Fears）、失眠（Insomnia）、认知功能（Intellectual）、抑郁心境（Depressed mood）、肌肉系统症状（Somatic-muscular）、感觉系统症状（Somatic-sensory）、心血管系统症状（Cardiovascular）、呼吸系统症状（Respiratory）、胃肠道症状（Gastrointestinal）、生殖泌尿系统症状（Genitourinary）、植物神经系统症状（Autonomic）、行为表现（Behavior）。

14 个项目可归为两大类因子，分别是精神性焦虑（Psychic factor）和躯体性焦虑（Somatic factor）。精神性焦虑包括紧张、害怕、失眠、焦虑心境、认知功能改变、抑郁心境、行为表现；躯体性焦虑包括胃肠道症状、生殖泌尿系统症状、呼吸系统症状、心血管系统症状、感觉系统症状、肌肉系统症状、植物神经系统症状。

施测步骤。施测时应由经过训练的 2 名评定员进行联合检查，一般采用交谈和观察的方式，待检查结束后，2 名评定员独立评分，每次评定约 10—15 分钟（郭念锋，2012）。

计分方式。汉密尔顿焦虑量表采用 0—4 分的 5 级评分制，其中"0"表示"无症状"，"1"表示"症状轻微"，"2"表示"有肯定症状，但不影响生活与活动"，"3"表示"症状重，需加处理，或已影响生活与活动"，"4"表示"症状极重，影响其生活"。

汉密尔顿焦虑量表的评估依据有总分和因子分。各个项目评分的总和即总分，为 0—56 分；各个因子包含的所有项目评分总和即因子分。根据全国精神科量表协作组提供的资料，总分超过 29 分，可能为严重焦虑；超过 21 分，为肯定有明显焦虑；超过 14 分，肯定有焦虑；超过 7 分，可能有焦虑；如小于 7 分，便没有焦虑症状。一般以 14 分作为汉密尔顿焦虑量表的分界值（严瑜，2008）。

（3）测验举例

	无	轻	中等	重	极重
1. 焦虑心境 担心、担忧，感到最坏的事情要发生，容易激惹。	0	1	2	3	4
2. 紧张 紧张感、易疲劳、不能放松，情绪反应，易哭、颤抖、感到不安。	0	1	2	3	4
3. 害怕 害怕黑暗、陌生人、一人独处、动物、乘车或旅行及人多的场合。	0	1	2	3	4

（续表）

	无	轻	中等	重	极重
4. 失眠 难以入睡、易醒、睡得不深、多梦、夜惊、醒后感疲劳。	0	1	2	3	4
5. 认知功能 或称记忆、注意力不能集中，记忆力差。	0	1	2	3	4
6. 抑郁心境 丧失兴趣、对以往爱好缺乏快感、抑郁、早醒、昼重夜轻。	0	1	2	3	4

资料来源：郭念锋.(2012).*国家职业资格培训教程——心理咨询师（二级）*.北京：民族出版社.

（4）测验的信度和效度

汉密尔顿焦虑量表具有良好的内部一致性。有研究者对 292 名成人施测，其中 86 名为焦虑障碍患者（惊恐障碍、广泛性焦虑障碍、社交恐惧障碍等），128 名抑郁障碍患者和 78 名正常成人，结果显示，汉密尔顿焦虑量表的内部一致性系数 α 为 0.92，各项目与总分的相关系数范围在 0.43—0.81 之间，时隔 1 周的重测信度为 0.96（Kobak，Reynolds，& Greist，1993）。国内对 19 名焦虑障碍患者的测评显示，评分者间的一致性良好，总分相关系数为 0.93，各项目的相关系数在 0.83—1.00 之间（郭念锋，2012）。

汉密尔顿焦虑量表总分能较好反映焦虑状态的严重程度，与其他有关焦虑症状的评定工具得分具有良好的相关性。研究发现，汉密尔顿焦虑量表与状态-特质焦虑量表呈显著的中度相关，其中汉密尔顿焦虑量表总分与状态焦虑分量表得分的相关系数为 0.45（$P<0.01$），与特质焦虑分量表得分的相关系数为 0.64（$P<0.01$）（Mondolo et al.，2007）；国外研究者对焦虑障碍患者的评定发现，汉密尔顿焦虑量表总分与贝克焦虑量表总分的相关系数为 0.56，国内对 36 名焦虑症患者进行研究，结果表明患者病情的严重程度与汉密尔顿焦虑量表总分间的相关系数为 0.36（$P<0.05$）（郭念锋，2012）。

5. 惊恐障碍严重度量表

惊恐障碍严重度量表（Panic Disorder Severity Scale，PDSS），由美国精神医学家希尔（M. Katherine Shear）等人 1997 年以耶鲁-布朗强迫量表为模板编制（Shear et al.，1997），并于 2001 年进行修订和扩展（Shear et al.，2001），已有惊恐障碍严重度量表自评版（PDSS-SR）（Houck et al.，2002），惊恐障碍严重度量表中文版（PDSS-CV）（熊红芳，等，2012）。

（1）测验目的与功能

惊恐障碍严重度量表只能用于辅助诊断和监测，不适用于筛选。量表简捷、可操作性强，能够全面评估惊恐障碍的严重程度及治疗效果（Shear et al.，2001），现有法语版、意大利语版、西班牙语版、日语版、韩文版、土耳其版等跨文化版本(Houck et al.，2002；Yamamoto et al.，2004；Monkul et al.，2004)，多用于认知行为治疗(cognitive behavioral therapy，CBT)的疗效研究中。

(2)测验的主要内容

测验材料。惊恐障碍严重度量表包含 7 个反映惊恐障碍(panic disorder)严重程度及相关症状的项目,分别是惊恐发作频率(panic frequency)、惊恐发作带来的痛苦感(panic distress)、预期焦虑(anticipatory anxiety)、场所回避(agoraphobic fear/avoidance)、躯体感觉(interoceptive fear/avoidance)、社会功能影响(work impairment/distress)、职业功能影响(social impairment/distress)(Shear et al.，1997)。

施测步骤。惊恐障碍严重度量表为他评量表,由临床医生使用结构化访谈(评估范围为过去的一个月),以患者的反应为基础,临床医生对其各个项目的严重程度作出评估,评估范围为 0—4,表示从无到严重程度逐渐增加(Shear et al.，1997)。

计分方式。惊恐障碍严重度量表采用 0—4 分的 5 级评分制,总分范围为 0—28 分,每次评估约 10—15 分钟。

2002 年,霍克等人对惊恐障碍严重度量表进行修订,形成惊恐障碍严重度量表自评版(PDSS-SR),修订版为自评量表,可由惊恐障碍患者独立完成(Houck et al.，2002)。2012 年,熊红芳等人在征得原作者希尔同意的情况下对量表进行修订,形成惊恐障碍严重度量表中文版(PDSS-CV),并对 105 例惊恐发作患者进行惊恐障碍严重程度评估,得出 PDSS-CV 严重程度划界分:8—10 分为轻度,11—13 分为中度,14—16 分为偏重,≥17 分为重度(熊红芳,等,2012)。

(3)测验举例

惊恐障碍严重度量表中文版(PDSS-CV)

1. 惊恐发作的频率,包括有限症状的发作

0＝没有惊恐发作或有限症状的发作

1＝轻度,平均 1 周少于 1 次完整的发作,且有限症状的发作最多每天 1 次

2＝中度,1 周 1 次或 2 次完整发作,和/或每天多次有限症状的发作

3＝严重,1 周 2 次以上完整发作,但平均不超过每天 1 次

4＝极度,每天 1 次以上的惊恐发作,有发作的日子多于不发作的日子

2. 惊恐发作时苦恼,包括有限症状发作

0＝无惊恐发作或有限症状的发作,或发作时无苦恼

1＝轻度苦恼,但能继续活动,几乎没有或完全没有影响

2＝中度苦恼,但仍能控制,能够继续活动,和/或能够维持注意力,但感到有困难

3＝严重,显著的苦恼和影响,失去注意力,和/或必须停止活动,但仍能留在房间里或那个环境中

4＝极度,严重和丧失能力的苦恼,必须停止活动,如有可能就会离开房间或那小环境,否则,不能集中注意力,极度苦恼

3. 预期性焦虑的严重度(惊恐发作相关的害怕,恐惧或担心)

0＝不担心惊恐发作

1＝轻度,对惊恐发作偶尔有害怕、担心或惶惶不安

2＝中度,经常担心,害怕或惶惶不安,但有时候没有焦虑;生活方式有注意得到的改变,但焦虑仍然可控,总体功能不受影响

3＝严重,对惊恐有持续的害怕,担心或惶惶不安,显著地干扰注意力,影响有效功能

4＝极度,几乎持续和致残性的焦虑,因为对惊恐发作的害怕,担心或惶惶不安,不能执行重要的任务

(4) 测验的信度和效度

希尔等人对 186 名惊恐障碍患者进行评估,结果显示惊恐障碍严重度量表内部一致性信度为 0.65,评分者信度为 0.74—0.88(P＜0.001)(Shear et al., 1997);希尔等人 2001 年对量表进行修订的研究结果显示,内部一致性信度为 0.88,重测信度为 0.71,各项目与总分相关 0.52—0.82(Shear et al., 2001)。

霍克等人编制出的惊恐障碍严重度量表自评版研究结果表明,量表克龙巴赫 α 系数为 0.917, 1 到 2 天后的重测信度为 0.83(Houck et al., 2002)。

熊红芳等人对惊恐障碍严重度量表中文版信度和效度的研究结果表明,内部一致性系数为 0.83,总分重测相关系数为 0.95,各项目重测相关系数为 0.72—0.95,总分的评分者间一致性系数为 0.94,各项目评分者间一致性系数为 0.72—0.92(熊红芳,等,2012)。

希尔等人 1997 年的研究结果显示,惊恐障碍严重度量表总分与 DSM-IV 焦虑障碍访谈提纲(Anxiety Disorders Interview Schedule for DSM-IV, ADIS-IV)的惊恐障碍临床严重程度评估得分的相关系数为 0.55(N＝145, P＜0.001)(Shear et al., 1997);2001 对量表进行修订的研究结果显示,量表得分以 8 分为界,则惊恐障碍严重度量表的诊断灵敏度为 83.3%,特异度为 64%(Shear et al., 2001)。

霍克等人的研究结果显示,惊恐障碍严重度量表自我报告得分与他评得分的相关系数为 0.81(Houck et al., 2002)。

以汉密尔顿焦虑量表及临床疗效总评量表(Clinical Global Impression)作为效标,则惊恐障碍严重度量表中文版总分与临床疗效总评量表的相关系数为 0.85(P＜0.05),与汉密尔顿焦虑量表的相关系数为 0.56(P＜0.05)(熊红芳,等,2012)。

五、恐惧测验

恐惧测验主要有奥尔巴尼惊恐和恐惧问卷、惊恐和广场恐惧量表、利博维茨社交焦虑

量表。

1. 奥尔巴尼惊恐和恐惧问卷

奥尔巴尼惊恐和恐惧问卷(Albany Panic and Phobia Questionnaire，APPQ)，由拉比等人(R.M.Rapee，M.G.Craske，D.H.Barlow)1994年编制。

（1）测验目的与功能

奥尔巴尼惊恐和恐惧问卷，不仅可用于评估传统的场所恐惧和社交恐惧，还可评估对感觉产生活动的恐惧，是一种更全面评估恐惧的工具(Rapee，Craske，& Barlow，1994/1995)。现已被广泛运用于各种研究，包括大规模治疗效果的研究(Barlow et al.，2000)、对焦虑和情绪障碍的潜在结构的分析(Brown，Chorpita，& Barlow，1998)、模拟研究(Veljaca & Rapee，1998)和跨文化研究(Novy et al.，2001)，等等。

（2）测验的主要内容

测验材料。奥尔巴尼惊恐和恐惧问卷的项目根据编者临床经验以及已有量表编制，经过因素分析，量表项目数由最初的32个减为27个，组成三个分量表：内感觉恐惧分量表(Interoceptive Subscale)，包括第3、4、6、7、10、17、19、26题；场所恐惧分量表(Agoraphobia Subscale)，包括第2、11、13、14、16、18、20、25、27题；社交恐惧分量表(Social Phobia Subscale)，包括第1、5、8、9、12、15、21、22、23、24题(Rapee，Craske，& Barlow，1994/1995)。

施测步骤。施测过程中要求患者按每个项目的内容，想象自己在接下来的一周时间内经历各项活动时会产生的恐惧体验，并对体验的强度进行评估，评估范围为0—8分，0分表示没有恐惧，8分表示极度恐惧。鼓励患者尽可能真实地想象自己从事各项活动，以及伴随的体验(Rapee，Craske，& Barlow，1994/1995)。

计分方式。量表的统计指标为三个分量表分，即计算各个分量表项目得分的总和。

（3）测验举例

奥尔巴尼惊恐和恐惧问卷

请想象自己在接下来的一周时间内会经历列表中的各项活动，并根据以下0—8的等级量表评估经历各项活动时会产生的恐惧体验。尽可能真实地想象你做了每项活动和你可能会有的感受。

恐惧量表

0 ——— 1 ——— 2 ——— 3 ——— 4 ——— 5 ——— 6 ——— 7 ——— 8
没有恐惧　　　　轻度恐惧　　　　中等恐惧　　　　明显恐惧　　　　极度恐惧

1. 与人交谈＿＿＿
2. 去洗车＿＿＿
3. 在炎热的天气做剧烈运动＿＿＿

……

13. 独自走在隔离区＿＿＿

14. 在高速路上开车＿＿＿

15. 穿引人注目的服装＿＿＿

16. 可能迷路＿＿＿

……

25. 不在家过夜＿＿＿

26. 觉得喝醉了＿＿＿

27. 走过一座很长、很低的桥＿＿＿

资料来源：英文原版源自 Rapee，R.M.，Craske，M.G.，& Barlow，D. H.（1994/1995）. Assessment instrument for panic disorder that includes fear of sensation-producing activities：The Albany Panic and Phobia Questionnaire. *Anxiety*，*1*，114-122.

（4）测验的信度和效度

拉比等人用奥尔巴尼惊恐和恐惧问卷对 438 名被试施测，其中有 405 名是各种焦虑障碍的患者，以及 33 名正常人，对三个分量表的内部一致性分别进行检验，结果显示，内感恐惧分量表的克龙巴赫 α 系数为 0.87，场所恐惧分量表的 α 系数为 0.90，社交恐惧分量表的 α 系数为 0.91。奥尔巴尼惊恐和恐惧问卷三个分量表分别与焦虑敏感指数（Anxiety Sensitivity Index）、社会交往焦虑量表（Social Interaction Anxiety Scale）有较好的相关，表现为内感恐惧分量表与焦虑敏感指数的相关系数为 0.47（$P<0.05$），场所恐惧分量表与焦虑敏感指数的相关系数为 0.50（$P<0.05$），社交恐惧分量表与社会交往焦虑量表的相关系数为 0.76（$P<0.05$）（Rapee，Craske，& Barlow，1994/1995）。

布朗等人对奥尔巴尼惊恐和恐惧问卷心理测量学特性的研究结果显示，三个分量表的内部一致性分别是社交恐惧分量表为 0.89，场所恐惧分量表为 0.85，内感恐惧分量表为 0.86；三个分量表中，与社交恐惧分量表相比，场所恐惧分量表、内感恐惧分量表与《精神障碍诊断与统计手册（第四版）》（DSM-IV）惊恐障碍标准的相关性更高，社交恐惧分量表与《精神障碍诊断与统计手册（第四版）》（DSM-IV）社交恐惧标准、社会交往焦虑量表的相关性比场所恐惧分量表、内感恐惧分量表高；量表对场所恐惧和内感恐惧有良好的区分效度（Brown，White，& Barlow，2005）。

2. 惊恐和广场恐惧量表

惊恐和广场恐惧量表（Panic and Agoraphobia Scale，P&A），由班德罗（B.Bandelow）1995 年编制。

（1）测验目的与功能

惊恐和广场恐惧量表用来评定惊恐障碍伴或不伴广场恐惧基本特征的严重程度，测验包含所有评估惊恐障碍伴广场恐惧(Panic Disorder and Agoraphobia, PDA)严重程度的因子,用于评估已诊断为惊恐障碍伴广场恐惧患者症状的严重程度,可运用于临床药物实验以评估药物治疗的效果,也可用于评估心理治疗的疗效(Bandelow,1995)。量表已被翻译为 11 种语言(熊红芳,李占江,姜长青,2010;Tural et al.,2002),并广泛运用于临床研究(Bandelow et al.,1998;Broocks et al.,1998;Biber & Alkin,1999;Pande et al.,2000)。

(2) 测验的主要内容

测验材料。量表包含惊恐障碍伴广场恐惧所有影响生活质量的症状,可用于每周评估惊恐障碍伴广场恐惧的严重程度。量表共有 13 个项目,组成 5 个可单独评估的分量表(Bandelow,1995):惊恐发作(Panic Attacks),如频率、程度、持续时间;回避(Phobic Avoidance),如频率、恐惧场景的数量、恐惧场景的重要性;预期焦虑(Anticipatory Anxiety),如频率、强度;功能受损(Disability),如家庭、社会、职业方面的功能受损;对健康的担忧(Fear of Having a Somatic Disease),如担心健康受损、怀疑患有器质性疾病。

施测步骤。量表既可用于他评,也可用于自评。量表中每个项目均有 5 个选项,根据患者过去一星期的实际情况,选择最符合其状况的一项。完成他评版的评估仅需 5—10 分钟(Bandelow,1995)。

计分方式。量表采用 0—4 分的 5 级评分制,统计指标包括量表总分和分量表得分。量表总分为所有项目得分相加,量表中的补充项目(惊恐发作是否可以预料)的得分不计入总分,总分范围为 0—52 分;分量表得分只需将各分量表项目得分相加(Bandelow,1995)。

(3) 测验举例

惊恐和广场恐惧量表

请认真阅读每条项目,根据过去 1 周的实际情况,选择与你最符合的一项。

(A) 惊恐发作

(A1) 频率

☐0 过去 1 周没有惊恐发作

☐1 过去 1 周有 1 次惊恐发作

☐2 过去 1 周有 2 到 3 次惊恐发作

☐3 过去 1 周有 4 到 6 次惊恐发作

☐4 每天至少 1 次惊恐发作

(A2) 严重程度

☐0 没有惊恐发作

☐1 惊恐发作时程度轻微

☐2 惊恐发作时程度中等

☐3 惊恐发作时程度严重

☐4 惊恐发作时程度极重

（A3）平均持续时间

☐0 没有惊恐发作

☐1 1 到 10 分钟

☐2 10 到 60 分钟

☐3 1 到 2 个小时

☐4 2 个小时以上

......

（E）对健康的担忧

（E1）担心健康受损

患者担心因为惊恐障碍导致身体受损

☐0 不是

☐1 不太是

☐2 有部分是

☐3 大部分是

☐4 绝对是

（E2）怀疑患有器质性疾病

患者认为他的焦虑症状源自器质性疾病而非心理障碍

☐0 不是,是因为心理障碍

☐1 不太是

☐2 有部分是

☐3 大部分是

☐4 绝对是

资料来源:英文原版源自 Bandelow, B. (1995). Assessing the efficacy of treatments for panic disorder and agoraphobia: II. The Panic and Agoraphobia Scale. *International Clinical Psychopharmacology*, *10*, 73-81.

（4）测验的信度和效度

编制之初,班德罗将惊恐和广场恐惧量表运用于 235 名患者,其中有 142 名惊恐障碍伴广场恐惧患者、68 名惊恐障碍不伴广场恐惧患者、25 名广场恐惧不伴惊恐障碍患者,研究结果发现,量表他评版的评分者信度为 0.78,相隔 1 周的重测信度为 0.73,内部一致性系数 α 为 0.88;量表自评版的内部一致性系数 α 为 0.88。惊恐和广场恐惧量表他评版与常用的几种焦虑量表有良好相关,其中与临床总体印象严重度评分(Clinical Globle Impression of Severity)的相关系数为 0.79（$P < 0.000\ 1$）,与惊恐相关症状量表(Panic

Associated Symptom Scale)的相关系数为 0.81(P<0.000 1)(Bandelow,1995)。

在随后一项临床实验研究中,班德罗等人对 37 例惊恐障碍伴广场恐惧患者的研究发现,经过 8 周的药物治疗(丙咪嗪,75—150 毫克/天),患者的惊恐和广场恐惧量表他评平均分显著下降,由 28.9 分降为 13.3 分(P<0.000 1)(Bandelowa, Brunner et al.,1998)。班德罗的其他研究结果也显示惊恐和广场恐惧量表对不同的恐惧症治疗方法反应敏感,对 5 个分量表得分的分析有助于理解惊恐障碍和惊恐障碍伴广场恐惧治疗的作用机制(Bandelow, Broocks et al.,1998)。

3. 利博维茨社交焦虑量表

利博维茨社交焦虑量表(Liebowitz's Social Anxiety Scale,LSAS),由利博维茨(M.R. Liebowitz)1987 年编制。利博维茨社交焦虑量表中文版由中华精神科分会焦虑障碍协作组 2004 年修订。

(1)测验目的与功能

不同于其他社交焦虑量表注重评估特定的症状,利博维茨社交焦虑量表评估患者对特定社交场景的恐惧和回避(Oakman et al.,2003),被广泛运用于评估社交焦虑障碍(Social anxiety disorder)的严重程度及相应治疗效果(Stein et al.,1999;Baker et al.,2002;Hofmann et al.,2006)。除英文原版外,量表已有西班牙语版、法语版、日语版及中文版等(Bobes et al.,1999;Yao et al.,1999;Asakura et al.,2002;何燕玲,张明园,2004),也有针对儿童青少年的版本(Masia-Warner et al.,2003)。

(2)测验的主要内容

测验材料。利博维茨社交焦虑量表包含 24 个项目,用于评估患者在一系列场景中的恐惧和回避体验。亨伯格等人(Heimberg et al.,1999)提出量表可分为 2 个因子,其中 11 项反映不同的社交场景(social interaction),另外 13 项反映不同的操作情境(public performance);萨弗伦等人(Safren et al.,1999)的研究结果则表明,量表包含 4 个因子,分别是:社交场景(social interaction),如"与不熟悉的人交谈";公开演讲(public speaking),如"在小组中汇报";被人注视(observation by others),如"被人注视下书写";公共场合吃喝(eating and drinking in public),如"公共场合与人共饮"。

施测步骤。量表编制之初作为他评量表使用,由临床医生通过半结构化访谈的方式对患者过去一周在各场景中的恐惧焦虑和回避体验进行评估。每个项目各有 2 个 0—3 分的评估等级,第一次评估患者在各个情景中的恐惧或焦虑体验,0—3 分表示"无""轻""中""重"4 级;第二次评估患者在各个情境中的回避频率,0—3 分表示"从不""有时""经常""几乎总是"4 级(Liebowitz,1987)。

量表获得广泛运用后,有研究者相继将半结构化访谈版的利博维茨社交焦虑量表(LSAS)转换为使用更简便的自评版(LSAS-SR)(Cox et al.,1998;Fresco et al.,2001;

Oakman et al.，2003）。研究结果证实原始版与自评版在量表结构、心理测量学特性等方面均相似。

计分方式。量表的计分按社交场景、操作情境两部分独立进行，分别计算两部分项目的恐惧得分和回避得分，最终得到 6 个统计指标：社交恐惧与焦虑总分、社交回避总分、操作恐惧与焦虑总分、操作回避总分、恐惧焦虑总分及回避总分。也可将所有项目在恐惧焦虑和回避两部分的得分相加，得到量表总分。

门宁等人（Mennin et al.，2002）的研究结果显示，以利博维茨社交焦虑量表总分 30 分为分界值能有效地区分社交焦虑障碍。

（3）测验举例

利博维茨社交焦虑量表

	恐惧/焦虑　　　　（0　1　2　3）	回避　　　　　　（0　1　2　3）
1. 公共场合打电话		
2. 参加小组活动		
3. 在公共场所吃东西		
4. 公共场合与人共饮		
5. 与重要人物谈话		
6. 在听众前表演、演示或演讲		
7. 参加聚会		
8. 在有人注视下工作		

（4）测验的信度和效度

亨伯格等人（Heimberg et al.，1999）对 382 名社交恐惧障碍患者的研究结果表明，利博维茨社交焦虑量表具有良好的内部一致性信度，其中量表总体的克龙巴赫 α 系数为 0.96，恐惧分量表为 0.92，社交恐惧分量表为 0.89，操作恐惧分量表为 0.81，回避分量表为 0.92，社交回避量表为 0.89，操作回避量表为 0.83。

弗雷斯科等人（Fresco et al.，2001）对原始版与自评版进行比较研究，对 99 名社交焦虑障碍患者和 53 名非焦虑障碍患者的研究结果显示，自评版同样具有良好的内部一致性信度，其中量表总体的克龙巴赫 α 系数为 0.94（社交焦虑障碍患者）和 0.95（非焦虑障碍患者），各个分量表的克龙巴赫 α 系数为 0.82—0.90（社交焦虑障碍患者）和 0.73—0.91（非焦虑障碍患者）。

何燕玲和张明园（2004）将利博维茨社交焦虑量表中文版用于 167 名社交焦虑障碍患者和 587 名普通人，对量表心理测量学特性的研究结果表明，各项目与量表总分具有很好的相关，相关系数在 0.32—0.97 之间，各分量表的 α 系数均大于 0.90，间隔 1 周和 8 周后的重测信度为 0.749—0.945（$P<0.01$）。

亨伯格等人（Heimberg et al.，1999）的研究结果表明利博维茨社交焦虑量表具有良好的聚合效度，其中量表总分及个分量表得分与焦虑障碍访谈提纲（Anxiety Disorders Interview Schedule）的相关系数为 0.40—0.52，与社交回避和压力量表（Social Avoidance and Distress Scale）的相关系数为 0.45—0.67，与社交焦虑量表（Soial Interaction Anxiety Scale）的相关系数为 0.52—0.77，与社交恐惧量表（Social Phobia Scale）的相关系数为 0.47—0.65。对利博维茨社交焦虑量表效度的其他研究表明量表对社交焦虑障碍患者治疗前后的变化具有骄傲的敏感性。

弗雷斯科等人（Fresco et al.，2001）的研究结果则表明，利博维茨社交焦虑量表自评版同样具有良好的聚合效度和区分效度。其中利博维茨社交焦虑量表自评版的量表总分及各分量表得分与社交焦虑量表的相关系数为 0.55—0.77（社交焦虑障碍患者），与社交恐惧量表的相关系数为 0.49—0.72（社交焦虑障碍患者）；与测量抑郁障碍的量表的相关则相对较低，其中与贝克抑郁量表的相关系数为 0.25—0.40，与汉密尔顿抑郁量表的相关系数为 0.05—0.27。

门宁等人（Mennin et al.，2002）对 364 名社交焦虑障碍患者的研究结果显示，以利博维茨社交焦虑量表总分 30 分为分界值区分社交焦虑障碍，则量表的敏感度为 93.28%，特异度为 94.12%。

何燕玲和张明园（2004）对利博维茨社交焦虑量表中文版的研究结果显示，社交焦虑障碍患者的量表总分与各分量表得分均显著高于普通人，显示量表具有较好的区分效度；与汉密尔顿焦虑量表、临床总体印象（Clinical Globle Impression）的相关系数均大于 0.50；以利博维茨社交焦虑量表总分 38 分为分界值区分社交焦虑障碍，则量表的敏感度为 83.0%—85.5%，特异度为 81.3%。

六、强迫测验

强迫测验主要介绍耶鲁-布朗强迫障碍量表、帕多瓦量表、强迫量表。

1. 耶鲁-布朗强迫障碍量表

耶鲁-布朗强迫障碍量表（Yale-Brown Obsessive-Compulsive Scale，Y-BOCS），由戈德曼（W.K. Goodman）等人 1989 年根据 DSM-III-R 诊断标准编制。贝尔等人 1993 年修订推出耶鲁-布朗强迫障碍量表自评版（Y-BOCS-SR）（Baer，Brown-Beasley，Sorce，& Henriques，1993）。

（1）测验目的与功能

耶鲁-布朗强迫障碍量表（Y-BOCS）广泛运用于评价药物和认知行为治疗疗效的研究

（Hohagen et al.，1998），并被公认为评估强迫症状的黄金标准（Moritz et al.，2002）。其优势在于对强迫障碍的评估并不依赖于特定的症状内容（如清洗、检查等强迫观念或行为），而是在了解患者的强迫类型后评估症状的各个方面（Woody，Steketee，& Chambless，1995；Steketee，Frost，& Bogart，1996）。现有多种语言版本（Vega-Dienstmaier et al.，2002；Nakajima et al.，1995），被认为在不同文化环境中均具有较好的信度和效度（Arrindell et al.，2002；Garnaat & Norton，2010）。

（2）测验的主要内容

测验材料。耶鲁-布朗强迫障碍量表是一个半结构化访谈量表，包含 18 个项目，其中前 10 个为核心项目，后 6 个项目不属于强迫障碍的特定症状（如自知力、回避等），但能为鉴别诊断和治疗提供有价值的信息，还包括 2 条无症状持续时间的问题（即 1b 和 6b），但一般其评分也不计入总分（Moritz et al.，2002）。10 个核心项目组成两个分量表，前 5 项是强迫观念分量表（Obsessions subscale），后 5 项是强迫行为分量表（Compulsions subscale），两个分量表各 5 个项目，分别从花费的时间（time spent）、干扰程度（degree of interference）、痛苦（distress）、对抗（resistance）以及控制（control）5 个维度评估强迫观念、行为的严重程度（Deacon & Abramowitz，2005）。

施测步骤。根据量表编织者设计的方法，正式评估前，评估者必须先给患者完成一份详细的症状清单，从清单上的 64 个项目中（如攻击、对称、囤积等强迫观念以及清洁、检查、计数等强迫行为），选出最令自己感到苦恼的 3 项。弄清患者的强迫症状的内容后，根据量表中的项目分别评估强迫观念、行为症状的各个方面。评估范围从 0 分到 4 分，分别表示从"无"到"严重"（Steketee，Frost，& Bogart，1996）。

1993 年，贝尔等人将耶鲁-布朗强迫障碍量表修订为自评版，自评版与原始版基本类似。评估开始，同样先要求患者完成一份症状清单并选出最令自己苦恼的 3 项，接着以自评的方式完成评估过程（Baer，Brown-Beasley，Sorce，& Henriques，1993）。研究结果证实，自评版具有良好的心理测量学特性（Steketee，Frost，& Bogart，1996）。

计分方式。耶鲁-布朗强迫障碍量表的统计指标包括量表总分及 2 个分量表分，均以 10 个核心项目为计算依据，其中总分范围为 0—40 分，2 的分量表分范围均为 0—20 分。得分越高表明患者的强迫障碍越严重（Woody，Steketee，& Chambless，1995）。

（3）测验举例

耶鲁-布朗强迫障碍量表

强迫思维

1. 你每天花多少时间在强迫思维上？每天强迫思维出现的频率有多高？

0＝完全无强迫思维。

1＝轻微，每天少于 1 个小时，或偶尔有。

2＝中度，每天 1—3 个小时，或常常有。

3＝重度,每天多于 3 个小时但不超过 8 个小时,或频率非常高。

4＝极重,每天多于 8 小时,或几乎无时无刻都有。

2. 你的强迫思维对社交、学业成就或工作能力有多大妨碍?

0＝不受妨碍。

1＝轻微,稍微妨碍社交或工作活动,但整体表现并无大碍。

2＝中度,确实妨碍社交或工作活动,但仍可应付。

3＝重度,导致社交或工作表现的障碍。

4＝极度,无能力应付社交或工作。

……

强迫行为

……

9. 你有多努力去对抗强迫行为? 或尝试停止强迫行为的频率?

0＝一直不断地努力与之对抗,或症状轻微不需要积极对抗。

1＝大部分时间都试图与之对抗。

2＝用些许努力去对抗。

3＝屈服于所有的强迫行为,未试图控制,但仍有些不甘心。

4＝完全愿意屈服于强迫行为。

10.你控制强迫行为的能力如何? 你停止强迫行为的效果如何?

0＝完全控制,我可以完全控制。

1＝大多能控制,体验到想作出该行为,但基本都能自发控制。

2＝中等程度控制,很想作出该行为,能控制但有困难。

3＝很少控制,强烈想作出该行为,只能忍耐一段时间但最终还是必须完成。

4＝不控制,作出该行为的愿望完全超出控制能力的范围,几乎没有忍耐一段时间的能力。

(4) 测验的信度和效度

戈德曼等人用耶鲁-布朗强迫障碍量表分别对 40 名和 80 名强迫障碍患者进行评估,结果表明,量表具有良好的信度。其中,量表的内部一致性系数 α 为 0.88—0.91,各项目与总分的相关系数为 0.32—0.77,总分与分量表分的评分者信度为 0.96—0.98(Goodman et al., 1989a; Goodman et al., 1989b)。基姆等人分别对 23 名和 28 名强迫障碍患者进行评估,结果显示量表的重测信度为 0.90—0.97(Kim, Dyskenm, & Kuskowski, 1990; Kim, Dyskenm, & Kuskowski, 1992)。

国内学者对耶鲁-布朗强迫障碍量表中文版的研究结果表明,中文版的重测信度为 0.91(张一,等,1996),内部一致性系数 α 为 0.75,量表总分与分量表分的评分者信度均大于 0.82(徐勇,张海音,2006)。

戈德曼等人的研究结果表明,耶鲁-布朗强迫障碍量表与其他强迫障碍量表具有良好的相关,其中与临床总体印象强迫得分的相关系数为 0.74,与 NIMH-OC(National Institute of Mental Health-Obsessive Compulsive Scale)的相关系数为 0.67,与莫兹利强迫量表(Maudsley Obsessive-Compulsive Inventory)的相关系数为 0.53(Goodman et al., 1989b)。基姆等人的研究结果显示,耶鲁-布朗强迫障碍量表与 SCL-90 的强迫因子得分的相关系数为 0.41(Kim, Dyskenm, & Kuskowski, 1992)。

耶鲁-布朗强迫障碍量表中文版与莫兹利强迫量表、临床总体印象强迫得分的相关系数分别为 0.53、0.61(P 值均小于 0.001),与汉密尔顿抑郁量表、状态-特质焦虑量表则无显著相关,提示量表能够较可靠敏感地反映强迫症状的严重程度(张一,等,1996)。

2. 帕多瓦量表

帕多瓦量表(Padua Inventory, PI),由意大利学者圣阿维奥(E.Sanavio)1988 年编制。

(1) 测验目的与功能

帕多瓦量表用于评估重要的强迫症状类型,包括外显的强迫行为及隐蔽的强迫观念(Sanavio, 1988; Sternberger & Burns, 1990),是研究和临床领域、临床和非临床样本中应用最广泛的强迫障碍自评量表之一(Steketee, 1994)。作为评估强迫障碍严重程度的量表,帕多瓦量表被运用于治疗效果的评估(Clark et al., 1998; O'Connor et al., 2005; Van Balkom et al., 1998)及强迫障碍的亚临床测定(Fullana et al., 2004; Mataix-Cols et al., 1999; Mataix-Cols et al., 1997)。帕多瓦量表良好的心理测量学特性在各个国家都得到验证,包括意大利(Sanavio, 1988)、荷兰(Van Oppen, 1992)、北美(Sternberger & Burns, 1990)、澳大利亚(Hafner, 1998)、西班牙(Chappa, 1998)、韩国(Min, 1999)、英国(Mac-Donald & de Silva, 1999)、爱尔兰(Goodarzi & Firoozabadi, 2005)、中国(钟杰,等,2006)、日本(Wakabayashi & Aobayashi, 2007)等。

(2) 测验的主要内容

测验材料。圣阿维奥从符合 DSM-III 诊断标准的强迫障碍患者叙述的内容中,选出 200 个描述强迫症状的句子,运用原始项目对 1 200 名普通人进行测试,根据项目分析和因素分析的结果,保留能将强迫障碍与焦虑障碍、抑郁障碍、心身疾病区分开的项目,量表最终的项目数减为 60 个。项目反映的内容有闯入性观念(intrusive thoughts)、怀疑(doubts)、检查与清洁行为(checking and cleaning)、对低概率危险性事件反复思考(repetitive thinking about low-probability dangers)、厌恶图像的反复出现(recurrent repugnant images)等(Sanavio, 1988)。

圣阿维奥以 967 名普通人的测量结果对帕多瓦量表进行因素分析,显示量表由 4 个因子组成:思维失控(Impaired control of mental activities),如对低概率危险性事件反复思考、处理简单的决定和怀疑存在困难、对偶然事件中个人责任的不确定性等;污染(Being contaminated),如过度洗手、对污染的过分关心、对不切实际的污染的担忧等;检查(Checking behaviours),如反复计数、反复检查门窗、信件等;受驱使与行为失控感(Urges and worries of losing control of motor behavior),如无缘由的有自杀或杀人的冲动、害怕失去对反社会行为的控制等(Sanavio, 1988)。

施测步骤。帕多瓦量表是自评式量表,既可用于评估临床人群,也可用于评估正常人群。量表采用0—4分的5级评分制,要求被试根据自身情况评估各个项目对自身造成的影响,其中"0"代表"没有","4"代表"极重"。

计分方式。帕多瓦量表的统计指标为量表总分,即把所有项目得分相加,总分范围为0—240分。

(3)测验举例

帕多瓦量表

1.当我碰钱的时候我觉得我的手很脏。

2.我认为即使只是轻微地与身体分泌物(如汗液、唾液、尿液等)接触,也会弄脏我的衣服甚至伤害到我。

3.我发现当我知道某件物体被陌生人或一些人触碰过时,我很难再去碰这个物体。

4.我发现我很难去触碰垃圾或脏东西。

......

29.在认真做完一些时候,我还是觉得我做得很糟,或是没有完成。

30.我做一些事时总是要比实际的需要做得更多,因此我有时会迟到。

31.我对我做的大部分事情都感到疑惑或觉得有问题。

32.当我开始想一些事情时,我会变得沉迷于它。

......

57.我觉得我必须作出特殊的手势或用一个特定的方式走路。

58.某些情况下,我会有一股要吃很多的冲动,即使一会我就腻了。

59.当我听说一件自杀或犯罪时,我会有很长一段时间感到不安,并发现不去想它很难。

60.我对病菌和疾病有不必要的担心。

资料来源:英文原版源自 MacDonald, A. M., & de Silva, P. (1999). The assessment of obsessionality using the Padua Inventory: Its validity in a British non-clinical sample. *Personality and Individual Differences*, 27(6), 1027-1048.

(4)测验的信度和效度

圣阿维奥对967名正常意大利人的研究结果表明,帕多瓦量表具有良好的内部一致性信度和重测信度,其中量表的内部一致性系数为0.90,间隔1个月的重测信度为0.78(Sanavio, 1988);斯腾伯格等人将帕多瓦量表运用于北美的研究结果表明,量表的内部一致性系数为 0.77—0.94(Sternberger & Burns, 1990);运用于荷兰的研究结果表明,量表的内部一致性系数为 0.57—0.94(Van Oppen, 1992);运用于澳大利亚的研究结果表明,量表的内部一致性系数为 0.84—0.94(Kyrios, Bhar, & Wade, 1996)。

钟杰等人(2006)将帕多瓦量表中文版运用于 1 300 名中国大学生,结果显示帕多瓦量表中文版的内部一致性系数为 0.96,4 个分量表的内部一致性系数为 0.83—0.94,间隔 4 周的重测信度为 0.77—0.87。

帕多瓦量表与常用强迫量表具有较好的相关,其中帕多瓦量表与莫兹利强迫问卷的相关系数为 0.70,与莱顿强迫量表的相关系数为 0.66—0.71,与强迫自评量表的相关系数为 0.61,此外帕多瓦量表还能很好地区分强迫障碍患者和其他精神障碍患者(Sanavio, 1988),与莫兹利强迫问卷、莱顿强迫量表具有较高的相关(0.65—0.75)(Sternberger & Burns, 1990; Van Oppen, 1992; Kyrios, Bhar, & Wade, 1996)。

3. 强迫量表

强迫量表(Obsessive Compulsive Inventory, OCI),由福阿等人(E.B.Foa, M.J.Kozak, P.M.Salkovskis, M. E. Coles, N. Amir)1998 年编制,2002 年推出强迫量表修订版(Obsessive Compulsive Inventory-Revised, OCI-R)。

(1) 测验目的与功能

强迫量表包含多样的强迫观念与强迫行为,且得分范围较宽,既可描述强迫障碍患者的症状,也可评估症状的严重程度,同时作为自评式量表也更方便临床和非临床人员使用(Foa et al., 1998)。2002 年福阿等人简化和修订原量表,形成强迫量表修订版(Obsessive Compulsive Inventory-Revised, OCI-R)(Foa, Huppert, Leiberg, Langner, Kichic, Hajcak, & Salkovskis, 2002)。强迫量表及其修订版的一个优点体现在,量表的信度和效度的研究样本包含强迫障碍患者、焦虑障碍患者以及普通人群(Wu & Watson, 2003; Hajcak et al., 2004; Huppert et al., 2007)。强迫量表及其修订版已出现多种语言版本(Sica et al., 2009; Fullana et al., 2005; Gönner, Leonhart, & Ecker, 2008; Woo et al., 2010),广泛运用于世界各地。

(2) 测验的主要内容

测验材料。为保证量表项目能充分反映强迫障碍的症状,量表编制者根据《精神障碍诊断与统计手册(第四版)》(DSM-Ⅳ)中对强迫障碍的描述为强迫量表制定了 42 个项目(Foa et al., 1995),42 个项目共组成 7 个分量表,这些分量表对应的是最常见的原发性强迫观念与原发性强迫行为,分别是(Foa et al., 1998):1)清洗(Washing),包含 8 个项目,如"我认为与人体的分泌物(汗水,唾液,血液,尿液等)接触可能污染我的衣服,或以某种方式伤害我";2)检查(Checking),包含 9 个项目,如"我反复检查门,窗,抽屉等";3)怀疑(Doubting),包含 3 个项目,如"我请别人将要告诉我的事情重复好几遍,尽管我第一次就听明白了";4)排序(Ordering),包含 5 个项目,如"我需要将物品按特定的顺序摆放";5)强迫观念(Obsessing),包含 8 个项目,如"我想我可能要伤害自己或他人";6)囤积(Hoarding),包含 3 个项目,如"我收集我不需要的东西";7)精神中和(Mental Neutralizing),包含 6 个项目,如"我需要用祈祷的方式来取消不好的想法或感受"。

量表还可分为频率量表和痛苦程度量表,即评估每个项目时都从症状出现的频率和痛苦程度两个维度分别进行(Foa et al.,1998)。

在随后的使用过程中,强迫量表存在的问题逐渐暴露:首先,在福阿等人(Foa et al.,1998)的研究以及随后的分析中,研究者多次发现频率量表和痛苦程度量表之间存在高度相关(r>0.90),表明两个存在冗余;其次,由于各个分量表包含的项目数不同,要比较各种症状的严重程度必须先计算各分量表的平均分,为临床医生的使用带来不便;此外,强迫量表虽只需对一个量表作评估(包括频率和痛苦两个维度),但对于临床上的常规使用来说仍然显得过长。因此,福阿等人在原量表基础上修订了简版,即强迫量表修订版(Obsessive Compulsive Inventory-Revised,OCI-R),修订版包含 18 个项目,分为 6 个分量表,即清洗(Washing)、检查(Checking)、排序(Ordering)、强迫观念(Obsessing)、囤积(Hoarding)和精神中和(Mental Neutralizing),每个分量表均含 3 个项目(Foa et al.,2002),使量表使用更简洁。各国的研究结果也证实强迫量表修订版具有良好的心理测量学特性(Fullana et al.,2005;Gönner, Leonhart, & Ecker,2008;Woo et al.,2010)。

施测步骤。强迫量表要求患者根据项目内容,分别评估症状出现的频率和痛苦程度,评估范围为 0—4 分,表示从无到频率/程度逐渐增加。经过修订,强迫量表修订版删除区分度相对较低的频率量表,患者仅需评估各症状的痛苦程度,评估范围同样是 0—4 分,表示从"不痛苦"到"非常痛苦"(Foa et al.,2002)。

计分方式。量表的统计指标包括量表总分及各分量表分,强迫量表修订版的总分范围为 0—72 分,分量表分范围为 0—12 分,得分越高表明患者体验到的痛苦程度越高。

(3) 测验举例

强迫量表修订版

以下的描述是日常生活中很多人都会有的经历,请根据过去 1 个月这些经历给你带来的痛苦和麻烦程度,圈出你觉得最能描述你真实感受的数字。每个数字代表的含义如下:

0	1	2	3	4
完全不痛苦	有一点苦痛	中等痛苦	很痛苦	非常痛苦

1. 我收集了许多在路上见到的东西。　　　　　　　0　1　2　3　4

2. 我检查的次数往往比需要的多。　　　　　　　　0　1　2　3　4

　　……

9. 如果有人改变我摆放事物的方式,我会感到不安。　　　0　1　2　3　4

10. 我觉得我必须重复某些数字。　　　　　　　　　　0　1　2　3　4

……

17. 我洗手的次数和时间往往比需要的多、长。　　　　0　1　2　3　4

18. 我经常会有肮脏的想法,并感到难以摆脱。　　　　0　1　2　3　4

资料来源:Foa, E. B., Huppert, J. D., Leiberg, S., et al. (2002). The Obsessive-Complusive Inventory: Development and validation of a short version. *Psychological Assessment*, *14*, 485-495.

(4) 测验的信度和效度

强迫量表编制之初,福阿等人用于 147 名强迫障碍患者、58 名一般性社交恐惧症患者、44 名创伤后应激障碍患者以及 194 名普通人,对量表信度的研究结果显示,量表具有良好的内部一致性信度,总量表与各分量表的克龙巴赫 α 系数为 0.72—0.96,各分量表与总量表之间的相关系数为 0.42—0.89,强迫障碍患者间隔 2 周的重测信度为 0.77—0.97,普通人间隔 1 周的重测信度为 0.68—0.90(Foa et al., 1998)。

关于强迫量表修订版的信度,福阿等人(Foa et al., 2002)对 118 名强迫障碍患者、75 名一般性社交恐惧症患者、71 名创伤后应激障碍患者以及 74 名普通人的研究结果表明,强迫量表总量表和各分量表具有良好的内部一致性信度,有四个分量表的 α 系数在 0.72 以上,两个例外分别是精神中和分量表、检查分量表在普通人组中的 α 系数为 0.34、0.65,量表总的 α 系数在 0.81—0.93 之间,强迫障碍患者间隔 2 周的重测信度为 0.74—0.91,普通人间隔 1 周的重测信度为 0.57—0.87。

在国内,唐苏勤等人(2011)运用强迫量表修订版中文版对 2 100 名大学生进行测试,并于 4 周后随机抽取 229 名大学生进行重测,结果显示强迫量表修订版总量表的 α 系数为 0.895,各分量表的 α 系数在 0.593—0.826 之间,4 周间隔的重测信度在 0.309—0.644 之间。何庆欢等人对 299 例在校大学生及 90 例强迫症患者进行强迫量表修订版中文版的评估,其中 44 名强迫症患者于 4 周后进行再次测试,结果显示强迫量表修订版中文版总量表的 α 系数为 0.88,重测信度为 0.69(何庆欢,彭子文,苗国栋,2012)。

福阿等人对强迫量表的区分效度和聚合效度的研究结果表明,强迫量表的频率量表分及痛苦量表分能较好地区分强迫障碍患者组和其余三个组(一般性社交恐惧症患者、创伤后应激障碍患者、普通人),表现为强迫障碍患者的各项指标均显著高于其余三组($F_{(3, 256)} = 22.29$, $P < 0.001$; $F_{(3, 317)} = 55.96$, $P < 0.001$);强迫量表与耶鲁-布朗强迫障碍量表的相关系数为 0.59—0.68,与莫兹利强迫量表的相关系数为 0.77—0.81,与强迫行为清单的相关系数为 0.65—0.76(Foa et al., 1998)。

福阿等人(Foa et al., 2002)对强迫量表修订版的研究结果表明,修订版与原量表有良好的相关,其中量表总分的相关系数为 0.98,各分量表中,除精神中和分量表的相关系数较低外(0.74),其余的相关系数距达到 0.90 以上;强迫量表修订版与耶鲁-布朗强迫障碍量表、莫兹利强迫量表和美国国家心理健康研究院强迫量表（National Institute of Mental Health Global Obsessive-Compulsive Scale，NIMH-GOCS）的相关系数分别是 0.53、0.85、0.66，而与汉密尔顿抑郁量表、贝克抑郁量表的相关系数为 0.58、0.70。

国内研究者证实强迫量表修订版中文版具有良好的效度，其中强迫量表修订版总分与强迫症状、抑抑和焦虑的相关系数分别为 0.557、0.426 和 0.456（$P<0.01$）（唐苏勤，等，2011），与耶鲁-布朗强迫障碍量表总分的相关系数为 0.422（$P<0.01$）（何庆欢，彭子文，苗国栋，2012）。

七、精神病性障碍测验

精神病性障碍测验主要介绍简明精神病评定量表、阳性和阴性症状量表、阴性症状评定量表、阳性症状评定量表。

1. 简明精神病评定量表

简明精神病评定量表（Brief Psychiatric Rating Scale，BPRS），由临床医生奥弗洛等人（J.E. Overall，D.R. Gorham）1962 年编制，1986 年修订推出简明精神病评定量表扩展版（Expanded Brief Psychiatric Rating Scale，BPRS-E）（Lukoff et al.，1986b）。

（1）测验目的与功能

简明精神病评定量表，旨在高效快速评估精神病患者的治疗变化，全面描述患者的主要症状特征（Overall & Gorham，1962），是评定精神病性症状严重程度的他评量表，适用于大多数精神病患者，尤其是精神分裂症患者。自问世以来，简明精神病评定量表已成为精神科使用最多的量表之一，被广泛运用于评估精神症状随时间变化的医药和心理研究中（Velligan et al.，2005），一些研究者还建议将其运用于非精神分裂症群体中，特别是心境障碍患者（Ventura et al.，2000；Shafer，2005；Picardi et al.，2008）。

（2）测验的主要内容

测验材料。奥弗洛等人对洛尔精神病患者多项评定量表（Lorr's Multidimensional Scale for Rating Psychiatric Patients，MSRPP）、住院患者多相精神病量表（Inpatient Multi-dimensional Psychiatric Scale，IMPS）等量表的项目进行因素分析，最终确定 16 个主要项目，主要涉及精神病患者常见的精神病性症状，包括关心身体健康（Somatic concern）、焦虑（Anxiety）、情感交流障碍（Emotional withdrawal）、概念紊乱（Conceptual disorganization）、罪恶观念（Guilt feelings）、紧张（Tension）、装相作态（Mannerisms）、夸大（Grandiosity）、心境抑郁（Depressive mood）、敌对性（Hostility）、猜疑（Suspiciousness）、幻觉（Hallucinatory behavior）、动作迟缓（Motor retardation）、不合作（Uncooperativeness）、不寻常的思维内容

(Unusual thought content)、情感平淡(Blunted affect)(Overall & Gorham, 1962)。1967年,量表又增加 2 个项目(Overall et al., 1967),分别是兴奋(Excitement)和定向障碍(Disorientation),形成简明精神病评定量表 18 项版。

20 世纪 80 年代,简明精神病评定量表引入国内并增加了 2 个项目,分别是自制力障碍(指对自身疾病、精神症状或不正常言行缺乏认识)和工作不能(指日常工作或活动的影响)(严瑜,2008)。

为增加量表对精神障碍和心境障碍的敏感性,并使量表能运用于生活在社区的患者,卢可夫等人开发了简明精神病评定量表扩展版(Expanded Brief Psychiatric Rating Scale,BPRS-E,亦称简明精神病评定量表 24 项版),相比之前的版本,扩展版增加了 6 个新的项目:自杀(Suicidality)、怪异行为(Bizarre behavior)、自我忽视(Self-neglect)、情绪高涨(Elevated mood)、注意力不集中(Distractibility)、多动症(Motor hyperactivity)(Lukoff et al., 1986b)。

这里主要介绍国内运用较多的简明精神病评定量表 18 项版。

施测步骤。简明精神病评定量表是由经过专业培训的人员使用的他评量表,评定范围为患者近 1 周内的症状情况。完成一次评定,大约需 20 分钟的会谈和观察,评定人员以对患者的观察及其口述为基础,根据症状定义和临床经验,对量表中的项目进行评分。其中第 1、2、4、5、8、9、10、11、12、15 项根据患者的口头叙述评分,第 3、6、7、13、14、16、17 项根据对患者的观察评分。量表的所有项目采取 1—7 分的 7 级评分制,其中"1"表示"无症状","2"表示"可疑或很轻","3"表示"轻度","4"表示"中度","5"表示"偏重","6"表示"重度","7"表示"极重"(张明园,1984b)。

计分方式。量表的统计指标有总分、因子分和单项分。总分是所有项目得分的算术和,范围为 18—126 分,总分高低反映精神病性障碍的严重性,总分越高,病情越重;简明精神病评定量表一般可归纳为 5 类因子:焦虑抑郁(Anxirty-Depression,ANDP),包括第 1、2、5、9、项;2)迟滞(Anergia,ANER),包括第 3、13、16、18 项;思维障碍(Thought Disturbance,THOT),包括第 4、8、12、15 项;活动过多(Activation,ACTV),包括第 6、7、17 项;对猜疑(Hostile-Suspiciousness,HOST),包括第 10、11、14 项。因子分是指因子所包含项目得分的算术平均数,范围为 0—7 分,因子分反映精神病性障碍的临床特点,并可据此画出症状廓图。单项分相对应用较少,范围为 0—7 分,主要反映症状的分布和靶症状的严重程度(严瑜,2008)。

(3) 测验举例

1. 关心身体健康　　　　　　　　　　1　　2　　3　　4　　5　　6　　7
指对自身健康的过分关心,不考虑其主诉有无客观基础。

2. 焦虑　　　　　　　　　　　　　　1　　2　　3　　4　　5　　6　　7
指精神性焦虑,即对当前及未来情况的担心,恐惧或过分关注。

3. 情感交流障碍　　　　　　　　　1　　2　　3　　4　　5　　6　　7

指与检查者之间如同存在无形隔膜，无法实现正常的情感交流。

4. 概念紊乱　　　　　　　　　　　1　　2　　3　　4　　5　　6　　7

指联想散漫、零乱和解体的程度。

5. 罪恶观念　　　　　　　　　　　1　　2　　3　　4　　5　　6　　7

指对以往言行的过分关心内疚和悔恨。

6. 紧张　　　　　　　　　　　　　1　　2　　3　　4　　5　　6　　7

指焦虑性运动表现。

7. 装相作态　　　　　　　　　　　1　　2　　3　　4　　5　　6　　7

指不寻常的或不自然的运动性行为。

8. 夸大　　　　　　　　　　　　　1　　2　　3　　4　　5　　6　　7

即过分自负，确信具有不寻常的才能和权力等。

9. 心境抑郁　　　　　　　　　　　1　　2　　3　　4　　5　　6　　7

即心境不佳，悲伤，沮丧或情绪低落的程度。

（4）测验的信度和效度

张明园等人（1983）将简明精神病评定量表中译本（BPRS-CV）对 36 例符合 DSM-III 的精神分裂症诊断标准的患者进行联合检验，结果显示量表的总分及因子分十分一致（$r=0.85—0.99$，$P<0.01$）。间隔 3 天的重测信度为 0.52（$P<0.01$）。这提示简明精神病评定量表中译本的可靠性相当高。

简明精神病评定量表中译本总分与临床医师对病情严重程度的判断呈高度正相关（$r=0.84$，$P<0.01$），以量表评定的疗效和临床疗效的评定基本上一致（$r=0.60$，$P<0.01$），治疗前后，单项症状评分的变化亦与临床印象相符。这说明量表能反映病情的严重程度，能反映治疗前后症状和病情的改变，具良好的效度（张明园，等，1984）。

2. 阳性和阴性症状量表

阳性和阴性症状量表（Positive and Negative Symptom Scale，PANSS），由凯等人（Stanley R.Kay，Abraham Flszbeln，Lewis A.Opler）1987 年编制。

（1）测验目的与功能

阳性和阴性症状量表用于评估精神分裂症阴性症状和阳性症状，量表使用方便快捷，对临床医生的要求较简单，在精神药物治疗的纵向评估过程中可反复使用（Kay, Fiszbein & Oppler, 1987）。在量表的制定过程中，较多地应用了心理测验的方法，有较细致严格的定义和可操作性的评分标准，同时症状覆盖较全面，能较好地反映精神分裂症患者的病理症状，具有良好的信度和效度（何燕玲，张明园，1997），是评估精神分裂症类型和严重程度中使用最广的量表（Kelley et al., 2013）。

（2）测验的主要内容

测验内容。阳性和阴性症状量表共包含 30 个核心项目，其中有 18 项来自简明精神病评定量表，12 项来自精神病理评定量表（Psychopathology Rating Schedule，PRS），每个项目都附有完整的症状定义及等级量表的评定标准。量表的 30 个项目中，7 项（P_1—P_7）组成阳性量表（Positive Scale，POS），评估附加于正常精神状态的症状，分别是妄想（Delusions）、概念混乱（Conceptual disorganization）、幻觉行为（Hallucinatory behavior）、兴奋（Excitement）、夸大（Grandiosity）、猜疑（Suspiciousness）、敌对性（Hostility）；7 项（N_1—N_7）组成阴性量表（Negative Scale，NEG），评估正常精神状态中缺失的特征，分别是情感迟钝（Blunted affect）、情绪退缩（Emotional withdrawal）、联想散漫（Poor rapport）、被动/冷漠（Passive-apathetic social withdrawal）、抽象思维困难（Difficulty in abstract thinking）、交谈缺乏自发性和流畅性（Lack of spontaneity & flow of conversation）、刻板思维（Stereotyped thinking）；另外 16 项（G_1—G_{16}）组成一般病理性量表（General Psychopathology Scale，GPS），是阳性量表和阴性量表的辅助评估工具，独立评估精神分裂症的严重程度，可作为解释症状严重程度的参照点，分别是关注身体健康（Somatic concern）、焦虑（Anxiety）、自罪感（Guilt feelings）、紧张（Tension）、装相/作态（Mannerisms & posturing）、抑郁（Depression）、动作迟缓（Motor retardation）、不合作（Uncooperativeness）、不寻常思维内容（Unusual thought content）、定向障碍（Disorientation）、注意障碍（Poor attention）、缺乏判断力和自知力（Lack of judgment & insight）、意志障碍（Disturbance of volition）、冲动控制障碍（Poor impulse control）、先占观念（Preoccupation）、主动回避社交（Active social avoidance）。基于阳性量表与阴性量表间的差异，还形成一个双向的复合量表（Composite Scale，COM），评估阳性症状和阴性症状的差异，量表得分反映两组症状差异的程度，也可作为症状类型的表征（Kay，Fiszbein，& Oppler，1987）。

1997 年阳性和阴性症状量表手册被引入国内，即阳性和阴性症状量表中文版（何燕玲，张明园，1997），并在全国对 190 例精神分裂症作了中文版的常模和因子分析，结果证实阳性和阴性症状量表中文版可用于中国精神分裂症患者症状的评估（何燕玲，张明园，2000）。

施测步骤。为使量表评估过程更加客观化、标准化，阳性和阴性症状量表制定了临床定式检查提纲（SCI-PANSS），量表通常用于评估患者过去一周内的情况，评估依据来自临床访谈及第三方（知情人员或家属）提供的资料。其中，第三方提供的信息主要用于评估患者的社会功能障碍，包括冲动控制、敌对、社交回避等；而 30—40 分钟的临床访谈则可以对患者的情感、动机、认知、感知、注意力及社交功能进行观察评估（Kay，Fiszbein，& Oppler，1987）。

阳性和阴性症状量表中的每个项目都根据 1—7 分的 7 级评分制进行评定，其中"1"表示"无症状"、"2"表示"很轻"，"3"表示"轻度"，"4"表示"中度"，"5"表示"偏重"，"6"表示

"重度","7"表示"极重"(Kay, Fiszbein, & Oppler, 1987)。

计分方式。量表的统计指标有单项分、总分、3 个分量表分、1 个复合量表分。其中复合量表分为阳性量表分与阴性量表分相减所得(何燕玲,张明园,2000)。

(3) 测验举例

阳性和阴性症状量表

P1. 妄想(Delusions)

指无事实根据、与现实不符、特异的信念,根据临床访谈中表达的想法、观念及其对行为造成的影响进行评定。

1. 无症状,明显与患者不符。

2. 很轻,症状可疑,可能处于正常边缘。

3. 轻度,有 1 个或 2 个不明确、不具体且并非顽固坚持的妄想;不妨碍思维、社交或行为。

4. 中度,有 1 个多变的、未成型的不稳定的妄想组合,或几个完全成型的妄想;偶尔妨碍思维、社交或行为。

5. 偏重,有多个成型且顽固坚持的妄想;偶尔妨碍思维、社交或行为。

6. 重度,有一系列稳定的、具体的妄想,可能已系统化且顽固坚持;明显妨碍思维、社交和行为;以此为基础,患者有时会表现出不恰当、不负责任的行为。

7. 极重,有一些列高度系统化或数量众多的妄想,并支配患者生活的主要方面;常导致不恰当和不负责任的行为,甚至可能危及患者或他人的安全。

......

N1. 情感迟钝(Blunted affect)

指情绪反应减弱,以面部表情、感觉调节及体态语言的减少为特征,根据临床访谈中对情感基调和情绪反应的躯体表现的观察进行评定。

1. 无症状,明显与患者不符。

2. 很轻,症状可疑,可能处于正常边缘。

3. 轻度,面部表情和体态变得呆板、勉强、做作或缺少变化。

4. 中度,面部表情和体态言语减少。

5. 偏重,情感总体表现"平淡",面部表情仅有一点变化,缺乏体态语言。

6. 中度,大部分时间表现出明显的情感平淡和缺乏情绪表达,可能有无法调节的极端情绪的发泄,如兴奋、愤怒或不恰当且失控的发笑。

7. 极重,完全缺乏面部表情和体态语言;患者似乎持续表现出面无表情或表情呆板。

......

资料来源:Kay, S. R., Fiszbein, A., & Opler, L. A. (1987). The Positive and Negative Syndrome Scale(PANSS) for schizophrenia. *Schizophrenia Bulletin*, *13*, 261-276.

（4）测验的信度和效度

凯等人将阳性和阴性症状量表用于 101 例符合《精神障碍诊断与统计手册（第三版）》(DSM-III)精神分裂症诊断标准的患者，结果表明量表具有较好的信度，各分量表与量表总体具有较好的相关，相关系数分别是 0.73（阳性量表）、0.83（阴性量表）、0.79（一般病理性量表），阳性量表和阴性量表分量表与分量表所含各项目的相关系数为 0.50—0.86，一般病理性量表的分半信度则达到 0.80（Kay, Fiszbein, & Opler, 1987）；凯等人另一项关于急慢性精神分裂症研究的结果显示，阳性和阴性症状量表评分者信度在 0.69—0.94 之间，4 个分量表的评分者信度则在 0.83—0.87 之间（何燕玲，张明园，1997）。关于量表重测信度的研究也证实了阳性和阴性症状量表跨时间稳定性，在对精神分裂症发病期患者的研究中，阳性和阴性症状量表各分量表间隔 3—6 个月的重测系数较好，其中阳性量表为 0.80、阴性量表为 0.68、一般病理性量表为 0.60、复合量表为 0.66，但对急性精神分裂症患者的研究结果则显示 2 年后的重测系数较低，其中阳性量表为 0.24，阴性量表为 0.13，一般病理性量表为 0.18，主要是因为 2 年后急性精神分裂症患者的病情已有较大的变化（何燕玲，张明园，1997）。

有关阳性和阴性症状量表的效度研究结果显示，阳性量表与阳性症状量表（Scale for Assessment of Positive Symptoms）的相关系数为 0.77，阴性量表与阴性症状量表（Scale for Assessment of Negative Symptoms）的相关系数为 0.77，一般病理性量表与临床总体印象评定量表（Clinical Global Impression Rating Scale）的相关系数为 0.52。此外，有关阳性和阴性症状量表与简明精神病评定量表的相关性研究结果显示，两者的相关系数分别为 0.62（阳性量表）、0.36（阴性量表）、0.86（一般病理性量表）、0.89（总分）（何燕玲，张明园，1997）。

3. 阴性症状评定量表

阴性症状评定量表（Scale for Assessment of Negative Symptoms, SANS），由安德烈亚森（Nancy C. Andreasen）1982 年编制。

（1）测验目的与功能

阴性症状评定量表是最常用的阴性症状评估工具（Andreasen, 1982）。与阳性症状相比，阴性症状更具有跨时间的稳定性（McGlashan & Fenton, 1992; Mueser, Douglas, Bellack, & Morrison, 1991），阴性症状与病前社会功能下降有关，并能对精神分裂症的消极发展有较好的预测作用（Mueser, Bellack, Morrison, & Wixted, 1990; Pogue-Geile, 1989; Pogue-Geile & Zubin, 1988），阴性症状与神经认知功能和脑结构的异常有关（Andreasen, Roy, & Flaum, 1995），许多关于阴性症状评定量表的心理测量学特性的研究证实该量表具有良好的信度和效度（Andreasen, 1990; Mueser et al., 1994; Peralta et al., 1995），被认为是阴性症状评估的高质量量表（Kirkpatrick et al., 2006）。

（2）测验的主要内容

测验材料。阴性症状评定量表包含 19 个核心项目和 5 个因子总评项目，由这 24 个项目组成 5 个阴性症状因子（Andreasen，1982）：1）情感平淡或迟钝（Affective flattening or blunting），如面部表情很少变化（Unchanging facial expression）、自发动作减少（Decreased spontaneous movements）、表达性姿势缺乏（Paucity of expressive gestures）、眼神接触差（Poor eyecontact）、无情感反应（Affective nonresponsivity）、语调缺乏变化（Lack of vocal inflections）以及对情感平淡的总评；2）思维贫乏（Alogia），如语量贫乏（Poverty of speech）、言语内容贫乏（Poverty of content of speech）、言语中断（Blocking）、应答迟缓（Increased latency of response）以及对思维贫乏的总评；3）意志缺乏/情感淡漠（Avolition-Apathy），如仪表及卫生（Grooming and hygiene）、工作或学习不能持久（Impersistence at work or school）、躯体少动（Physical anergia）以及对意志缺乏/情感淡漠的总评；4）兴趣缺乏/社交缺乏（Anhedonia-Asociality），如娱乐的兴趣及活动减少（Recreational interests and activities）、性活动（Sexual interest and activity）、体验亲密感的能力（Ability to feel intimacy and closeness）、与朋友及同龄人的联系（Relationships with friends and peers）以及对兴趣缺乏/社交缺乏的总评；5）注意障碍（Attention），如社交活动中的注意障碍（Social inattentiveness）、精神状态检查时注意力不在集中（Inattentiveness during mental status testing）以及对注意障碍的总评。量表提供每个项目的定义、观察指标及评分标准（金刚，1986）。

施测步骤。阴性症状评定量表为他评量表，评估患者过去一个月的阴性症状。由临床经验的精神科医生根据医护人员的直接观察、与患者及其亲属的面谈检查等途径获得的资料，评估患者在每个项目上的严重程度。量表中的项目均按 0—5 分的 6 级评分制评估，其中"0"表示"无"，"1"表示"可疑"，"2"表示"轻度"，"3"表示"中度"，"4"表示"显著"，"5"表示"严重"（严瑜，2008）。

（3）测验举例

阴性症状评定量表中文版

1. 面部表情很少变化　　　　　　　　　　0　　1　　2　　3　　4　　5

面部表情呆板、机械、冷漠、情绪不随谈话内容而变化或变化少。

2. 自发动作减少　　　　　　　　　　　0　　1　　2　　3　　4　　5

在整个交谈过程中静坐着，很少或完全没有自发动作，坐位、姿势或手足都很少变动。

3. 表达性姿势贫乏　　　　　　　　　　0　　1　　2　　3　　4　　5

在表达自己的思想时不借助手势或躯体的位置变换。

4. 眼神接触差　　　　　　　　　　　0　　1　　2　　3　　4　　5

避免与他人目光接触，也不用眼神以辅助表情。即使在讲话时眼睛也茫然凝视前方。

5. 无情感反应　　　　　　　　　　　　0　1　2　3　4　5

在说笑话或开玩笑时都不能引出笑容。

6. 语调缺乏变化　　　　　　　　　　　0　1　2　3　4　5

语声常很单调,缺乏正常的抑扬顿挫,不用音调或音量的变化来强调重要的词汇。

资料来源:夏梅兰.(1989). 阴性症状评定量表(SANS). *上海精神医学*, *2*, 39-41.

(4) 测验的信度和效度

研究表明,阴性症状量表具有良好的内部一致性信度,克龙巴赫 α 系数在 0.60 左右到 0.90 以上之间波动(Andreasen et al., 1995；Mueser et al., 1994)。

有关阴性症状评定量表运用于慢性精神分裂症患者的研究结果表明,阴性症状量表各因子的评分者信度分别是 0.83(情感平淡或迟钝)、0.85(思维贫乏)、0.84(意志缺乏/情感淡漠)、0.79(兴趣缺乏/社交缺乏)、0.79(注意障碍)(盛嘉玲,翁梅珍,蔡德祥,1989)。

对阴性症状评定量表聚合效度的研究结果表明,量表总分与阳性和阴性症状量表阴性症状分量表的相关系数为 0.56($P<0.01$),各分量表与阳性和阴性症状量表阴性症状分量表的相关系数范围在 0.39—0.45 之间(P 值均小于 0.01)(Rabany et al., 2011)。

研究证实阴性症状评定量表具有较好的效度,其中阴性症状评定量表总分与简明精神病评定量表的相关系数为 0.58；此外,阴性症状评定量表的得分与慢性精神分裂症患者的病程、病情的严重程度呈正相关,推测用阴性症状评定量表测定慢性病患者精神衰退程度、衡量康复训练后诊会心理功能的康复水平是可取的(盛嘉玲,翁梅珍,蔡德祥,1989)。

4. 阳性症状评定量表

阳性症状评定量表(Scale for Assessment of Positive Symptoms，SAPS),由安德烈亚森(Nancy C.Andreasen)1984 年编制。

(1) 测验目的与功能

与代表功能丧失的阴性症状相比,精神分裂症的另一重要症状特征——阳性症状,则代表功能夸张或畸形呈现(Andreasen, 1990),包括幻觉、妄想、怪异行为等。由于 20 世纪 80 年代精神分裂症领域的研究主要集中在阴性症状,阳性症状相对受到忽视,表现为这一时期的阳性症状测量工具远不如阴性症状的多(Peralta & Cuesta, 1998),于是作为阴性症状评定量表补充工具的阳性症状评定量表(Andreasen, 1984),一经面世,就得到精神分裂症研究领域的广泛运用(Arndt et al., 1991；Malla et al., 1993；Klimidis et al., 1993；Andreasen et al., 1995；Stuart et al., 1995)。

(2) 测验的主要内容

测验内容。阳性症状评定量表包含 30 个核心项目和 4 个因子总评项目,由这 34 个项目组成 4 个阳性症状因子(Andreasen，1984)：1)幻觉(Hallucinations),如幻听

(Auditory hallucinations)、评论性幻听(Voices commenting)、争论性幻听(Voices conversing)、躯体或触幻觉(Somatic/tactile hallucinations)、幻嗅(Olfactory hallucinations)、幻视(Visual hallucinations)以及对幻觉的总评;2)妄想(Delusions),如被害妄想(Persecutory delusions)、嫉妒妄想(Delusions of jealousy)、罪恶妄想(Delusions of guilt or sin)、夸大妄想(Grandiose delusions)、宗教妄想(Religious delusions)、躯体妄想(Somatic delusions)、关系妄想(Delusions of reference)、被控制感(Delusions of being controlled)、被洞悉感(Delusions of mind reading)、思维被广播(Thought broadcasting)、思维插入(Thought insertion)、思维被夺(Thought withdrawal)以及对妄想的总评;3)怪异行为(Bizarre behavior),如衣着和外表(Clothing and appearance)、社交和性行为(Social and sexual behaviour)、攻击和激越行为(Aggressive,agitated behaviour)、重复或刻板行为(Repetitive behaviour)以及对怪异行为的总评;4)阳性思维形式障碍(Positive formal thought disorder),如思维散漫(Derailment)、答不切题(Tangentiality)、言语不连贯(Incoherence)、逻辑障碍(Illogicality)、赘述(Circumstantiality)、言语云集(Pressure of speech)、言语随境转移(Distractible speech)、音联(Clanging)以及对阳性思维形式障碍的总评。

施测步骤。阳性症状评定量表与阴性症状评定量表的评估方式类似,均为他评量表,也评估患者过去一个月的症状。由临床经验的精神科医生根据医护人员的直接观察、与患者及其亲属的面谈检查等途径获得的资料,评估患者在每个阳性症状上的严重程度。量表中的项目均按0—5分的6级评分制评估,其中"0"表示"无","1"表示"可疑","2"表示"轻度","3"表示"中度","4"表示"显著","5"表示"严重"(严瑜,2008)。

(3) 测验举例

阳性症状评定量表中文版

1. 幻听　　　　　　　　　　　　　　　　　0　1　2　3　4　5

患者声称听到语声、杂音或其他声音,最常见的听幻觉包括听到对患者讲话或叫他名字的声音。

2. 评论性幻听　　　　　　　　　　　　　　 0　1　2　3　4　5

指患者听到一种语声对其当时的行为或思想进行实况评述。

3. 争论性幻听　　　　　　　　　　　　　　 0　1　2　3　4　5

指患者听到两人或更多人的声音在对话,通常是讨论有关患者的事情。

4. 躯体或触幻觉　　　　　　　　　　　　　 0　1　2　3　4　5

患者体验到特殊的躯体感觉,包括烧灼感、刺痛感,以及感到身体的形状或大小发生了变化。

5. 幻嗅　　　　　　　　　　　　　　　　　0　1　2　3　4　5

患者体验到令其极不愉快的气味。

资料来源:夏梅兰.(1989).阳性症状评定量表(SAPS).*上海精神医学*,*2*,42-47.

（4）测验的信度和效度

有关阳性症状评定量表信度的研究显示,阳性症状评定量表各因子的评分者信度分别是 0.86(幻觉)、0.88(妄想)、0.85(怪异行为)、0.82(阳性思维形式障碍)(Moscarelli et al.,1987)。也有研究检验了各个单项的评分者信度,其中幻觉各单项的评分者信度为 0.50—0.93,妄想为 0.52—0.85,怪异行为为 0.63—0.82,阳性思维形式障碍为 0.44—0.93(Peralta & Cuesta,1999)。另外,对阳性症状评定量表与阳性和阴性症状量表的关系研究结果显示,阳性症状评定量表总分与阳性和阴性症状量表阳性症状分量表分的相关系数在 0.81—0.91 之间(Norman et al.,1996)。

八、人格障碍测验

1. 国际人格障碍检查表

国际人格障碍检查表(International Personality Disorder Examination,IPDE),由洛伦格(Amand W.Loranger)等人 1988 年基于人格障碍检查表(Personality Disorder Examination,PDE)修订而成。

（1）测验目的与功能

国际人格障碍检查表,适用于《国际疾病分类第 10 版》(ICD-10)及《精神障碍诊断与统计手册(第三版修订版)》(DSM-Ⅲ-R)分类系统中人格障碍的评估(Loranger,1988)。该量表不同语言版本于 1988 年到 1989 年之间相继被运用于北美、欧洲、非洲、亚洲等地的 11 个国家和地区(Loranger et al.,1991),并证实该量表是筛查人格障碍的可靠工具(Loranger et al.,1994;Lenzenweger et al.,1997)。

（2）测验的主要内容

国际人格障碍检查表由 153 个反映人格特质的项目组成,其中只与 DSM-Ⅲ-R 分类系统对应的有 83 项,只与 ICD-10 分类系统对应的有 27 项,两者均对应的有 43 项。所有项目分为 6 个方面:工作(Work)、自我(Self)、人际关系(Interpersonal relationships)、情感(Affects)、现实检验(Reality testing)、冲动控制(Impulse control)。根据不同的项目,国际人格障碍检查表可分别用于评估 DSM-Ⅲ-R 中的 14 种人格障碍分型和 ICD-10 中的 10 中人格障碍分型(Loranger,1988)。

DSM-Ⅲ-R:偏执型(Paranoid)、分裂样(Schizoid)、分裂型(Schizotypal)、强迫型(Obsessive compulsive)、表演型(Histrionic)、依赖型(Dependent)、反社会型(Antisocial)、自恋型(Narcissistic)、回避型(Avoidant)、边缘型(Borderline)、被动攻击型(Passive aggressive),以及附录中的虐待狂型(Sadistic)、自我防卫型(Self-defeating)、其他特殊的人格障碍(Any special personality disorder)。

ICD-10：偏执型（Paranoid）、分裂样（Schizoid）、社交紊乱型（Dissocial）、情绪不稳型中的冲动型（Impulsive）和边缘型（Borderline）、表演型（Histrionic）、强迫型（Anankastic）、焦虑（回避）型（Anxious）、依赖型（Dependent）、其他特殊的人格障碍（Any special personality disorder）。

国际人格障碍检查表是半结构化的临床访谈检查表，由经过专业培训的临床医生检查，检查一次需 60—150 分钟。检查过程需合理控制在自发、自然的临床访谈与规范化、客观化的检查之间。检查表中附有详细的访谈程序、具体的问话方式及评分标准（Loranger，1988）。

检查过程中，根据患者对每个人格特质或行为反映的真实情况，对每个项目的存在程度进行评估。IPDE 采取 0—1 分的 3 级评分制，其中"0"表示"无或正常"，"1"表示"突出或加剧"，"2"表示"符合诊断标准和病态"（Loranger，1988）。

国际人格障碍检查表规定一种行为或特征至少持续 5 年或以上，则可考虑其为人格特质，在诊断每型要求的条目上，ICD-10 需要至少 3 条，DSM-Ⅲ-R 则需 4—5 条，且至少有一条的评分是 2 分。若阳性得分大于 10 条（同样要求有一条评分是 2 分），但又不符合任何一种人格障碍者，则诊断为其他型人格障碍。两种诊断系统均要求至少有一种符合诊断标准的项目反映的行为在 25 岁之前就已出现。世界卫生组织针对国际人格障碍检查表开发了一套软件，只要输入每个条目的得分，就可以得出结果（汪向东，王希林，马弘，1999）。

（3）测验举例

国际人格障碍检查表— ICD-10 版

接下来我要问的问题是关于你大多数时候的样子。我感兴趣的是你在整个生活中表现出的典型样子，而不仅仅是最近的表现。如果你已经发生变化，或是你的回答在过去的某些时候会有不同，请一定要让我知道。

Ⅰ 工作

如果被试很少工作或没有工作，不是家庭主妇、学生或刚毕业的大学生，则第 1 题选"不适用"，并继续第 2 题。

我想先从讨论你的工作生活（学校生活）开始。你平时在工作中（学校里）的表现如何？

在你的工作中（学校里），什么样的烦恼或问题是持续存在的？

1.　**NA　0　1　2**

　　过分专注工作，以至于排斥娱乐和人际交往。

　　强迫型：5

你是否在工作上花费太多时间以至于没有多余的时间留给其他事？

如果是,请告诉我是什么情况。

你是否在工作上花费太多时间以至于忽略了其他人?

如果是,请告诉我是什么情况。

检查者应警惕被试使用各种理由使自己的行为合理化。实际上,有些工作的确会使被试感到愉悦,这种情况不应该影响项目的计分。若避免人际交往和休闲活动不是因为专注工作而是有别的原因,则不属于计分标准范围。

2　过分专注工作,因此常常排斥对休闲活动和人际交往的追求。

1　过分专注工作,因此偶尔排斥对休闲活动和人际交往的追求。

　过分专注工作,因此常常排斥对休闲活动或人际交往的追求,但不会同时排斥两者。

0　没有,或很少,或从未导致对休闲活动或人际关系的排斥。

资料来源:Loranger, A. W., Janca, A., & Sartorius, N.(Eds.)(1997). *Assessment and Diagnosis of Personality Disorders*, *The ICD-10 International Personality Disorder Exammination*(*IPDE*). UK: Cambridge University Press.

(4) 测验的信度和效度

有研究报告指出,1988—1989 年间,国际人格障碍检查表被研究者运用于 11 个国家的 716 名患者的检查中,结果显示国际人格障碍检查表具有与其他精神疾病诊断工具(如心境障碍、焦虑障碍等)相似水平的评分者信度和重测信度,检查表中有 94.9% 的项目的评分者信度在 0.60 以上,有 83.4% 的项目的重测信度在 0.50 以上,其中 DSM-Ⅲ-R 各人格障碍分型的评分者信度最高的为被动攻击型(0.92),最低的为自我防卫型(0.71),校正后的重测信度最高的为边缘型(0.89),最低的为偏执型(0.67);ICD-10 中各人格障碍分型的评分者信度最高的为边缘型(0.91),最低的为强迫型(0.73),校正后的重测信度最高的为强迫型(1.00),最低的为社交紊乱型(0.62)(Loranger et al., 1994)。

韩菁等人对国际人格障碍检查表中文版中与 ICD-10 相对应的 70 个项目进行研究,检查表运用于 54 名人格障碍患者和 32 名正常人,结果显示检查表有较好的一致性,评分者间评定的一致性中位数 *Kappa* 值为 0.84,其中一致性最高的为分裂型和冲动型(*Kappa* 值均为 1.00),最低的为偏执型(0.60);2—7 个月之间,前后评定的一致性中位数 *Kappa* 值为 0.83,其中 *Kappa* 值最高的为冲动型和焦虑(回避)型(均达到 1.00),*Kappa* 值最低的为偏执型和边缘型(均为 0.61)(韩菁,等,1998)。

由于缺乏研究半结构化临床访谈效度的金标准,研究国际人格障碍检查表的效度比较困难(Loranger, Janca, & Sartorius, 1997)。研究表明,国际人格障碍检查表与临床诊断具有较好的一致性。在临床诊断不分亚型的情况下敏感度为 90.7%,特异度为 90.6%,与临床诊断的符合率为 90.6%,表明国际人格障碍检查表的临床可靠性较好(韩菁,等,1998)。

2. 人格诊断问卷

人格诊断问卷(Personality Diagnostic Questionnaire,DPQ),由海勒(S.E. Hyler)等人根据美国精神病学会出版的《精神障碍诊断与统计手册(第3版修订版)》(DSM-III-R)中轴I的人格障碍诊断标准编制而成(Hyler et al.,1983)。1987年发表人格诊断问卷修订版(Personality Diagnostic Questionnaire-Revised,PDQ-R)(Hyler et al.,1987)。随着《精神障碍诊断与统计手册(第四版)》(DSM-IV)的出版,海勒等人又于1994年发表与之相对应的人格诊断问卷第4版(Personality Diagnostic Questionnaire-4+,PDQ-4+)(Hyler et al.,1994)。

(1)测验目的与功能

人格诊断问卷是一个用于筛查人格障碍的自评问卷。自第4版面世以来,人格诊断问卷在国外的相关研究领域得到广泛运用(Chabrol et al.,2007;Abdin et al.,2011;Bouvard et al.,2011;Fonseca-Pedreroa et al.,2013)。在1998年和1996年,由黄悦勤以及杨坚等人将人格诊断问卷第4版和人格诊断问卷修订版(PDQ-R)引入国内并适当修订(黄悦勤,等,1998;Yang,Robert,& Paul,2000),人格诊断问卷在国内不同人群研究领域也得到广泛运用,如精神疾病患者(杨蕴萍,等,2001;张红,等,2010)、成年违法犯罪人群(沈东郁,杨蕴萍,2002)、学生群体(傅文青,姚树桥,2004;李江雪,项锦晶,2006)、军人(陈友庆,薛兴,2012)、戒毒人员等(王伟,等,2013)。

(2)测验的主要内容

根据不同的分类诊断系统,人格诊断问卷的三个版本分别有163、152、99个项目。这里主要介绍最新的人格诊断问卷第4版。

人格诊断问卷第4版由99个描述行为或特征的自陈式项目组成,分别用于检查DSM-IV诊断分类系统中的12种人格障碍分型,其中有10种是DSM-IV轴II的分型,另外2种属于DSM-IV附录B中的分型(Hyler et al.,1994),它们分别是偏执型(Paranoid)、分裂型(Schizotypal)、分裂样(Schizoid)、边缘型(Borderline)、表演型(Histrionic)、自恋型(Narcissistic)、反社会型(Antisocial)、回避型(Avoidant)、依赖型(Dependent)、强迫型(Obsessive compulsive)以及附录中的抑郁型(Depressive)、被动攻击型(Negativistic)。

1996年杨坚等人根据中国文化背景修改并增加一些新条目,形成由107个项目组成的人格诊断问卷第4版中文版,同样用于检查DSM-IV诊断分类系统中的12种人格障碍分型(Yang,Robert,& Paul,2000)。

人格诊断问卷为自评问卷,凡是有初中以上文化程度的被试均可使用。施测过程中,要求被试根据自己的情况,对每个项目的描述作出"正确"或"错误"的回答。完成问卷大约需要30分钟。

被试的回答中,选择"正确"的项目将作为病理反应记分,问卷最重要的指标是人格障碍的阳性总分,分数越高表明人格障碍的症状越多。

（3）测验举例

人格诊断问卷第 4 版中文版

本问卷的目的是让你描述自己是哪种性格的人。在回答问题时，想想在过去的几年里你主要的感觉、思想和行为。为提醒你注意，每部分问题前面你都能看到此描述："在过去的几年里……"

"正确"的意思是此描述一般来说对你合适；"错误"的意思是此描述一般来说对你不合适。即使你对答案不完全肯定，也要对每道问题写明"正确"或"错误"。

例如，像下列问题："我倾向顽固。"如果，事实上在过去的几年里许多情况下你很顽固，你应该回答"正确"，圈上"1"；如果这对你完全不合适，或者你仅在一两种情况下顽固，例如做某项特殊工作时顽固，你应该回答"错误"，圈上"2"，答案不分对错。填此问卷时，你愿意花多长时间都可以。

正确＝1　　错误＝2

1. 我避免与可能批评自己的人一起工作。	1	2
2. 若没有别人的忠告或反复保证，我就不能作出决定。	1	2
3. 我常过分注重细节，而忽视了大的方面。	1	2
4. 我需要成为注意的中心。	1	2
5. 我取得的成就远远多于别人赞誉我的。	1	2
6. 我会以强烈的手段阻止我所爱的人离开我。	1	2
7. 我有几次遇到法律上的麻烦（假如我被捕就会遇到这类麻烦）。	1	2
8. 我对与家庭和朋友共度时光很不感兴趣。	1	2
9. 我能从周围发生的事情中得到特殊的信息。	1	2
10. 我知道如果自己不经意，人们会占我的便宜，或试图欺骗我。	1	2

……

资料来源：汪向东，王希林，马弘.(1999). 心理卫生评定量表手册.北京：中国心理卫生杂志社.

（4）测验的信度和效度

有研究对 100 名人格障碍高患病率人群进行人格诊断问卷第 4 版的评估，结果显示，问卷具有良好的内部一致性，克龙巴赫 α 系数在 0.42—0.71 之间（Wilberg, Dammen, & Friis, 2000）。另有对 1 443 名非临床的未成年人的研究结果显示，人格诊断问卷第 4 版具有良好的内部一致性，克龙巴赫 α 系数最高的人格障碍分型为分裂型（0.85），最低的为强迫型（0.62）（Fonseca-Pedrero et al., 2013）。

杨蕴萍等人（2002）对人格诊断问卷第 4 版在中国应用的信度和效度进行研究，将人格诊断问卷第 4 版施测于国内 10 个省市的 628 例普通人群及 367 例不同诊断的精神障碍患者的结果显示，间隔 2—4 周的重测信度为 0.50—0.80，分半信度为 0.50—0.93，克龙巴赫 α 系数为 0.56—0.78。

研究结果显示,人格诊断问卷第 4 版对各型人格障碍患者的敏感度在 40%(依赖型)到 93%(回避型)之间,特异度在 37%(回避型)到 86%(回避型)之间,但问卷易作出假阳性或假阴性的诊断(Wilberg, Dammen, & Friis, 2000)。杨蕴萍等人(2001)的研究结果则显示,精神分裂症组($N=125$)、情感精神障碍组($N=84$)、神经症组($N=123$)及人格障碍组($N=28$)的各分量表分及总分均明显高于普通人群组($N=628$),差异有极显著性意义($P<0.001$);研究还发现,当总分在 19—28 时,问卷对人格障碍的灵敏度为 89%—93%,特异度为 47%—65%,说明人格诊断问卷第 4 版作为筛查量表较为适用。

九、应激障碍及相关测验

1. 斯坦福急性应激反应问卷

斯坦福急性应激反应问卷(Stanford Acute Stress Reaction Questionnaire, SASRQ),由卡德尼亚(E. Cardeña)等人 2000 年基于急性应激反应问卷(Acute Stress Reaction Questionnaire, ASRQ)(Cardeña & Spiegel, 1993)修订编制而成(Cardeña et al., 2000)。

(1)测验目的与功能

斯坦福急性应激反应问卷可用于评估急性应激障碍,以此发现高危人群,而且利用量表总分进行初步筛查简便易行,因此该问卷已成为国内外常用的急性应激障碍筛查工具(Stoddard et al., 2006;温盛霖,等,2011;Jubinville et al., 2012;Kweon et al., 2013)。

(2)测验的主要内容

斯坦福急性应激反应问卷有 30 个自陈式项目,分别是分离症状(dissociation)(10 项)、创伤事件再体验(reexperiencing of trauma)(6 项)、对创伤刺激的回避(avoidance)(6 项)、焦虑或警觉性增高(anxiety and hyperarousal)(6 项)、社会功能损害(impairment in functioning)(2 项)。还附有 3 个与急性应激障碍诊断相关的题目,包括对创伤事件的描述、受创伤事件困扰的程度、症状最严重持续的天数(Cardeña et al., 2000)。

问卷采用 6 级评分制,从 0 到 5 表示对各项症状从"无体验"到"非常经常体验"(Cardeña et al., 2000)。有总分和阳性症状数两个统计指标。总分为各项目得分的综合,范围在 0—150 分之间,得分越高,表明急性应激障碍症状越重。阳性症状数即得分 ≥ 3 的项目,当被试具有至少 3 个分离症状、1 个创伤事件再体验症状、1 个回避症状和 1 个焦虑症状,则可按《精神障碍诊断与统计手册(第四版)》(DSM-IV)的诊断标准诊断为急性应激障碍(Cardeña et al., 2000)。

(3)测验举例

斯坦福急性应激反应问卷

指导语:下表呈现的是人们在应激事件发生之时和之后会有的体验。请认真阅读每个项目,考虑其是否与你在洪水发生之时和之后(事件期间和事件发生之后的4周)的体验相符,并在每个项目之后,根据以下的0—5点量表,圈出你认为与你的体验最符合的数字。

0••••••••••••1••••••••••••2••••••••••••3••••••••••••4••••••••••••5

无体验　　非常少体验　　少体验　　偶尔体验　　经常体验　　非常经常体验

1. 我难以入睡或持续睡着。
2. 我感到不安。
••••••
14. 我试着避开关于洪水的谈话。
15. 当我接触能让我想到洪水的事物时,我会有身体反应。
16. 我很难记住关于洪水的重要细节。
17. 我试图避免想到洪水。
••••••
29. 我有一种逼真的感觉,觉得还会发生洪水。
30. 我试图远离能让我想起洪水的地方。

资料来源:斯坦福医学院应激与健康中心网站 http://stresshealthcenter.stanford.edu.

(4) 测验的信度和效度

卡德尼亚等人多次将斯坦福急性应激反应问卷运用于性虐待、自然灾害等创伤事件的受害者中,结果显示,问卷总体的内部一致性良好,克龙巴赫 α 系数在0.80—0.95之间,个分量表的 α 系数则在0.32—0.98之间;另外,间隔3—4周的重测结果显示,问卷的重测信度为0.69(Cardeña et al., 2000)。

在一次紧急救援中,救援人员的斯坦福急性应激反应问卷得分($M=26.37$, $SD=25.52$)显著高于非救援人员($M=4.91$, $SD=8.34$)($P<0.001$)(Cardeña et al., 1997);对斯坦福急性应激反应问卷聚合效度的研究结果则显示,问卷总分、各分量表与事件冲击量表(Impact of Event Scale)总分、各分量表的相关系数在0.55—0.75之间(Cardeña et al., 2000);除此之外,斯坦福急性应激反应问卷还有良好的预测效度,许多研究者发现问卷得分与一段时间后的创伤后应激障碍症状有显著相关(Koopman et al., 1994;Spiegel et al., 1996),如克拉森对经历大规模枪击案的人的研究结果显示,问卷得分达到创伤后应激障碍诊断标准的人,在7个月后表现出更严重的创伤后应激障碍症状(Classen et al., 1998)。

在国内,温盛霖等人探讨了斯坦福急性应激反应问卷在中国应用的最佳筛查阈值,根据《精神障碍诊断与统计手册(第四版)》(DSM-IV)分类诊断标准对223名地震灾民进行症状学分析,并结合斯坦福急性应激反应问卷施测,最终的研究结果显示,以问卷总分为

40分作为筛查标准时,对创伤后应激障碍的敏感度为0.938,特异度为0.773(温盛霖,等,2011)。

2. 创伤后应激障碍临床检测量表

创伤后应激障碍临床检测量表(Clinical Administered PTSD Scale, CAPS),由布拉克(Dudley D.Blake)等人1994年修订美国创国家伤后应激障碍研究中心(National Center for Posttraumatic Stress Disorder)1990年组织开发的同名量表而成。

(1)测验目的与功能

创伤后应激障碍临床检测量表最初运用于战争老兵,之后被推广到不同的创伤群体,如强奸、犯罪、交通事故、身患绝症等,现已成为创伤应激领域的标准诊断工具,被翻译成10余种语言,并被运用到至少200项的研究中(Weathers et al., 2001)。创伤后应激障碍临床检测量表中文版由中南大学湘雅二医院精神卫生研究所对1998年修订的英文版翻译而成(侯彩兰,等,2008)。

(2)测验的主要内容

原版的创伤后应激障碍临床检测量表包含17个用于评估《精神障碍诊断与统计手册(第三版修订版)》(DSM-III-R)中创伤后应激障碍症状的项目,8个用于评估伴随症状的项目(如内疚、绝望、记忆受损等),5个用于评估反应有效性、整体严重性、整体改善及社交、职业功能损害(Blake et al., 1990)。

新版创伤后应激障碍临床检测量表的项目包含所有《精神障碍诊断与统计手册(第四版)》(DSM-IV)中创伤后应激障碍的诊断标准,包括标准A—暴露于创伤性事件(exposure to a traumatic event);三大症状群(标准B—D)的17个症状,其中标准B—再体验(re-experiencing)5个项目、标准C—麻木与回避(numbing and avoidance)7个项目、标准D—过度警觉(hyperarousal)5个项目;标准E—病期(chronology);标准F—功能损害(functional impairment);以及内疚、分离2个伴随症状(Blake et al., 1995)。

创伤后应激障碍临床检测量表是一个结构化临床访谈检测量表,评估者通过临床访谈,分别对被试每项症状出现的频率和强度进行评估,评估范围为0—4分,从0分到4分分别表示从"从不"到"每天或几乎每天"、从"无"到"极重度"。根据各项目频率和强度的得分,还可计算出被试各个症状的严重程度(范围是0—8分)(Blake et al., 1990)。

为评估被试的症状是否确由创伤性事件引起,新版创伤后应激障碍临床检测量表增加了一个三级评定量表,分别是"明确的""可能的""不能可能的"。需要注意的是,该量表仅适用于标准A中无法确定是否与创伤相连的后9个症状项目。除此之外,新版创伤后应激障碍临床检测量表还增加了一项对回答有效性的评估,即评定过程中需要评价被试所作回答的有效性(Blake et al., 1995)。

创伤后应激障碍临床检测量表的计分方式较为灵活,量表的统计指标包括各症状群和总量表的频率得分、强度得分和严重性得分。评估者叫选择性的关注某个得分。新版创伤后应激障碍临床检测量表发表时，还附有解释创伤后应激障碍严重性的评分系列，即根据总量表的严重性总分评估被试创伤后应激障碍的严重程度，其中当严重性总分为0—19分表示无症状或很少症状；20—39分表示轻度创伤后应激障碍或低于最低限度；40—59分表示中度创伤后应激障碍或界限值；60—79分表示重度创伤后应激障碍症状群；大于80分则表示极重度创伤后应激障碍症状群。另外，当被试症状群的频率得分大于或等于1分、强度得分大于或等于2分时，或创伤后应激障碍临床检测量表总量表严重性得分大于或等于45分时，可以对其作出创伤后应激障碍的诊断。当创伤后应激障碍临床检测量表总分发生15分的改变时，还可将其作为临床症状显著改变的标志（Weathers et al.，2001）。

（3）测验举例

创伤后应激障碍临床检测量表

该项目属于标准B（再体验）中"反复而痛苦地梦及此事"。

频率

你是否做过关于这件事的不愉快的梦？过去的1个月里梦到过几次？

0　从不

1　1次或2次

2　每周1次或2次

3　每周好几次

4　每晚或几乎每晚

强度

当梦最糟糕时，这个梦带给你多少程度的痛苦和不适？这些梦会让你醒过来吗？（如回答"是"，问：）当你醒来时你感觉到什么或做了什么？重新进入睡眠需要花多少时间？

0　无

1　轻度，很轻微的痛苦，没有醒来

2　中度，在痛苦中醒来但容易再入睡

3　重度，相当大的痛苦，难以再入睡

4　极重度，压倒性的、无法承担的痛苦，无法再入睡

资料来源：Blake, D.D., Weathers, F.W., Nagy, L.M., Kaloupek, D.G., Gusman, F.D., Charney, D.S., & Keane, T.M. (1995). The development of a Clinician-Administered PTSD Scale. *Journal of Traumatic Stress*, *8*, 75-90.

（4）测验的信度和效度

对25名男性战争老兵的研究结果表明，创伤后应激障碍临床检测量表具有良好的

评分者信度,其中再体验、麻木与回避、过度警觉三大症状群的评分者信度在 0.92—0.99 之间,同时也具有较好内部一致性信度,克龙巴赫 α 系数在 0.73—0.85 之间(Blake et al.,1990)。1999 年对 243 名老兵的研究结果也表明创伤后应激障碍临床检测量表具有良好的信度,其中三大症状群的内部一致性 α 系数为 0.78—0.87(频率)、0.82—0.88(强度)、0.82—0.88(严重性),标准 A 的 17 个症状的内部一致性 α 系数分别是 0.93(频率)、0.94(强度)、0.94(严重性),而对临床样本的研究结果则显示出较低的信度水平,三大症状群的内部一致性 α 系数分别是 0.64—0.73(频率)、0.66—0.76(强度)、0.69—0.78(严重性),标准 A 的内部一致性 α 系数分别是 0.85(频率)、0.86(强度)、0.87(严重性)(Weathers et al.,2001)。

创伤后应激障碍临床检测量表与战争暴露量表(Combat Exposure Scale)的相关系数为 0.42,与密西西比量表(Mississippi Scale)的相关系数为 0.70,与明尼苏达多相人格调查表的创伤后应激失常量表(Keane PTSD Scale of the MMPI)的相关系数为 0.84(Blake et al.,1990);对 123 名老兵的研究结果显示,创伤后应激障碍临床检测量表的严重性总分与战争暴露量表的相关系数为 0.53,与密西西比量表的相关系数为 0.91,与明尼苏达多相人格调查表的创伤后应激失常量表的相关系数为 0.77,与创伤后应激障碍检查表的相关系数高达 0.94(Weathers et al.,2001)。

研究者以临床访谈的结果为标准,发现以创伤后应激障碍临床检测量表作出创伤后应激障碍诊断的敏感度为 74%,特异度为 83%(Hovens et al.,1994)。

3. 创伤后应激障碍诊断量表

创伤后应激障碍诊断量表(Post-Traumatic Stress Diagnostic Scale,PDS),由福阿(Edna B. Foa)1995 年编制。

(1)测验目的与功能

创伤后应激障碍诊断量表,用于筛查、诊断经历过创伤性事件的患者是否出现创伤后应激障碍的症状,以及评估已确诊为创伤后应激障碍患者的症状严重程度(Foa,1995)。目前,创伤后应激障碍诊断量表已广泛运用于临床、研究等领域中(McCarthy,2008),如紧急事件服务中创伤后应激障碍诊断(Haslam & Mallon,2003)、创伤后应激障碍患者认知行为疗法的前瞻性治疗研究(Duffy,Gillespie,& Clark,2007)等。

(2)测验的主要内容

创伤后应激障碍诊断量表有 49 个项目,项目内容反映了《精神障碍诊断与统计手册(第四版)》(DSM-IV)中创伤后应激障碍所有的诊断标准(标准 A—F),为了方便被试自评,编制者将诊断标准中的专业术语转换为更生活化、更容易理解的语言(Doll,1999)。量表由 4 个部分组成(Foa et al.,1997)。

第 1 部分与标准 A—暴露于创伤性事件(exposure to a traumatic event)相对应,是一个由 12 个创伤性事件组成的列表，让被试标记出经历过的事件。

第 2 部分也是与标准 A 相对应，包括几个开放式的题目，包括选出过去 1 个月对被试困扰最大的创伤性事件、简要描述创伤性事件、创伤性事件发生至今过了多长时间等，以及 4 道与标准 A 相关的是否题（如在事件中身体受到伤害、觉得自己的生命处于危险之中、感到无助或恐惧等）。

第 3 部分与标准 B—D、标准 E 相对应，其中再体验（Reexperiencing）有个项目（22—26）、回避（Avoidance）7 个项目（27—33）、警觉（Arousal）5 个项目（34—38）以及评估病期（Ahronology）的第 39、40 项。

第 4 部分与标准 F 相对应，共有 9 个项目，用于确定不同领域的功能是否受到损害（functional impairment），包括工作（work）、家务（household duties）、友谊（friendships）、休闲活动（leisure activities）、学校活动（school work）、家庭关系（family relationships）、性生活（sex life）、生活满意感（general satisfaction with life）、功能的整体水平（overall level of functioning）。

创伤后应激障碍诊断量表的评定可以得出 4 个结果，分别是创伤后应激障碍诊断结果（PTSD Diagnosis）、症状严重程度得分（Symptom Severity Score）、症状严重程度评估（Symptom Severity Rating）、功能损害等级（Level of Impairment of Functioning）。当被试的自评结果在 A—F 这 6 项诊断标准上都符合时，则可以作出创伤后应激障碍的诊断；严重程度得分，即标准 B—D 中 17 项症状的频率得分相加，范围在 0—51 分之间；严重程度评定，即根据严重程度得分作出的评定，其中 1—10 分表示"轻度"，11—20 分表示"中度"，21—35 表示"中度到重度"，36 分及以上表示"中度"；功能损害等级评定，即根据被试第 4 部分的回答作出的解释（Foa et al., 1997）。

（3）测验举例

创伤后应激障碍诊断量表

有关于创伤事件的不好的想法和图像进入你的脑海，尽管你并不愿意想它们。

0　完全没有或仅有 1 次

1　每周 1 次或更少/偶尔

2　每周 2—4 次/一半的时间

3　每周 5 次或更多/几乎总是

资料来源：美国退伍军人事务部网站 http://www.va.gov.

（4）测验的信度和效度

对 248 名经历各种创伤事件的人进行的研究证实创伤后应激障碍诊断量表具有良好的信度，量表内部一致性信度的研究结果显示，总体症状严重程度的 α 系数为 0.92，再体验部分为 0.78，回避部分为 0.84，警觉部分为 0.84；三大症状群得分与创伤后应激障碍诊断量表症状严重程度总分的相关系数在 0.87—0.94 之间；量表间隔 2—3 周的重测信度分别是 0.83(症状严重程度得分)、0.77(再体验)、0.81(回避)、0.85(警觉)(Foa et al.，1997)。

研究者发现,根据创伤后应激障碍诊断量表作出的创伤后应激障碍诊断有 85％与《精神障碍诊断与统计手册》(DSM)结果临床访谈(Structured Clinical Interview for DSM)的结果相一致,两者的相关系数为 0.65,创伤后应激障碍诊断量表对创伤后应激障碍作出诊断的敏感度为 0.89,特异度为 0.75;创伤后应激障碍诊断量表与事件冲击量表(Impact of Events Scale)的相关系数在 0.51—0.80 之间(Foa et al.，1997)。

4. 生活事件量表

生活事件量表(Life Event Scale，LES),由杨德森和张亚林于 1986 年编制。

(1) 测验目的与功能

生活事件量表(杨德森,1990),同时关注对正性(积极)和负性(消极)的生活事件的定性、定量评估,并对事件的影响程度、持续时间和发生次数分别计分,显得很有特色(汪向东,王希林,马弘,1999)。

(2) 测验的主要内容

生活事件量表包含 48 个反映常见生活事件的项目,其中有 28 项与家庭生活有关(如婚恋、生育、经济状况等),13 项与工作学习有关(如就业、升学、工作压力等),7 项与社交及其他方面有关(如丧友、灾害等)。除此之外,量表还另设 2 个空白项目,以便被试填写表中未列出的事件、经历(杨德森,1990)。

生活事件量表的统计指标有某事件刺激量、正性事件刺激量、父性事件刺激量、生活事件总刺激量,具体的计算方法如下:

某事件刺激量＝该事件影响程度分×该事件持续时间分×该事件发生次数

正性事件刺激量＝全部好事刺激量之和

负性事件刺激量＝全部坏事刺激量之和

生活事件总刺激量＝正性事件刺激量＋负性事件刺激量。

除此之外,使用者还可以根据研究需要,按家庭问题、工作学习问题和社交问题进行分类统计。

算得生活事件量表总分越高反映被试承受的精神压力越大。95％的正常人一年内的生活事件量表总分不超过 20 分,99％的不超过 32 分。负性事件的分值越高对心身健康的影响越大,而正性事件分值的意义尚待进一步研究(汪向东,王希林,马弘,1999)。

(3) 测验举例

生活事件量表(杨德森,张亚林版)

指导语:下面是每个人都有可能遇到的一些日常生活事件,究竟是好事还是坏事,可根据个人情况自行判断。这些事件可能对个人有精神上的影响(体验为紧张、压力、兴奋或苦恼等),影响的轻重程度各不相同,影响持续的时间也不一样。请您根据自己的情况,实事求是地回答下列问题。

与家庭生活有关的问题	26. 家庭成员死亡
1. 恋爱或订婚	27. 本人重病或重伤
2. 恋爱失败、破裂	28. 住房紧张
3. 结婚	**与工作学习有关的问题**
4. 自己(爱人)怀孕	29. 待业、无业
5. 自己(爱人)流产	30. 开始就业
6. 家庭增添新成员	31. 高考失败
7. 与爱人父母不和	32. 扣发奖金或罚款
8. 夫妻感情不好	33. 突出的个人成就
9. 夫妻分居(因不和)	34. 晋升、提级
……	

资料来源:汪向东,王希林,马弘.(1999).心理卫生评定量表手册.北京:中国心理卫生杂志社.

（4）测验的信度和效度

研究者对153名正常人、107名神经症患者、165名慢性疼痛患者、44名缓解期的精神分裂症患者进行生活事件量表评定,并于2—3周后重测,结果显示量表的重测信度在0.61—0.74之间($P<0.01$)(汪向东,王希林,马弘,1999)。

对100名离婚诉讼者和五好家庭成员的比较研究结果显示,两者的生活事件量表得分存在显著差异,表现为前者的负性事件刺激量、精神紧张总值显著高于后者($P<0.01$),而在正性事件刺激量上,两者不存在显著差异;对十二指肠溃疡患者和乙肝病毒携带者的比较研究结果显示,前者的负性事件刺激量、精神紧张总值显著高于后者($P<0.01$),而在正性事件刺激量上,两者不存在显著差异;对恶性肿瘤患者和结核病患者的比较研究结果显示,前者的生活事件发生的频度、影响程度及总刺激量均显著高于后者;对72名癔症患者的研究结果显示,该群体在反映其功能状况的大体评定量表(Global Assessment Scale)得分与生活事件总刺激量呈相关,即$r=-0.30$($P<0.05$)(汪向东,王希林,马弘,1999)。

5. 社会支持行为问卷

社会支持行为问卷(Inventory of Socially Supportive Behaviors,ISSB),由巴里拉等人(Manuel Barrera,Irwin N.Sandier,Thomas B.Ramsay)1981年编制(Barrera,Sandier,& Ramsay,1981)。

（1）测验目的与功能

社会支持行为问卷用于测量社会支持类型和数量,在社会支持测量研究领域较有影响(Stokes & Wilson,1984)。社会支持行为问卷中文版由范兴华2004年引进,并证实在国内运用同样具有良好的信度和效度(范兴华,2004)。

（2）测验的主要内容

社会支持行为问卷的因素分析结果显示，有以下 4 个因子（Stokes & Wilson，1984）。

情绪支持（Emotional support），包括接纳、亲密互动等，有 8 个项目，分别是第 2、10、14、18、24、29、30、31 项。

实质性支持或物质帮助（Tangible assistance and material aid），有 7 各项目，分别是第 1、3、4、17、34、38、39 项。

认知信息支持（Cognitive information support），包括反馈、澄清等，有 10 个项目，分别是第 5、6、7、15、16、27、28、33、36、37 项。

言语指导（Guidance with a parental or directive quality），有 8 个项目，分别是第 12、13、17、19、21、22、23、32 项。

根据每个项目的得分可以分别相加计算出社会支持行为总分和 4 个因子分，分数越高，表明被试接受的社会支持水平越高。

（3）测验举例

社会支持行为问卷

指导语：我们想了解在过去 4 周的时间里，能使你感到有人在帮助你或让你的生活变得更美好的方式。接下来，你会看到一个含有各种支持行为的列表，并发现有些支持行为是最近几周有人为你做的，或是和你一起做的。请认真阅读每个项目，并评定每项支持行为在过去 4 周发生的频率，根据以下等级量表进行评定：

1. 完全没有

2. 1 次或 2 次

3. 大约一周 1 次

4. 一周好几次

5. 几乎每一天

请认真阅读每个项目，并选出你认为最准确的频率等级。

在过去的 4 周里，人们为你作出这些行为，或和你一起作出这些行为的次数是：

1. 当你离开时，帮你照顾 1 名家庭成员。

2. 在压力处境中陪伴在你身边（身体陪伴）。

3. 为你提供一个地方让你可以离开一段时间。

4. 当你离开时，照看你的财产（宠物、植物、家、公寓等）

……

19. 为你提供一些信息有助于你了解自己的处境。

20. 为你提供一些交通便利。

21. 与你一同检查你是否根据别人给你的建议做。

22. 给你 25 美元以下的钱。

……

37. 以讲笑话、开玩笑的方式试着让你开心起来。

38. 为你提供一个住的地方。

39. 帮你做一些你必须完成的事。

40. 借你 25 美元以下的钱。

（4）测验的信度和效度

巴里拉等人于 1981 年首次将社会支持行为问卷施测于 71 名心理学大学生，间隔 2 天进行重测的结果显示问卷总体的重测信度为 0.88（$P<0.001$），各项目的重测信度为 0.44—0.91；问卷的内部一致性 α 系数在 0.93—0.94 之间（Barrera，Sandier，& Ramsay，1981）。斯托克斯等人（Stokes & Wilson，1984）的研究结果则显示，问卷各因子的内部一致性 α 系数分别是 0.85、0.71、0.83、0.77。范兴华（2004）将社会支持行为问卷中文版施测于 1 208 名大学生的结果显示，问卷经修编后同样具有良好的信度，其中整个问卷的分半信度为 0.87，内部一致性 α 系数为 0.92，各因子的内部一致性 α 系数分别是 0.80、0.66、0.82、0.72，各项目与所属因子总分相关系数在 0.69 到 0.86 之间。

巴里拉等人对 45 名心理学大学生同时进行社会支持行为问卷和亚利桑那社会支持访谈表（Arizona Social Support Interview Schedule）评估的结果显示，两者具有显著的中度相关，相关系数在 0.32（$P<0.05$）到 0.42（$P<0.01$）之间；对 43 名心理学大学生同时进行社会支持行为问卷和自编的家庭环境问卷（Family Environment Questionnaire）评估的结果显示，两者存在中度的正相关，相关系数为 0.36（$P<0.01$）（Barrera，Sandier，& Ramsay，1981）。

6. 社会支持评定量表

社会支持评定量表（Socially Supportive Rating Scale，SSRS），由肖水源参考国外有关资料 1986 年编制。

（1）测验目的与功能

社会支持评定量表不仅能测量客观和主观的支持水平，还能测量个体对支持的利用情况（肖水源，1994），已在国内相关研究领域中获得广泛运用（赵世伟，阎春生，王庆林，1999；唐勤，2007；苏莉，等，2009；崔红，等，2010）。

（2）测验的主要内容

社会支持评定量表共有 10 个题目，组成 3 个维度：客观支持，包括第 2、6、7 项；主观支持，包括第 1、3、4、5 项；对社会支持的利用度：包括第 8、9 项。每个题目包括题干和选项两部分（肖水源，1994）。

量表中不同项目有不同的计分方式，其中第 1—4 项、第 8—10 项每题只选 1 个选项，选择 1、2、3、4 项分别计 1、2、3、4 分；第 5 项分 A、B、C、D、E 五项记总分，选项从"无"

到"全力支持"分别计 1—4 分;第 6、7 项,答"无任何来源"计 0 分,答"下列来源"则选几个来源计计分(肖水源,1994)。

　　量表有总分、客观支持分、主观支持分和对支持的利用度 4 个统计指标,总分即根据各个项目的得分计分算术和,3 个维度分则按各维度所含项目的得分分别计算算术和(肖水源,1994)。

　　(3) 测验举例

社会支持评定量表

　　指导语:下面的问题用于反映您在社会中获得的支持,请按各个问题的具体要求,根据您的实际情况来回答。谢谢您的合作。

　　1. 您有多少关系密切,可以得到支持和帮助的朋友?(只选一项)

　　(1) 一个也没有　　　(2) 1—2 个　　　(3) 3—5 个　　　(4) 6 个或 6 个以上

　　2. 近一年来您:(只选一项)

　　(1) 远离家人,且独居一室

　　(2) 住处经常变动,多数时间和陌生人住在一起

　　(3) 和同学、同事或朋友住在一起

　　(4) 和家人住在一起

　　3. 您与邻居:(只选一项)

　　(1) 相互之间从不关心,只是点头之交

　　(2) 遇到困难可能稍微关心

　　(3) 有些邻居都很关心您

　　(4) 大多数邻居都很关心您

　　4. 您与同事:(只选一项)

　　(1) 相互之间从不关心,只是点头之交

　　(2) 遇到困难可能稍微关心

　　(3) 有些同事很关心您

　　(4) 大多数同事都很关心您

　　5. 从家庭成员得到的支持和照顾(在合适的框内划"√")

	无	极少	一般	全力支持
A. 夫妻(恋人)				
B. 父母				
C. 儿女				
D. 兄弟妹妹				
E. 其他成员(如嫂子)				

6. 过去,在您遇到急难情况时,曾经得到的经济支持和解决买际问题的帮助的来源有:

(1) 无任何来源

(2) 下列来源:(可选多项)

A. 配偶　　　B. 其他家人　　　C. 朋友　　　D. 亲戚　　　E. 同事　　　F. 工作单位

G. 党团工会等官方或半官方组织　　　H. 宗教、社会团体等非官方组织

I. 其他(请列出)

资料来源:肖水源.(1994).《社会支持评定量表》的理论基础与研究应用.临床精神医学杂志,4(2),98-100.

(4) 测验的信度和效度

肖水源等人将社会支持评定量表对128名大学生进行测试,间隔两个月后进行重测,结果显示量表总分的重测信度为0.92($P<0.01$),各项目的重测信度在0.89—0.94之间(肖水源,杨德森,1987)。

刘继文等人将社会支持评定量表运用于268名脑力劳动者的研究结果显示,量表总体的内部一致性α系数为0.896,3个维度的内部一致性α系数分别是0.825(客观支持)、0.849(主观支持)、0.833(对支持的利用度)。量表中各维度与量表总分的相关系数为0.724—0.835,表明量表具有较好的内容效度,各维度之间的相关系数为0.462—0.664,低于与总分的相关,表明量表的结构效度较好(刘继文,李富业,连玉龙,2008)。

7. 防御方式问卷

防御方式问卷(Defense Style Questionnaire, DSQ),由邦德(M.Bond)等人1983年编制(Bond et al., 1983)。修订版有三种:防御方式问卷—88题版(DSQ-88)(Bond, 1986)、防御方式问卷—72题版(DSQ-72)(Andrews, Pollock, & Stewart, 1989)、防御方式问卷—40题版(DSQ-40)(Andrews, Singh, & Bond, 1993)。

(1) 测验目的与功能

防御方式问卷用于评估个体防御方式,最初由67个项目组成,之后又开发出88题、72题、40题三个不同版本,已被大量运用于临床研究中,包括进食障碍、焦虑障碍、抑郁障碍、人格障碍等(Bond, 2004)。问卷已被翻译为不同的语言版本,运用于世界各地(Bonsack et al., 1998; San Martini et al., 2004; Hayashi, Miyake, & Minakawa, 2004; Hyphantis, 2010)。1990年我国引进防御方式问卷—88题版(DSQ-88中文版)(路敦跃,等,1993)。下面主要介绍防御方式问卷—88题版。

(2) 测验的主要内容

防御方式问卷—88题版由88个项目组成,由24种防御方式和4个因子构成。

不成熟防御机制:投射(第4、12、25、36、55、60、66、72、87项);被动攻击(第2、

22、39、45、54 项);潜意显现(7、21、27、33、46 项);抱怨(第 69、75、82 项);幻想(第 40 项);分裂(第 43、53、64 项);退缩(第 9、67 项);躯体化(第 28、62 项)。

成熟防御机制:升华(第 5、74、84 项);压抑(第 3、59 项);幽默(第 8、61、34 项)。

中间型防御机制:反作用形成(第 13、47、56、63、65 项);解除(第 71、78、88 项)。(4)制止(第 10、17、29、41、50);回避(第 32、35、49 项);理想化(第 51、58 项);假性利他(第 1 项);伴无能之全能(第 11、18、23、24、30、37 项);隔离(第 70、76、77、83 项);同一化(第 19 项);否认(第 16、42、52 项);交往倾向(第 80、86 项);消耗倾向(第 73、79、85 项);期望(第 68、81 项)。

掩饰因子:第 6、14、15、20、26、31、38、44、48、57 项。

防御方式问卷有因子分、因子均分、防御机制分、防御机制均分 4 个统计指标。各因子分即各因子所属防御机制得分的算术和,四个因子分别为成熟防御机制、中间型防御机制、不成熟防御机制、掩饰度。因子均分的计算方式为:因子均分=因子分/因子所含项目数,因子均分反映的是被试在某因子上自我评价介于 1—9 的哪种程度,如越靠近 9 即应用某类机制的频度越大,其掩饰度则越小。各防御机制分即反映该机制项目得分的算术和。防御机制均分的计算方式为:防御机制均分=防御机制分/防御机制所含项目数,防御机制均分用于了解被试在某防御机制上,自我评价介于 1—9 的哪种程度,即越接近 9 应用此种防御机制的频度越大(汪向东,王希林,马弘,1999)。

(3)测验举例

防御方式问卷—88 题版(中文版)

指导语:请仔细阅读每一个问题,然后根据自己的实际情况认真填写,不要去猜测怎样才是正确的答案,因为这里不存在正确或错误的问题,也无故意捉弄人的问题。每个问题有 9 个答案,分别用 1、2、3、4、5、6、7、8、9 来表示。

1. 我因帮助他人而获得满足,如果不这样做,我就会变得情绪抑郁。

2. 人们常说我是个脾气暴躁的人。

3. 在我没有时间处理某件棘手的事情时,我可以把它搁置一边。

4. 人们总是不公平地对待我。

5. 我通过做一些积极的或创见性的事情来摆脱自己的焦虑不安,如绘画、做木工活等。

6. 偶尔,我把一些今天该做的事情推迟到明天再做。

7. 我不知道为什么会遇到相同的受挫情境。

8. 我能够相当轻松地嘲笑我自己。

10. 在维护我的利益方面,我羞于与人计较。

资料来源:汪向东,王希林,马弘.(1999).心理卫生评定量表手册.北京:中国心理卫生杂志社.

(4)测验的信度和效度

不同语言版本的防御方式问卷均有较好的信度,如意大利文版防御方式问卷的内部

一致性 α 系数为 0.57—0.85,间隔 6 个月的重测信度为 0.63—0.81(San Martini et al.,2004);德文版防御方式问卷的内部一致性 α 系数为 0.66—0.82,间隔 2 个月的重测信度为 0.77—0.88(Hyphantis,2010)。

路敦跃等人将中文版防御方式问卷运用于 44 名神经症患者和 47 名正常人的研究结果显示,问卷各项目的内部一致性 α 系数均在 0.74 以上,各项目与总分的一致性相关系数在 0.31 以上,而间隔 4 周的重测信度为 0.84—0.91,表明该问卷有较好的信度(路敦跃,等,1993)。李宁等人对 4 309 名大学生的研究结果也证实该问卷具有良好的信度,其中各因子的内部一致性 α 系数为 0.65—0.81,间隔 4 周的重测信度为 0.79—0.88(李宁,1996)。刘国华等人对 104 名精神分裂症患者,126 名神经症患者,9 名其他心理疾病患者,25 名躯体疾病患者,251 名在押服刑罪犯和 358 名正常人群的测试结果显示,问卷总的内部一致性 α 系数为 0.90,各因子的内部一致性 α 系数为 0.58—0.81,重测信度为 0.70—0.89(刘国华,孟宪璋,2004)。

对 984 名健康人和 1 084 名心理疾病患者同时施测,则心理疾病组在各个防御因子的得分均显著高于健康组($P<0.001$);对被试同时进行明尼苏达多相人格调查表自我力量量表的测试,结果显示,各防御因子得分与自我力量得分存在显著的负相关,相关系数在 -0.48 到 -0.24 之间($P<0.000\ 5$)(Hyphantis,2010)。路敦跃等人的研究结果显示,防御方式问卷的不成熟防御因子得分与 SCL-90 的得分呈显著的正相关,相关系数为 0.619($P<0.05$)(路敦跃,等,1993)。陈国民等人对 107 名硕士研究生的研究结果显示,问卷中的不成熟防御方式、中间型防御方式与抑郁自评量表、焦虑自评量表存在显著的正相关,相关系数在 0.29—0.45 之间($P<0.01$)(陈国民,刘志宏,朱霞,2003)。

8. 应对方式问卷

应对方式问卷(Coping Style Questionnaire,CSQ),由肖计划和许秀峰参考国外较为成熟的应对方式、防御方式问卷(Bond et al.,1983)以及关于应对的理论思想于 1996 年编制(肖计划,许秀峰,1996)。

(1)测验目的与功能

应对方式问卷符合汉语语言特点和中国人处世习惯,可用于解释个体或群体的应对方式类型和特点,为心理健康保健工作提供依据,为不同专业领域选拔人才提供帮助,为心理治疗和康复治疗提供指导等(汪向东,王希林,马弘,1999)。

(2)测验的主要内容

应对方式问卷共有 62 个反映应对方式的项目,组成 6 种应对方式的分量表:

解决问题,包括第 1、2、3、5、8、19、29、31、40、46、51、55 项;

自责,包括第 15、23、25、37、39、48、50、56、57、59 项;

求助,包括第 10、11、14、36、39、42、43、53、60、62 项;

幻想,包括第 4、12、17、21、22、26、28、41、45、49 项;

退避,包括第 7、13、16、19、24、27、32、34、35、44、47 项;

合理化,包括第 6、9、18、20、30、33、38、52、54、58、61 项。

问卷有两种计分方式,其中"解决问题"分量表中的第 19 项和"求助"分量表中的第 36、39、42 项,根据被试的答案,选择"否"得 1 分,选择"是"得 0 分;其余项目的计分方式均为选择"是"得 1 分,选择"否"的 0 分(汪向东,王希林,马弘,1999)。

问卷有分量表分和分量表因子分 2 个统计指标。分量表分为各分量表所含项目得分相加所得;分量表因子分的统计方式为:分量表因子分=分量表单项项目分之和/分量表项目数(汪向东,王希林,马弘,1999)。

(3) 测验举例

应对方式问卷

指导语:本问卷的每个条目有两个答案"是""否"。请您根据自己的情况在每一条目后选择一个答案,如果选择"是",则请继续对"有效""比较有效""无效"作出评估。

	是	否	有效	比较有效	无效
1. 能理智地应付困境 ……………………	□	□	□	□	□
2. 善于从失败中吸取经验 ………………	□	□	□	□	□
3. 制定一些克服困难的计划并按计划去做 ……	□	□	□	□	□
4. 常希望自己已经解决了面临的困难 ……	□	□	□	□	□
5. 对自己取得成功的能力充满信心 ……	□	□	□	□	□
6. 认为"人生经历就是磨难" …………	□	□	□	□	□
7. 常感叹生活的艰难 ……………………	□	□	□	□	□
8. 专心于工作或学习以忘却不快 ………	□	□	□	□	□

(4) 测验的信度和效度

肖计划和许秀峰将应对方式问卷施测于 303 名中学生和 345 名大学生,并于 1 周后对其中的 40 名学生进行重测,结果显示,问卷具有良好的重测信度,分量表的重测信度为 0.62—0.72。对 97 名神经症患者重测结果表明,分量表的重测信度为 0.63—0.73(肖计划,许秀峰,1996)。

量表编制者对问卷进行因子分析中,因子提取的特征值在 1 以上,构成各因子条目的因素负荷取值在 0.35 或以上,反映了该问卷测量的内容基本是正确的(肖计划,许秀峰,1996)。

第十三章

神经心理测验

本章要点

什么是神经心理测验?

神经心理测验的功能与作用是什么?

有哪些重要的神经心理测验?

关键术语

视知觉测验;记忆测验;言语测验;注意测验;

认知筛查测验;执行功能测验;神经心理成套测验

神经心理测验在神经心理学中是不可或缺的部分。神经心理测验关注脑与心理的联系,不同于通常的心理测验,它不是对性格或态度等内容的评估。神经心理测验依据脑的功能与脑的结构的对应关系进行评定,诊断大脑器质性或功能性的缺损。神经心理测验更多的是操作性测验,评估各种认知机能,关注知觉过程、注意活动、言语机能、记忆过程,以及概念形成和问题解决的过程(Lezak,2006)。

一、视知觉测验

1. 本德视觉运动格式塔测验

本德视觉运动格式塔测验(Bender Visual Motor Gestalt Test ,BVMGT),由本德(Bender)1938 年编制。

(1) 测验目的与功能

本测验是本德为研究儿童智力发展而设计的,适用于 4 岁以上的被试。测验应用很广,多数用作诊断测验,个别用作投射技术来研究人格。测验材料简单,手续简便,有多种记分系统。测验要求被试完成复制图形的任务,在复制过程中被试所犯的错误就是测验临床解释的基础,以此评估被试的视觉运动技能、视觉结构能力和完整性是否有障碍,判断被试是否存在大脑器质性病变等。

(2) 测验的主要内容

测验材料

本德选用了 9 个图形,分别印在卡上(15 cm×10 cm),组成一套测验图。一叠画图纸,一支带橡皮头的铅笔。

施测步骤

施测方法甚多,主要方法有临摹法(复制法)、加压法和记忆法。

临摹法(复制法)。本德和许多研究者都只用这方法。要求被试:"这里有一些卡,每一卡上有一图形,共 9 个图形,我将一张一张地给你看,要你将这些图形画在纸上(指画图纸)。"于是,将卡片 A 正放在画图纸的顶边中央处。第一图画完后给第二图,依次至第九图画完为止。让被试按照自己的方法进行。关于作品所占空间,每一图在纸上的间隔,作品的大小,在纸上摆布的顺序,都根据他自己的需要来进行(龚耀先,1980)。

加压法(Hutt, 1969)。限制画图时间,对被试说:"你尽快在 X 秒内(任何可能完成任务的时间)画完这 9 个图形,看你画得多快。"

记忆法(Wepman, 1974)。每卡呈现 5 秒钟,移开后要受试者凭记忆默画出来。默画后再呈现一次,要他临摹。以后再移开测验卡,再一次凭记忆默画出来。统计默画数目。正常成人可回忆出 5 个以上,不足 5 个的要考虑脑损害的存在。

记分方式

本测验有许多记分方式,主要有以下四种。

帕西和萨特尔记分系统(Pasea & Suttell,1941)。除图 A 外,1—8 图每图最高可记 10—13 偏离分,再加整体布局的 7 变量分,共 106 分。得分越高表示偏离越大,亦即皮层功能越不正常。

海因 15 范畴记分系统(Hain,1964)。画图偏差分为 15 个范畴,每一偏差可分别记 1—4 分。得分越高表示病变越严重。

赫特 17 因素记分系统(Hutt,1969)。17 因素包括:

图画结构:1)顺序;2)第一图位置;3)间隔;4)碰撞;5)移动画纸。

改变格式塔:6)靠拢困难;7)交叉困难;8)画弧线困难;9)画角困难。

格式塔变形:10)0 旋转;11)顺序颠倒;12)简化;13)分裂;14)重叠困难;15)精心描绘;16)持续;17)全部重画。

每一因素按严重度可记 1—10 分,但第二因素只记 3.5(异常)和 1.0(正常)两个分。作品质量越低分数越高。总共最低为 17 分,最高 163.5 分。

科皮茨(Koppitz)发展性评分系统。它是最流行的客观评分系统,由发展性评价和情绪障碍评价两部分组成。

发展性评价有 30 个项目,每一项目根据有无错误出现给予 0、1 记分。错误分成 4 种类型:形状扭曲。包括缺乏形状、大小不匀、用圆圈和虚线替代点、完全缺乏曲线或用角替代曲线、过大的角、忽略角度等。图卡 A、1、3、5、6、7、8 多见此类错误,总分一般 10 分。以下是有关错误的例图:旋转。任何图形及其部分旋转 45°以上,或者图卡被旋转(即使照着旋转了的图卡画得正确)。A、1、2、3、4、5、8 图多见,一般为 8 分。整合困难。包括难以很好地连接图形的两部分、或距离过大(约 0.32 厘米以上)、或使之交迭在一起;省略或增加点阵、失去全部由点和圈组成的形状;两条线没能全部交接或画在不正确的位置。一般总分是 9 分。坚持。指的是一些图形的单位的增加、持续、延伸。如:图 1 中超过 15 个点;图 2 中超过 14 列的圈;图 6 中超过 6 道曲线。一般总分是 3 分。

情绪障碍评价有 12 个指数。这些指数用于评价儿童完成测验的质量,并不是对儿童作出特别的诊断。情绪指数的变化与人格特质等有关,例如与低挫折忍受、进攻性、冲动性、胆怯、焦虑和害羞等都有关系,但是并不能据此作出诊断,而只能用来形成一种临床上的假设。这 12 个指数为:1)混乱的次序。图形混乱地画在纸上,没有一点逻辑顺序。2)波动的行。在图 1、图 2 中,点与圈在方向上的突然改变。3)圆圈的虚线。在图 2 中,以虚线代替圆圈。4)变大。图 1、图 2、图 3 中,后面画的点与圈,3 次以上比前面的要大。5)过大。所画的图形至少比卡片上的要大 1/3。6)过小。所画的图形比卡片上的小一半。7)细线。线条过于模糊、纤细、密集。8)过重或力度增强的线条。整幅画或部分出现重画、加重的线条。9)第二次尝试。在完成或部分完成一幅图时,重新开始画同一图。但是在同一处涂擦或重画不计分。10)扩展。无论画的大小如何,使用 2 张以上的纸。11)盒子。在画完图形后,用盒子围住一个以上的图形。12)自发的精细或增加图形。自发地改变一个以上图形成某个物体或奇异的图形(Sattler,1982,pp.290-294)。

(3)测验举例

测验要求被试临摹图 13-1 中的图形。

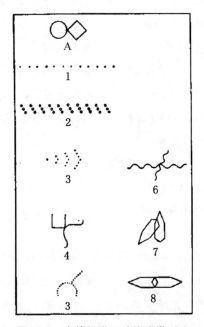

图 13-1　本德视觉运动格式塔测验

(4)测验的信度和效度

与明尼苏达多相人格调查表一样,与其说本德视觉运动格式塔测验是一个单一的、意义明确的测验,不如说它是一项综合诊断技术。基于本德视觉运动格式塔测验的诊断效度取决于很多因素,譬如计分系统的选择、临床医生的技能和应用该系统时的可靠性。本德视觉运动格式塔测验的信度和效度还依赖于诊断出的症状类型和诊断的特异性程度(郑日昌,2008)。

科皮茨报道:1 天至 8 个月的间隔,19—193 个儿童(从幼儿园到六年级),重测信度从 0.50—0.90;平均 0.77。评分者信度从 0.79—0.99;平均 0.91。被试临摹出现的错误由于成熟,在 5 岁和 9 岁间稳定地减少;超过 8 岁后,该评分系统只能区别低于平均数的被试。此外,与弗罗斯蒂格视觉发展测验(Frostig Developmental Test of Visual Perception)的相关从 0.39—0.56;与比里视觉动作整合发展测验(Beery Developmental Test of Visual-Motor Integration)的相关为 0.82;与各种智力测验的相关从 -0.19 到 -0.66(Sattler, 1982)。

2. 雷伊–奥斯特里斯复杂图形测验

雷伊–奥斯特里斯复杂图形测验(Rey-Osterrieth Complex Figure Test，ROCF)，由雷伊(André Rey)1941 年设计开发，奥斯特里斯(P.A. Osterrieth)1944 年标准化。

(1)测验目的与功能

1941 年雷伊设计本测验用于评定脑损伤患者的视觉空间结构能力和视觉记忆能力。1944 年奥斯特里斯用自己的评分系统将雷伊的施测程序标准化并首次提供 230 例儿童和 60 例成人的常模，此后便成为广泛应用的神经心理测验。在国外，雷伊–奥斯特里斯复杂图形测验是最常用的评估视觉空间结构能力和视觉记忆能力的测验(Lezak，2006)。

(2)测验的主要内容

测验材料

黑色或彩色钢笔，铅笔或彩色马克笔，计时器，雷伊–奥斯特里斯复杂图形测验标准图(8 英寸×11 英寸，见图 13-2)及评分手册。

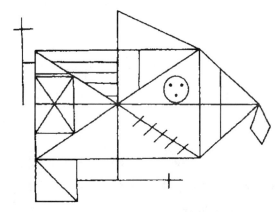

图 13-2 雷伊–奥斯特里斯复杂图形测验标准图

施测步骤

测验时间为 40—60 分钟。

临摹(copy)。将印有雷伊–奥斯特里斯复杂图形测验标准图的卡片即空白的测验纸水平地放在被试面前的桌上。准备好为被试提供彩色笔和把被试的画同步记录在流程图中。

指导语："请你临摹这张图片。不需要像艺术家作画那样，只需要你尽可能仔细、精确地把它临摹下来。在你画的时候，我会给你不同颜色的马克笔，每当我递给你一支新的马克笔，你只需要跟我换就行。这些彩色马克笔只是用来帮助我记忆你是如何画这张图的，你不同管自己用了哪些颜色。临摹没有时间限制，所以，有足够的时间可以让你尽可能仔细、精确地临摹。现在，你可以开始了。"

指导语说完后开始计时。如果被试在下笔前尝试旋转刺激卡片或空白测验纸，请将其恢复至水平方向。但如果被试在已开始临摹之后旋转刺激卡片，则无需干预，将其旋转的情况做记录即可。

记录笔画顺序。当被试完成任务后,记录临摹所花的时间,移去标准图和被试画的图。

即刻回忆(immediately recall)。在临摹结束后马上在被试面前水平地放一张空白的测验纸。在桌上放完测验纸后马上说指导语:"接下来请你根据记忆重新画刚才那幅图。我仍然会给你换不同颜色的马克笔,你不用顾虑用了哪些颜色。再次声明,你有足够的时间可以尽可能仔细、精确地画。请开始。"开始计时并采用与临摹部分相同的可辨识的方法同步记录被试的作画顺序。当被试完成这部分任务后,按照要求记录所花的时间以结束延迟回忆部分,移去被试画的图。

延迟回忆(delayed recall)。即可回忆结束后,等待20—30分钟后,在被试前面水平地放一张空白的测验纸。指导语:"一小会儿前我曾请你临摹一张图。现在请你再一次根据记忆把刚才那幅图画出来。我仍然会给你换不同颜色的马克笔,你不用考虑用了哪些颜色。再次声明,你有足够的时间尽可能仔细、精确地画。请开始。"计时并采用与临摹部分相同的可辨识的方法同步记录被试的作画顺序。

再认(recognition)。在延迟回忆部分结束后,将再认测验纸及笔放于桌上。指导语:"这张纸上的一些图案是之前请你临摹的那张大图上的局部。请圈出属于你临摹的那张大图局部的图案。整张图上每个图案的方向均与原始完整的图一致。共有4页,图案的编码从1到24。请开始。"

计分方式

国际上较为常用的计分系统有雷伊-奥斯特里斯复杂图形计分系统和BQSS计分系统。

雷伊-奥斯特里斯复杂图形计分系统有18个计分单位,对18个计分单位进行评分,每个单位最高分为2分,总分为36分。

例如:长方形外面左上角的十字形:左上角的十字,在长方形之外,与长方形的边平行,其位置必须在长方形上方,连接十字与长方形的线必须接近十字的中点,介于第7条和长方形的顶边之间。

大的长方形:长方形的水平长度不必超过垂直长度的两倍,但不能像正方形。由于长方形变形的可能性非常多,对位置进行评分是不可能的,如果长方形不完整或有任何形式的变形,只给1分。

交叉的对角线:对角线必须连接长方形的4个角,相交在长方形的中心。

大长方形2的水平中线:长方形的水平中线须以一连贯的直线清晰地通过长方形左边中点与右边中点。

BQSS计分系统(Boston Qualitative Scoring System)提供了17个维度的量化分和6个基于这些维度的总分。

17个维度分为存在(presence)、准确性(accuracy)、位置(placement)、碎片整理(fragmentation)4 个部分。低分则说明将图片分解成零碎的部分、在细节整合方面表现很差。

6 项总分包括存在和准确性得分,是对损害整体评价的量化得分;即刻保持,代表临摹到即刻回忆丢失或获得的信息的百分比,已存在和准确性得分为基础;延迟保持,代表从即可回忆到延迟回忆丢失或获得的信息的百分比;组织、评价碎片整理和计划能力,提供了更具普遍性的组织能力的评价。

(3) 测验的信度和效度

内部一致性的评定是把每个细节作为一个子项并计算分半信度系数及 α 系数。成人临摹部分的分半系数与 α 系数均大于 0.60,回忆部分均大于 0.80(郭起浩,洪震,2013)。

郭起浩等人对 111 名正常中老年人的雷伊-奥斯特里斯复杂图形测验进行评定,采用泰勒(Taylor)1981 年制定的评分标准,2 个评定员对 30 名受试绘图结果分别作出独立记分,其总分在评定员之间的一致性信度为 0.95($P<0.01$)。相关分析及因素分析方面的研究支持复杂图形测验作为视觉构造能力和记忆(回忆和再认)的测量工具的有效性,而在特定的执行能力方面相关的数据较少。临摹与延迟回忆之间相关系数为 0.594 5,临摹与再认之间相关系数为 0.637 8,回忆和再认之间相关系数为 0.437 5,均有非常显著的相关性($P<0.01$),这说明测验内部的结构效度良好(郭起浩,吕传真,洪震,2002)。

二、记忆测验

1. 听觉词语学习测验

听觉词语学习测验(Auditory Verbal Learning Test,AVLT),由雷伊(André Rey)1964 年编制,莱扎克(Lezak,1976)和施密特(M. Schmidt,1996)两次修订;1998 年引进中文版——华山医院版(AVLT-H)。

(1) 测验目的与功能

听觉词语学习测验最早的版本是克拉巴莱德(Claparede)在 1916 年发明的词表,由 15 个单词组成,一次学习后就回忆(Boake,2000)。之后,克拉巴莱德的学生雷伊对此进行了修订,需要 5 次学习过程,也被称为 RAVLT。国内华山医院修订了 AVLT-H。大量研究证实听觉词语学习测验在识别轻度认知损害和早期阿尔茨海默病中发挥了重要作用,已经用于评估各种病因的神经科疾病记忆功能,也用于评估糖尿病、儿童学习障碍、精神分裂症等。不同的研究者在使用时会有不同的形式,如是否采用词表 B,选择何种方式的再认记忆测验。

(2) 测验的主要内容

测验步骤

经典版(AVLT)由 2 个词表组成,A 词表是目标词表,B 词表为干扰词表。A 词表有 15 个名词。第一次学习时指导语为"我将会播报一组单词,你仔细听,当我停止播报时,请尽可能多地复述出你记住的单词,可以不按顺序复述,现在开始,你回忆得越多越好"。

接着,主试以每秒 1 个的速度读出 A 词表中的所有单词,受试者在主试读完后立即自由回忆,主试必须全程记录下受试者回忆单词的次序,对于受试者的答案是重复、错误数还是纠错数,主试都不应给予反馈,但在测验中可以告诉受试者每次回忆的词语数量并稍加鼓励。

结束后,读出干扰词表 B,指导语为"现在,我将要播报第二张词表,同样,在我播报完后,请尽可能多地回忆出你记住的单词,可以不按顺序",在 B 词表自由回忆后,主试会要求受试者对 A 词表再进行自由回忆(测试 6),和 20—45 分间隔的延迟回忆测试和再认测试(测试 7)。再认有两种,一种是让受试者阅读一个故事,从中挑选出词表 A 中呈现的单词,另一种是在词表 A、B 和 20 个语义或语音相似的词语组成的 50 个单词的词表中识别词表 A 的单词。

华山医院版(AVLT-H)没有 AB 词表,只有 12 个词语:大衣、长裤、头巾、手套、司机、木工、士兵、律师、海棠、百合、蜡梅、玉兰。受试者重复学习 3 次后,告知受试者记住这些词语、后面还要回忆这些词语。在非言语测验间隔 3—5 分后,进行短延迟回忆,随后进行长延迟回忆,线索回忆和再认测验(郭起浩,2013)。

评分指标

测验的不同版本主要是词语材料和操作过程稍有区别,评分指标相似(见表 13-1)。

表 13-1　听觉词语学习测验的评分指标

主要指标	阐　　释
历次回忆正确数	包括即刻回忆、短延迟回忆、长延迟回忆、线索回忆和再认测验中的正确数
历次回忆错误数	只记录并分析插入错误数,不要求记录重复错误数
语义串联记忆	深加工记忆,同类名词反映语义编码程度,连续 2 个同类名词作为语义串联 1 分,连续 3 个同类名词作为语义串联 2 分,全部按照语义串联回忆,得 12 分
主观组织	浅加工记忆
首因和近因效应	首因效应指每次回忆前 4 个词回忆的数目。近因效应指每次回忆后 4 个词回忆的数目
反应偏差	即在再认测验中的反应风格,是倾向于把对的说成错的,还是把错的说成对的
获得进入数	指从一次回忆到下一次回忆的获得的单词
失去进入数	指从一次回忆道下一次回忆的失去的单词

(3)测验举例

听觉词语学习测验的词表见表 13-2。

表 13-2　听觉词语学习测验的评分记录表(A. Rey)

词表 A		A1	A2	A3	A4	A5	词表 B	B1	A6	A7	回忆词表 A
Drum	锣鼓						Desk				Drum
Curtain	窗帘						Ranger				Curtain
Bell	时钟						Bird				Bell
Coffee	咖啡						Shoe				Coffee
School	学校						Stove				School
parent	父亲						Mountain				parent
Moon	月亮						Glasses				Moon
Garden	公园						Towel				Garden
Hat	帽子						Cloud				Hat
Farmer	农民						Boat				Farmer
Nose	鼻子						Lamb				Nose
Turkey	火鸡						Gun				Turkey
Color	颜色						Pencil				Color
House	房子						Church				House
River	河流						Fish				River

资料来源：Strauss，E.，Sherman，E.，& Spreen，O.(2006). *A compendium of neuropsychological tests* (*Third edition*). New York：Oxford University Press，pp.776-780.

(4) 测验的信度和效度

国外研究表明听觉词语学习测验有较高的重测信度,以一个月为时间间隔,前 5 次自由回忆的信度有 0.61—0.68,长延迟回忆和再认测验的信度达 0.51—0.72(Delaney, Prevy, Gramer et al., 1992);以一年为时间间隔,第五次学习后测验的重测信度有 0.38—0.7(W.G. Snow, Tierney, Zorzitto et al., 1988)。听觉词语学习测验与加利福尼亚词语学习测验在第 1 次学习测验结果的相关为 0.32,第 5 次学习测验结果为 0.33,总回忆相关为 0.47,短延迟回忆相关为 0.37(Crossen & Wiens, 1994)。

郭起浩等人用 100 例正常老人和 22 例轻中度阿尔茨海默病患者完成听觉词语记忆测验和简明精神状态量表,从正常老人样本中随机选择 40 例完成听觉词语记忆测验复测和韦氏记忆测验(WMS-RC)、韦氏智力测验中文修订版的知识和相似性 2 个分测验。结果显示,听觉词语记忆测验一致性系数为 0.99;3 个月后重测信度为 0.87—0.94;听觉词语记忆测验历次记忆的相关性为0.66—0.94;听觉词语记忆测验记忆和再认的相关因素为教育程度;第 3 次回忆和短延迟回忆与韦氏记忆测验总分的相关性比其余 4 次回忆的强;而长延迟回忆和语言智力分测验得分的相关性比其余 5 次回忆的强;阿尔茨海默病组记忆和再认得分显著低于正常对照组,尤以延迟回忆及其语义串联得分差异最大(郭起浩,等,2001)。

洪霞、张振馨和武力勇评估了听觉词语学习测验对阿尔茨海默病的诊断价值。采用该测验对 183 例阿尔茨海默病患者(病例组)进行检测,并与 1 283 名认知正常者(正常组)和 134 名可能与阿尔茨海默病混淆的其他疾病患者(混淆组)进行比较。结果显示,经协方差分析对年龄、性别、文化程度进行修正后,正常组、混淆组、轻度阿尔茨海默病组和中度阿尔茨海默病组听觉词语学习测验得分的校正均数分别为 40.9 ± 0.3、30.7 ± 0.9、16.6 ± 1.0、10.2 ± 1.2,各组间两两相比差异均有统计学意义(P 均<0.05)。以量表总分第 5 百分位数为分界值,该量表对阿尔茨海默病诊断的敏感性为 86.3%,特异性为 93.3%。这说明听觉词语学习测验具有较高的敏感性和特异性,可用于阿尔茨海默病诊断(洪霞,张振馨,武力勇,2012)。

2. 加利福尼亚词语学习测验

加利福尼亚词语学习测验(California Verbal Learning Test,CVLT),由德利斯等人(D.C. Delis,J.H. Kramer,E.Kaplan,& B.A. Ober)1987 年编制,2000 年修订为第二版(California Verbal Learning Test-Second Edition,CVLT-II)。

(1)测验目的与功能

加利福尼亚词语学习测验主要分析评估所提供的词语材料的加工处理过程和提取机制,有别于以往以词语为材料的记忆测验。大量研究证实,加利福尼亚词语学习测验可以用于临床诊断三大记忆缺陷:整合缺陷(consolidation deficit)、编码受损(impaired encoding)、检索缺陷(retrieval deficiencies)。通过加利福尼亚词语学习测验检测头部外伤、癫痫、阿尔茨海默病、帕金森病、缺血性血管性痴呆,科萨科夫综合征等不同疾病,可以发现特征性的记忆和学习损害的剖面图,从而有效区别不同疾病所致的认知功能减退。如有无左侧海马硬化的受试者在首因和近因效应方面有显著差异,亨廷顿病患者的记忆保持率较高但词语重复较多。

(2)测验的主要内容

测验材料

第一版有两个词表,词表 A 是目标词表,由 16 个单词组成,可以分为 4 个语义类别,在这里编制者将词表称作消费清单(shopping list),词表 A 就是"周一的消费清单":包括 4 个水果名,4 个药草和调料名,4 个服饰名和 4 个工具名;相对应的"周二的消费清单"就是词表 B,是干扰词表,包括 4 个水果名,4 个药草和调料名,4 种鱼名和 4 个厨房用具名。

第二版与第一版在测验材料上并无多大区别,只是没有了消费清单(shopping list)一说。词表 A 也由 16 个单词组成,可以分为 4 个语义类别(如蔬菜类、动物类、交通工具类和家具类);词表 B 也是 16 个单词,2 个与词表 A 一样的类别,如蔬菜类和动物类,2 个是不一样的类别,如乐器、房屋部件。

第二版简式(CVLT-II SF)包括 9 个单词,取消了词表 B。

测验步骤

针对词表 A,主试以每秒 1 个的速度读出所有单词,要求受试者连续学习 5 次,每次学习后要求受试者立即回忆。呈现的词语是随机的,不按照语义类别排列。接着呈现词表 B,该词表只学习一次,在词表 A 短延迟自由回忆之后。在 20 分之后,要求受试者针对词表 A 进行长延迟自由回忆,线索回忆和"是或不是"的再认测验,大约 10 分后,要求完成迫选再认测验。

评分方法

目前加利福尼亚词语学习测验的评分方法用得最广泛的主要有 3 套:核心报告(Core report)、延展报告(Expanded report)和研究报告(Research report)。

核心报告包括 27 个最常用的指标,延展报告有 66 个参数指标(CVLT-Ⅱ SF 有 51 个),对词语的学习与记忆功能进行深度分析,研究报告有 260 个参数指标,但大部分的指标没有常模数据(见表 13-3)。

表 13-3 加利福尼亚词语学习测验评分的主要指标及其定义

主 要 指 标	定 义
List A total(词表 A 的总分)	5 次学习后回忆的词语正确数
List A1(词表 A 第一次回忆)	第一次回忆的词语正确数
List A5(词表 A 的第五次回忆)	第五次回忆的词语正确数
List B(词表 B 回忆)	干扰词表(List B)回忆的词语正确数
List A short delay free recall(词表 A 短延迟自由回忆)	在干扰词表 B 回忆后立即回忆词表 A 的正确数
List A short delay cued recall(词表 A 短延迟线索回忆)	在干扰词表 B 回忆后立即回忆词表 A,给予语义线索后回忆的正确数
List A long delay free recall(词表 A 长延迟自由回忆)	20 分延迟后自由回忆词表 A 的正确数
List A longt delay cued recall(词表 A 长延迟线索回忆	20 分延迟后,给予语义线索后回忆词表 A 的正确数
Semantic clustering(语义串联)	同一语义范畴连续回忆的个数,反映受试者利用语义组织词语的能力
Serial clustering(次序串联)	根据词语呈现的一系列次序进行回忆
Primacy%(首因)	词表 A 的开头部分词语正确回忆占总数的百分比
Middle%(中间)	词表 A 的中间部分词语正确回忆占总数的百分比
Recency%(近因)	词表 A 的结尾部分词语正确回忆占总数的百分比
Consistency%(一致性)	历次回忆中相同词语数
Perseverations(持续性)	在一次回忆中说出相同的正确词语的重复数
Free intrusions(自由回忆插入数)	在历次回忆中,词表外的单词插入的个数
Cued intrusions(线索回忆插入数)	在两次线索回忆中,词表外的单词插入的个数
Recognitions hits(再认击中)	在是-不是形式再认测验中,属于词表 A 的词语数
Discriminability(区别力)	再认测验中区分目标词语和干扰词语的准确性
False positive(假阳性)	再认测验中未能正确识别词表 A 的目标单词的个数
Response bias(反应偏差)	再认测验反应风格,倾向于把错的说成对的,还是把对的说成错的
Learning slope(学习速率)	每次学习后回忆的新的词语的平均数

资料来源:郭起浩,洪震.(2013).*神经心理评估*.上海:上海科学技术出版社.

（3）测验的信度和效度

测验的编制者德利斯对加利福尼亚词语学习测验第一版的信度进行了研究,分半信度为 0.77—0.86(Delis, Kramer, Fridlund, & Kaplan, 1990)。测量年纪较大的群体时,长延迟自由回忆的稳定性系数(以一年为时间间隔)达 0.76(Paolo, Troster, & Ryan, 1997b)。

加利福尼亚词语学习测验第二版也有较高的信度,德利斯等人(Delis et al., 2000)测得 5 次学习后总分的分半信度为 0.87—0.89,副本的信度为 0.72—0.79;以 21 天为时间间隔,尽管总学习速率和总重复数的重测信度都非常低(分别为 0.27 和 0.3),总分的重测信度为 0.82(Delis et al., 2005)。

3. 选择提醒测验

选择提醒测验(Selection Reminding Test, SRT),亦称"言语选择提醒测验",由布施克(H. Buschke)和富尔德(P.A. Fuld)1974 年编制。

（1）测验目的与功能

选择提醒测验用于临床检测词语学习和记忆能力,能通过分离记忆的保留、储存和恢复三个过程来测定患者在词语铭记、保持、再现方面是否有脑器质性损伤,在预测痴呆方面很有作用。选择提醒测验在神经科疾病的检测中几乎不存在学习效应,即使再次检测的时间仅仅相隔几天。

（2）测验的主要内容

测验材料

经典选择提醒实验有 10 项条目,每个范畴(如动物名、衣着名)的名称以每秒 1 个的速度呈现给被试(Buschke & Fuld, 1974)。现在使用最普遍的是汉内和莱文(Hannay & Levin, 1985)修订的 12 个条目长度的测验程序,该测验耗时 10 分钟。

测验步骤

首先主试将测验词以每秒 1 个的速度依序读给受试者听(或用卡片相继呈现词语),要求受试者按任意顺序立即进行回忆,受试者未说出的词则以同样的速度再念给他听(提醒),接着要求受试者回忆出前一次测验中没有想起的词和说过的词,受试者一共可以学习 12 次,或者连续 3 次回忆全对为止。

每次学习后的线索回忆是提供 2—3 个起首字母,要求受试者说出词表中相应的单词。接着是多选再认,主试连续呈现 12 张卡片,每张包括一个词表中的词语,一个同义词,一个同音异义词和一个无关的干扰词。也有研究者认为,在这样的再认测验中,聪明的受试者从这 4 个词语的安排中有一定的概率能猜到正确答案,所以有的研究者就采用语音语义完全无关的 4 个词语。

最后是间隔 30 分(Hannay & Levin, 1985; Spreen & Strauss, 1998)或 1 个小时(Ruff, Light, & Quayhegen, 1989)的延迟回忆,事先不要告诉受试者需要回忆。

　　国内刘士协等人采用的另一个简便方法是,测验依次进行,一旦 10 个词都能全部回忆出即停止测验。这种方法花时间更短,一般认为,绝大多数正常人能在第 10 次以前通过 10 个词的回忆,第 10 次仍未通过的表示有记忆损伤(刘士协,杨德森,1984)。

评分方法

　　在表 13-4 中,LTS 和 LTR 表示长时连续保持能力,总分越高表示保持能力越好。CLTR 和 RLTR 中,尤其是 CLTR 越高,说明再现提取能力越好。如果短时提醒数(STR)多而持续长时提醒数(CLTR)少,说明短时记忆难以进入长时记忆。LTR 与 CLTR 在识别轻度痴呆方面比选择提醒测验的其他指标有价值。

表 13-4　选择提醒测验的评分

简　称	全　意	定　义
ΣR	总分	每次回忆的 STR 和 LTR 之和
STR	短时提取	没有进入长时储存的词语个数
LTS	长时储存	假如一个词语连续 2 次和 2 次以上都回忆出来(没有提醒),可以假定这个单词已经进入长时储存
LTR	长时提取	受试者回忆已经进入长时储存的词语,可以作为长时提取
CLTR	持续长时提取	词语没有经任何提醒在历次回忆中都能呈现,可以称为持续长时提取
RLTR	随机长时提取	长时储存中的单词在后面的回忆中忘记了,经提醒后再能回忆起来的是随机长时提取
Reminders	提醒数	12 次学习总的提醒数,总分＝144

　　资料来源:郭起浩,洪震.(2013). *神经心理评估*.上海:上海科学技术出版社.

(3) 测验举例

　　选择提醒测验的几种测验形式,具体见表 13-5、表 13-6 和表 13-7。

表 13-5　形式一:选择提醒测验的评分记录表

目标词语	1	2	3	4	5	6	7	8	9	10	11	12	CR	MC	30 分
Bowl															
Passion															
Dawn															
Judgement															
Grant															
Bee															
Plane															
County															
Choice															
Seed															
Wool															
Meal															

　　资料来源:Strauss, E., Sheman, E., & Spreen, O. A. (2006). *Compendium of neuropsychological tests* (*3rd edition*). Oxford University Press, p.714.

表 13-6　形式一：选择提醒测验线索回忆测验（及中文翻译）

目标词语		同义词		同音异义词		无关词语	
Bowl	碗	Dish	碟子	Bell	钟	View	视图
Passion	热情	Love	爱情	Poison	毒物	Conform	包裹
Dawn	黎明	Sunrise	日出	Down	下降	Bet	打赌
Judgement	判断	Verdict	裁定	Fudge	捏造	Pasteboard	硬纸板
Grant	同意	Give	给予	Grand	伟大	Jazz	爵士
Bee	蜜蜂	Sting	叮咬	See	看见	Fold	重复
Plane	飞机	Jet	喷气式飞机	Pain	疼痛	Pulled	行驶
County	郡	State	州	Counter	柜台	Tasted	体验
Choice	选择	Select	挑选	Cheese	乳酪	Voice	声音
Seed	种子	Flower	花朵	Seek	寻找	Herd	畜群
Wool	羊毛	Sheep	绵羊	Would	愿意	Date	日子
Meal	膳食	Food	食物	Mill	工厂	Queen	王后

表 13-7　评分表

	1	2	3	4	5	6	7	8	9	10	
1. 地球											地球
2. 骄傲											骄傲
3. 儿童											儿童
4. 肥肉											肥肉
5. 美德											美德
6. 岩石											岩石
7. 时刻											时刻
8. 妇女											妇女
9. 真理											真理
10 草地											草地
ΣR											
LTR											
STR											
LTS											
CLTR											
RLTR											
Pr											

　　资料来源：刘志协和杨德森根据美国华盛顿大学 B. Townes 教授的选择提醒测验测验中文修订版. 刘士协,杨德森.(1984).词语记忆能力的评定——一个简便的测验方法. *中国神经精神疾病杂志, 10* (2)，78-81.

（4）测验的信度和效度

不同形式选择提醒测验的重测信度在 0.41—0.62（Hannay & Levin，1985），形式一与形式二中 $\sum R$ 和 CLTR 的重测信度分别达 0.73，0.66（Ruff, Light, & Quayhagen, 1989）。汉内和莱文（Hannay & Levin，1985）认为，尽管主试在使用选择提醒测验时采用随机次序，但在检测正常患者中仍不可避免持续的学习效应。

国内刘士协等人用选择提醒测验测定了 37 例器质性脑损害患者与 110 例正常人，结果显示，器质性脑损害者在语言词铭记、保持、再现能力方面与正常人有显著性差异，认为选择提醒测验测验可用于语词短时与长时记忆能力的评定（刘士协，杨德森，1984）。

4. 本顿视觉保持测验

本顿视觉保持测验（Benton Visual Retention Test，BVRT），由本顿（Authur L. Benton）等人 1955 年编制，1992 年修订。

（1）测验目的与功能

本顿视觉保持测验适用于 8 岁以上儿童和成年人，是神经心理学研究和临床应用的常用测验，它属单项神经心理测验，起初为测验即时回忆和视觉运动能力而设计，后来广泛用于评估脑功能损害后视知觉、视觉记忆、视空间结构能力，并用于研究与视觉有关的脑结构的机能定位。研究表明，本顿视觉保持测验能够评估对脑的损害，有助于评定疗效，制定康复措施和预测社会能力等（Benton，1974）。

（2）测验的主要内容

测验材料

测验有三种不同形式的测验图（C、D、E 型）。都是 10 张图卡，每卡上有一个或一个以上的几何图形，其中除 2 张绘有一个图形外，多数绘有 3 个图形，2 个较大，1 个较小。

测验方法

为排除记忆造成的空间知觉误差，本顿视觉保持测验有四种施测方法：每张图片让被试看 10 秒后，拿掉图片要求被试立即默出看到的图形；每张图片让被试看 5 秒后，拿掉图片要求被试立即默出看到的图形；图片放在被试前让其临摹每张图片；每张图片让被试看 10 秒后移走，要求其在 15 秒后默出看到的图形。

C、D 和 E 式都可采用上述任何一种测验方法。其中前两种方法（即时回忆）主要测查视觉记忆的保持能力，第三种主要测查视觉结构能力，第四种方法（延迟回忆）主要用于那些在即时回忆测验中未表现出有意义缺陷的脑病患者。

计分方法

本顿视觉保持测验有以下两种计分方式。

正确分：每一张图卡根据全或无的原则记 1 或 0 分，总分范围 0—10 分之间。

错误分：根据每一图形出现的错误类型来划分。错误的特殊类型可分为六个主要范畴:遗漏或增添;变形;固着;旋转;位置错误;大小错误。一张不正确的图形可以有好几种错误,然后得出一个总错误分。

在分数解释上,正确及错误数将与每个年龄及智力水平的常模比较。

(3) 测验举例

图 13-3 是测验的图片。

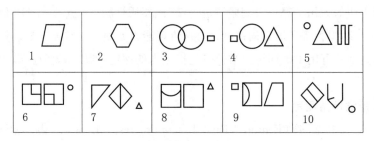

图 13-3　本顿视觉保持测验

资料来源:郑日昌.(2008).*心理测量与测验(第 2 版)*.北京:中国人民大学出版社.

(4) 测验的信度和效度

本顿视觉保持测验各式的信度是令人满意的。三种形式之间的相关系数达 0.79—0.84(Clark,1989)。

国内唐秋萍等人选用本顿视觉保持测验的 C 式,用第一种方法对长沙市 30 名脑损害患者进行了测试,在间隔 14—58 天(平均 29 天)后,选用 D 式,用第 1 种方法对被试做了重测,结果显示两次测验成绩达中度相关(正确分 $r=0.57$,错误分 $r=0.56$),统计学检验各相关具有显著意义($P<0.01$),说明本测验具有较好的信度(唐秋萍,龚耀先,1992)。

唐秋萍等人对 34 名被试同时进行了本顿视觉保持测验及我国修订的韦氏成人智力量表、韦氏记忆量表的部分分测验测试,结果表明本顿视觉保持测验成绩与视觉再生分测验的相关系数达 0.85—0.89($P<0.01$),与测得的总智商的相关系数达 0.54—0.59($P<0.01$)。另外,与数字广度的相关系数为 0.51—0.51($P<0.05$)。说明本测验与传统的评估视知觉组织、视觉记忆的测验具有较好的同质性(唐秋萍,龚耀先,1992)。

唐秋萍等人的研究结果显示,脑病组与对照组比较,从整体作业水平来看,脑病组平均正确分 3.73,对照组的平均正确分为 6.33。脑病组平均每人出现 11 个错误,而对照组平均每人只出现 5.5 个错误,统计学检验两组差异非常显著($P<0.001$),说明脑病患者本顿视觉保持测验作业水平比正常人明显要低。进一步的错误类型分析表明,每种类型的错误,脑病组的出现率均高于标准样本组。其中标准样本组出现的错误类型以变形、固着为主,脑病组则出现较多的变形、遗漏、旋转和大小错误(唐秋萍,龚耀先,1992)。

自本顿视觉保持测验问世以来,国外已有大量的应用和研究报道。一般认为本顿视觉保持测验对脑损害具有较好的鉴别效应,准确预测率可接近 80%(Benton,1974)。现在很多研究表明本顿视觉保持测验除了在协助临床诊断脑损害上有一定作用外,更主要的是在评定疗效、制定康复措施和预测社会能力等方面发挥着重要作用(Filskov,1981)。

三、言语测验

1. 波士顿命名测验

波士顿命名测验(Boston Naming Test,BNT),由卡普兰等人(E.F. Kaplan, Goodglass, & Weintraub)1978 年编制,并于 1983 年、2001 年两次修订,2006 年修订出波士顿命名测验中文版(郭起浩,洪震,等,2006)。1978 年该版有 85 项,1983 年修订为 60 项,通用版本(BNT-2)为 60 项的版本,还包括 15 项的简短版和一个多选版本。

(1) 测验目的与功能

波士顿命名测验适用于各个年龄阶段的人群,是最常用的检测命名失语症方法之一。它能够通过对抗性词语检索测验很好地预测个体因中风、阿尔茨海默病或其他神经心理疾病而引起的失语症或其他言语障碍。在儿童学习障碍检测和成人脑损伤评估中也能发挥一定作用。

(2) 测验的主要内容

测验材料

波士顿命名测验 1983 年版包括 60 幅难度递增的线条图,范围从简单的"树"图案到陌生的"狮身人面像"图案。1986 年版被分为难度相等的 2 个版本,各有 30 幅图片,作为治疗前后随访比较。

中文版共有 30 幅图案,自发命名和语义线索与原版相同,还增加选择命名这一项测试。选择命名测试由正确答案、形态相似名称和同类物品名称组成的 3 个名词随机呈现,请受试者选择,如"这是标靶、飞镖、火箭三者中的哪一个",大约耗时 10—20 分(郭起浩,洪震,2013)。

测验步骤

在使用长版(BNT-2、BNT-60)时,当被试为儿童时,就从第 1 幅线条图开始,到连续 8 个错误时终止(也有的版本是连续 6 个错误时终止);当被试为成人时,就从第 30 幅开始,但如果接下来的任何 8 幅图案命名错误,就转到第 29 幅开始反向继续进行,直到 8 个连续图案能够无需提示通过,之后返回到往前的、难度逐步增加的方向继续测试,当受试者出现连续 8 个错误时终止测试;当被试为疑似阿尔茨海默病患者时,指导语如下:"我将呈现给你一些图片,你的任务是告诉我它们的通俗名称,如果你想不起它们叫什么,可以告诉我你能想起的相关信息。"

评分方法与分析指标

评分包括正确数与错误数,错误的分析方法见表 13-8。

表 13-8　分析表

错误类型	代码	定　义	举例:冰箱
语义错误			
1 同位错误(coordinate)	co	同一语义范畴成员	电视
2 上位错误(superordinate)	s	上位概念	电器
3 联想错误(associative)	a	联想关系	牛肉
4 定义(definition)	d	定义	一种可以制冷的家电
非语义错误			
5 赘语(circumlocutions)	ci	围绕一个说不出的词不停地说出一串无意义的或代以虚词	冬天湖面说出现的一层东西……
6 视觉相似性错误(visual)	v	视觉相似	书
7 语音相似性错误(phonological)	ph	语音相似	平凉
8 字形相似性错误(0rthographcal)	o	字形相似	水箱
9 持续性错误(preservative)	pr	上一个项目	
10 词性错误(grammatical)	g	不同词性的词	制冷
11 新语错误(nologism)	n	非词或新创造的词	里中
12 完全无关(unrelated)	u	无关	牙刷
混合性错误			
13 混合性错误 I(mixed)	m1	同位错误＋视觉相似	
14 混合性错误 II	m2	同位错误＋语音相似	烤箱
15 混合性错误 III	m3	同位错误＋字形相似	
其他			
16 无法分类的错误			
17 无反应、不知道	d	无反应	

资料来源:郭起浩,洪震.(2013).*神经心理评估*.上海:上海科学技术出版社.

　　原版的分析指标包括:无线索时正确回答数;线索提示正确数;线索提示后正回答百分比;语音提示正确数;语音提示后正确回答百分比。

　　中文版的分析指标包括:无线索时正确回答数;线索提示正确数;线索提示后正回答百分比;选择命名正确数;选择命名正确回答百分比。

　　(3) 测验举例

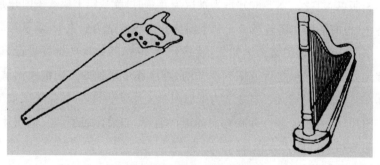

图 13-4　波士顿命名测验的图片

资料来源:郭起浩,洪震.(2013).*神经心理评估*.上海:上海科学技术出版社.

（4）测验的信度和效度

波士顿命名测验与言语能力测验有很高的相关性，与盖麦二氏阅读测验的相关达 0.83（$P<0.01$），与韦氏智力测验修订版言语量表的相关达 0.65（$P<0.01$）（郭起浩，洪震，2013）。这说明该测验与其他测量言语功能的量表具有较好的同质性。

波士顿命名测验 30 项版本在临床中能很好地鉴别遗忘型轻度认知损害和早期阿尔茨海默病。如果波士顿命名测验的自发命名分以≤22 分作为划界分，那么识别 aMCI、轻度阿尔茨海默病、中度阿尔茨海默病的敏感性分别为 61%、79% 和 95%，特异性均为 81%（郭起浩，洪震，史伟雄，等，2006）。正常老人波士顿命名测验自发命名的得分与年龄、性别和受教育程度呈显著相关，所以有必要制定不同年龄、性别和教育程度的划界分。

四、注意测验

1. 数字广度测验

数字广度测验（Digit Span Test，DST），由韦克斯勒（David Wechsler）1955 年编制，1981 年修订。

（1）测验目的与功能

数字广度测验是既出现在韦氏智力测验（WAIS），又出现在韦氏记忆测验（WMS），这也说明数字广度测验既能反映智力也能反映记忆能力（杨博民，陈舒水，高云鹏，1989）。数字广度测验也是测试注意力和工作记忆的常见手段，对智力较低者测的是短时记忆能力，但对智力较高者实际测量的是注意力。

（2）测验的主要内容

测验材料

数字广度测验包括顺背数字和倒背数字广度测验。顺背数字广度测验是由 3—12 个数组成的数字表，倒背数字广度测验由 1—9 个随机数字组成的数字表。

测验步骤

顺背数字广度测验。主试以每秒 1 个的速度匀速读出一些数字，受试者仔细听，当主试说完时，受试者按照同样的顺序背出来。一般从 3 个数字开始，每个数目的数字有 2 套（也就是说被试有 2 次机会），不断增加长度继续测试直至 12 个数字的条目或连续 2 次不能够正确回忆出。

倒背数字广度测验。要求受试者以倒序方式重复主试所说数字。

评分方法与分析指标

受试者每正确复述一串数字记 1 分，总分＝顺背＋倒背，也可以分析顺背与倒背的比例。

错误类型:心理追踪困难;在数字串的中间搞混数字次序;数字替代,如 3-5-9 代替 3-5-6;持续错误;数字减少,如 4-8-2-9 代替 4-8-2-9-5。

分析指标还包括"最长一次通过的数字串""最长的第 2 次测试才通过的数字串",两者的比例(Jess L.M. Leung, Gary T.H. Lee, Y.H. Lam, Ray C.C. Chan, & Jimmy Y.M. Wu, 2011)。

(3) 测验举例

表 13-9　顺背数字广度测验表与倒背数字广度测验表(1)

	第一套顺背数字广度测验表	第二套顺背数字广度测验表
3 位	5-9-1	2-3-9
4 位	7-6-0-1	4-9-3-7
5 位	6-7-0-3-4	8-7-0-1-4
6 位	7-3-4-6-0-1	1-4-0-2-6-5
7 位	6-5-9-8-4-2-0	7-9-6-0-2-1-4
8 位	8-4-0-1-5-7-4-2	5-7-3-9-6-2-6-9
9 位	2-7-3-3-5-9-2-9-0	8-4-1-7-6-0-2-9-2
10 位	6-1-3-8-5-7-6-2-3-1	1-5-9-8-7-2-3-7-3-2
11 位	9-4-3-4-1-8-3-5-6-4-9	8-1-9-0-6-4-5-1-2-9-6
12 位	2-4-9-6-5-3-4-9-5-6-2-5	6-8-9-0-3-2-5-6-8-1-4-7

表 13-10　顺背数字广度测验表与倒背数字广度测验表(2)

	第一套倒背数字广度测验表	第二套倒背数字广度测验表
2 位	5-1	8-9
3 位	7-5-6	6-2-0
4 位	4-8-3-9	8-4-1-6
5 位	4-5-9-3-2	9-2-8-6-7
6 位	8-0-6-7-1-3	8-6-0-8-5-4
7 位	2-8-0-7-9-6-3	1-0-2-5-7-9-2
8 位	2-5-9-7-0-6-2-7	5-8-0-2-8-9-2-6
9 位	1-8-2-6-2-0-5-0-2	1-4-3-5-9-7-2-8-3
10 位	7-1-9-6-5-8-6-0-4	5-0-2-4-9-1-3-6-7-8

(4) 测验的信度和效度

郭红军等人用数字广度测验对 31 例额叶肿瘤患者(左侧 15,右侧 16 例)及 30 例正常对照组进行注意功能的测试,发现与正常组比较,右额叶肿瘤患者数字广度测验得分低于正常组,并有统计学意义,这说明数字广度测验可以用于临床上检测注意缺损(郭红军,2008)。瞿学栋等人的研究也说明数字广度测验在一定程度上能用于临床检测注意、记忆缺陷障碍。他们用数字广度测验对 96 例初次发病的腔隙性脑梗死患者和 40 名对照组进行测评,发现腔隙性脑梗死患者的数字广度测验得分低于对照组($P<0.05$),差异显著(瞿学栋,邹华,2010)。

年龄、教育程度等对数字广度测验的结果有一定影响。年龄对数字广度测验的倒背有明显影响,对 70 岁以下正常人的顺背几乎没有影响,70 岁以上的影响也非常小(Eagle,1999)。

尽管数字广度测验操作简便、耗时少,但它的局限性也是明显的,它对于认知障碍的早期诊断不够敏感,易受文化背景的影响。

2. 符号数字模式测验

符号数字模式测验(Symbol Digit Modalities Test,SDMT),由史密斯(Aaron Smith)1973 年编制,1982 年修订。

(1)测验目的与功能

符号数字模式测验用来评估注意力的分割、视觉扫描、跟踪和运动速度(Shum,McFarland,& Bain,1990),筛查儿童或成年人的神经认知障碍,是神经心理学中最敏感的测验。由于它的高敏感性和在临床研究中的高使用频率,目前已成为在脑外伤、多发性硬化、亨廷顿病和脑震荡中最常用的标准测试之一。

符号数字模式测验要求被试将无意义的几何形状转化为书写的或口述的数字(郑日昌,2008)。有口头版和书写版,口头版也可以对手功能障碍的个体进行测试,书写版也适用于口语障碍的个体。一般用于团体测验,具有容易执行、快速、可靠性高的优点。

(2)测验的主要内容

测验材料

符号数字模式测验中的编码键(code key)包含 9 个不同的抽象符号,每个符号与一个数字相对应(见图 13-5)。

<	∴	+	÷	>	⊥	⊣	/	×
1	2	3	4	5	6	7	8	9

<	+	∴	⊣	>	×	+	/	÷	×	/	⊣	∴	>	÷	+	⊣	<

图 13-5 符号数字模式测验图片

资料来源:Aaron Smith(1982). Western Psychological Services.

测验步骤

主试先将测试表放在受试者面前,指导语:"请看这些方格(用手指着编码键),可以看见上面一行的每一个方格里都有一个符号,符号下面一行的方格有对应的数字。根据这个配对关系,请你在每一个空格内填上对应的数字。例如,当你看了第一个符号标记后,你将会发现1可以写到第一个空格中。如果填错课,请不要涂抹,直接将正确的答案填在错答案上就醒。现在请你练习一下,将余下的空格填完,填到双线处即可。"在练习时,主试需为受试者指出所有的错误,并加以纠正。如果受试者不按顺序填空,应提醒他不要跳着填。练习完后,开始正式测验,指导语:"现在当我说开始时,请您立即按刚才练习过的方法开始填写数字,越快越好,一直到我叫停为止,不要跳格,填得越快越好。准备好了吗? 开始。"

接着,受试者以最快的速度写下对应于每个符号的数字。测验可用书写或口头方式进行。如果是书写版,受试者应根据页面上方提纲的信息填入与符号相对应的数字;如果是口头版,主试应原封未动地记录下被试说的数字。当两个版本都施用时,建议先进行书写版。

90 秒后,测验停止。

测验评分

90 秒后正确填写的个数为最后得分,不包括在练习时填的数字,最高分为 110 分。同时,填写错误的数字个数也应记录下来。

(3) 测验的信度和效度

符号数字模式测验的重测信度相当不错。测验的编制者对 80 位正常成人进行 2 次书写版和口头版的测试,中间间隔 29 天,重测信度在书写版中达 0.8,口头版达0.76。青年运动员群体中,相隔一到两周时间的重测信度达 0.74(*Hinton-Bayre et al.*,1997)。在一个样本量大于 1 000 人的男性大型研究中发现,相隔 6 个月时符号数字模式测验的重测信度达 0.79,在更长间隔的复测信度,在较小的样本中也表现相当不错,相隔一年的重测信度为 0.72(*Gignac & Vernon*,2003)。

符号数字模式测验与其他相关测验有较好的同质性,与 *WAIS-DS* 的相关性在不同人群中介于 0.62—0.91 之间(*Bowler*,*Sudia*,*Mergler*,*Harrisona*,& *Conea*,1992)。

五、认知筛查测验

常用的认知筛查测验包括简明精神状态量表、简短精神状态问卷、智能筛查量表、蒙特利尔认知评估量表和洛文斯顿作业疗法认知评定成套测验。

1. 简明精神状态量表

简明精神状态量表(Mini-Mental State Examination,MMSE),由福斯腾等人

(Folstein，Folstein & McHugh)1975 年编制。

(1) 测验目的与功能

简明精神状态量表最初用于诊断住院精神病患者、评估流行病学(横向和纵向研究)中的认知能力(Crum et al.，1993；Kase，Wolf et al.，1998)，后逐渐在筛查痴呆患者、评估认知损害程度并跟踪记录病情变化中发挥日益显著的效果，加上低费用、耗时少、易操作、对痴呆敏感性较高等优点，已成为国内外普及的、最常用、最具影响的认知缺损筛选工具之一，被选入诊断用检查提纲(DIS)，用于美国 ECA 的精神疾病流行病学调查，最近世界卫生组织推荐的复合国际诊断用检查(CIDl)，亦将之组合在内(郭起浩，洪震，2013)。

1988 年李格等人将该量表引进国内并进行修订，李格和张明园两种中文修订版本均曾大规模测试。简明精神状态量表方法简便，对主试要求不高。整个测验耗时 5—10 分，满分为 30 分(郭起浩，洪震，2013)。

(2) 测验的主要内容

测验内容

国内的简明精神状态量表包括时间与地点定向、语言(复述、命名、三步指令)、心算、结构模仿等 11 个题目，总分 30 分。

定向力(最高分为 10 分)。询问日期，之后再针对性的询问其他部分，如"您能告诉我现在是什么季节"，每答对一题得 1 分。请依次提问："您能告诉我你住在什么省市吗?"(区县、街道、什么地方、第几层楼)每答对一题得 1 分。

记忆力(最高分为 3 分)。告诉被试您将问几个问题来检查他/她的记忆力，然后清楚、缓慢地说出 3 个相互无关的东西的名称(如：皮球，国旗，树木，大约 1 秒钟说 1 个)。说完所有的 3 个名称之后，要求被试重复它们。

注意力和计算力(最高分为 5 分)。要求从 100 开始减 7，之后再减 7，一直减 5 次(即93，86，79，72，65)。每答对 1 个得 1 分，如果前次错了，但下一个答案是对的，也得 1 分。

回忆能力(最高分为 3 分)。如果前次被试完全记住了 3 个名称，现在就让他们再重复一遍。每正确重复 1 个得 1 分，最高 3 分。

语言能力(最高分为 9 分)。1)命名能力(0—2 分)：拿出手表卡片给被试看，要求他们说出这是什么，之后拿出铅笔问他们同样的问题。2)复述能力(0—1 分)：检查语言复述能力，要求患者复述一中等难度的成语。3)三步命令(0—3 分)：给被试一张空白的平纸，要求对方按你的命令去做，注意不要重复或示范。只有他们按正确顺序做的动作才算正确，每个正确动作计 1 分。4)阅读能力(0—1 分)：出一张"闭上您的眼睛"卡片给被试看，要求被试读它并按要求去做。只有他们确实闭上双眼才能得分。5)书写能力(0—1分)：原版中要求给被试一张白纸和笔，让他们自发写出一句完整的句子。句子必须有主语和谓语，并有意义。考虑到中国老人中有一部分文盲不懂握笔，改口述句子代替患者自发书写。注意你不能给予任何提示,语法和标点的错误可以忽略。6)结构能力(0—1分):在一张白纸上画有交叉的两个五角形,要求被试照样准确地画出来。评分标准:五边形需画出5个清楚的角和5个边,同时两个五角形交叉处形成菱形。线条的抖动和图形的旋转可以忽略不计(郭起浩,洪震,2013)。

测验分析指标及分界值

简明精神状态量表的分析指标为总分,最高得分为30分。

国际标准:24分为分界值,18—24为轻度认知功能受损,16—17为中度认知功能受损,<15分为重度认知功能受损。在筛查痴呆患者时,简明精神状态量表得分≥21分为轻度的痴呆患者,10—20为中度,≤9分为重度(郭起浩,洪震,2013)。

国内标准:中文版简明精神状态量表通常依据不同教育程度制定不同的划界分。张振馨等人(2000)提出筛查分界标准,据李大强等人(2001)研究报道,目前国内大概有3种分界标准。

标准1,由北京医科大学精神卫生所制定:文盲分界值≤14、非文盲分界值≤119。

标准2,由上海精神卫生中心制定:文盲分界值≤17、小学组≤20、初中及以上组≤24。

标准3,由北京协和医院神经内科阿尔茨海默病课题组制定:文盲分界值≤19、小学组≤22、初中及以上组≤26(李大强,张晓君,朱莉萍,等,2001)。

(3) 测验举例

表 13-11　简明精神状态量表中文版

项　目		积　分				
定向力 (10分)	1. 今年是哪一年 　现在是什么季节? 　现在是几月份? 　今天是几号? 　今天是星期几?					1　0 1　0 1　0 1　0 1　0
	2. 你住在哪个省? 　你住在哪个县(区)? 　你住在哪个乡(街道)? 　咱们现在在哪个医院? 　咱们现在在第几层楼?					1　0 1　0 1　0 1　0 1　0
记忆力 (3分)	3. 告诉你三种东西,我说完后,请你重复一遍并记住,待会还会问你(各1分,共3分)。			3　2		1　0
注意力和计算力 (5分)	4. 100−7=? 连续减5次(93、86、79、72、65。各1分,共5分。若错了,但下一个答案正确,只记一次错误)。	5　4		3　2		1　0
回忆能力 (3分)	5. 现在请你说出我刚才告诉你让你记住的那些东西?			3　2		1　0

(续表)

项　　目		积　　分				
语言能力 （9分）	6. 命名能力 出示手表,问:这个是什么东西? 出示钢笔,问:这个是什么东西?				1 1	0 0
	7. 复述能力 我现在说一句话,请跟我清楚地重复一遍(四十四只石狮子)!				1	0
	8. 阅读能力 (闭上你的眼睛)请你念念这句话,并按上面意思去做!				1	0
	9. 三步命令 我给您一张纸请您按我说的去做,现在开始:"用右手拿着这张纸,用两只手将它对折起来,放在您的左腿上。"(每个动作1分,共3分)		3	2	1	0
	10. 书写能力要求受试者自己写一句完整的句子				1	0
	11. 结构能力 (出示图案)请你照上面图案画下来!				1	0

资料来源:郭起浩,洪震.(2013).*神经心理评估*.上海:上海科学技术出版社.

(4) 测验的信度和效度

简明精神状态量表的信度良好,在标准化样本中测得的重测信度(以 24 小时为时间间隔)非常高,若主试相同,$r=0.89$;若主试不同,$r=0.83$(Folstein, Folstein, & McHugh, 1975)。在研究痴呆患者样本中重测信度(以 4 周为时间间隔)近乎完美,$r=0.99$。联合检查的组内相关系数为 0.99,48—72 个小时后,组内相关系数达 0.91(Ala, Hughes, & Kyrouac,2002)。

简明精神状态量表的时间重测信度为 0.80—0.99,评定者重测信度为 0.95—1.00,筛查的敏感性大多在 80%—90%,特异性大多在 70%—80%(闵宝权,贾建平,2004)。沈悦娣等人在确定简明精神状态量表筛查轻度认知损害的划界分时用简明精神状态量表对 819 例年龄在 55—80 岁的社区老年人进行评定,并进行信度和效度分析。结果表明,简明精神状态量表量表的重测信度 $r=0.866$,克龙巴赫内部一致性系数 α 为 0.739。另外发现年龄和文化程度对简明精神状态量表分值均有统计学意义,受试者操作特征曲线(ROC)分析显示,不论年龄分组,简明精神状态量表筛查轻度认知损害最优分界值为≤28 分,≤70 岁时的敏感性为 0.795,特异性为 0.831；>70 岁时分别为 0.853 和 0.804(沈悦娣,魏丽丽,姚林燕,等,2011)。

简明精神状态量表的分析指标为总分,反映的是总体认知功能,其总分与其他综合性的认知检测工具有中高度的相关。简明精神状态量表总分与韦氏成人智力量表的相关系数达 0.78；与 Mattis-DRS 总分的相关系数达 0.87；与 ADAS 认知分测验总分的相关系数达 0.9；与画钟测验得分的相关系数在 0.82—0.85 左右(郭起浩,洪震,2013)。

薛维等人用简明精神状态量表评价了脑出血患者早期干预的疗效,证实了通过简明精神状态量表的评价可以更客观全面地了解到患者早期康复治疗后运动及认知功能得到显著改善(薛维,张书琼,向莲,2004)。彭丹涛等人采用随机分层抽样方式用简明精神状态量表对北京城乡 40 岁及以上常模、痴呆及易混淆疾病人群进行检测,结果表明,简明精神状态量表涵盖的认知项目广泛,操作简单方便,筛查痴呆敏感度较高,适于临床广泛应用;同时也指出,简明精神状态量表判断的认知功能下降是非特异性的,受许多疾病及意识、精神状态干扰,故应结合临床综合判断(彭丹涛,许贤豪,刘江红,等,2005)。

罗国刚等人通过随机整群分层抽样,对 4 921 名 55 岁或以上的西安市城乡居民进行简明精神状态量表测查。结果说明,年龄、性别、受教育年限、听力下降、日常生活能力对简明精神状态量表得分有显著影响并指出简明精神状态量表最适用于年龄偏大(70 岁以上)、文化程度偏低(小学或以下)的人群,对痴呆的筛选能力大;而对于年龄偏小、文化程度偏高的人群,简明精神状态量表的鉴别筛选力较低(罗国刚,韩建峰,屈秋明,等,2002)。

有些研究者通过增删简明精神状态量表项目的方式,试图改进简明精神状态量表的诊断效度,目前应用得最广泛的版本为修订版简明精神状态测验(Modified Mini-Mental State,3MS)(Teng & Chui,1987)。修订者增加了 4 个新因子,包括定向、注意、辛酸、远时记忆、新近记忆、结构能力、语言、范畴流畅性、概念判断这 9 个因子,共 20 题,费时 15—20 分,总分为 100 分。修订版简明精神状态测验在中风患者的认知损害诊断中比简明精神状态量表更敏感。

2. 智能筛查测验

智能筛查测验(Cognitive Abilities Screening Instrument,CASI),由特恩(Teng E.L.) 1990 年编制。

(1) 测验目的与功能

智能筛查测验是一个简短的认知筛查测验,可用于评估注意、心算、近记忆、远时记忆、语言、构图、抽象概念、判断、思考流畅等多项认知功能。它在筛检失智症、追踪受试者认知能力的改变和辨别受试者在各个认知领域方面强弱上能发挥很好的功能,用智能筛查测验中某些题目分数之和可以筛查失智症患者,用智能筛查测验所有题目的总分来追踪受试者的认知能力上的变化,用智能筛查测验的诸认知领域的分数来做剖面图以比较受试者在各认知领域方面能力的高低(Teng,1994)。CASI C-2.1 为中文版,适用于受教育水平偏低或未受过正式教育的受试者。

（2）测验的主要内容

智能筛查测验共有 20 个题目，总分 100 分，分界值随年龄和教育年限变化，一般是在 60 分左右，能在 15—20 分钟之内完成。对注意力（Attention，ATTEN）、集中与心算力（Mental manipulation，MENMA）、近记忆（Short-term memory，STM）、长时记忆（Long-term memory，LTM）、时空定向力（Orientation，ORIEN）、语言能力（Language，LANG）、空间概念与构图（Drawing，DRAW）、抽象与判断（Abstract thing and judgment，ABSTR）及思考流畅（Animal-name fluency，ANML）等 9 个维度进行定量测评，检测受试者在各方面有无缺陷（见表 13-12）。

表 13-12　智能筛查测验的内容

长时记忆（LTM）（10）	近记忆（STM）（12）
对注意力（ATTEN）（8）	集中与心算力（MENMA）（10）
时空定向力（ORIEN）（18）	抽象与判断（ABSTR）（12）
语言能力（LANG）（10）	空间概念与构图（DRAW）（10）
思考流畅（ANM）（10）	

注明：每项认知维度括号中的数字代表满分。

资料来源：李眉，林克能，周碧瑟，王署君，刘秀枝，等.(1994).智能筛查测验和三种文版的初测结果.中国临床心理学杂志，2(2)，69-73.

（3）测验的信度和效度

智能筛查测验对失智症的筛检和追踪皆胜过简明精神状态量表、长谷川痴呆量表，也比较适用于未受过学校教育的老年人，具有较好的信度和效度（Teng，1994）。智能筛查测验在评定员之间的重测一致性系数为 0.86，信度系数为 0.90，测验总分与简明精神状态量表、长谷川痴呆量表的相关系数分别为 0.87 和 0.89，表明智能筛查测验具有良好的信度和效度，值得在临床及流行病学研究中推广应用（高静芳，陶明，李翼群，等，1993）。

陆蓉等人研究了 CASI C-2.0（智能筛查测验中文版）在成都地区老年人群应用的信度和效度。对 807 例老年人进行认知能力检查的结果显示，CASI C-2.0 的重测相关系数为 0.97，表明该量表具有很好的跨时间稳定性。CASI C-2.0 的条目与总分相关系数均在 0.66 以上，条目彼此之间的相关系数也均在 0.35 以上，克龙巴赫 α 系数为 0.905 6。表明各条目与总量表施测内容一致性较好，条目彼此之间也具有同源性。分半系数为 0.835 5，也达到心理测量学要求。在效度方面，根据 ROC 曲线（接受者操作特征曲线）原则，以 50 分为划界分，CASI C-2.0 量表诊断痴呆的准确性最高。用 CASI C-2.0 单独诊断痴呆，以 50 分为划界分，与 ICD-10 诊断标准相比较，可以得出 CASI C-2.0 诊断痴呆的敏感性为 94.5%，特异性为 89.5%，准确性 89.8%，*Kappa* 值为 0.512 3，漏诊率 5.5%，误诊率 10.5%，上述结果表明，用 CASI C-2.0 诊断痴呆敏感性和特异性均很高，漏诊与误诊率均较低,故此量表既可用于大规模流行病学调查,不易漏诊,也可用于临床工作诊断和咨询,不易误诊。因为流行病学调查更强调漏诊率低,因此该量表用于流行病学调查优于临床工作诊断(陆蓉,罗祖明,唐牟尼,等,2000)。

周燕等人探讨了智能筛查测验在不同严重度的阿尔茨海默病患者中的表现以及与简明精神状态量表总分的关系。研究者对 30 名正常中老年人、20 例轻度认知损害和 53 例不同严重度的阿尔茨海默病患者进行评估。以≤85 分为界,智能筛查测验识别轻度认知损害的敏感度为 70.6%,识别轻度阿尔茨海默病的敏感度为 82.7%,特异度均为 73.9%。对于大学及以上文化者,智能筛查测验难度过低,容易出现假阴性。说明智能筛查测验可有效判断阿尔茨海默病认知损害的严重度,并能从组成项目中获得简明精神状态量表总分(周燕,郭起浩,洪震,2009)。

3. 蒙特利尔认知评估

蒙特利尔认知评估(Montreal Cognitive Assessment,MoCA),由拉斯里丁(Z. S. Nasreddine)等人 2004 年编制。

(1)测验目的与功能

蒙特利尔认知评估是应用较为广泛的传统认知筛查量表,具有灵敏度高、涵盖认知领域比较全面等优点(Nasreddine,Phinips,Bedirian,et al.,2005),尤其是在对轻度认知功能损害患者进行早期干预、预防或延缓发展成为痴呆中起着重要的作用。该量表已被翻译成英语、法语、西班牙语等 20 多种语言 24 种版本,其使用受语言习惯及文化背景的影响,有不同文化跨度时需进行文化调适(那祖克·玉素甫,2010)。

(2)测验的主要内容

蒙特利尔认知评估中文版,有北京版、香港广东版、香港版和台湾版等四种版本。

香港广东版。结合香港老年汉族居民的言语习惯对原版进行严谨而灵活的翻译并反复修订,在不改变愿意的前提下对连线题中的英文字母、记忆词语、注意力测试中的英文字母、语言流畅性测试及抽象概括等部分进行适当的文化调适(那祖克·玉素甫,2010)。

香港版。2007 年由香港中文大学医疗系的 Adrian Wong 和 Vincent Mok 翻译并修订。在充分考虑民族文化、语言及教育水平的前提下修改了原版中的以下部分:其一,把连线题中的英文字母"A、B、C……"变换为数字"1、2、3……",即用连线测试 A 取代连线测试 B。其二,注意力测试中的出现英文字母 A 时敲打桌子改成出现数字 1 时敲打。其三,修改语言测试中的复述句子,改成中文句子。其四,语言流畅性测试中的说出以 F 开头的单词改成说出动物名称。其五,地点定向中用地区取代城市。它与其他中文版的最大区别就是连线题及复述句子的改动较大(那祖克·玉素甫,2010)。

北京版。由解放军总医院的王炜在 2006 年引入并翻译为中文版。具体内容包括交替连线测验、视结构技能(立方体)、视结构技能(钟表)、命名、记忆、注意、句子复述、词语流畅性、抽象、延迟回忆、定向等 11 项测试（见表 13-3）。

（3）测验举例

这里以北京版蒙特利尔认知评估为例，予以说明（见表 13-13）。

表 13-13　北京版蒙特利尔认知评估

姓名：　　　　性别：　　　　出生日期：　　　　教育水平：　　　　检查日期：

视空间与执行功能	得分

画钟表（11 点过 10 分）（3 分）

轮廓[　　]　指针[　　]　数字[　　]

＿／5

复制立方体

命名	

＿／3

记忆	读出下列词语，然后由患者重复上述过程重复 2 次，5 分钟后回忆。		面孔	天鹅绒	教堂	菊花	红色	不计分
		第一次						
		第二次						

注意	读出下列数字，请患者重复（每秒 1 个）。	顺背[　　]	21 854	＿／2
		倒背[　　]	742	

读出下列数字，每当数字出现 1 时，患者敲 1 下桌面，错误数大于或等于 2 不给分。	[　　]52 139 411 806 215 194 511 141 905 112	＿／2

100 连续减 7	[　　]93	[　　]86	[　　]79	[　　]72	[　　]65	＿／3
4～5 个正确给 3 分，2～3 个正确给 1 分，全部错误为 0 分。						

语言	重复：我只知道今天张亮是来帮过忙的人。[　　]狗在房间的时候，猫总是躲在沙发下面[　　]	＿／2
	流畅性：在 1 分钟内尽可能多地说出动物的名字。[　　]＿＿＿＿＿＿＿＿＿＿＿＿＿＿＿＿＿＿（N≥11 名称）	＿／1

(续表)

视空间与执行功能							得分
抽象	词语相似性:香蕉—橘子=水果 [ ]火车—自行车 [ ]手表—尺子						__/2
延迟回忆	回忆时不能提醒	面孔 [ ]	天鹅绒 [ ]	教堂 [ ]	菊花 [ ]	红色 [ ]	仅根据非提示记忆得分	__/2
	分类提示:						__/2
	多选提示:						__/2
定向	日期[ ] 月份[ ] 年代[ ] 星期几[ ] 地点[ ] 城市[ ]						__/6
总分							__/30

资料来源:Nasreddine Z. Version November 7,2004. Beijing version 26 August,2006. Translated by Wei Wang,Hengge Xie. www.mocatest.org.

(4)测验的信度和效度

研究者采用简明精神状态量表和蒙特利尔认知评估分别对 94 例轻度认知障碍患者、93 例轻度阿尔茨海默病患者和 90 例正常老年人进行检测。以 26 分为划界值,蒙特利尔认知评估检测轻度认知障碍和轻度阿尔茨海默病的敏感度分别为 90.0％和 100.0％,显著优于简明精神状态量表。同时,蒙特利尔认知评估具有较高的重测信度,2 次测试的相关系数为 0.92,克龙巴赫 α 系数为 0.83;蒙特利尔认知评估和简明精神状态量表的相关系数较高,达 0.87(Nasreddine,Phinips,Bedirian,et al.,2005)。

有美国学者(Luis,Keegan,& Mullan,2009)在美国东南部老年社区居民中对英文版蒙特利尔认知评估进行交叉效度分析。结果显示,当划界值为 26 时,蒙特利尔认知评估的灵敏度为 97％—100％,而特异值仅为 35％,而把划界值降到 23 分或以下时,灵敏度和特异度分别为 96％和 95％,故认为适合美国东南部老年人的最佳划界值为 23 分。

对蒙特利尔认知评估的香港广东版进行了信度和效度检验的结果显示,当划界值为 23 分时,蒙特利尔认知评估对轻度认知损害的灵敏度为 79.25％,特异度为 74.65％;阳性预测值和阴性预测值分别为 70％和 82.8％;有较高的重测信度(组内相关系数 $ICC=0.945$)和评定者信度(组内相关系数 $ICC=0.956$);克龙巴赫 α 系数为 0.858;蒙特利尔认知评估与简明精神状态量表的相关系数高,$r=0.861$(Ng Hoi Yee,2008)。张立秀等人用香港版蒙特利尔认知评估在广州地区社区老人进行研究,表明蒙特利尔认知评估有较好的信度和效度及可行性。重测信度 $ICC=0.857$,克龙巴赫 α 系数为 0.818,蒙特利尔认知评估与简明精神状态量表的相关系数很好,$r=0.933$(张立秀,刘雪琴,2007)。

贾功伟等人对北京版蒙特利尔认知评估在重庆地区的应用进行初步研究。结果显示,蒙特利尔认知评估评定者之间的信度较高(组内相关系数 $ICC=0.913-1.000$),且具有良好的区分效度:病例组和对照组的蒙特利尔认知评估总分有显著性差异;蒙特利尔认知评估和简明精神状态量表评定结果有高度相关,$r=0.902$(贾功伟,等,2008)。温洪波等人研究了蒙特利尔认知评估测试结果的分布特征,结果显示当蒙特利尔认知评估的分界值≥26 分,年龄和受教育程度诸因素均对蒙特利尔认知评估得分有显著影响($P<0.001$)。检测轻度认知损害的敏感度蒙特利尔认知评估为 92.4%,显著优于简明精神状态量表的24.2%。说明蒙特利尔认知评估用于筛查轻度认知损害病例优于简明精神状态量表。调整的分界值标准有助于早期发现轻度认知损害和痴呆患者,减少漏诊。蒙特利尔认知评估得分是判断认知功能是否正常的非特异性指标,不能取代临床诊断(温洪波,张振馨,等,2008)。王炜等人探讨了蒙特利尔认知评估中文版筛查轻度认知损害的可行性及界值的划分,研究表明蒙特利尔认知评估总分和简明精神状态量表总分相关性很好($r=0.846$,$P<0.001$);经过绘制接受者操作特征曲线(ROC 曲线)确定蒙特利尔认知评估得分值≥26 为正常时,其敏感性和特异性分别为 1.000 和 0.986。19—25 分为轻度认知损害,其敏感性和特异性分别为 0.932 和 0.717,说明在该人群中可以使用蒙特利尔认知评估筛查轻度认知损害患者,得分范围可设定为 19—25 分(王炜,等,2010)。孔凡斌和杨芳探讨了北京版蒙特利尔认知评估在脑小血管病患者认知功能障碍评估中的意义。将 103 例脑小血管病患者分为认知功能正常组和认知功能障碍组,应用蒙特利尔认知评估和简易精神状态量表对所有患者进行认知功能评估。结果显示:其一,两组患者在年龄、性别、教育程度方面无统计学差异($P>0.05$)。其二,认知功能障碍组蒙特利尔认知评估总分为 18.20±3.42,简明精神状态量表总分为 25.53±2.91,两结果之间具有相关性,斯皮尔曼相关系数 $r=0.531$($P<0.05$)。其三,两组之间相比较,除注意子项外,蒙特利尔认知评估其余子项及总分均有统计学差异,而简明精神状态量表只有总分、记忆子项及回忆子项有统计学差异。其四,应用最大约登指数确定蒙特利尔认知评估识别脑小血管病所致认知障碍的最佳截断值为 22/23 分,此时蒙特利尔认知评估的敏感度和特异度分别为 91.9% 和 95.1%。说明蒙特利尔认知评估在脑小血管病患者认知功能障碍的筛查中具有较高的敏感性和特异性,其最佳截断值为 22/23 分(孔凡斌,杨芳,2011)。

陶艳等人对蒙特利尔认知评估中文版应用于Ⅱ型糖尿病患者进行了信度和效度研究。结果显示,蒙特利尔认知评估在Ⅱ型糖尿病中的克龙巴赫 α 系数为 0.782,各因子与总量表的相关系数为 0.330—0.669($P<0.01$),采用正交旋转主成分分析法进行因子分析,提取公因子 4 个,累计贡献率为 80.502%,各项目在相应因子上有较满意的因子载荷量($P<0.5$),敏感性为 98.55%、特异性为 91.39%(陶艳,陈璇,秦慷,陈燕,等,2013)。说明蒙特利尔认知评估是一个信度和效度较好、特异性和敏感度高的测试工具,可作为Ⅱ型糖尿病轻度认知功能障碍的测定筛查工具。

六、执行功能测验

执行功能(Executive Function)不同于记忆、计算、言语等单个的认知功能,是人类的高级认知功能,指个体在实现某一特定目标时,以灵活、优化的方式控制多种认知加工过程协同操作的认知神经机制(Shintaro,2001)。它包括目标形成(Volition)、规划(Planning)、有目的的行动(Purpose Action)和有效操作(Effective Performance)(Lezak,2006)。

执行功能并不是一个单一功能,它由多个有关联却又相对独立的分因子构成,主要包括注意控制(Control of Attention)、抑制(Inhibition)、任务管理(Task Management)、转换(Set-Shifting)、工作记忆(Working Memory)、刷新(Updating)/计划(Planning)、概念形成(Concept Formation)、认知灵活性(Cognitive Flexibility)等(Aderson,2008)。其中刷新、转换和抑制是评估执行功能的重要指标,刷新指对工作记忆内容的监测和快速增减;转换指不同任务或认知资源的灵活切换;抑制指将注意集中在任务上,抑制对无关信息的优势反应(Miyake & Friedman,2012)。

多种精神科疾病,如成人注意缺陷多动障碍(Attention Deficit/Hyperactivity Disorder,ADHD)、精神分裂症、抑郁症、强迫症等,以及神经科疾病如癫痫、阿尔茨海默病、艾滋病痴呆综合征(AIDS dementia complex,ADC)、皮质下缺血性脑血管病等均有不同程度的执行功能损害(Elliott,2003)。

经典的执行功能测验有测试转换因子的连线测验、威斯康星卡片分类测验,测试抑制因子的斯特鲁普色词测验,测试流畅性因子的言语流畅性测验等。

1. 连线测验

连线测验(Trail Making Test,TMT),由美军陆军(U.S. Army)1944 年编制。修订版为形状连线测验(Shape Trails Tset,STT)(郭起浩,洪震,2006)。

(1) 测验目的与功能

连线测验最初是美国陆军测验的一部分,现为 H-R 成套神经心理测验中的一个分测验。由于操作简单,它已经成为目前运用最广泛的神经心理测验之一。它能反映视觉搜索和运动追踪功能、注意分配能力、认知灵活性等(Lezak,2006)。

(2) 测验的主要内容

连线测验分为 A、B 两部分,A 部分中 25 个写有数字(1—25)的圆圈随机分布在一张 83 厘米×11 厘米的纸张上,要求被试对这些圆圈按照数字大小顺序依次连线;而在 B 部分,纸张上的圆圈则包含数字 1—13 和字母 A—L,要求被试在数字 1—13 和字母 A—L

之间持续转换地连线(即 1—A—2—B—3—C,如此继续)。在测验过程中,要求被试在笔不离开测验纸的情况下,尽可能快地连接圆圈(Lezak,2006)。

由于连线测验的测验 B 是数字和字母交替连接,要求被试对字母有足够的熟悉度,因此该测验不适用于中国的被试。为了避免跨文化差异产生的影响,华山医院(2006)对经典连线测验进行修订,开发连线测验的中文修订版,即形状连线测验(Shape Trails Test,STT)。形状连线测验的 A 部分与连线测验相同,B 部分是将数字包含在正方形和原型两种图形中,要求被试按顺序连接数字时两种图形要交替进行。形状连线测验采用雷坦的计分方式,记录被试 A、B 测验的耗时数(郭起浩,洪震,2013)。

(3)测验举例

图 13-6 是连线测验经典连线的样例。

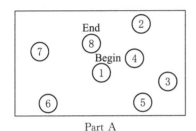

图 13-6　连线测验的样例

资料来源:Lezak,M.D.(2006).*神经心理测评(第 4 版)*.北京:世界图书出版公司北京公司.

图 13-7 是连线测验开头连线的样例。

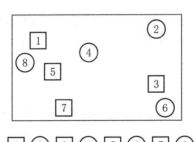

图 13-7　形状连线

资料来源:郭起浩,洪震.(2013).*神经心理评估*.上海:上海科学技术出版社.

(4)测验的信度和效度

对于经典连线测验一致性信度系数的报告差异较大,大部分研究结果的信度系数在 0.60 以上,有一些在 0.90 以上(Spreen & Strauss,1998)。

陆骏超等人对 94 名正常老人,107 名遗忘型轻度认知功能障碍组和 54 名轻度阿尔茨海默病组进行形状连线测验、简明精神状态量表、听觉词语记忆测验,结果显示正常老人与轻度认知损害组连线测验完成率均高于轻度阿尔茨海默病组。年龄与教育程度对连线测验-B的影响比连线测验-A更大。连线测验-A、B与简明精神状态量表、听觉词语学习测验延迟回忆均有显著相关性（$r=0.38$—0.52，$P<0.01$）。完成连线测验-A、B测验、NC组、轻度认知损害组与轻度阿尔茨海默病组两两比较均有显著差异，连线测验可以清楚地区分三组。他们认为连线测验对轻度认知损害患者有一定的辅助识别作用，对轻度阿尔茨海默病患者有较强的辅助识别作用（陆骏超，等，2006）。

王琦等人采用形状连线测验（中文版连线测验）对43名无痴呆型血管性认知障碍（VCIND）患者和35名性别、年龄和文化程度相匹配的正常人（NC）对照进行测试。结果VCIND组患者连线测验-A、B的耗时数长于NC组（$P<0.05$）；干扰量也表现出VCIND组大于NC组，差别有统计学意义（$P<0.05$），他们认为形状连线测验能够发现VCIND患者执行功能损害，有助于早期检出VCIND患者（王琦，李文，毛礼炜，刘娟，赵合庆，刘春风，2012）。

2. 斯特鲁普色词测验

斯特鲁普色词测验（Stroop Color Word Test，CWT），由斯特鲁普（John Ridley Stroop）1935年编制。Victoria版（Regard，1981），中文版（郭起浩，等，2005）。

（1）测验目的与功能

斯特鲁普色词测验是经典的神经心理学测验，通过颜色和字意干扰来判断受试者的注意水平，当字的颜色与其意不一致时（如"红"字以蓝色书写），被试在读出字的颜色时，就会受到字意的干扰，表现为被试说出字的颜色的反应时会因色词词义的干扰而明显延长，以此评估被试保持心中目标，抑制一个习惯性反应而倾向一个较不熟悉的反应的能力，检测被试选择性注意及抑制功能（Stroop，1935）。精神分裂症、老年性痴呆等神经系统疾病患者在完成这项测验时反应时延长，错误率增高（陈燕，吴勤花，2006）。

（2）测验的主要内容

斯特鲁普色词测验已有10多个版本，主要区别在于使用卡片的数目（2—4张不等）、每张卡片的长度（即字数，少则17个，多则176个）、字的颜色（原始版本有5种颜色，Victoria和Golden版本有4种）以及评分方式（有的采用完成一定字数的时间消耗，有的采用限定时间内完成的字数）（郭起浩，洪震，2013）。

经典版斯特鲁普色词测验

测验材料。经典版斯特鲁普色词测验共有三张刺激卡片。卡片A：非干扰性色词。卡片上用黑色印刷表示不同颜色的字词（blue、green、red、brown、purple）；卡片B：干扰性色词。卡片上分别用不同颜色（红色、黄色、蓝色、绿色）印刷表示不同颜色的字词（blue、green、red、brown、purple），每个字词印刷的颜色与字词自身的词义不同（如用绿色印刷"blue"）；卡片C：颜色方块。卡片上是印刷着不同颜色的彩色方块（蓝色、绿色、红色、褐色、紫色)(Lezak,2006)。

测验步骤。测验分为四个部分。第一部分,呈现卡片 A,要求被试读出用黑色印刷的表示颜色的字;第二部分,呈现卡片 B,要求被试忽略字的颜色,读出字的本身;第三部分,呈现卡片 C,要求被试说出彩色方块的颜色;第四部分,再次呈现卡片 B,要求被试忽略字的本身,说出字的印刷颜色(Lezak,2006)。

计分方式。在测验过程中,记录被试完成每一部分需要的时间和错误数量,以反应时和错误率作为测验结果的两个指标(Lezak,2006)。

斯特鲁普报道,正常人读出不同颜色印刷的字体的速度与读出黑色字体的速度一样快(第二部分与第一部分相比较)。然而,当要求被试说出字体颜色而非字体本身时,完成任务的时间则明显延长(第四部分与第三部分相比较)。对于颜色命名速度的减退称作"颜色命名干扰效应",也叫"斯特鲁普效应"(郭起浩,洪震,2013)。

Victoria 版斯特鲁普测验

Victoria 版斯特鲁普测验(Victoria Stroop Test,VST)由里嘎德(Regard)于 1981 年改编而来,最主要的特点是简短,测验的三个卡片各自只有 24 个项目,这不仅缩短了测试时间,而且可以避免被试因任务时间延长而产生学习效应(郭起浩,洪震,2013)。

测验材料。Victoia 版包括三张 21.5 厘米×14 厘米的卡片,分别是圆点卡片(D 卡片)、文字卡片(W 卡片)及颜色卡片(C 卡片)。每张卡片有 6 行,每行 4 个项目,每行中间距离 1 厘米,在 D 卡片中总共有蓝、绿、红、黄四种颜色的 24 个圆点,每个颜色出现 6 次,4 个颜色在每行都按随机顺序出现一次;W 卡片有 24 个用小写字母打印的常见文字(如 when、hard、over),每行文字随机用蓝、绿、红、黄四种颜色印刷;C 卡片有 24 个小写字母打印的代表颜色的词(blue、green、red、yellow),分别用蓝、绿、红、黄四种颜色印刷,且印刷字体的颜色与词意相矛盾,每行字体包含 4 种颜色,且随机排列(郭起浩,洪震,2013)。

测验步骤。测验分为三个部分。第一部分,呈现 D 卡片,要求被试必须以最快的速度读出 24 个圆点的颜色;第二部分,呈现卡片 W,要求被试说出字体的颜色而忽略字词本身的含义;第三部分,呈现 C 卡片,同样要求被试说出字体的颜色而忽略字词本身的含义;每个部分文字命名的错误若被试没有自发更正,则立即由测试者更正,接着指导被试以最快的速度继续。第三部分测验要求被试抑制自动阅读的优势反应,产生费力的颜色命名反应。干扰效应的大小取决于干扰任务比控制任务中颜色命名额外需要的时间(郭起浩,洪震,2013)。

计分方式。测试者在给完操作指示后立即启动计时器,需记录每个部分中产生的错误数及花费的时间,其中被试自发更正的也算正确(郭起浩,洪震,2013)。

中文版斯特鲁普色词测验

中文版斯特鲁普色词测验分三步。第一步呈现卡片 A,由 4 种颜色字(黄色、红色、蓝色、绿色)组成,共 50 个,要求尽量快而正确地读出;第二步呈现卡片 B,由 4 种不同颜色

(黄色、红色、蓝色、绿色)的圆点组成,要求尽量快而正确地读出颜色名称;第三步呈现卡片 C,将上述 4 种颜色字用 4 种不同颜色印刷,要求尽量快而正确地读出字的颜色的名称,而忽略文字的意义(郭起浩,洪震,吕传真,周燕,陆骏超,丁玎,2005)。

分析指标包括完成每张卡片的耗时数、正确阅读数、错误数等;反映干扰量(Stroop interference effects,SIE)的指标是:SIE 耗时数＝卡片 C 的耗时数－卡片 B 的耗时数;SIE 正确数＝卡片 C 的正确数－卡片 B 的正确数。SIE 愈大,干扰抑制效能愈低(郭起浩,洪震,吕传真,周燕,陆骏超,丁玎,2005)。

(3) 测验的信度和效度

郭起浩等人使用中文版斯特鲁普色词测验(3 张卡片,每张 50 个项目,4 种颜色),对 94 名正常老人,86 名遗忘型轻度认知损害患者和 51 名轻度阿尔茨海默病患者施测,结果显示,斯特鲁普色词测验的干扰量(SIE)与反映执行功能的连线测验、言语流畅性测验有显著的相关性。以卡片 C(字体颜色命名任务)正确数 39 为分界值,识别轻度阿尔茨海默病的敏感性为 80.4％,特异性为 86.2％。因此,郭起浩等人认为中文版斯特鲁普色词测验适合在中国老人中应用,有助于早期识别阿尔茨海默病、轻度认知损害患者(郭起浩,洪震,吕传真,周燕,陆骏超,丁玎,2005)。

3. 威斯康星卡片分类测验

威斯康星卡片分类测验(Wisconsin Card Sorting Test,WCST),由伯格(E.A. Berg) 1948 年编制,1981 年推出修订版(Heaton,1981)。

(1) 测验目的与功能

威斯康星卡片分类测验评估根据以往的经验进行分类、概括、工作记忆和认知转移的能力(Weinberger,Aloia,Goldberg et al.,1994)。该测验最早用于检测正常人的抽象思维能力,后来发现它是为数不多的能够较敏感的检测有无额叶局部脑损害的神经心理测验之一,经过扩充和发展,成为目前广泛使用的一种检测额叶执行功能的测验(Lezak, 2006)。

(2) 测验的主要内容

测验材料

扩充后的威斯康星卡片分类测验由 4 张模板卡片和 128 张卡片构成。4 张模板卡片分别是 1 个红三角形、2 个绿五角星、3 个黄十字形和 4 个蓝圆。128 张卡片分别由不同的形状(三角形、五角星、十字形、圆形)、不同的颜色(红、黄、绿、蓝)和不同的数量(1、2、3、4)构成(Lezak,2006)。

测验步骤

被试根据 4 张模板卡片对 128 张卡片分类,不告诉分类的原则,只说每一次分类是正确还是错误。开始后如被试按颜色进行分类,告诉他或她是正确的,连续正确 10 次后,在不作任何暗示下将分类原则改为形状,同样地根据形状分类连续正确 10 次后,分类原则改为数量。根据数量分类连续正确 10 次后,分类原则又改为颜色,然后依次又是形状、数量。受试者完成了 6 次分类(Berg 版)或将 128 张卡片(Heaton 版)分类完毕,整个测验就算结束。威斯康星卡片分类测验没有时间限制,但太慢则可能由于注意力分散或忘记了以前的分类经验而影响测验成绩(Lezak,2006)。

评定

威斯康星卡片分类测验区分是否有脑损害以及是额叶还是非额叶的脑损害。评定指标有总反应数、正确反应数、持续反应数(perservative responses)、错误反应数、持续错误反应数和分类数(Lezak,2006)。

(3) 测验举例

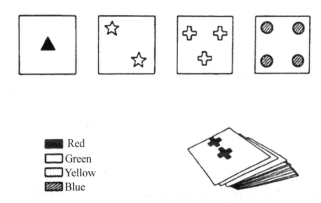

图 13-8 威斯康星卡片分类测验

资料来源:Lezak(2006).*神经心理测评(第 4 版)*.北京:世界图书出版公司北京公司.

(4) 测验的信度和效度

谭云龙等人分别对 45 名正常人,76 例精神分裂症患者(阳性症状为主 39 例,阴性症状为主 37 例)、10 例神经症和 9 例酒精依赖患者进行两次威斯康星卡片分类测验,间隔 1 周,对两次测查的各指标进行相关分析,结果显示两次测验各指标的相关系数均值为 0.606。威斯康星卡片分类测验在正常人和上述疾病人群使用时,持续错误反应数和完成第一个分类所需应答数的稳定性良好,可考虑用作该测查的判定指标(谭云龙,邹义壮,屈英,郭蓄芳,2002)。

研究表明,脑损害患者持续反应数常在 18 次以上,威斯康星卡片分类测验的这一分界线对脑损害患者鉴别效能达 74%,对正常人的鉴别效能为 72%。在正常人中持续反应数超过 46 次非常少见,相反,几乎 1/3 的脑损害患者持续反应数很高。说明如果在完成威斯康星卡片分类测验时持续反应数中度或重度偏高,对于确定其有无脑损害的准确性较高。威斯康星卡片分类测验成绩差是提示患者额叶功能低下的重要依据,持续反应数对于鉴别有无额叶损害的效率达 68%(刘哲宁,1999)。对 107 例患者和 123 例正常对照组进行威斯康星卡片分类测验和 H-R 神经心理成套测验,用损伤指数评定认知功能损害的程度,结果发现损伤指数与脑损害患者和正常人威斯康星卡片分类测验中的持续反应数显著相关(r 分别为 0.55 和 0.37,P 值均小于 0.05)。根据脑损害的部位不同,进一步分组研究发现除了左侧非额叶脑损害的患者外,正常对照组的威斯康星卡片分类测验评分明显好于其他脑损害的患者,额叶脑损害患者的威斯康星卡片分类测验评分明显差于非额叶脑损害的患者,右侧额叶脑损害患者的威斯康星卡片分类测验评分明显差于左侧额叶脑损害的患者。持续反应数对于反映额叶脑损害比损伤指数及 H-R 成套测验似乎更敏感(刘哲宁,1999)。

4. 言语流畅性测验

言语流畅性测验(Test of Verbal Fluency,TVF),由本顿(A.L. Benton)和哈姆舍(K. Hamsher) 1989 年编制。

(1) 测验目的与功能

言语流畅性测验是多语种失语检查(Multilingual Aphasia Examination)中的一部分(Benton & Hamsher,1989),作为一种简便易行的执行功能测验,已广泛应用于各型痴呆、癫痫、颅脑外伤、感染、中毒、发育迟滞等多个疾病的诊断,对认知损害的程度、儿童的发育状况、疾病预后评估等均有较高价值(Julie,John,& Louise,2004)。

(2) 测验的主要内容

言语流畅性测验要求被试在一定时间内列举尽可能多的规定范畴内的例子。一般来说,言语流畅性主要包括语音流畅性和语义流畅性两类。与它们相应的测量工具分别是语音流畅性测验和语义流畅性测验。语音流畅性测验也称作首字母流畅性测验或词汇流利性测验,测验中要求被试在固定时间内(例如 1 分钟)说出以某个字母(例如 F、A、S)开头的一些词,中文版则要求被试在固定时间内说出以某个字(例如发、小)开头的一些词(钟洁静,王黎萍,2010)。语义流畅性测验又称作归类流畅性测验,被试要把特定的词归属到同一语义类别中(如动物、食物、超市物品)。语音流畅性测验主要用于评估执行功能紊乱(陆爱桃,张积家,2005)。

(3) 测验举例

例一:

言语流畅性测验列举范畴的选择采用"超市物品"作为被试的列举范畴。

语义流畅性测验操作程序:以秒表计时,给予指导语:"现在请您在 1 分钟的时间内列举尽可能多的超市物品。"依次记录患者列举物品,错误、重复亦应如实记录。若被试停顿 15 秒以上,重复指导语;若被试在 1 分钟前终止列举,应鼓励其继续。计时在首次指导并确信患者理解后开始,但重复指导语的时间应剔除。

评分指标有:1)正确数,以患者列举物品总数减去错误及重复数而得,是传统评分的唯一指标。本测验中,还将被试列举的超市物品分成不同亚类(如食品、日用品、服饰、家电等)。2)串联数(cluster size),在各亚类中连续列举的物品,自每个亚类的第二个物品开始计数,直至被试转换至另一亚类为止。各亚类串联数相加即得本次测验的总串联数。3)亚类转换数(switch),即被试在各亚类间切换的次数。

资料来源:赵倩华,郭起浩,史伟雄,等.(2007).言语流畅性测验在痴呆识别诊断和鉴别中的应用.*中国临床心理学杂志,15*(3),233-235.

例二:

言语流畅性测验:要求被试在 1 分钟内列举尽可能多的规定范畴内的例子,以 15 秒为单位,分别记录 4 个不同时间段内列举正确的数目。检测以秒表计时,给予统一的指导语,计时在被试理解后开始,若被试停顿 15 秒以上,重复指导语,重复指导语的时间作相应的删除。分析指标为总分与 4 个不同时间段的得分。

语义流畅性测验:要求被试在 1 分钟内分别列举水果、蔬菜、动物及家庭用品名称,4 项列举数目之平均值为试验得分;

语音流畅性测验:要求被试在 1 分钟内分别列举以"发""小"开头的词语,2 项列举数目之平均值为试验得分.

资料来源:钟洁静,王黎萍.(2010).阿尔茨海默病言语流畅性损害研究.*中风与神经疾病杂志,27*(5),410-412.

(4)测验的信度和效度

赵倩华等人评价超市物品言语流畅性测验识别早期痴呆的效力,取被试正常对照 242 例,阿尔茨海默病 276 例,血管性痴呆 41 例,接受简明精神状态量表、言语流畅性测验和临床痴呆量表检查。结果显示,不同教育年限划界识别轻度阿尔茨海默病的敏感度、特异度依次为 0—6 年 56.5%、72.5%,7—12 年 75.0%、72.9%,12 年以上 83.1%、78.4%;对照组言语流畅性成绩与增龄呈负相关、与教育呈正相关;阿尔茨海默病组与增龄无关,与教育关联程度明显减低,结果表明超市物品言语流畅性测验识别轻度阿尔茨海默病敏感性、特异性高(赵倩华,等,2007)。

钟洁静等人研究阿尔茨海默病患者的言语流畅性损害状况,采用语义流畅性、语音流畅性测验评定 30 例阿尔茨海默病患者与 60 例正常老年人。结果显示,与正常对照组比较,阿尔茨海默病患者 3 项言语流畅性均受损($P<0.01$),其中以语义流畅性损害为重。3 项言语流畅性成绩与简明精神状态量表总分之间有显著的相关性($r_1=0.732$,$r_2=0.631$,$r_3=0.541$,P 值均小于 0.02)(钟洁静,王黎萍,2010)。

七、神经心理成套测验

神经心理成套测验(Neuropsychological Battery)是研究脑与行为关系的重要手段,其对诊断和鉴别诊断疾病、确定病灶、判断预后、评定疗效、制定康复计划及探讨某些中枢神经系统疾病的神经心理学机制等方面有一定的功用。沃尔什（Walsh，1978）和戈尔登（Golden，1978）强调，神经心理测验对大脑功能基础水平的全面估价、疗效评定、康复计划制定等方面有着其他神经病学检查手段不可替代的作用。

1. H-R 神经心理成套测验

H-R 神经心理成套测验（Halstead-Reitan Neuropsychological Test Battery，H-RB），由霍尔斯特德 1947 年编制（Halstead，1947），1974 年修订（Reitan & Davison，1974）。

（1）测验目的与功能

在各种神经心理测验中，H-R 神经心理成套测验（简称 HR 测验）是内容最广泛的、最有经验基础的（Boll，1978）。HR 测验具有高度的鉴别能力，对神经系统疾病的早期诊断具有特殊价值，往往在传统的神经病学体征尚不明显时即能发挥作用。它对患者的康复计划也很有价值，因为它可作为了解患者剩余能力的调查表（Doerr，1982）。

（2）测验的主要内容

以下简要介绍 15 岁以上和成人使用版，成套测验中共有 10 个分测验，完成整套测验所需的时间大约为 3—4 小时。测验实施时对被试无任何危险，测验者可较快地学会此项测验的操作，此外仪器设备和测验材料并不昂贵。

10 个分测验分别是（龚耀先，1986）：1）范畴测验，用于测定抽象思维、概念形成、概念转变和空间关系；2）触觉操作测验，用于测定的能力包括触觉鉴别、运动觉、触觉或空间记忆，并可比较身体两侧；3）语—声知觉测验，用于测定听觉鉴别能力、注意持久力以及从听觉到视觉运动操作的交叉转换能力；4）节律测验，用于听觉鉴别力、持久能力、保持警觉能力和注意力；5）手指叩击，用于比较左右两侧的运动速率、精确性及持久能力；6）连线测验，用于测定视觉空间协调、在计时条件下的注意力、运动精确性以及在两个概念之间相交替的心理灵活性；7）感知觉测验，包括听、视和触知觉测验、手指触觉认识测验、指尖书写数字测验、触觉形状认识测验，用于测定感觉综合能力、注意的速度，并大脑左右两侧进行比较；8）握力测验，用于测定左右手运动力量；9）优势侧检查，用于发现身体利侧的测验；10）失语甄别测验，包括临摹图案、读词或句子、解释词义、从事一些简单数字作业或运动作业、以及重复说话声音等，用于检查失语、失认、计算不能和构图不能的测验。

各分测验均有常模，以此区分哪些分数提示有脑损伤。根据各主要分测验的分数（范畴、触觉操作总时间、触觉操作记忆、触觉操作定位、言语知觉、节律、手指叩击的优势手）结合计算出损害指数，按损害指数可将患者划分为无脑损害、边缘性脑损害、轻度脑损害、中度脑损害和严重脑损害（龚耀先，1986）。

（3）测验的信度与效度

HR 分测验的分半信度为 0.98，其他一些分测验的信度范围在 0.59—0.90 之间

(Doerr，1982)。对正常人取部分测验的重测相关系数在 0.39—0.93 之间，与国外的相比基本相似，但有些分测验略有出入（龚耀先，1986）。

用 HR 测验对正常人与脑器质性损害患者进行对比的研究表明，HR 测验能为这两类人群提供前后一致的灵敏的鉴别，其显著性达到 0.001 水平，根据损害指数分类的正确率（即区别正常和脑损害）十次中可达到九次之多（Doerr，1982）。该测验在鉴别左右侧病灶和确定神经病理过程方面也有不少研究。用此套测验在 171 例患者中左右半球定位符合率为 89%，在神经病理损害方面相符合的有 85%。其阳性率高于脑血管造影、气脑造影等，远超过 X 线检查和脑扫描的鉴别能力（Filskov & Goldstein，1974）。

龚耀先等运用 HR 成人成套神经心理测验中文版对 885 例正常人和 350 例脑病患者施测，结果显示，诊断符合率为 80.3%，定侧符合率右侧为 70.8%，左侧为 45.7%（龚耀先，1986）。国内用未经修订的测验，各分测验的正诊率为 62.0%—87.5%（刘士协，杨德森，1983）。

2. LN 神经心理成套测验

LN 神经心理成套测验（Luria-Nebraska Neuropsychological Battery，LNNB），最初是苏联心理学家鲁利亚（Alexandr R. Luria）根据他的神经心理学理论和临床经验形成的一套检查技术，后经丹麦的克里斯滕森（Anne-Lise Christensen）等人的发展，最后由美国的戈尔登（Charles J. Golden）等人标准化修订而成。1978 年完成成人版，1984 年完成适用于 8—12 岁的少儿版，1987 年修订出中文版 LN 神经心理成套测验（徐云，龚耀先，1987）。

（1）测验目的与功能

LN 神经心理成套测验，在国外广泛应用于许多领域，如神经病学领域对脑损害的诊断、精神病学领域对精神病的鉴别诊断、心理学领域神经心理学机制的探究，以及医学领域多发性硬化、酒精中毒的诊断和病理机制的探讨等。

（2）测验的主要内容

全套测验由 11 个基本分最表，3 个附加性量表，共 269 个条目组成。11 个基本分量表分别是：A.运动量表（51 项）；B.节律量表（11 项）；C.触觉量表（11 项）；D.视觉量表（14 项）；E.感知性言语量表（32 项）；F.表达性言语量表（41 项）；G.书写量表（12 项）；H.阅读量表（12 项）；I.算术量表（22 项）；J.记忆量表（13 项）；K.智力量表（33 项）。3 个附加量表分别是：定性量表（疾病特有病征量表）（34 项），用于鉴别脑损害与情绪障碍；右半球量表和左半球量表（21 项），用于脑损害定侧（Golden et al.，1980；Filskov et al.，1981；Golden et al.，1982；徐云，龚耀先，1986）。

中文版测验内容的修改是在不改变原有测验的结构和性能的原则下，对一些不适合我国文化背景的项目在形式上作了修改。修改的项目有 68 条（集中于感知性言语量表、表达性言语量表、书写量表和阅读最表），其中全部修改的共 54 条，部分修改的共 14 条

（徐云,龚耀先,1987）。

计分方式。各项目的记分标准根据项目进行的正确性、流畅性、反应时间、速度、质量等而定。0 分为正常,1 分为边缘状态,2 分为异常。将各量表项目得分累加为该量表的分数。得分越高,提示病损的可能性就越大（徐云,龚耀先,1986）。

(3) 测验的信度和效度

LN 神经心理成套测验的分半相关系数为 0.89—0.95（Golden et al.，1980）。徐云等人运用中文版 LN 神经心理成套测验对 50 例脑病患者和 50 例正常人施测,得到的分半系数为 0.82—0.97（徐云,龚耀先,1987）。

研究表明,LN 神经心理成套测验的样本定性正诊率为 79％—96％（Hammeke et al.，1978；Moses et al.，1979；Golden et al.，1981；Goldstein et al.，1984）,定侧诊断符合率为 78％—98％（Osmon et al.，1979；Golden et al.，1981）。徐云等人对 50 例脑病患者和 50 例正常人施测,结果显示全样本定性正诊率为 97％,样本病例正诊率为 94％,定侧诊断符合率为 90％（徐云,龚耀先,1987）。

单用 LN 神经心理成套测验测查结果,78 例被试中（40 例脑损害患者,20 例精神病患者,18 例正常人）,能正确地对 70 例作出有或无脑损害的判断,而在误诊的 8 例中,4 例是无残余症状的轻度脑损伤,4 例是在测查中有广泛神经心理功能缺损的慢性精神分裂症。40 例脑损害患者中,34 例能正确划分为左半球、右半球或弥漫性损害,对其中已定侧的 24 例患者中的 22 例还能正确地定位于额叶、颞叶、感觉运功区或顶枕叶（Golden et al.，1980）。

3. 重复性神经心理状态成套测验

重复性神经心理状态成套测验（Repeatable Battery of the Assessment of Neuropsychological Status，RBANS）,由兰多尔菲（C.Randolph）1998 年编制。

(1) 测验目的与功能

重复性成套神经心理状态测验具有快速、有效、敏感、易操作等优点,而且可重复使用,无明显的学习效应（Randolph，1998）,现已被广泛用于精神分裂症、双相情感障碍、抑郁症、脑梗死和帕金森氏病等的认知评定（Beatty，Ryder，Gontkovsky et al.，2003；Dickerson，Boronow，Stallings et al.，2004；Duff，Beglinger，Kettmann et al.，2006）。

(2) 测验的主要内容

测验由 12 个分测验组成,这些分测验可以概括为 5 组神经心理状态:1)注意（Attention）,反映受试的记忆容量和在视觉与口头上控制短时程记忆库呈现信息的能力;2)言语（Language）,通过图画命名或者回忆已知的素材反映受试言语应答能力;3)视觉广度（Visuospatial/Constructional）,反映受试感知空间关系和构建一幅画的正确的空间拷贝能力;4)即刻记忆（Immediate Memory）,反映受试在接触到信息后短时记忆的能力;5)延迟回忆(Delayed Memory),反映受试顺行性记忆的能力。

各个分测验有不同的计分方式,根据计分手册计算完 12 个分测验得分后,可依据常模将原始分转换成量表分,最后算得的成套测验量表总分可以对认知功能作总体评价(Randolph,1998)。

(3) 测验的信度和效度

张保华等人将重复性神经心理状态成套测验中文版施测于 451 名健康人群,其中 41 人间隔 12 周再次进行重复测验。对获取的数据进行相关分析,结果显示,反映内部一致性的克龙巴赫 α 系数在总量表为 0.90,在即刻记忆、视觉广度、言语功能、注意、延迟记忆分量表分别为 0.86,0.68,0.67,0.85,0.80。总量表的重测信度为 0.90,5 个分量表的重测信度分别为 0.65,0.68,0.53,0.80,0.79(P 均<0.01)(张保华,等,2008)。

张保华等人的研究中,97 人同时完成简易韦氏成人智力测验、韦氏记忆测验考察效标效度,结果显示,除了简易韦氏成人智力量表的言语得分与重复性神经心理状态成套测验的视觉空间因子间相关性无统计学意义,重复性神经心理状态成套测验与简易韦氏成人智力和韦氏记忆量表总分及各因子分均存在有统计学意义的正相关($r=0.21—0.59$,P 均<0.01)(张保华,谭云龙,张五芳,王志仁,杨贵刚,石川,张向阳,周东丰,2008)。

第十四章

职业心理测验

本章要点

什么是职业心理测验？

职业心理测验包括哪些类型？

关键术语

一般能力倾向成套测验；职业能力倾向测验；区别能力倾向测验；

本内特机械理解测验；明尼苏达文书测验；职业自我效能感量表；

职业决策自我效能感量表；霍兰德职业偏好测验；

自我定向搜索；迈尔斯-布里格斯人格类型测验

一、职业能力测验

1. 一般能力倾向成套测验

一般能力倾向成套测验(General Aptitude Test Battery，GATB)，由美国劳工部就业保险局编制，编制工作始于 1934 年，整个测验编制历时 50 年之久，在多年的发展历程中多次修改，不断完善。

(1)测验目的与功能

一般能力倾向成套测验是一个应用较广的职业能力倾向测验，广泛应用于职业咨询以及其他各个领域，在美国、英国、德国和日本都得到广泛应用，适合学校就业指导、职业选择等领域。最初版本包括 50 个分测验，这些分测验分别针对不同的工作和职业。

(2)测验的主要内容

如今，一般能力倾向成套测验由 12 个分测验组成，其中 8 种是纸笔测验，另外 4 种是器具测验。可以测量如下 9 种与职业成功密切相关的能力。

G-智力，指一般的学习能力，具体是指被试对测验指导语和原理的理解能力，以及推理判断能力和对环境的适应能力。

V-言语能力，指理解和使用语言的能力，包括对词语之间相互关系及文章和句子意义的理解能力，也包括用语言传递和表达信息的能力。

N-数理能力，指在正确进行各种数理计算的能力。需要指出的是，这里的数理能力不是指进行纯数学计算的能力，而是指在生活中运用数学进行判断推理，解决应用问题的能力。

Q-书写知觉，指注意时间变化的能力，注意和觉察印刷物(如各种票类)上的细微部分的能力，以及比较词和数字，发现和校正其中错误的能力。

S-空间判断能力，指对立体图形的识别判断能力，包括对平面图形与立体图形之间关系的理解和判断能力。

P-形状知觉，指注意和知觉实物或图示中的细小部分的能力，以及从视觉信息发现形状和阴影细微差异的能力。

K-运动协调，指快速协调手眼动作并迅速完成操作的能力，完成这项测验要求精确控制手的移动，使手部跟上眼睛看到的东西，正确而迅速地作出反应动作。

F-手指灵巧度，指灵活地活动和使用手指的能力，包括用精确地用手指操作细微物体的能力。

M-手腕灵巧度，指随心所欲地灵活控制和活动手掌与手腕的能力，包括运用手腕进行持握、放置、调换、翻转物体的能力。

12 个测验具体如下。

名称比较:用于测量被试的文书能力,测试形式是要求被试指出给定的两个名词是否一样,若不一致,有哪些差异。

算数:用于测量被试的计算能力,测量形式通常是要求被试进行快速加减乘除四则运算,这些计算基本没有难度,但需要被试熟练掌握运算技巧。

三维空间:这个测验用来检查被试的空间判断和推理能力,测验形式是在一个平面图形上标出虚线,同时给定四个三维图形,要求被试指出如果按照折叠线折叠该平面图形,会折出四个三维图形中的哪一个。

词汇:该测验用于测量被试的词汇理解能力,刺激项目是四个一组组织的词语,要求被试找出四个词语之中的两对同义词或反义词。

工具匹配:这个测验用来测量被试的形状知觉能力,题目一般是给定一个工具图形,要求被试尽快在备选选项中找出相同的工具图形。

算数推理:用于测量被试的数学应用的能力,施测形式是给定一些用文字叙述的数学应用题,要求被试对这些应用题进行理解和运算。

形状匹配:该分测验用来测量被试的形状知觉能力,测量形式是给被试一张绘有各种图案的图纸作为刺激物,被试需在应答表上把与刺激物形状相同的全部选项选择出来。

做记号:用于测量手眼协调性及反应速度,测量形式比较简单,一般是要求被试在应答表上的一组格子中画一个特定的符号,速度越快越好,时间大多限定在 60 秒。

放置:用于测量被试的手眼协调性及手工灵巧程度,要求被试移动一块板上的栓子到另一块板上。

转动:要求被试用自己的惯用手从一个孔中拔出栓子,然后将这个栓子头尾倒置旋转 180 度,接着再把这个栓子的另一端重新插回孔内,这个测验需做三次,看被试一共移动了多少个栓子。

装配:这个分测验是一个操作测验,测验项目是一块板,板被分成两头,每一头都有 50 个小孔,在其中一头的每个小孔内放一个小钮钉,一个垫圈,要求被试用一只手拿钮钉,另一只手拿垫圈,然后把垫圈套到钮钉上,最后把他们放置到这块木板上另一头相应的孔上,在 90 秒的时间内,完成上述操作次数越多,得分越高。

拆卸:要求被试拆卸上述测验装配的钮钉和垫圈并把它们放回原来的位置,和装配测验一样,时间同样限制在 90 秒。这两个测验都是测量的被试的手指灵活和协调程度。

一般能力倾向成套测验适用于初三以上的学生以及成年人,为团体测验,测试时间为 120—130 分钟。

(3)测验举例

(名称比较测验)找出下面几个词汇的不同:

John Goldstern Co——John Goldstorn Co

pewree Mfg. coo——Pewree Mfg. Coo

（词汇测验）找出下面四个词汇中的近义词或反义词：

a. 谨慎的　　b. 友好的　　c. 不友善的　　d. 遥远的

（算数推理测验）假设斯蒂夫每小时的工资是 0.80 英镑，他一星期工作 30 小时，那么他会拿到多少工资？

（4）测验的信度和效度

戴忠恒修订了中文版一般能力倾向成套测验，报告了中文版一般能力倾向成套测验在各分量表上的信度，并与日本版一般能力倾向成套测验作了比较，中文版一般能力倾向成套测验在 9 种能力上的重测信度（间隔半个月）：G-智力为 0.82，V-言语能力为 0.84，N-数理能力为 0.82，Q-书写知觉为 0.83，S-空间判断为 0.74，P-形状知觉为 0.68，K-运动协调为 0.71，F-手指灵巧度为 0.65，M-手腕灵巧度为 0.51。日本版一般能力倾向成套测验这 9 种能力方面的重测信度：G-智力为 0.83，V-言语能力为 0.85，N-数理能力为 0.82，Q-书写知觉为 0.82，S-空间判断为 0.75，P-形状知觉为 0.65，K-运动协调为 0.72，F-手指灵巧度为 0.67，M-手腕灵巧度为 0.48（戴忠恒，1994）。

有研究对一般能力倾向成套测验产生 20 年来的所有关于效度的研究作了一次元分析。总共涵盖 424 项研究，被试超过 25 000 人，包括在职员工、学生、面试申请者。结果显示，同时效度为 0.40，预测效度为 0.45。除了这些早期的研究，后来也有数量众多的关于一般能力倾向成套测验的效度分析。例如，美国国家研究理事会（1989）发布了一篇关于一般能力倾向成套测验效度研究的详细报告，这份报告引用了关于一般能力倾向成套测验效度研究的 750 篇文章，通过元分析发现一般能力倾向成套测验的效度大约在 0.30（Stephen E. Bemis，1968）。

2. 职业能力倾向测验

职业能力倾向测验（Employee Aptitude Survey，EAS），由鲁赫等人（Ruch et al.）1963 年编制，1994 年修订出第二版。

（1）测验目的与功能

职业能力倾向测验广泛应用于职业选择和就业指导，在美国得到广泛应用，它具有如下优点：可以用来测量适用于不同职业种类的多种职业能力；易于施测和计分，各分测验不需要额外的答题纸；既可以个体施测，也可以群体施测；易于解释。

（2）测验的主要内容

职业能力倾向测验共包括十个分测验，每个分测验介绍如下。

EAS1—言语理解：包括 30 个题目，用来测量被试对词汇意义的理解能力。

EAS2—数字能力：测量被试进行运算的能力。

EAS3—视觉追踪：测量特殊的知觉能力。

EAS4—视觉速度和准确性：测量被试快速寻找和发现事物细节的能力。

EAS5—空间想象:测量空间想象能力。

EAS6—数字推理:测量推理能力。

EAS7—言语推理:测量言语推理能力。

EAS8—言语流畅性:测量言语流畅性和弹性。

EAS9—操作速度和准确性:评价被试用手指做精细动作的速度以及准确移动手指的能力。

EAS10—符号推理:测量符号推理能力。

（3）测验的信度和效度

测验手册报告了该测验的信度资料,除测验 9(EAS-9)之外,所有测验的信度都采用副本信度来表示,副本信度范围为 0.76—0.91,测验 9 采用了重测信度,信度分数为 0.75 (Ruch,1994)。

职业能力倾向测验结构效度良好。每个分测验之间的相关,职业能力倾向测验与其他同类测验之间的相关,以及因子分析的结果,这些指标都证明职业能力倾向测验结构效度良好。原测验报告了样本测验组的效度证据。测验组的效度要优于任何一个单独的预测指标,因为增加测验能提高对一般心理能力测量的准确性。测验样本组包含为每一个职业群体选择最佳的 4 个分测验。为了估计测验的真实效度,测验分数用统计方法进行了矫正,组合后的测验对管理人员、技术工人等 4 种职业群体的工作绩效或者职业培训成功的校标关联效度在 0.82—0.92 之间(Ruch,1994)。

3. 区别能力倾向测验

区别能力倾向测验(Differential Aptitude Tests,DAT,又常被译为"区分能力倾向测验""差别能力倾向测验"),由本内特(G.K. Bennett)、西肖尔(H.G. Seashore)、韦斯曼(A.G Wesman)于 1947 年推出,最初由美国心理公司发行,后经 1963 年、1972 年、1983 年、1990 年四次修订发展到第 5 版(郑日昌,等,1998)。

（1）测验目的与功能

区别能力倾向测验早期主要用于美国七至十二年级学生(初、高中学生)的职业咨询和教育咨询,后来运用扩大到成人群体,主要用于成人的职业咨询和职业选拔,也可以用于基础成人教育、社区大学、职业技能和矫正计划(蒋京川,等,2009)。本测验依然是使用最广泛的多重能力测验之一。

（2）测验的主要内容

区别能力倾向测验是可以进行团体施测的纸笔测验(陈国鹏,2005)。第 5 版还区分出两个水平,水平 1 可针对七至九年级学生,水平 2 则适用于九至十二年级学生。区别能力倾向测验由 8 个分测验构成,每个分测验都有时间限定(6—30 分钟不等)。完成整个测验约 156 分钟,其中由言语推理和数字推理构成的区别能力倾向测验部分测验需要约

90 分钟。如果采用计算机自适应版本,完成全套测验一般只需用时 90 分钟(Lewis R. Aiken,2006)。

言语推理(VR)。测验项目类型为类比推理,每题提供 5 对备选答案,内容涉及历史、地理、文学、科学等多方面知识,目的在于测量和评价个体的言语理解与抽象概括以及作建设性思考的能力,从而进一步预测个体是否适宜从事以复杂的言语关系及概念为主的学科或职业。

数的能力(NA)。测验项目类型为计算题,不过题目具有一定的复杂性,并不只是反映计算的熟练程度,还需要对数目关系的理解能力以及处理数目概念的灵活性。测量目的在于评估个体对数目进行推理,思考数量关系以及明智地处理数量材料的能力,进而对个体在教育或职业方面的选择和发展作出预测。

抽象推理(AR)。测验项目是非文字材料,呈现的是一组构成一定联系或按次序排列的问题图形,要求被试找出可使这种排列连续下去的图形,作答关键在于找出每组图形变化的原则或规律,与言语推理不相同。不过对于言语方面不能沟通的被试,本测验分数可以校正在言语推理测验的得分。

文书速度与准确性(CSA)。测验要求被试首先在测验本上选出画了记号的一个符号组合,然后在答案纸上找出相同的一个组合。测验项目提供的情境和一些实际的文书工作比较相近,目标在于测量对简单知觉工作的知觉速度、短时记忆和反应速度,是区别能力倾向测验中唯一以速度为主的测验,对于档案或资料整理等方面的工作具有一定的预测意义。

机械推理(MR)。测验项目设计一些机械装置或情景,要求被试指出哪种选择符合情景,测量对表现于熟悉情境中的机械和物理原理的理解力。本测验的结果存在显著的性别差异,女生的分数普遍低于男生。

空间关系(SR)。测验项目要求被试能在心理上操纵三维空间,即能够对所显示的平面图在想象中从不同方位进行转换和折叠,测量个体经由视觉想象处理具体材料的能力。

语言运用:拼写(SP)。测验列出了一个单词表,其中有些单词有拼写错误,被试必须指出每个单词的拼写正误。

语言运用:文法(LU)。测验项目由若干句子组成,每个句子被记号划分为几个部分,要求被试从语法或修辞角度找到错误或不合理的那一部分(蒋京川,等,2009)。

以上各个分测验都可以得到一个分数,并以能力剖面图的形式表现出来。其中的言语推理和数字推理可以相加作为学业能力倾向的主要指标,能有效预测大学的学业成绩(郑日昌,等,1998)。

(3)测验的信度和效度

区分能力倾向测验第 5 版的 8 个分测验的内部一致性信度在 0.82—0.95 之间,复本信度在 0.73—0.90 之间。各分测验之间的相关系数,从最低的文书速度与准确性和其他分测验几乎相关为零,到最高的推理和言语运用之间的相关为 0.70(Lewis R. Aiken, 2006)。

测验手册报告的数据表明,区别能力倾向测验中的言语推理与数字推理的组合是对高中和大学评分等级的有效预测指标,这两种能力被视为基本学习能力。区别能力倾向测验分测验对不同学科具有不同的预测力,如言语推理与英语以及社会科学等学科的成绩相关较高,而机械推理测验对于自然科学的学科成绩的预测则更有效(张月娟,龚耀先,2002)。此外,区别能力倾向测验对职业水平的预测也较为可观。但运用区别能力倾向测验来预测职业成就方面的差别需谨慎考虑,因为各种职业的常模包含的被试数量比较有限(Lewis R. Aiken, 2006)。

4. 本内特机械理解测验

本内特机械理解测验(Bennet Mechanical Comprehension Test, BMCT),由本内特(Bennet)1940 年编制。

(1) 测验目的与功能

本内特机械理解测验是一种广泛应用的机械能力测验,常用于焊工、机械师、木工、飞机修理师等技术行业工作的申请人。测量的内容非常复杂,包括物理规律、机械推理和空间能力,除了测量被试的机械能力,还可以用来测量被试学习高级机械技能的潜力。

(2) 测验的主要内容

本内特机械理解测验主要测量被试在实际应用情境中对各种机械之间的关系和物理定律的理解能力。测验项目由包含机械原理的图画和问题组成,题目的难度范围大,适用于高中生、工业与机械工作的应征者和在职者以及欲进职业学校进修的人。

一份完整的本内特机械理解测验包括 135 个问题,分属 18 个领域,每个领域的名称及其题量:声学,3 题;惯性,5 题;皮带传动,2 题;杠杆,8 题;重心,7 题;光学,6 题;离心力,5 题;平面和斜面,2 题;电学,6 题;滑轮系统,10 题;齿轮,10 题;力的分解,6 题;引力和速度,9 题;形状和容量,7 题;热力学,8 题;结构,12 题;流体力学,16 题;杂项,14 题。

(3) 测验举例

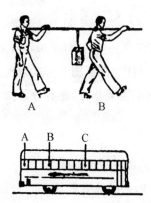

X:哪个人担的分量更重?
(如果相等的话,选择 C。)

Y:A、B、C 三个座位哪个
坐起来更平稳些?

（4）测验的信度和效度

本内特机械理解测验根据不同的教育程度、专业训练或工作类别建立了不同的常模，信度各有不同。总体而言，奇偶分半信度为 0.81—0.93。本内特机械理解测验的校标关联效度也处在可以接受的水平，测验分数与培训课程的成绩相关系数为 0.30，测验还与机械师、机修工和操作工的工作熟练度相关，相关系数也是 0.30（Ghiselli，1966）。

5. 明尼苏达文书测验

明尼苏达文书测验（Minnesota Clerical Test，MCT），由安德鲁（D.M. Andrew）和帕特森（D.G. Paterson）1931 年编制，1979 年修订。

（1）测验目的与功能

明尼苏达文书测验是一种速度测验，用于测量和评估被试的文书工作能力，也可用于选拔职员、检验员和其他要求知觉和操纵符号能力的职业人员。

（2）测验的主要内容

明尼苏达文书测验由数字比较和名词比较两部分组成。数字比较要求被试比较 200 对数字，指出每对数字是否一致。名词比较要求被试比较 200 对名词，指出每对名词是否一致。这两个分测验都由一长串的成对数字或成对姓名组成，每对数字或姓名，或者相同，或者有细微差别。

明尼苏达文书测验易于施测和计分，解释起来也很容易。计分方法是以正确题数减去错误题数。

参加该测验的人必须阅读每对姓名或数字，对它们进行比较并标明哪对是相同的。需要说明的是，该测验为速度测验，因而有严格的时间限制，被试的得分基本上完全由完成题目的速度决定，如果没有时间限制，任何人几乎都能正确回答所有问题。

（3）测验举例

如果同一组的两个数或名称完全相同，则在中间的线上打钩。

1. 66 273 894——66 273 984

2. 527 384 578——527 384 578

3. New York World——New York World

4. Cargilll Grain Co——Cargilll Grain Co

……

（4）测验的信度和效度

测验手册报告重测信度为 0.81—0.87，效度方面，测验分数与教师和上级评定有中等正相关（Andrew & Paterson，1979）。

明尼苏达文书测验也存在一些问题尚未解决，例如，虽然该测验有较好的表面效度，但尚不清楚该测验的校标关联效度是因为知觉速度在文书工作中的重要性，还是因为知觉速度和一般智力有重合。

二、职业效能感量表

1. 职业自我效能感量表

职业自我效能感量表（Occupational Self-Efficacy Scale，OSES），由本兹（Betz）和（Hackett）1981 年编制。

（1）测验目的与功能

职业自我效能感测验评估被试在职业领域的自我效能。编制者最初的目的是检验这一假设：女性在许多传统非女性职业上的低从业率可以归因为她们在这些职业领域上的低职业效能感。后来这一测验被试广泛用于不同职业领域自我效能的评定。

（2）测验的主要内容

本兹等人修改和简化了测验的作答方式，将之前的两种反应方式合并成一种，被试只需要对每种职业的教育要求和工作职责作出信心评估，将"完全没有信心"假设为与原量表中的"否"反应相当，将"绝对有信心"假设为与原量表中的"是"反应相当，以信心等级来表示职业自我效能水平。通过这种计分方式，一种分数就可以代替以前的两种分数。修订之后的量表减少了被试所需的反应量，进而减少了研究人员的工作量，使整个量表更简洁、易用。

（3）测验举例

该例为职业自我效能感量表中的教育要求分量表

指导语：下面列出一些职业，请根据你觉得能否成功地完成加入这一职业所需的教育或训练作出"是"或"否"的回答，如果回答"是"，请在 10 分等级量表中标出你的确信程度。

职　业	你能成功完成该职业所需的教育或训练吗？		如果能,你有多大确信度									
			完全能									完全不能
警察	是	否	1	2	3	4	5	6	7	8	9	10
程序员	是	否	1	2	3	4	5	6	7	8	9	10
医生	是	否	1	2	3	4	5	6	7	8	9	10
中学教师	是	否	1	2	3	4	5	6	7	8	9	10
销售经理	是	否	1	2	3	4	5	6	7	8	9	10

（4）测验的信度和效度

该测验的信度和效度都达到较高的标准。内部一致性信度分别是 0.95（总分）、0.91

（传统女性职业的全部教育要求和工作职责的总计）、0.92（非传统女性职业的教育要求和工作职责的总计）。整体测量的 α 系数是 0.94，工作职责和教育要求分量表分别是 0.92 和 0.89。这样，在项目类型（教育要求对工作职责）和职业类型（非传统女性职业对传统女性职业）之间有显著的同质性。以一个星期时间为重测时间间隔，整个职业自我效能感量表的水平和强度的重测信度分别是 0.55 和 0.70（Walsh & Betz，1990）。

该量表也有较好的内容效度，因为自我效能感的概念是指关于特定行为领域的能力信念，领域的充分具体性是内容效度的前提条件。对职业自我效能感量表而言，感兴趣的领域是众所周知的男性职业和众所周知的女性职业（Walsh & Betz，1990）。

姜飞月等人修订了中文版职业自我效能感量表，修订后量表的信度分别是 0.93（总分）、0.90（教育要求）、0.92（工作职责），且内容效度和建构效度较好（姜飞月，2002）。

2. 职业决策自我效能感量表

职业决策自我效能感量表（Career Decision-Making Self-Efficacy Scale，CDMSE），由泰勒等人（Taylor & Betz）1983 年编制，1994 年修订。

（1）测验目的与功能

职业决策自我效能感量表主要评估职业决策过程的信心和期待。职业决策自我效能感的研究源于职业决策理论的相关研究。编制者试图运用职业自我效能理论来理解和帮助职业决策困难的求职者。泰勒等人将职业决策自我效能感定义为"决策者在进行职业决策过程中对自己完成各项任务必需的能力的自我评估或信心"（Walsh & Betz，1983）。

（2）测验的主要内容

职业决策自我效能感量表从自我评价、信息收集、目标筛选、职业规划、问题解决 5 个维度测量职业决策效能。量表的每个维度各有 10 个项目，5 个维度合计 50 个项目，采用 10 点计分方式，被试需要从"完全没有信心"到"完全有信心"的 10 个选项中选择作答，分数越高表示信心越强。

职业决策自我效能感量表比较长，有 50 个项目，并不是用于研究的理想工具。1996 年，Betz 等人对量表进行了简化，缩减后的量表只有 25 个项目，称为"职业决策自我效能感量表减缩版"（Career Decision Making Self-Efficacy Scale-Short Form，CDMS-SF），缩减版同样包括 5 个维度，每个维度包括 5 个项目，共 25 个项目。

（3）测验举例

职业决策自我效能感量表减缩版（CDMS-SF）

1. 你有多大信心能列出几个符合你兴趣的职业。

完全没有信心 1（ ） 2（ ） 3（ ） 4（ ） 5（ ） 完全有信心

2. 你有多大信心能够获取到符合你兴趣的职业的信息。

完全没有信心 1（ ） 2（ ） 3（ ） 4（ ） 5（ ） 完全有信心

3. 你有多大信心能够选择对你而言职业前途最好的工作。

完全没有信心　1(　　) 2(　　) 3(　　) 4(　　) 5(　　)　完全有信心

4. 你有多大信心能够制定长期的职业生涯规划。

完全没有信心　1(　　) 2(　　) 3(　　) 4(　　) 5(　　)　完全有信心

5. 你有多大信心能够在你灰心丧气时,仍然坚持为你的职业目标而努力。

完全没有信心　1(　　) 2(　　) 3(　　) 4(　　) 5(　　)　完全有信心

（4）测验的信度和效度

五个分量表的 α 系数分别为 0.80、0.89、0.87、0.89、0.86(Taylor & Betz,1983);全量表的 α 系数为 0.93,间隔六个星期的重测信度系数为 0.83(Luzzo,1993)。职业决策自我效能感量表与其他职业决策量表有显著相关,表明职业决策自我效能感量表有较好的同时效度(Taylor & Betz,1983;Robbins,1985)。

职业决策自我效能感量表减缩版在原量表基础上缩减而成,同样是 5 个部分,每个部分由 5 个项目组成,共 25 个项目。龙艳梅以上海市两所大学一至四年级的 419 名大学生为样本修订了职业决策自我效能感量表减缩版。经过修订的职业决策效能感量表缩减版的同质性信度和重测信度分别为 0.895 3 和 0.851,其验证性因素分析表明,修订的量表五因素模型的拟合性较好,构想效度较为理想(龙艳梅,2003)。

三、职业兴趣量表

1. 霍兰德职业偏好量表

霍兰德职业偏好量表(Vocational Preference Inventory,VPI),由霍兰德(John Holland)1953 年编制,中文版称为霍兰德职业兴趣量表。

（1）测验目的与功能

霍兰德职业偏好量表用于测量被试的职业兴趣,以帮助被试选择适合自身兴趣的专业或职业发展方向。根据霍兰德的理论,影响个体职业满意度和职业表现的最重要因素当属个体的职业兴趣。霍兰德相信,只有当个体从事自己感兴趣的工作和职业时,才有可能最大程度上发挥自己的潜能。

（2）测验的主要内容

霍兰德职业理论把职业兴趣分为六大类。

现实型(R):这种类型的人喜欢与物、机械、动物等对象打交道,喜欢系统的,明确有序的活动。因此,这类人偏好以机械和物为工作对象的技术性职业。为了胜任工作,他们需要具备较强的机械、电气技术方面的能力。

研究型(I):这种类型的人的基本倾向是分析型的、智慧的、内省的、有探究精神的。

他们喜欢通过观察对物理的、生物的以及其他各种现象进行探索和研究。因此,这类人偏好智力的、抽象的、分析的、独立的、带有研究性质的职业活动,适合这类人的职业有科研工作者、医生、工程师等。

艺术型(A):这种类型的人的特点是想象力丰富、冲动、直觉、无秩序、情绪化、理想化、有创意、不重实际等。他们偏爱那些拥有自由发挥空间的职业,一般来说,这类人具备语言、美术、音乐、演艺等方面的艺术能力,擅长以形态和语言来创作艺术作品,但难以胜任那些有具体要求的职业类型。这种类型的人适合从事文学创作、音乐、美术、演艺等职业。

社会型(S):这种类型的人的基本倾向是善于合作、友善、助人、负责任、圆滑、善于社交等。他们喜欢社交活动,关心公共问题,具有良好的教育能力以及处理人际关系的能力。对于这一类人来说,理想职业是以与人交流为中心的职业,包括教师、公务员、咨询员、社会工作者等。

企业型(E):这类人喜欢冒险、精力充沛、善于社交、自信心强。他们热衷追求自己的目标,喜欢从事为获得利益而操纵、驱动他人的活动。他们具备优秀的主导性和说服他人的能力,适合从事领导工作或担任管理工作。

常规型(C):这类人的基本倾向是顺从、谨慎、保守、实际、稳重、有效率、善于自我控制。他们具备文书和算数能力,喜欢从事记录、整理档案资料、操作办公机械、处理数据资料等有系统、有条理的活动。适合他们从事的职业包括事务员、会计师、银行职员等。

(3)测验举例

我讨厌修理自行车,电器一类的工作。

A. 同意　　　　B. 不同意

2. 我的理想是当一名科学家。

A. 同意　　　　B. 不同意

3. 当我工作时,我喜欢避免干扰。

A. 同意　　　　B. 不同意

4. 我总留有充分的时间去赴约。

A. 同意　　　　B. 不同意

5. 我讨厌跟各类机械打交道。

A. 同意　　　　B. 不同意

(4)测验的信度与效度

白利刚、林文轺和方俐洛研究了霍兰德职业兴趣量表中文版的聚合效度和区分效度,认为量表特质因素的汇聚效度和区分效度良好,体现出的理论构想形式与霍兰德的RIASEC理论构想基本一致(白利刚,林文轺,方俐洛,1996)。

2. 自我定向搜索

自我定向搜索(Self-Directed Search，SDS)，由霍兰德(John Holland)1970 年编制，1985 年和 1994 年两次修订。

(1)测验目的与功能

职业测验一般都需要专业的研究人员来施测和解释分数,霍兰德认为,这一要求使职业兴趣测验的应用受到很多限制,如果有一个不需要专业人士来施测和解释分数的量表,那么职业测验的应用范围无疑会得到极大的扩展。所以,为了帮助那些无法得到专业人士帮助的被试自己施测、记分和解释职业偏好测试结果,霍兰德编制了自我定向搜索。运用这个量表,被试可以自己解释分数,这个量表大大简化了职业兴趣量表的施测和解释分数过程。

(2)测验的主要内容

自我定向搜索是在霍兰德职业偏好量表的基础上发展而成的量表,它是一种可以让被试自己施测、记分和解释结果的职业咨询工具。自我定向搜索由四个分量表组成,分别是活动分量表(Activities),潜能分量表(Competencies),职业分量表(Occupations)和自我评估分量表(Self-Estimates)。

自我定向搜索现有四种分类,每种对应其特定的人群。这四种自我定向搜索分别是 Form R，Form E，Form CP 和自我定向搜索职业探索版。其中 Form R(常规版)是自我定向搜索最原始的版本,适用于高中生,大学生和成人;Form E(简约版)专门提供给教育程度相对较低的成年人或高校学生;Form CP(职业规划版)专门为想换工作的成年人以及专业人士设计,这个版本的材料把重点放在高学历人士的长期职业规划,职业行为和职业喜好上;自我定向搜索职业探索版,探索版是专门为高中生和低年级大学生所设计,来源于简约版,更适合年轻人使用。使用最广泛的版本是常规版。

(3)测验举例

提示:下面列举了若干种活动,请根据你自己的感觉,对这些活动进行好恶判断。

(R:实际型活动)

1. 修理电器　　　　　　　　　喜欢(　　)　　　不喜欢(　　)

2. 维修汽车　　　　　　　　　喜欢(　　)　　　不喜欢(　　)

3. 修理机械　　　　　　　　　喜欢(　　)　　　不喜欢(　　)

4. 木工制作　　　　　　　　　喜欢(　　)　　　不喜欢(　　)

5. 进修一些科技课程　　　　　喜欢(　　)　　　不喜欢(　　)

6. 进修一些工业绘图　　　　　喜欢(　　)　　　不喜欢(　　)

7. 参加木工班　　　　　　　　喜欢(　　)　　　不喜欢(　　)

8. 参加汽车/机车维修班　　　喜欢(　　)　　　不喜欢(　　)

9. 与出色的技工和技术人员工作　喜欢(　　)　　　不喜欢(　　)

| 10. 户外工作 | 喜欢(　　) | 不喜欢(　　) |
| 11. 操作电动器材 | 喜欢(　　) | 不喜欢(　　) |

（4）测验的信度和效度

陈睿修订了自我定向搜索中文版测验,报告了修订后中文版测验的信度,RIASEC 六个方面的重测信度分别是 0.842,0.841,0.910,0.877,0.869,0.805；α 系数分别为 0.862,0.844,0.897,0.859,0.902,0.841(陈睿,2006)。

龙立荣等人对霍兰德 1985 年版的自我定向搜索进行了修订,并在中学生中进行了适用性验证。施测样本数为 853 人,修订项目 20 多个,同时进行了项目分析、信度和效度检验。结果表明,该量表修订后具有良好的项目特征,同质性信度,分半信度均达到了一般心理测验要求标准,结构效度和校标关联效度亦较为理想,可以作为中学生职业指导的选用工具(龙立荣,彭平根,郑波,1996)。

3. 斯特朗职业兴趣调查表

斯特朗职业兴趣调查表（Strong Vocational Interest Blank，SVIB）,由斯特朗（E.K. Strong）1927 年编制。

（1）测验目的与功能

斯特朗职业兴趣调查表能为人们提供职业指导。被试的得分可以与不同类型、不同职业的人群平均水平进行比较,从而明确自己的兴趣倾向,以及自己在哪个领域具有的潜能。

（2）测验的主要内容

斯特朗职业兴趣调查表有 317 个题目,被分为以下 8 个部分。

职业:包括 135 个职业名称,被试需对其中每一个作出反应。

学校科目:包括 39 个学校科目,被试需对其中每一个作出反应。

活动:包括 46 个一般职业活动,被试需对其中每一个作出反应。

休闲活动:包括 29 个娱乐活动或爱好,被试需对其中每一个作出反应。

不同类型的人:包括 20 类人,被试需对其中每一个作出反应。

两种活动之间的偏好:共 30 对活动,被试需对每对活动指出偏爱左边的活动(L)或右边的活动(R),或没有偏好(＝)。

你的个性:包括 12 种个性特点,被试需要根据其是否描述了自己选择"是""不知道""否"三个选项中的一个。

对工作世界的偏好:包括 6 对观念、数据和事物,被试需要在每对中指出偏爱左边的题目(L)或右边的题目(R),或没有偏好(＝)。

（3）测验的信度和效度

许多信度研究表明,斯特朗职业兴趣调查表的分半信度以及短期的重测信度一般位于 0.80—0.90 之间,长期的重测信度(长达二十年间隔)也达到 0.60。效度研究数据表明,斯特朗职业兴趣调查表可以很好地预测工作满意度(Strong & Campbell,1966)。

4. 斯特朗-坎贝尔兴趣调查表

斯特朗-坎贝尔兴趣调查表(Strong-Campbell Interest Inventory, SCII),由坎贝尔(D.P. Campbell)1974 年编制,1981 年和 1985 年两次修订。

(1) 测验目的与功能

斯特朗-坎贝尔兴趣调查表被广泛应用于就业指导的职业咨询。它可以帮助人们更清楚地了解自己的兴趣,也可以帮助教师和家长更深入了解学生和子女兴趣,从而为他们提供更合适的建议和指导,在招聘和安置员工时可以帮助企业领导了解雇员的兴趣,从而能把员工安排到符合他们兴趣特点的岗位上,或帮助对工作感到不满的雇员找到他们对工作不满的原因。

(2) 测验的主要内容

斯特朗-坎贝尔兴趣调查表 325 个条目,264 个量表,其中包括 6 个一般职业主题量表(General Occupational Theme),23 个基本职业兴趣量表(Basic Interest Scale),207 个职业兴趣量表(Occupational Scale),2 个特殊量表(Special Scale),26 个管理指标量表(Administrative Index)。

(3) 测验举例

请对下列项目作出"喜欢""无所谓""不喜欢"的选择

1. 会计师   喜欢(   )   无所谓(   )   不喜欢(   )
2. 护林员   喜欢(   )   无所谓(   )   不喜欢(   )
3. 文字处理者   喜欢(   )   无所谓(   )   不喜欢(   )
4. 化学   喜欢(   )   无所谓(   )   不喜欢(   )
5. 新闻工作   喜欢(   )   无所谓(   )   不喜欢(   )
6. 社会学   喜欢(   )   无所谓(   )   不喜欢(   )
7. 购买货物储存起来   喜欢(   )   无所谓(   )   不喜欢(   )
8. 进行研究工作   喜欢(   )   无所谓(   )   不喜欢(   )
9. 为慈善捐款   喜欢(   )   无所谓(   )   不喜欢(   )
10. 操作机器   喜欢(   )   无所谓(   )   不喜欢(   )
11. 承担领导职责的人   喜欢(   )   无所谓(   )   不喜欢(   )
12. 艺术和音乐杂志   喜欢(   )   无所谓(   )   不喜欢(   )

······

(4) 测验的信度和效度

斯特朗-坎贝尔兴趣调查表各量表的内部一致性和再测信度颇高。职业量表间隔 2 周、30 天及 3 年后的再测信度中位数分别是 0.92、0.89 及 0.87,基本兴趣的信度分别是

0.91、0.88 及 0.82，一般职业主题的信度是 0.91、0.86 及 0.81(Campbell，1945)。

在长达 69 年的发展中，斯特朗-坎贝尔兴趣调查表积累了大量的效度资料，收集了大量的各种职业之间的比较资料，采用的样本数介于 60—420 之间，绝大多数研究使用了200 个以上的样本。1985 年版的取样达 14 万以上，收回的有效问卷是 5 万份。各种职业的效标团体均在该行业服务至少 3 年以上，自认为满意目前的工作，在目前工作上是成功的，年龄在 25—60 岁。斯特朗-坎贝尔兴趣调查表还有两个一般参照样本，包括 300 名在职表现平平的男性和 300 名在职表现平平的女性，以区分典型样本。在同时效度和预测效度方面，斯特朗-坎贝尔兴趣调查表都有较好的表现(王垒，沈伟，1997)。

5. 库德职业兴趣调查表

库德职业兴趣调查表(Kuder Occupational Interest Survey，KOIS)，由库德(Frederic Kuder)1944 年编制，1949 年、1956 年、1966 年、1988 年和 1999 年五次修订。

(1) 测验目的与功能

库德职业兴趣调查表可以用来测量被试的兴趣偏好，主要用途有两个：一是就业指导，帮助被试根据兴趣选择合适的职业，并规划自己的职业生涯；二是升学辅导，帮助学生在入学时根据自己的兴趣选择合适专业。

(2) 测验的主要内容

1985 年的库德职业兴趣调查表修订版由 100 组三选一的强迫项目选择模式构成，共分为五个量表：1)检验量表(Verification Scale)，检验问卷的有效性；2)职业兴趣评估(Vocational Internet Estimates)，总体了解被试的职业兴趣；3)职业量表(Occupational Scale)，旨在反映被试的兴趣与某职业群体兴趣的相似性；4)大学专业量表(College Major Scale)，用于测量被试的学术兴趣；5)实验量表(Experimental Scale)，用于确定整个量表的效度。

(3) 测验举例

下面每一组都描述了三种活动，被试需要从每组中选择一个他们最喜欢的活动和一个最不喜欢的活动，用圆圈标记在适当位置，每组中都要求一个选项是空白的，表示它介于"最喜欢"和"最不喜欢"的活动之间。

1. 参观美术画廊　　　最喜欢　　　最不喜欢
　 浏览图书馆　　　　最喜欢　　　最不喜欢
　 参观博物馆　　　　最喜欢　　　最不喜欢
2. 搜集真机石版复制品　最喜欢　　最不喜欢
　 搜集硬币　　　　　最喜欢　　　最不喜欢
　 搜集石头　　　　　最喜欢　　　最不喜欢

(4) 测验的信度和效度

库德曾对中学毕业生和大学毕业生的库德分数的稳定性进行了一百次独立的测定，

并对结果进行了计算,以检查随着时间的推移,分数的排序是否会保持不变。结果表明,间隔两周,所有比较群体的平均相关系数为 0.90。其他群体也进行了类似的检验,大部分的重测系数在 0.90 以上,对工程系学生进行了长达三年的间隔时间的研究,最后得到的信度在 0.35 到 0.98 之间,大部分群体的分数在 0.90 以下(Kuder,1970)。

研究表明,库德职业兴趣调查表具有非常好的心理测量学特性。短期信度较高,介于 0.80—0.95 之间。很多证据表明,测验分数在长达 30 年的时间里都能保持稳定。一项研究考察了库德职业兴趣调查表的预测效度,一组成人在读高中时曾接受过库德职业兴趣调查表早期版本的测试,后来他们中有一半人从事的工作领域正是高中时测试结果建议的。大学专业量表的预测效度相当高。与没有完成大学学业者相比,完成大学学业的人的兴趣与从事的职业有着更加紧密的对应关系(Zytowski,1976)。

6. 杰克森职业兴趣调查表

杰克森职业兴趣调查表(Jackson Vocational Interest Survey,JVIS),由杰克森(Douglas N. Jackson)1977 年编制,1995 年修订。

(1)测验目的与功能

杰克森职业兴趣调查表既可用于高中生和大学生的职业教育与咨询,也可用于成人的职业规划。从实际应用领域来看,杰克森职业兴趣调查表主要用在帮助大学生进行课程选择和职业规划,在教育领域之外并没有得到广泛应用。

(2)测验的主要内容

杰克森职业兴趣调查表最后的版本共有 34 个量表,包括 26 种工作角色和 8 种工作风格,共有 289 个项目。在杰克森职业兴趣调查表的 34 个量表的任一量表上得高分,表示被试对该职业领域的人从事的各类活动感兴趣,并倾向于表现出与该工作环境中任职的人群类似的行为。杰克森职业兴趣调查表的 34 种量表的原始分数可直接转为剖析图。在图上,原始分数变成平均数为 30、标准差为 10 的标准分数。对 34 个基本兴趣量表进行因素分析而得出,因子分析的结果得到 10 种职业类型:表达性的、逻辑的、探查性的、实务的、独断的、社会化的、助人的、传统的、企业的和沟通性的。

(3)测验举例

请在下列成对选项中选出你偏爱的活动。

1. A:为演出绘制一些艺术性布景。

    B:播放唱片,与学生们一起唱歌。

2. A:演出电视喜剧。

    B:向年轻人传授写作技巧。

3. A:用困难的几何题来消磨时间。

    B:在小学生的课堂上纠正拼写错误。

4. A：使用别致图案编制小地毯。

　　B：为一个雇主购买和出售股票。

5. A：为一个表演记住台词。

　　B：调查购买外国债券的可能性。

（4）测验的信度和效度

杰克森职业兴趣调查表的信度、效度良好，符合心理测量学的要求。以大学生为样本，时隔一周的重测信度为 0.72—0.91（Jackson，1999）。另外一种确定杰克森职业兴趣调查表信度的方式是，看随着时间的推移，被试的个体测验图是否稳定。数据表明，在长达6个月的时间间隔中，测验图的等级序列保持得相当稳定（Jackson，1999）。

目前的研究支持杰克森职业兴趣调查表的构想效度，也支持其同时效度，对于预测效度尚缺乏足够的研究数据支持（Jackson，1999）。

四、职业性格

1. 迈尔斯-布里格斯人格类型测验

迈尔斯-布里格斯人格类型测验（Myers-Briggs Type Indicator，MBTI），由迈尔斯（Isabel Briggs Myer）和布里格斯（Katherine Cook Briggs）1942 年编制，1980 年和 1998 年两次修订。

（1）测验目的与功能

迈尔斯-布里格斯人格类型测验评估被试的人格类型，帮助被试根据自己的性格类型选择适合自己的职业。自迈尔斯-布里格斯人格类型测验发表至 1994 年，研究它的论文报告已 4 000 多篇。经过长达 50 多年的研究和发展，迈尔斯-布里格斯人格类型测验已经成为当今职场比较流行的测验，在职业咨询等方面得到广泛应用。

（2）测验的主要内容

迈尔斯-布里格斯人格类型测验的理论基础是荣格的心理类型理论。荣格描述个体行为差异的三个维度是：精神能量指向，即外向（Extraversion）—内向（Introversion）；信息获取方式，即感觉（Sensing）—直觉（Intuition）；决策方式，即思考（Thinking）—情感（Feel-ing）。编制者在这三个维度的基础上补充了第四个维度"生活态度取向"，即判断（Jud-ging）—知觉（Perceiving），进而用这四个维度来描述个体行为的差异。其中，"外向—内向（E-I）"维度描述着心理能量（Energy）的不同指向；"感觉—直觉（S-I）""思考—情感（T-F）"分别描述人们通过感知（Perception）活动获取信息和作出判断（Judgment）时不同的用脑偏好；"判断—知觉（J-P）"维度则用来描述人们的生活方式，它表明个体偏好利用有计划（确定）的还是随意（即兴）的方式适应外部环境，是信息获取维度和决策维度的综合体现。

以上每个人格维度都有两种不同的功能表现形式,经组合可得到 16 种人格类型。

（3）测验举例

1. 认识你的人倾向形容你为（　　）

A. 逻辑和明确

B. 热情而敏感

2. 你喜欢（　　）

A. 有部署、有节奏的工作

B. 有灵活性、较为松散的工作

3. 热衷于猎奇和掌握新概念（　　）

A. 是的

B. 不是

4. 当受到情感上的伤害或挫折时（　　）

A. 虽然你觉得受伤,但一旦想通,就会很快从阴影中走出来

B. 你通常让自己的情绪深陷其中,很难走出来

5. 在同学聚会中,你通常（　　）

A. 较安静并保留,直到你觉得舒服

B. 整体来说很健谈

（4）测验的信度和效度

迈尔斯-布里格斯人格类型测验具有较好的信度和效度,迈尔斯研究成年大学毕业生时发现,测验四个维度的内部一致性分别为 0.83、0.89、0.86 和 0.88(Myers，1988)。中文版迈尔斯-布里格斯人格类型测验四个维度的 α 系数分别是:E-I 为 0.8721；S-N 为 0.702 9；T-F 为 0.786 8；J-P 为 0.837 9。各维度的重测信度分别为:E-I 为 0.775；S-N 为 0.638；T-F 为 0.776；J-P 为 0.871(蔡华俭,朱臻雯,杨治良,2001)。

迈尔斯-布里格斯人格类型测验手册上列出它与卡特尔 16 种人格因素问卷、加利福尼亚心理调查表、大五人格量表等量表的相关研究结果。相关研究显示,成人样本($N=2859$)在 E-I、T-F 两维度上的内部一致性系数为 0.91,而 S-N、J-P 两维度为 0.92；在其另一项研究中($N=258$),间隔四周以后进行重测,66%的被试四个字母完全相同,91%的被试三到四个字母相同。关于迈尔斯-布里格斯人格类型测验的效度问题,有许多研究报告支持人格类型假设。在某种程度上来说,迈尔斯-布里格斯人格类型测验在全世界范围内的广泛应用也说明其效度是理想的。

第十五章

内隐测验

本章要点

什么是内隐测验？

经典内隐测验有哪些？

什么是单维内隐联想测验？

防效应污染内隐联想测验有哪些？

关键术语

内隐联想测验；反应/不反应联系任务；外加情感性西蒙任务；评价性启动任务；

单类内隐联想测验；单靶内隐联想测验；单属性内隐联想测验；

无再编码内隐联想测验；单区组内隐联想测验；简式内隐联想测验

一、经典内隐测验

1. 内隐联想测验

内隐联想测验(Implicit Association Test，IAT)，由格林沃德等人(A.G.Greenwald，D.E. McGhee，& J.L.K.Schwartz)1998 年编制。

（1）测验目的与功能

内隐联想测验通过计算机化的分类任务测量概念词和属性词之间的评价性联系，间接测量个体的内隐态度等内隐社会认知(蔡华俭，2003)，现被广泛应用于诸如内隐自尊、内隐刻板印象、内隐自我概念、内隐动机、社会认同等绝大多数内隐社会认知的研究领域。

内隐态度中大多数概念都可使用词汇或图形来表征，因而在内隐态度研究领域中内隐联想测验运用最广泛，如种族、年龄、性别、民族、政治团体、自我等。内隐联想测验还常被用来测量各种刻板印象，如性别—学科、性别—强弱等。此外，内隐联想测验还可以用来测量群体归属或社会认同(social identity，即特定目标属于何种社会群体)。虽然绝大多数内隐社会认知研究领域都可以运用到内隐联想测验，但该方法依赖于两个互相竞争的目标，对其数据不能分开进行分析，这限制了对内隐态度测量结果的推断(梁宁建，吴明证，高旭成，2003)。因此，后来基于内隐联想测验发展出诸多变式，但它仍是内隐社会认知研究中反应时范式的杰出代表。

（2）测验的主要内容

内隐联想测验以神经网络模型为基础。神经网络模型认为，信息被储存在一系列按照语义关系分层组织的神经联系的结点上，因而可以通过测量两概念在神经联系上的距离来测量这两者的联系(Farnham，Greenwald，& Banaji，1999)。因此，内隐联想测验要测量个体概念网络中的目标概念(target concept)和属性(attribute concept)之间的联系的方向和强度。

内隐联想测验要求完成的分类任务有两种情况。概念词和属性词之间有两种可能的关系：相容的任务(compatible combine task)和不相容的任务(incompatible combine task)。相容就是两者的联系与被试内隐的态度一致，或者对被试而言两者有着紧密且合理的联系，反之则为不相容或相反。当概念词和属性词相容，此时的辨别归类在快速条件下更多为自动化加工，相对容易，因而反应速度快，反应时短；当概念词和属性词不相容，往往会导致被试的认知冲突，此时的辨别归类需进行复杂的意识加工，相对较难，因而反应速度慢，反应时长(蔡华俭，2003)。最终测得的不相容条件下与相容条件下的反应时之差即为内隐态度的指标。

内隐联想测验是以不同任务下的反应时和正确率作为推断指标，数据来源于两个联合任务。在计算结果时,对原始数据进行如下处理:1)每一段的最前面两次尝试不纳入统计;2)反应时低于 300 毫秒的,按 300 毫秒计,反应时高于 3 000 毫秒的,转化为 3 000 毫秒;3)先对反应时进行对数转化,然后再求平均数;4)在求平均数时,错误反应的反应时也计算在内;5)如果被试的平均反应时或错误率过高,他们的数据不纳入计算,一般情况下错误率超过 25％的被试其数据视为无效(Greenwald,McGhee,& Schwartz,1998)。最后,把不相容组的平均反应时减去相容组的平均反应时,其差就是内隐联想测验效应(即内隐态度指标,它表明被试相对于另一类概念而言,把某种属性与此类概念相联的强度)。

（3）测验举例

以格林沃德等人最初发表的关于内隐联想测验的文章中提出的"Flower-Insect Implicit Association Test"为例(Greenwald,McGhee,& Schwartz,1998)。因为该程序设计体现出内隐联想测验的典型特征,而且此后的研究也大都遵循该程序,具体程序设计如表 15-1 所示。

表 15-1　内隐联想测验对花—昆虫的内隐态度测量程序

组块	刺激数	功　能	反　应	
			按左键的词（A）	按右键的词（L）
1	30	属性词练习	积极的	消极的
2	30	靶词练习	花	昆虫
3	30	联合任务 1（练习）	积极的＋花	消极的＋昆虫
4	30	联合任务 1（测验）	积极的＋花	消极的＋昆虫
5	30	靶词分类反转	昆虫	花
6	30	联合任务 2（练习）	积极的＋昆虫	消极的＋花
7	30	联合任务 2（测验）	积极的＋昆虫	消极的＋花

资料来源:Greenwald, A.G., McGhee, D.E., & Schwartz, J. L. K.(1998). Measuring individual differences in implicit cognition:The implicit association test. *Journal of Personality and Social Psychology*, 74(6), 1464-1480.

格林沃德等人的"Flower-Insect Implicit Association Test"是在计算机屏幕上分别呈现花的名称(如 rose, tulip, marigold)、昆虫的名称(如 bee, wasp, horsefly)、积极词汇(如 peace, freedom, love)和消极词汇(如 rotten, filth, sickness),要求被试对这些刺激词语进行判断分类,并根据要求按键反应。该程序主要考察被试在两个联合任务中相容组和不相容组的反应时。在联合任务 1(相容组)中,要求被试将花的名称和积极词汇归为一类并按相同的键(如"A"键)作出反应,将昆虫的名称和消极词汇归为一类并按相同的键(如"L"键)作出反应。在联合任务 2(不相容组)中,要求被试将花的名称和消极词汇归为一类并按相同的键(如"A"键)作出反应,将昆虫的名称和积极词汇归为一类并按相同的键(如,"L"键)作出反应。内隐联想测验程序自动记录被试的反应潜伏期,即从呈现刺激材料到被试按键反应之间的时间间隔,同时记录下被试反应的正确率。

格林沃德等人发现,被试在联合任务 1 中的反应时比联合任务 2 中的反应时短。即当要求被试对花和积极词汇、昆虫和消极词汇作出共同反应时,与被试对花和消极词汇、昆虫和积极词汇作出共同反应时相比较,被试的反应时要短。据此可以推断在个体认知结构中"花"和"积极评价"联系较为紧密,而"昆虫"和"消极评价"联系较为紧密(Greenwald, McGhee, & Schwartz, 1998)。如果情况恰好相反,相容任务更加困难(反应时长,准确率低),不相容任务反而容易,就说明预先假设的联系不成立,这种关系就需要颠倒过来了(高旭辰,2004)。

(4)测验的信度和效度

格林沃德等人对自尊和自我概念的内隐联想测验的复本信度和重测信度进行了研究。结果发现,不同复本之间的相关分别为 0.43 和 0.68(Greenwald & Farnham, 2000)。另有人报道,复本信度为 0.39(Dasgupta, McGhee, Greenwald, & Banaji, 2000)。内隐联想测验对自我概念测量的稳定性在可接受的范围。在一项关于多种内隐自尊的测量方法的比较研究中发现,内隐联想测验显现出良好的内在一致性($\alpha = 0.88$)和重测信度($r = 0.69$)(Bosson, Swann, & Pennebaker, 2000)。对三种常见内隐态度测验的信度、效度研究发现,内隐联想测验在对种族态度的测量中,标志内在一致性的 α 系数为0.78,稳定系数为 0.36(Cunningham, Preacher, & Banaji, 2001)。蔡华俭等人在以内隐联想测验为工具,对大学生性别自我概念的结构进行的一项研究中发现,测量性别自我概念的平行内隐联想测验之间的相关分别为 0.72 和 0.65(蔡华俭,杨治良,2002)。

研究者同时使用内隐联想测验和情感启动方法,对相同的被试进行了四次内隐种族态度测量。通过对收集的数据进行验证性因素分析发现,在内隐联想测验效应和启动效应之间存在 $r = 0.55$ 的相关,如果建立一个二级模型,第一级别为内隐联想测验效应和启动效应,它们共同承载着一个相同的上级因素,这与已知的数据拟合很好(Cunningham, Preacher, & Banaji, 2001)。内隐联想测验的区分效度的证据多来自与外显测量方法的比较。许多研究都证实了两种方法的相对独立性:内隐联想测验效应与外显测量结果之间呈现微弱的正相关,其相关系数一般明显低于内隐联想测验效应之间以及外显测量之间的相关系数(Cunningham, Preacher, & Banaji, 2001; Nosek & Banaji, 2002; Hofmann et al., 2005)。有人收集了多个领域的内隐联想测验和外显测量的研究,包括对文理科态度、种族态度、性别/学科刻板印象、自尊、性别/职业刻板印象、年龄态度等,其中绝大多数课题的相关系数低于 0.30(Nosek, Banaji, & Greenwald, 2002a)。这一研究同样验证了内隐联想测验与外显测量是相对独立的。

内隐联想测验能有效地区分来自不同群体的被试的差别。例如,日裔美国人和韩裔美国人对日—韩的内隐和外显的态度(Greenwald, McGhee, & Schwartz, 1998),男性和女性对数学的内隐自我概念的差异(Nosek, Banaji, & Greenwald, 2002b),等等。还有一些研究也支持内隐联想测验具有良好预测效度。用内隐联想测验对蜘蛛恐惧症和蛇类恐惧症两类被试的准确区分率达到 92%(Teachman, Gregg, & Woody, 2001)。有人报告了个体的学科内隐态度和性别—学科刻板印象能较好预测其 SAT 数学成绩(Nosek, Banaji, & Greenwald, 2002b)。此外,还有来自神经心理学证据的支持。利用 fMRI 技术发现,白人被试观察黑人头像时杏仁核左上侧激活程度与内隐联想测验相关达到 0.52,而与外显测验未见显著相关(Phelps et al., 2000)。

内隐联想测验的聚合效度却不太理想,与多种内隐测验的相关都很低。有人发现内隐态度测验间的聚合效度大大低于外显测量(Bosson, Swann, & Pennebaker, 2000)。内隐联想测验和词汇判定的启动测验之间的相关仅为 0.12,而且内隐联想测验与反应/不反应联系任务之间的相关也较小($r = 0.27$)(Rudman, Greenwald, & McGhee, 2001)。但是,内隐联想测验同其他内隐测验方法有可靠的相关,而且测量的是同一潜变量(Cunningham, Preacher, & Banaji, 2001)。格林沃德则采取多特质多方法设计,通过内隐联想测验和自我报告法测查德国被试对土耳其人和亚洲人的态度,其研究证明了内隐联想测验具有理想的聚合效度和区分效度(Gawronski, 2002)。

2. 反应/不反应联系任务

反应/不反应联系任务(Go/No-Go Association Task, GNAT),由洛斯克等人(B. A. Nosek & M. R. Banaji)2001 年编制。

(1) 测验目的与功能

反应/不反应联系任务是洛斯克等人于 2001 年在内隐联想测验的基础上,借鉴信号检测论观点提出的测量内隐社会认知的新方法。反应/不反应联系任务也常被翻译为"命中联想作业"或"Go/No-go 联想任务"。反应/不反应联系任务同样是考察目标类别(如水果)和属性维度(如积极和消极评价)概念之间的联结强度。但它的提出旨在弥补内隐联想测验实验设计中需要提供类别维度,不能对某一对象(如花或昆虫)作出评价这一局限。因此,反应/不反应联系任务的最大功能特点在于,不需要有作为比较的一对客体概念,就可以获得"直接"的而非相对的内隐态度(Nosek & Banaji, 2001)。

反应/不反应联系任务在内隐认知的研究中同样应用非常广泛,因为它本身不是对内隐联想测验的否定,而是对内隐联想测验的重要补充。而且在面对那些包括不同特征对象,且没有明显的比较类别对象的时候,反应/不反应联系任务应用更灵活。反应/不反应联系任务不但可以对单一对象进行评价,而且用来考察个体对不同对象的偏好时,它仍能保持反应竞争任务的优点(张珂,张大均,2009)。

（2）测验的主要内容

反应/不反应联系任务将测验中呈现的刺激分为目标刺激（信号）和分心刺激（噪声）。它仍保留了内隐联想测验的两个关键任务，但用信号检测论中的辨别力指数 d 作为指标。反应/不反应联系任务是要求被试对一些刺激作出反应而忽视另外的刺激，最后通过对不同任务中 d 值的比较，测出个体记忆中类别与不同评价间的联结强度。反应/不反应联系任务假设，如果信号中目标类别和属性类别概念联系紧密，那么相较于联系不太紧密或者没有联系的联结，被试更敏感，从而更容易从噪声中分辨出信号（Nosek & Banaji，2001），因此 d 可作为有效测量指标。

反应/不反应联系任务一般分为两个阶段，在不同阶段呈现不同的组块（Blocks）。组块可以理解为某一目标词与某一属性词的组合。在一个组块中，GO 反应以目标类别（如：自我词）同积极属性配对出现。另一个组块，GO 反应则以目标类别同消极属性配对出现（白延国，2012）。在阶段 1 中要求被试对一种目标类别和属性类别进行反应（Go），对另一目标类别和另一属性类别则不作反应（No-Go）。在阶段 2 中则需重新设置不同于阶段 1 中的目标类别和属性类别组合，同样是对一个作出反应，对另一类组合则不作反应。在内隐联想测验中，研究者通常使用反应时直接作为考察指标，从而可能丧失错误率包含的信息。而反应/不反应联系任务通过信号检测论可以区分出两个指标 β 和 d，其中 d 运算中包含着错误率，它能有效地表明个体的分辨能力（梁宁建，吴明证，高旭成，2003）。

实验中采用敏感性指标 d'。将正确的 Go 反应称为击中率，将不正确的 Go 反应视为虚报率。将击中率和虚报率转化为 Z 分数后，其差值就是 d 分数，以表明从噪声中区分信号的能力（温芳芳，佐斌，2007）。每一个组块计算出一个 d'（一般正值表示积极态度，负值表示消极态度），如果 d 分数低于 0 表明被试不能从噪声中区分出信号或者没有按照指导语操作，组块中小于或等于 0 的分数将被剔除不会被分析（白延国，2012）。最后需要对两阶段的 d 分数的差异作显著性检验。

（3）测验举例

以洛斯克等人最初在其文章中介绍的反应/不反应联系任务实验程序为例。该程序包括两个实验阶段：在阶段 1 中，被试对目标类别（fruit）与属性类别（good）作出反应（按空格键），对 bugs 和 bad 则不作出反应。在阶段 2 中，被试对目标类别（fruit）和属性类别（bad）作出反应，对 bugs 和 good 则不作出反应（如表 15-2 所示）。即在阶段 1 中要求被试对水果和正性的刺激作同一反应，而忽视负性刺激，阶段 2 中则要求被试对水果和负性的刺激作同一反应，而忽视正性刺激。需要注意的是，刺激呈现间隔会影响个体的敏感性，随着刺激呈现时间的延长，将造成 d 值的增大，以及被试的反应错误率降低。如果刺激间隔过短则个体的反应水平可能处于机遇水平，因此刺激呈现间隔一般以 500—800 毫秒较为适宜（Nosek & Banaji，2001）。

将程序中采集的正确 Go（反应）称为击中率，对比其击中率一般会发现任务 1 成绩高于任务 2,这反映的是被试对水果的内隐偏好。诺塞克设计的上述反应/不反应联系任务程序证明了这一推论:当将 fruit 和 good 作为信号时($d=2.77$),而将 fruit 和 bad 作为信号时($d=1.65$),对 d 值进行显著性检验发现差异显著,这一结果表明被试的记忆结构中 fruit 和 good 联系相较于 fruit 和 bad 的联系更紧密,被试对 fruit 持有积极的态度。而将 bugs 和 bad 作为信号时($d=2.69$),将 bugs 和 good 作为信号时($d=1.8$),差异极其显著,则表明被试对 bugs 持有消极态度(Nosek & Banaji, 2001)。

表 15-2　反应/不反应联系任务对昆虫与水果的内隐态度测量程序

组块	刺激数	功　能	反　　应	
			按空格键(GO)信号	不按键(NOGO)噪声
1	15	属性词练习	积极的	消极的
2	15	靶词练习	水果	昆虫
3	30	辨别任务 1	积极的+水果	消极的+昆虫
4	30	辨别任务 2	消极的+水果	积极的+昆虫
5	30	辨别任务 3	积极的+昆虫	消极的+水果
6	30	辨别任务 4	消极的+昆虫	积极的+水果

资料来源:Nosek, B.A., & Banaji, M. R.(2001). The Go/No-Go Association Task. *Social Cognition*, *19*(6), 625-666.

(4) 测验的信度和效度

洛斯克等人认为,内隐认知测量工具在信度方面都会遇到较大挑战,众多因素都会影响到测量的信度。在其系列研究中,6 个实验所得的平均分半信度值也仅为 0.20,不过他们认为这一数值在内隐测量的工具仍处于中等水平(Nosek & Banaji, 2001)。国内学者白延国采用洛斯克等人的反应/不反应联系任务范式,自行编制了成人依恋的反应/不反应联系任务内隐测量实验程序。成人依恋内隐测验的两阶段分半信度均为 0.72(斯皮尔曼-布朗系数),但内部一致性 α 系数仅为 0.51(白延国,2012)。

洛斯克等人采用反应/不反应联系任务程序研究对于黑人与白人的内隐态度。反应/不反应联系任务的得分与外显评定的得分,两者只在对白人的态度上相关显著($r=0.34$),与黑人的态度相关并不显著($r=0.15$)。在对男性—女性的内隐态度研究中,反应/不反应联系任务得分与外显男性、女性得分均无显著相关($r=0.15$, $r=0.09$)(Nosek & Banaji, 2001)。白延国将亲密关系体验问卷(ECR-R)外显依恋测量的两个维度(焦虑和回避)作为被试在反应/不反应联系任务内隐测量上的自我态度与他人态度的同时效标,研究结果与理论分析一致:反应/不反应联系任务内隐测量的自我态度敏感性指标(d')与 ECR-R 外显依恋测量的焦虑维度相关为 -0.355($P<0.01$),他人态度敏感性指标(d')与 ECR-R 外显依恋测量的回避维度相关为 0.287($P<0.05$)。这表明反应/不反应联系任务

内隐测量方法在研究成人依恋这一问题上是有效的(白延国,2012)。研究表明,两种外显自尊测量结果存在非常显著的正相关($r=0.782$),外显测验表现出良好的聚合效度,但三种内隐测验(内隐联想测验、反应/不反应联系任务、外加情感性西蒙任务)之间的相关较低(0.049—0.253)。三种内隐测验和外显测验间的相关均不显著,表明外显测量和内隐测量间存在良好的区分效度,同样证明了外显自尊与内隐自尊的相对独立性(杨福义,2006)。

3. 外加情感性西蒙任务

外加情感性西蒙任务(Extrinsic Affect Simon Task,EAST),亦称"外部情感性西蒙任务",由赫威(Jan De Houwer)2003年编制。

(1)测验目的与功能

外加情感性西蒙任务是赫威基于传统的西蒙任务(Simon task)发展起来的测量内隐社会认知的实验方法。西蒙任务要求被试根据刺激材料的指定特征进行选择反应,同时刺激材料还含有与反应有关的干扰信息,当干扰信息和指定特征引起相同的反应时,反应速度会提高,若两者引起矛盾的反应时,反应速度则降低(高旭辰,2004)。情感性西蒙任务则是利用刺激材料的积极消极属性与个体反应感情色彩(积极或消极)的矛盾性和一致性导致的反应时差来考察目标词汇和评价属性的联系。这种对对象进行积极或者消极反应花费的时间差异也可以作为评估个体内隐态度的有效指标。

外加情感性西蒙任务可用于估计个体对单一目标的态度,弥补了内隐联想测验只能考察个体对不同目标类别相对评价的缺陷。外加情感性西蒙任务只要求个体完成单一任务,而且可以在一个实验中考察多个态度对象(张珂,张大均,2009),因而表现出更高的测量效率和操作灵活性。如果和情感性西蒙任务的应用相比较,情感性西蒙任务存在较大的限制,因为被试必须口头报告"积极"或"消极"这两类词,而外加情感性西蒙任务通过按键反应则更容易记录,而且精确度会大大提高。外加情感性西蒙任务不需要被试对目标刺激作出评价性反应,减少了个体对反应过程的有意识控制,这样也更加反映了内隐社会认知研究方法的实质(梁宁建,吴明证,高旭成,2003)。虽然外加情感性西蒙任务与情感性西蒙任务拥有相似的原理,但外加情感性西蒙任务可以更加方便而精确地考察被试对目标刺激的评价性联系,因而外加情感性西蒙任务的运用会愈加广泛。

(2)测验的主要内容

外加情感性西蒙任务在测验中需要被试在刺激评价性基础上对白色词汇(形容词汇)进行反应,在颜色基础上对彩色词汇(目标名词)进行区分。当彩色词汇和白色词汇性质一致,且个体对这两个词汇共同按键作出反应时个体反应较快,外加情感性西蒙任务同样最终是通过测量反应时推断出个体对彩色目标词汇的判断(Houwer,2003),即探测出对某一特定对象的内隐态度。

外加情感性西蒙任务程序中呈现的材料包含两类词汇,一类是白色词汇,另一类是彩色词汇。对于白色词汇,要求被试依照其评价性特征(积极或消极)进行判断分类并按不同的键反应(左键或右键),这使得原先中性的按键反应获得了积极或者消极的意义。而对于彩色目标词汇(如,蓝色或绿色),则要求个体依据其颜色进行判断分类并按不同键反应(左键或右键),这会由于原先中性的按键反应被赋予了积极或消极意义从而影响个体对目标刺激的颜色分类的反应速度(梁宁建,吴明证,高旭成,2003)。这种程序内容的设计使得被试不需要对目标刺激作出评价性反应,只需测量出被试对彩色词汇进行区分的反应时作为最终的推断指标。

通过实验程序,只需要记录被试对不同颜色词汇进行颜色辨别的按键反应时,而不用记录对白色词汇进行意义区分的按键反应时。根据两者的反应时之差可以推断出个体对彩色目标词汇的态度。

(3)测验举例

在赫威的一个典型实验中,他选用 5 个积极(friend,summer,flower,rainbow,butterfly)和消极(murder,cancer,cockroach,war,vomit)彩色名词(每种词汇都分别以绿色和蓝色呈现)以及 5 个积极(health,honest,smart,funny,outstanding)和消极(evil,horrible,mean,vulgar,repulsive)白色形容词。要求被试对白色词汇参照词汇意义进行判断反应,即对积极词汇(如 health)按"P"键反应,对消极词汇(如 horrible)按"Q"键反应,对于彩色词汇则依照词汇颜色进行判断反应(Houwer,2003)。

实验中要求一半被试呈现绿色词汇时按"P"键,呈现蓝色词汇时按"Q"键,一半被试当呈现蓝色词汇时按"P"键,呈现绿色词汇时按"Q"键。程序记录被试对不同颜色词汇的反应时,不需要记录白色词汇的反应时(杨福义,2006)。在这个例子中,就需要将 5 个积极名词和 5 个消极名词在不同颜色(绿色和蓝色两种)呈现下的辨别反应时分别记录下来,这样才能通过最终的反应时差判断被试对不同目标词的内隐态度(见表 15-3)。

表 15-3 外加情感性西蒙任务测量程序示例

组块	刺激数	功　能	反　　　应	
			按左键(Q)	按右键(P)
1	20	属性辨别练习	白色消极词	白色积极词
2	20	颜色辨别练习	绿色词	蓝色词
3	30	辨别作务 1	白色消极词＋绿色(词 1)	白色积极的＋蓝色(词 2)
4	30	辨别作务 2	白色消极词＋绿色(词 2)	白色积极词＋蓝色(词 1)
5	30	辨别作务 3	白色消极词＋ 右键→蓝色(词 1)	白色积极词＋ 左键→绿色(词 2)
6	30	辨别作务 4	白色消极词＋ 右键→蓝色(词 2)	白色积极词＋ 左键→绿色(词 1)

资料来源:温芳芳,佐斌.(2007).评价单一态度对象的内隐社会认知测验方法.心理科学进展,15(5),828-833.

(4) 测验的信度和效度

赫威在提出外加情感性西蒙任务时,分别计算了研究所用的积极和消极刺激的分半信度,根据两部分的反应时计算的相关仅为 0.35 和 0.26。赫威(Houwer,2003)在研究中的三个实验均采用外加情感性西蒙任务程序设计,但两次实验间的相关都偏低。两个实验在自我词上的相关为 0.46,但他人词上的相关只有 0.23,花和昆虫在两部分的相关值则更低,分别为 -0.21 和 0.16。另有人采用外加情感性西蒙任务程序研究与人格相关的内隐自我概念。研究中用羞怯、焦虑、愤怒方面的刺激比较了被试在自我和他人条件下的反应时。三种刺激材料的内部一致性都非常低,克龙巴赫 α 系数均低于 0.24(Teige et al.,2004)。以上研究都无法证明外加情感性西蒙任务能达到令人满意的信度。

由外加情感性西蒙任务测得的羞怯、焦虑、愤怒的得分与外显的自我评定得分相关均不显著(分别仅为 0.07、0.04、0.04),而通过内隐联想测验程序得到的羞怯、焦虑、愤怒分数与外显测量方法分数间的相关值在 0.50 左右。因此,外加情感性西蒙任务并未表现出与内隐联想测验这种经典内隐测量方法相似的外显—内隐相关值。该研究为了进一步检验区分效度,在实验前假定,焦虑与羞怯间应该表现出趋同的水平,但羞怯与愤怒之间应无显著相关。研究结果表明,羞怯与外显(自我评定)和内隐(外加情感性西蒙任务、内隐联想测验)的愤怒得分确实相关均不显著(相关值分别小于 0.07 和 0.14)。但外加情感性西蒙任务测得的焦虑分数不但与外显羞怯评定分数无显著相关($r=0.11$),而且与内隐联想测验所得羞怯分数也无显著相关($r=-0.19$)。因此,这一结果无法验证前一假设(Teige et al.,2004)。由此看来,外加情感性西蒙任务实验程序至少在焦虑、羞怯、愤怒等自我概念的测量方面还缺乏有效性。

4. 评价性启动任务

评价性启动任务(Evaluative Priming Task,EPT),由法齐奥等人(R. H. Fazio, J. M. Chen, E. C. McDonel,& S. J. Sherman)1982 年编制。

(1) 测验目的与功能

法齐奥等人最先将内隐态度定义为特定对象和评价属性之间的联结(association)(Fazio, Chen, McDonel,& Sherman,1982)。在他之后发展起来的诸多内隐测验都基于概念联结这一操作性定义,如经典内隐联想测验就是通过计算机化的分类任务来测量概念词和属性词的评价性联系的。评价性启动任务的诞生推动了内隐社会认知研究的第一波热潮,它是早期内隐社会认知研究的重要手段。

(2) 测验的主要内容

法齐奥等人最初借用记忆心理学的视角,将态度的强度理解为态度从记忆系统中提取的速度和流畅性,而且态度是目标对象和评价属性之间的联结(Fazio Chen, McDonel,

& Sherman，1982）。法齐奥等人进一步将语义启动任务（Semantic Priming Task）移植到这种联结的评价中，形成了最初的评价性启动任务（Fazio，Sanbonmatsu，Powell，& Kardes，1986）。序列启动任务主要包括目标刺激判断任务和启动任务两个步骤。目标刺激带有一定评价或情感属性（积极或消极），要求被试尽快对目标刺激作出"积极"或"消极"的判断，以获得被试反应的基准值。启动刺激是要测量的态度对象，启动刺激首先呈现，短暂间隔后呈现目标刺激，要求被试对目标刺激作出"积极"或"消极"判断（高旭辰，2004）。

（3）测验举例

若以评价性启动任务测量内隐自尊为例，仍然需要自我词、非我词与属性词分别匹配。自我词与非我词是态度测量对象，需要首先以启动词呈现，随后呈现属性词（目标词）。实验中要求被试尽快地判断目标词是积极或消极，并进行二选一的按键反应。最后将自我—消极对的平均反应时减去自我—积极对的平均反应时，就是内隐自尊指标，表示在经自我态度词的激活之后，提取积极词或消极词的难度（杨福义，2006）。自我词和非我词都要出现在不同属性词之前，而且各种配对应以随机的顺序呈现（见表 15-4）。

表 15-4 评价性启动任务内隐自尊实验程序

组块	刺激数	任务与功能	反 应	
			左键（E）	右键（I）
1	16	目标词基线测验	积极	消极
随 2	32	启动任务 （先启动词后目标词）	自我→积极	
机 3	32	启动任务 （先启动词后目标词）		自我→消极
呈 4	32	启动任务 （先启动词后目标词）	他人→积极	
现 5	32	启动任务 （先启动词后目标词）		他人→消极

（4）测验的信度和效度

波森等人采用多种内隐测验方法（内隐联想测验、阈下态度启动任务、阈上态度启动任务等）测量个体的自尊，并对各种测量方法的信度和效度进行了比较研究。结果表明，除了阈上态度启动任务和斯特鲁普任务外（分别为 0.16、0.38），其他测量方法都表现出较好的内在一致（0.49—0.88）。在重测信度方面，仍然是内隐联想测验较为理想（0.69），其他的内隐自尊测验大多在 0.38 以下（Bosson，Swann，& Pennebaker，2000）。

波森等人的研究表明，七种不同的内隐测验之间没有显示出良好的聚合效度。各测验之间的相关很不一致，且不同内隐测量方法之间相关系数均很低（0.04—0.23），甚至出现负相关（-0.02 到 -0.14）。其中,研究采用了阈上和阈下两种评价性启动方式,这两种启动方式与其他内隐测量间的相关也均不显著（-0.03—0.21）,但四种外显自尊测验均表现出显著相关（0.48—0.85）。研究通过计算外显和内隐测验间的相关来反映区分效度,七种内隐测验与四种外显测验的平均相关值仅为 0.07。其中,阈上启动任务与自我归因问卷（Self-Attributes Questionnaire）的相关值最大（$r=0.26$）,但阈下启动任务与自我归因问卷的得分相关值为 -0.09。总体上看来,多数内隐测验间都不能表现出令人满意的聚合效度,但与外显测验间表现出的区分效度比较良好。另外,这七种内隐自尊测验均不能良好地预测被试的歧义社交解释、正负反馈条件下的偏爱、评定者对被试的自我观念评估。其中,阈上和阈下启动任务与这三种分数都无显著相关,最大相关值仅为 0.19（Bosson,Swann, & Pennebaker, 2000）。但是,在许多采用评价性启动任务来测量对黑人的内隐态度研究中（Fazio, Jackson, Dunton, & Williams, 1995；Dovidio, Kawakami, Johnson, Johnson, & Howard, 1997；Wilson, Lindsey, & Schooler, 2000）,自动化激活的种族态度能较好地预测被试后面与黑人互动的负性表现。

二、单维内隐联想测验变式

1. 单类内隐联想测验

单类内隐联想测验（Single Category Implicit Association Test, SC-IAT）,卡宾斯基等人（A.Karpinski & R.B.Steinman）2006 年编制。

（1）测验目的与功能

内隐联想测验需要在成对目标之间进行比较来推论概念与属性间的相对联结程度,单类内隐联想测验则可用来测量和单一态度对象之间的联结强度（张珂,张大均,2009）。由于单类内隐联想测验可以对单一态度对象进行评价,且适用于那些包含不同特征而没有明显比较类别的对象,单类内隐联想测验已被广泛应用于内隐刻板印象、群体认同、性别同一性和自尊等内隐社会认知方面的测量。

（2）测验的主要内容

单类内隐联想测验与内隐联想测验的程序类似,也是测量目标概念与属性间的联结,但单类内隐联想测验只包含单个目标而不是成对目标（Karpinski & Steinman, 2006）。也就是,任务中直接包含单一的目标对象,在不同组块中包含目标对象与评价属性的结合。大多单类内隐联想测验程序包含两个阶段,第一阶段一般安排相容任务,第二阶段安排不相容任务。每个阶段都包含预先的练习（一般为 24 次）和正式反应实验（一般为 72 次）。最后也是将被试的相容任务反应时与不相容任务反应时进行比较,进行平时数差异检验（相关样本 t 检验）以确定内隐效应。

　　单类内隐联想测验计算方法是将被试反应时高于 1 000 毫秒,低于 350 毫秒的实验删除;对于错误反应的反应时进行修改,将其替换成其所属组块的正确反应的平均反应时加上 400 毫秒的惩罚(Karpinski & Steinman,2006)。然后计算相容任务与不相容任务的平均反应时之差,再除以所有正确反应(不包含原先错误反应)的反应时的标准差,所得数值叫作 D 分数,用该 D 分数来代表内隐效应(艾传国,佐斌,2011)。

　　(3) 测验举例

　　以单类内隐联想测验进行内隐自尊的测量为例(表 15-5 为内隐自尊研究的单类内隐联想测验程序示例)。实验只需安排与自我相关的目标概念词和积极、消极方面的属性词。实验有 4 个步骤:步骤 1 和步骤 3 为练习(各 24 次);步骤 2 和步骤 4 则是正式测试(各 72 次)。先进行相容任务匹配(如"我 + 聪明"),再进行不相容任务匹配(如"我 + 愚笨")。卡宾斯基等人研究中的做法是将靶子词在被试作出反应之前一直呈现在屏幕上,或者呈现 1 500 毫秒。如果被试在 1 500 毫秒之内不能作出反应,一个"请更快地回答"的提醒将出现 500 毫秒。这个 1 500 毫秒的反应窗产生了一种紧迫感,有助于减少被试在任务中从事控制性加工的可能性(Karpinski & Steinman,2006)。

表 15-5　单类内隐联想测验对自我态度测量的程序

组块	刺激数	功　能	反　　应	
			按左键的词	按右键的词
1	24	练习	积极的 + 自我	消极的
2	72	测验	积极的 + 自我	消极的
3	24	练习	积极的	消极的 + 自我
4	72	测验	积极的	消极的 + 自我

　　资料来源:晋争.(2010).内隐联系测验的修正——简式内隐联系测验.*心理科学进展*,*18*(10),1554-1558.

　　(4) 测验的信度和效度

　　卡宾斯基等人通过三个不同的态度对象研究(对碳酸饮料的偏好、自尊水平、对种族的态度),测得单类内隐联想测验的内部一致性在合理的范围:信度系数的范围在 0.55—0.85 之间,平均信度系数为 0.69(Karpinski & Steinman,2006)。这些信度系数和在这些研究中使用的内隐联想测验的内部一致性是相似的,内隐联想测验的信度系数的范围在 0.58—0.82 之间,平均信度系数为 0.73(温芳芳,佐斌,2007)。加尔迪等人以土耳其加入欧盟为目标对象,在积极与消极两种组合任务中单类内隐联想测验都表现出良好的内部一致性信度,克龙巴赫 α 系数分别为 0.76 和 0.81(Galdi et al.,2012)。

　　单类内隐联想测验没有表现出对自我报告中行为的良好预测效度,相较而言,内隐联想测验却能表现出较好的增益效度。里什坦(Juliette Richetin)通过回归分析发现,对自我报告中的喜爱甜品(SRB dessert)而言,内隐联想测验是一个良好的预测指标($r^2 = 0.15$,$\beta = 0.29$,$P = 0.05$)。而单类内隐联想测验却不能显著地预测这种对甜品的外显态度($\beta = 0.15$,$P = 0.319$)(Richetin & Perugini,2008)。提出单类内隐联想测验程序的卡尔平斯基以及博尔德罗等人的研究却表明,单类内隐联想测验具有令人满意的内部一致性信度,甚至拥有比传统内隐联想测验程序更高的内隐—外显测量结果间的相关系数(Karpinski & Steinman,2006;Boldero,Rawlings,& Haslam,2007)。

2. 单靶内隐联想测验

单靶内隐联想测验(Single Target Implicit Association Test,ST-IAT),由威博杜斯(Wigboldus)2004 年编制。

(1)测验目的与功能

威博杜斯等人在内隐程序的设计中放弃其中一个目标类别(target categories),保留两极属性类别(attribute categories),开发出单靶内隐联想测验。威博杜斯在最初的研究中评估伊斯兰教的积极、消极特性,而不采取另一个竞争目标(counter-category)(Wigboldus,Holland,& Van Knippenberg,2004)。单靶内隐联想测验的目的也在于测量单一目标类别的内隐联想评价,同样可以广泛用于内隐态度、内隐刻板印象、内隐自我概念等诸多领域。

(2)测验的主要内容

单靶内隐联想测验具有内隐联想测验和单类内隐联想测验的特点,但包括 1 个只有积极的和消极的靶子词的练习阶段,每个阶段靶子词数目更少(温芳芳,佐斌,2005)。在单类内隐联想测验中会应用 1 500 毫秒或 2 000 毫秒的反应窗(response window)给予被试快速作答的催促感,但单靶内隐联想测验并不使用反应窗。单靶内隐联想测验一般包含以下三个基础步骤:第一步单独呈现一组不同属性刺激(evaluative stimuli);第二步,呈现目标刺激(target stimuli)以及正性描述(positive items)按一个键,呈现负性刺激(negative stimuli)按另一个键;第三步,呈现目标刺激和负性描述并反转按键反应。第一阶段作为练习,后面的阶段是正式测验,后面阶段实验任务的反应时比较作为内隐效应的指标。如果正式实验中"目标刺激+正性描述"任务完成得更好(反应时短),那么说明被试对该对象抱有积极内隐态度。

(3)测验举例

以单靶内隐联想测验进行内隐自尊的测量为例(表 15-6 为内隐自尊研究的单靶内隐联想测验程序示例)。实验程序只需安排一个练习任务,练习不同属性词的按键反应。后面阶段均为正式测验,并可安排多个目标类别(如:自我与他人)。每个阶段的刺激数均为 20 次,每个目标对象与属性类别的结合都会出现按键反应的反转(如表 15-6 中的组块

3 和 5 所示)。

表 15-6　单靶内隐联想测验对内隐自尊测量的程序

组块	刺激数	功　能	反　　　　应	
			按左键的词	按右键的词
1	20	练习	积极的	消极的
2	20	测验	积极的	消极的＋自我
3	20	测验	积极的＋自我	消极的
4	20	测验	积极的	消极的＋他人
5	20	测验	积极的＋他人	消极的

资料来源:张珂,张大均.(2009).内隐联想测验研究进展述评.心理学探新,29(4),16.

(4)测验的信度和效度

有研究表明,两次实验中得到的克龙巴赫 α 系数分别为 0.69 和 0.72,单靶内隐联想测验拥有较好的内部一致性信度。计算重测信度(平均相隔时间为 17.77 天),结果显示单靶内隐联想测验只有中等程度的稳定性(r 值在 0.21—0.46 之间),而外显测量方法却表现出良好的稳定性($r=0.76$ —0.89)(Bluemke & Friese,2008)。

单靶内隐联想测验两个实验的聚合效度分别为 0.47 和 0.58,显示出单靶内隐联想测验有良好的聚合效度,但其区分效度则不太理想(Bluemke & Friese,2008)。威博杜斯采用单靶内隐联想测验程序设计,对伊斯兰教的态度研究发现,单靶内隐联想测验的测验结果与被试的自我报告显著正相关,表明单靶内隐联想测验具有较好的预测效度(Wigboldus,Holland,& Van Knippenberg,2004)。

3. 单属性内隐联想测验

单属性内隐联想测验(Single-Attribute IAT , SA-IAT),由彭克等人(Lars Penke, Jan Eichstaedt, & Jens B. Asendorpf)2006 年编制。

(1)测验目的与功能

内隐联想测验需要双相属性描述(bipolar attributes),这要求程序中有明确的对比属性。如果没有相对应的属性词,那么至少需要一个相对中立的词语(如 sociosexuality-conversation),但这样可能会降低设计的有效性。为解决这一问题,彭克等人提出单属性内隐联想测验。他们的研究也初步验证对诸如 sociosexuality(社交性取向)这样缺乏天然配对物的情况下,单属性内隐联想测验可能会更有效地检测到内隐态度的个体差异(Penke, Eichstaedt, & Asendorpf,2006)。

(2)测验的主要内容

单属性内隐联想测验从经典内隐联想测验修订而来,程序中缺乏成对的属性类别词。

因此,两类目标对象均与单类属性(unipolar attribute)联系起来,强调其中某一对象与该属性的特殊或唯一联系。测验和分析的程序与内隐联想测验类似,内隐联想测验必然有属性辨别任务,而且会涉及不同属性与对象联结的反转(Greenwald, McGhee, & Schwartz, 1998)。单属性内隐联想测验则舍弃了这种辨别任务和反转程序,单类属性词分别与对象词结合。这种程序与威博杜斯等人提出的单靶内隐联想测验对应(Wigboldus, Holland, & Van Knippenberg, 2004),其思想和程序都比较类似,只是这种出现的单类是属性而非目标对象,是对内隐联想测验在另一个方向上的拓展和修订。

(3)测验举例

若以单属性内隐联想测验程序实现对内隐自尊的测量为例,在类别练习阶段只涉及目标对象词的分辨练习,而省去了属性类别词的区分练习。在联合任务阶段,只有某一单类属性与不同目标对象结合,因而整体程序上更简单(具体程序见表15-7)。

表 15-7　单属性内隐联想测验对内隐自尊测量的程序

组块	刺激数	任务与功能	反应	
			按左键的词	按右键的词
1	20	辨别任务	自我	他人
2	20	初始联合任务 (练习)	自我	他人＋积极的
3	40	初始联合任务 (正式)	自我	他人＋积极的
4	20	反转联合任务 (练习)	自我＋积极的	他人
5	40	反转联合任务 (正式)	自我＋积极的	他人

资料来源:张珂,张大均.(2009).内隐联想测验研究进展述评.心理学探新,29(4),16.

(4)测验的信度和效度

彭克等人关于性与陌生人与伴侣的内隐态度研究显示:长版的单属性内隐联想测验测验相较于简版的测验拥有更高的信度(长版的联合任务次数是简版设计的两倍)。长版单属性内隐联想测验的信度系数为0.81,而简版的信度系数为0.68,而且长版的反应时与社交性取向量表(Sociosexuality Scales)的得分有更高的相关($r = 0.21 > 0.20$)(Penke, Eichstaedt, & Asendorpf, 2006)。

彭克等人的研究还显示,长版的单属性内隐联想测验设计比简版有更高的效度(0.19、0.14)。只有长版单属性内隐联想测验验证了内隐性态度的性别差异:男性的性态度得分(sociosexuality scores)显著高于女性(女性,$M = 21.4$ 毫秒,$SD = 128.0$;男性 $M = 13.0$ 毫秒,$SD = 97.6$;$t(137) = 2.01$,$P < 0.05$,$d = 0.34$),不论是实验室内隐联想测验还

是在线内隐联想测验,内隐联想测验得分在 6 个样本中与外显社交性取向量表相关均不显著(平均 $r=0.04$),在个体差异检测的有效性方面只有长版表现出期望中应有的性别差异。通过进一步与内隐联想测验的比较发现,在第一个联合任务和后面的反转任务中,被试在单属性内隐联想测验反应中速度更快(Penke,Eichstaedt,& Asendorpf,2006)。

三、防效应污染内隐联想测验

1. 无再编码内隐联想测验

无再编码内隐联想测验(Recoding-Free Implicit Association Test,IAT-RF),由罗瑟蒙德等人(K.Rothermund,M.S.Teige,A.Gast,& D.Wentura)2009 年编制。

(1)测验目的与功能

内隐联想测验除了会面临缺乏天然适宜的配对物这一局限外,格林沃德等人在最初提出内隐联想测验时就意识到内隐联想测验这种特殊的双区组设计会影响再编码程序(recoding processes),污染内隐效应(Greenwald,McGhee,& Schwartz,1998)。另外,传统的刺激呈现设计也会因任务反转成本(Task switch cost)而造成相容效应(Compatibility effects)的混淆。因此,罗瑟蒙德等人提出一种新的变式,通过改变传统的实验区组以及呈现顺序来减少这种再编码的影响(Rothermund,Teige,Gast,& Wentura,2009)。需要指出的是,虽然这种设计被称为"无再编码",但也无法保证完全排除此种因素的影响。

(2)测验的主要内容

内隐联想测验程序相容任务和不相容任务双区组结构造成的混淆效应称为内隐联想测验方法特有变异(Teige,Klauer,& Rothermund,2008)。在处理这种特有变异时,无再编码内隐联想测验程序中呈现的刺激内容与传统的内隐联想测验并无差别,而是在刺激内容的区组安排上存在不同。实验设计包含三个部分,前两个阶段是针对属性和目标维度的归类练习任务,最后是联合归类任务。最关键的是在联合任务阶段,相容任务与不相容任务被安排到同一区组并随机呈现。被试对分类任务需要作出正确的反应,在错误反应之后会有一个结果反馈提醒,要求被试纠正分类反应。

(3)测验举例

无再编码内隐联想测验实验:目标对象仍设定为自我、他人,属性维度仍可分为积极与消极。第 1、2 阶段是维度区分练习,第 3、4 阶段是将目标与属性结合并安排到一个区组中进行联合分类任务反应(如表 15-8 所示)。各阶段的刺激都是随机顺序呈现。联合分类任务中,自我和他人根据目标类别分类,积极与消极词依据属性维度归类。维度区分阶段安排 16 次练习,联合分类任务阶段安排 32 次练习以及 128 次正式测验,相容任务与不相容任务呈现次数各占 50%。每次试验开始时,在屏幕左上角和右上角分别呈现四种不同的类别标签,以保证被试能够明确记清反应键。标签提醒 1 000 毫秒后,为了再调整被试的注意点调到刺激呈现的区域,屏幕正中心会呈现"十"字。500 毫秒后"十"字被刺激词替代,直到被试作出反应才消失。如果被试反应错误,在刺激下方会呈现错误提示信息"错误,按正确反应键可继续……"。直到被试作出正确反应后才消失,同时类别标签和刺激也消失。在持续 250 毫秒空屏后,下一次试验开始则开始(李西营,等,2011)。

表 15-8　无再编码内隐联想测验对内隐自尊测量的程序

组块	刺激数	任务与功能	反　　　应	
			D 键	L 键
1	16	归类练习(属性维度)	积极	消极
2	16	归类练习(目标维度)	自我	他人
3	32	联合任务实验(练习)	自我积极　他人消极	自我消极　他人积极
4	128	联合任务实验(正式)	自我积极　他人消极	自我消极　他人积极

资料来源:Rothermund, K., Teige, M.S., Gast, A., & Wentura, D.(2009). Minimizing the influence of recoding in the Implicit Association Test：The Recoding-Free Implicit Association Test(IAT-RF). *The Quarterly Journal of Experimental Psychology*，62(1)，84-98.

(4) 测验的信度和效度

罗瑟蒙德等人采用传统花—昆虫的经典材料,分别用内隐联想测验和无再编码内隐联想测验程序设计实验。内隐联想测验中相容任务的分半信度为 0.80,而无再编码内隐联想测验所得的分半信度为 0.63(Rothermund, Teige, Gast, & Wentura, 2009)。

无再编码内隐联想测验的改进更关注是否能得到更纯净的内隐关联效应,避免因反转任务成本带来的混淆效应。罗瑟蒙德等人研究比较了内隐联想测验与无再编码内隐联想测验任务反转成本(Task switch costs)下的反应时。内隐联想测验的不相容任务相较于相容任务差异显著[$t(15)=5.51$，$P<0.01$],但无再编码内隐联想测验这一差值并无显著差异[$t(38)=1.26$，$P>0.05$],这表明无再编码内隐联想测验很大程度上避免任务反转的影响,能更有效反映概念与属性间相容效应(Rothermund, Teige, Gast, & Wentura, 2009)。

2. 单区组内隐联想测验

单区组内隐联想测验(Single-Block IAT，SB-IAT),由泰奇等人(M.S.Teige，K.C. Klauer，& K.Rothermund)2008 年编制。

(1) 测验目的与功能

单区组内隐联想测验旨在解决传统内隐联想测验区组结构带来的方法特有变异污染(Teige，Klauer，& Rothermund，2008),通过改变区组结构减少了方法特有变异对内隐联想测验效应的混淆。单区组内隐联想测验在减少相容任务顺序效应（compatibility order effects）、个人额外联想（extrapersonal associations）带来的影响方面显示出优势。但在实际应用中，单区组内隐联想测验因其结构更复杂而增加了被试实验的难度。

（2）测验的主要内容

单区组内隐联想测验的材料仍可以是成对的目标对象和正负的属性描述。它与无再编码内隐联想测验类似，都是通过消除内隐联想测验的双区组结构来降低再编码对内隐联想测验效应的混淆。关键的不同点在于，单区组内隐联想测验可通过刺激的不同位置来指导反应，而无再编码内隐联想测验是通过提前呈现类别标签来实现。单区组内隐联想测验的结构更清晰，一般实验可分两大部分五个阶段：前四个阶段称为单任务试验区组，剩下的阶段五为联合任务试验区组。实验中，一条虚线把屏幕分成上下两部分，刺激随机呈现在屏幕上下部分。对于属性刺激词，不用根据呈现位置（上或下）来反应，而目标词则会因为出现的位置不同而将反应键反转。这样也实现了不再通过区组间的相容与不相容任务的比较来判断内隐效应，而是在同一区组的进行比较测得内隐联结程度。

（3）测验举例

泰奇等人在提出单区组内隐联想测验时也以经典的花—昆虫的例子来说明其设计。一条虚线把屏幕分成上下两部分，刺激随机呈现在屏幕上下部分。对于属性刺激词，无论刺激词呈现在屏幕中的上半部分还是下半部分，都对积极的词按右键反应，消极的词按左键反应；对于目标词，如果目标词呈现在屏幕上半部分，花类刺激按右键反应，昆虫类刺激按左键反应，如果目标词呈现在下半部分，则相反。整个实验过程由五个阶段构成：阶段一，对呈现在屏幕上半部分的目标词进行归类。阶段二，对呈现在屏幕下半部分的目标词进行归类。阶段三，目标词随机呈现在屏幕上下半部分，被试的按键反应由目标词呈现在屏幕中的位置来决定。阶段四，对随机呈现在屏幕上下半部分的属性词进行归类，按键反应不随属性词呈现在屏幕中的位置而改变（Teige，Klauer，& Rothermund，2008）。前四个阶段称为单任务实验区组。阶段五为联合任务实验区组，对随机呈现在屏幕上下半部分的目标词和属性词的联合进行按键反应，按键反应由刺激词呈现在屏幕中的位置来决定。所有实验区组在正式实验前均有2—4次热身实验（李西营，等，2011）（见表15-9）。

表15-9 单区组内隐联想测验对花—昆虫的内隐态度实验程序

组块	刺激数	任务与功能	反应	
			左键（A）	右键（5）
1	24＋2（预热练习）	目标词在上归类	昆虫	花
2	24＋2（预热练习）	目标词在下归类	花	昆虫

(续表)

组块	刺激数	任务与功能	反　　　应	
			左键(A)	右键(5)
3	24+2(预热练习)	目标词 随机上下归类	昆虫　　　　花(上) …………………………………花	昆虫(下)
4	24+2(预热练习)	属性词 随机上下归类	消极…………积极	
5—8	48+4(预热练习)	联合任务 随机上下归类	昆虫　　　　花(上) 消极…………积极 花　　　　昆虫(下)	

资料来源：Teige，M. S.，Klauer，K. C.，& Rothermund，K.（2008）. Minimizing method-specific variance in the IAT：A single block IAT. *European Journal of Psychological Assessment*，24（4），237-245.

（4）测验的信度和效度

在泰奇等人的研究中,以花—昆虫为刺激材料设计的单区组内隐联想测验的克龙巴赫 α 内在一致性系数为 0.58,这比诺塞克等人（Nosek，Greenwald，& Banaji，2005）报告的传统内隐联想测验 0.70—0.90 这一代表性范围要低,但仍比泰奇等人的外加情感性西蒙任务研究（Teige，Schnabel，Banse，& Asendorf，2004）以及 GNAT 研究（Nosek & Banaji，2001）数值要高。泰奇等人在政治态度研究中得到的克龙巴赫 α 系数为 0.74,该值在可接受的范围内（Teige，Klauer，& Rothermund，2008）。

泰奇等人设计关于政治态度的单区组内隐联想测验实验,通过该测验能有效区分被试对德国红色阵营（red political spectrum）和黑色阵营的投票意愿（$t(37)=4.77$, $P<0.001$）,而且该结果与政治态度评定存在中等程度的相关（$r=0.43$, $P<0.01$）。通过回归分析则显单区组内隐联想测验对政治态度评定的预测力（$\beta=0.43$, $P<0.01$）,但当政治态度评定与单区组内隐联想测验同时进入回归方程中时,只有政治态度评定能预测投票意愿,而单区组内隐联想测验的回归系数不显著（$B=0.76$, $SE=0.77$, $P=0.33$）（Teige，Klauer，& Rothermund，2008）。

3. 简式内隐联想测验

简式内隐联想测验（Brief Implicit Association Test，BIAT）,由瑟里姆（N.Sriram）和格林沃尔德（A.G.Greenwald）2009 年编制。

（1）测验目的与功能

简式内隐联想测验旨在通过联想聚焦（associative focus）策略来降低再编码造成的效应污染。也就是,在每个联合任务中只关注一类刺激,而另一类作非焦点（nonfocal）反应。这样的简化反应程序减少了实验时间（李西营,等,2011）,而且加入焦点类别和焦点反应键,要求被试聚焦于四类中的两个,使被试产生预期注意能更有效地控制被试在反应过程中的有意识加工(晋争,2010)。在实际的应用中需要注意,在各区组指令的两类焦点刺激材料,其外部特征需要有较明显的差别。

(2) 测验的主要内容

简式内隐联想测验与传统的内隐联想测验刺激组合一样,不同概念与属性可充分搭配,只是在简式内隐联想测验的每部分仅对其中一种类别作出焦点反应,对其他刺激作出非焦点反应。简式内隐联想测验由两部分联合任务构成,每个部分都包含两类焦点材料,通常将其中一类始终作为焦点材料,而另一类在每个部分中都视为非焦点。在联合任务进行前,将两个类别标签和材料都呈现给被试,被试记住材料的所属类别,并指出各类别的反应键。各种类别的材料均呈现给被试,被试在作出错误反应后给予反馈,让被试作出正确反应,最后只记录正确反应的反应时。两组联合任务完成后可再交替重复一次前面两个区组中的任务,这样可增加测验的信度和检测的灵敏度。

(3) 测验举例

按照瑟里姆等人的简式内隐联想测验设计内隐自尊实验。刺激材料可分为"自我、他人、积极、消极"四类词汇,每类词汇对应两个反应键(左右)中的一个,但简式内隐联想测验要求集中于四类词中的两个当作焦点反应。简式内隐联想测验的两个联合任务中,每个任务都包含两个焦点类别材料(如表 15-10 所示):在实验区组 1 中以积极和自我为焦点,那么在另一个实验区组中则以积极和他人为焦点。由此可以看出,"积极"在这两个实验区组中均作为焦点,而另一个类别"消极"则一直是非焦点。瑟里姆和格林沃尔德采取的表达方式是,圆括号中的词代表其在实验中始终作为非焦点的类别(Sriram & Greenwald,2009),例如自我—他人/积极(消极)。由于焦点类别的选取会对简式内隐联想测验检验效应产生重要影响,而且一般正向或者积极的属性被定为焦点会有较好的心理测量学指标,因此本例中将也积极词汇作为焦点类别。

表 15-10 简式内隐联想测验内隐自尊实验程序

组块	刺激数	任务与功能	反应	
			左键(D)(非焦点反应)	右键(K)(焦点反应)
1	20	联合任务1	他人+消极	自我+积极
2	20	联合任务2	自我+消极	他人+积极
3(备选)	20	重复组块1		
4(备选)	20	重复组块2		

资料来源:晋争.(2010).内隐联系测验的修正——简式内隐联系测验.*心理科学进展*,*18*(10),1554-1558.

（4）测验的信度和效度

瑟里姆等人为了证明简式内隐联想测验在不同领域的有效性,将简式内隐联想测验程序用于性别自我认同、总统候选人的评价等方面。简式内隐联想测验程序中,不同的焦点选定会对信度有很大影响:Kerry-Bush/good-(bad)的内部一致性 α 系数为 0.83,其重测信度值为 0.49。Bush-Kerry/bad-(good)的内部一致性 α 系数为 0.76,重测信度仅为 0.17。在性别自我态度的研究中,这种焦点选定的影响更大:female-male/self-(other)的内部一致性 α 系数为 0.94,重测信度为 0.55,但 male-female/other-(self)的 α 值则降到 0.55,重测信度更是低至 0.07(Sriram & Greenwald,2009)。

在以往关于性别认同、总统候选人评价的研究中,外显和内隐结果的正相关性在经典内隐联想测验测验中已得到充分证明(Greenwald,Nosek,& Banaji,2003)。在瑟里姆等人的研究中,也表现出正相关:Kerry-Bush/good-(bad)(以积极属性为焦点,对克里和布什进行的内隐评价)与外显测量的相关为 0.76,female-male/self-(other)(以积极属性为焦点,测量男女的性别认同)与外显测验的相关为 0.70。如果以消极属性为焦点,其相关值则分别降至 0.11 和 0.07,相关均不显著($P=0.31$,$P=0.40$)(Sriram & Greenwald,2009)。

第十六章

积极心理测验

本章要点

什么是积极心理?

积极心理测验包括哪些?

关键术语

成人心理弹性量表;康纳-戴维森心理弹性量表;沉浸体验量表;幸福感指数;

里夫心理幸福感量表;正性负性情绪量表;生活满意度量表;总体幸福感量表;

情感平衡量表;弗莱堡正念量表;正念注意觉知量表;五因素正念问卷;

多伦多沉浸量表;韦德宽恕量表;哈特兰德宽恕量表;

生活取向测验;乐观-悲观量表;心理资本问卷

一、心理弹性问卷

1. 成人心理弹性量表

成人心理弹性量表（Resilience Scale for Adults，RSA），由耶姆达尔（Odin Hjemdal）和弗里堡（Dddgeir Friborg）1998 年编制。

（1）测验目的与功能

心理弹性从操作意义上被定义为特定的保护性因素（protective factors），这些因素让个体得以应对生活中的压力和逆境。心理弹性大致由两大类因子组成，即个体内部保护性因素和外部保护性因素（Wright & Masten，2005）。

成人心理弹性量表具有预测个体应对负性生活事件的能力（杨立状，吕兖周，2008）。耶姆达尔等人研究表明，成人心理弹性量表能测量遭遇压力事件时的一些重要性保护因素，是一个有效的心理健康的预测工具，同时也是一个可用于研究压力应对时个体差异的优良工具（Hjemdal，Friborg Stiles et al.，2006）。

（2）测验的主要内容

成人心理弹性量表包括 33 个题项，共六个维度：1)对自我的知觉（perception of self）；2)对将来的计划（planed future）；3)社会能力（social ability）；4)工作计划风格（structured style）；5)家庭凝聚力（family cohesion）；6)社会资源（social resources）。

（3）测验的信度和效度

有人研究了成人心理弹性量表中各个因子与大五人格模型中各个因素的相关性。将心理弹性量表与大五人格测验（BIG Five/5PFS）、认知量表（瑞文高级推理、词汇和数字序列）和社会智力自评量表（TSIS）进行了交叉验证。结果验证了成人心理弹性量表的聚合效度（convergent validity）和分辨效度（discriminative validity）。在成人心理弹性量表上得分高的人心理也更加健康，具有更好的适应性，心理更有弹性。成人心理弹性量表各个因子与大五人格模型中积极的人格特征呈现正相关，进一步支持了成人心理弹性量表的构想效度（Friborg，Barlaug，Martinussen et al.，2005）。成人心理弹性量表内部一致性信度和重测信度分别是 0.76 和 0.86（杨立状，吕兖周，2008）。

2. 康纳-戴维森心理弹性量表

康纳-戴维森心理弹性量表（Conner and Davidson Resilience Scale，CD-RISC），由康纳和戴维森（K.M. Connor & J.R.T.Davidson）2003 年编制。

（1）测验的目的与功能

康纳-戴维森心理弹性量表测量忍受消极情感、接受变化、控制、精神影响、能力五个心理弹性因素,可以更全面评估在应对逆境时个体内部的保护性因素,即那些促进个体在逆境中进行适应性发展的积极心理品质。量表在临床治疗中得到较好的应用和验证,尤其是它能较好地反映出创伤后应激障碍患者在临床治疗过程中整体适应状况的改善。

(2)测验的主要内容

康纳–戴维森心理弹性量表最早由 25 个项目组成,采用 5 级评分,从 1(很不符合)到 5(很符合)。得分越高,个体心理弹性越好。有研究发现,心理弹性由自信坚韧、耐挫承压、顺变与人助、自我控制和超自然影响等五个因素构成,但五因素模型并未得到其他研究的支持。康纳–戴维森心理弹性量表具有跨样本的因素波动性(Campbell-Sills & Stein,2007),中文版更倾向于支持三因素模型,即坚韧、自强和乐观(于肖楠,张建新,2007),2007 年修订时删除了因素负荷样本间变动大的题目,最终精简为一因素十项目的康纳–戴维森心理弹性量表(Campbell-Sills & Stein,2007)。

(3)测验举例

1　　2　　3　　4　　5

1. 由于经历过磨炼,我变得更坚强了。

2. 纵然看起来没有希望,我仍然不放弃。

3. 在压力下,我能够精神集中地思考问题。

(4)测验的信度和效度

康纳–戴维森心理弹性量表的 α 系数为 0.89,再测信度系数为 0.87(Connor & Davidson,2003)。于肖楠、张建新修订的康纳–戴维森心理弹性量表,α 系数为 0.91。该量表的三因素结构(坚韧、自强、乐观)较为合理。量表与自尊($r=0.49$)、生活满意度($r=0.48$)、大五人格(与 N、E、O、A、C 的相关系数分别为 0.47、0.43、0.27、0.36、0.64)的相关理想,中文版具有良好的效标效度(于肖楠,张建新,2007)。在不同的人口学背景下施测,康纳–戴维森心理弹性量表都具有良好的信度和效度,并显示出对心理弹性较强的预测效力(于肖楠,张建新,2007)。

二、心流状态量表

1. 沉浸体验量表

沉浸体验量表(Flow State Scale,FSS),由杰克逊和马什(S. A. Jackson & H. Marsh)1996 年编制。

(1)测验目的与功能

心理学家奇克森特米哈伊(Csikszentmihalyi)1975 年提出沉浸体验(flow)的概念,被翻译为"心理流""心流""福乐"等。他将沉浸体验界定为当人们完全投入到一项可控而又富有挑战性的活动时,个体会经历的一种独特的愉悦、欣喜的心理状态(Csikszentmihalyi,1975)。沉浸体验本身就是活动给予个体的一种积极回报,会让个体的自尊及其自我效能感得到相应提升,还会伴随着强烈的主观幸福感体验(Mannell, Zuzanek, & Larson,1988),可以使个体得到自我成长和持久的幸福感(Deei & Ryan, 2000),也会随之引发个体的积极情感,并可以促进工作绩效或表现(Csikszenunihalyi & LeFevre, 1989)。沉浸体验量表作为使用沉浸体验的测评工具,被研究证明在不同文化背景下都有较好的适用性。

(2) 测验的主要内容

沉浸体验量表共有 36 个题项,其内容是对一定的任务进行描述,要求被试刚完成任务后,就对这些描述的认可程度进行五点评分。其具体分为 9 个分量表,即挑战技能平衡(skills that just match challenges)、行动意识融合(merging of action and awareness)、清晰的目标(clear goals)、即时的反馈(unambiguous and immediate feedback)、专注任务(concentration and focus)、控制感(a sense of potential control)、自我意识丧失(a loss of self consciousness)、时间感扭曲(an altered sense of time)、内发的酬赏(enjoy)。

(3) 测验举例

非常不同意	不同意	不确定	同意	同意
1	2	3	4	5

1. 时间的流逝似乎变慢了。

2. 时间似乎停滞了。

3. 我不担心自己再活动中的表现。

4. 我对如何表现自己并不关心。

(4) 测验的信度和效度

有研究者使用沉浸体验量表测量了美国和澳大利亚的运动员,发现内部一致性系数 α 为0.83,验证性方差分析支持心流的九个特征(Jackson & Roberts, 1992)。

沉浸体验量表中文版具有良好的结构效度(x_2/df 为 3.24,$RMSEA$ 为 0.046,$NNFI$ 为 0.93,NFI 为 0.92,CFI 为 0.93)。各分量表之间相关性在 0.23—0.57 之间,呈低中度相关,表明各分量表测查方向一致,又涵盖相异,不可替代;各分量表与量表总分之间相关系数在 0.60—0.85 之间,呈现中高度正相关,表明各分量表能有效地充当心流的不同构面。各分量表的内部一致性系数在 0.79—0.85 之间,总量表的内部一致性系数为 0.93;分半信度的分布范围为 0.65—0.81,总量表的分半信度为 0.88;间隔两周后的重测信度在 0.63—0.77 中,且总量表的重测信度为 0.82(袁庆华,胡炬波,王裕豪,2009)。

三、幸福感测验

1. 幸福感指数

幸福感指数(Index of Well-Being),由坎贝尔(A.Campbell)1976 年编制。

(1) 测验的目的与功能

主观幸福感(subjective well-being)是人们对自己是否幸福的主观体验,它不仅反映了人们对自身生存质量的体验和关注,更与众多心理健康指标息息相关(Diener,2000)。幸福感指数量表用来测量主观幸福感,主要用于评估被试当前可体验到的幸福感程度。工作、婚姻和家庭、休闲活动、生活水平等生活内容与幸福感指数显著相关。幸福感指数有比较满意的心理测量学指标,可用于很多领域,也可作为幸福感跨文化研究的工具(Diener,Suh,Lucas et al.,1999)。

(2) 测验主要内容

幸福感指数包括总体情感指数(index of general affect)和生活满意度指数(index of life satisfaction)两大部分,前者由八个从不同角度描述情感内涵的条目组成,其权重为 1;而后者仅包含 1 个测查满意度的项目。量表总分由总体情感指数的平均分和满意度指数得分加权相加。量表总分的取值范围为 2.1(最不幸福)—14.7(最幸福)。

(3) 测验举例

幸福感指数

1. 总体情感指数(权重为 1)

A. 有趣的	1 2 3 4 5 6 7	厌倦的
B. 快乐的	1 2 3 4 5 6 7	痛苦的
C. 有价值的	1 2 3 4 5 6 7	无用的
D. 朋友众多	1 2 3 4 5 6 7	孤独的
E. 充实的	1 2 3 4 5 6 7	空虚的
F. 充满希望的	1 2 3 4 5 6 7	绝望的
G. 积极的	1 2 3 4 5 6 7	沮丧的
H. 生活对我很好	1 2 3 4 5 6 7	生活未给我带来机遇

2. 生活满意度指数(权重为 1.1)

你对生活总体的满意与否的程度如何,下列哪一数值最接近你的感受?

十分满意　　1　2　3　4　　6　7　十分满意

注:在实际问卷中设置反向计分,将 A、C、F、G 项颠倒。

（4）测验的信度和效度

编制者测查了 2 160 名美国成年人的幸福感指数，并于 8 个月后对其中的 285 人进行重测，结果显示整体样本幸福感指数平均分为 11.8（标准差为 2.2）；总体情感指数与生活满意度指数的一致性系数为 0.55；重测信度为 0.43，其中总体幸福感指数分量表的一致性系数是 0.56(Campbell，Converse，& Rodgers，1976)。

我国研究者将该量表的中文翻译版用于 629 个中国大学生进行施测，结果表明两分量表之间相关系数为 0.59，总体情感指数与总分的相关系数为 0.56，而生活满意度指数与总分的相关达到 0.74。间隔三个月后，重测初测样本中的 307 人，幸福感指数的重测信度为 0.82，其中总体情感指数重测信度为 0.76，生活满意度指数重测信度为 0.89(李靖，赵郁金，2000)。

2. 里夫心理幸福感量表

里夫心理幸福感量表(Ryff's Psychological Well-Being Scales)，由里夫(C.D.Ryff)1989年编制。

（1）测验目的与功能

对幸福感的测量主要分为生活质量和心理健康两大层面，一般将生活质量方面的幸福感测量称为主观幸福感(subjective well-being)，它被界定为人们根据自身的标准对生活满意程度作出的认知性评价(Sliver，1989)。里夫认为，幸福不仅仅是物质层面的满足，更应该侧重以自身素质的提高、自我潜能的发挥而达到的完美体验，所以里夫编制的量表注重测量幸福感的多重维度。

（2）测验的主要内容

里夫心理幸福量表包含六个分量表：自主性(autonomy)、个人成长(personal growth)、环境驾驭(environmental mastery)、积极的人际关系(positive relations with others)、生活目标(purpose in life)和自我接受(self-acceptance)。共有 3 个版本，分别包含 84、54、18 条题项，而每个维度上分别有 14、9、3 个项目。要求被试根据自己的感受和体验对这些条目从"很不同意"到"非常同意"进行 6 级评分。

（3）测验举例

　　　　　　　　　　　　　　　　很不同意————▶非常同意
　　　　　　　　　　　　　　　　 1　 2　 3　 4　 6

1. 即使与大多数人不一样，我也敢于发表我自己的看法。

2. 对我而言，生活本身就是一个不断变化、学习和成长的过程。

3. 如果我对自己的生活环境不满意，我会采取积极有效的办法来改变它。

4. 大多数人认为我是和蔼可亲、非常热情的。

5. 我有自己的生活目标和方向。

6. 我一般对自己感到自信和肯定。

（1）测验的信度和效度

里夫心理幸福感量表的内在一致性系数为 0.94，各分量表的一致性系数范围为 0.67—0.82；总量表和各分量表得分与校标分数之间的相关系数均达到显著性水平，总量表的相关系数为 0.55；在我国城市居民中的同质信度、校标效度良好（邢占军，黄立清，2004）。

3. 正性负性情绪量表

正性负性情绪量表（Positive and Negative Affect Scale，PANAS），由沃特森等人（D. Watson，L.A.Clark，& A.Tellegen）1988 年编制。

（1）测验目的与功能

主观幸福感是个体根据自身标准对其生活状态的整体性评价，一般包括认知和情感两大部分。其中认知幸福（cognitive well-being）又称生活满意度，而情感幸福感（affective well-being）则指个体的情感体验，包括积极和消极两方面（邱林，郑雪，王雁飞，2008）。正性负性情绪量表是目前广泛使用的情感幸福感测评工具。

（2）测验的主要内容

1985 年，沃特森等人提出情绪二因素模型（two-factor model），而正性情绪（positive affect）和负性情绪（negative affect）就是情绪结构中的两大维度。前者代表了个体积极性的、精力充沛的、全神贯注的等正向情绪的程度，后者则是一种消极低落的、令人沮丧的主观情绪体验。为测量正性情绪和负性情绪，沃特森等人在以往研究的基础上编制了正性负性情绪量表。他们选取了 60 个描述词测项，通过筛选和项目分析保留了 20 个反映情绪的形容词，其中代表正性情绪（如自豪的）和负性情绪（如内疚的）的词各 10 个，并采用"没有——总是"五点评分。该量表并不是特质性情绪量表，而是一种状态性情绪量表，因此会更多地受情境因素影响。

（3）测验的信度和效度

该量表英文原版中的正性和负性情绪的同质信度系数分别为 0.88 和 0.85（Watson，Clark，& Tellegen，1988）。我国研究者的研究表明，正性负性情绪量表的内部一致性为 0.82，其中正性情绪、负性情绪的克龙巴赫 α 系数分别为 0.85 和 0.83；重测信度均为 0.47。正性情绪分量表中各项目因素负荷在 0.40—0.76 之间，平均负荷 0.65；负性情绪中各条目负荷的范围为 0.45—0.75，平均负荷 0.62，而且负性情绪得分与 SCL-90 总症状指数的相关性为 0.65，而与正性情绪呈低相关，这也从另一角度验证了正性和负性情绪的相对独立性（黄丽，等，2003）。在刘思斯等人的研究中正性情绪和负性情绪因素的内部一致性系数分别为 0.83、0.86（刘思斯，甘怡群，2010）。

4. 生活满意度量表

生活满意度量表（Life Satisfaction Scales，LSS），由尼伽腾等人（B.L.Neugarten，R.J.

Havighurst，& S.S.Tobin）1961 年编制。

（1）测验目的与功能

生活满意度（Life Satisfaction）是个体对自身生活质量作出的主观性和整体性的评价，即个体对最近大部分时间或持续一定时期内的生活状况的总体性认知评估。满意度作为主观幸福感测评的重要组成部分，也无可避免地受到主观性的制约，因此有关主观幸福感的测评多采用自陈的方式，而尼伽腾等人则主张结合他评和自评两种方式来评估人们的一般生活满意度。他们编制的生活满意度量表（Life Satisfaction Scales）主要用于成年人对生活满意度的评价。编制量表时的施测样本为 50 岁及以上成年人，尤其适用于老年人生活满意度的测评（姚本先，石升起，方双虎，2011）。该量表不仅可以反映人们生活水平的主观体验，帮助其改善自身的精神状态，还可用来评估社会人群的生活质量，从而为社会政策的制定、改革和完善提供支持和指导，为社会的稳定繁荣提供理论依据。

（2）测验的主要内容

生活满意度量表由三个既彼此联系又相对独立的分量表构成：一个他评量表——生活满意度评定量表（life satisfaction rating scales），两个自评量表——生活满意度指数 A（life satisfaction index A）和生活满意度指数 B（life satisfaction index B）。其中生活满意度量表又包含 5 个 1—5 分制的子量表：表 A.热情与冷漠；表 B.决心与不屈服表；C.愿望与已实现目标的统一；表 D.自我评价；表 E.心境。该分量表的得分范围为 5（满意度最低）—25（满意度最高）。生活满意度指数 A 是由与生活满意度量表相关程度最高的 20 个条目组成，要求受测者从"同意——不同意"作出评定，得分在 0（满意度最低）—20（满意度最高）之间；生活满意度指数 B 则由 12 项与生活满意度量表高度相关的清单式、开放式的条目项目组成；得分在 0（满意度最低）到 22（满意度最高）之间波动。得分越高，表明生活满意度越高；反之，说明这个人的生活满意度越低。

（3）测验举例

表 A.热情与冷漠

5 分：感觉"当前"是一生中最美好的时光。充满热情地谈到若干项活动及交往。喜爱做事情，甚至待在家中也感到很愉快。乐于广结朋友，也追求自我完善。对生活的多个领域都表现出很大的热情。

4 分：对某一两项特殊的兴趣或某个阶段充满热情。若事情出现差错并可能有碍其积极享受生活时就会表现出失望、生气。即使很短的时间，也需提前计划。

3 分：觉得生活寡淡无味，似乎从从事的活动中得不到什么乐趣。追求轻松、有限度的参与。可能与许多活动、事物或人完全隔离。

2 分：认为大部分的生活是单调的，可能会抱怨或感到疲乏。对许多事会感到厌烦。即使参与某项活动也几乎体会不到意义或乐趣。

1 分：生活就像是例行公事，感到没有什么事情是值得去做的。

生活满意度指数 A

不同意　不确定　同意

1. 现在是我一生中最沉闷的时期。
2. 现在是我一生中最美好的时光。
3. 我所做的事大多是令人厌烦、单调乏味的。
4. 我现在做的事和以前做的事一样有趣。
5. 我的生活原本应该是更好的时光。
6. 与同龄人相比,我曾作出较多的愚蠢决定。
7. 即使可以,我也不愿去改变自己的过去。

生活满意度指数 B

请就以下问题随意发表意见:

1. 你这个年纪最大的好处是什么?

　　1……积极的答案

　　0……没有任何好处

2. 你对自己生活的满意程度如何?

　　2……非常满意

　　1……相当满意

　　0……不太满意

3. 与早期生活相比,你现在是否幸福?

　　2……现在是最幸福的时期,过去和现在同样幸福

　　1……最近几年有些不如以前了

　　0……以前比现在好,目前是最糟糕的时期

4. 当你年迈之后,事情比原先想象得好还是不好?

　　2……好

　　1……和预期的差不多

　　0……不好

5. 你感到生活无目的的时间有多少?

　　2……从未有过

　　1……有时

　　0……经常

6. 如果可以选择,你最喜欢生活在哪里(国家名)?

　　2……目前所在地

　　0……任何其他地方

（4）测验的信度和效度

两位评分者评定的一致性为 0.78。将临床心理学家对受试者的访谈结果与其生活满意度量表、生活满意度指数 A、生活满意度指数 B 得分进行相关分析,结果表明两者间的一致性分别为 0.64、0.39 和 0.47。而生活满意度量表与生活满意度指数 A、生活满意度指数 B 的一致性分别达到 0.55 和 0.58,呈中等程度相关。另外,男女之间以及青、老年之间的差异都相对较小,而且量表得分和受测者的社会地位显著相关,相关系数在 0.21—0.41 之间(Neugarten, Havighurst, & Tobin, 1961)。后来,有研究者将生活满意度指数 A 中的 1、2、3、4、6、7、9、12、16、17、18、19 和 20 等条目组成生活满意度指数 2(简称 LSI 2)(Wood, Wylie, & Sheafor, 1969)。

5. 总体幸福感量表

总体幸福感量表(General Well Being Schedule,GWB),由美国心理学家法齐奥(R.H. Fazio)1977 年编制。

（1）测验的目的与功能

总体幸福感量表用于评价受试对幸福的总体感受,6 个分量表还可以测查受试者不同维度的幸福感状况。

（2）测验的主要内容

总体幸福感量表共有 33 个项目,每个题项有 5—7 个不等选择,其中 1、3、6、7、8、9、11、13、15、16 项为反向评分。通过对量表中前 18 个题项的内容组合,形成幸福感的 6 个评测因子,即对健康的担心(H)、对生活的满足和兴趣(S)、对情感和行为的控制(O)、精力(E)、忧郁或愉快的心境(SH),以及松弛与紧张(焦虑)(RT)。需要指出的是,"对健康的担心(H)"因子得分越高表明对健康越不担心;在"松弛与紧张(RT)"因子上得分越高代表焦虑程度越低。该量表的总分为前 18 个题项 6 个因子得分之和,分数越高,表明幸福程度越高(Lachman & Weaver, 1998)。

（3）测验举例

*1. 你的总体感觉怎样(在过去的一个月里)?

1	2	3	4	5	6
好极了	精神很好	精神不错	精神时好时坏	精神不好	精神很不好

2. 你是否为自己的神经质感到烦恼(在过去的一个月里)?

1	2	3	4	5
极端烦恼	相当烦恼	有些烦恼	很少烦恼	一点也不烦恼

3. 你是否因为疾病、疼痛或对患病的恐惧而感到烦恼(在过去的一个月里)?

1	2	3	4	5	6
所有的时间	大部分时间	很多时间	有时	偶尔	无

4. 你是否正在遭受或曾经受到任何束缚、刺激或压力(在过去的 个月里)?

      1   2   3   4   5

相当多 不少 有些 不多 没有

5. 你是否感到焦虑不安(在过去的一个月里)?

      1   2   3   4   5   6

极端严重 非常严重 相当严重 有些 很少 无

＊6. 你睡醒之后是否感到头脑清晰、精力充沛(在过去的一个月里)?

      1   2   3   4   5   6

每天如此 几乎天天 相当频繁 不多 很少 无

注：＊为反向计分项。

（4）测验的信度和效度

法齐奥报道，该量表中单独题项与总体幸福感得分的相关性在0.48—0.78之间，6个分量表得分与总分相关为0.56—0.88，其中男、女受测者的内部一致性系数分别为0.91和0.95。间隔3个月后的重测信度为0.85。总体幸福感得分与专家面谈后的抑郁评估结果的一致性在0.27—0.47之间；与PEI、PSS和CHQ三种焦虑量表的一致性系数分别为0.41、0.40和0.10；与HQ、抑郁自评量表和明尼苏达多相人格调查表三种抑郁量表的一致性分别为0.35、0.28和0.21；它与PFI抑郁量表的一致性最高达到0.50(Fazio,1977)。

1996年，国内研究者段建华在借鉴原量表框架的基础上对量表进行了我国大学生群体的适用性修订，删除其中不适合我国大学生的条目，对保留的23个项目进行一定的语言调整，增加了25个新题项，最终形成的修订量表共48个项目。采用7点计分，间隔四周的重测信度为0.873，且临床效度良好(段建华,1996)。

6. 情感平衡量表

情感平衡量表(Affect Balance Scales，ABS)，由布拉德伯恩(N.M.Bradburn)1969年编制。其理论基础是，幸福感就是积极情感体验相较于消极情感体验的优势体现。

（1）测验目的与功能

情感平衡量表常用于测查一般人群的心理满意程度，也可具体表现其积极情感、消极情感及两者的平衡。积极情感与消极情感的相对独立性得到研究者广泛认同，使人们认识到增加积极情感与减少消极情感对获得幸福而言同样重要(邱林,2006)。

（2）测验的主要内容

情感平衡量表包含积极情感和消极情感两个分量表，两者得分之差就是情感平衡。共有10个项目，其中积极情感和消极情感的条目各半，是一系列的描述"在过去几周里"被测者感受的是非题，采用0、1二值计分法(Bradburn,1969)。对正性情感项目的肯定回答和对负性情感的否定回答计为1分。再将以正性情感分减负性情感分，再加上一个系数 5,即情感平衡总分,其得分范围为 1—9 分。相关研究表明,该量表的得分与被试的性别、年龄无关,但低收入、家庭负担重者得分最低,拥有大学学历和高收入者得分较高。

(3) 测验举例

在过去几周里你是否感到……

1. 对某事特别热衷或感兴趣?(P)	是	否
2. 十分孤独、远离他人?(N)	是	否
3. 因为他人对你工作的赞赏而感到骄傲?(P)	是	否
4. 抑郁或非常不快乐?(N)	是	否
5. 由于某人的批评而感到不安?(N)	是	否
6. 事情在按你的意愿发展?(P)	是	否

(4) 测验的信度和效度

有研究报道,积极情感项的项目间相关在 0.19—0.75 之间,消极情感项目之间相关为 0.38—0.72,而积极情感和消极情感得分之间的相关性小于 0.10。量表的重测信度范围为 0.76—0.83,其中积极情感重测一致性为 0.83,消极情感的重测一致性为 0.81。随着间隔时间变长,两次测查的一致性呈下降趋势。没有区分效度方面的资料。情感平衡得分与单个整体幸福感测题得分的相关性为 0.45—0.51(范肖冬,等,1999)。

四、正念/沉浸测验

1. 弗赖堡正念量表

弗赖堡正念量表(Freiburg Mindfulness Inventory, FMI),由布赫黑尔德等人(N.Buchheld, P.Grossman, & H.Walach)2001 年编制。

(1) 测验目的与功能

正念(mindfulness)强调开放和接纳,以一种知晓、接受、不作任何判断的立场来体验并接受自己在此过程中出现的一切想法和感受(Kabat-Zinn, 1900),反映了对正在进行的事件和体验更加频繁或持续的意识,注意和觉知水平相对较高(Martin, 1997)。正念对于区分个体的自动思维以及不健康的行为模式具有重要作用,有助于形成良好的自我行为调节方式,增强个体的幸福感(Ryan & Deci, 2000)。正念冥想包括一系列复杂的情绪和注意调节训练,通过正念冥想训练可以增强身心联系,帮助自我调节,促进心理健康,帮助疾病恢复(Deci & Ryan, 1980)。弗赖堡正念量表用于评估对此刻的觉知的保持程度,以及用一种不评判和接纳的态度来面对消极体验的程度。

(2) 测验的主要内容

弗莱堡正念量表由 30 个条目构成,采用四级评分制。相关研究者对弗赖堡正念量表的 30 个条目进行探索性因素分析,提取出觉知当下(mindfulness present)、不判断接纳(non-judgement acceptance)、广泛的觉知(openness to experiences)和洞察力(insight)(Walach et al.,2006)四个因素,并在此基础上发展出一个 14 个条目的简短版的弗赖堡正念量表,仍然涵盖了正念的所有方面。事实上,它在有效性上几乎完美地替代了前者。

(3)测验举例

很少　偶尔　经常　总是

1. 我乐于去享受当下的每个时刻。

2. 无论是吃饭、做饭、打扫或说话,我能感知自己的身体。

3. 我能够去欣赏自己。

4. 不需要判断,我就能明白自己的过失和困境。

5. 我会坦然接受一些不愉快的经历。

6. 当事情朝着不好的方向发展时,我依然能善待自己。

(4)测验的信度和效度

简版弗赖堡正念量表与 30 个项目的版本之间的相关为 0.95,其内部一致性系数达到 0.86。简版量表得分与 SCL-90 之间呈负相关,也就是说简版量表有很好的区分效度,即被试心理痛苦指数得分越低,其正念相关得分也就越高。考虑到各个条目之间有很高的内部一致性,且许多条目负荷在一个以上的因子上。有研究者建议使用参与者在弗赖堡正念量表的所有条目总分来对沉浸进行测评,不用四个维度的分量表得分(邓玉琴,2009)。

2. 正念注意觉知量表

正念注意觉知量表(Mindful Attention Awareness Scale,MAAS),由布朗等人(K.W.Brown & R.M.Ryan)2003 年编制。

(1)测验目的与功能

关于正念的研究表明,正念具有值得重视的临床价值,对于许多临床心理症状具有疗效,但缺乏有效的恰当的测量正念水平的测验工具(Dimidjian & Linehan,2003)。正念注意觉知量表就是为解决这个问题,测量基于"当前的注意和觉知"概念的正念水平(Brown & Ryan,2003)。该量表侧重评估心智觉知中的注意和觉知,即评定不觉知当下、自动反应或全神贯注的程度,而相对忽略了心智觉知的其他方面,如不判断、接纳态度等方面。

(2)测验的主要内容

正念注意觉知量表包括 15 个题目,涉及日常生活中个体的认知、情绪、生理等方面。量表采用六级评分,指导语要求被试在各个条目中按照最近一周内(包括当天)实际情况选择最符合自己的一个描述等级,"1"到"6"按照程度变化代表从"几乎总是"到"几乎从不"。高分数反映了个体在日常生活中较高水平的对当下觉知和注意的特质。

(3) 测验举例

几乎总是　　　　　　　　　　　　几乎从不

1　　　2　　　3　　　4　　　5　　　6

1. 我会比较后知后觉。

2. 我会因为粗心大意、心不在焉而做错一些事情。

3. 我常常会无意识地做某事,甚至都不知道做的是什么。

4. 我发现自己很难将注意集中在当前发生的事情上。

5. 我常常食不知味。

(4) 测验的信度和效度

正念注意觉知量表信度良好,其内在一致性系数为 0.82(Brown & Ryan,2003)。布朗等人采用非临床样本和临床样本证明正念注意觉知量表是一个可靠、有效的测量工具,可以测量个体在日常生活中当下的注意觉知水平的差异(MacKillop & Anderson,2007)。还有研究表明正念注意觉知量表与焦虑、抑郁等负性情绪之间存在显著负相关,与积极情绪、生活满意度、自尊、乐观和情绪智力等幸福指标之间存在显著正相关(Brown & Ryan,2003)。临床研究发现,正念水平可以经过冥想训练得到提高,参与正念训练的被试在正念注意觉知量表上得分要高于与之相匹配的控制组。

中文版的修订结果显示,单因素模型具有良好的结构效度克龙巴赫 α 系数为 0.890,重测信度为 0.870;正念注意觉知与焦虑特质负相关,与抑郁情绪负相关,与自尊水平正相关;正念注意觉知量表得分没有性别差异。研究表明,中文版正念注意觉知量表具有良好的心理测量学指标(陈思侠,崔红,周仁来,等,2012)。

3. 五因素正念问卷

五因素正念问卷(Five Facet Mindfulness Questionnaire,FFMQ),由贝尔等人(R.A. Baer,G.T.Smith,J.Hopkins,J.Krietemeyer,& L.Toney)2006 年编制。

(1) 测验目的与功能

五因素正念问卷用于全面评估正念的水平,并可用来检验考察正念与冥想训练的效果。

(2) 测验的主要内容

贝尔等人对正念注意觉知量表、弗莱堡正念量表、肯塔基州觉知量表、心智觉知认知与情绪量表以及心智觉知量表(Chadwick et al.,2005)五个量表的 112 个条目进行探索性因素分析和验证性因素分析,得出观察(observing items)、描述(describing items)、有觉知地行动(act aware items)、不判断(non-judging items)、不反应(non-reacting items)这五个因素。根据这五个因素,编制了 39 道题。

（3）测验举例

表 16-1　五因素正念问卷的样例

维　　　度	条　目　举　例
观　察	我会注意到东西的气味和香味。
不反应	我能体验到自己的感觉和情绪，但不必对它们作出反应。
描　述	我非常擅长表达我的感受。
不判断	我认为自己不应该有一些糟糕或不适当的情绪。
有觉知地行动	我发现自己做事情缺乏注意力。

（4）测验的信度和效度

五因素正念问卷各分量表的克龙巴赫 α 系数分别是观察 0.83、描述 0.91、有觉知地行动 0.87、不判断 0.87、不反应 0.75。各维度分别计分的方式证实了正念概念（conceptualization of mindfulness）是一个多元化的结构（multifaceted construct）（Baer，Smith，Hopkins，Krietemeyer，& Toney，2006）。

中文版五因素正念问卷由邓玉琴等人于 2009 年修订，问卷五个因子的内部一致性信度分别为观察 0.746、描述 0.843、有觉知地行动 0.794、不判断 0.659 和不反应 0.448，五个因子的重测信度为 0.436—0.741 之间。

4. 多伦多沉浸量表

多伦多沉浸量表（Toronto Mindfulness Scale，TMS），由劳等人（M. A. Lau, S. R. Bishop, Z. V. Segal et al.）2006 年编制。

（1）测验目的与功能

多伦多沉浸量表和其他沉浸评测量表不同的是，无论被试是否参加过沉浸练习都要先进行 15 分钟的冥想练习，然后再填写多伦多沉浸量表。换句话说，多伦多沉浸量表是评估被试在当下练习沉浸后的沉浸度状态，故测评的结果不能用到对被试所有的觉知冥想练习和日常生活的冥想评估（Lau et al.，2006）。

（2）测验的主要内容

该量表根据毕晓普（Bishop，2002）提出的正念的操作性定义编制，用于测量个体的沉浸状态。有好奇心（curiosity）和去中心（decentering）两个维度，共包括 13 个题项，采取五级评分（Lau et al.，2006）。戴维斯等人（Davis, Lau, & Cairns, 2009）又对多伦多沉浸量表进行了修订，将其发展成为多伦多沉浸量表特质版（Trait Version of the Toronto Mindfulness Scale），这进一步扩大多伦多沉浸量表的使用范围。

（3）测验举例

多伦多沉浸量表

好奇心（curiosity）

1. 我很好奇自己对事物的反应。

2. 我很好奇，通过观察自己对某些想法、感觉或知觉的反应，我能了解些什么。

3. 我很好奇想知道脑子中每时每刻都想些什么。

4. 我对自己曾经有过的每个想法和感觉都很好奇。

去中心（decentering）

1. 我擅长观察可能发生的任何事情。

2. 无论好坏，我都会努力去接受。

3. 我会抱着一种接受的心态去观察自己一些不愉快的想法和感受，而不去干涉它们。

（4）测验的信度和效度

分量表好奇心（curiosity）和去中心（decentering）的内在一致性分别为 0.93、0.91（Lau et al.，2006）。效标关联效度表明，与训练前相比，八周训练后被试在两个分量表得分都有显著的提高，觉知冥想体验达一年上的被试在多伦多沉浸量表中的两个分量表得分要高于觉知冥想体验少于一年的被试。去中心化分量表在心理痛苦上有预测作用（邓玉琴，2009；邱平，罗黄金，李小玲，等，2013）。

五、宽恕量表

1. 韦德宽恕量表

韦德宽恕量表（Wade Forgiveness Scale，WFS），由韦德（D.Wade）1989 年编制。

（1）测验目的与功能

韦德宽恕量表是一个较早开发的宽恕测评工具，以自陈报告的形式，从认知、情感和行为等多维度来测量受测者的宽恕能力。

（2）测验主要内容

韦德认为，宽恕是包含认知、情感和行为等成分的多维概念。在访谈的基础上，韦德确立了 23 个测量宽恕的维度，编制了个 600 个题项，最终形成包含 9 个分量表、83 个条目的宽恕量表。9 个分量表为报复（REV）、解脱（FRE）、肯定（AFF）、受伤（VIC）、情感（FEE）、回避（AVO）、求神（TOW）、和解（CON）和怀恨（GRU）。

（3）测验举例

表 16-2　韦德宽恕量表各分量表名称及所含项目举例

分量表	项目数	例　　　句
报复（REV）	10	我要他们为此付出代价。
解脱（FRE）	4	我想起他们时已经不再生气了。
肯定（AFF）	9	我还是继续爱着他们。
受伤（VIC）	5	我觉得这是不公平的。
情感（FEE）	26	我感到生气。
回避（AVO）	8	我尽量和他们保持距离。
求神（TOW）	5	我请求神灵宽恕他们。
和解（CON）	12	我给他们一个新的开始，重建我们的关系。
怀恨（GRU）	4	我不能忘怀这件事。

资料来源：陈祉妍，朱宁宁，刘海燕.(2006).Wade 宽恕量表与人际侵犯动机量表中文版的试用.*中国心理卫生杂志*,*20*(9)，617-620.

（4）测验的信度和效度

国内研究结果显示，韦德宽恕量表中除受伤分量表的信度系数为 0.58 外，其他 8 个分量表的内部一致性都在 0.71—0.90 之间。与英文版量表相比，中文版韦德宽恕量表中 9 个分量表有 4 个内部一致性信度有较大幅度的降低，表明其在国内文化背景下的适用性有待商榷。而对人际侵犯动机量表（TRIM-12）中文版进行主成分因素分析，抽取了两个特征值大于 1 的因子，即回避因子 4.979 和报复因子 1.901，总解释率为 57.33％。其中，回避因子中各项目的因素载荷在 0.577—0.807 之间，报复因子条目的载荷范围是 0.720—0.785。与韦德宽恕量表相比，其简表 TRIM-12 的中文版表现出较好的适用性，内部一致性信度达到 0.87，各分量表的内部一致性信度为 0.85。间隔三周的重测相关为 0.79，其中报复分量表为 0.77，回避分量表为 0.68（陈祉妍，朱宁宁，刘海燕，2006）。

中译本韦德宽恕量表对个体鉴别存在较大风险，建议用作群体间的比较研究和多重内涵的探讨。同时，TRIM-12 得分又与韦德宽恕量表得分相关性高达—0.84，显示两者总分计分方向相反，但内涵几乎基本一致，在大多数情况下，完全可以用简便的 TRIM-12 替代韦德宽恕量表（陈祉妍，朱宁宁，刘海燕，2006）。

2. 哈特兰德宽恕量表

哈特兰德宽恕量表（Heartland Forgiveness Scale，HFS），由汤姆森等人（L.Y.Thompson，C.R.Snyder，& L.Hoffman）2005 年编制。

（1）测验目的与功能

哈特兰德宽恕量表是测量特质性宽恕的典型代表，主要用来测量受测者宽恕他人和宽恕自己的倾向，可用于考察宽恕的人格特质（Thompson，Snyder，& Hoffman，2005）。

(2) 测验的主要内容

哈特兰德宽恕量表由 24 个项目组成,分为宽恕他人和宽恕自己两个维度,两个维度各包括 12 道题项。采用 7 级评分(1=完全不符合,7=完全符合),部分题项反向计分,得分越高,表示个体越容易宽恕他人和宽恕自己。

(3) 测验举例

说明:下面是一些关于我们受到他人的伤害或我们伤害了他人之后的想法,请在 1—7 分间评价这些叙述与您的情况相符的程度(1=完全不符合,2=不符合,3=不太符合,4=不确定,5=基本符合,6=符合,7=完全符合),并将相应的数字代号写在题后的括号内。

1. 大多数时候,我能原谅别人所犯的错误 （　　　）

2. 我常对自己做过的错事耿耿于怀 （　　　）

3. 我们应该努力忘记别人对我们的伤害 （　　　）

4. 我很难原谅自己所犯的错误 （　　　）

5. 我对那些曾经伤害过我的人始终心怀怨恨 （　　　）

(4) 测验的信度和效度

哈特兰德宽恕量表的自我宽恕分量表在不同样本的 α 系数在 0.72—0.75 之间,其间隔三周的重测信度达到 0.72,间隔九周的重测信度达到 0.69,而且哈特兰德宽恕量表与其他多种宽恕量表间的相关显著,有较好的信度和效度(Thompson, Snyder, & Hoffman, 2005)。宽恕他人和宽恕自己分量表的内部一致性系数分别为 0.83 和 0.71,总量表的内部一致性系数为 0.87,该量表有良好的效度(Barber & Malthy, 2004)。

我国研究结果表明,宽恕总量表的克龙巴赫 α 系数为 0.78,其中宽恕他人、宽恕自己分量表的内部一致性分别为 0.81 和 0.73。通过对宽恕他人分量表进行验证性因素分析表明,量表结构效度的各项指标为:$x^2/df=1.40$, $GFI=0.99$, $AGFI=0.97$, $CFI=0.99$, $NFI=0.97$, $NNFI=0.99$, $RMSEA=0.031$。同理,对宽恕自己分量表进行验证性因素分析结果显示,其结构效度的各项指标为:$x^2/df=1.39$, $GFI=0.97$, $AGFI=0.96$, $CFI=0.95$, $NFI=0.85$, $NNFI=0.94$, $RMSEA=0.032$(王金霞,2006)。

六、乐观量表

1. 生活取向测验

生活取向测验(Life Orientation Test, LOT),由斯切尔等人(M. F. Scheier & C. S. Carver)1985 年编制。

(1) 测验目的与功能

生活取向测验成为研究乐观主义和悲观主义的重要工具(刘志军,陈会昌,2007),主要测量个体的乐观主义/悲观主义取向,以及个体对未来结果的积极期待。斯切尔等人认为,乐观主义(optimism)是个体的一种普遍期望,即个体认为在重要生活领域里将来好结果多、坏结果少。

(2)测验的主要内容

生活取向测验由 6 个条目组成,其中正向和负向题项各半,从"非常不同意"到"非常同意"分别记 0—4 分,负性题项反向计分,测验总分越高代表越乐观。

生活取向测验修订版共有 10 个项目,乐观主义和悲观主义各有 3 个项目,只有这 6 项参与计分,用以评估受测者对积极和消极结果的一般化期望。其余 4 项用以掩饰问卷的真实目的,仅作为填充项目。量表采用 5 级评分,"0"表示"强烈同意";"4"表示"强烈不同意"。将总分作为乐观主义的一般指数,积极和消极项目的得分分别用来测量乐观主义和悲观主义(Scheier, Carver, & Bridges,1994)。

(3)测验举例

<table>
<tr><td>强烈同意</td><td></td><td></td><td></td><td>强烈不同意</td></tr>
<tr><td>0</td><td>1</td><td>2</td><td>3</td><td>4</td></tr>
</table>

1. 在不确定的情况下,我常常期望最好的结果。
2. 我对自己的未来非常乐观。
3. 我从不期望事情能朝我希望的方向顺利发展。
4. 我从不指望幸运会降临在我身上。
5. 总体而言,我更期待好的事情发生在我身上。

(4)测验的信度和效度

生活取向测验的克龙巴赫 α 系数为 0.78,4 个月后的重测信度是 0.68,1 年后的重测信度是 0.60,2 年后的重测信度是 0.56(Scheier, Carver, & Bridges,1994)。生活取向测验的内部一致性信度系数为 0.78,在 28 个月后进行重测,重测信度系数为 0.79(Scheier, Carver, & Bridges,1994)。测验修订版的内部一致性系数达到 0.82,且具有良好的结构效度(Geers & Lassiter,2002)。

我国研究者对测验修订版在初中生人群进行初步修订,在原量表的基础上增加了 8 个项目,减少了 2 个干扰项目,形成正式研究的 16 个项目。从探索性因素分析和验证性因素分析结果来看,测验在初中生中均具有两个成分,两成分的累积贡献率为 48.01%,旋转结构矩阵中各项目的载荷都在 0.6 以上,每个成分的内在一致性系数都在 0.7 以上,而且两成分的模型拟合指数良好(刘志军,陈会昌,2007)。探索性因素分析表明,3 道正向和 3 道负向题项分别负荷在不同因子上,因子载荷在 0.645—0.823 之间;验证性因素分析表明乐观-悲观二因素斜交模型拟合理想: $x^2/df = 3.95$, $NNFI = 0.094$, $CFI = 0.097$, $SRMR = 0.045$。生活取向测验修订版中文翻译版的内部一致性系数为 0.665,其中乐观、悲观分维度的内部一致性分别是 0.665 和 0.641(顾红磊,王才康,2012)。修订版是一个二维结构,这与编制者所持的"乐观是单维度理论"相矛盾。这一研究分歧有待进一步探索。

2. 乐观-悲观量表

乐观-悲观量表(Optimism and Pessimism Scale,OPS),由登伯等人(W.N.Dember,S. H.Martin,M.K.Hummer,S.R.Howe,& R.S.Melton)1989 年编制。

(1)测验目的与功能

在国外应用广泛的生活取向测试被引入国内后,信度并不理想(袁立新,等,2007)。主要可归因于乐观是单维还是二维的理论分歧上。随着研究的发展,登伯基于乐观-悲观二维论的视角,即乐观与悲观是两个既独立又相关的维度,编制了乐观-悲观量表。他认为,乐观与悲观是对生活的积极或消极的看法,不仅包含对未来的期望,还有对当前的感知与评价。

(2)测验的主要内容

乐观-悲观量表是一个有 56 个题项的自评量表,其中乐观与悲观两个分量表各有 18 个题项,其余 20 个是填充题项。徐远超修订的乐观-悲观量表中文版采用"1"(完全同意)到"4"(完全不同意)的 4 级评分,反向记分后在乐观或悲观分量表上得分越高,表明被试对待生活事件时所持的乐观或悲观倾向越明显(徐远超,2009)。

(3)测验举例

完全同意————▶完全不同意

1　　2　　3　　4

1. 我很少指望好事会发生在我身上。
2. 我总是很倒霉。
3. 照着我的方式,事情不曾有好结果。
4. 预期对我不利的事,最后总会变成现实。
5. 我觉得前途渺茫。
6. 我对我的未来总是很乐观。

(4)测验的信度和效度

乐观-悲观量表中乐观和悲观分维度的内部一致性分别达到 0.84 和 0.86,两周后的重测信度分别是 0.75 和 0.84。两者之间的相关性为 −0.52,从另一角度验证了乐观和悲观属于不同维度的观点(Dember et al.,1989)。乐观-悲观量表中文版的内部一致性为 0.819($P<0.01$),乐观和悲观分维度的克龙巴赫 α 系数分别是 0.791 和 0.751;乐观、悲观以及总量表的条目间平均相关系数为 0.175、0.15 和 0.115,组内相关系数为 0.630、0.493 和 0.721。乐观、悲观维度与全量表总分相关系数分别为 0.825 和 −0.806,乐观与悲观之间的相关性为 −0.330。总分、乐观和悲观维度与抑郁焦虑、正负性情绪、生活满意度、应对方式均呈显著性相关。验证性因素分析的各个拟合指数均基本符合测量学标

$(x^2/df = 2.201, GFI = 0.875, AGFI = 0.858, CFI = 0.789, IFI = 0.791, RMSEA = 0.047)$。中国大学生悲观分显著高于美国大学生样本,而乐观分则无显著性差异(徐远超,2010)。

3. 心理资本问卷

心理资本问卷(Psychological Capital Questionnaire, PCQ),由卢森斯等人(F. Luthans & C. M. Youssef)2004 年编制。

(1)测验目的与功能

心理资本问卷是被广泛应用的心理资本测评工具(宋洪峰,茅天玮,2012)。心理资本是指个人的各种积极心理能力的集合,是个人对未来的信心、希望、乐观和毅力,个人在面对未来逆境中的自我管理能力。这种心理资本具有投资性和收益性。心理资本关注如何才能使得组织中的个人达到最佳状态。

(2)测验的主要内容

测验包含 24 个题,有自我效能、韧性、乐观和希望 4 个分量表。自我效能指个体有胜任任务的自信,能面对挑战并力争成功。韧性是指个体能从逆境、挫折和失败中快速恢复过来,甚至积极转变和成长。乐观是指个体具有积极的归因方式,并对现在和未来持积极态度。希望则是通过各种途径努力实现预定目标的积极动机状态。该量表采用 7 点评分,得分越高表明积极心理资本状况越好(Luthans & Youssef, 2004)。

(3)测验举例

下面有一些句子,它们描述了你目前可能是如何看待自己的。请采用下面的量表判断你同意或者不同意这些描述的程度。

1=非常不同意;2=不同意;3=有点不同意;4=有点同意;5=同意;6=非常同意

1. 我相信自己能分析长远的问题,并找到解决方案。

2. 与管理层开会时,在陈述自己工作范围之内的事情方面我很自信。

3. 任何问题都有很多解决方法。

4. 眼前,我认为自己在工作上相当成功。

5. 在工作中,我无论如何都会去解决遇到的难题。

6. 我通常对工作中的压力能泰然处之。

7. 对我的工作未来会发生什么,我是乐观的。

8. 在我目前的工作中,事情从来没有像我希望的那样发展。(R)

注释:R 代表该题需要反向计分

(4)测验的信度和效度

国内对心理资本问卷修订的结果显示,克龙巴赫 α 系数为 0.89,重测信度为 0.70;其中分量表的信度范围为 0.73—0.81,重测信度介于 0.50—0.62 之间。将修订版本进行探索性因素分析,可提取自信、乐观、坚韧和希望四个因子,总解释率达到 60.8%,具有较理想的结构效度。心理资本问卷及其分量表在主观幸福感、积极情绪相关性在 0.35—0.69 之间($P<0.001$);与学业倦怠和拖延显著相关介于 -0.48 到 -0.17 之间,显示了该问卷在大学生群体中较好的校标效度。修订后的心理资本问卷符合心理测量学要求,可作为大学生心理资本的测量工具(宋洪峰,茅天玮,2012)。

参 考 文 献

中文部分

Doerr，H.O.(1982). Halstead-Reitan 成套测验. 国外医学·神经病学分册，9(1)，1-3.

Kevin R.Murphy & Charles O.Davidshofer(2006). 心理测验:原理与应用(第 6 版).张娜，等，译.上海:上海社会科学院出版社.

Lawrence A.Pervin & P.John Oliver(2003). 人格手册:理论与研究(第二版).黄希庭，主译.上海:华东师范大学出版社.

Lewis R.Aiken(2006). 心理测验与评估.张厚粲，黎坚，译.北京:北京师范大学出版社.

Lezak，M.D.(2006). 神经心理测评(第 4 版).北京:世界图书出版公司北京公司.

M.艾森克.(2001). 心理学——一条整合的途径.阎巩固，译.上海:华东师范大学出版社.

MMPI 全国协作组.(1982).明尼苏达多相个性调查表在我国修订经过及使用评价. 心理学报，4，449-457.

Pervin, L.A.(1986). 人格心理学.郑慧玲，译.台北:桂冠图书股份有限公司.

Sandra，A.MacIntire & Leslie，A.Miller(2009). 心理测量.骆方，孙晓敏，译.北京:中国轻工业出版社.

Teng，E.L. & Chui，H.C.(1987). The Modified Mini-Mental State (3MS) examination. *The Journal of Clinical Psychiatry*，48，314-318.

艾传国,佐斌.(2011).单类内隐联想测验(SC-IAT)在群体认同中的初步应用. 中国临床心理学杂志，19(4)，476-478.

安娜斯塔西，等.(2001). 心理测验.缪小春，等，译.杭州:浙江教育出版社.

白利刚.(1996).Holland 职业兴趣理论的简介及评述. 心理科学进展，(2)，27-31.

白延国.(2012). 成人依恋的 GNAT 内隐测量研究.呼和浩特:内蒙古师范大学硕士学位论文.

毕重增,张进辅.(2003). 职业能力倾向量表 EAS 的修订.重庆:西南师范大学硕士学位论文.

波林.(1981). 实验心理学史.高觉敷，译.北京:商务印书馆.

蔡丹,邓赐平,李其维.(2010).认知评估系统对中国学前儿童的适用性探究. 中国临床心理学杂志，18(3)，314-316.

蔡华俭.(2003).Greenwald 提出的内隐联想测验介绍. 心理科学进展，11(3)，339-344.

蔡华俭,杨治良.(2002).大学生性别自我概念的结构. 心理学报，34(2)，168-174.

蔡华俭,朱臻雯,杨治良.(2001).心理类型量表(MBTI)的修订初步. 应用心理学，17(2)，33-37.

蔡铁成.(2009). 巴昂情绪智力量表 EQ-i 的修订及全国常模初步编制.重庆:西南大学硕士学位论文.

蔡笑岳,朱雨洁.(2007).中小学生创造性倾向、智力及学业成绩的相关研究. 心理发展与教育，(2)，36-41.

蔡颖,梁宝勇,周亚娟.(2010).中学生的升学考试压力,心理弹性与压力困扰的关系. 中国临床心理学杂志，18(2)，180-182.

曹坚,吴振云,辛晓亚.(2008).不同生活背景老年人幸福感的比较研究. 中国老年学杂志，28(10)，1940-1942.

曹蓉,王晓钧.(2007).多重情绪智力量表(MEIS)的信度、结构效度及应用评价研究. 心理科学，30(2)，419-421.

查尔斯·杰克逊.(2000).了解心理测验过程.姚萍,译.北京:北京大学出版社.

陈碧云,李小平.(2006).人格测验在人事测评中的应用.社会心理科学,21(3),48-51.

陈灿锐,高艳红,申荷永.(2012).主观幸福感与大三人格特征相关研究的元分析.心理科学进展,20(1),19-26.

陈楚玲.(2006).教师职业锚探索研究.杭州:浙江大学硕士学位论文.

陈国民,刘志宏,朱霞.(2003).防御方式问卷的效度调查.第四军医大学学报,24(19),1821-1823.

陈国鹏.(2005).心理测验与常用量表.上海:上海科学普及出版社.

陈海平.(2008).韦氏儿童智力测验第四版的修订及其对智力测验开发的启示.宁波大学学报(教育科学版),30(6),37-42.

陈佳英,魏梅,何琳,姜莲,刘锋.(2008).上海市 Denver Ⅱ发育筛查量表适应性研究.中国儿童保健杂志,16(4),393-394.

陈康.(1946).书学概论.上海:上海教育书店.

陈龙,王登,编译.(1991).经济管理心理学.北京:团结出版社.

陈美荣.(2007).中小学教师的人格特征、教学效能感对主观幸福感的影响研究.上海:华东师范大学硕士学位论文.

陈宁,何俐.(2009).蒙特利尔认知评估(MoCA)的研究和应用概况.中国神经精神疾病杂志,35(10),632-634.

陈瑞,陈红.(2006).乐观主义研究简介.社会心理科学,21(4),16-20.

陈睿.(2006).自我职业选择测验量表SDS的修订及大学生职业选择特点研究.重庆:西南大学硕士学位论文.

陈树林,李凌江.(2003).SCL-90 信度效度检验和常模的再比较.中国神经精神疾病杂志,29(5),323-327.

陈思佚,崔红,周仁来,等.(2012).正念注意觉知量表(MAAS)的修订及信效度检验.中国临床心理学杂志,20(2),148-151.

陈燕,吴勤花.(2006).Stroop 色词测验在不同严重度的阿尔茨海默病中的表现.神经疾病与精神卫生,2(6),131-132.

陈友庆,薛兴.(2012).人格诊断问卷在军人群体中的应用.中国健康心理学杂志,20(9),1334-1337.

陈祉妍,杨小冬,李新影.(2009).流调中心抑郁量表在我国青少年中的试用.中国临床心理学杂志,17(4),443-448.

陈祉妍,朱宁宁,刘海燕.(2006).Wade 宽恕量表与人际侵犯动机量表中文版的试用.中国心理卫生杂志,20(9),617-620.

陈仲庚.(1985).艾森克人格问卷(EPQ)的使用说明.北京:北京大学心理学系临床心理学实验室.

程嘉锡,陈国鹏.(2006).16PF 第五版在中国应用的信度与效度研究.中国临床心理学杂志,14(1),13-16.

崔红,胡军生,郎森阳,杨君,牛晟,傅小玲,张恒,郭渝成.(2010).社会支持评定量表中国军人版的修订.中国临床心理学杂志,18(5),565-567.

崔红,王登峰.(2004).中国人人格形容词评定量表的信度和效度.心理科学,27(1),185-188.

崔捷,梁晓.(2010).师范类大学生创造力倾向与人格的关系.社会心理科学,25(11),29-34.

戴晓阳.(2010).常用心理评估量表手册.北京:人民军医出版社.

戴晓阳,吴依泉.(2005).NEOPI-R 在 16—20 岁人群中的应用研究.中国临床心理学杂志,13(1),14-17.

戴忠恒.(1994).一般能力倾向成套测验简介及其中国试用常模的修订.*心理科学,17*(1),16-20.

丹尼尔·高曼(Daniel Goleman)(1996).*EQ：划时代的心智革命*.张美惠,译.台北：时报文化出版企业股份有限公司.

邓赐平,傅丽萍,李其维.(2009).DN 认知评估系统在 AD/HD 儿童认知评估中的应用.*心理发展与教育,25*(3),77-82.

邓赐平,刘明,张莹,李其维.(2010).DN 认知评估系统的结构验证：一项基于初中生样本的分析.*心理科学,33*(3),544-547.

邓津,林肯.(2007).*定性研究：方法论基础*.风笑天,等,译.重庆：重庆大学出版社.

邓玉琴.(2009).*心智觉知训练对大学生心理健康水平的干预效果*.北京：首都师范大学硕士学位论文.

狄敏,黄希庭,张志杰.(2003).试论职业自我效能感.*西南师范大学学报(人文社会科学版),29*(5),22-26.

丁伟.(2005).*考夫曼儿童成套评价测验的试用研究*.上海：华东师范大学硕士学位论文.

丁伟,金瑜.(2006).考夫曼儿童成套评价测验的试用研究.*上海教育科研,*(6),26-28.

丁新华,王极盛.(2004).青少年主观幸福感研究述评.*心理科学进展,12*(1),59-66.

丁怡,杨凌燕,郭奕龙,肖非.(2006).韦氏儿童智力量表——第四版性能分析.*中国特殊教育,75*(9),35-42.

杜芳,韩凤珍,任敏.(2005).数字广度测验的差异及其与高考成绩的关系.*济宁师范专科学校学报,2*(66),59-60.

杜艳芳,牛芳萍.(2013).创造性人格对小学生学业成绩的影响研究.*教育探索,260*(2),133-135.

段建华.(1996).总体幸福感量表在我国大学生中的试用结果与分析.*中国临床心理学杂志,4*(1),56-57.

多米尼克·库珀(Dominic Cooper),伊凡·罗伯逊(Ivan T.Roberson)(2002).*组织人员选聘心理*.蓝天星翻译公司,译.北京：清华大学出版社.

范金燕.(2011).*大学生自我宽恕倾向量表的编制及其相关研究*.南昌：江西师范大学硕士学位论文.

范肖冬,汪向东,王希林,等.(1999).生活质量与主观幸福感测查.见：汪向东,王希林,马弘.*心理卫生评定量表手册*(pp.69-86).北京：中国心理卫生杂志社.

范兴华.(2004).社会支持行为问卷中文版信效度分析及初步应用.*湘潭大学学报(哲学社会科学版),28*(3),46-49.

方俐洛,白利刚,凌文铨.(1996).HOLLAND 式中国职业兴趣量表的建构.*心理学报,28*(4),113-119.

方俐洛,凌文铨,韩聪.(2003).一般能力倾向测验中国城市版的建构及常模的建立.*心理科学,26*(1),133-135.

方俐洛,凌文铨.(1988).*劳动心理学*.北京：团结出版社.

冯正直,张大均.(2001).中国版 SCL-90 的效度研究.*第三军医大学学报,23*(4),481-483.

弗雷德里克·施兰克,等.(2003).*认知能力测评*.李剑锋,译.北京：华夏出版社.

傅宏.(2002).宽恕：当代心理学研究的新主题.*南京师大学报(社会科学版),6*,83-84.

傅文青,姚树桥.(2004).2592 例大学生人格诊断问卷(PDQ-4＋)测试结果分析.*中国心理卫生杂志,18*(9),621-623.

高静芳,陶明,李翼群,等.(1996).智能筛选测验的信度和效度测定.*中华精神科杂志,30*(3),175-178.

高旭辰.(2004).*内隐联想测验影响因素研究*.上海：华东师范大学硕士学位论文.

高瑛,周爱保.(2004).论"大五"人格模型与人才测评的关系及其对大学生人格培养的启示.*河西学院学报,20*(1),94-97.

葛明贵,柳友荣.(2010).*心理学经典测验*.合肥:安徽人民出版社.

葛树人.(1996).斯特朗兴趣调查表(SI)的中文翻译.*南京师大学报(社会科学版)*,(3),46-49.

龚耀先.(1980).Bender 格式塔测验及其临床应用.*国外医学·精神病学分册*,(3),121-125.

龚耀先.(1982).*修订韦氏成人智力量表手册(内部资料)*.长沙:湖南医学院.

龚耀先.(1983).*精神医学基础*.长沙:湖南科学技术出版社.

龚耀先.(1984).艾森克个性问卷在我国的修订.*心理科学通讯*,(1),11-19.

龚耀先.(1986).HR 成人成套神经心理测验在我国的修订.*心理学报*,(4),433-442.

龚耀先,戴晓阳.(1982).*修订韦氏成人智力量表手册(WAIS-RC)(内部资料)*.长沙:湖南医学院.

顾海根.(2010).*应用心理测量学*.北京:北京大学出版社.

顾红磊,王才康.(2012).项目表述效应的统计控制:以中文版生活定向测验为例.*心理科学*,(5),1247-1253.

顾雪英,胡湜.(2012).MBTI 人格类型量表:新近发展及应用.*心理科学进展*,20(10),1700-1708.

郭红军,傅先明,牛朝诗,等.(2008).左右额叶肿瘤患者注意功能的研究.*立体定向和功能性神经外科杂志*,21(2)81-84.

郭娜娜.(2012).Amabile 创造力理论述评.*知识经济*,(10),51-51.

郭念锋.(2012).*国家职业资格培训教程——心理咨询师(二级、三级)*.北京:民族出版社.

郭起浩,洪震.(2013).*神经心理评估*.上海:上海科学技术出版社.

郭起浩,洪震,吕传真,周燕,陆骏超,丁玎.(2005).Stroop 色词测验在早期识别阿尔茨海默病中的作用.*中华神经医学杂志*,4(7),701-704.

郭起浩,洪震,史伟雄,等.(2006).Boston 命名测验再识别轻度认知损害和阿尔茨海默病中作用.*中国心理卫生杂志*,20(2),81-84.

郭起浩,洪震,于欢,等.(2004).语义性痴呆的临床、认知和影像学特征研究——附 3 例报告.*中华神经医学杂志*,3(5),363-348.

郭起浩,吕传真,洪震.(2001).听觉词语记忆测验在中国老人中的试用分析.*中国心理卫生杂志*,15(1),13-15.

郭起浩,吕传真,洪震.(2002).Rey-Osterrieth 复杂图形测验在中国正常老人中的应用.*中国临床心理学杂志*,8(4),205-207.

郭起浩,孙一忞,虞培敏,洪震,吕传真.(2007).听觉词语学习测验的社区老人常模.*中国临床心理杂志*,15(2),132-134.

郭庆科.(2002).*心理测验的原理与应用*.北京:人民军医出版社.

韩菁,许又新,崔玉华,沈渔,黄悦勤,董问天,胜利.(1998).国际人格障碍检查表在中国的初步应用.*中华精神科杂志*,31(3),172-174.

何琪.(2002).*个性、职业锚与职业发展的关系研究*.杭州:浙江大学硕士学位论文.

何庆欢,彭子文,苗国栋.(2012).强迫症症状分类量表(修订版)中文版的信效度研究.*临床精神医学杂志*,22(1),27-30.

何燕玲,张明园.(1997).阳性和阴性综合征量表(PANSS)及其应用.*临床精神医学杂志*,7(6),353-355.

何燕玲,张明园.(2000).阳性和阴性症状量表的中国常模和因子分析.*中国临床心理学杂志*,8(2),65-69.

何燕玲,张明园.(2004).Liebowitz 社交焦虑量表的信度和效度研究.*诊断学理论与实践*,3(2),89-93.

赫德元.(1982).*教育与心理统计*.北京:教育科学出版社.

赫尔曼·罗夏.(1997).*心理诊断法*.袁军,译.杭州:浙江教育出版社.

黑格尔.(1978).*哲学史讲演录*(4卷).北京:商务印书馆.

洪霞,张振馨,武力勇.(2012).听觉词语学习测验对阿尔茨海默病的诊断价值.*中国医学科学院学报*,*34*(3),262-266.

侯彩兰,李凌江,贾福军,李功迎,张燕.(2008).临床用创伤后应激障碍诊断量表.*中国行为医学科学*,*17*(9),851-852.

侯珂,邹泓,张秋凌.(2004).内隐联想测验:信度、效度及原理.*心理科学进展*,*12*(2),223-230.

侯小兵,张允岭,高芳,等.(2010).以蒙特利尔认知评估量表(MoCA)分析血管源性轻度认知障碍的神经心理学特征.*世界中西医结合杂志*,*5*(8),681-684.

胡玲玲,储兴,姜东林,等.(2010).蒙特利尔认知量表对短暂性脑缺血发作患者轻微认知功能障碍的诊断价值.*实用医学杂志*,*26*(20),3710-3712.

胡月琴,甘怡群.(2008).青少年心理韧性量表的编制和效度验证.*心理学报*,*40*(8),902-912.

湖南医学院.(1981).*精神医学基础*.长沙:湖南科学技术出版社.

黄喜珊.(2005).中文"教师效能感量表"的信效度研究.*心理发展与教育*,(1),115-118.

黄喜珊,王永红.(2005).教师效能感与社会支持的关系.*中国健康心理学杂志*,(1),45-47.

黄悦勤,董问天,王燕玲,崔玉华,许又新,韩菁.(1998).美国人格诊断问卷(PDQ-R)在中国的试测.*中国心理卫生杂志*,*12*(5),262-264.

黄韫慧,吕爱芹,王垒,施俊琦.(2008).大学生情绪智力量表的效度检验.*北京大学学报(自然科学版)*,*44*(6),970-976.

纪术茂,戴郑生.(2004).*明尼苏达多相人格调查表*.北京:科学出版社.

贾功伟,宋琦,殷樱,等.(2008).蒙特利尔认知评估量表在重庆地区应用的初步研究.*神经损伤与功能重建*,*3*(1),14-15.

姜飞月.(2002).职业自我效能理论及其在大四学生职业选择中的应用研究.南京:南京师范大学硕士学位论文.

姜飞月,郭本禹.(2004).职业自我效能的测量及其量表修订.*淮南师范学院学报*,(6),92-95.

姜晶.(2011).罗夏墨迹测验和大五人格问卷.*潍坊教育学院学报*,*24*(5),28-31.

姜婷婷.(2008).*CAS 与 WJ-ⅢCOG 对中国小学生学业成就预测的比较研究*.西安:陕西师范大学硕士学位论文.

姜永杰.(2007).大学生主观幸福感的测量研究.*心理科学*,*30*(6),1460-1462.

蒋京川,杜叶,张红坡.(2009).*心理测量工具手册:实验教学大纲与指导书(内部资料)*.南京师范大学心理学实验教学中心.

焦璨,张洁婷,吴利,张敏强.(2010).MMPI 在中国应用的信度概化研究.*华南师范大学学报(社会科学版)*,4,48-52.

焦永国.(2011).*基于CHC 理论的小学数学学习困难儿童认知能力研究*.西安:陕西师范大学硕士学位论文.

金刚.(1986).阴性症状评定量表.*国外医学·精神病学分册*,1,63-65.

金正,陈正平,苏巧荣.(2007).大学生攻击性行为与宽恕的相关性研究.*中国行为医学科学*,*16*(5),459-460.

晋争.(2010).内隐联系测验的修正——简式内隐联系测验.*心理科学进展*,*18*(10),1554-1558.

井世杰.(2010).大学生职业决策自我效能感量表的初步修订.*人类功效学*,*16*(2),5-7,12.

凯温·墨菲,等.(2006).*心理测验:原理和应用(第6版)*.张娜,等,译.上海:上海社会科学院出版社.

柯江林,孙健敏,李永瑞.(2009).心理资本:本土量表的开发及中西比较.*心理学报*,41(9),875-888.

柯江林,孙健敏,石金涛,等.(2010).人力资本,社会资本与心理资本对工作绩效的影响——总效应,效应差异及调节因素.*管理工程学报*,(4),29-35.

克罗克,L.,阿尔吉纳,J.(2004).*经典和现代测量理论导论*.金瑜,等,译.上海:华东师范大学出版社.

孔凡斌,杨芳,陈卫,赵仁亮.(2011).蒙特利尔认知量表在脑小血管病患者认知功能障碍筛查中的作用.*中华临床医师杂志*,5(23),6975-6980.

孔明,孙晓敏.(2008).韦氏儿童智力量表的新进展.*心理科学*,31(4),999-1001.

孔祥娜.(2007).投射测验的研究与应用现状.*河西学院学报*,(6),94-97.

邝宏达,邓稳根.(2010).教师效能感测量研究综述.*贵州师范学院学报*,(8),80-82.

李大强,张晓君,朱莉萍,等.(2001).MMSE的三种分界标准在阿尔茨海默病筛查中的应用比较.*北京医学*,23(1),28-30.

李丹.(2009).大学生心理健康与总体幸福感之间的相关性.*管理观察*,29(5),124-125.

李丹,等.(1989).*瑞文联合型(CRT)中国修订版手册*.上海:华东师范大学心理系.

李德明,陈天勇,李贵芸.(2006).北京市老年人生活满意度及其影响因素分析.*中国临床心理学杂志*,14(1),58-60.

李纲,查芹,陈季志,等.(2011).蒙特利尔认知评估量表对于筛选非痴呆性血管性认知功能障碍的意义.*现代实用医学*,23(1),51-52.

李格,沈渔村,陈昌惠,等.(1988).老年痴呆简易测试方法研究——MMSE在城市老年居民中的测试.*中国心理卫生杂志*,2(1),13-18.

李国瑞,何小蕾.(2003).情绪智力研究的现状及发展趋势.*心理科学*,(5),917-918.

李洪玉,阎国利.(1989).考夫曼成套儿童评价测验简介.*应用心理学*,4(2),50-54.

李建勋,阮庆池,肖计划,文红,陈默,钟琨.(1986).具抑郁症状的精神疾患的评定——HAMD的应用.*中国神经精神疾病杂志*,12(5),277-279.

李江雪,项锦晶.(2006).人格诊断问卷(PDQ-4+)在研究生群体中的应用研究.*中国临床心理学杂志*,14(6),580-582.

李靖,赵郁金.(2000).Campbell幸福感量表用于中国大学生的试测报告.*中国临床心理学杂志*,8(4),225-226.

李眉,林克能,周碧瑟,王署君,刘秀枝,等.(1994).智能筛查测验和三种文版的初测结果.*中国临床心理学杂志*,2(2),69-73.

李敏.(2001).*团体罗夏墨迹测验的研究*.上海:华东师范大学硕士学位论文.

李宁,张河川,赵虹,童星光,李春轩.(1996).防御方式问卷在4 309名大学生中的测试.*中国心理卫生杂志*,10(3),100-102.

李西营,王晓丽,赵玉焕,徐青林.(2011).内隐联想测验新变式述评:基于规范性分析框架.*心理科学进展*,19(5),749-754.

李献云,费立鹏,童永胜,等.(2010).Beck自杀意念量表中文版在社区成年人群中应用的信效度.*中国心理卫生杂志*,24(4),250-255.

李献云,费立鹏,张亚利,等.(2011).Beck自杀意念量表中文版在大学生中应用的信效度.*中国心理卫生杂志*,25(11),862-866.

李孝忠.(1993).*能力原理与测量*.长春:东北师范大学出版社.

李雅文,杨蕴萍,姜长青.(2010).米隆临床多轴问卷第二版的信效度研究.*中国临床心理学杂志*,*18*(1),11-13.

李扬.(2012).职业锚理论在 HRM 中的应用.*企业改革与管理*,(10),67-68.

李永鑫.(2003).工作倦怠及其测量.*心理科学*,*26*(3),556-557.

李永鑫.(2003).中国职业兴趣研究综述.*信阳师范学院学报(哲学社会科学版)*,(4),56-59.

李长青.(2003).*PASS 理论及其认知评估系统(CAS)与传统智力测验的比较研究*.北京:首都师范大学硕士学位论文.

连伟利.(2009).*留守初中生领悟社会支持与主观幸福感的关系研究*.重庆:西南大学硕士学位论文.

梁宝勇.(2012).心理健康素质测评系统・基本概念,理论与编制构思.*心理与行为研究*,*10*(4),241-247.

梁宁建,吴明证,高旭辰.(2003).基于反应时范式的内隐社会认知研究方法.*心理科学*,*26*(2),208-211.

林荣茂,胡海沅.(2010).主题统觉测验的研究与应用现状.*牡丹江教育学院学报*,(5),87-88.

林幸台,王木荣.(1997).*威廉斯创造力测验*.台北:心理出版社.

凌文辁,张鼎昆,方俐洛.(2001).保险推销员(职业)自我效能感量表的建构.*心理学报*,*33*(1),63-67.

刘彩谊,张惠敏,张莲,等.(2013).父母养育方式对中学生创造力倾向和自我效能感的影响.*中国健康心理学杂志*,*21*(4),589-591.

刘广珠.(2000).职业兴趣的测量与应用.*青岛化工学院学报(社会科学版)*,(2),49-52.

刘国华,孟宪璋.(2004).防御方式问卷(DSQ)信度和效度研究.*中国临床心理学杂志*,*12*(4),352-353.

刘会驰,吴明霞.(2011).宽恕心理研究回顾与展望.*重庆科技学院学报(社会科学版)*,9,41-43.

刘继文,李富业,连玉龙.(2008).社会支持评定量表的信度效度研究.*新疆医科大学学报*,*31*(3),1-3.

刘军,敖景文,陈强,宋华森.(2004).霍兰德职业兴趣问卷修订版的实证效度研究.*临床军医杂志*,(2),86-88.

刘琳琳.(2009).*医学生创造力倾向与心理健康水平关系研究*.沈阳:中国医科大学硕士学位论文.

刘明.(2004).PASS 理论——一种新的智力认知过程观.*中国特殊教育*,(1),10-13.

刘少文,龚耀先.(1999).职业兴趣调查表的编制.*中国临床心理学杂志*,(2),77-80.

刘士协,杨德森.(1983).Halstead-Reitan 成套神经心理测验(HRB)对脑损害的诊断价值.*中国神经精神病杂志*,*9*(4),223-226.

刘士协,杨德森.(1984).词语记忆能力的评定——一个简便的测验方法.*中国神经精神疾病杂志*,*10*(2),78-81.

刘视湘,郑日昌.(2001).*职业兴趣量表 SDS-R 的修订和编制*.中国心理卫生协会大学生心理咨询专业委员会全国第七届大学生心理健康教育与心理咨询学术交流会暨专业委员会成立十周年纪念大会论文集.

刘思斯,甘怡群.(2010).生命意义感量表中文版在大学生群体中的信效度.*中国心理卫生杂志*,*24*(6),478-482.

刘贤臣,刘连启,杨杰,柴福勋,王爱祯,孙良民,赵贵芳,马登岱.(1997).青少年生活事件量表的编制与信度效度测试.*山东精神医学*,*10*(1),15-19.

刘贤臣,唐茂芹,保琨,胡蕾,王爱祯.(1995).SDS 和 CES-D 对大学生抑郁症状评定结果的比较.*中国心理卫生杂志*,*9*(1),19-37.

刘兴华,韩开雷,徐慰.(2011).以正念为基础的认知行为疗法对强迫症患者的效果.*中国心理卫生杂志*,*25*(12),915-920.

刘以榕,申艳娥.(2005).自我效能感理论及其研究现状.*教学与管理(理论版)*,(3),3-5.

刘长江,郝芳.(2003).职业兴趣的结构:理论与研究.心理科学进展,(4),457-463.

刘哲宁.(1999).Wisconsin卡片分类测验的临床运用.国外医学·精神病学分册,26(1),6-9.

刘志军.(2007).初中生乐观主义与其学业成绩的关系及中介效应分析.心理发展与教育,(3),73-78.

刘志军,陈会昌.(2007).生活取向量表在初中生中的初步修订.中国临床心理学杂志,(2),135-137.

刘志军,陈会昌,王艳.(2008).初中生的家庭环境与乐观主义—悲观主义关系及中介分析.湖南科技大学学报(社会科学版),(2),125-128.

刘志中.(1989).CES-D对神经症的评定.华西医大学报,20(2),220-222.

龙立荣.(1991).职业兴趣测验SDS的发展现状及趋势.教育研究与实验,(2),34-37.

鲁龚,等.(1991).评价中心——人才测评的组织与方法.上海:百家出版社.

陆爱桃,张积家.(2005).言语流畅的现代研究.中国临床康复,9(48),103-105.

陆红,田丽丽,马孟阳.(2012).自杀意念评估工具概述.中国特殊教育,(6),81-86.

陆骏超,郭起浩,洪震,史伟雄,吕传真.(2006).连线测验中文修订版在早期识别阿尔茨海默病中的作用.中国临床心理学杂志,14(2),118-120.

陆蓉,罗祖明,唐牟尼,等.(2001).智能筛检测验C-2.0在成都地区老年人群应用的信度和效度.华西医学,16(1),43-45.

陆文春.(2008).大学生乐观问卷的初步编制.重庆:西南大学硕士学位论文.

路敦跃,张丽杰,赵瑞,何慕陶.(1993).防御方式问卷初步试用结果.中国心理卫生杂志,7(2),54-56.

罗伯特·G.迈耶,等.(1988).变态心理学.丁煌,等,译.沈阳:辽宁人民出版社.

罗伯特·卡普兰,丹尼斯·萨库佐.(2010).心理测验:原理、应用和争论(第6版).陈国鹏,等,译.上海:上海人民出版社.

罗春明,黄希庭.(2004).宽恕的心理学研究.心理科学进展,12(6),908-915.

罗国刚,韩建峰,屈秋明,等.(2002).从55岁以上城乡居民MMSE得分特征上探讨其适用范围.中国临床心理学杂志,10(1),10-13.

罗佳.(2008).内隐自尊测量方法的研究——内隐联想测验中刺激词的作用.重庆:西南大学硕士学位论文.

罗夏.(1997).心理诊断法.袁军,译.杭州:浙江教育出版社.

吕乐.(2008).艾森克人格问卷第二次常模样本的信度和效度研究.长沙:中南大学硕士学位论文.

梅敏君.(2004).倦怠量表(BM)在中小学教师中的初步应用.开封:河南大学硕士学位论文.

梅敏君,李永鑫.(2006).倦怠问卷(BM)的结构研究.心理科学,29(2),409-411.

梅其霞,陈梅,黎海茂,尹庆华,靖康宁.(1997).Denver Ⅱ在中国重庆试用及标准化.中华儿童保健杂志,5(1),27-30.

孟昭兰.(1994).普通心理学.北京:北京大学出版社.

苗丹民,皇甫恩,罗正学,刘旭峰,王广献,安超.(2000).MBTI人格类型量表的效标关联效度分析.第四军医大学学报,(11),1304-1306.

那祖克·玉素甫.(2010).蒙特利尔认知评估量表不同版本的介绍.神经疾病与精神卫生,10(5),516-519.

彭丹涛,许贤豪,刘江红,矫玉娟,张华,殷剑,孟晓梅,谢琰臣,冯凯.(2005).简易智能精神状态检查量表检测老年期痴呆患者的应用探讨.中国神经免疫学和神经病杂志,12(4),187-190.

彭凯平.(1989).心理测验——原理与实践.北京:华夏出版社.

彭李,陈珑,孟涛,等.(2013).军校新训学员的训练疲劳与其心理弹性、人格及心理健康的关系.第三军医大学学报,(18),1989-1991.

彭李,李军,李敏,等.(2011).成人心理弹性量表在陆军中的应用.*第三军医大学学报,33*(19),2081-2084.

彭彦琴.(2002).中国传统情感心理学中"儒道互补"的情感模式.*心理学报,34*(5),540-545.

彭永新,龙立荣.(2001).大学生职业决策自我效能测评的研究.*应用心理学,*(2),38-43.

蒲少华,李晓华,卢彦杰,等.(2012).父亲在位对大学生心理弹性的影响.*西华大学学报(哲学社会科学版),*(4),103-106.

乔建中,姬慧.(2002).文化和性别在积极情绪和消极情绪中的作用.*心理科学进展,10*(1),108-113.

秦华,饶培伦,钟昊沁.(2007).网络游戏成瘾的形成因素探析.*中国临床心理学杂志,15*(2),155-160.

邱林.(2006).人格特质影响情感幸福感的机制.广州:华南师范大学博士学位论文.

邱林,郑雪,王雁飞.(2008).积极情感消极情感量表(PANAS)的修订.*应用心理学,14*(3),249-254.

邱平,罗黄金,李小玲,等.(2013).大学生正念对沉思和负性情绪的调节作用.*中国健康心理学杂志,21*(7),1088-1090.

瞿晓理.(2007).青少年团体罗夏墨迹测验的信度效度研究.苏州:苏州大学硕士学位论文.

瞿学栋,邹华.(2010).初次发病的腔隙性脑梗死患者认知功能评价.*中国康复理论与实践,16*(9),817-819.

任俊,黄璐,张振新.(2010).基于心理学视域的冥想研究.*心理科学进展,18*(5),857-864.

荣格.(1987).*现代灵魂的自我拯救*.北京:工人出版社.

桑代克,哈根.(1985).*心理与教育的测量与评价*.叶佩华,等,译.北京:人民教育出版社.

单超,王岩,刘兴华.(2010).大学生学习倦怠与主观幸福感的状况及其关系.*中国健康心理学杂志,18*(8),951-954.

沈东郁,杨蕴萍.(2002).人格障碍诊断问卷在成年违法犯罪人群中的应用.*中国行为医学科学,11*(5),531-532.

沈烈敏.(2009).学业不良学生的心理弹性研究初探.*心理科学,*(3),703-705.

沈慕慈,等.(1984).MMPI在临床测查中需要继续探讨的问题.见:中国心理学会.*医学心理论文选编(第三届学术年会).*

沈天德.(1987).《一般能力倾向成套测验》介绍.*上海教育科研,*4,41-43.

沈悦娣,魏丽丽,姚林燕,等.(2011).简易智能精神状态检查量表筛查轻度认知损害的应用探讨.*浙江省心身医学学术年会论文汇编.*

盛红勇.(2007).大学生创造力倾向与心理健康相关研究.*中国健康心理学杂志,15*(2),111-113.

盛嘉玲,翁梅珍,蔡德祥.(1989).用阴性症状量表评定慢性精神分裂症.*中国神经精神疾病杂志,*(6),365-366.

石国兴,田莉娟.(2009).希望特质量表在中学生群体中的信效度检验.*心理与行为研究,7*(3),203-206.

舒尔茨.(1983).*现代心理学史*.杨立能,等,译.北京:人民教育出版社.

司天梅,杨建中,舒良,王希林,孔庆梅,周沫,李雪霓,刘粹(2004).阳性和阴性症状量表(PANSS中文版)的信效度研究.*中国心理卫生杂志,18*(1),45-47.

宋洪峰,茅天玮.(2012).心理资本量表在大学生群体中的修订与信效度检验.*统计与决策,*(21),106-109.

宋杰,朱月姝.(1981).*小儿智能发育检查*.上海:上海科学技术出版社.

宋维真,等.(1980).明尼苏达多相个性调查表在我国部分地区试用的报告.*中华神经精神科杂志,13*

(3)，157-160.

宋维真，主修.(1989).*明尼苏达多相人格调查表手册*.北京：中国科学院心理研究所.

宋晓辉，施建农.(2005).创造力测量手段——同感评估技术(CAT)简介.*心理科学进展*，13(6)，739-744.

宋兴川，乐国安.(2004).大学生生活满意度与精神信仰关系的研究.*应用心理学*，10(4)，39-43.

宋志一，朱海燕，张锋.(2005).不同创造性倾向大学生人格特征研究.*中国健康心理学杂志*，13(4)，
241-244.

苏莉，韦波，凌小凤，唐峥华.(2009).社会支持评定量表在壮族农民中的信效度和常模.*现代预防医学*，
36(23)，4411-4413.

孙延林，李实.(2000).运动员流畅心理状态研究.*天津体育学院学报*，15(3)，12-15.

孙益武.(2009).中国大陆地区 MBTI 研究综述.*文教资料*，(16)，177-181.

孙越异.(2005).*情绪应对及其临床价值的研究*.南京：南京师范大学硕士学位论文.

谭云龙，邹义壮，屈英，郭蓄芳.(2002).威斯康星卡片分类测验常用指标的稳定性分析.*中国心理卫生杂
志*，16(12)，831-833.

汤德生，叶新，王瑛，等.(1998).数字广度短时记忆计算机测试法信度及效度的临床初步研究.*中国行为
医学科学*，7(2)，97-99.

汤毓华，张明园.(1984).汉密尔顿抑郁量表(HAMD).*上海精神医学*，2，62-64.

唐桂华，陈卓铭，李冰肖.(2004).汉语认知功能测评量表的比较.*中国临床康复*，8(19)，3882-3884.

唐静.(2012).*大五人格量表(IPIP. BFAS)的修订*.扬州：扬州大学硕士学位论文.

唐娟娟，肖军.(2013).蒙特利尔认知评估量表与简易精神状态量表在认知功能障碍筛查中的应用与比
较.*实用医院临床杂志*，8(2)，193-195.

唐勤.(2007).社会支持评定量表评定住院学龄儿童身心健康的研究.*四川医学*，2(10)，1175-1176.

唐秋萍，龚耀先.(1992).视觉保持测验常模的制定与试测.*中国心理卫生杂志*，6(3)，121-124.

唐苏勤，王建平，唐谭，赵丽娜.(2011).强迫量表修订版在中国大学生中应用的信效度.*中国临床心理学
杂志*，19(5)，619-621.

陶艳，陈璇，秦慷，陈燕，等.(2013).蒙特利尔认知评估量表中文版应用于Ⅱ型糖尿病患者的信效度研究.
中华护理杂志，48(7)，634-636.

天立.(1995).中国人口生活质量国际比较.*人口学刊*，(6)，7-14.

田建全，苗丹民，罗正学，刘旭峰，刘练红.(2006).一般能力倾向测验对陆军指挥院校学员院校绩效预测
性研究.*第四军医大学学报*，27(19)，1808-1811.

田金亭.(2011).*基于CAT 的中学生创造力评价技术探讨*.南京：南京师范大学博士学位论文.

田青平，李楠楠，李海兰，等.(2013).护士的依恋类型和生活取向对职业倦怠的影响.*中华行为医学与脑
科学杂志*，22(8)，733-735.

佟雁，申继亮，王大华，徐成敏.(2001).成人后期抑郁情绪的年龄特征及其相关因素研究.*中国临床心理
学杂志*，9(1)，21-23.

童辉杰，童定，马姗姗.(2013).大学生一般能力倾向的发展特点.*现代大学教育*，(4)，13-20.

童辉杰.(2007).*常见心理障碍评估与治疗手册*.上海：上海教育出版社.

童辉杰.(2003).*投射技术*.哈尔滨：黑龙江人民出版社.

童辉杰.(2010).SCL-90 量表及其常模 20 年变迁之研究.*心理科学*，33(4)，928-930.

童辉杰.(2000).中国传统文化中的自我意识.*心理科学*，23(4)，502-503.

童辉杰.(2002).追求与变迁：天人合一境界与中国人的国民性格.*本土心理学研究*，17(6).

团沛文.(2009).大学生职业锚问卷编制及其信度效度研究.苏州:苏州大学硕士学位论文.

万国斌,龚颖萍,李雪荣.(1997).气质和家庭刺激质量对6～8个月婴儿智力发展的交互影响.*中国临床心理学杂志*,5(3),143-146.

万国斌,李雪荣,龚颖萍.(1999).贝利婴儿行为量表因子分析研究.*中国临床心理学杂志*,7(1),28-30.

汪向东,王希林,马弘.(1999).心理卫生评定量表手册(增订版).中国心理卫生杂志社.

王春芳,蔡则环,徐清.(1986).抑郁自评量表-SDS对1 340例正常人评定分析.*中国神经精神疾病杂志*,12(5),267-268.

王德巍,谢兆宏,来超,等.(2010).蒙特利尔认知评估量表在血管性认知功能障碍初步应用得研究.*山东大学学报*,48(9),97-100.

王登峰,崔红.(2001).编制中国人人格量表(QZPS)的理论构想.*北京大学学报(哲学社会科学版)*,38(6),48-54.

王登峰,崔红.(2003).中国人人格量表(QZPS)的编制过程与初步结果.*心理学报*,35(1),127-136.

王登峰,崔红.(2004).中国人人格量表(QZPS)的信度和效度.*心理学报*,36(3),347-358.

王登峰,崔红.(2005).对中国人人格结构的探索——中国人个性量表与中国人人格量表的交互验证.*西南师范大学学报(人文社会科学版)*,31(5),5-16.

王芳芳.(1994).焦虑自评量表在中学生中的测试.*中国学校卫生*,15(3),202-203.

王金奎.(2005).格塞尔的儿童心理学思想研究.南京:南京师范大学硕士学位论文.

王金霞.(2006).大学生宽恕心理及其影响因素的实证研究.兰州:西北师范大学硕士学位论文.

王静静.(2010).中学生家庭环境、自尊与乐观心理品质的关系研究.曲阜:曲阜师范大学硕士学位论文.

王娟,王伟.(2008).情绪智力量表评述.*河南社会科学*,16(增刊),54-56+73.

王克勤,杜召云,杨洪峰.(2001).Beck抑郁问卷的评价及抑郁与学习成绩的关系.*中国行为医学科学*,10(6),568-570.

王垒,沈伟.(1997).斯特朗-坎贝尔兴趣量表(SCII)的综合介绍.*心理学动态*,(2),29-34.

王黎明,申彦丽,梁执群,罗志懿,张克让.(2012).Beck自杀意念量表中文版评价抑郁症患者的信效度.*中国健康心理学杂志*,20(1),159-160.

王琦,李文,毛礼炜,刘娟,赵合庆,刘春风.(2012).连线测验(中文修订版)在早期识别无痴呆型血管性认知障碍中的作用.*中国老年学杂志*,(32),2018-2020.

王书林.(1935).*心理与教育测量*.北京:商务印书馆.

王书延.(2008).大学生元认知与创造性人格、创造性思维的关系研究.西安:西北大学硕士学位论文.

王伟,邱国松,司亚东,贺宁.(2013).被强制戒毒人员人格诊断问卷调查.*河北医学*,19(6),861-864.

王炜,刘丹丹,高中宝,解恒革,周波,陈彤,张晓红.(2010).蒙特利尔认知评估量表(中文版)在驻京军队离退休干部中界值划分的初步研究.*中华保健医学杂志*,12(4),271-273.

王希林.(2000).世界卫生组织总干事布伦特兰博士在1999年中国世界卫生组织精神卫生高层研讨会上的讲话.*中国心理卫生杂志*,14(1),6-8.

王晓辰,李清,邓赐平.(2010).*DN：CAS*认知评估系统在小学生认知发展评估中的应用.*心理科学*,33(6),1307-1312.

王晓春,甘怡群.(2003).国外关于工作倦怠研究的现状评述.*心理科学进展*,11(5),567-572.

王晓钧,刘薇.(2008).梅耶—沙洛维—库索情绪智力测验(MSCEITV2.0)的信度、结构效度及应用评价研究.*心理学探新*,28(2),91-95.

王晓钧.(2002).情绪智力理论、结构及问题.*华东师范大学学报(教育科学版)*,(6),59-65.

王晓钧.(2000).情绪智力理论结构的实证研究.*心理科学*,23(1),24-27.

王晓平.(1986).考夫曼成套儿童评定量表简介.*心理科学进展*,(2),18-20.

王欣,王宝状,张秀明,等.(2008).河北,香港两地大学生心理幸福感比较研究.*职业时空*,4(8),154-155.

王彦峰.(2007).国外工作倦怠测量的研究进展.*南方论刊*,(10),67-68.

王叶飞.(2010).*情绪智力量表中文版的信效度研究*.长沙:中南大学硕士学位论文.

王泽宇,朱晓峰,丛玲,等.(2011).蒙特利尔认知量表和 MMSE 在阿尔茨海默病筛查中的比较与应用.*黑龙江医药科学*,34(4),40-40.

王振,苑成梅,黄佳,等.(2011).贝克抑郁量表第 2 版中文版在抑郁症患者中的信效度.*中国心理卫生杂志*,25(6),476-480.

王征宇.(1984).症状自评量表(SCL-90).*上海精神医学*,(4),68-70.

王征宇,迟玉芬.(1984a).焦虑自评量表(SAS).*上海精神医学*,(2),73-74.

王征宇,迟玉芬.(1984b).抑郁自评量表(SDS).*上海精神医学*,(2),71-72.

韦毅嘉,张进辅.(2006).企业科技人员职业自我效能感的研究.重庆:西南大学硕士学位论文.

温芳芳,佐斌.(2007).评价单一态度对象的内隐社会认知测验方法.*心理科学进展*,15(5),828-833.

温洪波,张振馨,牛富生,等.(2008).北京地区蒙特利尔认知量表的应用研究.*中华内科杂志*,47(1),36-39.

温娟娟.(2012).生活定向测验在大学生中的信效度.*中国心理卫生杂志*,26(4),305-309.

温暖,金瑜.(2007).斯坦福-比奈智力量表第四版的特色研究.*心理科学*,30(4),944-946.

温盛霖,陶炯,王相兰,郑俩荣,李雷俊,甘照宇,单鸿,张晋碚.(2011).地震后斯坦福急性应激反应问卷最佳筛查阈值 ROC 分析.*新医学*,42(11),717-722.

吴九君,郑日昌.(2008).监狱服刑人员情绪管理团体辅导研究.*中国健康心理学杂志*,16(12),1420-1421.

吴俊华,王蕾.(2005).职业兴趣研究的历史、现状与发展.*职业教育研究*,(11),174-175.

吴明证,梁宁建.(2003).态度的自动激活效应的初步研究.*心理科学*,26(l),71-73.

吴维库,刘军,黄前进.(2008).下属情商作为调节变量的中国企业高层魅力型领导行为研究.*系统工程理论与实践*,(7),68-77.

吴维库,余天亮,宋继文.(2008).情绪智力对工作倦怠影响的实证研究.*清华大学学报(哲学社会科学版)*,2(23),122-133.

吴文源.(1990).焦虑自评量表(SAS).*上海精神医学*,2(增刊),44-46.

席居哲,桑标.(2002).心理弹性(resilience)研究综述.*健康心理学杂志*,10(4),314-318.

夏梅兰.(1989).阳性症状评定量表(SAPS).*上海精神医学*,(2),42-47.

夏梅兰.(1989).阴性症状评定量表(SANS).*上海精神医学*,(2),39-41.

肖计划,许秀峰.(1996).应付方式问卷效度与信度研究.*中国心理卫生杂志*,10(4),164-168.

肖水源.(1994).《社会支持评定量表》的理论基础与研究应用.*临床精神医学杂志*,4(2),98-100.

肖水源,杨德森.(1987).社会支持对身心健康的影响.*中国心理卫生杂志*,(4),183-187.

肖玮,王剑辉,车文博.(2004).军事飞行员职业自我效能感量表的建构.*第四军医大学学报*,(23),2179-2181.

谢华,戴海崎.(2006).SCL-90 量表评价.*神经疾病与精神卫生*,6(2),156-159.

谢双.(2011).俄勒冈职业兴趣量表(ORVIS)的初步修订.扬州:扬州大学硕士学位论文.

谢员,龙立荣.(2007).自我探索量表 SDS 在职业咨询实践中的使用.*国际中华应用心理学研究会第五届*

学术年会论文集.

解亚宁,戴晓阳.(2006).*实用心理测验*.北京:中国医药科技出版社.

辛涛,申继亮,林崇德.(1995).教师个人教学效能感量表试用常模修订.*心理发展与教育*,(4),22-26.

邢占军.(2002).主观幸福感测量研究综述.*心理科学*,*25*(3),336-338.

邢占军,黄立清.(2004).Ryff 心理幸福感量表在我国城市居民中的试用研究.*健康心理学杂志*,*12*(3),231-233.

熊承清,许远理.(2009).生活满意度量表中文版在民众中使用的信度和效度.*中国健康心理学杂志*,*17*(8),948-949.

熊红芳,李占江,韩海英,徐子燕,郭志华,姚淑敏,郭萌,姜长青.(2012).惊恐障碍严重程度量表中文版的信效度研究.*中华精神科杂志*,*45*(5),285-288.

熊红芳,李占江,姜长青.(2010).惊恐障碍非诊断性评估工具的现状.*中国健康心理学杂志*,*18*(5),628-630.

徐佳(2012).独生子女医护人员人格、自我效能感与职业倦怠的相关研究.上海:第二军医大学硕士学位论文.

徐晓敏,王进.(2006).流畅体验在健身锻炼中的探索研究.*浙江体育科学*,*28*(6),41-45.

徐雪芬,辛涛.(2013).创造力测量的研究取向和新进展.*清华大学教育研究*,*34*(1),54-63.

徐勇,张海音.(2006).Yale-Brown 强迫量表中文版的信度和效度.*上海精神医学*,*18*(6),321-323.

徐远超.(2009).乐观-悲观量表中文版(*OPS-C*)在大学生中的信度和效度研究.长沙:中南大学硕士学位论文.

徐远超,吴大兴,徐云轩,等.(2010).乐观-悲观量表中文版在大学生中的信效度研究.*中国临床心理学杂志*,(1),21-23.

徐云,龚耀先.(1986).Luria-Nebraska 神经心理成套测验及其临床应用.*脑电图和神经精神疾病杂志*,*2*(1),9-13.

徐云,龚耀先.(1987).Luria-Nebraska 神经心理成套测验的初步修订.*心理科学通讯*,(3),28-36.

许丹.(2013).人格测验在人才选拔中的应用.*运城学院学报*,*31*(1),66-69.

许渭生.(2000).心理弹性结构及其要素分析.*陕西师范大学学报(哲学社会科学版)*,(4),136-141.

薛红丽,静进.(2005).ADHD 儿童同时性加工与继时性加工的实验研究.*中国心理卫生杂志*,*19*(10),669-671.

薛维,张书琼,向莲.(2004).应用美国国立卫生院卒中量表和简易精神状态量表评价脑出血患者早期康复干预的疗效.*中国临床康复*,*8*(25),5222-5223.

严瑜.(2008).*心理测量与人才评鉴*.北京:人民出版社.

杨博民,陈舒水,高云鹏.(1989).*心理实验纲要*.北京:北京大学出版社.

杨德森.(1990).*行为医学*.长沙:湖南师范大学出版社.

杨福义.(2006).*内隐自尊的理论与实验研究*.上海:华东师范大学博士学位论文.

杨国枢.(1982).心理学研究的中国化:层次与方向.见:杨国枢,文崇一,主编.*社会及行为科学研究的中国化*.台北:"中央研究院"民族学研究所.

杨国枢,等.(1994).*社会及行为科学研究法*.台北:东华书局.

杨海晨,Angst,N.,廖春平,苑成梅,位照国,王轶,孔志,杨颖佳.(2008).中文版 32 项轻躁狂症状清单在双相Ⅰ型障碍患者中的应用.*中国行为医学科学*,*17*(10),950-952.

杨海晨,苑成梅,Angst,J.,刘铁榜,廖春平,荣晗.(2010a).中文版 32 项轻躁狂症状清单在双相Ⅱ型障碍患者中的应用.临床精神医学杂志,*20*(3),152-154.

杨海晨,苑成梅,Angst, J.,刘铁榜,廖春平,荣晗.(2010b).中文版 32 项轻躁狂症状清单效度与信度.*中国行为医学与脑科学杂志*,*19*(8),760-762.

杨坚,龚耀先.(1993).*中国修订加利福尼亚心理调查表(CPI-RC)手册*.长沙:湖南医科大学出版社.

杨立状,吕尧周.(2008).成人心理弹性量表的心理测验学分析.中国科技论文在线,*1*(11),1310-1315.

杨蓉.(2010).*中小学教师效能感量表的编制与应用*.乌鲁木齐:新疆师范大学硕士学位论文.

杨晓红,刘静,刘韦华.(2912)脑外伤病人认知功能评定量表的研究进展.*护理研究*,26(7),1827-1829.

杨鑫辉.(2000).*心理学通史*.济南:山东教育出版社.

杨蕴萍,沈东郁,王久英,杨坚.(2002).人格障碍诊断问卷(PDQ-4＋)在中国应用的信效度研究.*中国临床心理学杂志*,*10*(3),165-168.

杨蕴萍,王久英,沈东郁,李建茹,李萍,秦士君,陈兰,王艳云.(2001).人格诊断问卷在住院精神分裂症患者中的试用.*中国行为医学科学*,*10*(2),115-116.

杨中芳.(1996).*如何研究中国人*.台北:桂冠图书公司.

姚本先,石升起,方双虎.(2011).生活满意度研究现状与展望.*学术界*,(8),218-227.

易受蓉,罗学荣,杨志伟,万国斌.(1993).贝利婴幼儿发展量表在我国的修订(城市版).*中国临床心理学杂志*,*1*(2),71-75.

于海凤.(2012).职业生涯开发理论研究综述——基于个体与组织视角.*教育观察*,*1*(3),1-5.

于肖楠,张建新.(2005).韧性(resilience)——在压力下复原和成长的心理机制.*心理科学进展*,*13*(5),658-665.

于肖楠,张建新.(2007).自我韧性量表与 Connor-Davidson 韧性量表的应用比较.*心理科学*,*30*(5),1169-1171.

余德慧,徐临嘉.(199).诠释中国人的悲怨.*本土心理学研究*,(1),301-328.

虞培敏,郭起浩,洪震,等.(2006).癫痫患者认知特点的研究.*中国临床神经科学*,14(5),494-500.

禹玉兰,罗军.(2012).积极人格与大学生心理素质的关系.*中国卫生事业管理*,(3),222-225.

喻丰,郭永玉.(2009).自我宽恕的概念,测量及其与其他心理变量的关系.*心理科学进展*,*17*(6),1309-1315.

袁家珍,陈建新,朱紫青,张明园,金华.(1998).流调用抑郁自评量表在社区应用的效度研究.*上海精神医学*,*10*(3),150-151.

袁立新,林娜,江晓娜.(2007).乐观主义-悲观主义量表的编制及信效度研究.*广东教育学院学报*,*27*(1),55-59.

袁琳.(2005).伍德科克-约翰逊认知能力测验修订版简介.*重庆工商大学学报(西部经济论坛)*,(15),219-220.

袁庆华,胡炬波,王裕豪.(2009).中文版沉浸体验量表(FSS)在中国大学生中的试用.*中国临床心理学杂志*,(5),559-561.

曾守锤,李其维.(2003).儿童心理弹性发展的研究综述.*心理科学*,*26*(6),1091-1094.

曾维希,张进辅.(2006).MBTI 人格类型量表的理论研究与实践应用.*心理科学进展*,*14*(2),255-260.

曾小清.(2005).恢复期精神分裂症患者的 CES-D 测查结果及护理对策.*四川精神卫生*,*18*(4),244-245.

张宝山,李娟.(2012).流调中心抑郁量表在老年人群中的因素结构.*心理科学*,*35*(4),993-998.

张保华,谭云龙,张五芳,王志仁,杨贵刚,石川,张向阳,周东丰.(2008).重复性成套神经心理状态测验的信度、效度分析.*中国心理卫生杂志*,*22*(12),865-869.

张冲(2011).中小学生沉浸体验量表编制研究.*中国特殊教育*,*134*(8),91-96.

张海丛,许家成,方平,等.(2010).韦氏儿童智力测验与认知评估系统对轻度智力障碍儿童测试的比较分析.*中国特殊教育*,(2),19-23.

张红,杨帆,缪绍疆,汤炯.(2010).人格诊断问卷在心理治疗病房患者中的使用结果.*中国医药指南*,*8*(17),19-21.

张厚粲,田光哲.(1988).机械能力成套测验的编制.*心理学报*,(2),134-141.

张厚粲,王晓平.(1989).瑞文标准推理测验在我国的修订.*心理学报*,*21*(2),113-120.

张厚粲.(2009).韦氏儿童智力量表第四版(WISC-Ⅳ)中文版的修订.*心理科学*,*32*(5),1177-1179.

张建新,宋维真,张妙清.(1999).简介新版明尼苏达多项个性调查表(MMPI-2)及其在中国大陆和香港地区的标准化过程.*中国心理卫生杂志*,*13*(1),20-23.

张珂,张大均.(2009).内隐联想测验研究进展述评.*心理学探新*,*29*(4),15-18.

张乐.(2008).态度形成的理论与实验——基于评价性条件反射范式的研究.上海:华东师范大学博士学位论文.

张力为,李安民.(2000).特质学派及五因素模型的局限与运动心理学人格研究.*北京体育大学学报*,*23*(1),27-31.

张立秀,刘雪军.(2007).蒙特利尔认知评估量表中文版的信效度研究.*护理科研*,*21*(31),2006-2907.

张立秀,刘雪军.(2008).中文版蒙特利尔认知评估量表在广州老年人群体中的初步应用.*中国老年学杂志*,*28*(16),1632-1634.

张立秀,刘雪琴.(2008).蒙特利尔认知评估量表中文版广州市老人院人群划界分探讨.*中国心理卫生杂志*,*22*(2),123-125.

张陆,佐斌.(2007).自我实现的幸福——心理幸福感研究述评.*心理科学进展*,*15*(1),134-139.

张明园.(1984a).倍克-拉范森躁狂量表(BRMS).*上海精神医学*,(2),66-67.

张明园.(1984b).简明精神病量表(BPRS).*上海精神医学*,(2),58-60.

张明园.(1998).*精神科评定量表手册*.长沙:湖南科学技术出版社.

张明园,金樊,蔡国钧,迟玉芬,吴文源,华彬.(1987).生活事件量表:常模研究.*中国神经精神疾病杂志*,(13),70-73.

张明园,周天骍,汤毓华,迟玉芬,夏美丽,王征宇.(1983).简明精神病量表中译本的应用(1):可靠性检验.*中国神经精神疾病杂志*,*9*(2),76-80.

张明园,周天醉,梁建华,王征宇,汤毓华,迟玉芬,夏美丽.(1984).简明精神病量表中译本的应用(2):真实性检验.*中国神经精神疾病杂志*,*10*(2),74-77.

张卫东,刁静,Schick,C.J.(2004).正、负性情绪的跨文化心理测量:PANAS维度结构检验.*心理科学*,*27*(1),77-79.

张文慧,雷晓鸣,王晓钧.(2012).职业自我效能感研究综述.*社会心理科学*,(3),13-17.

张闻.(2007).*巴昂情绪智力量表(青少年版)的修订及试用*.重庆:西南大学硕士学位论文.

张霞.(2008).*职业决策自我效能感、组织支持感及组织承诺与离职倾向的关系研究*.苏州:苏州大学硕士学位论文.

张孝义.(2010).小学高年级留守儿童创造性思维与创造性人格的调查与分析.*中国特殊教育*,(8),55-60.

张兴贵,何立国,郑雪(2004).青少年学生生活满意度的结构和量表编制.*心理科学*,*27*(5),1257-1260.

张一,孟凡强,崔玉华,甘向东,郭伟.(1996).修改耶鲁-布朗强迫量表的临床信度和效度研究.*中国心理*

卫生杂志，*10*(5)，205-207.

张胤，徐宏武.(2011).基于实证的硕士研究生创造力倾向研究及其教育学诠释.*中国高教研究*,(5)，41-44.

张雨新，王燕，钱铭怡.(1990).Beck 抑郁量表的信度和效度.*中国心理卫生杂志*,*4*(4),164-168.

张钰，任景敏，黄健，等.(2010).心理弹性问卷中文版在军校大学生中的信效度.*中国心理卫生杂志*,*24*(11)，868-869.

张月娟，龚耀先.(2002).学业能力倾向测验综述.*心理发展与教育*,*18*(1)，92-95.

张振馨，李辉，等.(1999).北京城乡 55 岁以上居民简易智能状态检查测试结果的分布特征.*中华神经科杂志*,(32)，149-153.

张志群，郭兰婷.(2004).Beck 抑郁问卷在成都市中学生中的试用.*中国心理卫生杂志*,*18*(7)，486-487.

章婕，吴振云，方格，李娟，韩布新，陈祉妍.(2010).流调中心抑郁量表全国城市常模的建立.*中国心理卫生杂志*,*24*(2)，139-143.

赵敏，寇绪，于媛芳.(2010).当代大学生宽恕观的访谈研究.*青年研究*,(5)31-44.

赵倩华，郭起浩，史伟雄，等.(2007).言语流畅性测验在痴呆识别诊断和鉴别中的应用.*中国临床心理学杂志*,*15*(3)，233-235.

赵世伟，阎春生，王庆林.(1999).社会支持评定量表评定离退休干部身心健康的研究.*中国老年学杂志*,(19)，261-262.

郑健荣，黄炽荣，黄洁晶，庄香泉，王得宝，郑淑仪，黄秀英，陈乾元，吴基安.(2002).贝克焦虑量表的心理测量学特性、常模分数及因子结构的研究.*中国临床心理学杂志*,*10*(1)，4-6.

郑日昌.(1987).*心理测量*.长沙:湖南教育出版社.

郑日昌.(2005).*心理测验与评估*.北京:高等教育出版社.

郑日昌.(2008).*心理测量与测验(第 2 版)*.北京:中国人民大学出版社.

郑日昌.(2010).*心理与教育测量*.北京:人民教育出版社.

郑日昌，蔡永红，周益群.(1998).*心理测量学*.北京:人民教育出版社.

郑日昌，蔡永红，周益群.(2005).*心理测量学*.北京:人民教育出版社.

郑日昌，董奇.(2000).*心理测量*.北京:人民教育出版社.

郑日昌，孙大强(2008).*心理测量与测验*.北京:中国人民大学出版社.

郑书娴.(2010).*一般能力倾向成套测验(GATB)在大学生中的应用研究*.苏州:苏州大学硕士学位论文.

郑晓华，兴舒良，张艾琳，黄桂兰，赵吉凤，孙明，付源，李华，徐丹.(1993).状态-特质焦虑问题在长春的测试报告.*中国心理卫生杂志*,*7*(2)，60-62.

中国科学院心理研究所.(1989).*明尼苏达多相个性测查表使用指导书*.

钟杰，秦漠，蔡文菁，谭洁清，王雨吟，徐晓婧，张昕，刘军.(2006).Padua 量表在中国大学生人群中的修订.*中国临床心理学杂志*,*14*(1)，1-4.

钟洁静，王黎萍.(2010).阿尔茨海默病言语流畅性损害研究.*中风与神经疾病杂志*,*27*(5)，410-412.

周厚余，周莲英.(2008).城市居民生活满意感与心理健康的相关研究.*中国健康心理学杂志*,*16*(7)，806-808.

周文娟，梁爱民，王凤芝，等.(2013).北京市四区/县 18 月龄儿童发育迟缓的流行病学研究.*北京大学学报(医学版)*,*45*(2)，211-216.

周燕，郭起浩，洪震.(2009).中文修订版智能筛查检测在阿尔茨海默病和轻度认知损害评估中的作用.*中国临床神经科学*,*17*(1)，49-53.

朱桂萍,姚本先.(2010).大学生乐观、自我和谐与心理控制源的相关研究.*社会心理科学*,(9),96-99.

朱月妹,卢世英,唐彩虹,王子才.(1983).丹佛智能发育简化筛选法在上海市区的试用.*心理科学通讯*,(4),47-50.

竺培梁.(1987).试论韦克斯勒儿童智力量表(WISC-R).*教育理论与实践*,7(6),26-30.

邹义壮,赵传绎.(1992).MMPI临床诊断效度的研究.*中国心理卫生杂志*,6(5),211-213.

左昕,彭李,杨安强,等.(2013).不同心理弹性个体急性应激时心率变异性的特征及变化.*中华行为医学与脑科学杂志*,22(4),345-347.

英文部分

Abdin, E., Koh, K. G., Subramaniam, M., Guo, M. E., Leo, T., Teo, C., Tan, E.E., & Chong, S. A. (2011). Validity of the Personality Diagnostic Questionnaire-4 (PDQ-4+) among mentally ill prison inmates in Singapore. *Journal of Personality Disorders*, 25, 834-841.

Ala, T. A., Hughes, L.F., Kyrouac, G.A., Ghobrial, M.W., & Elble, R.J.(2002). The Mini-Mental State exam may help in the differentiation of dementia with Lewy bodies and Alzheimer's disease. *International Journal of Geriatric Psychiatry*, 17 (6), 503-917.

Alexander, I.T., Julie, A.F., Julie, A.T., et al.(1998). Cortical and subcortical influences on clustering and switching in the performance of verbal fluency tasks. *Neuropsychologia*, 36(4), 295-304.

Amabile, T.M.(1982). Social psychology of creativity: A consensual assessment technique. *Journal of Personality and Social Psychology*, 43, 997-1013.

Amabile, T.M.(1983). *The social psychology of creativity*. New York: Springer Verlag.

Amabile, T.M., et al.(1996). *Creativity in context: Update to "the social psychology of creativity"*. Westview Press.

Anderson, N.H.(2001). *Empirical Direction in Design and Analgsis*. NJ, Mahwah: Lawrance Erlbanm Associates.

Anderson, P. J.(2008). Toward a developmental model of executive function. In V.Anderson, R.Jacobs, and P.J.Anderson (Eds.), *Executive functions and the frontal lobes*. New York: Psychology Press.

Andreasen, N. C. (1982). Negative symptoms in schizophrenia: Definition and reliability. *Archives of General Psychiatry*, 39, 784-788.

Andreasen, N.C.(1984). *The Scale for the Assessment of Positive Symptoms* (SAPS). Iowa City, IA: University of Iowa.

Andreasen, N. C. (1990). Methods for assessing positive and negative symptoms. *Modern Problems of Pharmacopsychiatry*, 24, 73-88.

Andreasen, N.C.(1990). Positive and negative symptoms: Historical and conceptual aspects. *Modern Problems of Pharmacopsychiatry*, 24, 1-42.

Andreasen, N.C., Arndt, S., Alliger, R., Miller, D., & Flaum, M.(1995). Symptoms of schizophrenia: Methods, meanings and mechanisms. *Archives of General Psychiatry*, 52, 341-351.

Andreasen, N.C., Roy, M.A., & Flaum, M.(1995). Positive and negative symptoms. In S.R.Hirsch, and D.R.Weinberger (Eds.), *Schizophrenia*. London: Blackwell Scientific.

Andresen, E.M., Malmgren, J.A., Carter, W.B., & Patrick, D.L.(1994). Screening for depression in well older adults: Evaluation of a short form of the CES-D. *American Journal of Preventive Medicine*, 10,

77-84.

Andrew, D.M.(1937). An analysis of the Minnesota vocational test for clerical workers. *Journal of Applied Psychology*, *21*(1), 18-47.

Andrews, G., Pollock, C., & Stewart, G.(1989). The determination of defense style by questionnaire. *Archives of General Psychiatry*, *46*, 455-460.

Andrews, G., Singh, M., & Bond, M.(1993). The Defense Style Questionnaire. *The Journal of Nervous and Mental Disease*, *181*, 246-256.

Angela, K.T., Morris, M., Gordon, W., et al.(1998). Clustering and switching on verbal fluency tests in Alzheimer's and Parkinson's disease. *Journal of the International Neuropsychological Society*, *4*, 137-143.

Angst, J., Adolfsson, R., & Benazzi, F.(2005). The HCL-32: Towards a self-assessment tool for hypomanic symptoms in outpatients. *Journal Affective Disorder*, *88*, 217-233.

Arndt, S., Alliger, R.J., & Andreasen, N.C.(1991). The distinction of positive and negative symptoms: The failure of a two-dimensional model. *British Journal of Psychiatry*, *158*, 317-322.

Arrindell, W.A., Vlaming, I.H., Eisenhardt, B.M., et al.(2002). Cross-cultural validity of the Yale-Brown Obsessive Compulsive Scale. *Journal of Behavior Therapy and Experimental Psychiatry*, *33*(3-4), 159-176.

Asakura, S., Inoue, S., Sasaki, F., et al.(2002). Reliability and validity of the Japanese version of the Liebowitz Social Anxiety Scale. *Journal of Clinical Psychiatry*, *44*, 1077-1084.

Asser, E.S.(1978). Social class and help-seeking behavior. *American Journal of Community Psychology*, *6*, 465-475.

Baer, J.(1994). Performance assessments of creativity: Do they have long-term stability? *Roeper Review*, *17*(1), 7-11.

Baer, J., Kaufman, J.C., & Gentile, C.A.(2004). Extension of the consensual assessment technique to non-parallel creative products. *Creativity Research Journal*, *16*(1), 113-117.

Baer, L., Brown-Beasley, M.W., Sorce, J., & Henriques, A.(1993). Computer-assisted telephone administration of a structured interview for obsessive-compulsive disorder. *American Journal of Psychiatry*, *150*, 1737-1738.

Baer, R.A., Smith, G.T., Hopkins, J., Krietemeyer, J., & Toney, L.(2006). Using self-report assessment methods to explore facets of mindfulness. *Assessment*, *13*(1), 27-45.

Bailey, J., & Coppen, A.(1976). Comparison between the Hamilton Rating Scale and the Beck Inventory in the measurement of depression. *British Journal of Psychiatry*, *128*, 486-489.

Baker, S.L., Hendrichs, N., Kim, H.J., & Hofmann, S.G.(2002). The Liebowitz Social Anxiety Scale as a self-report instrument: A preliminary psychometric analysis. *Behaviour Research and Therapy*, *40*, 701-715.

Bandelow, B.(1995). Assessing the efficacy of treatments for panic disorder and agoraphobia: II. The Panic and Agoraphobia Scale. *International Clinical Psychopharmacology*, *10*, 73-81.

Bandelow, B., Broocks, A., Meyer, T., Kunert, H.J., & Rüther, E.(1998). The Panic and Agoraphobia Scale: An instrument sensitive to differences between treatment modalities. *European Neuropsychopharmacology*, *8*(Suppl 2), 268-270.

Bandelowa, B., Brunner, E., Broocks, A., Beinroth, D., Hajak, G., Pralleb, L., & Rüther, E. (1998). The use of the Panic and Agoraphobia Scale in a clinical trial. *Psychiatry Research*, *77*, 43-49.

Bandura, A., Adams, N.E., & Beyer, J. (1977). Congnitive Processes Mediating Behaviroal Change. *Journal of Personality and Social Psychology*, *35*, 125-139.

Barlow, D.H., Gorman, J.M., Shear, M.K., & Woods, S.W. (2000). Cognitive-behavioral therapy, imipramine, or their combination for panic disorder: A randomized control trial. *Journal of the American Medical Association*, *283*, 2529-2536.

Barnette, W.L. (1947). New developments in clerical testing. *The Vocational Guidance Journal*, *26* (2), 101-105.

Bar-On, R. (1988). *The development of an operational concept of psychological well-being*. Unpublished doctoral dissertation. Rhodes University. South Africa.

Bar-On, R. (1997). *The Emotional Quotient Inventory (EQ-i): Technical manual*. Toronto, Canada: Multi-Health Systems, Inc.

Bar-On, R., & Parker, J.D.A. (2000). *Handbook of emotional intelligence: Theory, development, assessment, and application at home, school and in the workplace*. San Francisco, CA: Jossery-Bass.

Barrera, M., Sandier, I.N., & Ramsay, T.B. (1981). Preliminary development of a scale of social support: Studies on college students. *American Journal of Community Psychology*, *9*, 435-447.

Barrett, P.T., & Eysenck, H.J. (1982). Brain evoked potentials and intelligence: The Hendrickson paradigm. *Intelligence*, *16*, 361-381.

Bayley, N. (1969). *Manual for the Bayley Scales of Infant Development*. New York: Psychological Corporation.

Bayley, N. (1974). *The Bayley Scales of Infant Development: The Mental Scale*. Psychological Corporation.

Beatty, W.W., Ryder, K.A., Gontkovsky, S.T., et al. (2003). Analyzing the subcortical dementia syndrome of Parkinsons' disease using the RBANS. *Archives of Clinical Neuropsychology*, *18* (5), 509-201.

Bech, P. (2002). The Bech-Rafaelsen Mania Scale in Clinical Trials of Therapies for Bipolar Disorder: A 20-Year Review of its Use as an Outcome Measure. *Acta Psychiatrica Scandinavica*, *106* (4), 252-264.

Bech, P., Bolwig, T., Kramp, P., & Rafaelsen, O. (1979). The Bech-Rafaelsen Mania Scale and the Hamilton Depression Scale. *Acta Psychiatrica Scandinavica*, *59*, 420-430.

Beck, A.T. (1967). *Depression: Clinical, experimental and theoratical aspects*. New York: Hoeber.

Beck, A.T., Brown, G.K., & Steer, R.A. (1997). Psychometric characteristic of the Scale for Suicide Ideation with psychiatric outpatients. *Behaviour Research and Therapy*, *35* (11), 1039-1046.

Beck, A.T., Brown, G.K., Steer, R.A., et al. (1999). Suicide ideation at its worst point: A predictor of eventual suicide in psychiatric outpatients. *Suicide and Life-threatening Behavior*, *29* (1), 1-9.

Beck, A.T., Epstein, N., Brown, G., & Steer, R.S. (1988). An Inventory for Measuring Clinical Anxiety: Psychometric Properties. *Journal of Consulting and Clinical Psychology*, (6), 893-897.

Beck, A.T., Kovacs, M., & Weissman, A. (1979). Assessment of suicidal intention: The scale for suicide ideation. *Journal of Consulting and Clinical Psychology*, *47* (2), 343-352.

Beck, A.T., & Steer, R.A. (1991). *Manual for Beck Scale for Suicide Ideation*. New York: Psychological

Corporation.

Beck, A.T., & Steer, R.A.(1996). *Manual for the Beck Depression Inventory*. San Antonio, TX: Psychological Corporation.

Beck, A.T., Steer, R.A., & Ranieri, W.F.(1988). Scale for Suicide Ideation: Psychometric properties of a self-report version. *Journal of Clinical Psychology*, *44*(4), 499-505.

Beck, A.T., Ward, C.H., Mendelson, M., et al.(1961). An inventory for measuring depression. *Archives of General Psychiatry*, *4*(6), 561-571.

Beck, S.J.(1950). *Rorschach's Test*, *I*. New York: Grune and Stratton.

Bender, L.(1938). *A visual motor Gestalt test and its clinical use*. American Orthopsychiatric Association, Research Monographs 3.

Bennett, G.K., Seashore, H.G., & Wesman, A.G.(1956). The differential aptitude tests: An overview. *The Personnel and Guidance Journal*, *35*(2), 81-91.

Bennett, G.K., Seashore, H.G., & Wesman, A.G.(1959). *Manual for the differential aptitude tests*. New York: Psychological Corporation.

Bennett, G.K., Seashore, H.G., & Wesman, A.G.(1956). The differential aptitude tests: An overview. *The Personnel and Guidance Journal*, *35*(2), 81-91.

Benton, A.L.(1974). *Revised Visual Retention Test* (*4th ed.*). New York: Psychological Corporation.

Benton, A.L., & Hamsher, K.(1989). *Multilingual Aphasia Examination*. Iowa City: AJA Associaties.

Bernstein, I.H., et al.(1983). A confirmatory factoring of the California Psychological Inventory. *Educational and Psychological Measurement*, *43*, 687-693.

Biber, B., & Alkin, T.(1999). Panic disorder subtypes: Differential response to CO_2 challenge. *American Journal of Psychiatry*, *156*, 739-744.

Bishop, S.R.(2002). What do we really know about mindfulness based stress reduction? *Psychosomatic Medicine*, *64*, 71-83.

Blake, D.D., Weathers, F.W., Nagy, L.M., Kaloupek, D.G., Gusman, F.D., Charney, D.S., & Keane, T.M.(1995). The development of a Clinician-Administered PTSD Scale. *Journal of Traumatic Stress*, *8*, 75-90.

Blake, D.D., Weathers, F.W., Nagy, L.M., Kaloupek, D.G., Klauminzer, G., Charney, D.S., & Keane, T.M.(1990). A clinician rating scale for assessing current and lifetime PTSD: The CAPS-1. *The Behavior Therapist*, *13*, 187-188.

Block, J., & Kremen, A.M.(1996). IQ and ego-resiliency: Conceptual and empirical connections and separateness. *Journal of Personality and Social Psychology*, *70*(2), 349.

Bluemke, M., & Friese, M.(2008). Reliability and validity of the Single-Target IAT (ST-IAT): Assessing automatic affect towards multiple attitude objects. *European Journal of Social Psychology*, *38*(6), 977-997.

Bobes, J., Badía, X., Luque, A., García, M., González, M.P., Dal-Ré, R., Soria, J., Martínez, R., de la Torre, J., Doménech, R., González-Quirós, M., Buscarán, M.T., Gonzaléz, J.L., Martínez, & de la Cruz, F.(1999). Validación de las versiones en español de los cuestionarios Liebowitz Social Anxiety Scale, Social Anxiety and Distress Scaley Sheenan Disability Inventory para la evaluación de la fobia social. *Medicina Clinica*, *112*, 530-538.

Boldero, J.M., Rawlings, D., & Haslam, N.(2007). Convergence between GNAT-assessed implicit and explicit personality. *European Journal of Personality*, *21*(3), 341-358.

Boll, T.J.(1987). Diagnosing Brain Impairment. In B.B.Wolman (Ed.), *Clinical Diagnosis of Mental Disorders*. New York: Plenum Press.

Bond, M.(1986). Defense Style Questionnaire. In G.E.Vaillant (Eds.), *Empirical studies of ego mechanisms of defense*. Washington, DC: American Psychiatric Press Inc.

Bond, M.(2004). Empirical studies of defense style: Relationships with psychopathology and change. *Harvard Review of Psychiatry*, *12*(5), 263-278.

Bond, M.H.(1983). How language variation affects inter-cultural differentiation of values by Hong Kong bilinguals. *Journal of Language and Social Psychology*, *2*, 57-66.

Bond, M., Gardner, S., Christian, J., & Sigal, J.(1983). Empirical study of self-related defense styles. *Archives of General Psychiatry*, *40*, 333-338.

Bond, M., Perry, J.C., Gautier, M., Goldenberg, M., et al.(1989). Validating the selfreport of defense styles. *Journal of Personality Disorders*, *3*(2), 101-112.

Bonsack, C., Despland, J.N., & Spagnoli, J.(1998). The French version of the Defense Style Questionnaire. *Psychotherapy and Psychosomatics*, *67*, 24-30.

Bosson, J.K., Swann, W.B., & Pennebaker, J.W.(2000). Stalking the perfect measure of implicit self-esteem: The blind and the elephant revisited? *Journal of Personality and Social Psychology*, *79*(4), 631-643.

Bouvard, M., Vuachet, M., & Marchand, C.(2011). Examination of the Screening Properties of the Personality Diagnostic Questionnaire 4+ (PDQ-4+) in a non-clinical sample. *Clinical Neuropsychiatry*, *8*, 151-158.

Bowler, R., Sudia, S., Mergler, D., Harrisona, R., & Conea, J.(1992). Comparison of digit symbol and symbol digit modalities tests for assessing neurotoxic exposure. *Clinical Neuropsychologist*, *6*(1), 103-104.

Boyatzis, R.E., Goleman, D., & Rhee, K.S.(2000). Clustering competence in emotional intelligence: Insights from the Emotional Competency Inventory(ECI). In R. Bar-On, and J.D.A.Parker(Eds.), *The handbook of emotional intelligence: Theory, development, and assessment, and application at home, school, and in the workplace* (pp.343-362). San Francisco, CA: Jossey-Bass.

Bradburn, N.M.(1969). *The structure of psychological well-being*. Chicago: Aldine.

Brefczynski-Lewis, J.A., Lutz, A., Schaefer, H.S., et al.(2007). Neural correlates of attentional expertise in long-term meditation practitioners. *Proceedings of the national Academy of Sciences*, *104*(27), 11483-11488.

Brim, J.A.(1974). Social network correlates of avowed happiness. *Journal of Nervous and Mental Disease*, *58*, 432-439.

Brissette, I., Scheier, M.F., & Carver, C.S.(2002). The role of optimism in social network development, coping, and psychological adjustment during a life transition. *Journal of Personality and Social Psychology*, *82*(1), 102-111.

Broocks, A., Bandelow, B., Pekrun, G., George, A., Meyer, T., Bartmann, U., Hillmer-Vogel, U., & Rüther, E.(1998). Comparison of aerobic exercise, clomipramine and placebo in the treatment of panic disorder. *American Journal of Psychiatry*, *155*, 603-609.

Brose, L.A., Rye, M.S., Lutz-Zois, C., et al.(2005). Forgiveness and personality traits. *Personality and Individual Differences*, *39*(1), 35-46.

Brown, K.W., & Ryan, R.M.(2003). The benefits of being present: Mindfulness and its role in psychological well-being. *Journal of Personality and Social Psychology*, *84*(4), 822-848.

Brown, T.A., Chorpita, B.F., & Barlow, D.H.(1998). Structural relationships among dimensions of the DSM-IV anxiety and mood disorders and dimensions of negative affect, positive affect, and autonomic arousal. *Journal of Abnormal Psychology*, *107*, 179-192.

Brown, T.A., White, K.S., & Barlow, D.H.A.(2005). Psychometric reanalysis of the Albany Panic and Phobia Questionnaire. *Behaviour Research and Therapy*, *43*, 337-355.

Buchheld, N., Grossman, P., & Walach, H.(2001). Measuring mindfulness in insight meditation (Vipassana) and meditation-based psychotherapy: The development of the Freiburg Mindfulness Inventory (FMI). *Journal for Meditation and Meditation Research*, *1*(1), 11-34.

Burke, H.R.(1972). Raven's Progressive Matrices: Validity, reliability, and norms. *The Journal of Psychology*, *82*(2), 253-257.

Buschke, H., & Fuld, P.A.(1974). Evaluating Storage, Retention and Retrieval in Disordered Memory and Learning. *Neurology*, *24*, 1019-1025.

Butcher, J.N., Dahlstrom, W.G., Graham, J.R., Tellegen, A., & Kaemmer, B.(1989). *Manual for the restandardized Minnesota Multilphasic Personality Inventory: MMPI-2. Augndministrative and interpretive guide*. Minneapolis, MN: University of Minnesota Press.

Butcher, J.N., & Pancheri, P.(1976). *Handbook of Cross-national MMPI Research*. Minneapolis: University of Minnesota Press.

Butcher, J.N., & Rouse, S.V.(1996). Personality: Individual differences and clinical assessment. *Annual Review of Psychology*, *47*, 87-111.

Callahan, L.F., Kaplan, M.R., & Pincus, T.(1991). The beck depression inventory, center for epidemiological studies depression scale (CES-D), and general well-being schedule depression subscale in rheumatoid arthritis criterion contamination of responses. *Arthritis and Rheumatism*, *4*(1), 3-11.

Camara, W., & Echternacht, G.(2000). *The SAT-I and high school grades: Utility in predicting success in college*. (*College Board Report No. RN-10.*) New York: College Entrance Examination Board.

Campbell, A.(1976). Subjective measures of well-being. *American Psychologist*, *31*(2), 117.

Campbell, D.P., & Hanson, Jo-Ida, C.(1981). *Manual for the SVIB-SCII: Strong-Campbell Interest Inventory, Form T 325 of the Strong Vocational Interest Blank Third Edition*. For use with the Revised and Expanded Profile Consulting Psychologists press, Inc.

Cardeña, E., Grieger, T., Staab, I., Fullerton, C., & Ursano, R.(1997). Memory disturbances in the acute aftermath of disasters. In Read, J.D., and Lindsay, S.(Eds.), *Recollections of Trauma*. New York: Plenum.

Cardeña, E., Koopman, C., Classen, C., Waelde, L.C., & Spiegel, D.(2000). Psychometric properties of the Stanford Acute Stress Reaction Questionnaire (SASRQ): A valid and reliable measure of acute stress. *Journal of Traumatic Stress*, *13*, 719-734.

Cardeña, E., & Spiegel, D.(1993). Dissociative reactions to the Bay Area Earthquake. *Ameriran Journal of*

Psychiatry, *150*, 474-478.

Carmody, J., & Baer, R.A.(2008). Relationships between mindfulness practice and levels of mindfulness, medical and psychological symptoms and well-being in a mindfulness-based stress reduction program. *Journal of Behavioral Medicine*, *31*(1), 23-33.

Carmody, J., Reed, G., Kristeller, J., et al. (2008). Mindfulness, spirituality, and health-related symptoms. *Journal of Psychosomatic Research*, *64*(4), 393-403.

Carroll, B.J., Fielding, J.M., & Blashki, T.G.(1973). Depression rating scale: A critical review. *Archives of General Psychiatry*, *28*, 361-366.

Carver, C.S., Scheier, M.F., & Weintraub, J.K.(1989). Assessing coping strategies: A theoretically based approach. *Journal of Personality and Social Psychology*, *56*(2), 267-283.

Cattell, R.B., & Scheier, I.H.(1958). The nature of anxiety: A review of 13 multivariate analyses comparing 814 variables. *Psychological Reports*: *Monograph Supplement*, *5*, 351-388.

Chabrol, H., Rousseau, A., Callahan, S., & Hyler, S.E.(2007). Frequency and structure of DSM-IV personality disorder traits in college students. *Personality and Individual Differences*, *43*, 1767-1776.

Chambon, O., Poncet, F., Kiss, L., Milani, D., & Cottraux, J.(1988). French adaptation, concurrent validation and factorial analysis of the Bech and Rafaelsen melancholia scale. *L'encéphale*, *14* (6), 443-448.

Chappa, H.J.(1998). Padua's inventory of obsession: Psychometric and normative data from the Spanish version. *Revista Argentina de Clinica Psicologia*, *7*(2), 117-129.

Chemiss, C., & Goleman, D.(Eds.). (2001). *The emotionally Intelligent Workplace*: *How to Select For*, *Measure and Improve Emotional Intelligence in Individuals*. Groups and Organizations.

Chien Hou Hwang(1970). A follow-up study on socal attitudes of Chinese and Scottish adolescents. *Bulletin of Educational Psychology*, *8*, 96-16.

Clark, A., Kirkby, K.C., Daniels, B.A., & Marks, I.M.(1998). A pilot study of computeraided vicarious exposure for obsessive-compulsive disorder. *The Australian and New Zealand Journal of Psychiatry*, *32*, 268-275.

Clark, C.R., et al.(1989). Corpus callosum surgery and recent memory(A Review). *Brain*, *112*, 165-175.

Classen, C., Koopman, C., Hales, R., & Spiegel, D.(1998). Acute stress disorder as a predictor of posttraumatic stress symptoms. *American Journal of Psychiatry*, *155*, 620-624.

Clum, G.A., & Curtin, L.(1993). Validity and reactivity of a system of self-monitoring suicide ideation. *Journal of Psychopathology and Behavioral Assessment*, *15*(4), 375-387.

Clum, G.A., & Yang, B.(1995). Additional support for the reliability and validity of the Modified Scale for Suicidal Ideation. *Psychological Assessment*, *7*(1), 122-125.

Cohen, J.(1988). *Statistical Power Analysis for the Behavioral Sciences(2nd ed)*. Hillsdale. NJ: Lawrence Erlbaum Associates.

Cohen, J.(1959). The factorial structure of the WISC-R at ages 7-6, 10-6, and 13-6. *Journal of Consulting Psychology*, *73*(4), 285-299.

Coke, N.S., & Hanson, G.R.(1971). An analysis of the structure of vocational interests. In *ACT Research Report No.40*.Iowa city, Jowa: American College Testing Program.

Conn, S.R., & Rieke, M.L.(1998). *16PF Fifth Edition Technical Manual(2nd ed)*. Champaign, IL: Institute for Personality and Ability Testing, Inc.

Connor, K.M., & Davidson, J.R.T.(2003). Development of a new resilience scale: The Connor-Davidson Resilience Scale (CD-RISC). *Depression and Anxiety*, *18*(2), 76-82.

Cooper, D., & Fraboni, M.(1988). Relationship between the Wechsler adult intelligence scale-revised and the wide range achievement test-revised in a sample of normal adults. *Educational and Psychological Measurement*, *48*(3), 799-803.

Costa, P.T., McCrae, R.R., & Zonderman, A.B.(1987). Environmental and dispositional influences on well-being: Longitudinal follow-up of an American national sample. *British Journal of Psychology*, *78* (3), 299-306.

Cox, B.J., Ross, L., Swinson, R.P., & Direnfeld, D.M.(1998). A comparison of social phobia outcome measures in cognitive-behavioral group therapy. *Behavior Modification*, *22*, 285-297.

Craig, R.J.(1999). Testimony Based on the Millon Clinical Multiaxial Inventory: Review, Commentary, and Guidelines. *Journal of Personality Assessment*, *73*(2), 290-304.

Craig, R.J.(2003). Use of the millon clinical multiaxial inventory in the psychological assessment of domestic violence: A review. *Aggression and Violent Behavior*, *8*, 235-243.

Crites J.O. et al.(1961). A factor analysis of the California Psychological Inventory. *Journal of Applied Psychology*, *45*, 408-414.

Cronbach, L.J.(1975). Beyond the two disciplines of scientific psychology. *American Psychologist*, *30*, 116-127.

Crum, R.M., Anthony, J.C., Bassett, S.S., et al.(1993). Population-based norms for the Mini-Mental State Examination by age and educational level. *Journal of the American Medical Association*, *269*(18), 2386-2391.

Csikszentmihalyi, M.(1975). *Beyond boredom and anxiety: The experience of play in work and games*. San Francisco: Jossey-Bass.

Csikszentmihalyi, M., & LeFevre, J.(1989). Optimal experience in work and leisure. *Journal of Personality and Social Psychology*, *56*(5), 815-822.

Cummings, Jack A.(1986). *Projective drawings: The assessment of child and adolescent personality*. New York: The Guilford press.

Cunningham, W.A., Preacher, K.J., & Banaji, M.R.(2001). Implicit Attitude Measures: Consistency, Stability, and Convergent Validity. *Psychological Science*, *12*(2), 163-170.

Cyr, J.J., McKenna-Foley, J.M., & Peacock, E.(1985). Fact or structure of the SCL-90: Is there one. *Journal of Personality Assessment*, *49*(6), 571-578.

Das, J.P.(1994). Neurocognitive approach to remediation: The PREP Model. *Canadian Journal of School Psychology*, *9*(2), 157-173.

Das, J.P.(2002). A better look at intelligence. *Current Directions in Psychological Science*, *11*(1), 28-33.

Das, J.P., Kirby, J.R., & Jarman, R.F.(1975). Simultaneous and successive syntheses: An alternative model for cognitive abilities. *Psychological Bulletin*, *82*, 87-103.

Das, J.P., Naglieri, J.A., & Kirby, J.R.(1994). *Assessment of cognitive processes: The PASS theory of intelligence*. Allyn & Bacon.

Dasgupta, N., & Greenwald, A.G.(2001). On the malleability of automatic attitudes: Combating automatic prejudice with images of admired and disliked individuals. *Journal of Personality and Social Psychology*, *81*(5), 800-814.

Dasgupta, N., McGhee, D.E., Greenwald, A.G., & Banaji, M.R.(2000). Automatic preference for White Americans: Eliminating the familiarity explanation. *Journal of Experimental Social Psychology*, *36* (3), 316-328.

David, J.M., & Leslie, J.F. A.(2002). Comparison of the Psychometric Properties of the 16PF4 and 16PF5 Among Male Anglican Clergy. *Pastoral Psychology*, *50*(4), 281-289.

David, J.M., & Leslie, J.F.(2000). The Psychometric Properties of the 16PF Among Male Anglican Clergy. *Pastoral Psychology*, *48*(3), 231-240.

Davidson, R.J., Kabat-Zinn, J., Schumacher, J., Rosenkranz, M., Muller, D., Santorelli, S.F., et al. (2003). Alterations in brain and immune function produced by mindfulness meditation. *Psychosomatic Medicine*, *65*, 564-570.

Davis, K.M., Lau, M.A., & Cairns, D.R.(2009). Development and preliminary validation of a trait version of the Toronto Mindfulness Scale. *Journal of Cognitive Psychotherapy*, *23*(3), 185-197.

De Houwer, J.(2002). The Implicit Association Test as a tool f or studying dysfunctional associations in psychopathology: Strengths and limitations. *Journal of Behavior Therapy and Experimental Psychiatry*, *33*(2), 115-133.

De Houwer, J.(2003). The extrinsic affective Simon task. *Experimental Psychology*, *50*(2), 77-85.

De Houwer, J., & Eelen, P.(1998). An affective variant of the Simon paradigm. *Cognition and Emotion*, *12*(1), 45-61.

De Houwer, J., Teige, S., Spruyt, A., & Moors, A.(2009). Implicit measures: A normative analysis and review. *Psychological Bulletin*, *135*, 347-368.

Deacon, B.J., & Abramowitz, J.S.(2005). The Yale-Brown Obsessive Compulsive Scale: Factor analysis, construct validity, and suggestions for refinement. *Anxiety Disorders*, *19*, 573-585.

Delis, D.C., Kramer, J.H., Kaplan, E., & Ober, B.A.(1987). *California Verbal Learning Test Manual*. San Antonia, Texas: The Psychological Corporation.

Delis, D.C., Wetter, S.R., Jacobson, M.W., Peavy, G., Hamilton, J., & Gongvatana, A.(2005). Recall discriminability: Utility of a new CVLT-II measure in the differential diagnosis of dementia. *Journal of the International Neuropsychological Society*, *11*, 708-715.

Dember,W.N., Martin,S.H., Hummer,M.K., Howe, S.R., & Melton, R.S.(1989). The measurement of optimism and pessimism.*Current Psychology*, *8*(2), 102-119.

Denton, R.T., & Martin, M.W.(1998). Defining forgiveness: An empirical exploration of process and role. *The American Journal of Family Therapy*, *26*(4), 281-292.

Derogatis, L.R., & Cleary, P.(1977). Confirmation of the dimensional structure of the SCL-90: A study in construct validation. *Psychology*, *33*, 981-989.

Derogatis, L.R., Rickels, K., & Rock, A.F.(1976). The SCL-90 and the MMPI: A step in the validation of a new self-report scale. *The British Journal of Psychiatry*, *128*, 280-289.

Dickerson, F., Boronow, J.J., Stallings, C., et al.(2004). Cognitive functioning in schizophrenia and bipolar disorder: Comparison of performance on the Repeatable Battery for the Assessment of Neuropsychological Status. *Psychiatry Research*, *129*(1), 45-53.

Diener, E.(2000). Subjective well-being: The science of happiness and a proposal for a national index. *American Psychologist*, *55*(1), 34-43.

Diener, E.(2009). *Subjective well-being: The science of well-being*. Netherlands: Springer.

Diener, E.D., Emmons, R.A., Larsen, R.J., et al.(1985). The satisfaction with life scale. *Journal of Personality Assessment*, *49*(1), 71-75.

Diener, E., Larsen, R.J., Levine, S., et al.(1985). Intensity and frequency: Dimensions underlying positive and negative affect. *Journal of Personality and Social Psychology*, *48*(5), 1253-1265.

Diener, E., Suh, E.M., Lucas, R.E., et al.(1999). Subjective well-being: Three decades of progress. *Psychological Bulletin*, *125*(2), 276-302.

Dimidjian, S., & Linehan, M.M.(2003). Defining an agenda for future research on the clinical application of mindfulness practice. *Clinical Psychology: Science and Practice*, *10*(2), 166-171.

Dixon, W.A., Heppner, P.P., & Anderson, W.P.(1991). Problem-solving appraisa, stress, hopelessness, and suicide ideation in a college population. *Journal of Counseling Psychology*, *38*(1), 51-56.

DoBois, P.H.(1970). *A History of Psychological Testing*. Boston: Allyn and Bacon.

Doll, B.(1999). Review of the Posttraumatic Stress Diagnostic Scale. In B.S. Plake, and J.C.Impara(Eds.), *The Supplement to the Thirteenth Mental Measurement Yearbook*. The Nebraska: The Buros Institute of Mental Measurements of The University of Nebraska.

Dovidio, J.F., Kawakami, K., Johnson, C., Johnson, B., & Howard, A.(1997). On the nature of prejudice: Automatic and controlled processes. *Journal of Experimental Social Psychology*, *33*(5), 510-540.

Dragna Djuric Jocic (2005). Correlation of the Rorschach method and the NEOPI-R questionnaire. *Rorschachiana*, (27), 11-29.

Duff, K., Beglinger, L.J., Kettmann, J.D., et al.(2006). Pre-and post-right middle cerebral artery stroke in a young adult: A case study examining the sensitivity of the Repeatable Battery for the Assessment of Neuropsychological Status (RBANS). *Applied Neuropsychology*, *13*(3), 194-200.

Duffy, M., Gillespie, K., & Clark, D.M.(2007). Post-traumatic stress disorder in the context of terrorism and other civil conflict in Northern Ireland: Randomised controlled trial. *British Medical Journal*, *334*, 1147.

Eagle, R.W., Tuholski, S.W., Laughlin, J.E., & Conway, A.R.A.(1999). Working memory, short term memory, and general fluid intelligence: A latent variable approach. *Journal of Experimental Psychology: General*, *128*(3), 309-331.

Ebel, R.L., & Frisbie, D.A.(1991). *Essentials of Educational Measurement* (*5th Ed.*). Englewood Cliffs, NJ: Prentice-Hall.

Edman, J.L., Danko, G.P., Andrade, N., McArdle, J.J., et al.(1999). Factor structure of the CES-D among Filipino-American adolescents. *Social Psychiatry and Psychiatric Epidemiology*, *34*, 211-215.

Elliott, R.(2003). Executive functions and their disorders. *British Medical Bulletin*, *65*, 49-59.

Embretson, S.E., & Hershberger, S.L. (1999). *New Rules of Measurement*. Lawrence Eribaum Associate, Inc.

Needham.(1997). *Emotional IQ test*[D-ROM]. MA: Virtual Knowledge.

Enright, R.D., Rique, J., & Coyle, C.T.(2000). *The Enright forgiveness inventory (EFI) user's manual*.

Madison, WI: The International Forgiveness Institute.

Ensel, W.M.(1986). Measuring depression: The CES-D Scale. In N.Lin, A.Dean, and W.Ensel (Eds.), *Social support, life events, and depression*. New York: Academic.

Exner, J.E.(1980). But it's only an inkblot. *Journal of Personality Assessment*, *44*, 563-576.

Exner, J.E.(1991). *The Rorschach: A Comprehensive System*. John Wiley & Sons, Inc.

Eysenck, S. B.G., & Chan, J.(1982). A comparative study of personality in adults and children: Hong Kong vs. England. *Personality and Individual Difference*, *3*, 153-160.

Exner, J.E., & Weiner, I.B.(1982). *The Rorschach: A Comprehensive System. Volume 3: Assessment of children and adolescents (2nd ed.)*. New York: Wiley.

Eysenck, H., et al.(1996). *Manual of the Eysenck Personality*. London: Hodder & Stoughton Publishers.

Eysenck, H., & Eysenck, S. (1992). *Manual of the Eysenck Personality Questionnaire Revised*. San Diego: Educational and Industrial Testing Service.

Farnham, S.D, Greenwald, A.G., & Banaji, M.R.(1999). Implicit self-esteem. In Dominic Abrams, and Michael A. Hogg(Eds.), *Social Identity and Social Cognition*(pp.230-248). Blackwell Publishers Inc.

Fazio, R.H., Chen, J.M., McDonel, E.C., & Sherman, S.J. (1982). Attitude accessibility, attitude-behavior consistency, and strength of the object-evaluation association. *Journal of Experimental Social Psychology*, *18*(4), 339-357.

Fazio, R.H., Jackson, J.R., Dunton, B.C., & Williams, C.J.(1995). Variability in automatic activation as an unobtrusive measure of racial attitudes: A bona fide pipeline? *Journal of Personality and Social Psychology*, *69*(6), 1013-1027.

Fazio, R.H., Sanbonmatsu, D.M., Powell, M.C., & Kardes, F.R.(1986). On the automatic activation of attitudes. *Journal of Personality and Social Psychology*, *50*, 229-238.

Feldman, G., Hayes, A., Kumar, S., et al.(2007). Mindfulness and emotion regulation: The development and initial validation of the Cognitive and Affective Mindfulness Scale-Revised (CAMS-R). *Journal of Psychopathology and Behavioral Assessment*, *29*(3), 177-190.

Ferreira, R., & Murray, J.(1983). Spielberger's State-Trait Anxiety Inventory: Measuring anxiety with and without an audience during performance on a stabilometer. *Perceptual and Motor Skills*, *57*(1), 15-18.

Filskov, S.B., & Goldstein, S.G.(1974). Diagnostic validity of the Halstead-Reitan Neuropsychological Battery. *Journal of Consulting and Clinical Psychology*, *42*(3), 382-388.

Filskov, S.B., et al.(1981). *Handbook of Clinical Neuropsychology*. New York: Wiley & Sons.

Filskov, S.B., & Goldstein, S.G.(1974). Diagnostic validity of the Halstead-Reitan Neuropsychological Battery. *Journal of Consulting and Clinical Psychology*, *42*(3), 382-388.

Flanagan, D.P., & Alfonso, V.C.(1995). A critical review of the technical characteristics of new and recently revised intelligence tests for preschool children. *Journal of Psychoeducational Assessment*, *13*(1), 66-90.

Foa, E. B. (1995). *Posttraumatic Stress Diagnostic Scale Manual*. Singapore: National Computer Systems Inc.

Foa, E.B., Cashman, L., Jaycox, L., & Perry, K.(1997). The validation of a self-report measure of posttraumatic stress disorder: The Posttraumatic Diagnostic Scale. *Psychological Assessment*, *9*, 445-451.

Foa, E.B., Huppert, J.D., Leiberg, S., et al.(2002). The Obsessive-complusive inventory: Development and validation of a short version. *Psychological Assessment*, *14*, 485-495.

Foa, E.B., Kozak, M.J., Goodman, W.K., Hollander, E., Jenike, M.A., & Rasmussen, S.(1995). DSM-IV field trial: Obsessive compulsive disorder. *American Journal of Psychiatry*, *152*, 90-96.

Foa, E.B., Kozak, M.J., Salkovskis, P.M., et al.(1998). The validation of a new obsessive-compulsive disorder scale: The Obsessive Compulsive Inventory. *Psychological Assessment*, *10*(3), 206-214.

Folkman, S. (1997). Positive psychological states and coping with severe stress. *Social Science and Medicine*, *45*, 1207-1221.

Folstein, M.F., Folstein, S.E., & McHugh, P.R.(1975). Mini-mental state: A practical method for grading the cognitive state of patients for the clinician. *Journal of Psychiatric Research*, *12*(3), 189-198.

Fonseca-Pedreroa, E., Painob, M., Lemos-Giráldezb, S., & Muñizb, J.(2013). Maladaptive personality traits in adolescence: Psychometric properties of the Personality Diagnostic Questionnaire-4+. *International Journal of Clinical and Health Psychology*, *13*, 207-215.

Fowler, A.(1991). An even-handed approach to graphology. *Personnel Management*, *23*, 40-43.

Frankenburg, W.K., & Dodds, J.B.(1967). The Denver Developmental Screening Test. *The Journal of Pediatrics*, *71*(2), 181-191.

Frankenburg, W.K., Dodds, J.B., Archer, P., et al.(1992). The Denver II: A Major Revision and Restandardization of the Denver Developmental Screening Test. *Pediatrics*, *89*(1), 91-97.

Fresco, D.M., Coles, M.E., Heimberg, R.G., Liebowtiz, M.R., Hami, S., Stein, M.B., & Goetz, D. (2001). The Liebowitz Social Anxiety Scale: A comparison of the psychometric properties of self-report and clinician-administered formats. *Psychological Medicine: A Journal of Research in Psychiatry and the Allied Sciences*, *31*, 1025-1035.

Friborg, O., Barlaug, D., Martinussen, M., et al.(2005). Resilience in relation to personality and intelligence. *International Journal of Methods in Psychiatric Research*, *14*(1), 29-42.

Friese, M., & Fiedler, K.(2010). Being on the lookout for validity: Comment on Sriram and Greenwald. *Experimental Psychology*, *57*(3), 228-232.

Fuertes, J.N., & Sedlacek, W.E.(1994). Predicting the academic success of Hispanic college students using SAT scores. *College Student Journal*, *28*, 350-352.

Fullam, A. (2002).*Adult attachment, emotional intelligence, health and immunological responsiveness to stress*. Unpublished doctoral dissertation, Rutgers University, Newark, NJ.

Fullana, M.A., Mataix-Cols, D., Trujillo, J.L., Caseras, X., Serrano, F., Alonso, P., Menchón, J.M., Vallejo, J., & Torrubia, R.(2004). Personality characteristics in obsessivecompulsive disorder and individuals with subclinical obsessive-compulsive problems. *The British Journal of Clinical Psychology*, *43*, 387-398.

Fullana, M.A., Tortella-Feliu, M., Caseras, X., Andión, Ó., Torrubia, R., & Mataix-Cols, D.(2005). Psychometric properties of the Spanish version of the Obsessive-Compulsive Inventory-Revised in a nonclinical sample. *Journal of Anxiety Disorders*, *19*, 893-903.

Gacono, C.B. & Meloy, J.R.(1994). *The Rorschach Assessment of Aggressive and Psychopathc Personalities*. New Jersey: Lawrence Erlbaum Associates,Inc.

Galdi, S., Gawronski, B., Arcuri, L., & Friese, M.(2012). Selective Exposure in Decided and Undecided

Individuals: Differential Relations to Automatic Associations and Conscious Beliefs. *Personality and Social Psychology Bulletin*, *38*(5), 559-569.

Garnaat, S.L., & Norton, P.J.(2010). Factor structure and measurement invariance of the Yale-Brown Obsessive Compulsive Scale across four racial/ethnic groups. *Journal of Anxiety Disorders*, *24*, 723-728.

Gawronski, B.(2002). What Does the Implicit Association Test Measure? A Test of the Convergent and Discriminate Validity of Prejudice-Related IATs. *Experimental Psychology*, *49*(3), 171-180.

Geary, D.C., & Whitworth, R.H.(1988). Is the Factor Structure of the WISC-R Different for Anglo-and Mexican-American Children? *Journal of Psycho-educational Assessment*, *6*(3), 253-260.

Geers, A.L., & Lassiter, G.D.(2002). Effects of affective expectations on affective experience: The moderating role of optimism-pessimism. *Personality and Social Psychology Bulletin*, *28*(8), 1026-1039.

Geiser, S., & Studley, R.(2002). UC and the SAT : Predictive validity and differential impact of the SAT I and SAT II at the University of California. *Educational Assessment*, *8*(1), 1-26.

Gesell, A.L.(1925). Developmental diagnosis in infancy. *Boston Medical and Surgical Journal*, *192*, 1058-1060.

Gesell, A.L.(1925). Monthly increments of development in infancy. *Journal of Genetic Psychology*, *32*(2), 203-208.

Gesell, A.L., & Amatruda, C.S.(1947). Developmental diagnosis. *Normal and abnormal child development: Clinical methods and pediatric applications* (2nd). New York: P.B.Hoeber.

Gesell, A.L., Halverson, H.M., & Amatruda, C.S.(1940). *The first five years of life: A guide to the study of the preschool child, from the Yale clinic of child development*. Taylor & Francis.

Ghaemi, S.N., Sachs, G.S., Chiou, A.M., et al.(1999). Is bipolar dimmer still underdiagnomd? Are antidepressants ovemtilized? *Journal Affective Disorder*, *52*, 135-144.

Gignac, G., & Vernon, P.(2003). Digit Symbol Rotation: A more useful version of the traditional Digit Symbol subtest. *Intelligence*, *31*, 1-8.

Giluk, T.L.(2009). Mindfulness, Big Five personality, and affect: A meta-analysis. *Personality and Individual Differences*, *47*(8), 805-811.

Goleman, D.(1998). *Working with emotional intelligence*. New York: Bantam Books.

Golden, C.J.(1978). *Diagnosis and rehabilitation in clinical neuropsychology*. Springfiled: Charles C. Thomas.

Golden, C.J., et al.(1980). *A manual for the Luria-Nebraska neuropsychological battery*. Los Angeles, CA: Western psychological services.

Golden, C.J., et al.(1981). Cross-validation of the Luria-Nebraska neuropsychological battery for the presence, lateralization and localization of brain damage. *Journal of Consulting and Clinical Psychology*, *49*(4), 491-507.

Golden, C.J., et al.(1982). *Item interpretation of the Luria-Nebraska neuropsychological battery*. Lincoln: University of Nebraska press.

Goldin, P., Ramel, W., & Gross, J.(2009). Mindfulness meditation training and self-referential processing in social anxiety disorder: Behavioral and neural effects. *Journal of Cognitive Psychotherapy*, *23*(3), 242-257.

Goldstein, G., et al.(1984). Discriminative validity of various intelligence and neuropsychological tests.

Journal of Consulting and Clinical Psychology, *62*(3), 383-389.

Gönner, S., Leonhart, R., & Ecker, W.(2008). The Obsessive-Compulsive Inventory-Revised (OCI-R): Validation of the German version in a sample of patients with OCD, anxiety disorders, and depressive disorders. *Journal of Anxiety Disorders*, *22*, 734-749.

Goodarzi, M.A., & Firoozabadi, A.(2005). Reliability and validity of the Padua Inventory in an Iranian population. *Behaviour Research and Therapy*, *43*, 43-54.

Goodman, W.K., Price, L.H., Rasmussen, S.A., et al.(1989a). The Yale-Brown Obsessive Compulsive Scale: I. Development, use, and reliability. *Archives of General Psychiatry*, *46*(11), 1006-1011.

Goodman, W.K., Price, L.H., Rasmussen, S.A., et al.(1989b). The Yale-Brown Obsessive Compulsive Scale: II. Validity. *Archives of General Psychiatry*, *46*(11), 1012-1016.

Gotlib, I.H.(1984). Depression and general psychopathology in university students. *Journal of Abnormal Psychology*, *93*(1), 19-30.

Gotterfredson, L.S.(1981). A challenge to vocational psychology: How important are aspirations in determining male career development? *Journal of Vocational Behavior*, *18*, 121-137.

Gottlieb, B.H.(1978). The development and application of a classification scheme of informal helping behaviours. *Canadian Journal of Behavioural Science*, *10*, 105-115

Gough, H.G.(1987).*California Psychological Inventory administrator's guide*. Consulting Psychologists Press.

Gowing M.K.(2001). Measurement of individual emotional competence. In C.Cherniss, and D.Goleman (Eds.),*The emotionally intelligent workplace: How to select for, measure, and improve emotional intelligence in individuals, groups, and organizations*(pp.83-131). San Francisco, CA:Jossey-Bass.

Greenwald, A.G., & Banaji, M.R.(1995). Implicit social cognition: Attitude, self-esteem, and stereotypes. *Psychological Review*, *102*(1), 4-27.

Greenwald, A.G., Banaji, M.R., Rudman, L.A. et al.(2002). A Unified Theory of Implicit Attitudes, Stereotypes, Self-Esteem, and Self-Concept. *Psychological Review*, *109*(1), 3-25.

Greenwald, A.G., & Farnham, S.D.(2000). Using the Implicit Association Test to Measure Self-Esteem and Self-Concept. *Journal of Personality and Social Psychology*, *79*(6), 1022-1038.

Greenwald, A.G., McGhee, D.E., & Schwartz, J.L.K.(1998). Measuring individual differences in implicit cognition: The Implicit Association Test. *Journal of Personality and Social Psychology*, *74* (6), 1464-1480.

Greenwald, A.G., Nosek, B.A., & Banaji, M.R.(2003). Understanding and using the Implicit Association Test: I. An improved scoring algorithm. *Journal of Personality and Social Psychology*, *85* (2), 197-216.

Greenwald, A.G., Nosek, B.A, & Sriram, N.(2006). Consequential Validity of the Implicit Association Test : Comment on Blanton and Jaccard. *American Psychologist*, *61*(1), 56-61.

Grossman, P.(2008). On measuring mindfulness in psychosomatic and psychological research. *Journal of Psychosomatic Research*, *64*(4), 405-408.

Guarnaccia, P.J., Angel, R., & Worobey, J.L.(1989). The factor structure of the CES-D in the Hispanic Health ang Nutrition Examination Survey: The influences of ethnicity, gender and language. *Social Science and Medicine*, *29*(1), 85-94.

Hackett, G.H., & Betz, N.E.(1981). A Self Efficacy Approach to the Career Development of Women. *Journal of Vocational Behavior*, *18*, 326-339.

Hafner, R.J.(1998). Obsessive-Compulsive Disorder: A questionnaire survey of a self-help group. *International Journal of Social Psychiatry*, *34*, 310-315.

Haitsberg, P.A., Poon, L.W., Noble, C.A., et al.(1995). Mini-Mental State Examination of community dwelling cognitively intact centenarians. *International Psychogeriatrics*, *7*, 417-427.

Hajcak, G., Huppert, J.D., Simons, R.F., & Foa, E.B.(2004). Psychometric properties of the OCI-R in a college sample. *Behaviour Research and Therapy*, *42*, 115-123.

Halstead, W.C.(1947). *Brain and Intelligence: A Quantitative Study of the Frontal Lobes*. Chicago: University of Chicago.

Hambleton, R.K., et al.(1991). *Fundamentals of Item Response Theory*. Sage Publications, Inc.

Hamilton, M.(1959). The assessment of anxiety states by rating.*British Journal of Medical Psychology*, *32*(1), 50-55.

Hamilton, M.(1960). A rating scale for depression. *Journal of Neurology Neurosurgery and Psychiatry*, *23*, 56-62.

Hamliton, M.(1986). The Hamilton Rating Scale for Depression. In N.Sartorious, and T.A.Ban(Eds.),*Assessment of depression*. Berlin, West Germany: Springer-Verlag.

Hammeke, T.A., et al.(1978). A standardized, short, comprehensive, neuropsychological test battery based on the Luria's neuropsychological battery. *International Journal of Neuroseience*, *9*, 135-142.

Hannay, H.J., & Levin, H.S.(1985). Visual Continuous Recognition Memory in Normal and Closed-head-injured adolescents. *Journal of Clinical and Experimental Neuropsychology*, *11*(4), 4-44.

Hansen, Jo-Ida C., Sarma, Zinta M., & Collins, Rose C.(1999). An evaluation of Holland's Model of vocational interests for Chicana(o) and Latina(o) college students. *Measurement And Evaluation In Counseling and Development*, *32*, 2-13.

Haslam, C., & Mallon, K.(2003). A preliminary investigation of posttraumatic stress symptoms among firefighters. *Work Stress*, *17*, 277-285.

Hassan, E. Karma, & Sader, Maliha E.(2005). Adapting and Validating the Bar-on EQ-i:YV in the Lebanese Context. *International Journal of Testing*, *5*(3), 301-317.

Hayashi, M., Miyake, Y., & Minakawa, K.(2004). Reliability and validity of the Japanese edition of the Defense Style Questionnaire 40. *Psychiatry and Clinical Neurosciences*, *58*(2), 152-156.

Heaton, R.(1981). *Wisconsin Card Sorting Test: Manual*. Odessa, FL: Psychological Assessment Resources.

Hedlund, J., & Vieweg, B.(1979). The Hamilton Rating Scale for Depression: A comprehensive review. *Journal of Operational Psychiatry*, *10*, 149-162.

Heibrun, A.B.(1977). The influence of defensive styles upon the predictive validity of the them at apperception test. *Journal of Personality Assessment*, (41), 486-491.

Heimberg, R.G., Horner, K.J., Juster, H.R., Safren, S.A., Brown, E.J., Schneier, F.R., & Liebowitz, M.R.(1999). Psychometric properties of the Liebowitz Social Anxiety Scale. *Psychological Medicine: A Journal of Research in Psychiatry and the Allied Sciences*, *29*, 199-212.

Henderson, S.(1977). The social network, support, and neurosis. *British Journal of Psychiatry*, *131*,

185-191.

Hendrickson, D.E., & Hendrickson, A.E.(1980). The biological basis of individual differences in intelligence. *Personality and Individual Difference*, *1*, 3-33.

Hirsch, B.J.(1980).Natural support systems and coping with major life changes. *American Journal of Community Psychology*, *8*, 159-172.

Hirschfeld, R.M., Lewis, L., & Vomik, L.A.(2003). Perception and impact of bipolar dimmer: How far have We really come: Results of the national depressive and manic-depressive aasociation 2000 survey of individual with bipolardisorder. *Journal Clinical Psychiatry*, *64*, 161-174.

Hjemdal, O., Friborg, O., Stiles, T.C., et al.(2006). Resilience predicting psychiatric symptoms: A prospective study of protective factors and their role in adjustment to stressful life events. *Clinical Psychology and Psychotherapy*, *13*(3), 194-201.

Hofmann, S.G., Schulz, S.M., Meuret, A.E., et al.(2006). Sudden gains during therapy of social phobia. *Journal of Consulting and Clinical Psychology*, *74*, 687-697.

Hofmann, W., Gawronski, B., Gschwendner, T., Le, H., & Schmitt, M.(2005). A meta-analysis on the correlation between the Implicit Association Test and explicit self-report measures. *Personality and Social Psychology Bulletin*, *31*(10), 1369-1385.

Hohagen, F., Winkelmann, G., Rasche-Räuchle, H., Hand, I., König, A., Münchau, N., Hiss, H., Geiger-Kabisch, C., Käppler, C., Schramm, P., Rey, E., Aldenhoff, J., & Berger, M.(1998). Combination of behaviour therapy with fluvoxamine in comparison with behaviour therapy and placebo. *British Journal of Psychiatry*, *173*, 71-78.

Holahan, C.J., & Moos, R.N.(1981). Social support and psychological distress: A longitudinal analysis. *Journal of Abnormal Psychology*, *90*, 365-370.

Holland, J.L.(1966). A psychological classification scheme for vocations and major fields. *Journal of Counseling Psychology*, *13*, 278-288.

Holme, T.H., & Rahe, R.H.(1967). The Social Readjustment Rating Scale. *Journal of Psychosomatic Research*, *11*, 213-218.

Hoops, S., Nazem, S., & Siderowf, A.D.(2009). Validity of the MoCA and MMSE in the detection of MCI and dementia in Parkinson disease . *Neurology*, *73*(21), 1738-1745.

Horn, J.L., & Cattell, R.B.(1966). Refinement and test of the theory of fluid and crystallized general intelligences. *Journal of Educational Psychology*, *57*(5), 253-276.

Houck, P.R., Spiegel, D.A., Shear, M.K., & Rucci, P.(2002). Reliability of the self-report version of the Panic Disorder Severity Scale. *Depress Anxiety*, *15*, 183-185.

Hough, L.M.(1984). Development and evaluation of the "Accomplishment Record" method of selecting and promoting professionals.*Journal of Applied Psychology*, *69*, 135-146.

Hovens, J.E.J.M., Van der Ploeg, H.M., Bramsen, I., Klaarenbeek, M.T.A., Schreuder, B.J.N., & Rivero, V.V.(1994). The development of the Self-Rating Inventory for Posttraumatic Stress Disorder. *Acta Psychiatrica Scandinavica*, *90*, 172-183.

Hrris, D.B.(1963).*Children's drawings as measures of intellectual maturity*. New York: Harcourt Brace Jovanovich,Inc.

Hsu, F.L.K.(1963). *Clan, Caste, and Club*. New York: Van Norstrand.

Hunter, J.E., & Hunter, R.F.(1984). Validity and utility of alternative predictors of job performance. *Psychological Bulletin*. *96*, 72-98.

Huppert, J.D., Walther, M.R., Hajcak, G., Yadin, E., Foa, E.B., Simpson, H.B., & Liebowitz, M.R. (2007). The OCI-R: Validation of the subscales in a clinical sample. *Journal of Anxiety Disorders*, *21*, 394-406.

Husaini, B.A., Neff, J.A., Harrington, J.B., Hughes, M.D., & Stone, R.H.(1980). Depression in rural communities: Validating the CESD scale. *Journal of Community Psychology*, *8*, 20-27.

Hwee-Hoon, Tan, & Boon-Choo, Quek.(2001). An Exploratory Study on the Career Anchors of Educators in Singapore. *The Journal of Psychology*, *135*(5), 527-545.

Hyler, S.E.(1994). *Personality Questionnaire*, *PDQ-4+*. New York: New York State Psychiatric Institute.

Hyler, S.E., & Rieder, R.O.(1987). *PDQ-R*: *Personality Diagnostic Questionnaire-Revised*. New York: New York State Psychiatric Institute.

Hyler, S.E., Rieder, R.O., Spitzer, R., & Williams, J.B.(1983). *Personality Diagnostic Questionnaire (PDQ)*. New York: New York State Psychiatric Institute.

Hyphantis, T.(2010). The Greek version of the Defense Style Questionnaire: Psychometric properties in three different samples. *Comprehensive Psychiatry*, *51*, 618-629.

Irwin G.Sarason & Barbara R.Sarason(1996).*Abnormal Psychology*. Prentice-Hall.

Izard, C.E.(1992). Basic emotions relations among emotions and emotion Cognition relations. *Psychological Review*, *99*, 561-565.

Jablensky, A., Sartorius, N., Hirschfeld, R., & Pardes, H.(1983). Diagnosis and classification of mental disorders and alcohol-and drug-related problems: A research agenda forthe 1980s. *Psychological Medicine*, *13*, 907-921.

Jackson, S.A., & Marsh, H.(1996). Development and validation of a scale to measure optimal experience: The Flow State Scale. *Journal of Sport and Exercise Psychology*, *18*(1), 17-35.

Jackson, S.A., & Roberts, G.C.(1992). Positive performance states of athletes: Toward a conceptual understanding of peak performance. *The Sport Psychologist*, *6*, *156-171*.

James, D.A., parker, Donald, H., et al.(2005). Generalizability of the emotional intelligence construct: Across-cultural study of North American aboriginal youth. *Personality and Individual Differences*, *39*, 215-227.

James D.A., Ronald, E., Creque, S., et al.(2004). Academic achievement in high school: Does emotional Intelligence matter? *Personality and Individual Differences*, *37*, 1321-1330.

James, D.A., Parker, Donald H., et al.(2005). Generalizability of the emotional intelligence construct: Across-cultural study of North American aboriginal youth. *Personality and Individual Differences*, *39*, 215-227.

Janette, B., Spero, M.M., Ellen, M.K., & Rhonda, W.D.(1991). Factorial structure of the Center for Epidemiologic Studies-Depression Scale among American Indian College students. *Psychological Assessment*: *A Journal of Consulting and Clinical Psychology*, *3*(4), 623-627.

Jankowski, D.(2002). *A beginner's guide to the MCMI-III*. Washington, DC: American Psychological Association.

Jegede, R.O. (1976). Psychometric properties of the Self-Rating Depression Scale (SDS). *The Journal of Psychology*, *93*, 27-30.

Jess L.M.Leung, Gary T.H.Lee, Y.H.Lam, Ray C.C.Chan, & Jimmy Y.M.Wu(2011). The use of the Digit Span Test in screening for cognitive impairment in acute medical inpatients. *International Psychogeriatrics*, *23*(10), 1569-1574.

Jobes, D. A. (2003). *Manual for the collaborative assessment and management of suicidality-revised* (CAMS-R). Unpublished manuscript.

John, O.P., Angleitner, A., & Ostendorf, F.(1988). The lexical approach to personality: A historical review of trait taxonomic research. *European Journal of Personality*, *2*, 171-203.

John, T, Bair(1951). Factor analysis of clerical aptitude tests. *Journal of Applied Psychology*, *35*(4), 245-249.

Joiner, T.E.Jr., Rudd, M.D., & Rajab, M.H.(1997). The modif ied Scale for Suicidal Ideation: Factors of suicidality and their relation to clinical and diagnostic variables. *Journal of Abnormal Psychology*, *106*(2), 260-265.

Jubinville,J., Newburn-Cook, C., Hegadoren, K., & Lacaze-Masmonteil, T.(2012). Symptoms of Acute Stress Disorder in Mothers of Premature Infants. *Advances in Neonatal Care*, *12*(4), 246-253.

Julie A.Pozzebon, Beth A.Visser Michael C.Ashton, Kibeom Lee, & Lewis R.Goldberg (2010). Psychometric characteristics of a public-domain self-report measure of vocational interests: The Oregon Vocational Interest Scales. *Journal of Personality Assessment*, *92*(2), 168-174.

Julie, D. H., John, R. C., & Louise, H. P. (2004). Verbal fluency performance in dementia of the Alzheimer's type: A meta-analysis. *Neuropsychologia*, *42*, 1212-1222.

Kabacoff, R.I., Segal, D.L., Hersen, M., & Hasselt, V.B.(1997). Psychometric properties and diagnostic utility of the Beck Anxiety Inventory and the State-Trait Anxiety Inventory with older adult psychiatric outpatients. *Journal of Anxiety Disorders*, *11*, 33-47.

Kabat-Zinn, J.(2009). *Full catastrophe living: Using the wisdom of your body and mind to face stress, pain, and illness*. New York: Delta Books.

Kaplan, E., Goodglass, H., & Weintraub, H.(1983). *Boston Naming Test*. Philadelphia, PA: Lea & Febiger.

Karademas, E.C.(2006). Self-efficacy, social support and well-being: The mediating role of optimism. *Personality and Individual Differences*, *40*(6), 1281-1290.

Karpinski, A., & Lytle, J.(2005). *Measuring implicit gender attitudes, gender identity, and self-esteem using the Single Category Implicit Association Test*. Unpublished manuscript.

Karpinski, A., & Steinman, R.B.(2006). The Single Category Implicit Association Test as a measure of implicit social cognition. *Journal of Personality and Social Psychology*, *91*(1), 16-32.

Kaufman, A.S.(1975). Factor analysis of the WISC-R at 11 age levels between 61/2 and 161/2 years. *Journal of Consulting and Clinical Psychology*, *43*(2), 135-147.

Kaufman, A.S. (2004). *Kaufman Assessment Battery for Children-II (KABC-II)*. Circle Pines, MN: American Guidance Service.

Kaufman, A.S., & Kaufman, N.L.(1983). *K-ABC: Kaufman Assessment Battery for Children: Sampler Manual*. American Guidance Service.

Kay, S.R., Fiszbein, A., & Opler, L.A.(1987). The Positive and Negative Syndrome Scale(PANSS) for schizophrenia. *Schizophrenia Bulletin*, *13*, 261-276.

Kelley, M.E., White, B., Compton, M.T., & Harvey, P.D.(2013). Subscale structure for the Positive and Negative Syndrome Scale (PANSS): A proposed solution focused on clinical validity. *Psychiatry Research*, *205*, 137-142.

Kenneth, D.H., Stanley, J.C., & Hopkins, B.R.(1990). *Educational and Psychological Measurement and Evaluation* (*7th ed*.). Englewood Cliffs, New Jersey.

Kevin R.Murphy, & Charles O.Davidshofer(1998). *Psychological Testing : Principles and Application*. Prentice Hall.

Kim, S.W., Dysken, M.W. & Kuskowski, M.(1990). The Yale-Brown Obsessive-Compulsive Scale: A reliability and validity study. *Psychiatry Research*, *34*, 99-106.

Kim, S.W., Dysken, M.W. & Kuskowski, M.(1992). The Symptom Checklist-90, Obsessive-Compulsive Subscale: A reliability and validity study. *Psychiatry Research*, *41*, 37-44.

Kimble, G.A.(1984). Psychology's two cultures.*American Psychologist*, *39*, 833-840.

Kin, M., Cogan, R., Carter, S., et al.(2005). Defense mechanisms and self report violence towards strangers. *Bulletin of the Menninger Clinic*, (*69*), 305-312.

Kirkpatrick, B., Fenton,W.S., Carpenter Jr., W.T., & Marder, S.R.(2006). The NIMH-MATRICS consensus statement on negative symptoms. *Schizophrenia Bulletin*, *32*, 214-219.

Kivelä, S.L., & Pahkala, K. (1987). Factor structure of Zung Self-Rating Deprssion Scale among a depressed eldely population. *International Journal of Psychology*, *22*, 289-300.

Klimidis, S., Stuart, G.W., Minas, I.H., Copolov, D.L., & Singh, B.S.(1993). Positive and negative symptoms in the psychoses: Re-analysis of published SAPS and SANS global ratings. *Schizophrenia Research*, *9*, 11-18.

Klopfer, B. (1957). Psychological variables in human cancer. *Journal of Projective Techniques*, *21*, 332-340.

Knight, R.G.,Waal-Manning, H.J., & Godfrey, H.P.D.(1983). The relationship between state anxiety and depressed mood: A validity study. *Journal of Behavioral Assessment*, *5*(3), 191-201.

Knight, R.G., Waal-Manning, H.J., & Spears, G.F.(1983). Some norms and reliability data for the State-Trait Anxiety Inventory and the Zung Self-Rating Depression Scale. *British Journal of Clinical Psychology*, *22*, 245-249.

Knoff, H.M.(1986). *The Assessment of Child and Adolesent Personality*. New York: The Guilford Press.

Kobak, K.A., Reynolds, W.M., & Greist, J.H.(1993). Development and Validation of a Computer-Administered Version of the Hamilton Anxiety Scale. *Pshchological Assessment*, *5*(4), 487-492.

Koopman, C., Classen, C., & Spiegel, D.(1994). Predictors of posttraumatic stress symptoms among survivors of the Oaklandl Berkeley, California firestorm. *American Journal of Psychiatry*, *151*, 888-894.

Kowal, J., & Fortier, M.S. (1999). Motivational determinants of flow: Contributions from self-determination theory. *The Journal of Social Psychology*, *139*(3), 355-368.

Kweon, Y.S., Jung, N.Y., Wang, S.M., Rauch, S.A.M., Chae, J.H., Lee, H.K., Lee, C.T., & Lee, K. U. (2013). Psychometric Properties of the Korean Version of Stanford Acute Stress Reaction Questionnaire. *Journal of Korean Medical Science*, *28*, 1672-1676.

Kyrios, M., Bhar, S., & Wade, D.(1996). The assessment of obsessive-compulsive phenomena: Psychometric and normative data on the Padua Inventory from an Australian non-clinical student sample. *Behaviour Research and Therapy*, *34*, 85-95.

Lachman, M. E., & Weaver, S. L.(1998). The sense of control as a moderator of social class differences in health and well-being. *Journal of Personality and Social Psychology*, *74*(3), 763-773.

Lam, T.H., Stewart, S.M., Leung, G.M., Lee, P., Wong, J., Ho, L.M., et al.(2004). Depressions symptoms among Hong Kong adolescents: Relation to atypical sexual feelings and behaviors, gender dissatisfaction, pubertal timing, and family and peer relationships. *Archives of Sexual Behavior*, *33*(5), 487-496.

Lanyon, R.J.(1982). *Personality assessment*. New York: Wiley.

Lau, M.A., Bishop, S.R., Segal, Z.V., et al.(2006). The Toronto Mindfulness Scale: Development and validation. *Journal of Clinical Psychology*, *62*(12), 1445-1467.

Lawlor, S., Richman, S., & Richman, C.L.(1997). The validity of using the SAT as a criterion for black and white students' admission to college. *College Student Journal*, *31*, 507-515.

Lee, E.H., Kim, J.H., & Yu, B.H.(2009). Reliability and validity of the self-report version of the panic disorder severity scale in Korea. *Depression and Anxiety*, *26*, E120-E123.

Lenzenweger, M.F., Loranger, A.W., Korfine, L., & Neff, C.(1997). Detecting personality disorders in a nonclinical population: Application of a 2-stage procedure for case identification. *Archives of General Psychiatry*, *54*, 345-351.

Leonard, D.K., & Jiang, J.(1999). Gender bias and the college predictions of the SATs: A cry of despair. *Research in Higher Education*, *40*(4), 375-407.

Lévy-Garboua, L., Loheac, Y., & Fayolle, B.(2006). Preference formation, school dissatisfaction and risky behavior of adolescents. *Journal of Economic Psychology*, *27*(1), 165-183.

Lezak, M.D.(1995). *Neuropsychological Assessment*(*3rd Ed.*). New York: Oxford University Press.

Liang, J.(1985). A structural integration of the Affect Balance Scale and the Life Satisfaction Index A. *Journal of Gerontology*, *40*(5), 552-561.

Liebowitz, M.R.(1987). Social phobia. *Modern Problems of Pharmacopsychiatry*, *22*, 141-173.

Lilienfeld, O.S., Wood, M.J., & Garb, N.H.(2000). The scientific status of projective techniques. *Psychological Science in the Public Interest*, (1), 27-66.

Lin, K.N., Wang, P.N., Liu, C., et al.(2002). Cut off scores of the cognitive abilities screening instrument, Chinese version in screening of dementia. *Dementia and geriatric cognitive disorders*, *14*, 176-182.

Lin, K.N., Wang, P.N., Liu, H.C., & Teng, E.L.(2012). Cognitive Abilities Screening Instrument, Chinese Version 2.0(CASI-2.0): Administration and Clinical Application. *Acta Neurologica Taiwanica*, *21*(4), 180-189.

Liu, H.C., Teng, E.L., Lin, K.N., et al.(2002). Performance on the cognitive abilities screening instrument at different stages of Alzheimer's disease. *Dementia and Geriatric Cognitive Disorders*, *13*, 244-248.

Loehlin, J.C.(1992). *Genes and environment in personality development*. Newbury Park, CA: Sage.

Loranger, A.W.(1988). *Personalily Disorder Examination (PDE) Manual*. Yonkers, DV: Communications.

Loranger, A.W., Hirschfeld, R.M.A., Sartorius, N., & Regier, D.A.(1991). The WHO/ADAMHA International Pilot Study of Personality Disorders: Background and purpose. *Journal of Personality Disorders*, *5*, 296-306.

Loranger, A.W., Janca, A., & Sartorius, N.(Eds.).(1997). *Assessment and Diagnosis of Personality Disorders, The ICD-10 International Personality Disorder Exammination(IPDE)*. UK: Cambridge University Press.

Loranger, A.W., Sartorius, N., Andreoli. A., Berger, P., Buchheim, P., Channabasavama. S.M., Coid, B., Dahl, A., Dieksua, R.F.W., Ferguson, B., Jacobsberg, L.B., Mombour, W., Pull, C., Ono, Y., & Regier, D.A.(1994). The World Health Organization/Alcohol, Drug Abuse, and Mental Health Adminisuation ln International Pilot Study of Personality Disorders. *Archives of General Psychiatry*, *51*, 215-224.

Lucas, R.E., Diener, E., & Suh, E.(1996). Discriminant validity of well-being measures. *Journal of Personality and Social Psychology*, *71*(3), 616-628.

Luis, C.A., Keegan, A.P., & Mullan, M.(2009). Cross validation of the Montreal Cognitive Assessment in community dwelling older adults residing in the southeastern US. *International Journal of Geriatric Psychiatry*, *24*(2), 197-201.

Lukoff, D., Liberman, R.P., & Nuechterlein, K.H.(1986a). Symptom monitoring in the rehabilitation of schizophrenic patients. *Schizophrenia Bulletin*, *12*, 578-593.

Lukoff, D., Nuechterlein, K.H., & Ventura, J.(1986b). Manual for Expanded Brief Psychiatric Rating Scale. *Schizophrenia Bulletin*, *12*, 594-602.

Lundy, A.(1985). The reliability of the thematic apperception test. *Journal of Personality Assessment*, (49), 141-145.

Luria, A.R.(1980). *Higher cortical functions in man (2nd Ed.)*. New York: Basic books.

Luthans, F., Avey, J.B., Clapp-Smith, R., et al.(2008). More evidence on the value of Chinese workers' psychological capital: A potentially unlimited competitive resource? *The International Journal of Human Resource Management*, *19*(5), 818-827.

Luthans, F., Avolio, B.J., Avey, J.B., et al.(2007).Positive psychological capital: Measurement and relationship with performance and satisfaction. *Personnel Psychology*, *60*(3), 541-572.

Luthans, F., & Youssef, C.M.(2004).Human, Social, and Now Positive Psychological Capital Management: Investing in People for Competitive Advantage. *Organizational Dynamics*, *33*(2), 143-160.

Lyman, H.B.(1971). *Test Scores and What They Mean* (2nd ed.) Englewood Cliffs, N.J.: Prentice-Hall.

MacDonald, A.M., & de Silva, P.(1999). The assessment of obsessionality using the Padua Inventory: Its validity in a British non-clinical sample. *Personality and Individual Differences*, *27*(6), 1027-1048.

MacDonald, J.M., Piquero, A.R., Valois, R.F., et al.(2005). The relationship between life satisfaction, risk-taking behaviors, and youth violence. *Journal of Interpersonal Violence*, *20*(11), 1495-1518.

MacKillop, J., & Anderson, E.J.(2007). Further psychometric validation of the mindful attention awareness scale (MAAS). *Journal of Psychopathology and Behavioral Assessment*, *29*(4), 289-293.

MacKintosh, N.J.(1986). The biology of intelligence. *British Journal of Psychology*, *77*, 1-18.

Maier, W., Buller, R., Philipp, M., & Heuser, I.(1988). The Hamilton Anxiety Scale: reliability, validity and sensitivity to change in anxiety and depressive disorders. *Journal of Affective Disorders*, *14* (1), 61-68.

Maison, D., Greenwald, A.G., & Bruin, R.(2001). The Implicit Association Test as a measure of implicit consumer attitudes. *Polish Psychological Bulletin*, *2*, 61-79.

Malla, A.K., Norman, R.M.G., Williamson, P., Cortese, L., & Diaz, F.(1993). Three syndrome concept of schizophrenia: A factor analytic study. *Schizophrenia Research*, *10*, 143-150.

Maltby, J., Day, L., & Barber, L.(2004). Forgiveness and mental health variables: Interpreting the relationship using an adaptational-continuum model of personality and coping. *Personality and Individual Differences*, *37*(8), 1629-1641.

Mannell, R.C., Zuzanek, J., & Larson, R.(1988). Leisure states and "flow" experiences: Testing perceived freedom and intrinsic motivation hypotheses. *Journal of Leisure Research*, *20*, 289-304.

Marks,P.A., Seeman, W., & Haller, D.L.(1974). *Actuarial Use of the MMPI with Adolescents and Adulte*. Oxford: Oxford University Press.

Martin, J.R.(1997). Mindfulness: A proposed common factor. *Journal of Psychotherapy Integration*, *7* (4), 291-312.

Martin, P.J., et al.(2005). Ray's Verbal Learning Test: Normative data for 1855 healthy participants aged 24-81 years and the influence of age, sex, education, and mode of presentation. *Journal of the International Neuropsychological Society*, *11*, 290-302.

Mary Russell, & Darcie Karol(2002). *16PF Fifth Edition with updated Norms Administrator's Manual* (*3rd ed.*).Champaign,IL:Institute for Personality and ability Testing ,Inc.

Masia-Warner, C., Storch, E.A., Pincus, D.B., et al.(2003). The Liebowitz Social Anxiety Scale for Children and Adolescent: An initial psychometric investigation.*Journal of the American Academy of Child and Adolescent Psychiatry*, *42*(9), 1076-1084.

Massimini, F., & Carli, M.(1988). The systematic assessment of flow in daily experience. In M.Csikszentmihalyi, and I.S.Csikszentmihalyi (Eds.),*Optimal experience: Psychological studies of flow in consciousness* (pp.266-287). New York: Cambridge University Press.

Mataix-Cols, D., Junqué, C., Sànchez-Turet, M., Vallejo, J., Verger, K., & Barrios, M.(1999). Neuropsychological functioning in a subclinical obsessive-compulsive sample. *Biological Psychiatry*, *45*, 898-904.

Mataix-Cols, D., Junqué, C., Vallejo, J., Sànchez-Turet, M., Verger, K., & Barrios, M.(1997). Hemispheric functional imbalance in a sub-clinical obsessive-compulsive sample assessed by the Continuous Performance Test (Identical Pairs version). *Psychiatry Research*, *72*, 115-126.

Matarazzo, J.D.(1972). *Wechsler's Measurement and Appraisal of Adult Intelligence* (*5th Ed.*). The Wiliams & Wilkings Company/Baltimore.

Mau, W., & Lynn, R.(2001). Gender differences on Scholastic Aptitude Test, the American College Test, and college grades. *Educational Psychology*, *21*(2), 133-136.

Maura, M., et al.(2005). *Handbook of Normative Data for Neuropsychological Assessment* (*2nd Ed.*). New York: Oxford University Press.

Mayer, J.D., & Salovey, P.(1997). What is emotional intelligence In P.Salovey, and D.Sluyter(Eds.), *Emotional development and emotional intelligence: Implications for educators*(pp.3-22).New York:Basic

Books.

Mayer, J.D.(2001). A field guide to emotional intelligence. In J. Ciarrochi, J.P.Forgas, and J.D.Mayer (Eds.), *Emotional intelligence In Everyday Life: A scientific inauiry* (pp.3-22). Philadelphia: Psychology Press.

Mayer, J.D., Caruso, D.R., & Salovey, P.(2000). Emotional intelligence meets traditional standards for an intelligence. *Intelligence*, *27*(4), 267-298.

Mayer, J.D., Caruso, D.R., & Salovey, P.(2000). Selecting a measure of emotional intelligence: The case for ability testing. In Bar-On, R., and Parker, J.D.A.(Eds.), *Handbook of emotional intelligence*. New York: Jossey-Bass, pp.320-342.

Mayer, J.D., Caruso, D.R., & Salovey, P.(1997). What is Emotional, In P.Salovey, and D.Sluyter(Eds.), *Emotional development and emotional intelligence: Implications for Educators*. New York, NY, USA: Basic Books, p.10.

Mayer, J.D., Salovey, P., & Caruso, D.R.(1997). *Emotional IQ test*. Needham, MA: Virtual Knowledge.

Mayer, J.D., Salovey, P., & Caruso, D.R.(1998). *Multibranch Emotional Intelligence Scale*. User. Manual.

Mayer, J. D., Salovey, P., & Caruso, D. R. (2000). *The Mayer, Salovey, and Caruso emotional intelligence test: Technical manual*. Toronto, ON: MHS.

Mayer, J.D., Salovey, P., & Caruso, D.R.(2001). Emotional Intelligence as a Standard Intelligence Emotions. *Intelligence*, *1*(3), 232-242.

Mayer, J.D., Salovey, P., & Caruso, D.R.(2005). *Mayer-Salovey-Caruso Emotional Intelligence Test: User's Manual*, Fourth Printing.

Mayer, J.D., Salovey,P., Caruso, D.R., & Sitarenios,G.(2003). Measuring emotional intelligence with the MSCEIT V2.0.*Emotion*, *3*, 97-105.

McCarthy, E.(2008). Post-Traumatic Stress Diagnostic Scale (PDS). *Occupational Medicine*, *58*, 379.

McCrae R.R., & Costa P.T.Jr.(1990).*Personality in adulthood*. New York: Guilford.

McCullough, M.E., Rachal, K.C., Sandage, S.J.,Worthington, E., Brown, S., & Hight, T.(1998). Interpersonal forgiving in close relationships: II. Theoretical elaboration and measurement. *Journal of Personality and Social Psychology*, *75*(6), 1586-1603.

McGlashan, T.H., & Fenton, W.S.(1992). The positive-negative distinction in schizophrenia: Review of natural history validators. *Archives of General Psychiatry*, *49*, 63-72.

McGrath, J.J.(1960). Improving credit evaluation with a weighted application blank. *Journal of Applied Psychology*, *44*, 168-170.

McGrew, K.S., Werder, J.K., & Woodcock, R.W.(1991). *WJ-R technical manual*. Allen, TX: DLM.

McGrew, K. S., & Woodcock, R. W. (2001). *Woodcock-Johnson III Technical Manual*. Itasca, IL: Riverside Publishing.

Megargee, E.I., & Spielberger, C.D.(1992). *Personality Assessment in America*. New Jersey: Lawrence Erlbaum Associates,Inc.

Mennin, D.S., Fresco, D.M., Heimberg, R.G., et al.(2002). Screening for social anxiety disorder in the clinical setting: Using the Liebowitz Social Anxiety Scale. *Journal of Anxiety Disorder*, *16*(6), 661-673.

Miller, I.W., Norman, W.H., Bishop, S.B., et al.(1986). The modified scale for suicidal ideation: Reliability and validity. *Journal of Consulting and Clinical Psychology*, *54*(5), 724-725.

Millon, T.(1994). *Millon clinical multiaxial inventory III manual*. Minneapolis, MN: National Computer Systems.

Millon, T. (1997). *Millon Clinical Multiaxial Inventory-III (MCMI-III) manual (2nd Ed.)*. Minneapolis, MN: National Computer Systems.

Millon, T.(2006). *Millon Clinical Multiaxial Inventory-III (MCMI-III) manual (3rd Ed.)*. Minneapolis, MN: Pearson Assessments.

Min, B.B.(1999). Reliability and validity of the Korean translations of Maudsley Obsessional-Compulsive Inventory and Padua Inventory. *Korean Journal of Clinical Psychology*, *18*(1), 163-182.

Miyake, A., & Friedman, N.P.(2012). The nature and organization of individual differences in executive functions: Four general conclusions. *Current Directions in Psychological Science*, *21*, 8-14.

Mondolo, F., Jahanshahi, M., Granà, A., Biasutti, E., Cacciatori, E., & Di Benedetto, P.(2007). Evaluation of anxiety in Parkinson's disease with some commonly used rating scales. *Neurological Sciences*, *28* (5), 270-275.

Monkul, E.S., Tural, U., Onur, E., Fidaner, H., Alkin, T., & Shear, M.K.(2004). Panic Disorder Severity Scale: Reliability and validity of the Turkish version. *Depress Anxiety*, *20*, 8-16.

Moritz, S., Meier, B., Kloss, M., Jacobsen, D., Wein, C., Fricke, S., & Hand, I.(2002). Dimensional structure of the Yale-Brown Obsessive-Compulsive Scale (Y-BOCS), *Psychiatry Research*, *109* (2), 193-199.

Moriwaki, S. Y.(1974). The Affect Balance Scale: A validity study with aged samples. *Journal of Gerontology*, *29*(1), 73-78.

Morris, J.A., & Feldman, D.C.(1997). Managing emotions in the work place. *Journal of Managerial Issues*, *9*(3), 257-274.

Moscarelli, M., Maffei, C., Cesana, B.M., Boato, P., Farina, T., Grilli, A., Lingiardi, V., & Cazzullo, C.L.(1987). An international perspective on assessment of negative and positive symptoms in schizophrenia. *American Journal of Psychiatry*, *144*, 1595-1598.

Moses, J.A., et al.(1979). Cross validation of the standardized Luria-Nebraska neuropsychological battery. *International Journal of Neuroscience*, *9*, 149-156.

Mote, T.A., Natalicio, L.F.S., & Rivas, F.(1971). Comparability of the Spanish and English editions of the Spielberger State-Trait Anxiety Inventory. *Journal of Cross-Cultural Psychology*, *2*(2), 205-206.

Moum, T.(1996). *Subjective well-being as a short-and long-term predictor of suicide in the general population*. Paper presented at the World Conference on Quality of Life, Prince George, British Columbia, Canada.

Mueser, K.T., Bellack, A.S., Morrison, R.L., & Wixted, J.T.(1990). Social competence in schizophrenia: Premorbid adjustment, social skill, and domains of functioning. *Journal of Psychiatric Research*, *24*, 51-63.

Mueser, K.T., Douglas, M.S., Bellack, A.S., & Morrison, R.L.(1991). Assessment of enduring deficit and negative symptom subtypes in schizophrenia. *Schizophrenia Bulletin*, *17*, 565-582.

Mueser, K. T., Sayers, S., Schooler, N. R., Mance, R. M., & Haas, G. L. (1994). A multi-site investigation of the reliability of the scale for the assessment of negative symptoms. *American Journal of Psychiatry*, *151*, 1453-1462.

Myers, I.B., McCauley, M.H., et al.(1998). *MBTI Manual: A Guide to the Development and Use of the Myers-Briggs Type Indicator (Third Edition)*. Palo Alto, CA: Consulting Psychologists Press.

Myers, J.K., & Weissman, M.M.(1980). Use of a self-report symptom scale to detect depression in a community sample. *American Journal of Psychiatry*, *137*, 1081-1084.

Naglieri, J.A.(1985). Review of the Gesell Preschool Test. In J.V.Mitchell (Ed.), *The ninth mental measurements yearbook* (Vol. 1). Highland Park, NJ: Gryphon Press.

Naglieri, J.A.(1999). How valid is the PASS theory and CAS? *School Psychology Review*, *28*, 145-162.

Naglieri, J.A.(2000). Can profile analysis of ability test scores work? An illustration using the PASS theory and CAS with an unselected cohort. *School Psychology Quarterly*, *15*(4), 419-433.

Nagy, L.M., Morgan, C.A., Southwick, S.M., & Charney, D.S.(1993). Open prospective trial of fluoxetine for post-traumatic stress disorder. *Journal of Clinical Psychopharmacology*, *13*, 107-113.

Nakajima, T., Nakamura, M., Taga, C., et al.(1995). Reliability and validity of the Japanese version of the Yale-Brown Obsessive-Compulsive Scale. *Psychiatry and Clinical Neurosciences*, *49*(2), 121-126.

Nakamura, J., & Csikszentmihalyi, M.(2002). The Concept of Flow. In C.Snyder, and S.Lopez (Eds.), *Handbook of Positive Psychology* (pp.89-105). New York: Oxford University Press.

Nasreddine, Z.S., Phinips, N.A., Bedirian, V., et al.(2005). The Montreal Cognitive Assessment, MoCA: A biref screening tool for mild cognitive impairment. *Journal of the American Geriatrics Society*, *53*(4), 695-699.

Neugarten, B.L., Havighurst, R.J., & Tobin, S.S.(1961). The measurement of life satisfaction. *Journal of Gerontology*, *16*, 134-143.

Nevo, Baruch.(1988). Yes, graphology can predict occupational success: Rejoinder to Ben-Shakhar et al. *Perceptual and Motor Skills*, *66*(1), 92-94.

Nock, M.K., & Kazdin, A.E.(2002). Examination of affective, cognitive, and behavioral factors and suicide-related outcomes in children and young adolescents. *Journal of Clinical Child and Adolescent Psychology*, *31*(1), 48-58.

Norman, R.M.G., Malla, A.K., Cortese, L., & Diaz, F.(1996). A study of the interrelationship between and comparative interrater reliability of the SAPS, SANS and PANSS. *Schizophrenia Research*, *19*, 73-85.

Nosek, B.A., & Banaji, M.R.(2001). The Go/No-Go Association Task. *Social Cognition*, *19*(6), 625-666.

Nosek, B.A., Banaji, M.R., & Greenwald, A.G.(2002a). Harvesting implicit group attitudes and beliefs from a demonstration website. *Group Dynamics*, *6*(1), 101-115.

Nosek, B.A., Banaji, M.R., & Greenwald, A.G.(2002b). Math=male, me=female, therefore math≠me. *Journal of Personality and Social Psychology*, *83*(1), 44-59.

Nosek, B.A., Greenwald, A.G., & Banaji, M.R.(2005). Understanding and using the Implicit Association Test: II. Method variables and construct validity. *Personality and Social Psychology Bulletin*, *31*(2), 166-180.

Noue, D.L., Spilka, B., & Castle, R.V.D.(1961). Social desirability and the group Rorschach. *The Journal of Clinical Psychology*, *17*, 175-177.

Novy, D.M., Stanley, M.A., Averill, P., & Daza, P.(2001). Psychometric comparability of English and Spanish language measures of anxiety and related affective symptoms. *Psychological Assessment*, *13*, 347-355.

O'Connor, Jr.R.M., & Little, I.S.(2003). Revisiting the predictive validity of emotional intelligence: Self-report versus ability based measures. *Personality and Individual Differences*, *35*, 1893-1902.

O'Connor, K.P., Aardema, F., Bouthillier, D., Fournier, S., Guay, S., Robillard, S., Pélissier, M.C., Landry, P., Todorov, C., Tremblay, M., & Pitre, D.(2005). Evaluation of an inference-based approach to treating obsessive-compulsive disorder. *Cognitive Behaviour Therapy*, *34*, 148-163.

Oakman, J., Van Amerigen, M., Mancini, C., & Farvolden, P.(2003). A confirmatory factor analysis of a self-report version of the Liebowitz Social Anxiety Scale. *Journal of Clinical Psychology*, *59*, 149-161.

Olatunji, B.O., Deacon, B.J., Abramowitz, J.S., & Tolin, D.F.(2006). Dimensionality of somatic complaints: Factor structure and psychometric properties of the Self-Rating Anxiety Scale. *Journal of Anxiety Disorders*, *20*, 543-561.

Olson, M.A., & Fazio, R.H.(2003). Relations between implicit measures of prejudice: What are we measuring? *Psychological Science*, *14*(6), 636-639.

Osmon, D.C., et al.(1979). The use of a standardized battery of Luria's tests in the diagnosis of lateralized cerebral dysfunction. *International Journal of Neuroscience*, *9*, 1-9.

Overall, J.E., & Gorham, D.R.(1962). The Brief Psychiatric Rating Scale. *Psychological Reports*, *10*, 799-812.

Overall, J.E., Hollister, L.E., & Pichot, P.(1967). Major psychiatric disorders: A four-dimensional model. *Archives of General Psychiatry*, *16*, 146-151.

Palaniappan, A.K., & Torrance, E.P.(2001). Comparison between regular and streamlined versions of scoring of Torrance Tests of Creative Thinking. *Korean Journal of Thinking and Problem Solving*, *11*(2), 5-7.

Pande, A.C., Pollack, M.H., Crockatt, J., et al.(2000). Placebo-controlled study of gabapentin treatment of panic disorder. *Journal of Clinical Psychopharmacology*, *20*, 467-471.

Paolo, A.M., Troster, A.I., & Ryan, J.J.(1997). *Neuropsychological Assessment of Learning and Memory*. New York: Elsevier Science Publishers.

Parker, K.C., Hanson, R.K., & Hunsley, J.(1988). MMPI, Rorschach and WAIS: A meta-analyticcomparison of reliability, stability and validity. *Psychological Bulletin*, *103*, 367-373.

Paul T.Costa Jr., & Robert R.McCrae(2005). A Five-Factor Theory Perspective on the Rorschach. *Rorschachinaa*, (27), 80-100.

Pavot, W., & Diener, E.(1993). Review of the satisfaction with life scale. *Psychological Assessment*, *5*(2), 164-172.

Penke, L., Eichstaedt, J., & Asendorpf, J.B.(2006). Single-Attribute Implicit Association Tests (SA-IAT) for the Assessment of Unipolar Constructs: The case of sociosexuality. *Experimental Psychology*, *53*(4), 283-291.

Peralta, V., & Cuesta, M.J.(1995). Negative symptoms in schizophrenia: A confirmatory factor analysis of competing models. *American Journal of Psychiatry*, *152*, 1450-1457.

Peralta, V., & Cuesta, M.J.(1998). Factor structure and clinical validity of competing models of positive symptoms in schizophrenia. *Biological Psychiatry*, *44*, 107-114.

Peralta, V., & Cuesta,M.J.(1999). Dimensional structure of psychotic symptoms: An item-level analysis of SAPS and SANS symptoms in psychotic disorders. *Schizophrenia Research*, *38*, 13-26.

Phelps, E.A., O'Connor, K.J., Cunningham, W.A., Funayama, E.S., Gatenby, J.C., Gore, J.C., & Banaji, M.R.(2000). Performance on indirect measures of race evaluation predicts amygdale activation. *Journal of Cognitive Neuroscience*, *12*(5), 729-738.

Picardi, A., Battisti, F., De Girolamo, G., Morosini, P., Norcio, B., Bracco, R., & Biondi, M.(2008). Symptom structure of acute mania: A factor study of the 24-item Brief Psychiatric Rating Scale in a national sample of patients hospitalized for a manic episode. *Journal of Affective Disorders*, *108*, 183-189.

Pines, A.(2004). Adult Attachment Styles and Their Relationship to Burnout: A Preliminary, Cross-Cultural Investigation. *Work and Stress*, *18*(1), 66-88.

Pines, A., & Aronson, E.(1988). *Career Burnout: Causes and Cures*. New York: Free Press.

Plake, B.S., & Impara, J.C. (Eds.).(2000). *The Baron Emotional Quotient Inventory(EQ-i)*. Supplement to the 14th mental measurement year book. Lincoln, NE: Bvuros Institute for Mental measurement.

Pogue-Geile, M.E.(1989). The prognostic significance of negative symptoms in schizophrenia. *British Journal of Psychiatry*, *155*, 123-127.

Pogue-Geile, M.E., & Zubin, J.(1988). Negative symptomatology and schizophrenia: A conceptual and empirical review. *International Journal of Mental Health*, *16*, 3-45.

Pounder, C.J.(1970). The Admissions Test for Graduate Study in Business: A Factor Analytic Study. *Educational and Psychological Measurement*, *30*, 469-473.

Pusey, F.(2000). *Emotional intelligence and success in workplace: Relationship to job performance*. Unpublished master's thesis, Pepperdine University. Malibu, CA.

Rabany, L., Weiser, M., Werbeloff, N., & Levkovitz, Y.(2011). Assessment of negative symptoms and depression in schizophrenia: Revision of the SANS and how it relates to the PANSS and CDSS. *Schizophrenia Research*, *126*, 226-230.

Rabkin, J.G., & Struening, E.L.(1976). Life events, Stress and illness.*Science*, *194*, 1013-1020.

Radloff, L.S.(1977). The CES-D Scale: A self-report depression scale for research in the general population. *Applied Psychological Measurement*, *3*, 385-401.

Randolph, C.(1998). *Repeatable battery for the assessment of neuropsychological status(RBANS)*. San Antonio, TX: Psychological Corporation.

Rapee, R.M., Craske, M.G., & Barlow, D.H.(1994/1995). Assessment instrument for panic disorder that includes fear of sensation-producing activities: The Albany Panic and Phobia Questionnaire. *Anxiety*, *1*, 114-122.

Raven, J.C.(1941). Standardization of progressive matrices, 1938. *British Journal of Medical Psychology*, *19*(1), 137-150.

Raven, J.C., Raven, J., & Court, J.H(1962). *Coloured Progressive Matrices*. Oxford, United Kingdom: Oxford Psychologists Press.

Raven, J.C., Raven, J., & Court, J.H.(1990). *Standard Progressive Matrices*. Oxford, United Kingdom: Oxford Psychologists Press.

Reilly, R.R., & Chao, G.T. (1982). Validity and Fairness of some Alternative Employee Selection Procedures. *Personnel Psychology*, 35(1), 1-62.

Reitan, R.M.(1958). Validity of The Trail Making Test as an indicator of organic brain damage. *Perceptual and Motor Skills*, 8, 271-276.

Reitan, R.M., & Davison, L.(1974). *Clinical Neuropsychology: Current Status and Application*. Washington DC: Winston.

Reschly, D.J.(1990). Found: Our Intelligences: What Do they Mean? *Journal of Psychoeducational Assessment*, 8(3), 259-267.

Reynolds, C. R.(1978). The McCarthy drawing tests as a group instrument. *Contemporary Educational Psychology*, 3, 169-174.

Rhonda, W.D., Janette, B., Ellen, M.K., & Spero, M.M.(1994). Factorial structure of the CES-D among American Indian adolescents. *Journal of Adolescence*, 17, 73-79.

Richetin, J., & Perugini, M.(2008). When Temporal Contiguity Matters: A Moderator of the Predictive Validity of Implicit Measures. *European Journal of Psychological Assessment*, 24(4), 246-253.

Robert, T.K., Shela, W., Rob, M., & Susan, O.(1997). Psychometric Properties of The Center for Epidemiological Studies Depression Scale (CES-D) in a Sample of Women in Middle Life. *Behavior Research Theory*, 35(4), 373-380.

Robertson, I.T., & Makin, P.J.(1986). Management selection in Britain: A survey and critique. *Journal of Occupational Psychology*, 59, 45-57.

Roid, G.H.(2003). *Stanford Binet Intelligence Scales (5th ed.)*, Technical Manual. Itasca, IL: Riverside.

Rosenhan, D.L.(1973). On being sane in insane places. *Science*, 179, 250-258.

Rossi, A., Daneluzzo, E., Arduini, L., et al.(2001). A factor analysis of signs and symptoms of the manic episode with Bech-Rafaelsenmania and melancholia scales. *Journal of Affective Disorder*, 64, 267-270.

Rothermund, K., Teige, M.S., Gast, A., & Wentura, D.(2009). Minimizing the influence of recoding in the Implicit Association Test: The Recoding-Free Implicit Association Test (IAT-RF). *The Quarterly Journal of Experimental Psychology*, 62 (1), 84-98.

Rothermund, K., & Wentura, D. (2010). It's brief but is it better? An evaluation of the Brief Implicit Association Test (BIAT).*Experimental Psychology*, 57(3), 233-237.

Rothermund, K., Wentura, D., & De Houwer, J.(2005). Validity of the salience asymmetry account of the Implicit Association Test: Reply to Greenwald, Nosek, Banaji, and Klauer. *Journal of Experimental Psychology: General*, 134, 426-430.

Rudd, M.D., & Rajab, M.H.(1995). Use of the modified Scale for Suicidal Ideation with suicide ideators and attempters. *Journal of Clinical Psychology*, 51(5), 632-635.

Rudman, L.A., Greenwald, A.G., & McGhee, D.E.(2001). Implicit self-concept and evaluative implicit gender stereotypes: Self and ingroup share desirable traits. *Personality and Social Psychology Bulletin*, 27(9), 1164-1178.

Ruff, R.M., Light, R.H., & Quayhagen, M.(1989). Selective Reminding Tests: A normative study of verbal learning in adults. *Journal of Clinical and Experimental Neuropsychology*, 11(4), 39-50.

Rye, M.S., Loiacono, D.M., Folck, C.D., et al.(2001). Evaluation of the psychometric properties of two forgiveness scales. *Current Psychology*, 20(3), 260-277.

Ryff, C.D.(1995). Psychological well-being in adult life. *Current Directions in Psychological Science*, 4 (4), 99-104.

Ryff, C.D., & Keyes, C.L.M.(1995). The structure of psychological well-being revisited. *Journal of Personality and Social Psychology*, *69*(4), 719-727.

Safren, S. A., Heimberg, R. G., Horner, K. J., Schneier, F. R., & Liebowitz, M. R. (1999). Factor structure of social fears: The Liebowitz Social Anxiety Scale. *Journal of Anxiety Disorders*, *13*, 253-270.

Saggino, A.(2000). The big three or the big five? A replication study. *Personality and Individual Difference*, *1*, 28.

Saklofke, D., et al.(1978). Cross-cultural Comparison of Personality. *New Zeeland Children and English Children Psychological Report*, 156-169.

Sala, E. (2002). *Emotional Competence Inventory: Technical manual*. Philadelphia, PA: McClelland Center For Research, Hay Group.

Salovey, P., & Mayer, J.D.(1990). Emotional Intelligence. *Imagination, Cognition and Personality*, *9*, 185-211.

San Martini, P., Roma, P., Sarti, S., Lingiardi, V., & Bond, M.(2004). Italian version of the Defense Style Questionnaire. *Comprehensive Psychiatry*, *45*(6), 483-494.

Sanavio, E.(1988). Obsessions and Compulsions: The Padua Inventory. *Behaviour Research and Therapy*, *26*, 169-177.

Satow, Roberta, & Rector, Jacqueline (1995). Using Gestalt graphology to identify entrepreneurial leadership. *Perceptual and Motor Skills*, *81*(1), 263-270.

Sattler, Jerome M.(1982). *Assessment of children's intelligence and special abilities*. Allyn and Bacon, Inc.

Scheier, M.F., Carver, C.S., & Bridges, M.W.(1994). Distinguishing optimism from neuroticism (and trait anxiety, self-mastery, and self-esteem): A reevaluation of the Life Orientation Test. *Journal of Personality and Social Psychology*, *67*(6), 1063-1078.

Scherer, M.W., & Nakamura, C. Y.(1968). A fear survey schedule for children (FSS-FC): A factor analytic comparison with manifest anxiety (CMAS). *Behavior Research and Therapy*, *6*(2), 173-182.

Schmertz, S.K., Anderson, P.L., & Robins, D.L.(2009). The relation between self-report mindfulness and performance on tasks of sustained attention. *Journal of Psychopathology and Behavioral Assessment*, *31*(1), 60-66.

Schmidt, F. L., & Hunter, J.E.(1998). The validity and utility of selection methods in personnel psychology: Practical and theoretical implications of 85 years of research findings. *Psychological Bulletin*, *124*, 262-274.

Schmidt, M.(1996). *Rey Auditory Verbal Learning Test : A handbook*. Los Angeles, California: Western Psychological Service.

Schmitt, N., Gooding, R. Z., Noe, R.A., & Kirsch, M.(1984). Meta-analysis of validity studies published between 1964 and 1982 and the investigation of study characteristics. *Personnel Psychology*, *37*, 407-421.

Schmitz, N., Kruse, J., Heckrath, C., Alberti, L., & Tress, W.(1999). Diagnosing mental disorders in primary care: The General Health Questionnaire (GHQ) and the Symptom Check List (SCL-90-R) as screening instruments. *Social Psychiatry and Psychiatric Epidemiology*, *34*(7), 360-366.

Schnabel, K., Asendorpf, J.B., & Greenwald, A.G.(2008). Assessment of Individual Differences in Implicit Cognition: A Review of IAT Measures. *European Journal of Psychological Assessment*, *24* (4), 210-217.

Schutte, N.S., Malouff, J.M., Hall, L.E., et al.(1998). Development and validation of a measure of emotional intelligence. *Personality and Individual Differences*, *25*(2), 167-177.

Schwab, J.J., Bialow, M.R., & Holzer, C.E.(1967). A comparison of two rating scale for depression. *Journal of Clinical Psychology*, *23*, 94-96.

Shafer, A.(2005). Meta-analysis of the Brief Psychiatric Rating Scale factor structure. *Psychological Assessment*, *17*, 324-335.

Shear, M.K., Brown, T.A., Barlow, D.H., Money, R., Sholomskas, D.E., Woods, S.W., Gorman, J. M., & Papp, L.A. (1997). Multicenter collaborative Panic Disorder Severity Scale. *The American Journal of Psychiatry*, *154*, 1571-1575.

Shear, M.K., Rucci, P., Williams, J., et al.(2001). Reliability and validity of the Panic Disorder Severity Scale: Replication and extension. *Journal of Psychiatric Research*, *35*, 293-296.

Shek, D.T.L.(1993). The Chinese version of the State-Trait Anxiety Inventory: Its relationship to different measures of psychological well-being. *Journal of Clinical Psychology*, *49*(3), 349-358.

Sheppard Richard, Han Kyunghee, Stephen M.Colarelli, Dai Guangdong, & Daniel W.King (2006). Differential item functioning by sex and race in the Hogan Personality Inventory. *Assessment*, *13* (4), 442-453.

Shintaro, F.(2001). Neuronal mechanisms of executive control by the prefrontal cortex. *Neuroscience Research*, *39*, 147-165.

Shweder, R.A., & D'Andrade, R.G.(1979). Accurate reflection or systematic distortion? A reply to Block, Weiss, and Thorne. *Journal of Personality and Social Psychology*, *37* (6), 1075-1084.

Sica, C., Ghisi, M., Altoè, G., Chiri, L.R., Franceschini, S., Coradeschi, D., & Melli, G.(2009). The Italian version of the Obsessive Compulsive Inventory: Its psychometricproperties on community and clinical samples. *Journal of Anxiety Disorders*, *23*, 204-211.

Silver, Edward M., & Bennett, Corwin(1987). Modification of the Minnesota Clerical Test to predict performance on video display terminals. *Journal of Applied Psychology*, *72*(1), 153-155.

Sipos, K., & Sipos, M.(1983). The development and validation of the Hungarian Form of the State-Trait Anxiety Inventory. *Series in Clinical and Community Psychology*, *2*, 27-39.

Sitarenios, G.(1998). *Technical Report* 5: *Means SDs by Profession*. Toronto: Multi Health Systems Inc.

Smith, T., Gildeh, N., & Holmes, C.(2007). The Montreal Cognitive Assessment: Validity and utility in a memory clinic setting. *Canadian Journal of Psychiatry*, *52*(5), 329-332.

Snow, W.G. (1987). Standardization of test administration and scoring criteria: Some shortcomings of current practice with the Halstead-Reitan Test Battery. *The Clinical Neuropsychologist*, *1*, 250-262.

Snyder, C.R., Hoza, B., Pelham, W, E., et al.(1997). The development and validation of the Children's Hope Scale. *Journal of Pediatric Psychology*, *22*(3), 399-421.

Snyder, C.R., & McCullough, M.E.(2000). A positive psychology field of dreams: "If you build it, they will come ...". *Journal of Social and Clinical Psychology*, *19*(1), 151-160.

Spalding, L. R., & Hardin, C. D. (1999). Unconscious unease and self-handicapping: Behavioral consequences of individual differences in implicit and explicit self-esteem. *Psychological Science*, *10*(6),

535-539.

Spencer, Gilmore J., & Worthington, Richard (1952). Validity of a projective technique in predicting sales effectiveness. *Personnel Psychology*, *5*, 125-144.

Spiegel, D., Koopman, C., Cardeiia, E., & Classen, C.(1996). Dissociative symptoms in the diagnosis of acute stress disorder. In L. Michelson,and W.J.Ray (Eds.), *Handbook of dissociation*. New York: Plenum.

Spielberger, C.D.(1983). *Manual for the State-Trait Anxiety Inventory (Form Y)*. Palo Alto, CA: Consulting Psychologists Press.

Spielberger, C. D., Gorsuch, R. C., & Lushene, R. F. (1970). *Manual for the State-Trait Anxiety Inventory*. Palo Alto, CA: Consulting Psychologists Press.

Spreen, O., & Strauss, E.(1998). *A compendium of neuropsychological test (2nd Ed.)*. New York: Oxford University Press.

Springob, H.K.(1964). A factor analysis of the California Psychological Inventory on a high school population. *Journal of Counseling Psychology*, *11*, 173-179.

Sriram, N., & Greenwald, A.G.(2009). The Brief Implicit Association Test. *Experimental Psychology*, *56* (4), 283-294.

Steer, R.A., Beck, A.T., & Garrison, B.(1986). Application of the Beck Dpression Inventory. In N.Sartorius,and T.A.Ban (Eds.), *Assessment of Depression*. Geneva, Switzerland: World Health Organization.

Steer, R.A., Rissmiller, D.J., Ranieri, W.F., et al.(1993). Dimensions of suicidal ideation in psychiatric inpatients. *Behaviour Research and Therapy*, *31*(2), 229-236.

Stein, M.B., Fyer, A.J., Davidson, J.R.T., Pollack, M.H., & Wiita, B.(1999). Fluvoxamine treatment of social phobia (social anxiety disorder): A double-blind, placebo-controlled study. *American Journal of Psychiatry*, *156*, 756-760.

Steketee, G.(1994). Behavioral assessment and treatment planning with obsessive compulsive disorder: A review emphasizing clinical application. *Behavior Therapy*, *25*, 613-633.

Steketee, G., Frost, R., & Bogart, K.(1996). The Yale-Brown Obsessive-Compulsive Scale: Interview versus self-report. *Behaviour Research and Therapy*, *34*(8), 675-684.

Stemberg, R.J.(1985). Implicit theories of creativity, intelligence and wisdom. *Journal of Personality and Social Psychology*, 49(3), 607-627.

Stern, W.(1912). *Die psychologischen Methoden der Intelligenzprüfung*. Leipzig, Germany: Barth.

Sternberg, R.J.(1985). *Beyond IQ: A triarchic theory of human intelligence*. CUP Archive.

Sternberg, R.J.(2005). Creativity or creativities? *International Journal of Human-Computer Studies*, *63* (4), 370-382.

Sternberger, L., & Burns, G.(1990). Obsessions and compulsions: Psychometric properties of the Padua Inventory with an American college population. *Behaviour Research and Therapy*, *28*, 341-345.

Stevens, S.(1951). Mathematics, measurement and psychophysics. In S.Stevens (Ed.), *Handbook of Experimental Psychology*. New York: Wiley.

Stoddard, F.J., Saxe, G., Ronfeldt, H., Drake, J.E., Burns, J., Edgren, C., & Sheridan, R.(2006). Acute Stress Symptoms in Young Children with Burns. *Journal of the American Academy of Child and Adolescent Psychiatry*, *45*(1), 87-93.

Stokes，J.P.，& Wilson，D.G.(1984). The Inventory of Socially Supportive Behaviors: Dimensionality，Pre-diction，and Gender. *American Journal of Community Psychology*，*12*(1)，53-69.

Stone，T.H.，Kisamore，J.L.，& Jawahar，I.M.(2008). Predicting students' perceptions of academic mis-conduct on the Hogan Personality Inventory Reliability Scale. *Psychological Reports*，*102* (2)，495-508.

Strack，S.，& Millon，T.(2007). Contributions to the Dimensional Assessment of Personality Disorders Using Millon's Model and the Millon Clinical Multiaxial Inventory (MCMI-III). *Journal of Personality As-sessment*，*89*(1)，56-69.

Strober，M.，De Antonio，M.，Schmidt-Lackner，S.，et al.(1998). Early childhood attention deficit hyper-activity disorder predicts poorer response to acute lithium therapy in adolescent mania. *Journal of Affec-tive Disorder*，*51*，145-151.

Strong，E.K.(1945). *Vocational interests of man and woman*. Stanford: Stanford University Press.

Stroop，J.R.(1935). Studies of interference in serial verbal reactions. *Journal of Experimental Psychology*，*18*，643-662.

Stuart，G.W.，Malone，V.，Currie，J.，Klimidis，S.，& Minas，I.H.(1995). Positive and negative symp-toms in neuroleptic-free psychotic inpatients. *Schizophrenia Research*，*16*，175-188.

Suh，E.，Diener，E.，& Fujita，F.(1996). Events and subjective well-being: Only recent events matter. *Journal of Personality and Social Psychology*，*70*(5)，1091-1102.

Taylor，J.E.，Poston II，W. S. C.，Haddock，C.K.，et al.(2003). Psychometric characteristics of the General Well-Being Schedule (GWB) with African-American women. *Quality of Life Research*，*12*(1)，31-39.

Teachman，B.A.，Gregg，A.P.，& Woody，S.R.(2001). Implicit Association for Fear-Relavant Stimuli among Individuals with Snake and Spider Fears. *Journal of Abnormal Psychology*，*110*(2)，226-235.

Teglasi，H.(2001). *Essential of TAT and other story telling techniques assessment*. New York: John Wiley Sons .

Teige，M.S.，Klauer，K.C.，& Rothermund，K.(2008). Minimizing method-specific variance in the IAT: A single block IAT. *European Journal of Psychological Assessment*，*24*(4)，237-245.

Teige，M.S.，Schnabel，K.，Banse，R.，& Asendorf，J.B.(2004). Assessment of Multiple Implicit Self-Concept Dimensions: Using the Extrinsic Affective Simon Task (EAST). *European Journal of Person-ality*，*18*(6)，495-520.

Teng，E.L.，& Chui，H.C.(1987). The modified Mini-Mental state (3MS) examination. *Journal of clinical Psychiatry*，*48*(8)，314-318.

Teng，E.L.，Hasegaua，K.，et al.(1994). The Cognitive Abilities Screening Instrument (CASI), A Practical test for cross-cultural epidemiological studies of dementia. *International Psychogeriatrics*，*6*(1)，45-46.

Terman.L.M.，& Merrill，M.A.(1960). *Stanford-Binet Intelligence Scale: Manual for the Third Revision*，Form LM.

Tett，R.P.，& Palmer，C.A.(1997). The validity of handwriting elements in relation to self-report personal-ity trait measures. *Personality and Individual Differences*，*22*，11-18.

Thompson，B.L.，& Waltz，J.A.(2008). Mindfulness，self-esteem，and unconditional self-acceptance. *Jour-nal of Rational-Emotive and Cognitive-Behavior Therapy*，*26*(2)，119-126.

Thompson，B.L.，& Waltz，J.(2007). Everyday mindfulness and mindfulness meditation: Overlapping constructs or not? *Personality and Individual Differences*, *43*(7), 1875-1885.

Thompson, L. Y., Snyder, C. R., & Hoffman L. (2005). Dispositional forgiveness of self, others, and situations. *Journal of Personality*, *73*(2), 313-360.

Thorndike, R. L. (1973). *Stanford-Binet Intelligence Scale: Third Revision Form LM: 1972 Norms Tables*. Houghton Mifflin.

Thorndike, R. L., Hagen, E. P., & Sattler, J. M. (1986). *Stanford-Binet Intelligence Scale*. Riverside Publishing Company.

Torrance, E. P. (1966). *Torrance Tests of Creative Thinking: Norms-technical Manual*. Research Edition. Verbal Tests, Forms A and B. Figural Tests, Forms A and B. Personnel Press.

Torrance, E. P., & Goff, K. A. (1989). Quiet revolution. *The Journal of Creative Behavior*, *23*(2), 136-145.

Tracy, T. J., & Rounds, J. (1993). Prediger's dimensional of representation of Holland's RIASEC crimples. *Journal of Applied Psychology*, *78*, 875-890.

Tsoi, M. M., Ho, E., & Mak, K. C. (1986). Becoming pregnant again after stillbirth or the birth of a handicapped child. In L. Dennerstein, and I. Fraser (Eds.), *Hormones and Behavior*. Holland: Elsevier.

Tulsky, D., Zhu, J., & Ledbetter, M. F. (1997). *WAIS-III WMS-III technical manual*. San Antonio, TX: Psychological Corporation.

Tural, U., Fidaner, H., Alkn, T., et al. (2002). Assessing the severity of panic and agoraphobia: Validity, reliability and objectivity of the Turkish translation of the Panic and Agoraphobia Scale (P & A). *Journal of Anxiety Disorder*, *16*, 331-340.

Van Balkom, A. J., de Haan, E., van Oppen, P., Spinhoven, P., Hoogduin, K. A., & van Dyck, R. (1998). Cognitive and behavioral therapies alone versus in combination with fluvoxamine in the treatment of obsessive compulsive disorder. *The Journal of Nervous and Mental Disease*, *186*, 492-499.

Van Oppen, P. (1992). Obsessions and compulsions: Dimensional structure, reliability, convergent and divergent validity of the Padua Inventory. *Behavior Research and Therapy*, *30*, 631-637.

Van Rooy, D. L., & Viswesvaran, C. (2004). Emotional intelligence: A meta-analytic investigation of predictive validity and homological net. *Journal of Vocational Behavior*, *65*, 71-95.

Vandenberg, R. J., & Lance, C. E. (2000). A Review and Synthesis of the Measurement Invariance Literature: Suggestions, Practices, and Recommendations for Organizational Research. *Organizational Research Methods*, *2*(1), 4-70.

Vega-Dienstmaier, J. M., Sal, Y., Rosas, H. J., Mazzotti Suarez, G., et al. (2002). Validation of a version in Spanish of the Yale-Brown Obsessive-Compulsive Scale. *Actas Españolas de Psiquiatría*, *30*(1), 30-35.

Veit, C. T., & Ware, J. E. (1983). The structure of psychological distress and well-being in general populations. *Journal of Consulting and Clinical Psychology*, *51*(5), 730-742.

Veljaca, K. A., & Rapee, R. M. (1998). Detection of negative and positive audience behaviours by socially anxious subjects. *Behaviour Research and Therapy*, *36*, 311-321.

Velligan, D., Prihoda, T., Dennehy, E., Biggs, M., Shores-Wilson, K., Crismon, M. L., Rush, A. J., Miller, A., Suppes, T., Trivedi, M., Kashner, T. M., Witte, B., Toprac, M., Carmody, T., Chiles, J., & Shon, S. (2005). Brief Psychiatric Rating Scale Expanded Version: How do new items affect factor structure? *Psychiatry Research*, *135*, 217-228.

Ventura, J., Nuechterlein, K.H., Subotnik, K.L., Gultkind, D., & Gilbert, E.A.(2000). Symptom dimensions in recent-onset schizophrenia and mania: A principal component analysis of the 24-item Brief Psychiatric Rating Scale. *Psychiatry Research*, *97*, 129-135.

Vieta, E., Bobes, J., Ballesteros, J., González-Pinto, A., Luque, A., & Ibarra, N.(2008). Validity and reliability of the Spanish versions of the Bech-Rafaelsen's mania and melancholia scales for bipolar disorders. *Acta Psychiatrica Scandinavica*, *117*(3), 207-215.

Wakabayashi, A., & Aobayashi, T.(2007). Psychometric properties of the Padua Inventory in a sample of Japanese university students. *Personality and Individual Differences*, *43*, 1113-1123.

Walach, H., Buchheld, N., Buttenmüller, V., et al.(2006). Measuring mindfulness: The Freiburg Mindfulness Inventory (FMI). *Personality and Individual Differences*, *40*(8), 1543-1555.

Wallbrown, F.H., Blaha, J., & Wherry, R.J.(1973). The hierarchical factor structure of the Wechsler Preschool and Primary Scale of Intelligence. *Journal of Consulting and Clinical Psychology*, *1973*, *41*(3), 356-362.

Walsh, K.W.(1978). *Neuropsychology*. New York: Churchill Livingston.

Watkins, C.E., Campbell, V.L., Nieberding, R., & Hanmark, R.(1995). Contemporary practice of psychological assessment by psychologists. *Professional Psychology*, *26*, 54-60.

Watson, D., Clark, L.A., & Tellegen, A.(1988). Development and validation of brief measures of positive and negative affect: The PANAS scales. *Journal of Personality and Social Psychology*, *54*(6), 1063-1070.

Watson, D., & Tellegen, A.(1985). Toward a consensual structure of mood. *Psychological Bulletin*, *98* (2), 219-235.

Wciórka, J., Schaeffer, E., Switaj, P., Waszkiewicz, J., Krasuska, K., Wegrzyn, J., & Woźniak, P. (2011). Bech-Rafaelsen Mania Scale and Young Mania Rating Scale-comparison of psychometric properties of the two instruments for rating a manic syndrome. *Psychiatria Polska*, *45*(1), 61-78.

Weathers, F.W., Keane, T.M., & Davidson, J.R.(2001). Clinician Administered PTSD Scale: A review of the first 10 years of research. *Depression and Anxiety*, *13*(3), 132-156.

Wechsler, D.(1991). *Manual for the Wechsler Intelligence Scale for Children* (WISC-Ⅲ). San Antonio, TX: The Psychological Corporation.

Wechsler, D.(2003a). *WISC-ⅣAdministration and Scoring Manual*. San Antonio, TX: The Psychological Corporation.

Wechsler, D.(2003b). *WISC-IV Technical and Interpretive Manual*. San Antonio, TX: The Psychological Corporation.

Weinberger, D.R., Aloia, M.S., Goldberg, T.E., et al.(1994). The frontal lobes and schizophrenia. *Journal of Neuropsychiatry and Clinical Neuroscience*, *6*, 419-427.

White, W.G., & Chan, E.(1983). A Comparison of Self-Concept Scores of Chinese and White Graduate Students and Professionals. *Journal of Non-White Concerns in Personnel and Guidance*, *11* (4), 138-141.

Wigboldus, D.H.J., Holland, R.W., & Van Knippenberg, A.(2004). *Single Target Implicit Associations*. Unpublished manuscript.

Wilberg, T., Dammen, T., & Friis, S.(2000). Comparing Personality Diagnostic Questionnaire-4+ with Longitudinal, Expert, All Data (LEAD) Standard Diagnoses in a Sample with a High Prevalence of Axis I and Axis II Disorders. *Comprehensive Psychiatry*, *41*(4), 295-302.

Wilcox, B.L.(1981). Social support, life stress, and psychological adjustment: A test of the buffering hypothesis. *American Journal of Community Psychology*, *9*, 371-386.

William, W.Ruch., Susan, W.Stang., Richard, H.McKillip., & David, A.Dye.(1994). *Employee Aptitude Survey Technical Manual (2nd)*. Psychological Services, Inc.

Williams, F.E.(1980). *Creativity Assessment Packet* (CAP). DOK Publishers.

Wilson, T.D., Lindsey, S., & Schooler, T.Y.(2000). A model of dual attitudes. *Psychological Review*, *107*(1), 101-126.

Wong, C.S., & Law, K.S.(2002). The effects of leader and follower emotional intelligence on performance and attitude: An exploratory study. *The Leadership Quarterly*, *13*(3), 243-274.

Woo, C.W., Kwon, S.M., Lim,Y.J., & Shin, M.S.(2010). The Obsessive-Compulsive Inventory-Revised (OCI-R): Psychometric properties of the Korean version and the order, gender, and cultural effects. *Journal of Behavior Therapy and Experimental Psychiatry*, *41*, 220-227.

Wood, V., Wylie, M.L., & Sheafor, B.(1969). An analysis of a short self-report measure of life satisfaction: Correlation with rater judgments. *Journal of Gerontology*, *24*(4), 465-469.

Woodcock, R.W., & Mather, N.(1989). WJ-R tests of cognitive ability-Standard and supplemental batteries: Examiner's manual. In R.W.Woodcock, and M.B.Johnson(Eds.), *Woodcock-Johnson psycho-educational battery-revised*. Itasca, IL: Riverside Publishing.

Woodcock, R.W., McGrew, K.S., Mather, N., Schrank, F.A., et al.(2003). *Woodcock-Johnson III diagnostic supplement to the tests of cognitive abilities*. Itasca, IL: Riverside Publishing.

Woody, S.R., Steketee, G., & Chambless, D.L.(1995). Reliability and validity of The Yale-Brown Obsessive Compulsive Scale. *Behaviour Research and Therapy*, *33*(5), 597-605.

Wright, B.D., & Waster, G.N.(1982). *Rating scale analysis*. Chicago: Wesa Press.

Wright, M.O.D., & Masten, A.S.(2005). Resilience processes in development. In S.Goldstein, and R.B. Brooks(Eds.), *Handbook of resilience in children*(pp.17-37). Springer US.

Wrong, C.S., & Law, K.S.(2002). The effects of leader and follower emotional intelligence on performance and attitude: An exploratory study. *The Leadership Quarterly*, *13*(3), 243-274.

Wu, K.D., & Watson, D.(2003). Further investigation of the Obsessive-Compulsive Inventory: Psychometric analysis in two non-clinical samples. *Journal of Anxiety Disorders*, *17*, 305-319.

Yamamoto, I., Nakano, Y., Watanabe, N., Noda, Y., Furukawa, T.A., Kanai, T., Takashio, O., Koda, R., Otsubo, T., & Kamijima, K.(2004). Crosscultural evaluation of the Panic Disorder Severity Scale in Japan. *Depress Anxiety*, *20*, 17-22.

Yang,J., Robert, R.M., & Paul, T.C.(2000). The cross-culture generalizability of axis-II constructs: An evaluation of two personality disorder assessment instruments in China. *Journal of Personality Disorders*, *14*(3), 249-263.

Yao, S.N., Note, I., Fanget, F., Albuisson, E., Bouvard, M., Jalenques, I., & Cottraux, J.(1999). Social anxiety in social phobics: Validation of Liebowitz's social anxiety scale-French version. *Encephale-Revue de Psychiatrie Clinique Biologique et Therapeutique*, *25*, 429-435.

Yee, N.G.(2008). *The validity of the Montreal Cognitive Assessment (Cantonese version) as a screening tool for mild cognitive impairment in Hong Kong Chinese.* Dissertation for Master degree of the University of Hong Kong.

Yen, S., Robins, C., & Lin, N.(2000). A cross-cultural comparison of depressive symptom manifestation: China and the United States. *Journal of Consulting and Clinical Psychology*, *68*(6), 993-999.

Ysseldyke, J.E.(1990). Goodness of fit of the Woodcock-Johnson Psycho-Educational Battery-Revised to the Horn-Cattell Gf-Gc theory. *Journal of Psychoeducational Assessment*, *8*(3), 268-275.

Yu X., & Zhang J.(2007). Factor analysis and psychometric evaluation of the Connor-Davidson resilience scale (CD-RISC) with Chinese people. *Social Behavior and Personality: An International Journal*, *35*(1), 19-30.

Zadikoff, C., et al.(2008). A comparison of the mini mental state exam to the Montreal cognitive assessment in identifying cognitive deficits in Parkinson's disease. *Movement Disorders*, *23*(2), 297-299.

Zung, W.W.K.(1971).A rating instrument for anxiety disorders. *Psychosomatics*, *12*(6), 371-379.

后　记

　　这本教材实际上已经讲授了十几年,虽然谈不上什么"十年磨一剑",但是毕竟也有十几年的经验教训。何况,人生有多少个十年呢?

　　最后将书稿整理完毕,感到淡淡的释然。只是自觉懒惰,历经十多年,才勉强付梓。不过,能够出版,也算是对十多年努力的一种告慰。

　　首先应该感谢的是编辑谢冬华先生。没有他的认真、负责,还有他精湛的专业水平,这本书是不能顺利出版的。同时还要感谢本单位的许庆豫院长,以及将本书列入本单位项目的教务处。

　　这本书的前面两部分是我本人撰写的。第三部分介绍的各类测验内容,我的研究生给予了很大的帮助。他们或帮助整理了大量资料,或编写了相应的内容。具体情况是:能力测验、内隐测验,博士生黄成毅整理了资料并编写了相应内容,最后由我修改、编辑、校对;临床心理测验,硕士生杜珍琳整理了资料并编写了相应内容,最后由我修改、编辑、校对;神经心理测验,硕士生杜珍琳、陆艳整理了资料并编写了相应内容,最后由我修改、编辑、校对;人格测验、职业心理测验,硕士生郑必刚整理了资料,由我编辑、校对;积极心理测验,硕士生杜田丽整理了资料,由我编辑、校对。

　　最后,对所有参与本书编写出版工作的朋友、我的研究生们表示衷心的感谢!

童辉杰

2019 年 12 月 25 日

图书在版编目(CIP)数据

心理测量学/童辉杰编著.—上海:上海教育出
版社,2020.8
上教心理学教材系列
ISBN 978 - 7 - 5444 - 6725 - 4

Ⅰ.①心… Ⅱ.①童… Ⅲ.①心理测量学-教材
Ⅳ.①B841.7

中国版本图书馆 CIP 数据核字(2020)第 153775 号

责任编辑　谢冬华
封面设计　王　捷

上教心理学教材系列
心理测量学
童辉杰 编著

出版发行　上海教育出版社有限公司
官　　网　www.seph.com.cn
地　　址　上海市永福路 123 号
邮　　编　200031
印　　刷　上海叶大印务发展有限公司
开　　本　787×1092　1/16　印张 35.25　插页 1
字　　数　729 千字
版　　次　2020 年 8 月第 1 版
印　　次　2020 年 8 月第 1 次印刷
书　　号　ISBN 978 - 7 - 5444 - 6725 - 4/B · 0111
定　　价　89.00 元

如发现质量问题,读者可向本社调换　电话:021 - 64377165